高等院校公共课系列规划教材

大学计算机概论

汪同庆　何　宁　黄文斌
康　卓　关焕梅　陈　萍　编著
熊素萍　闻　谊　杨鏖丞

图书在版编目(CIP)数据

大学计算机概论/汪同庆等编著. —武汉:武汉大学出版社,2010. 9
高等院校公共课系列规划教材
ISBN 978-7-307-08194-9

Ⅰ. 大… Ⅱ. 汪…[等] Ⅲ. 电子计算机—高等学校—教材 Ⅳ. TP3

中国版本图书馆 CIP 数据核字(2010)第 179257 号

责任编辑:林 莉　　责任校对:王 建　　版式设计:马 佳

出版发行:**武汉大学出版社** (430072 武昌 珞珈山)
(电子邮件:cbs22@ whu. edu. cn 网址:www. wdp. com. cn)
印刷:湖北睿智印务有限公司
开本:787×1092 1/16 印张:29. 75 字数:687 千字 插页:1
版次:2010 年 9 月第 1 版 2012 年 10 月第 5 次印刷
ISBN 978-7-307-08194-9/TP · 380 定价:45. 00 元

计算机作为一种信息处理工具，已广泛应用于人类社会生产和生活的各个领域。计算机以其高速的运算能力、准确的逻辑判断能力、强大的存储能力和高度自动控制能力，与科学计算、数据处理、实时控制、辅助设计、人工智能等紧密结合。计算机科学与技术已经成为推动各行各业技术进步和产业发展不可缺少的手段。可以说，当今每一项科学技术研究成果都离不开计算机。

目前，我国高等学校除计算机专业外的所有非计算机专业几乎都开设了计算机教学课程，这是专业技术应用的需要，人才知识结构的需要。非计算机专业的计算机教学课程的设置必须以社会对人才计算机应用能力要求为依据。非计算机专业学生必须具备扎实的专业知识，除此之外，还必须掌握计算机技术。这是对21世纪人才素质的基本要求。

为了适应新形势下的计算机基础教学，更好地满足非计算机专业对计算机基础教学的需要，我们在认真总结多年教学经验，开展实际调研和反复征求各院系意见的基础上编写了此教材。本书架构新颖，起点适中，内容实用，通俗易懂，具有基础性、系统性和实用性特点，书中各章配有习题并附有参考答案。

全书共分9章。

第1章绪论。主要包括计算机的发展概况，计算机的特点、用途与分类，以及计算机中信息的表示方法等基本知识。

第2章计算机系统。主要包括计算机的基本工作原理，计算机的硬件系统，计算机软件系统及部分常用工具软件的使用。

第3章计算机网络。主要包括计算机网络概述，局域网的组建与典型应用，Internet接入方式及常用Internet服务等。

第4章多媒体技术。主要包括多媒体技术的发展和应用，多媒体计算机软硬件系统组成，信息压缩技术及标准，以及音频、图像、动画和视频处理技术及常用工具软件的使用。

第5章网页制作与网站管理。主要包括万维网的组成与发展，网页制作基本技术，以及利用常用工具软件对网站的可视化开发、管理与发布。

第6章数据库基础与Access应用。主要包括数据库的基础概念，关系数据模型及关系代数，数据库设计方法和Microsoft Access 2007的基本使用。

第7章数据结构与算法基础。主要包括数据结构与算法的基本概念，线性表，栈和队列，树和二叉树，查找和排序技术。

第8章信息安全。主要包括信息安全的概念、特性和出现的原因，计算机病毒，网络攻击和入侵检测技术，密码技术，防火墙技术以及国家相关的政策法规。

第9章常用办公软件应用。主要包括 Microsoft Office 2007 中的三个常用组件：Word2007、Excel2007 和 Powerpoint2007 的基本使用。

参加本书编写的有：汪同庆、何宁、黄文斌、康卓、关焕梅、陈萍、熊素萍、闻谊、杨鏖丞，全书由汪同庆制订编写大纲和统稿。

本书的编写得到了武汉大学计算机学院领导、武汉大学计算机学院计算中心教学指导小组和武汉大学出版社的大力支持，许多老师在编写过程中给予了帮助和提出了宝贵的意见，在此表示衷心的感谢。

由于计算机技术发展迅速，加之编者的水平有限，对书中可能存在的纰漏，恳请同行和热心读者批评指正。

作　者

2010 年 8 月

目录

Contents

第1章 绪 论

计算机是一种能够快速、高效地进行信息处理的电子设备。计算机的广泛应用标志着信息化时代的到来，它对社会、商业、政治以及人际交往的方式产生了深远的影响。本章主要介绍计算机的发展概况，计算机的特点、用途与分类以及计算机中信息的表示方法等基本知识。

1.1 计算机发展简介

1.1.1 电子计算机发展概况

1946年，第一台电子数字计算机在美国问世，它标志着人类信息化时代的到来。半个多世纪以来，计算机科学与技术以前所未有的速度迅猛发展，在社会生活中的各个领域都得到了广泛的应用。主要电子器件相继使用了电子管、晶体管、集成电路、大规模和超大规模集成电路，使计算机设备几次更新换代。每次更新换代都使计算机的设计更加合理，耗电减少，功能大大增强，应用领域进一步拓宽。人们根据计算机采用的物理元器件将计算机的发展划分为四个阶段或四代。

第一代（1946—1958年）是电子管计算机。计算机使用的主要电子元件是电子管，也称为电子管时代。主存储器先采用水银延迟线，后采用磁鼓和磁芯，外存储器使用纸带、卡片和磁带，主要使用机器语言和汇编语言编写程序。这一时期计算机的特点是体积大，耗电多，运算速度低（一般每秒几千次到几万次），成本高，可靠性差，内存容量小。计算机主要用于科学计算、军事和科学研究领域。代表机器有ENIAC、IBM650（小型机）和IBM709（大型机）等。

第二代（1959—1964年）是晶体管计算机。计算机使用的主要电子元件是晶体管，也称为晶体管时代。主存储器采用磁芯，外存储器使用磁带和磁盘。软件方面先使用管理程序，后期使用操作系统，并出现了FORTRAN、COBOL和ALGOL等一系列高级程序设计语言。这一时期的计算机与第一代计算机相比体积减小，耗电减少，成本降低，功能增强，内存容量增大，可靠性提高，计算机的运行速度已提高到每秒几十万次，主要应用已扩展到数据处理和自动控制等方面。其代表机器有IBM7090、IBM7094和CDC7600等。

第三代（1965—1970 年）是集成电路计算机。这一时期的计算机用中小规模集成电路替代了分立元件，用半导体存储器替代了磁芯存储器，外存储器使用磁盘。集成电路是在几平方毫米的基片上，集成了几十个或上百个电子元件组成的逻辑电路。软件方面，操作系统进一步完善，高级语言数量增多，出现了并行处理、多处理机、虚拟存储系统以及面向用户的应用软件。计算机的运行速度也提高到每秒几十万次到几百万次，可靠性和存储容量进一步提高，外部设备种类繁多，计算机和通信密切结合起来，产生了分时、实时等操作系统和计算机网络。计算机广泛应用于科学计算、数据处理、事务管理和工业控制等领域。其代表机器有 IBM360 系列和富士通 F230 系列等。

第四代（1971 年至今）是大规模和超大规模集成电路计算机。计算机使用的主要电子元件是大规模和超大规模集成电路，一般称大规模集成电路时代。存储器采用半导体存储器，外存储器采用大容量的软、硬磁盘，并开始引入光盘。软件方面，操作系统不断发展和完善，同时发展了数据库管理系统和通信软件等。计算机的发展进入了以计算机网络为特征的时代。计算机的运行速度可达到每秒上千万次到万亿次，计算机的存储容量和可靠性又有了很大提高，功能更加完善。这一时期计算机的类型除小型、中型和大型机外，开始向巨型机和微型机两个方面发展。计算机已广泛应用于社会的各个领域。

我国从 1956 年开始研制计算机。1958 年研制成功第一台电子管计算机——103 机；1959 年夏研制成功运行速度为每秒 1 万次的 104 机；1965 年研制成功第一台大型晶体管计算机——109 乙机；1970 年后陆续推出大、中和小型集成电路计算机；1983 年国防科技大学研制成功“银河-Ⅰ”巨型计算机，运行速度达每秒一亿次；1992 年，国防科技大学研制的巨型计算机“银河-Ⅱ”通过鉴定，该机运行速度为每秒 10 亿次。后来又研制成功了“银河-Ⅲ”巨型计算机，运行速度已达到每秒 130 亿次，其系统的综合技术已达到当时的国际先进水平，填补了我国通用巨型计算机的空白；2004 年，我国第一台每秒运算 11 万亿次的巨型计算机——曙光 4000A 研制成功，并得到应用，使我国成为继美国和日本之后第三个能研制十万亿次以上商品化高性能计算机的国家。

1.1.2 未来计算机发展展望

1. 计算机的发展方向

未来计算机的发展将以超大规模集成电路为基础，朝着巨型化、微型化、网络化和智能化的方向发展。

（1）巨型化

巨型化是指计算速度更快、存储容量更大、功能更强以及可靠性更高的计算机。其运算能力一般在每秒百亿次以上，内存容量在几百兆字节以上。巨型计算机主要用于尖端科学技术和军事国防系统的研究开发。巨型计算机的发展集中体现了计算机科学技术的发展水平。

（2）微型化

微型化是指发展体积更小、功能更强、可靠性更高、携带更方便、价格更便宜以及适用范围更广的计算机系统。微型计算机自 20 世纪 80 年代以来发展异常迅速，目前许多仪器、仪表、家用电器等小型仪器设备中装上了微型电脑芯片，实现了仪器设备的“智能化”。微型计算机的发展体现了计算机在社会领域的应用及其发展水平。

(3) 网络化

网络化是指利用通信技术，把分布在不同地点的计算机互联起来，按照网络协议相互通信，以达到所有用户都可共享软件、硬件和数据资源的目的。目前很多国家都在开发三网合一的系统工程，即将计算机网、电信网和有线电视网合为一体。将来通过网络能更好地传送数据、文本资料、声音、图形和图像，用户可随时随地在全世界范围拨打可视电话或收看任意国家的电视和电影。网络化发展的目标是实现资源和信息的最优化利用。

(4) 智能化

智能化是指让计算机具有模拟人的感觉和思维过程的能力。智能计算机具有解决问题和逻辑推理的功能，以及知识处理和知识库管理的功能等。人与计算机的联系是通过智能接口，用文字、声音、图像等与计算机自然对话。智能化的研究领域很多，其中最有代表性的领域是专家系统和机器人。目前已研制出的机器人有的可以代替人从事危险环境的劳动，有的能与人下棋等，这都从本质上扩充了计算机的能力。智能化计算机的发展目标是要使计算机能够模拟人的感觉行为和思维过程，对事物具有逻辑推理、学习和证明的能力。

2. 未来计算机

传统的计算机芯片是用半导体材料制成的，这在当时是最佳的选择。但随着晶体管集成度的不断提高，芯片的耗能和散热成了极为严重的问题，硅芯片计算机不可避免地遭遇到了发展极限。为此，科学家们正在加紧研究开发新一代计算机，从体系结构的变革到器件与技术的革命都要产生一次量的乃至质的飞跃。新一代计算机可分为光子计算机、生物计算机、量子计算机和超导计算机等。

(1) 光子计算机

光子计算机是一种由光信号进行数字运算、逻辑操作、信息存储和处理的新型计算机。它由激光器、光学反射镜、透镜、滤波器等光学元件和设备构成，靠激光束进入反射镜和透镜组成的阵列进行信息处理，以光子代替电子，光运算代替电运算。光的并行和高速，天然地决定了光子计算机的并行处理能力很强，具有超高运算速度。光子计算机还具有与人脑相似的容错性，系统中某一元件损坏或出错时，并不影响最终的计算结果。光子在光介质中传输所造成的信息畸变和失真极小，光传输、转换时能量消耗和散发热量极低，对使用环境条件的要求比电子计算机低得多。

1990年初，美国贝尔实验室研制成功了一台光学数字处理器，向光子计算机的正式研制迈进了一大步。近十几年来，光子计算机的关键技术，如光存储技术、光互联技术和光集成器件等方面的研究都已取得突破性进展，为光子计算机的研制、开发和应用奠定了基础。

(2) 生物计算机

20世纪70年代以来，人们发现脱氧核糖核酸（DNA）处在不同的状态下，可产生有信息和无信息的变化。联想到逻辑电路中的0和1，科学家们产生了研制生物元件的大胆设想。

生物计算机是指用生物电子元件构建的计算机。生物电子元件是利用蛋白质具有的开关特性，用蛋白质分子制成集成电路，形成蛋白质芯片和红血素芯片等。利用DNA化学反应，通过和酶的相互作用可以使某些基因代码通过生物化学的反应转变为另一种基因代码，转变前的基因代码可以作为输入数据，反应后的基因代码可以作为运算结果，利用这一过程可以制成新型的生物计算机。

生物计算机的体积小，功效高。在一平方毫米的面积上，可容纳几亿个电路，比目前的集成电路小得多，其形状也与现在的电子计算机大不相同，可以隐藏在桌角、墙壁或地板等地方。生物计算机只需要很少的能量就可以工作，因此不会像电子计算机那样，工作一段时间后，机体就会发热，而它的电路间也没有信号干扰。

目前，生物芯片仍处于研制阶段，但生物元件，特别是在生物传感器的研制方面已取得不少实际成果。生物计算机一旦研制成功，将会在计算机领域引起一场划时代的革命。

（3）量子计算机

量子计算机是一类遵循量子力学规律进行高速数学和逻辑运算、存储及处理量子信息的物理装置。当某个装置处理和计算的是量子信息，运行的是量子算法时，它就是量子计算机。量子计算机的概念源于对可逆计算机的研究，研究可逆计算机的目的是为了解决计算机中的能耗问题。

量子计算机以原子量子态作为记忆单元、开关电路和信息储存形式。与传统计算机相比，量子计算机最重要的优越性体现在量子并行计算上。对于某些问题，量子计算机具有传统计算机无法比拟的计算速度。例如，用传统计算机去给一个400位的数字分解因式，将需要十亿年的时间，而利用量子计算机大约一年的时间即可完成。

（4）超导计算机

超导计算机是使用超导体元器件的高速计算机。所谓超导，是指有些物质在接近绝对零度（相当于-269℃）时，电流流动是无阻力的。1962年，英国物理学家约瑟夫逊提出了超导隧道效应原理，即由超导体—绝缘体—超导体组成器件，当两端加电压时，电子便会像通过隧道一样无阻挡地从绝缘介质中穿过去，形成微小电流，而这一器件的两端是无电压差的。约瑟夫逊因此获得诺贝尔奖。

用约瑟夫逊器件制成的电子计算机，称为约瑟夫逊计算机，也就是超导计算机。超导计算机的耗电仅为传统计算机所耗电的几千分之一，它执行一条指令只需十亿分之一秒，比传统计算机快10倍。日本电气技术研究所研制成世界上第一台完善的超导计算机，它采用4个约瑟夫逊大规模集成电路，每个集成电路芯片只有3～5mm^3大小，每个芯片上有上千个约瑟夫逊元件。

1.2 电子计算机的特点、应用与分类

1.2.1 电子计算机的特点

电子计算机作为一种通用的信息处理工具，具有以下主要特点：

（1）高速、精确的运算能力

计算机能以极快的速度进行运算。目前计算机系统的运算速度已达到每秒万亿次，微型计算机也可达每秒亿次以上，使大量复杂的科学计算问题得以解决。据 2010 年官网报道的全球高性能计算机 TOP500 最新“500 强”排行榜名单，美国 Cray 公司的超级计算机“Jaguar 美洲豹”，以每秒 1750 万亿次的运算能力夺冠。我国天津滨海高新技术产业开发区曙光天津产业基地生产的“星云”，以实测 Linpack 性能每秒 1271 万亿次运算能力排行第二位。

一般计算机可以有十几位甚至几十位（二进制）有效数字，计算精度可由千分之几到百万分之几，是任何其他计算工具所望尘莫及的。从理论上讲，电子计算机的计算精度可以是不受限制的，即可以实现任何精度要求。著名的数学家挈依列曾经为计算圆周率 π 整整花了 15 年时间，算到了小数点后的第 707 位。现在把这件事交给电子计算机来做，几个小时内就可以计算到 10 万位。

（2）准确的逻辑判断能力

人是有思维的，思维能力本质上是一种逻辑判断能力。计算机借助于逻辑运算，能模拟人的思维进行逻辑判断，分析命题是否成立，并根据命题成立与否确定下一步该做什么。例如，数学中有个“四色问题”，说是“任何一张地图只用四种颜色就能使具有共同边界的国家着上不同的颜色。”这一问题是 1872 年由英国著名的数学家凯利正式向伦敦数学学会提出的。100 多年来不少数学家一直想去证明这一命题或者去推翻它，但一直没有得出结论。因此，“四色问题”就成了数学中著名的难题。1976 年 6 月，两位美国数学家哈肯和阿佩尔使用电子计算机，用了 1200 小时，作了 100 亿次的判断，终于验证了这一著名的猜想。

（3）超强的存储能力

计算机中有许多用以记忆信息的存储单元，这些存储单元构成了计算机的存储部件，也称内存储器。内存储器中可以存储大量信息，只要事先将数据输入到内部的存储单元中，需要时就可以准确无误地获取。电子计算机一般能存储几百兆、几千兆甚至几千千兆数据。随着计算机存储容量的不断增大，可存储记忆的信息越来越多。计算机不仅能把参加运算的数据、程序、中间结果和最终结果保存起来，还可以存储庞大的多媒体信息。

（4）自动控制能力

由于计算机具有存储能力和逻辑判断能力，实现计算机工作的自动控制就成为必然。计算机的工作方式就是存储程序的控制方式。计算机在程序的控制下自动连续地高速运算，一旦输入编制好的程序并启动，就能自动地执行直到完成任务。这是计算机最突出的特点。

1.2.2　电子计算机的应用

电子计算机的用途极其广泛，能应用于社会的各个领域，归纳起来分为以下几个主要应用领域：

（1）科学计算

科学计算是计算机最早的应用领域。科学计算也称为数值计算，是指用计算机完成科学研究和工程技术中所提出的数学问题。利用计算机高速的运算能力、超强的存储容量和程序自动控制方式，就能够实现人工无法完成或难以完成的科学计算问题。比如，著名的人类基因序列分析计划、人造卫星轨迹的测算和中长期天气预测分析计算等。

（2）数据处理

数据处理也称为信息处理，是指用计算机对数据进行输入、分类、存储、合并、整理、统计、报表和检索查询等。计算机处理的“数据”不仅包括“数”，还包括文字、图像和声音等。数据处理是目前计算机应用最广泛的领域，已占计算机应用的80%以上。

（3）实时控制

实时控制也称为过程控制，是指用计算机及时采集、检测数据，进行快速处理并自动控制被处理的对象。实时控制目前已广泛地用于操作复杂的钢铁企业、电力企业、石油化工业和医药工业等生产中。

（4）辅助系统

计算机辅助系统是计算机的一个重要应用领域。几乎所有过去由人进行的具有设计性质的过程都可以让计算机帮助实现部分或全部工作。如计算机辅助设计（Computer-Aided Design，CAD）、计算机辅助制造（Computer-Aided Manufacturing，CAM）、计算机辅助测试（Computer-Aided Test，CAT）、计算机辅助工程（Computer-Aided Engineering，CAE）、计算机辅助教育（Computer Based Education，CBE）和计算机仿真模拟（Simulation）等。

（5）网络与通信

由于计算机网络的飞速发展，网络应用已成为21世纪最重要的技术领域之一。信息发布、资料检索、网页浏览、电子邮件、电子商务、电子政务、IP电话、远程教育、远程医疗、网上出版、娱乐休闲、即时通信和虚拟社区等，不胜枚举。网络使我们的世界变小，并成了社会生活中不可缺少的一部分。

（6）多媒体技术应用

多媒体技术的应用以很快的步伐在教育、商业、医疗、银行、保险、行政管理、军事、工业和出版等领域出现，并潜移默化地改变着我们生活的面貌。

（7）嵌入式系统

并不是所有计算机都是通用的。有许多特殊的计算机用于不同的设备中，包括大量的消费电子产品和工业制造系统，都是把处理器芯片嵌入其中，完成特定的处理任务，这些系统称为嵌入式系统。如数码相机、数码摄像机以及高档电动玩具等都使用了不同功能的处理器。

（8）人工智能

人工智能是计算机向智能化方向发展的趋势。利用计算机对人进行智能模拟。它包括用计算机模仿人的感知能力、思维能力和行为能力等。人工智能的应用主要有机器人、专家系统、模式识别和智能检索等。诸如感知、判断、理解、学习、问题求解和图像识别等。现在人工智能的研究已取得不少成果，有些已开始走向实用阶段。例如，能模拟高水平医学专家进行疾病诊疗的专家系统，具有一定思维能力的智能机器人等。

1.2.3 电子计算机的分类

从电子计算机诞生到现在的 60 多年里，计算机科学与技术迅猛发展，大规模、高性能、多用途的新机型在不断涌现，可以说计算机的种类已是琳琅满目，分类方法也不尽相同。

1. 按规模和性能分类

可分为巨型计算机、大型计算机、小型计算机、工作站、微型计算机和服务器等。它们的基本区别在于体积大小、结构复杂程度、功率消耗、性能指标、数据存储容量、指令系统和设备与软件配置等的不同。

巨型计算机是一种超大型电子计算机，主要用于重大科学研究和尖端科技领域；大型计算机在运算速度和存储容量等方面稍弱于巨型计算机，主要用于商业处理和大型数据库及数据通信；小型计算机在性能上尽可能接近大型机，但在结构组成、体积和性价比方面有一定优势，主要用于企事业单位和一般科研院所；工作站是一种介于 PC 机和小型计算机之间的高档微机，主要用于图像处理和辅助设计等方面；微型计算机是目前最广泛使用的一种机型，其特点是体积小、性能好、使用灵活；服务器是一种管理网络资源并为用户提供网络服务的计算机，其上运行网络操作系统和服务软件，如文件服务器、数据库服务器和应用程序服务器等。

2. 按信息表现形式和对信息的处理方式分类

可分为模拟计算机和数字计算机。模拟计算机是对连续的物理量进行运算的计算机，输入的运算量是由电压、电流等连续的物理量表示，输出的结果也是物理量。模拟计算机处理问题的精度差，电路结构复杂，抗干扰能力差。数字计算机是计算机的主流机种，输入的运算量是离散的数字量，处理的结果也是数字量。由于数字计算机内部使用的是数字电信号，因此其组成结构和性能上都优于模拟计算机。目前我们使用的计算机大多是电子数字计算机。

3. 按用途分类

可分为专用计算机和通用计算机。专用计算机是用于某一专门应用领域或专项研究方面的计算机。专用计算机功能单一，主要针对某类问题的处理、运算、显示、可靠性、有效性和经济性设计，不适于其他方面的应用。如导弹和火箭上使用的计算机大部分就是专用计算机。通用计算机功能多样，广泛应用于科学计算、数据处理、过程控制、网络通信、人工智能等各个领域。但由于强调其功能的多样化，通用计算机的运行效率、速度和经济性依据不同的应用对象会受到一定的影响。

计算机分类的方式还有很多，比如按采用的操作系统分类，按计算机字长分类，按 CPU 等级分类，按主机形式分类等。

1.3　计算机中信息的表示

在计算机中，信息是以数据的形式表示和使用的。计算机能表示和处理的信息包括数值型数据、字符数据、音频数据、图形和图像数据以及视频和动画数据等，这些信息在计算机内部都是以二进制的形式表现的。也就是说，二进制是计算机内部存储和处理数据的基本形式。

采用二进制的主要原因如下：

（1）电路简单

计算机是由逻辑电路组成的，逻辑电路通常只有两种状态。如开关的接通与断开，晶体管的导通与截止，电压电平的高与低、磁芯磁化的两个方向、电容器的充电与放电等。这两种状态正好用来表示二进制的两个数码0和1。

另外，两种状态代表的两个数码在数字传输和处理中不容易出错，因而电路更加可靠。

（2）运算简单

算术运算和逻辑运算是计算机的基本运算。与我们熟悉的十进制相比，二进制的运算法则要简单得多。

此外，二进制中数码的“1”和“0”正好与逻辑值“真”和“假”相对应，为计算机进行逻辑运算提供了方便。

1.3.1　进位计数制

数制也称为计数制，是指用一组固定的符号和统一的规则来表示数值的方法。按进位的方法进行计数，称为进位计数制。

一种进位计数制包含一组数码符号和两个基本因素。

- 数码：一组用来表示某种数制的符号。如：0、1、2、3、4、5、6、7、8、9、A、B、C、D、E、F等。
- 基数：数制所用的数码个数，用R表示，称R进制，其进位规律是“逢R进一”。
- 位权：数码在不同位置上的权值。在某进位制中，处于不同数位的数码，代表不同的数值，某一个数位的数值是由这位数码的值乘上这个位置的固定常数构成，这个固定常数称为“位权”，简称“权”。

一般地，我们用（　　）$_{角标}$表示不同的进制数。如：十进制数用（　　）$_{10}$表示，二进制数用（　　）$_2$表示。

在讨论计算机问题时，常用的数有十进制数、二进制数、八进制数和十六进制数等，一般在数字的后面用特定字母表示该数的进制。如：

B—二进制　　D—十进制（D可省略）　　O—八进制　　H—十六进制

如：2009和2009D均表示十进制数2009，1100B表示二进制的1100（相当于十进制的12）。

1. 十进制

十进制数由0~9十个数码组成，基数为10，权为10^n，十进制数的运算规则是：逢十进一，借一当十。十进制数可以表示成按“权”展开的多项式。如：

$$(2343.97)_{10}=2\times10^3+3\times10^2+4\times10^1+3\times10^0+9\times10^{-1}+7\times10^{-2}$$

在计算机中，数据的输入和输出一般采用十进制。

2. 二进制

二进制数由0和1两个数码组成，基数为2，权为2^n，二进制数的运算规则是：逢二进一，借一当二。二进制数也可以表示成按“权”展开的多项式。如：

$$(11010.11)_2=1\times2^4+1\times2^3+0\times2^2+1\times2^1+0\times2^0+1\times2^{-1}+1\times2^{-2}$$

3. 八进制

八进制数由0~7八个数码组成，基数为8，权为8^n，八进制数的运算规则是：逢八进一，借一当八。八进制数的按“权”展开的多项式形式如下：

$$(6522.24)_8=6\times8^3+5\times8^2+2\times8^1+2\times8^0+2\times8^{-1}+4\times8^{-2}$$

4. 十六进制

十六进制数由0~9和A、B、C、D、E、F十六个数码组成，基数为16，权为16^n，十六进制数的运算规则是：逢十六进一，借一当十六。十六进制数的按“权”展开的多项式形式如下：

$$(8A2F.18)_{16}=8\times16^3+10\times16^2+2\times16^1+15\times16^0+1\times16^{-1}+8\times16^{-2}$$

1.3.2 不同进制之间的转换

1. R进制转换为十进制

将R进制数转换为十进制数的方法为：按权展开求和。如：

$$\begin{aligned}(11010.11)_2&=1\times2^4+1\times2^3+0\times2^2+1\times2^1+0\times2^0+1\times2^{-1}+1\times2^{-2}\\&=16+8+2+0.5+0.25\\&=(26.75)_{10}\end{aligned}$$

$$\begin{aligned}(6522.24)_8&=6\times8^3+5\times8^2+2\times8^1+2\times8^0+2\times8^{-1}+4\times8^{-2}\\&=3072+320+16+2+0.25+0.0625\\&=(3410.3125)_{10}\end{aligned}$$

$$\begin{aligned}(8A2F.18)_{16}&=8\times16^3+10\times16^2+2\times16^1+15\times16^0+1\times16^{-1}+8\times16^{-2}\\&=32768+2560+32+15+0.0625+0.03125\\&=(35375.09375)_{10}\end{aligned}$$

2. 十进制转换为R进制

将十进制数转换为R进制数的方法为：整数部分“除R取余”，小数部分“乘R取整”。“除R取余”是将十进制数的整数部分连续地除以R取余数，直到商为0，余数从右到左排列，首次取得的余数排在最右边。“乘R取整”是将十进制数的小数部分不断地乘以R取整数，直到小数部分为0或达到要求的精度为止（小数部分可能永远不会为0)，所得的整数在小数点后自左往右排列，首次取得的整数排在最左边。

【例 1.1】 将十进制数 $(26.75)_{10}$ 转换成二进制数。

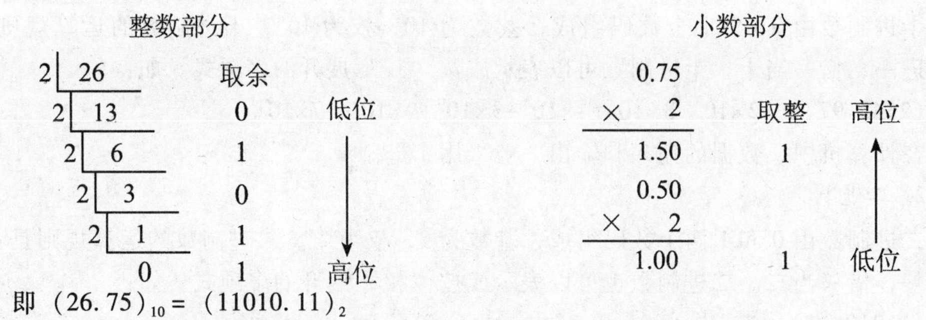

即 $(26.75)_{10} = (11010.11)_2$

【例 1.2】 将十进制数 $(3410.3125)_{10}$ 转换成八进制数。

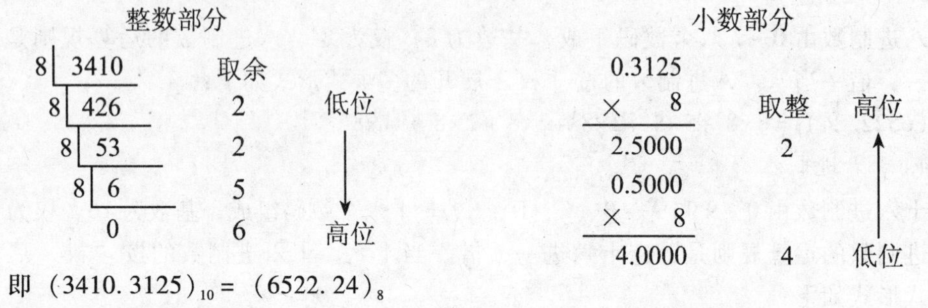

即 $(3410.3125)_{10} = (6522.24)_8$

【例 1.3】 将十进制数 $(35375.09375)_{10}$ 转换成十六进制数。

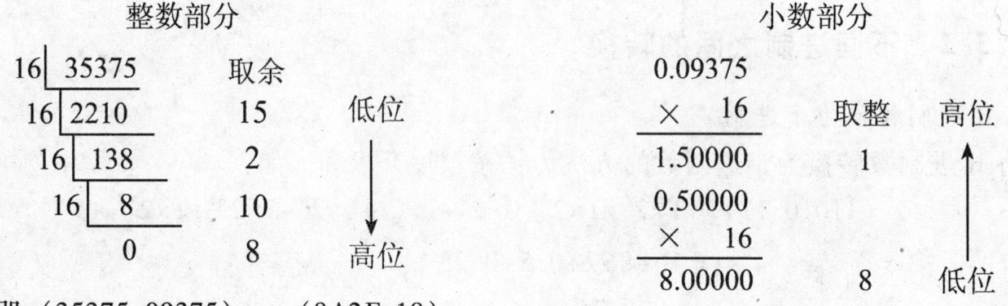

即 $(35375.09375)_{10} = (8A2F.18)_{16}$

3. 二进制、八进制和十六进制之间的转换

由于二进制、八进制和十六进制之间存在特殊关系：$8^1 = 2^3$、$16^1 = 2^4$，即 1 位八进制数相当于 3 位二进制数，1 位十六进制数相当于 4 位二进制数，因此转换方法比较简便，见表 1-1。

表 1-1　　八进制与二进制、十六进制与二进制之间的关系

八进制数	对应的二进制数	十六进制数	对应的二进制数	十六进制数	对应的二进制数
0	000	0	0000	8	1000
1	001	1	0001	9	1001
2	010	2	0010	A	1010

续表

八进制数	对应的二进制数	十六进制数	对应的二进制数	十六进制数	对应的二进制数
3	011	3	0011	B	1011
4	100	4	0100	C	1100
5	101	5	0101	D	1101
6	110	6	0110	E	1110
7	111	7	0111	F	1111

根据表 1-1 的对应关系，二进制数转换为八进制数的方法是：以小数点为中心，分别向左和向右每 3 位二进制数为一组，两头不足 3 位时补 0，每组用相应的八进制数来表示。

八进制数转换为二进制数的方法是：以小数点为界，分别向左和向右，每位八进制数用相应的 3 位二进制数表示，小数点保留在原位。整数前的高位 0 和小数后的低位 0 取消。

【例 1.4】 将二进制数 $(1101000111.10101)_2$ 转换成八进制数。

$(\underline{001}\ \underline{101}\ \underline{000}\ \underline{111}.\ \underline{101}\ \underline{010})_2 = (1507.52)_8$

1　5　0　7.　5　2

【例 1.5】 将八进制数 $(246.14)_8$ 转换成二进制数。

$(\underline{2}\ \ \underline{4}\ \ \underline{6}\ \ .\ \ \underline{1}\ \ \underline{4})_8 = (10100110.0011)_2$

010　100　100　.　001　100

同样的，二进制数转换成十六进制数的方法是：以小数点为中心，分别向左和向右每 4 位二进制数为一组，两头不足 4 位时补 0，每组用相应的十六进制数来表示。

十六进制数转换为二进制数的方法是：以小数点为界，分别向左和向右，每位十六进制数用相应的 4 位二进制数表示，小数点保留在原位。整数前的高位 0 和小数后的低位 0 取消。

【例 1.6】 将二进制数 $(10111100101.110001)_2$ 转换成十六进制数。

$(\underline{0101}\ \underline{1110}\ \underline{0101}\ .\ \underline{1100}\ \underline{0100})_2 = (5E5.C4)_{16}$

5　E　5.　C　4

【例 1.7】 将十六进制数 $(AD7.B6)_{16}$ 换成二进制数。

$(\underline{\ A\ }\ \ \underline{\ D\ }\ \ \underline{\ 7\ }\ .\ \underline{\ B\ }\ \ \underline{\ 6\ })_{16} = (101011010111.1011011)_2$

1010　1101　0111　.　1011　0110

1.3.3　计算机中数据的存储单位

计算机中数据的存储单位有位、字节和字等。

1. 位

在计算机内部任何数据都是以二进制的形式表现的，即二进制是计算机内部存储和处理数据的基本形式。在二进制系统中，每个 0 或 1 就是一个位（bit，简称 b），因此位是度量数据的最小单位。

2. 字节

8 个二进制位（8bits）称为一个字节（Byte，简称 B），即 1B = 8bit。字节是计算机存储数据时的基本单位。由于实际使用的存储器容量越来越大，为了便于衡量信息占用量和存储器的大小，又引入了 KB、MB、GB、TB 和 PB 等存储单位。它们之间的换算关系如下：

千字节：$1KB = 1024B = 2^{10}B$

兆字节：$1MB = 1024KB = 2^{20}B$

吉字节：$1GB = 1024MB = 2^{30}B$

太字节：$1TB = 1024GB = 2^{40}B$

批字节：$1PB = 1024TB = 2^{50}B$

注意：存储器容量的换算单位是 $1024 = 2^{10}$，而带宽、频率的换算单位是 $1000 = 10^3$。

3. 字

计算机一次能并行处理的一组二进制数称为一个“字”，而这组二进制数的位数就是“字长”。字长一般是字节的整数倍，常见的有 8 位、16 位、32 位和 64 位等。

字长标志着计算机处理信息的能力。在其他指标相同时，字长越大的计算机处理信息的速度越快。早期的微型计算机字长一般是 8 位和 16 位，386 以及更高的微型计算机大多是 32 位，目前市场上的微型计算机字长大部分已达到 64 位。

1.3.4 数值型数据在计算机中的表示

数值型数据分为整数和实数两大类。整数不使用小数点，或者说小数点隐含在个位数的右边，因此也称为定点数。实数也称为浮点数，因为它的小数点位置不固定。本节只介绍整数在计算机中的表示方法。

计算机中的整数分为两类：不带符号的整数（只用来表示非负数）和带符号的整数。带符号的整数必须使用一个二进制位作为其符号位，一般在最高位（最左边的一位），用 0 表示正数，1 表示负数，其余各二进制位用来表示整数数值的大小。

一个数在计算机中被表示成二进制形式称为机器数，而这个数的本身称为真值。最常见的机器数形式有三种：原码、反码和补码。

1. 原码

整数 X 的原码是指：其符号位用 0 或 1 表示 X 的正或负，数值部分就是 X 绝对值的二进制表示，记为 $[X]_{原}$。

以一个字节存储整数为例：

$[+39]_{原} = 00100111$，$[-17]_{原} = 10010001$

在原码表示法中，整数 0 有两种表示形式：$[+0]_{原} = 00000000$，$[-0]_{原} = 10000000$。也就是说，原码 0 的表示不唯一，因而不适合计算机的运算。

2. 反码

正数的反码与原码相同。负数的反码是把原码除符号位以外，其余各位取反（0变成1，1变成0），记为 $[X]_{反}$。

以一个字节存储整数为例：

$[+39]_{反}=00100111$，$[-17]_{反}=11101110$

在反码表示法中，整数0也有两种表示形式：$[+0]_{反}=00000000$，$[-0]_{反}=11111111$。同样，反码0的表示也不唯一，用反码表示机器数，现已不多用了。

3. 补码

正数的补码与原码相同。负数的补反码是把原码除符号位以外，其余各位取反，然后在最低位加1。记为 $[X]_{补}$。

以一个字节存储整数为例：

$[+39]_{补}=00100111$，$[-17]_{补}=11101111$

在补码表示法中，整数0的表示唯一：$[+0]_{补}=[-0]_{补}=00000000$。在计算机中整数是以补码的形式存放的。采用补码表示法时计算机中的加减法都可以用"加法"来实现，并且两数的补码之和等于两数和的补码，符号位一同参与运算，结果仍为补码。

1.3.5　字符在计算机中的表示

字符包括西文字符（字母、数字和各种符号）和中文字符。字符编码的方法简单，首先确定需要编码的字符总数，然后将每一个字符按顺序确定编号，编号值的大小无意义，仅作为识别与使用这些字符的依据。

1. 西文字符的编码

计算机中最常用的西文字符编码是ASCII码（American Standard Code for Information Interchange，美国信息交换标准交换代码）。ASCII码有7位码和8位码两种版本。国际通用的是7位ASCII码，用7个二进制位表示一个字符的编码，可以表示128个不同字符的编码，见表1-2。

ASCII码表中包含34个非图形字符（也称为控制字符），如：

退格：BS（Back Space）编码是8（二进制数0001000）；

回车：CR（Carriage Return）编码是13（二进制数0001101）；

空格：SP（Space）编码是32（二进制数0100000）；

删除：DEL（Delete）编码是127（二进制数1111111）。

其余94个是图形字符（也称为可打印字符）。在这些字符中，0～9、A～Z、a～z都是顺序排列的，且小写字母比大字字母的ASCII码值大32。如：

"0"：编码是48（二进制数0110000）；

"A"：编码是65（二进制数1000001）；

"a"：编码是97（二进制数1100001）。

计算机内部用一个字节（8个二进制位）存放一个7位ASCII码，最高位置为0。

表 1-2　　7 位 ASCII 码表

ASCII 码	字符	ASCII 码	字符	ASCII 码	字符	ASCII 码	字符
0	NUL	32	SP	64	@	96	`
1	SOH	33	!	65	A	97	a
2	STX	34	"	66	B	98	b
3	ETX	35	#	67	C	99	c
4	EOT	36	$	68	D	100	d
5	END	37	%	69	E	101	e
6	ACK	38	&	70	F	102	f
7	BEL	39	’	71	G	103	g
8	BS	40	(	72	H	104	h
9	HT	41	)	73	I	105	i
10	LF	42	*	74	J	106	j
11	VT	43	+	75	K	107	k
12	FF	44	,	76	L	108	l
13	CR	45	–	77	M	109	m
14	SO	46	.	78	N	110	n
15	SI	47	/	79	O	111	o
16	DLE	48	0	80	P	112	p
17	DC1	49	1	81	Q	113	q
18	DC2	50	2	82	R	114	r
19	DC3	51	3	83	S	115	s
20	DC4	52	4	84	T	116	t
21	NAK	53	5	85	U	117	u
22	SYN	54	6	86	V	118	v
23	ETB	55	7	87	W	119	w
24	CAN	56	8	88	X	120	x
25	EM	57	9	89	Y	121	y
26	SUB	58	:	90	Z	122	z
27	ESC	59	;	91	[	123	{
28	FS	60	<	92	\	124	|
29	GS	61	=	93	]	125	}
30	RS	62	>	94	^	126	~
31	US	63	?	95	_	127	DEL

2. 中文字符的编码

为了使计算机能够输入、处理、显示、打印和交换汉字字符，需要对汉字进行编码。

(1) 国标码（GB2312-80）

我国于1980年颁布了《信息交换用汉字编码字符集——基本集》，国家标准代号为GB2312-80，简称国标码或GB码。它由三部分组成：第一部分是682个全角的非汉字字符，第二部分是一级汉字3755个，第三部分是二级汉字3008个。由于一个字节只能表示256种编码，所以一个国标码必须用两个字节来表示。

为了避开ASCII码表中的控制字符，只选取了94个编码位置。所以国标码字符集由94行×94列构成，行号称为区号，列号称为位号，区号和位号组合在一起构成汉字的“区位码”。如：

“中”的区号是54，位号是48，它的区位码为5448

“华”的区号是27，位号是10，它的区位码为2710

为了与ASCII码兼容，国标码是在区位码的区号和位号分别加上32得到的。如：

“中”的国标码高位字节为：86（54+32），低位字节为：80（48+32）

“华”的国标码高位字节为：59（27+32），低位字节为：42（10+32）

(2) 汉字扩展编码（GBK）

由于GB2312支持的汉字太少，1995年我国又制订了《汉字内码扩展规范》（GBK1.0）。共收录了21886个符号，其中汉字21003个，其他符号883个。由于GBK与GB2312-80兼容，因此同一个汉字的GB2312编码与GBK编码相同。

2001年我国发布了GB18030编码标准，它是GBK的升级。

(3) 汉字机内码

在计算机内部对汉字进行存储和处理的编码称为汉字机内码。机内码是沟通输入、输出以及系统平台之间的交换码。汉字机内码有多种形式。对应于国标码（GB2312-80），一个汉字的机内码用两个字节来存储，为了与单字节的ASCII码相区别，每个字节的最高位均置为“1”(相当于每个字节各加上128)。如：

“中”的机内码高位字节为：214（86+128），低位字节为：208（80+128）

其二进制形式为：11010110 11010000，十六进制形式为：D6 D0。

“华”的机内码高位字节为：187（59+128），低位字节为：170（42+128）

其二进制形式为：10111011 10101010，十六进制形式为：BB AA。

(4) 汉字输入码

为了把汉字输入到计算机而编制的代码称为汉字输入码。汉字输入码的种类繁多，如数字编码、音码、形码、语音、手写输入或扫描输入等。实际上，区位码就是一种数字编码，其优点是一字一码，无重码；缺点是难以记忆，不便于学习。

在计算机系统中，汉字输入法软件负责完成汉字输入码到机内码的转换。

(5) 汉字字形码

经过计算机处理的汉字信息，如果要显示或者打印输出，就必须将汉字机内码转换成人们可读的方块字。汉字的字形信息是预先存放在计算机内的，称为汉字库。汉字机内码与汉字字形一一对应。当要输出某个汉字时，首先根据其机内码在汉字库中查找到相应的字形信息，然后再显示或打印输出。汉字字形信息通常有两种表示方法：点阵方法和矢量方法。

用点阵方法表示汉字字形时，汉字字形码就是这个汉字字形点阵的代码。常用的点阵有16×16、24×24、32×32或更高。图1-1显示了“光”字的16×16字形点阵和代码。

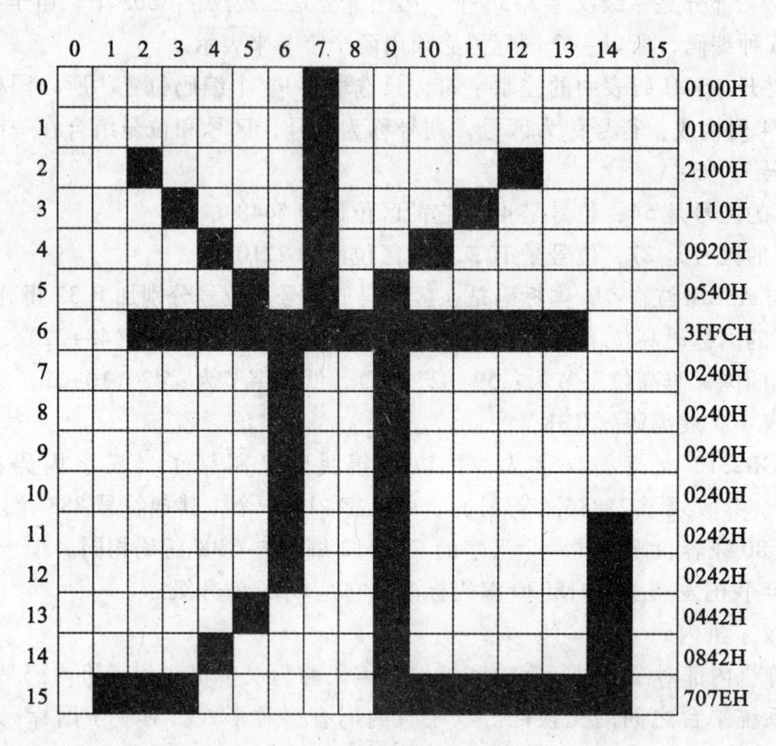

图1-1 汉字字形点阵和代码示例

在图1-1中，每一个小格用一个二进制位存储，黑格子用“1”表示，白格子用“0”表示。如第一行的点阵代码是0100H，描述整个汉字的字形需要32个字节的存储空间。汉字的字形点阵代码只用于构造汉字字库，不同的字体（如宋体、楷体、黑体）有不同的字库。

点阵规模越大，字形就越清晰美观，所占存储空间也越大。

矢量方法存储的是汉字字形的轮廓特征描述，当要输出汉字时，先通过计算机的计算，由汉字字形描述生成所需大小和形状的汉字点阵。矢量化字形描述与最终文字显示的大小、分辨率无关，因此可产生高质量的汉字输出。Windows中使用的TrueType技术就使用了矢量方法，解决了用点阵方法表示汉字字形时出现的放大产生锯齿现象的问题。

（6）汉字地址码

汉字地址码是指汉字库中存储汉字字形信息的逻辑地址码。要向输出设备输出汉字时，必须通过地址码。汉字地址码和汉字机内码有简单的对应关系，以简化汉字机内码到汉字地址码的转换。

（7）几种汉字编码之间的关系

从汉字编码的角度看，计算机对汉字信息的处理过程实际上是各种汉字编码之间的转换过程，如图 1-2 所示。

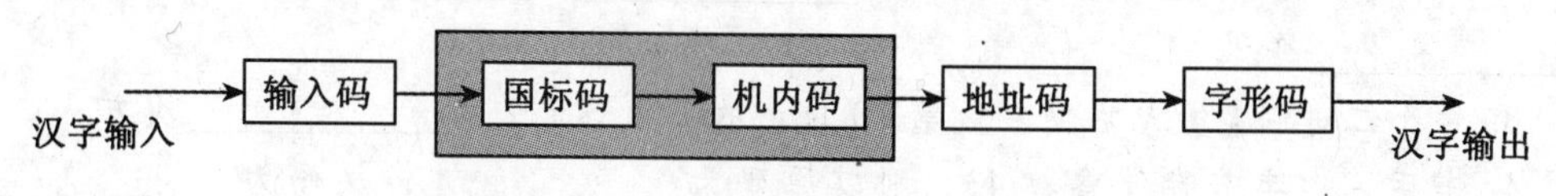

图 1-2　汉字信息处理过程

3. 其他编码标准

Unicode 码是一种国际编码标准，采用双字节编码统一地表示世界上的主要文字。目前在网络、Windows 系统和很多软件中得到应用。

习　题　1

一、单项选择题

1. 办公自动化是计算机的一项应用，按计算机的用途分类，它属于________。
   A. 科学计算　B. 实时控制　C. 数据处理　D. 人工智能
2. 计算机内部采用的数制是________。
   A. 八进制　B. 十进制　C. 二进制　D. 十六进制
3. 存储容量 1GB 等于________。
   A. 1024B　B. 1000KB　C. 1024MB　D. 1000MB
4. 下列字符中，ASCII 码值最小的是________。
   A. ‘a’　B. ‘A’　C. ‘x’　D. ‘Y’
5. 存储 400 个 24×24 点阵汉字字形所需的存储容量是________。
   A. 255KB　B. 75KB　C. 37. 5KB　D. 28. 125KB
6. 十进制整数 101 转换成二进制数是________。
   A. 1100101　B. 1100110　C. 1101101　D. 1101101
7. 二进制数 0. 1011 转换成十进制数是________。
   A. 0. 6875　B. 0. 675　C. 0. 685　D. 0. 6855
8. 与十进制数 1234 等值的十六进制数是________。
   A. 2D4　B. 2C4　C. 4C2　D. 4D2
9. 与十进制数 321 等值的八进制数是________。
   A. 105　B. 601　C. 501　D. 106
10. 与十六进制数 BF 等值的八进制数是________。

A. 573　　B. 277　　C. 772　　D. 375

二、填空题

1. 现代计算机的发展大致可分为四代，即电子管计算机、____________、____________和____________。

2. 计算机的主要特点有____________、____________、____________和____________等。

3. 一个二进制整数从右向左数第10位上的1相当于2的____________次方。

4. 若用一个字节存储整数43，则其原码为____________，反码为____________，补码为____________。

5. 若用一个字节存储整数-43，则其原码为____________，反码为____________，补码为____________。

6. 以国标码为基础的汉字机内码是两个字节的编码，每个字节的最高位为____________。

7. 在16×16点阵的汉字字库中，存储每个汉字的点阵信息所需的字节数是____________。

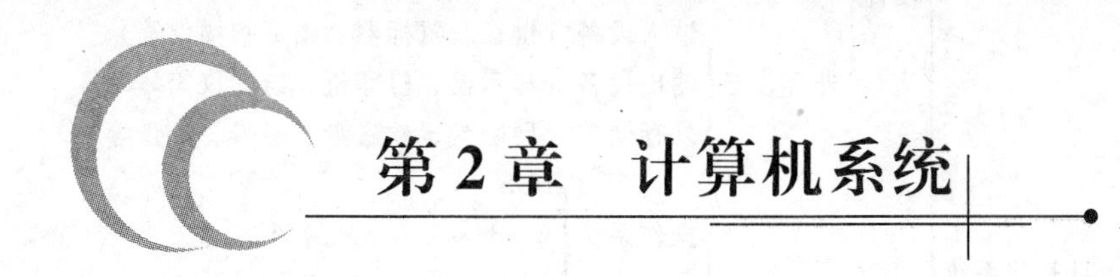

第2章 计算机系统

完整的计算机系统由两大部分组成，即硬件系统和软件系统。所谓硬件，是指构成计算机的物理设备，由机械、电子器件构成的具有输入、存储、计算、控制和输出功能的实体部件。软件又称“软设备”，广义地说软件是指系统中的程序以及开发、使用和维护程序所需的所有文档的集合。我们平时讲到“计算机”一词，是指含有硬件和软件的计算机系统。本章主要介绍计算机的基本工作原理、计算机的硬件系统及其各部件组成和计算机软件系统及部分常用工具软件。

2.1 计算机系统及其工作原理

2.1.1 计算机系统组成

计算机系统由硬件和软件两部分组成。硬件是软件建立和依托的基础，软件是计算机系统的灵魂。没有软件的硬件即“裸机”是一堆废物，不能供用户直接使用。没有硬件对软件的物质支持，软件的功能则无从谈起。所以，把计算机系统当做一个整体来看，它既包括硬件，也包括软件，二者不可分割，硬件和软件相互结合才能充分发挥电子计算机系统的功能。计算机系统组成如图2-1所示。

2.1.2 计算机工作原理

计算机的基本原理是存储程序和程序控制。预先要把指挥计算机如何进行操作的指令序列（称为程序）和原始数据通过输入设备输送到计算机内存储器中。每一条指令中明确规定了计算机从哪个地址取数，进行什么操作，然后送到什么地址去等步骤。

计算机在运行时，先从内存中取出第一条指令，通过控制器的译码，按指令的要求，从存储器中取出数据进行指定的运算和逻辑操作等加工，然后再按地址把结果送到内存中去。接下来，再取出第二条指令，在控制器的指挥下完成规定操作。依此进行下去，直至遇到停止指令。

程序与数据一样存储，按程序编排的顺序，一步一步地取出指令，自动地完成指令规定的操作是计算机最基本的工作原理。这一原理最初是由美籍匈牙利数学家冯·诺伊曼于1945年提出来的，故称为冯·诺伊曼原理。

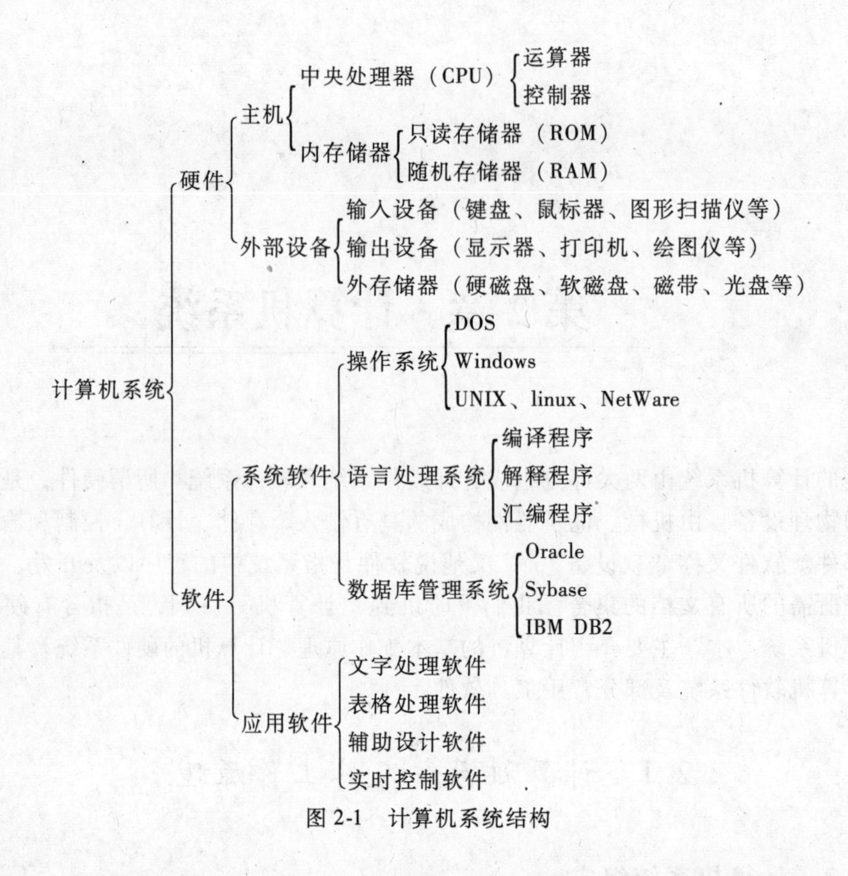

图 2-1　计算机系统结构

按照冯·诺伊曼存储程序的原理，计算机在执行程序时须先将要执行的相关程序和数据放入内存储器中，在执行程序时 CPU 根据当前程序指针寄存器的内容取出指令并执行指令，然后再取出下一条指令并执行，如此循环下去直到程序结束指令时才停止执行。其工作过程就是不断地取指令和执行指令的过程，最后将计算的结果放入指令指定的存储器地址中。计算机工作过程中所要涉及的计算机硬件部件有内存储器、指令寄存器、指令译码器、计算器、控制器、运算器和输入/输出设备等。其工作原理如图 2-2 所示。

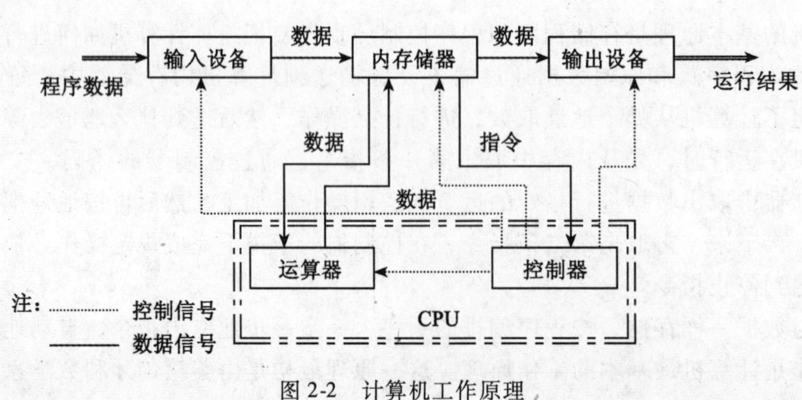

图 2-2　计算机工作原理

2.2　计算机硬件系统

2.2.1　计算机硬件系统概述

计算机硬件系统一般由运算器、控制器、存储器、输入设备和输出设备五个部分组成，也称为计算机的五大部件。

当前大部分计算机，特别是微型计算机各部件之间是用总线（BUS）相连接。这里所说的总线是指系统总线。系统总线指 CPU、存储器与各类 I/O 设备之间相互交换信息的总线。如图 2-3 所示。

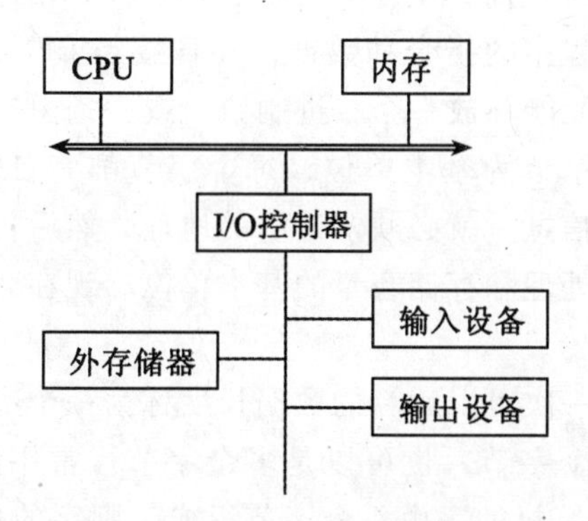

图 2-3　计算机的总线结构

各部件之间传输的信息可分为三种类型：数据（包括指令）、地址和控制信号。在总线中负责部件之间传输数据的一组信号称数据线；负责指出数据存放的存储位置的一组信号线称为地址线；在传输信息时起控制作用的一组控制信号线称为控制线。因此系统总线有三类：数据总线、地址总线和控制总线。

总线涉及各部件之间的接口和信号交换规程，它与计算机系统对硬件结构的扩展和各类外部设备的增加有着密切的关系。因此总线在计算机的组成与发展过程中起着重要的作用。

1. 运算器

运算器又称算术逻辑单元 ALU（Arithmetic Logic Unit）是计算机对数据进行加工处理的部件，它的主要功能是对二进制数码进行加、减、乘、除等算术运算和与、或、非等基本逻辑运算，实现逻辑判断。运算器在控制器的控制下实现其功能，运算结果由控制器指挥送到内存储器中。

2. 控制器

控制器是对输入的指令进行分析，并统一控制计算机的各个部件完成一定任务的部件。它一般由指令寄存器、状态寄存器、指令译码器、时序电路和控制电路组成。计算机的工作方式是执行程序，程序就是为完成某一任务所编制的特定指令序列，各种指令操作按一定的时间关系有序安排，控制器产生各种最基本的不可再分的微操作的命令信号，即微命令，以指挥整个计算机有条不紊地工作。当计算机执行程序时，控制器首先从指令指针寄存器中取得指令的地址，并将下一条指令的地址存入指令寄存器中，然后从存储器中取出指令，由指令译码器对指令进行译码后产生控制信号，用以驱动相应的硬件完成指纹操作。简言之，控制器就是协调指挥计算机各部件工作的元件，它的基本任务就是根据种类指纹的需要综合有关的逻辑条件与时间条件产生相应的微命令。

3. 存储器

存储器具有记忆功能，用来保存信息，如数据、指令和运算结果等。

存储器可分为以下两种：

(1) 内存储器（简称内存或主存）

内存储器也称主存储器（简称主存），它直接与 CPU 相连接，存储容量较小，但速度快，用来存放当前运行程序的指令和数据，并直接与 CPU 交换信息。内存储器由许多存储单元组成，每个单元能存放一个二进制数，或一条由二进制编码表示的指令。

存储器的存储容量以字节为基本单位，每个字节都有自己的编号，称为“地址”，如要访问存储器中的某个信息，就必须知道它的地址，然后再按地址存入或取出信息。

字节是计算机中数据处理和存储容量的基本单位。现在微型计算机主存容量大多数在 G 字节以上。

计算机处理数据时，一次可以运算的数据长度称为一个“字”(Word)。字的长度称为字长。一个字可以是一个字节，也可以是多个字节。常用的字长有 8 位、16 位、32 位、64 位等。如某一类计算机的字由 4 个字节组成，则字的长度为 32 位，相应的计算机称为 32 位机。

(2) 外存储器（简称外存或辅存）

外存储器又称辅助存储器（简称辅存），它是内存的扩充。外存存储容量大，价格低，但存储速度较慢，一般用来存放大量暂时不用的程序、数据和中间结果，需要时，可成批地和内存储器进行信息交换。外存只能与内存交换信息，不能被计算机系统的其他部件直接访问。常用的外存有磁盘、磁带、光盘等。

4. 输入/输出设备

输入/输出设备简称 I/O（Input/Output）设备。用户通过输入设备将程序和数据输入计算机，通过输出设备将计算机处理的结果（如数字、字母、符号和图形）显示或打印出来。常用的输入设备有：键盘、鼠标器、扫描仪、数字化仪等。常用的输出设备有：显示器、打印机、绘图仪等。

人们通常把内存储器、运算器和控制器合称为计算机主机。而在主机中，把运算器、控制器做在一个大规模集成电路上称为中央处理器，又称 CPU（Central Processing Unit）。也可以说主机是由 CPU 与内存储器组成的。主机以外的装置称为外部设备，外部设备包括输入设备、输出设备和外存储器等。

2.2.2 中央处理器

微型计算机的中央处理器（CPU）习惯上称为微处理器（Microprocessor），是微型计算机的核心。CPU 主要由运算器、控制器、寄存器等组成。运算器按控制器发出的命令来完成各种操作。控制器是规定计算机执行指令的顺序，并根据指令的信息控制计算机各部分协同动作。控制器指挥机器各部分工作，完成计算机的各种操作。

微处理器的类型（字长）与主频（Hz）是 PC 机最主要的性能指标（决定 PC 机的基本性能），主频愈高，则 PC 机的运行速度就愈高。当然它只是微机系统的重要组成部分，但本身不构成独立的工作系统，因而也不能独立地执行程序。

微处理器的历史可追溯到 1971 年，当时 Intel 公司推出了世界上第一台微处理器 4004。它是用于计算器的 4 位微处理器，含有 2300 个晶体管，时钟频率为 1MHz。经过将近 40 年的发展，目前广泛使用的微处理器主要有：Intel 公司的酷睿 2、酷睿 i3 ~ i7 系列，AMD 公司的速龙系列、弈龙系列等，这些微处理器均为多核心处理器，从两核到四核不等。目前，Intel 公司和 AMD 公司都已经推出了自己的六核 CPU，如图 2-4 所示，每个核心拥有 3GHz 左右的主频，集成度达到了 11.7 亿个晶体管。

(a) AMD 6核CPU phenom IIX6 1055T

(b) Intel 6核CPU Core i7 980X

图 2-4　六核 CPU

2.2.3　内存储器

微机的存储器分为内存和外存两种，其中内存又分主存和高速缓存，以字节为单位。在计算机中内存相当于人的大脑，外存相当于人用的记事本。

微机的内存是保存记忆或用来存放处理程序、待处理数据及运算结果的部件。内存根据基本功能分为只读存储器 ROM（Read Only Memory）和随机存储器 RAM（Random Access Memory）两种。还有为了解决 CPU 和内存之间速度不匹配问题而设计的高速缓冲存储器，简称“高速缓存”(Cache)。

1. 只读存储器 ROM

只读存储器 ROM 是一种只能读出不能写入的存储器，其信息通常是厂家制造时在脱机情况或者非正常情况下写入的。ROM 的最大特点是在掉电后信息也不会消失，因此常用 ROM 来存放至关重要的、经常要用到的程序和数据，如监控程序等，只要一接通电源，需要时就可调入 ROM，即使发生电源中断，也不会破坏存储的程序。目前虽推出了可擦写的 EPROM、EEPROM（或 E2PROM），而 EEPROM 也受到用户的欢迎，但其可靠性不如 ROM。

2. 随机存储器 RAM

随机存储器 RAM 可随时进行读出和写入，是对信息进行操作的场所（是计算机的工作区域）。因为 RAM 空间越大，计算机所能执行的任务越复杂，相应地计算机的功能越强。因此，人们总要求存储容量再大一些，速度再快一些，价格则再低一些。

RAM 在工作时用来存放用户的程序和数据，也可以存放临时调用的系统程序，在关机后 RAM 中的内容自动消失，且不可恢复。如需要保存信息，则必须在关机前把信息先存储在磁盘或其他外存储介质上。

RAM 分双极型（TTL）和单极型（MOS）两种。微机使用的主要是单极型的 MOS 存储器，它又分静态存储器（SRAM）和动态存储器（DRAM）两种。

常规内存、扩展内存和扩充内存都属于 DRAM。现在我们常说的 DDR 内存条（如图 2-5 所示）严格地说应该叫 DDR SDRAM。SDRAM 即 Synchronous Dynamic Random Access Memory，同步动态随机存储器，DDR 是 Double Data Rate SDRAM 的缩写，是双倍速率同步动态随机存储器的意思。SDRAM 从开始发展到现在已经经历了四代，分别是：第一代 SDR SDRAM，第二代 DDR SDRAM，第三代 DDR2 SDRAM，第四代 DDR3 SDRAM（显卡上的 DDR 已经发展到 DDR5）。虽然基本内存还是 640 KB，但 CPU 可直接存取的内存可达 64GB。动态 RAM 容量还可以扩展。通过在主板上的存储器槽口插入内存条，可增加扩展内存，其内存条数量取决于 CPU 的档次和系统主板的结构。现在广泛使用的微机内存多为 1 ~4GB 不等。

图 2-5　DDR3 2GB 内存

静态 RAM 的速度较 DRAM 快 2 ~3 倍，但由于它每一位需要用 6 个 MOS 管才行，因而价格贵，容量小，常用来作为高速缓存 Cache。

3. 高速缓存 Cache

高速缓存 Cache 在逻辑上位于 CPU 和内存之间，其运算速度高于内存而低于 CPU。Cache 一般采用 SRAM，同时内置于 CPU。随着微机 CPU 工作频率的不断提高，而 RAM 的读写速度相对较慢，为解决内存速度与 CPU 速度不匹配，从而影响系统运行速度的问题，在 CPU 与内存之间设计了一个容量较小（相对主存）但速度较快的高速缓冲存储器 Cache。CPU 访问指令和数据时，先访问 Cache，如果目标内容已在 Cache 中（这种情况称为命中），CPU 则直接从 Cache 中读取，否则为非命中，CPU 就从主存中读取，同时将读取的内容存于 Cache 中。Cache 可看成是主存中面向 CPU 的一组高速暂存存储器。这种技术早期在大型计算机中使用，现在广泛应用在微机中，使微机的性能大幅度提高。随着CPU的速度越来越快，系统主存越来越大，Cache的存储容量也由早期的以KB为单位的容量扩大到现在的MB，且都采用了多级缓存方式。上面介绍到的六核CPU中的三级缓存已达到了12MB。但要注意的是，Cache的容量并不是越大越好，过大的Cache会降低CPU在Cache中查找的效率。

2.2.4　外存储器

外存储器又称辅助存储器。外存储器主要由磁表面存储器、光盘存储器和半导体存储器等设备组成。磁表面存储器可分为磁盘、磁带两大类。

1. 软磁盘存储器

软磁盘（Floppy Disk）简称软盘。软磁盘是一种涂有磁性物质的聚酯塑料薄膜圆盘。在磁盘上信息是按磁道和扇区来存放的，软磁盘的每一面都包含许多看不见的同心圆，盘上一组同心圆环形的信息区域称为磁道，它由外向内编号。每道被划分成相等的区域，称为扇区。软盘只有插入软盘驱动器中才能工作。软盘是存储介质，软盘驱动器简称软驱，是微机存取软盘上的数据必需的设备（是读写装置，由机械转动装置和读写磁头两部分组成）。由于软盘容量小，数据存取速度慢等缺点，现在微机中已经基本不被使用。

2. 硬磁盘存储器

硬磁盘存储器（Hard Disk）简称硬盘。硬盘由涂有磁性材料的合金圆盘、读写磁头、传动装置等组成，它们被密封在一个金属体中，是微机系统的主要外存储器（或称辅存）。如图2-6所示。硬盘按盘径大小可分为3.5英寸、2.5英寸、1.8英寸等。现在大多数微机上使用的硬盘是3.5英寸的。容量一般为数十兆位至数吉位（GB），2010年已经推出了5000G硬盘，等同半个人脑存储量。目前个人使用的微机硬盘配置为250G到1T不等。

图2-6　硬盘结构

硬盘有一个重要的性能指标是存取速度。影响存取速度的因素有：平均寻道时间、数据传输率、盘片的旋转速度和缓冲存储器容量等。一般来说，转速越高的硬磁盘寻道的时间越短而且数据传输率也越高。

一个硬盘由一个或多个盘片组成，盘片的每一面都有一个读写磁头。硬盘在使用时，要对盘片格式化成若干个磁道（称为柱面），每个磁道再划分为若干个扇区。

目前，除了上述传统的机械式硬盘外还有固态硬盘。如图2-7所示。固态硬盘SSD（Solid State Disk、IDE FLASH DISK、Serial ATA Flash Disk）是由控制单元和存储单元（FLASH芯片）组成，简单地说就是用固态电子存储芯片阵列而制成的硬盘（目前最大容量为1TB），固态硬盘的接口规范和定义、功能及使用方法上与普通硬盘的完全相同，在产品外形和尺寸上也完全与普通硬盘一致，包括3.5"，2.5"，1.8"多种类型。由于固态硬盘没有普通硬盘的旋转介质，因而抗震性极佳，同时工作温度很宽，扩展温度的电子硬盘可工作在-45～+85℃。广泛应用于军事、车载、工控、视频监控、网络监控、网络终端、电力、医疗、航空、导航设备等领域。

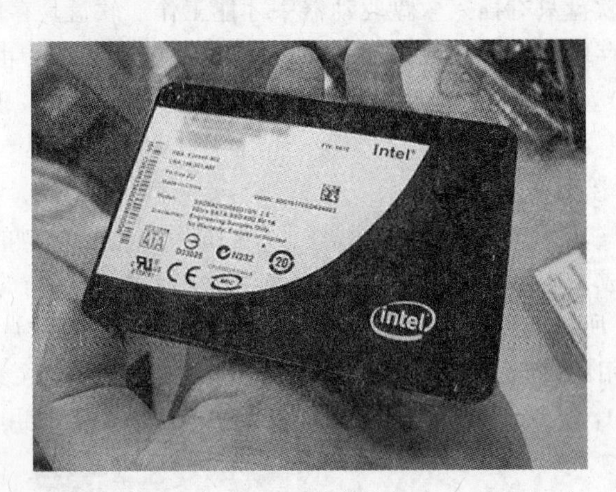

图2-7　固态硬盘

3. 磁带存储器

磁带存储器也称为顺序存取存储器SAM（Sequential Access Memory），即磁带上的文件依次存放。磁带存储器存储容量很大，但查找速度慢，在微型计算机上一般用做后备存储装置，以便在硬盘发生故障时，恢复系统和数据。计算机系统使用的磁带机有三种类型：盘式磁带机（过去大量用于大型主机或小型机）、数据流磁带机（目前主要用于微型机或小型机）、螺旋扫描磁带机（原来主要用于录像机，最近也开始用于计算机）。

4. 光盘存储器

光盘（Optical Disk）存储器是一种利用激光技术存储信息的装置。光盘的特点如下：

①存储容量大。

一张普通CD-ROM的盘片容量达650MB，一张DVD ROM的单面单层盘片容量达

4.7GB，双面或双层的 DVD ROM 盘片容量达 9.4GB。而现在最新的蓝光光盘（Blu-ray Disc，缩写为 BD）是最先进的大容量光碟格式，BD 激光技术的巨大进步，使我们能够在一张单碟上存储 25GB 的文档文件，这是现有（单碟）DVD 的 5 倍。在速度上，蓝光允许 1～2 倍或者说每秒 4.5～9 兆的记录速度。

②可靠性高。

信息保留寿命长，可用做文献档案、图书管理和多媒体等方面的应用。

③读取速度快。

④单位价格低。

⑤携带方便。

目前用于计算机系统的光盘有三类：只读型光盘、一次写入型光盘和可擦写型光盘。

- 只读型光盘的特点是由厂家将信息写入光盘，用户使用时将其中的信息读出，用户本身无法对其进行写操作。
- 一次写入型光盘本身未经过信息的刻入，用户使用时可以进行一次写入、多次读出，进行快速检索，并可代替磁盘等作为计算机的后援助装置。
- 可擦写型光盘又称“可重写光盘”或“可抹型光盘”(Erasable Optical Disk)。主要有三种类型：磁光型、相变型、染料聚合型。目前在计算机系统中使用的是磁光型（Magneto Optic disk）可擦写光盘，简称“MO”。

可重写光驱具有可换性、高容量和随机存取等优点。但目前价格较贵、速度较慢。另外，一般机器上配置的光驱只能读取光盘（即只读光驱），要想将数据存入到光盘中，就必须要使用具有对光盘的读写功能的光盘刻录机。光盘刻录机与只读光驱在外观上没有什么差异。光盘刻录机是一种数据写入设备，利用激光将数据写到空光盘上从而实现数据的储存。其写入过程可以看做普通光驱读取光盘的逆过程。目前，光盘刻录机及其配套产品的技术已非常成熟，平均无故障时间差不多都在 10 万小时以上，价格也降到可接受的范围，刻录速度也在提高（刻录一张 4.7GM 的 DVD-R 盘片只需 6 分钟），可达 16 倍速。随着刻录速度的进一步提高和价格的进一步平民化，刻录机将与电脑如影随形，极大地改善人们的信息存储习惯和方式，并成为建立数字化家庭的又一个重要工具。

5. USB 闪存存储器

闪存存储器（Flash Memory）是一种用于存储信息的小设备。如图 2-8 所示。USB 闪存驱动器插入计算机 USB 端口，然后就可以来回复制信息，使得信息的共享和传输变得轻松。USB 闪存已经成为移动存储市场的主流产品。与传统的移动存储产品——软盘相比，它容量大、体积小、重量轻，身材仅打火机般大，目前常用容量一般在 1～32GB 之间。

闪存的特点如下：

①无需驱动器和额外电源，只需从其采用的标准 USB 接口总线取电，可热拔插，真正即插即用。

②通用性强，读写速度快，容量大。

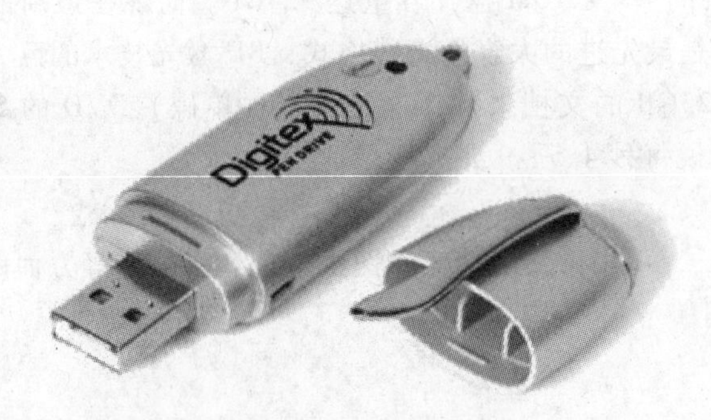

图 2-8　闪存存储器

③体积小，轻巧精致，美观时尚，易于携带。

④抗震防潮，耐高温，可带写保护，稳定可靠。

2.2.5　输入设备

计算机的输入装置有扫描仪、语音输入设备、手写输入装置、条形码输入器、触摸屏、键盘和鼠标等。目前广泛使用的还是键盘和鼠标，其次是扫描仪。

1. 键盘

(1) 键盘的分类

微机传统键盘是 101 键/102 键。为了适应网络与其他计算机连接的需要，已增加到 104/105 键。键盘是通过键盘连线插入主板上的键盘接口与主机相连接的。

键盘按键大体分为机械式按键与电子式按键两类，电子式按键又分电容式和霍尔效应两种。机械式键盘的优点是信号稳定，不受干扰。缺点是触点容易磨损，击键后弹簧会产生颤动。电容式键盘的触感好，使用灵活，操作省力。

(2) 键盘的结构

通常键盘由三个部分组成，如图 2-9 所示。

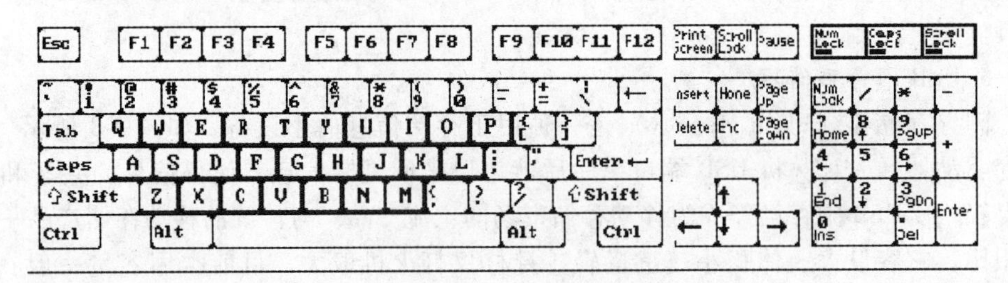

图 2-9　键盘结构

① 功能键（Function Keys）F1 ~ F12 共 12 个。在不同的软件系统环境下定义功能键的作用也不同。用户可根据软件的需要自己加以定义。

② 打字机键盘区（又称英文主键盘区、字符键区，Type Writer）具有标准英文打

字机键盘的格式，还有一些特殊的符号键，包括字母键、数字键、运算符号键、特殊符号键！@#$%^&_[]|,.;:"'；等、特定功能符号键，以及管道符“|”。

注意：Ctrl、Alt 和 Shift 三个键不能单独使用，需与其他一些键配合使用（尤以 Ctrl 键用得最多），完成一些特殊的功能，称为组合键。当 Ctrl 键与别的字母键组合时，一般简记为^。如 Ctrl+P 可以简记为^P。

③ 数字键区（Numberic Keyed，又称副键盘区）在键盘右边，其中 NumLock 键为数字锁定键，用于切换方向键与数字键的功能。数字小键盘区的光标移动键、插入和删除键均集中于此，便于编辑操作。

以上所讲的是 IBM PC 机的键盘在 Windows 操作系统环境下所显示的功能。其他类型的键盘在布局上可能略有不同，使用键盘前应弄清各键的作用。

2. 鼠标

鼠标（Mouse）因其外观像一只拖着长尾巴的老鼠而得名，出现于 1963 年。

鼠标又称为鼠标器，也是微机上的一种常用的输入设备，是控制显示屏上光标移动位置的一种指点式设备。在软件支持下，通过鼠标器上的按钮，向计算机发出输入命令，或完成某种特殊的操作。利用它可方便地指定光标在显示器屏幕上的位置，对屏幕上较远距离光标的移动，比用键盘上光标移动键移动光标方便得多。使用鼠标使对计算机的某些操作变得更容易、更有效、更有趣味。鼠标与键盘的功能各有长短，宜混合使用。

目前常用的鼠标器有：机械式和光电式两类。机械式鼠标底部有一滚动的橡胶球，可在普通桌面上使用，滚动球通过平面上的滚动把位置的移动变换成计算机可以理解的信号，传给计算机处理后，即可完成光标的同步移动。光电式鼠标有一光电探测器，要在专门的反光板上移动才能使用。平板上有精细的网格作为坐标，鼠标的外壳底部装着一个光电检测器，当鼠标滑过时，光电检测根据移动的网格数转换成相应的电信号，传给计算机来完成光标的同步移动。

鼠标也可分为有线与无线两类。无线鼠标以红外线遥控，遥控距离一般限在 2m 以内。

鼠标的主要性能指标是其分辨率（指每移动 1 英寸所能检出的点数 dpi），目前鼠标的分辨率为 400～1000dpi（一些品牌的旗舰产品超过 5000dpi）。鼠标的按钮数为 1～3 个。选择时除了考虑分辨率和传送速率外，还应从它的大小、外形、颜色、按钮数目、操作手感及价格等方面来考虑。

鼠标的安装在 PC 机上常用的接口有两种：PS/2 接口和 USB 接口（一般称为圆口和方口）。

3. 图形扫描仪

图形扫描仪（Canner）是图形、图像的专用输入设备。利用它可以迅速地将图形、图像、照片、文本从外部环境输入到计算机中。

目前使用最普遍的是由 CCD（Charge-Coupled Device，电荷耦合器件）阵列组成的电子扫描仪。这种扫描仪可分为平板式扫描仪和手持式扫描仪两类。若按灰度和彩色来分，有二值化扫描仪、灰度扫描仪和彩色扫描仪三种。

CCD 扫描仪的主要性能指标如下：

①扫描幅面

即对原稿尺寸的要求，台式扫描幅面一般可达 8.5 英寸×14 英寸（A4）。

②分辨率

即每英寸扫描的点数（dpi）为 600～2000dpi。

③灰度层次

即灰度扫描仪可达灰度级别，目前有 16 层、64 层及 256 层（位数分别为 4bit、6bit 和 8bit）。

④扫描速度

依赖于每行感光的时间，一般在 3～30ms 的范围。

2.2.6 输出设备

输出设备的主要作用是把计算机处理的数据、计算结果等内部信息转换成人们习惯接受的信息形式（如字符、图像、表格、声音等）送出或以其他机器所能接受的形式输出，常见的有显示器、打印机、绘图仪等。

1. 显示器

显示器是电脑的窗口，由监视器（Monitor）和显示控制适配器（Adapter，又称显示卡或显卡）两部分组成，用于显示电脑输出的各种数据，将电信号转换成可以直接观察到的字符、图形或图像。常说的显示器是指监视器。

分辨率、彩色数目及屏幕尺寸是显示器的主要指标。

显示器是用光栅来显示输出内容，光栅的像素应越小越好，光栅的密度越高，即单位面积的像素越多，分辨率越高，显示的字符或图形也就越清晰细腻。常用的分辨率有：800×600、1024×768、1280×1024 等。像素色度的浓淡变化称为灰度。

显示器按颜色分为单色显示器（又称单显）和彩色显示器（又称彩显）两种。单显一般使用黑白两色，分辨率比普通的电视机高得多。彩显既可以显示字符，又可以显示图形，五彩缤纷，赏心悦目，但显示精度却不如单显；按屏幕的对角线尺寸可分为 17 英寸、19 英寸、21 英寸和 22 英寸等几种；按其显示器件可分为阴极射线管（CRT）显示器和液晶（LCD）显示器。近几年，随着液晶显示器技术的不断发展，加上其体积小、无辐射、能耗小等优点，目前微机普遍采用的是液晶显示器，而取代了以前的阴极射线管显示器。

显示器必须配置正确的显卡，才能构成完整的显示系统。

显卡全称显示接口卡（Video Card，Graphics Card），又称为显示适配器（Video Adapter），显示器配置卡简称为显卡，是个人电脑最基本组成部分之一。显卡的用途是将计算机系统所需要的显示信息进行转换驱动，并向显示器提供行扫描信号，控制显示器的正确显示，是连接显示器和个人电脑主板的重要元件，是“人机对话”的重要设备之一。显卡作为电脑主机里的一个重要组成部分，承担输出显示图形的任务，对于从事专业图形设计的人来说显卡非常重要。民用显卡图形芯片供应商主要包括 AMD（ATI）和 Nvidia 两家。

早期的显示卡类型有：VGA（Video Graphics Array）视频图形阵列显示卡、SVGA（Super VGA）超级 VGA 卡、AGP（ Accelerate Graphics Porter）显示卡。目前最常用的显卡是采用 PCI Express（简称 PCI-E）总线接口的显示卡。相比 AGP 显示卡，其数据传输速率更高，显示性能更加优良。

显示芯片 GPU（Graphic Processing Unit，图形处理器）的型号，显存的容量、类型等是显卡的主要指标。

2. 打印机

打印机是计算机最常用的输出设备，可以提供用户保存计算机处理的结果，也是各种智能化仪器的主要输出设备之一。目前微机系统中常用的针式打印机（又称点阵打印机）属于击打式打印机；非击打式打印机是靠电磁作用实现打印的，它没有机械动作，分辨率高，打印速度快，有喷墨、激光、光纤、热敏、静电以及发光二极管等方式的打印机。

（1）点阵式打印机

点阵式打印机打印的字符和图形是以点阵的形式构成的。它的打印头由若干根打印针和驱动电磁铁组成。打印时使相应的针头接触色带击打纸面来完成。目前使用较多的是 24 针打印机。

针式打印机的主要特点是价格便宜，使用方便，但打印速度较慢，噪音大。

（2）喷墨打印机

喷墨打印机是直接将墨水喷到纸上来实现打印。喷墨打印机价格低廉、打印效果较好，较受用户欢迎，但喷墨打印机使用的纸张要求较高，墨盒消耗较快。

（3）激光打印机

激光打印机是激光技术和电子照相技术的复合产物。激光打印机的技术来源于复印机，但复印机的光源是用灯光，而激光打印机用的是激光。由于激光光束能聚焦成很细的光点，因此激光打印机能输出分辨率很高的色彩好的图形。

激光打印机正以速度快、分辨率高、无噪音等优势逐步进入微机外设市场，但价格稍高。

3. 绘图仪

绘图仪（Plotter）是一种输出图形的硬拷贝设备。绘图仪在绘图软件的支持下绘制出复杂、精确的图形，是各种计算机辅助设计（CAD）不可缺少的工具。

绘图仪有笔式、喷墨式和发光二极管（LED）三类。目前使用最为广泛的是笔式绘图仪。

绘图仪的性能指标主要有：绘图笔数、图纸尺寸、分辨率、接口形式及绘图语言等。

4. 数码相机

数码相机的英文全称是 Digital Still Camera（DSC），简称 Digital Camera（DC），是数码照相机的简称，又名数字式相机。数码相机是一种利用电子传感器把光学影像转换成电子数据的照相机。按用途可分为单反相机、卡片相机、长焦相机和家用相机等。

数码相机将“照片”进行数字化存储，使用户能直接利用计算机对图像进行浏览、编辑和处理。它具有即时拍摄、数字化存储、简便浏览等优点。

5. 数码摄像机

数码摄像机就是DV，DV是Digital Video的缩写，译成中文就是“数字视频”的意思，它是由索尼（SONY）、松下（PANASONIC）、JVC（胜利）、夏普（SHARP）、东芝（TOSHIBA）和佳能（CANON）等多家著名家电巨擘联合制定的一种数码视频格式。然而在绝大多数场合，DV则是代表数码摄像机。

数码摄像机通过感光元件（CCD或CMOS）将光信号转变成电流，再将模拟电信号转变成数字信号，由专门的芯片进行处理和过滤后，得到的信息还原出来就是我们看到的动态画面了。它具有清晰度高、色彩纯正、无损复制等优点。

2.2.7 主板

主板（如图2-10所示），又叫主机板（Mainboard）、系统板（Systemboard）或母板（Motherboard）；它安装在机箱内，是微机最基本的也是最重要的部件之一。主板一般为矩形电路板，上面安装了组成计算机的主要电路系统，一般有BIOS芯片、I/O控制芯片、键盘和面板控制开关接口、指示灯插接件、扩充插槽、主板及插卡的直流电源供电接插件等元件。

在电路板下面，是错落有致的电路布线；在上面，则为棱角分明的各个部件：插槽、芯片、电阻、电容等。当主机加电时，电流会在瞬间通过CPU、南北桥芯片、内存插槽、显卡插槽、PCI插槽、硬盘接口以及主板边缘的串口、并口、PS/2接口等。随后，主板会根据BIOS（基本输入输出系统）来识别硬件，并进入操作系统发挥出支撑系统平台工作的功能。

主板采用了开放式结构。主板上大多有6~8个扩展插槽，供PC机外围设备的控制卡（适配器）插接。通过更换这些插卡，可以对微机的相应子系统进行局部升级，使厂家和用户在配置机型方面有更大的灵活性。总之，主板在整个微机系统中扮演着举足轻重的角色。可以说，主板的类型和档次决定着整个微机系统的类型和档次，主板的性能影响着整个微机系统的性能。

2.2.8 微型计算机的主要技术指标

1. CPU类型

CPU类型是指微机系统所采用的CPU芯片型号，它决定了微机系统的档次。

2. 字长

字长是指CPU一次最多可同时传送和处理的二进制位数，字长直接影响到计算机的功能、用途和应用范围。如Pentium是64位字长的微处理器，即数据位数是64位，而它的寻址位数是32位。

3. 时钟频率和机器周期

时钟频率又称主频，它是指CPU内部晶振的频率，目前常用单位为GHz，它反映了CPU的基本工作节拍。一个机器周期由若干个时钟周期组成，在机器语言中，使用执行一条指令所需要的机器周期数来说明指令执行的速度。一般使用CPU类型和时钟

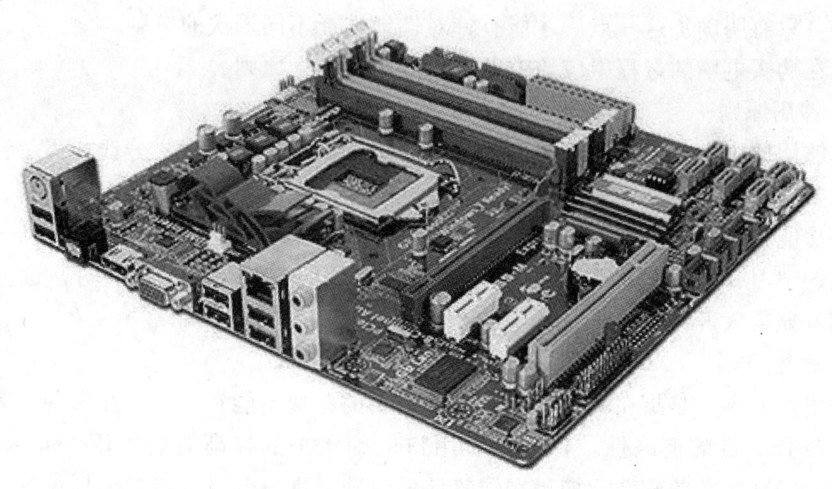

图 2-10　主板

频率来说明计算机的档次。

4. 运算速度

运算速度是指计算机每秒能执行的指令数。单位有 MIPS（每秒百万条指令）、MFLOPS（秒百万条浮点指令）。

5. 存取速度

存取速度是指存储器完成一次读取或写存操作所需的时间，称为存储器的存取时间或访问时间。完成连续两次读或写所需要的最短时间，称为存储周期。对于半导体存储器来说，存取周期大约为几十到几百毫秒之间。它的快慢会影响到计算机的速度。

6. 内、外存储器容量

内存储器容量是指内存存储容量，即内储存器能够存储信息的字节数。外存储器是可将程序和数据永久保存的存储介质，可以说其容量是无限的。如硬盘已是微机系统中不可缺少的外部设备。迄今为止，所有的计算机系统都是基于冯·诺伊曼存储程序原理的。内、外存容量越大，所能运行的软件功能就越丰富。CPU 的高速度和外存储器的低速度是微机系统工作过程中的主要瓶颈现象，不过由于硬盘的存取速度不断提高，目前这种现象已有所改善。

2.2.9　微型计算机的选购

随着计算机知识的不断普及和计算机应用领域的不断延伸，越来越多的电脑已经或是即将摆到寻常百姓的书桌上。相信不久的将来，电脑会像电视机一样成为每个家庭不可缺少的一部分。那么如何才能选择一台称心如意的电脑呢？这是很多用户特别是那些准备购置家用电脑的用户们非常关注的一个问题。

1. 选购原则

选购家用电脑首先要做的是需求分析，应做到心中有数、有的放矢。用户在购买电脑之前一定要明确自己购买电脑的用途，也就是说究竟想让电脑做什么工作、具备什么样的功能。只有明确了这一点后才能有针对性地选择不同档次的电脑。

用户在购买电脑的过程中应该遵循够用和耐用两个原则。

（1）够用原则

所谓够用原则，是指在满足使用的同时要精打细算，节约每一分钱，买一台能满足自己使用要求的电脑即可。不要花大价钱去选那些配置高档、功能强大的电脑，这些电脑的一些功能也许对用户来说根本就没有用。例如用户使用电脑只是打打字、上上网、听听音乐、学习一些常用软件之类的，那么3000元的电脑配置足以应对，选择七八千元的电脑就显得太奢侈了。

（2）耐用原则

所谓耐用原则，是指在精打细算的同时必要的花费不能省，用户在做购机需求分析的时候要具有一定的前瞻性。也许随着用户电脑水平的提高需要使用 Photoshop、3ds max、Auto CAD 之类的软件，如果在配置低的电脑上进行升级肯定是不划算的，为此需要在选购电脑的时候选择那些配置档次较高的、功能较强大的以备后用。这个问题对于学生来说尤为突出。

2. 选购过程中的两种错误观点

（1）一步到位的观点

计算机技术日新月异，其发展的速度非常迅速，因此购买电脑不可能一步到位。你今天购买的电脑可能是市面上最先进的了，或许明天就会出现更为先进的电脑。一些用户买电脑总想要最先进的、最高档的。但是当今社会计算机技术的发展速度是非常快的，今天的先进技术可能不出一年或更短的时间就会变成落后的技术，因此用户今天购买的电脑也许是市面上最先进的，但或许过不了多久就会变成配置一般的电脑了。

在计算机领域遵循的自然规律是“摩尔定律”，即每18个月为一个周期，每个周期计算机性能提高一倍，价格下降一半。

（2）等等再买的观点

有的用户认为，计算机的价格降得很快，迟一些可能会买到性能更好、价格更低的电脑。但是需要注意的是：电脑发展是遵循“摩尔定律”的，低价和高价只是相对的。另外电脑只是一种工具，早些使用也就早给用户带来方便，使用户早些受益。

所以用户在选购计算机的时候首先不要盲目地追求高档次，其次也不要过分地期待降价，这一点在选购的过程中要多加注意。

3. 选购过程中需要注意的问题

用户在选择家用机的时候还需要注意以下几个小问题。

（1）重价格、轻品牌

有些用户在选购的时候往往过分地看重价格因素而忽视计算机的品牌。知名品牌的产品虽然价格贵一些，但是无论是产品的技术、品质性能还是售后服务等都是有保证的。而杂牌产品为了降低产品的成本，通常会使用一些劣质的配件，其品质甚至还没有兼容机的好，并且它的售后服务更是没有任何保障。

（2）重配置、轻品质

多数购买电脑的用户往往只关心诸如CPU的档次、内存容量的多少、硬盘的大小等硬件的指标，但对于一台电脑的整体性能却视而不见。CPU的档次、内存的多少、硬盘的大小只是局部的参考标准，只有电脑中的各种配件的完美整合，也就是说组成电脑的各种配件能够完全兼容并且各种配件都能充分地发挥自己的性能，这样的电脑才是一台物有所值的电脑。

（3）重硬件、轻服务

与普通的家电产品相比，电脑的售后服务显得更为重要，因为电脑像其他电器一样会出现问题。所以用户在选购电脑的时候，售后服务问题应该放到重要的位置上来考虑（特别是那些对电脑不是很了解的用户）。电脑的整体性能是集硬件、软件和服务于一体的，服务在无形中影响着计算机的性能。用户在购买电脑之前，一定要问清楚售后服务条款再决定是否购买。说得具体一些，尽管现在计算机售后服务有“三包”约束，但是各厂家的售后服务各有特色、良莠不齐，对此用户一定要有明确的了解。

一些杂牌计算机生产厂商相比品牌厂商而言，它们的存在时间较短、更容易倒闭，一旦它们倒闭后售后服务将无从谈起。

4. 品牌机与兼容机对比

一直以来，在电脑市场上品牌机和兼容机的大战就没有停歇过。品牌机是由正规的电脑厂商生产、带有全系列服务的电脑整机。而兼容机主要是消费者本人（或者委托他人）进行电脑配件采购后动手组装的机器。

品牌机和兼容机各有千秋，用户可以根据自己的需要进行选择。品牌机与兼容机之间的差异主要有以下四点：

（1）价格差异

价格是主导消费的主要因素，品牌机在价格上处于劣势，一台品牌机的价格百分之百地大于它的各种配件在市场上采集价的总和。通常这个差价会维持在10%～20%甚至更高。这是因为生产品牌机的厂家需要有完善的车间、熟练的技术人员、严格的管理制度和健全的市场营销体系，需要有庞大的经销商渠道和完善的售前售后服务体系，它还需要有较高的广告投入、各种宣传投入等。而兼容机则不需要这样的成本投入，价格自然就降低了。

但是品牌机捆绑了很多实用、方便的软件程序，这些对广大消费者来说绝对是超值享受，那些遥不可及的正版软件在用户购买电脑的时候就已经安装了。而兼容机在软件方面就不好说了，它很难保证软件的质量、服务以及今后的升级。

（2）升级的难易程度差异

品牌机的功能在出厂之前就定制了，升级扩展的余地很小，这也是品牌机的最大弱点。而对于兼容机来说，只要用户选定好主板，那么以后再升级的空间还是很大的，这也是兼容机（DIY，也就是Do It Yourself）市场仍然红火的一个主要因素。

（3）灵活配置差异

品牌机都是批量生产的，即使它分再多的型号，也不能满足每一位用户的需求。兼容机的配置就非常灵活，用户可以根据自己的需要，随意地选购散件来满足自己的特殊需求。

（4）售后服务差异

目前大部分的品牌机都免费上门送货安装，提供三年以上的保修，一年以上的上门服务。而兼容机厂家由于自身规模的局限性，在这方面则要逊色很多。

5. 自己组装电脑

选购品牌机时，由于电脑中的各个部件都组合起来了，所以用户不需要对各个部件有太多的了解。但是如果要自己组装电脑，也就是选购兼容机，则需要对电脑中的各个部件有一定的了解。因为这些部件都需要用户自己选购，一旦不合适就会使组装起来的电脑出现兼容不好或者性能低下的问题。

无论是选购品牌机还是兼容机，首先需要定位，即确定自己选购电脑是用来做什么的。电脑的用途不同其配置也有所不同。下面分别介绍一下。

（1）用于办公

如果用户购买电脑的目的仅仅是为了办公、上网、看看碟或听听 CD 等，那么选购一台配置一般的电脑即可，因为过高配置的电脑其许多功能用户根本用不上。在这种情况下应该遵循够用就好的原则。

（2）用于游戏

用于玩游戏的电脑，独立显卡的选购是必需的（其他部件可酌情配置），这样才能保证在玩 3D 等大型游戏时画面清晰流畅、声音悦耳逼真，才能做到仿佛身临其境，真正地体会到游戏所带来的乐趣。

现在的主板很多都集成了显卡和声卡。但独立显卡和声卡的性能一般都比主板上集成的显卡和声卡要强，因此要保证最佳的显示和声音效果就需要安装独立的显卡和声卡。

（3）用于专业制图

用于专业制图时，由于 3d max、Auto CAD 等制图软件对显示的要求比较高，所以独立显卡是必需的（其他部件可酌情进行配置），这样才能保证顺畅地打开和使用该类软件。

（4）用于视频制作

用于视频制作时，应该选购一台 CPU 频率较高、内存量大、硬盘海量、带有 IEEE94 数字接口的电脑，并且刻录机也应该是必备的。

电脑定位完毕后还需要对其进行预算，也就是打算花多少钱来购买一台电脑。在确定好对电脑的定位和预算后，再选购电脑的各个部件，以使自己的每一分钱都花在刀刃上。

很多人受广告的影响，不管自己的预算如何，一味地追求三核/四核 CPU、大尺寸液晶显示器、名牌主板、名牌显卡等，这种做法是不现实的。电脑是由各个配件组合起来的，只有配件的组合达到平衡才能发挥最佳性能。如果盲目地追求其中一种部件，就会牺牲其他部件，造成其他部件的性能低下。例如用户选择了一款多核 CPU 处理器，但却只搭配较小的内存，这显然不能充分地发挥该 CPU 的性能，因为内存太小会限制多核CPU处理器性能的发挥，这就是常说的“瓶颈”。因此用户在组装电脑的时候，一定要根据自己的预算来选择，不要盲目地追求某个部件的高性能。

2.3 计算机软件系统

一台完整的计算机应包括硬件部分和软件部分。硬件的功能是接收计算机程序，并在程序控制下完成数据输入、数据处理和数据输出等任务。软件可保证硬件的功能得以充分发挥，并为用户提供良好的工作环境。计算机软件是计算机系统重要的组成部分，如果把计算机硬件看成是计算机的躯体，那么计算机软件就是计算机系统的灵魂。没有软件支持的计算机称为“裸机”，只是一些物理设备的堆砌，几乎是不能工作的。

2.3.1 计算机软件系统概述

软件系统是指为运行、管理和维护计算机而编制的各种程序、数据和文档的集合。程序是完成某一任务的指令或语句的有序集合；数据是程序处理的对象和处理的结果；文档是描述程序操作及使用的相关资料。计算机的软件是计算机硬件与用户之间的一座桥梁。一台性能优良的计算机硬件系统能否发挥其应有的功能，取决于为之配置的软件是否完善、丰富。

计算机软件按其功能分为应用软件和系统软件两大类。系统软件一般包括操作系统、语言编译程序、数据库管理系统。应用软件是指计算机用户为某一特定应用而开发的软件。例如文字处理软件、表格处理软件、绘图软件、财务软件、过程控制软件等。

2.3.2 计算机系统软件

系统软件是负责管理、控制、维护、开发计算机的软硬件资源，并为应用软件提供支持和服务，提供给用户一个便利的操作界面的一类软件，也提供编制应用软件的资源环境。其功能是方便用户，提高计算机使用效率，扩充系统的功能。系统软件具有两大特点：一是通用性，其算法和功能不依赖特定的用户，无论哪个应用领域都可以使用；二是基础性，其他软件都是在系统软件的支持下开发和运行的。

系统软件主要包括操作系统，另外还有程序设计语言及其处理程序和数据库管理系统等。

操作系统在软件系统中居于核心地位，负责对所有的软、硬件资源进行统一管理、调度及分配。它是用户和计算机的一个接口。

1. 操作系统（Operating System，OS）

操作系统是管理计算机中的硬件、软件和数据信息，支持其他软件的开发和运行，使计算机能够自动、协调、高效地工作的软件。它是计算机硬件的第一级扩充，是用户与计算机之间的桥梁，是软件中最基础和最核心的部分。它负责管理计算机系统的全部软件资源和硬件资源，合理地组织计算机各部分协调工作，为用户提供操作和编程界面。

随着计算机技术的迅速发展和计算机的广泛应用，用户对操作系统的功能、应用环境、使用方式不断提出了新的要求，因而逐步形成了不同类型的操作系统。根据操作系统的功能和使用环境，大致可分为以下几类：

- 单用户操作系统

计算机系统在单用户单任务操作系统的控制下，只能串行地执行用户程序，个人独占计算机的全部资源，CPU 运行效率低。

- 批处理操作系统

批处理操作系统是以作业为处理对象，连续处理在计算机系统运行的作业流。这类操作系统的特点是：作业的运行完全由系统自动控制，系统的吞吐量大，资源的利用率高。

- 分时操作系统

分时操作系统使多个用户同时在各自的终端上联机地使用同一台计算机，CPU 按优先级分配各个终端的时间片，轮流为各个终端服务，对用户而言，有“独占”这一台计算机的感觉。分时操作系统侧重于及时性和交互性，使用户的请求尽量能在较短的时间内得到响应。

- 实时操作系统

实时操作系统是对随机发生的外部事件在限定时间范围内作出响应并对其进行处理的系统。外部事件一般指来自于计算机系统相联系的设备的服务要求和数据采集。实时操作系统广泛用于工业生产过程的控制和事务数据处理中。常用的系统有 RDOS 等。

- 网络操作系统

为计算机网络配置的操作系统称为网络操作系统。它负责网络管理、网络通信、资源共享和系统安全等工作分布式操作系统。

分布式操作系统是用于分布式计算机系统的操作系统。分布式计算机系统是由多个并行工作的处理机组成的系统，提供高度的并行性和有效的同步算法和通信机制，自动实行全系统范围的任务分配并自动调节各处理机的工作负载，如 MDS，CDCS 等。

操作系统多种多样，目前常用的操作系统有 DOS、OS/2、UNIX、Linux、NetWare、Windows 2000、Windows XP/7Vista 和 Windows 2003 等。

(1) DOS 操作系统

Disk Operating System 又称 DOS（简写），中文全名“磁盘操作系统”。自从 DOS 在 1981 年问世以来，从最初的 DOS1.0 升级到了 DOS8.0（Windows ME 系统），纯 DOS 的最高版本为 DOS6.22，这以后的新版本 DOS 都是由 Windows 系统所提供的，并不单独存在。DOS 最初是微软公司为 IBM-PC 开发的操作系统，因此它对硬件平台的要求很低，因此适用性较广。常用的 DOS 有三种不同的品牌，它们是 Microsoft 公司的 MS-DOS、IBM 公司的 PC-DOS 以及 Novell 公司的 DR DOS，这三种 DOS 相互兼容，但仍有一些区别，三种 DOS 中使用最多的是 MS-DOS。DOS 系统作为单用户、单任务、字符界面和 16 位的操作系统，它对于内存的管理也局限在 640KB 的范围内。

DOS 分为核心启动程序和命令程序两个部分。

DOS 的核心启动程序有 Boot 系统引导程序、IO.SYS、MSDOS.SYS 和 COMMAND.COM。它们是构成 DOS 系统最基础的几个部分，有了它们系统就可以启动。

但光有启动程序还不行，DOS作为一个字符型的操作系统，一般的操作都是通过命令来完成。DOS命令分为内部命令和外部命令。内部命令是一些常用而所占空间不大的命令程序，如dir、cd等，它们存在于COMMAND.COM文件中，会在系统启动时加载到内存中，以方便调用。而其他的一些外部命令则以单独的可执行文件存在，在使用时才被调入内存。

DOS的优点是快捷。熟练的用户可以通过创建BAT或CMD批处理文件完成一些繁琐的任务，通过一些判断命令（IF、|）甚至可以编一些小程序。因此，即使在XP下CMD还是编程高手的最爱。

（2）Mac OS操作系统

Mac OS操作系统是美国苹果计算机公司为它的Macintosh计算机设计的操作系统，该机型于1984年推出，在当时的PC还只是DOS枯燥的字符界面的时候，Mac率先采用了一些我们至今仍为人称道的技术。比如：GUI图形用户界面、多媒体应用、鼠标等，Macintosh计算机在出版、印刷、影视制作和教育等领域有着广泛的应用，目前最新的Mac OS操作系统是Mac OS X。

（3）Windows操作系统

Microsoft公司从1983年开始研制Windows系统，最初的研制目标是在MS-DOS的基础上提供一个多任务的图形用户界面。在图形用户界面中，每一种应用软件（即由Windows支持的软件）都用一个图标（Icon）表示，用户只需把鼠标移到某图标上，连续两次按下鼠标器的拾取键即可进入该软件，这种界面方式为用户提供了很大的方便，把计算机的使用提高到了一个新的阶段。

Windows1.X版是一个具有多窗口及多任务功能的版本，但由于当时的硬件平台为PC/XT，速度很慢，所以Windows1.X版本并未十分流行。1987年底Microsoft公司又推出了MS-Windows2.X版，它具有窗口重叠功能，窗口大小也可以调整，并可把扩展内存和扩充内存作为磁盘高速缓存，从而提高了整台计算机的性能，此外它还提供了众多的应用程序：文本编辑Write、记事本Notepad、计算器Calculator、日历Calendar等。随后在1988年、1989年又先后推出了MS-Windows/286-V2.1和MS-Windows/386 V2.1这两个版本。

1990年，Microsoft公司推出了Windows3.0，它的功能进一步加强，具有强大的内存管理，且提供了数量相当多的Windows应用软件，因此成为386、486微机新的操作系统标准。随后，Windows发表3.1版，而且推出了相应的中文版。3.1版较之3.0版增加了一些新的功能，受到了用户欢迎，是当时最流行的Windows版本。

1995年，Microsoft公司推出了Windows95。在此之前的Windows都是由DOS引导的，也就是说它们还不是一个完全独立的系统，而Windows95是一个完全独立的系统，并在很多方面作了进一步的改进，还集成了网络功能和即插即用（Plug and Play）功能，是一个全新的32位操作系统。

1998年，Microsoft公司推出了Windows95的改进版Windows98，Windows98的一个最大特点就是把微软的Internet浏览器技术整合到了Windows里面，使得访问Internet资源就像访问本地硬盘一样方便，从而更好地满足了人们越来越多的访问Internet资源的需要。

在20世纪90年代初期Microsoft推出了Windows NT（NT是New Technology即新技术的缩写）来争夺Novell Netware的网络操作系统市场。相继有Windows NT 3.0，3.5，4.0等版本上市，逐渐蚕食了中小网络操作系统的大半江山。WindowsNT是真正的32位操作系统，与普通的Windows系统不同，它主要面向商业用户，有服务器版和工作站版之分。

2000年，Microsoft公司推出了Windows 2000，它包括四个版本：Data Center Server是功能最强大的服务器版本，只随服务器捆绑销售，不零售；Advanced Server和Server版是一般服务器使用；Professional版是工作站版本的NT和Windows98共同的升级版本。还有一个主要面向家庭和个人娱乐，侧重于多媒体和网络的Windows Me存在。

① Windows XP

2001年10月25日，Microsoft发布了Windows XP。Windows XP中文全称为视窗操作系统体验版。字母XP表示英文单词的"体验"(Experience)。Windows XP是基于Windows 2000代码的产品，同时拥有一个新的用户图形界面（叫做月神Luna），它包括了一些细微的修改，其中一些看起来是从Linux的桌面环境（Desktop Environmen）诸如KDE中获得的灵感。带有用户图形的登录界面就是一个例子。此外，Windows XP还引入了一个"基于人物"的用户界面，使得工具条可以访问任务的具体细节。由于该系统采用Windows 2000/NT内核，运行可靠、稳定，用户界面焕然一新，使用起来得心应手，优化了与多媒体应用有关的功能，内建了严格的安全机制，每个用户都可以拥有高度保密的个人特别区域，尤其是增加了具有防盗版作用的激活功能。

运行Windows XP的硬件系统要求如表2-1所示。

表2-1　**Windows XP的硬件系统要求**

处理器（CPU）	时钟频率为300MHz或更高的处理器
	至少需要233MHz（单个或双处理器系统）
	使用IntelPentium/Celeron系列、AMDK6/Athlon/Duron系列或兼容的处理器
内存（RAM）	128MBRAM或更高（最低支持64M，可能会影响性能和某些功能）
硬盘	至少1.5GB可用硬盘空间
显示卡和监视器	SuperVGA（800×600）或分辨率更高的视频适配器和监视器
其他设备	CD-ROM或DVD驱动器，键盘和Microsoft鼠标或兼容的指针设备

美国微软公司从2007年6月30日起，停止向零售商和几家主要电脑生产商销售Windows XP操作系统。微软今后将不再向戴尔、惠普等主要电脑生产商提供Windows XP操作系统，但这些厂商库存的装有Windows XP系统的电脑仍将继续销售。从这些商家购买新电脑的消费者，如果仍想安装XP，也只能先接受Windows Vista操作系统，然

后再合法地将操作系统“降级”至Windows XP。

XP操作系统上市至今已有9年。Vista是微软继Windows XP系统之后推出的最新版视窗操作系统。但一些消费者认为，Vista系统对硬件配置的要求太高。另外，随着“上网本”开始快速发展。目前日趋成为笔记本电脑中的主流的一类个人终端，搭载有无线网卡，方便随时随地登录互联网，这类电脑的配置普遍较低，价格便宜，适合对于移动网络要求比较高而对硬件配置要求并不高的用户。Windows XP显然是这类电脑的首选。迫于上述原因，2009年4月16日，微软决定延长国内XP主流支持服务。但微软将正式停止对Windows XP的免费主流支持服务，不再提供免费更新和修复安全漏洞。

②Windows Vista

2006年11月30日微软发布了全新的Windows Vista。根据微软表示，Windows Vista包含了上百种新功能，其中较特别的是新版的图形用户界面和称为“Windows Aero”的全新界面风格（如图2-11所示）、加强后的搜寻功能（Windows Indexing Service）、新的多媒体创作工具（例如Windows DVD Maker），以及重新设计的网络、音频、输出（打印）和显示子系统等。人们可以在Vista上对下一代应用程序（如WinFX、Avalon、Indigo和Aero）进行开发创新。Vista是目前最安全可信的Windows操作系统，其安全功能可防止最新的威胁，如蠕虫、病毒和间谍软件。

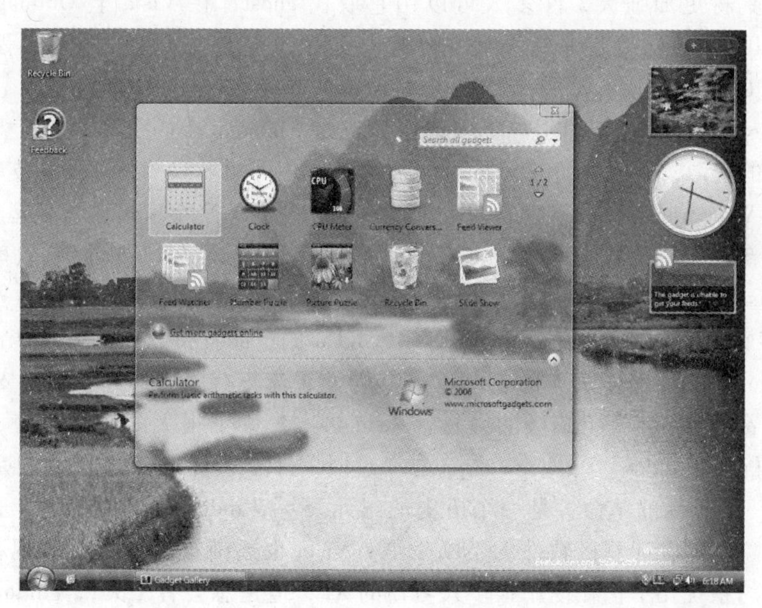

图2-11 Windows Vista桌面

其新的功能包括：

- 操作系统核心进行了全新修正。Winxp和2000的核心并没有安全性方面的设计，因此只能一点点打补丁，Vista在这个核心上进行了很大的修正。例如在Vista中，部分操作系统运行在核心模式下，而硬件驱动等运行在用户模式下，核心模式要求非常高的权限，这样一些病毒木马等就很难对核心系统形成破坏。

- Vista 上的“heap”设计更先进，方便了开发者，提高了他们的效率。在电源管理上也引入了睡眠模式，让我们的 Vista 可以从不关机，而只是极低电量消耗的待机，启动起来非常快，比现在的休眠效率高多了。
- 内存管理和文件系统方面引入了 SuperFetch 技术，可以把经常使用的程序预存到内存，提高性能，此外你的后台程序不会夺取较高的运行等级了，不用担心突然一个后台程序运作其他让你动弹不得。因为硬件驱动运作在用户模式，驱动坏了系统也没事，而且装驱动都不用重启了。
- 网络方面集成 IPv6 支持，防火墙的效率和易用性更高，优化了 TCP/IP 模块，从而大幅增加网络连接速度，对于无线网络的支持也加强了。
- 媒体中心模块将被内置在 Home Premium 版本中，用户界面更新、支持 CableCard，可以观看有线高清视频了。
- 音频方面，音频驱动工作在用户模式，提高稳定性，同时速度和音频保真度也提高了不少，内置了语音识别模块，带有针对每个应用程序的音量调节。
- 显示方面，Vista 内置 Direct X 10，这个可是 Vista only 的，使用更多的 dll，不向下兼容，显卡的画质和速度会得到革命性的提升。
- 集成应用软件：取代系统还原的新 SafeDoc 功能让你自动创建系统的影像，内置的备份工具将更加强大，许多人可以用它取代 ghost；在 Vista 上 Outlook 升级为了 Windows Mail，搜索功能将非常强大，还有内置日程表模块，新的图片集程序、Movie Maker、Windows Media Player11 等都是众所期待的升级。
- Aero Glass 以及新的用户界面，窗口支持 3D 显示提高工作效率。显卡现在也是一个共享的资源，它也负责 Windows 的加速工作，再加上双核处理器的支持，以后大型游戏对于 Windows 来说也不会是什么大任务了，开启一个小窗口就可以运行。
- 重新设计的内核模式加强了安全性，加上更安全的 IE7、更有效率的备份工具，你的 Vista 会安全很多。

2010 年 7 月，微软停止对 Windows Vista RTM 的产品支持，按照微软产品生命周期计算，Windows Vista 操作系统将在 2012 年被停止主流支持服务，进入扩展支持服务期。

现在随着 Windows 7 正式版的发行，Vista 再次失去了很大的竞争优势，现在新系统几乎全部配备 Windows 7，Vista 也随之“过时”了。但是，不可否认的是，Vista 是 Windows 的一个创新的革命，是一个历史的纪元。与 Windows XP 时隔六年，创新之多我们无法想象。随着计算机软件的不断发展，Vista 也逐渐被人们接受。现在虽然很多单位、公司的系统几乎仍在使用很多人习惯的 XP，但是总会有一天，Windows 7 或更高的系统将取代 Windows XP 的主导地位。

③Windows 7

最新的 Windows 7 操作系统已于 2009 年 10 月发布。该系统分为简易版、家庭普通版、家庭高级版、专业版和旗舰版。其特点包括：

- 更易用：Windows 7 做了许多方便用户的设计，如快速最大化，窗口半屏显示，跳跃列表，系统故障快速修复等，这些新功能令 Windows 7 成为最易用的 Windows。
- 更快速：Windows 7 大幅缩减了 Windows 的启动速度，据实测，在 2008 年的中低端配置下运行，系统加载时间一般不超过 20 秒，这比 Windows Vista 的 40 余秒相比，是一个很大的进步。

- 更简单：Windows 7 将会让搜索和使用信息更加简单，包括本地、网络和互联网搜索功能，直观的用户体验将更加高级，还会整合自动化应用程序提交和交叉程序数据透明性。

- 更安全：Windows 7 桌面和开始菜单 Windows 7 包括改进了的安全和功能合法性，还会把数据保护和管理扩展到外围设备。Windows 7 改进了基于角色的计算方案和用户账户管理，在数据保护和坚固协作的固有冲突之间搭建沟通桥梁，同时也会开启企业级的数据保护和权限许可。

- 更低的成本：Windows7 可以帮助企业优化它们的桌面基础设施，具有无缝操作系统、应用程序和数据移植功能，并简化 PC 供应和升级，进一步朝完整的应用程序更新和补丁方面努力。

- 更好的连接：Windows 7 进一步增强了移动工作能力，无论何时、何地、任何设备都能访问数据和应用程序，开启坚固的特别协作体验，无线连接、管理和安全功能会进一步扩展。令性能和当前功能以及新兴移动硬件得到优化，拓展了多设备同步、管理和数据保护功能。最后，Windows7 会带来灵活计算基础设施，包括胖、瘦、网络中心模型。

- Windows 7 是 Vista 的“小更新大变革”：Windows 7 使用与 Vista 相同的驱动模型，即基本不会出现类似 XP 至 Vista 的兼容问题。

- 能在系统中运行免费合法 XP 系统：微软新一代的虚拟技术——Windows virtual PC，程序中自带一份 Windows XP 的合法授权，只要处理器支持硬件虚拟化，就可以在虚拟机中自由运行只适合于 XP 的应用程序，并且即使虚拟系统崩溃，处理起来也很方便。

- 更人性化的 UAC（用户账户控制）：Vista 的 UAC 可谓令 Vista 用户饱受煎熬，但在 Windows 7 中，UAC 控制级增到了四个，通过这样来控制 UAC 的严格程度，令 UAC 安全又不繁琐。

- 更好的 WinFS：WinFS 是一种新的文件系统格式。为迎接这场完美技术风暴的到来，Microsoft 在构建下一代 Windows 文件系统（代号为 WinFS）方面投入了大量的精力。WinFS 产品小组在革新 Windows 文件系统的过程中遵循以下三个核心原则：使用户能够“查找”、“关联”和“操作”他们的信息。

- 能用手亲自摸上一把的 Windows：Windows 7 原生包括了触摸功能，但这取决于硬件生产商是否推出触摸产品。系统支持十点触控，这说明 Windows 不再是只能通过键盘和鼠标才能接触的操作系统了。

- 只预装基本应用软件，其他的网上找：Windows 7 只预装基本的软件——例如 Windows Madia Player、写字板、记事本、照片查看器等。而其他的例如 Movie Maker、照片库等程序，微软为缩短开发周期，不再包括于内。用户可以上 Windows Live 的官方网站，自由选择 Windows Live 的免费软件。

- Aero 特效：迄今为止最华丽但最节能的 Windows 多功能任务栏。Windows 7 的

Aero效果更华丽，有碰撞效果、水滴效果，这些都比Vista增色不少。但是，Windows 7的资源消耗却是最低的。不仅执行效率高人一筹，笔记本的电池续航能力也大幅增加。微软总裁称，Windows 7成为最绿色、最节能的系统。

- 更绚丽透明的窗口：说起Windows Vista，很多普通用户的第一反应大概就是新式的半透明窗口AeroGlass。虽然人们对这种用户界面褒贬不一，但其能利用GPU进行加速的特性确实是一个进步，Windows 7也继续采用了这种形式的界面，并且全面予以改进，包括支持DX10.1。在操作界面上Windows 7与Windows Vista是比较相似的。如图2-12所示。

图2-12 Windows 7桌面与开始菜单

- Windows7及其桌面窗口管理器（DWM.exe）能充分利用GPU的资源进行加速，而且支持Direct3D 10.1 API。
- 更加易用的驱动搜索：Vista第一次安装时仍需安装显卡和声卡驱动，这显然是很麻烦的事情，对于老爷机来说更是如此。但Windows 7却不用考虑这个问题，用Windows Update在互联网上搜索，就可以找到适合自己的驱动。

微软为了让更多的用户购买Windows 7，Windows 7降低了系统配置，使得一般的配置就能够比较流畅地运行Windows 7。Windows 7的硬件系统要求如表2-2所示。

表2-2 **Windows 7的硬件系统要求**

设备名称	基本要求	备注
CPU	1000MHz及以上	
内存	1GB及以上	安装识别的最低内存是512M，小于512M会提示内存不足
硬盘	16GB以上可用空间	安装后就是这样大小，最好保证那个分区有20GB的大小

续表

设备名称	基本要求	备　注
显卡	集成显卡 64MB 以上	128MB 为开 AERO 的最低配置，不过因为可以共享系统内存，所以不是很绝对
其他设备	DVD R/RW 驱动器或者 U 盘等其他储存介质	安装用。如果需要可以用 U 盘安装 Windows 7，这需要制作 U 盘引导
	互联网连接/电话	需要联网/电话激活授权，否则只能进行为期 30 天的评估

④ 下一代操作系统——Windows 8

Windows 8 是在 Windows 7 之后微软研发的新一代操作系统，将于 2012—2013 年发布，核心版本号为 Windows NT 7.0。微软在这一系统中可能会开发 32 位的操作系统，但是绝对不会开发 64 位、128 位的操作系统。微软将对现有的 Windows 7 重新设计改进，计划取消现有的长条状任务栏和开始菜单，但仍会保留 Windows 7 的窗口组成方式和元素。

Windows 8 将更方便于用户的搜索与使用，也将开创开放式操作系统的先河，同时，Windows 8 与网络的衔接将会更加紧密。

按计划，Windows 7 发布后，微软将根据市场的反应情况，适量地拖延 Windows 8 的发布。也就是说，Windows 7 将会延长服役期，更有利于操作系统市场的更新换代。

(4) Unix 系统

Unix 系统最早由 Ken Thompson、Dennis Ritchie 和 Douglas McIlroy 于 1969 年在 AT&T 的贝尔实验室开发。最初是在中小型计算机上运用。最早移植到 80286 微机上的 Unix 系统，称为 Xenix。经过长期的发展和完善，目前已成长为一种主流的操作系统技术和基于这种技术的产品大家族。由于 Unix 具有技术成熟、结构简练、可靠性高、可移植性好、可操作性强、网络和数据库功能强、伸缩性突出和开放性好等特色，可满足各行各业的实际需要，特别能满足企业重要业务的需要，已经成为主要的工作站平台和重要的企业操作平台。它主要安装在巨型计算机、大型机上作为网络操作系统使用，也可用于个人计算机和嵌入式系统。

Unix 为用户提供了一个分时的系统以控制计算机的活动和资源，并且提供一个交互、灵活的操作界面。Unix 被设计成为能够同时运行多进程，支持用户之间共享数据。同时，Unix 支持模块化结构，当你安装 Unix 操作系统时，只需要安装你工作需要的部分，例如：Unix 支持许多编程开发工具，但是如果你并不从事开发工作，你只需要安装最少的编译器。用户界面同样支持模块化原则，互不相关的命令能够通过管道相连接用于执行非常复杂的操作。Unix 有很多种，许多公司都有自己的版本，如 AT&T、Sun、HP 等。

Unix 系统的基本结构如图 2-13 所示。整个 Unix 系统可分为五层：最底层是裸机，即硬件部分；第二层是 Unix 的核心，它直接建立在裸机的上面，实现了操作系统重要的功能，如进程管理、存储管理、设备管理、文件管理、网络管理等，用户不能直接执行 Unix 内核中的程序，而只能通过一种被称为“系统调用”的指令，以规定的方法访问核心，以获得系统服务；第三层系统调用构成了第四层应用程序层和第二层核心层之间的接口界面；应用层主要是 Unix 系统的核外支持程序，如文本编辑处理程序、编译程序、系统命令程序、通信软件包和窗口图形软件包、各种库函数及用户自编程序；Unix 系统的最外层是 Shell 解释程序，它作为用户与操作系统交互的接口，分析用户键入的命令和解释并执行命令，Shell 中的一些内部命令可不经过应用层，直接通过系统调用访问核心层。

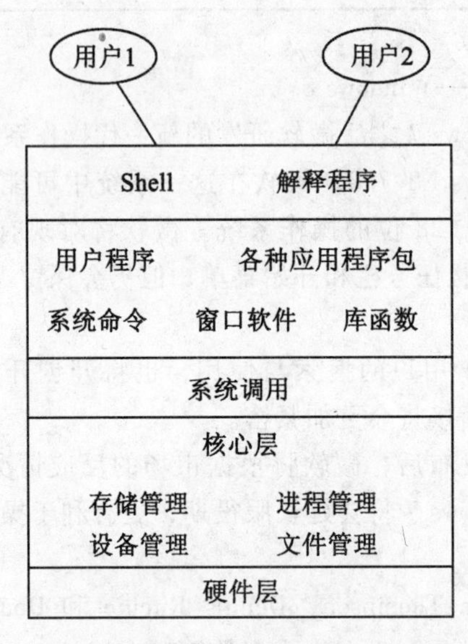

图 2-13　Unix 基本结构

Unix 几乎可以应用于所有 16 位及以上的计算机上，包括微机、工作站、小型机、多处理机和大型机等。其特点包括：

- 多任务、多用户。
- 并行处理能力。
- 管道。
- 安全保护机制。
- 功能强大的 Shell。
- 强大的网络支持，Internet 上各种服务器的首选操作系统。
- 稳定性好。
- 系统源代码用 C 语言写成，移植性强。
- 出售源代码，软件厂家自己增删。

（5）Linux 系统

Linux 是一种类 Unix 计算机操作系统的统称。Linux 操作系统的内核的名字也是

"Linux"。Linux 操作系统也是自由软件和开放源代码发展中最著名的例子。严格来讲，Linux 这个词本身只表示 Linux 内核，但在实际上人们已经习惯了用 Linux 来形容整个基于 Linux 内核，并且使用 GNU 工程各种工具和数据库的操作系统。Linux 是当今电脑界一个耀眼的名字，它是目前全球最大的一个自由免费软件，其本身是一个功能可与 Unix 和 Windows 相媲美的操作系统，具有完备的网络功能，它的用法与 Unix 非常相似，因此许多用户不再购买昂贵的 Unix，转而投入 Linux 等免费系统的怀抱。

Linux 最初由芬兰人 Linus Torvalds 开发，其源程序在 Internet 网上公开发布，由此，引发了全球电脑爱好者的开发热情，许多人下载该源程序并按自己的意愿完善某一方面的功能，再发回网上，Linux 也因此被雕琢成为一个全球最稳定的、最有发展前景的操作系统。曾经有人戏言：要是比尔·盖茨把 Windows 的源代码进行同样处理，现在 Windows 中残留的许多 BUG（错误）早已不复存在，因为全世界的电脑爱好者都会成为 Windows 的义务测试和编程人员。

Linux 操作系统具有如下特点：

- 它是一个免费软件，可以自由安装并任意修改软件的源代码。
- Linux 操作系统与主流的 Unix 系统兼容，这使得它一出现就有了一个很好的用户群。
- 支持几乎所有的硬件平台，包括 Intel 系列、680X0 系列、Alpha 系列、MIPS 系列等，并广泛支持各种周边设备。

目前，Linux 正在全球各地迅速普及推广，比较著名的版本有 Red Hat Linux（即红帽子）、Slackware Linux、Debian 等，国内比较著名的 Linux 版本有红旗软件有限公司的红旗 Linux（Redflag Linux）（如图 2-14 所示）等。Linux 之所以受到广大计算机爱好者的喜爱，主要原因有两个，一个原因是它属于自由软件，用户不用支付任何费用就可以获得它和它的源代码，并且可以根据自己的需要对它进行必要的修改，无偿使用，无约束地继续传播。另一个原因是它具有 Unix 的全部功能，任何使用 Unix 操作系统或想要学习 Unix 操作系统的人都可以从 Linux 中获益。另外，运行 Linux 需要的配置并不高，支持众多的 PC 周边设备，并且这样一个功能强大的软件完全免费，其源代码是完全公开的，任何人都能拿来使用。各大软件商如 Oracle、Sybase、Novell、IBM 等均发布了 Linux 版的产品，许多硬件厂商也推出了预装 Linux 操作系统的服务器产品，还有不少公司或组织有计划地收集有关 Linux 的软件，组合成一套完整的 Linux 发行版本上市。

Linux 可以在相对低价的 Intel X86 硬件平台上实现高档系统才具有的性能，许多用户使用 benchmarks 在运行 Linux 的 X86 机器上测试，发现可以和 Sun 及 Digital 公司的中型工作站的性能媲美。事实上不光是许多爱好者和程序员在使用 Linux，许多商业用户比如 Internet 服务供应商（ISP）也使用 Linux 作为服务器代替昂贵的工作站。这些服务器的最高纪录是经过 600 天的运行没有碰到一次系统崩溃！我们有理由相信 Linux 这样一个稳定、灵活和易用的软件，肯定会得到越来越广泛的应用。

除了 Linux 之外还有一种免费的 Unix 变种操作系统 FreeBSD 可供使用，一般来说，对于工作站而言，Linux 支持的硬件种类和数量要远远地超过 FreeBSD，而在网络的负载非常高时，FreeBSD 的性能比 Linux 要好一些。

图 2-14　红旗 Linux 基本界面

Linux 和 Unix 都是多用户、多任务操作系统，也都可以作为网络操作系统使用。两者最大的区别是：前者是开放源代码的自由软件，而后者是对源代码实行知识产权保护的传统商业软件。这种不同体现在用户对前者有很高的自主权，而对后者却只能被动地去适应；还表现在前者的开发是处在一个完全开放的环境之中，而后者的开发完全是处在一个黑箱之中，只有相关的开发人员才能够接触到产品的原型。

2. 语言处理程序

人和计算机交流信息使用的语言称为计算机语言或称程序设计语言。计算机语言通常分为机器语言、汇编语言和高级语言三类。

(1) 机器语言

机器语言是一种用二进制代码“0”和“1”形式表示的，能被计算机直接识别和执行的机器指令的集合。用机器语言编写的程序，称为计算机机器语言程序。机器语言具有灵活、直接执行和速度快等特点，但不同型号的计算机其机器语言是不相通的，程序不易移植，按照一种计算机的机器指令编写的程序，不能直接在另一种计算机上执行。

用机器语言编写的程序，编程人员要首先熟记所用计算机的全部指令代码和代码的含义。编写程序时，程序员需自己处理每条指令和每一个数据的存储分配和输入输出，还需记住编程过程中每步所使用的工作单元处在何种状态。这是一件十分繁琐的工作，编写程序花费的时间往往是实际运行时间的几十倍或几百倍。而且，编写出的程序全是二进制代码，直观性差，容易出错。

作为一种低级语言，用机器语言编写的程序由于不便于记忆、阅读和书写，除了计算机生产厂家的专业人员外，绝大多数程序员通常不用机器语言直接编写程序。

（2）汇编语言

为了克服机器语言的上述缺点，人们用与代码指令实际含义相近的英文缩写词、字母和数字等符号来取代指令代码（如用ADD表示运算符号“+”的机器代码），于是就产生了汇编语言。所以说，汇编语言是一种用助记符表示的面向机器的程序设计语言。

汇编语言由于是采用助记符号来编写程序，比用机器语言的二进制代码编写程序要方便许多，在一定程度上简化了编程过程。汇编语言的特点是汇编语言的每条指令对应一条机器语言代码，基本保留了机器语言的灵活性。使用汇编语言能面向机器并较好地发挥机器的特性，得到质量较高的程序。用汇编语言编制的程序机器不能直接识别和执行，必须由“汇编程序”(或汇编系统）翻译成机器语言程序才能运行。这种“汇编程序”就是汇编语言的翻译程序。用汇编语言等非机器语言编写的符号程序都可以称为源程序，运行时汇编程序要将源程序翻译成目标程序。目标程序是机器语言程序，它一旦被安置在内存的预定位置上，就能被计算机的CPU处理和执行。

汇编语言是面向具体计算机的，仍离不开具体计算机的指令系统。因此，对于不同型号的计算机，不同类型的计算机系统一般有不同的汇编语言，对于同一问题所编写的汇编语言程序在不同种类的计算机间一般是互不通用的。汇编语言也是低级语言。但是，汇编语言用来编织系统软件和过程控制软件时，其目标程序占用内存空间少，运行速度快，有着高级语言不可替代的用途。

（3）高级语言

不论机器语言还是汇编语言都是面向硬件的，语言对机器的过分依赖，要求使用者必须对硬件结构机器工作原理都十分熟悉，这对非计算机专业人员是难以做到的，对于计算机的推广应用是十分不利的。计算机事业的发展，促使人们去寻求一种与人类自然语言相接近且能为计算机所接受的语义明确、规则明确、自然直观和通用易学的计算机语言。这种以比较接近自然语言和数学表达式的计算机程序设计语言就是高级语言。高级语言是面向用户的语言，无论何种机型的计算机，只要有相应的高级语言的编译或解释程序，则用该高级语言编写的程序就可以通用。

计算机并不能直接地接受和执行用高级语言编写的源程序，源程序在输入计算机后，需要通过相应的“翻译程序”翻译成机器语言形式目标程序，计算机才能识别和执行。这种“翻译”通常有两种方式，即编译方式和解释方式。

编译方式：源程序的执行分成两步：编译和运行。即先通过一个存放在计算机内的、成为编译程序的机器语言程序，把源程序全部翻译成和机器语言表示等价的目标程序代码，然后计算机再运行此目标代码，以完成源程序要处理的运算并取得结果，如图2-15所示。编译方式对源程序只需编译一次，生成的目标代码可以脱离编译器单独运行，运行效率高。C、Pascal、Fortran、Cobol等高级语言采用编译执行方式。

解释方式：源程序输入到计算机后，解释程序将源程序进行逐句翻译，翻译一句执行一句，边翻译边执行，不产生目标程序。如图2-16所示。解释方式具有良好的动态特性，调试程序方便，在解释执行时可以动态改变变量的类型、对程序进行修改以及在

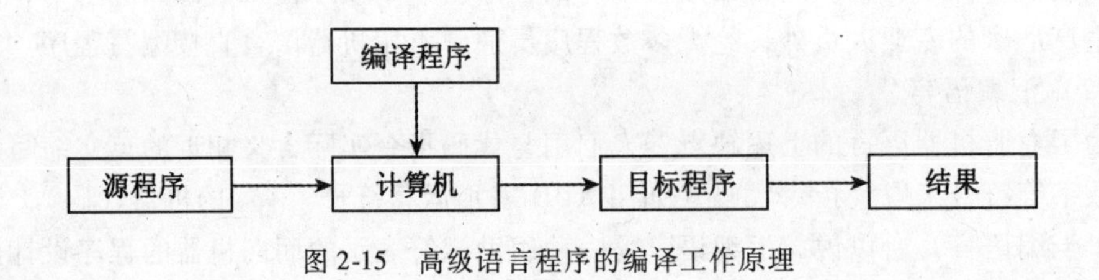

图 2-15 高级语言程序的编译工作原理

程序中插入良好的调试诊断信息等；解释方式可移植性好，只要将解释器移植到不同的系统上，则程序不用改动就可以在移植了解释器的系统上运行。但解释方式也有很大的缺点，程序的运行不能离开解释器，执行效率低，占用空间大，不仅要给用户程序分配空间，解释器本身也占用了宝贵的系统资源。Basic、Perl 以及 Java 等语言采用解释执行方式。

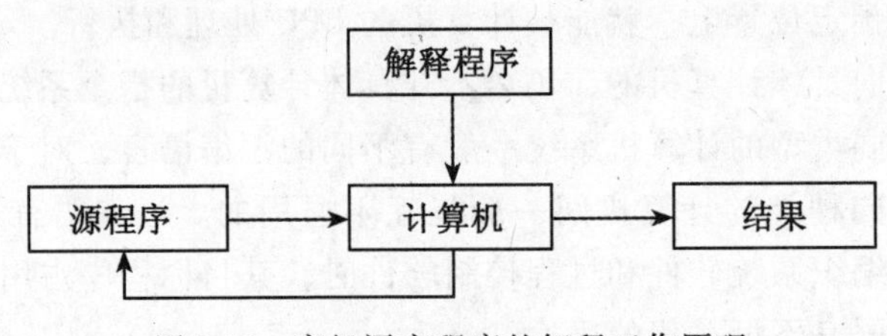

图 2-16 高级语言程序的解释工作原理

常用的高级语言程序如下：

Basic 语言是一种简单易学的计算机高级语言。而 Visual Basic 语言具有很强的可视化设计功能。它给用户在 Windows 环境下开发软件带来了方便，是重要的多媒体编程工具语言。

Fortran 是一种适合科学和工程设计计算的语言，它具有大量的工程设计计算程序库。

Pascal 语言是结构化程序设计语言，适用于教学、科学计算、数据处理和系统软件的开发。

C 语言是一种具有很高灵活性的高级语言，适用于系统软件、数值计算、数据处理等，使用非常广泛。

Java 语言是近几年发展起来的一种新型的高级语言。它简单、安全、可移植性强。Java 适用于网络环境的编程，多用于交互式多媒体应用。

3. 数据库管理系统

数据库管理系统（DataBase Management System，简称 DBMS），它的作用是管理数据库。数据库管理系统是有效地进行数据存储、共享和处理的工具。目前，微机系统常用的单机数据库管理系统有 Access、Visual FoxPro 等，适合于网络环境的大型数据库管理系统有 Sybase、Oracle、DB2、SQL Server 等。

当今数据库管理系统主要用于档案管理、财务管理、图书资料管理、仓库管理、人事管理等数据处理。

2.3.3　计算机应用软件

软件公司或用户为解决计算机各类问题而编写的程序称为应用软件。它又可分为用户程序和应用软件包。应用软件随着计算机应用领域的不断扩展而与日俱增。

1. 用户程序

用户程序是用户为了解决特定的具体问题而开发的软件。编制用户程序应充分利用计算机系统的种种现成软件，在系统软件和应用软件包的支持下可以更加方便、有效地研制用户专用程序。例如：火车站或汽车站的票务管理系统、人事管理部门的人事管理系统和财务部门的财务管理系统等。

2. 应用软件包

一些应用软件经过标准化、模块化，逐步形成了解决某些典型问题的应用程序组合，称为软件包（Package)。应用软件包是为实现某种特殊功能而经过精心设计的、结构严密的独立系统，是一套满足同类应用的许多用户所需要的软件。例如：Microsoft 公司发布的 Office 应用软件包，包含 Word（字处理)、Excel（电子表格)、PowerPoint（幻灯片)、Access（数据库管理）等应用软件，是实现办公自动化的很好的应用软件包，还有日常使用的杀毒软件（KV3000、瑞星、金山毒霸等)，以及各种游戏软件等。

常见的应用软件有文字处理软件、工程设计绘图软件、办公事务管理软件、图书情报检索软件、医用诊断软件、辅助教学软件、辅助设计软件、网络管理软件和实时控制软件等。

2.3.4　计算机常用工具软件

在计算机的使用过程中，为了系统维护、办公、学习、娱乐等用途，经常需要用到各种工具软件。常用的工具软件有文件压缩解压缩工具（Winrar，Winzip)、数据恢复工具（EasyRecovery 等)、备份与恢复工具（Ghost)、光盘制作工具（Nero)、虚拟光驱工具（DAEMONTools)、多媒体播放工具（暴风影音、RealOnePlayer 等)、图片浏览/转换工具（ACDSee)、下载工具（网际快车、迅雷等)、系统设置及优化工具（超级魔法兔子、优化大师等)、系统检测工具（EVEREST、鲁大师等)。下面简单介绍几个常用的工具软件。

1. 备份与恢复工具（Ghost)

Ghost（是 General Hardware Oriented Software Transfer 的缩写，译为“面向通用型硬件系统传送器”）软件是美国赛门铁克公司推出的一款出色的硬盘备份还原工具，可以实现 FAT16、FAT32、NTFS、OS2 等多种硬盘分区格式的分区及硬盘的备份还原。如图 2-17 所示。

Ghost 2003 可以在 Windows 环境下运行，但其核心的备份和恢复仍要在 DOS 下完成，所以它还不能算真正意义上的 Windows 克隆软件。但 2005 年 Symantec 公司收购了 Power Quest 公司，Symantec 公司推出了使用更加方便的 Ghost 8.5 及以后版本。目前最新的版本是 Ghost 11.5。Windows 下的 Ghost 已经完全抛弃了原有的基于 DOS 环境的内核，其“Hot Image”技术可以让用户直接在 Windows 环境下，对系统分区进行热备份而无须关闭 Windows 系统；它新增的增量备份功能，可以将磁盘上新近变更的信息添加到原有的备份镜像文件中去，不必再反复执行整盘备份的操作；它还可以在不启动 Windows 的情况下，通过光盘启动来完成分区的恢复操作。Windows 版本 Ghost 的最大优势在于：全面支持 NTFS，不仅能够识别 NTFS 分区，而且还能读写 NTFS 分区目录里的备份文件。Ghost 被设计为在新的 WindowsVista 操作系统中运行，并且已经过测试，同时它仍然支持以前版本的 Windows。

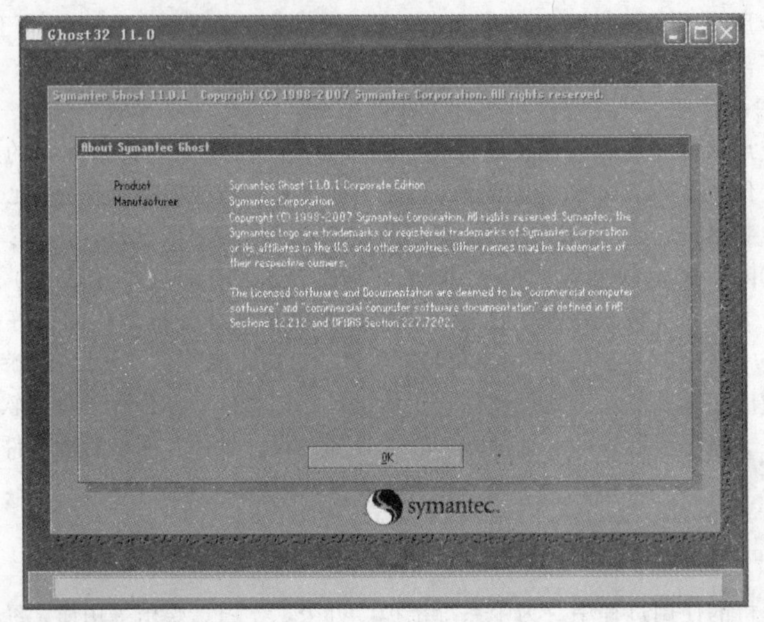

图 2-17　Ghost 启动界面

2. 数据恢复工具（EasyRecovery）

EasyRecovery 是数据恢复公司 Ontrack 的产品，它是一个硬盘数据恢复工具，能够恢复丢失的数据以及重建文件系统。其界面如图 2-18 所示。

EasyRecovery 不会向你的原始驱动器写入任何东西，它主要是在内存中重建文件分区表使数据能够安全地传输到其他驱动器中。你可以从被病毒破坏或是已经格式化的硬盘中恢复数据。其主要功能包括：磁盘诊断（检查磁盘健康，防止数据意外丢失）、数据恢复（恢复意外丢失的数据）、文件修复（恢复损坏的数据）等。其中，能够恢复的文件类型包括：图片（.bmp .gif …）、应用程序（.exe）、OFFICE 文档文件（.doc. xls. ppt…）、网页文件（.htm. asp…）、开发文档（.ccpp .cxx .h…）、数据备份文档（.bak. dat…）等。

3. 系统检测及优化工具（Windows 优化大师、超级兔子）

（1）Windows 优化大师是一款功能强大的系统辅助软件，它提供了全面有效且简便

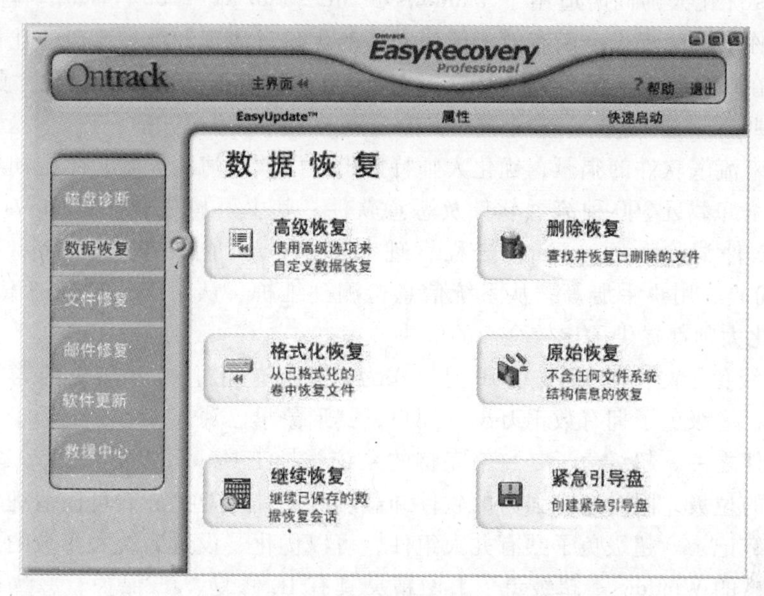

图 2-18　EasyRecovery 工具主窗口

安全的系统检测、系统优化、系统清理、系统维护四大功能模块及数个附加的工具软件。使用 Windows 优化大师，能够有效地帮助用户了解自己的计算机软硬件信息，简化操作系统设置步骤，提升计算机运行效率，清理系统运行时产生的垃圾，修复系统故障及安全漏洞，维护系统的正常运转。其界面如图 2-19 所示。

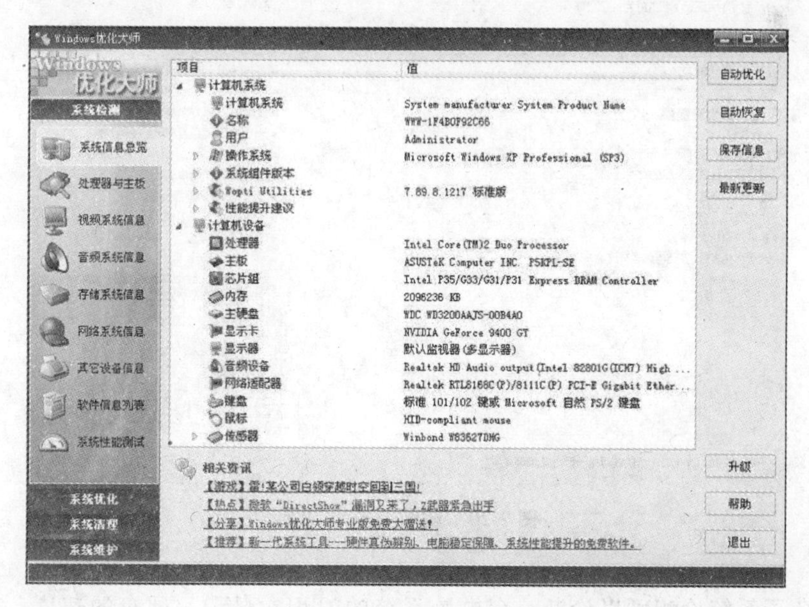

图 2-19　Windows 优化大师

Windows 优化大师同时适用于 Windows98/Me/2000/XP/2003/Vista/7 等操作系统平台，能够为你的系统提供全面有效、简便安全的优化、清理和维护手段，让你的电脑系统始终保持在最佳状态。随着 Windows 的 Vista 版本的推出，最新的优化大师版本已经可以兼容 Vista。

因为近来流氓软件的猖獗，优化大师特推出流氓软件清除大师，不定期地升级特征库，可以查杀卸载近 300 种流氓软件及恶意软件。其主要构成有：Windows 优化大师、Wopti 流氓软件清除大师、Wopti 进程管理大师、Wopti 内存整理、Wopti 文件加密、Wopti 文件粉碎、用户手册等，从系统信息检测到维护、从系统清理到流氓软件清除，Windows 优化大师都提供了比较全面的解决方案。

（2）超级兔子诞生于 1998 年 10 月，作为一款拥有超过 10 年历史的老牌计算机功能辅助软件，超级兔子拥有数千万忠实用户，其形象早已深入人心，成为了众多用户的装机必备软件之一。超级兔子是一个完整的系统维护工具，可以清理你大多数的文件、注册表里面的垃圾，同时还有强力的软件卸载功能，其专业的卸载可以清理一个软件在电脑内的所有记录。超级兔子共有九大组件，可以优化、设置系统大多数的选项，打造一个属于自己的 Windows。超级兔子上网精灵具有 IE 修复、IE 保护、恶意程序检测及清除功能，还能防止其他人浏览网站，阻挡色情网站，以及端口的过滤。如图 2-20 所示。

图 2-20　超级兔子主界面

超级兔子系统检测可以诊断一台电脑系统的 CPU、显卡、硬盘的速度，由此检测电脑的稳定性及速度，还有磁盘修复及键盘检测功能。超级兔子进程管理器具有网络、进程、窗口查看方式，同时超级兔子网站提供大多数进程的详细信息，是国内最大的进程库。超级兔子安全助手可能隐藏磁盘、加密文件，超级兔子系统备份是国内唯一能完整保存 Windows XP/2003/Vista 注册表的软件，能彻底解决系统上的问题。

4. 系统综合性测试软件（PC Mark、鲁大师）

（1）PC Mark（如图 2-21 所示）是一款由 PC Magazine 的 PC Labs 公司出版的一款系统综合性测试软件。PC Magazine 是美国最大的电脑杂志而每年都对笔记本电脑、台式机和一些电脑的周边设备进行一系列的测试。而 PC Mark 就是 PC Labs 公司开发的一款较有权威性的性能测试软件。

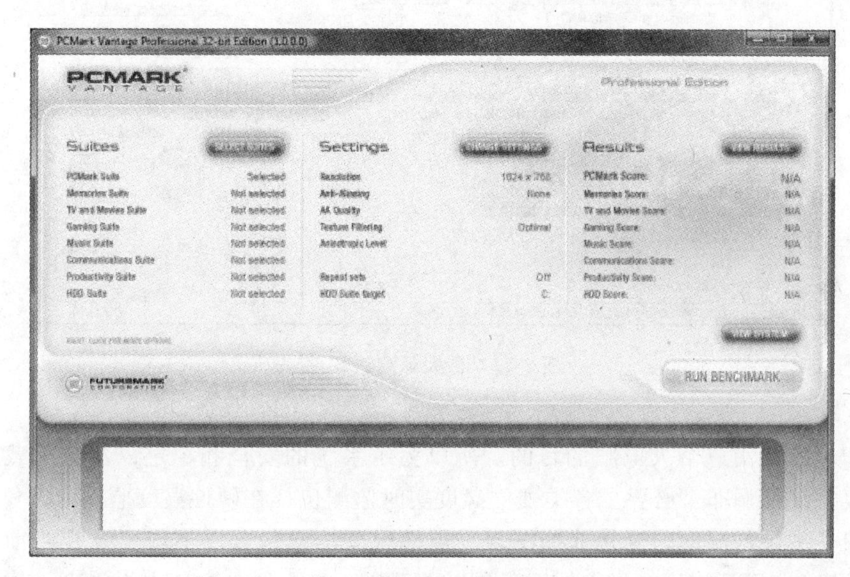

图 2-21　PC Mark

PC Mark Vantage 可以衡量各种类型 PC 的综合性能。从多媒体家庭娱乐系统到笔记本，从专业工作站到高端游戏平台，无论是在专业人士手中，还是属于普通用户，都能在 PC Mark Vantage 里了解透彻，从而发挥最大性能。其测试内容主要分为处理器测试、图形测试和硬盘测试等。

（2）鲁大师（原名：Z 武器）是新一代的系统工具，如图 2-22 所示。它是一款能轻松辨别电脑硬件真伪，保护电脑稳定运行，优化清理系统，提升电脑运行速度的免费软件。

鲁大师是一款集专业而易用的硬件检测、系统漏洞扫描和修复、常用软件安装和升级于一体的装机工具，专业而易用的硬件检测拥有专业而易用的硬件检测，不仅超级准确，而且向你提供中文厂商信息，让你的电脑配置一目了然，拒绝奸商蒙蔽。它适合于各种品牌台式机、笔记本电脑、DIY 兼容机的硬件测试，实时的关键性部件的监控预警，全面的电脑硬件信息，能有效预防硬件故障，让你的电脑免受困扰。电池健康监控包括电池状态、电池损耗、电池质量的检测，能有效地提高电池的使用寿命和电脑的健康。系统漏洞扫描和修复系统漏洞主要指操作系统中因 Bug 或疏漏而导致的一些系统程序或组件存在的后门。木马或者病毒程序通常都是利用它们绕过防火墙等防护软件，以

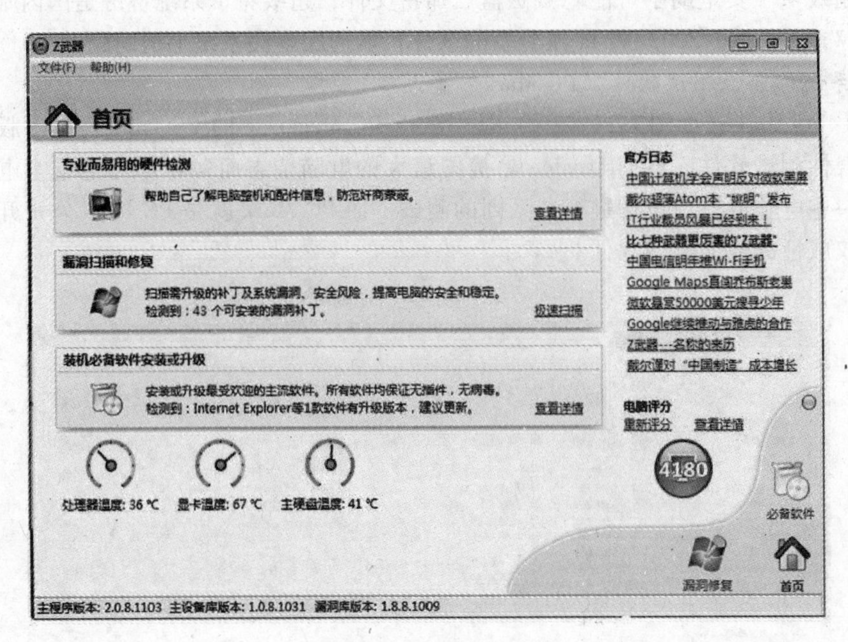

图 2-22　鲁大师测试软件

达到攻击和控制用户个人电脑的目的。所以为了系统的安全和稳定，及时下载安装补丁、修复系统漏洞非常必要。各类硬件温度实时监测包括在硬件温度监测内，鲁大师显示计算机各类硬件温度的变化曲线图表。硬件温度监测包含以下内容（视当前系统的传感器而定）：CPU 温度、显卡温度（GPU 温度）、主硬盘温度、主板温度。你可以在运行硬件温度监测时，最小化鲁大师，然后运行 3D 游戏，待游戏结束后，观察各硬件温度的变化。常用武器（清理武器、驱动武器、优化武器）清理武器扫描、清理系统垃圾迅速、全面，可以让电脑运行得更清爽、更快捷、更安全。驱动武器为用户提供驱动备份、还原和更新等功能。驱动武器具备软件界面清晰、操作简单、设置人性化等优点。优化武器提供全智能的一键优化和一键恢复功能，包括对系统响应速度、用户界面速度、文件系统、网络等优化。

习　题　2

一、单项选择题

1. 计算机中运算器的主要功能是＿＿＿＿＿＿＿＿。

   A. 控制计算机的运行　　　　B. 算术运算和逻辑运算

   C. 分析指令并执行　　　　　D. 负责存取存储器中的数据

2. 计算机的 CPU 每执行一个＿＿＿＿＿＿＿＿，就完成一步基本运算或判断。

   A. 语句　　　　　　　　　　B. 指令

C. 程序　　　　D. 软件

3. 计算机能按照人们的意图自动、高速地进行操作，是因为采用了______。

A. 程序存储在内存　　　　B. 高性能的 CPU

C. 高级语言　　　　D. 机器语言

4. 磁盘驱动器属于______设备。

A. 输入　　　　B. 输出

C. 输入和输出　　　　D. 以上均不是

5. 以下描述______不正确。

A. 内存与外存的区别在于内存是临时性的，而外存是永久性的

B. 内存与外存的区别在于外存是临时性的，而内存是永久性的

C. 平时说的内存是指 RAM

D. 从输入设备输入的数据直接存放在内存

6. 计算机的主机指的是______。

A. 计算机的主机箱　　　　B. 运算器和控制器

C. CPU 和内存储器　　　　D. 运算器和输入/输出设备

7. 下面关于 ROM 的说法中，不正确的是______。

A. CPU 不能向 ROM 随机写入数据

B. ROM 中的内容在断电后不会消失

C. ROM 是只读存储器的英文缩写

D. ROM 是只读的，所以它不是内存而是外存

8. 外存与内存有许多不同之处，外存相对于内存来说，以下叙述______不正确。

A. 外存不怕停电，信息可长期保存

B. 外存的容量比内存大得多，甚至可以说是海量的

C. 外存速度慢，内存速度快

D. 内存和外存都是由半导体器件构成

9. ______不属于计算机的外部存储器。

A. 软盘　　　　B. 硬盘

C. 内存条　　　　D. 光盘

10. 微型计算机内存容量的基本单位是______。

A. 字符　　　　B. 字节

C. 二进制位　　　　D. 扇区

11. 关于 Flash 存储设备的描述，不正确的是______。

A. Flash 存储设备利用 Flash 闪存芯片作为存储介质

B. Flash 存储设备采用 USB 的接口与计算机连接

C. 不可对 Flash 存储设备进行格式化操作

D. Flash 存储设备是一种移动存储交换设备

12. 计算机应由五个基本部分组成，下面各项中，______不属于这五个基本

组成。

A. 运算器　　B. 控制器

C. 总线　　D. 存储器、输入设备和输出设备

13. 计算机的软件系统可分为________。

A. 程序和数据　　B. 程序、数据和文档

C. 操作系统与语言处理程序　　D. 系统软件与应用软件

14. 下列设备中，都是输入设备的是________。

A. 键盘，打印机，显示器　　B. 扫描仪，鼠标，光笔

C. 键盘，鼠标，绘图仪　　D. 绘图仪，打印机，键盘

15. 高速缓存的英文为________。

A. CACHE　　B. VRAM

C. ROM　　D. RAM

二、填空题

1. 计算机硬件系统由运算器、控制器、________、输入设备和输出设备五大部件组成。

2. 存储器分为内存储器和________两类。

3. 随机存储器的英文缩写是________。

4. 微型计算机中，ROM是________。

5. 显示器、绘图仪、打印机都是计算机的________。

6. ________是微机的核心。

7. 光盘根据其制造材料和记录信息方式的不同一般分为只读光盘、一次写入型光盘和________。

8. 在微型计算机中常用的总线有________、数据总线和控制总线。

9. 根据软件的用途，计算机软件一般分为系统软件和________。

10. 计算机可分为主机和________两部分。

11. 运算器和________合称为中央处理器。

12. 计算机的主机包括CPU和________。

13. 将高级语言翻译成机器语言的方式有编译方式和________两种。

14. 在计算机中，数据信息是从________读取至运算器。

15. 常用鼠标器有机械式和________式两种。

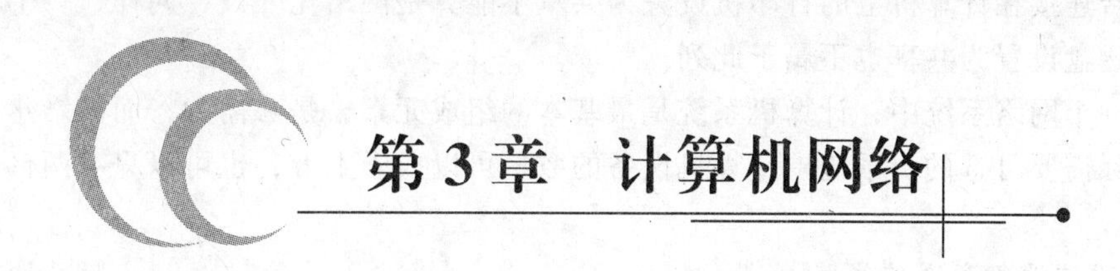

第3章 计算机网络

计算机网络是计算机技术与通信技术紧密结合的产物。网络给人们的工作、学习和生活带来了极大的方便，对人类社会的发展产生了深远的影响。本章主要介绍计算机网络与Internet的基础知识，内容包括计算机网络概述、局域网的组建与典型应用、Internet概述、Internet接入方式以及常用服务等。

3.1 计算机网络概述

3.1.1 计算机网络的定义

计算机网络的发展经历了一个从简单到复杂，从低级到高级的演变过程。根据计算机网络的发展现状，可以将其定义为：计算机网络是指具有独立功能的计算机系统或其他设备，用一定通信设备和通信线路互相连接起来，能够实现信息传递和资源共享的系统。

“具有独立功能”排除了网络系统中主从关系的可能性，一台主控机和多台从属机的系统不能称为网络。同样的，一台带有远程打印机和终端的大型机也不是网络。

“用一定通信设备和通信线路互相连接起来”指出计算机之间必须是以某种方式互联的，两台计算机之间通过磁盘拷贝来传递信息不能算是网络系统。

在物理互联的基础上，计算机之间还必须能够进行信息传递和实现资源共享，这可以认为是逻辑意义上的互联。

此外，网络系统中不仅包括计算机，还可以包括具有独立网络功能的其他设备，如：网络打印机和网络存储器等。

3.1.2 计算机网络的组成

计算机网络包括硬件和软件两大部分。网络硬件提供的是数据处理、数据传输和建立通信通道的物理基础，而网络软件是真正控制数据通信的；软件的各种功能又依赖于硬件去实现，二者缺一不可。计算机网络的组成主要包括下述四个部分。

1. 计算机设备

计算机设备包括具有独立功能的计算机系统和具有独立网络功能的共享设备（或

称为网络化外设)。计算机系统可以是多终端主机、高性能计算机，也可以是一台普通的台式微型计算机或笔记本电脑。具有独立网络功能的共享设备是指为网络用户共享的、自身具备网络接口、可以直接连网而不依赖于任何计算机的打印机和大容量存储器。一台连接在计算机上的打印机设置为共享不能算是网络化外设，同样，一个联网计算机的磁盘设置为共享也不属于此列。

在一个网络系统中，计算机系统是最基本的组成元素，是必需的，而网络化外设是根据实际需要可选的。系统中计算机设备的数量可以成千上万，也可以只有两台微型计算机。

2. 通信设备和通信线路

计算机网络的硬件部分除了计算机设备，还要有用于连接这些计算机设备的通信设备和通信线路。通信设备指网络连接设备和网络互联设备，包括网卡、交换机、路由器和调制解调器等（见图3-1）。

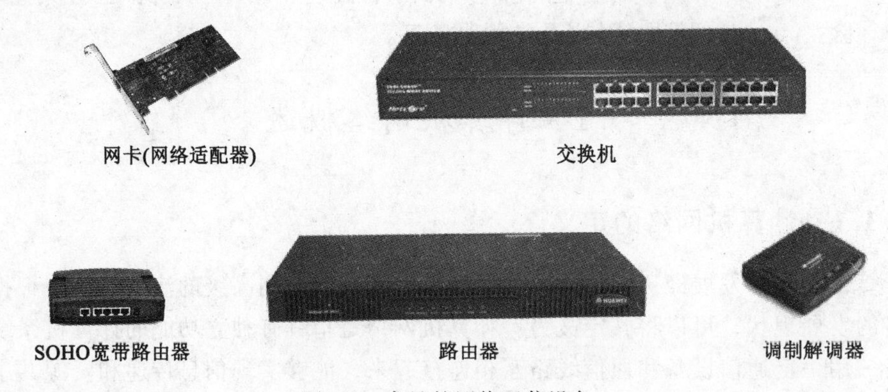

图3-1　常见的网络通信设备

通信线路指的是传输介质及其介质连接部件。传输介质分为有线介质和无线介质两大类，有线介质如双绞线、同轴电缆和光纤等（见图3-2）；无线介质如无线电波和红外线等。

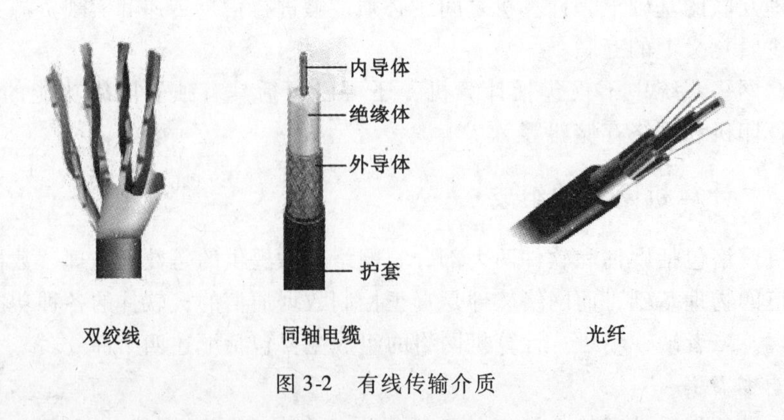

图3-2　有线传输介质

3. 网络协议

用通信设备和通信线路连接起来的计算机之间要实现通信，还必须遵循共同的约定和通信规则，这些约定和通信规则就是网络协议（Protocol）。这就像人们相互交谈，只有用对方能够理解的语言才能交流，所有语言就是人与人之间交谈的共同约定，语言的语法就是双方要遵守的规则。总之，网络协议就是计算机之间通信时需要遵守的、具有特定语义的一组规则。

网络协议的实现是由软件、硬件或二者共同完成的。

4. 网络软件

网络软件是指在计算机网络环境中，用于支持数据通信和各种网络活动的软件。根据网络软件的功能，可以将其分为网络系统软件和网络应用软件两大类。网络系统软件是控制和管理网络运行、提供网络通信、分配和管理共享资源的网络软件，包括网络操作系统、网络协议软件、通信控制软件和管理软件等。网络应用软件是指为某一个应用目的而开发的网络软件（如远程教学软件、电子图书馆软件、Internet信息服务软件）。网络软件为用户提供访问网络的手段、网络服务、资源共享和信息的传递。

3.1.3 计算机网络的分类

从不同的角度出发，计算机网络的分类也不同，以下介绍两种常见的网络分类。

1. 按网络的覆盖范围分类

（1）局域网（Local Area Network，LAN）

能在有限的地理区域内提供连接，通常覆盖一栋大楼或相邻的几栋大楼，由单位或部门专有。例如学校的计算机实验室和家庭网络等。

（2）城域网（Metropolitan Area Network，MAN）

覆盖范围在几公里到几十公里的高速公共网络，例如有线电视网络。

（3）广域网（Wide Area Network，WAN）

覆盖一个大面积的地理范围，可能是一个地区或国家，例如中国电信的CHINANET网。

Internet是全球最大的互联网，是网络的网络，它不属于以上分类。

2. 按网络的拓扑结构分类

网络拓扑结构（物理拓扑结构）是指网络系统中的节点（包括计算机设备和通信设备）和通信线路构成的几何形状。在计算机网络中，拓扑结构主要有以下几种：总线型、环型、星型、树型和网状型，如图3-3所示。

3.1.4 TCP/IP协议

前面说过，网络协议是通信双方必须遵守的一组约定。TCP/IP就是这样的一组约定，它实际上是一个协议集，包括了TCP、IP、UDP、ICMP、ARP、RARP、SMTP、HTTP、FTP和Telnet等多个协议，其中最知名的协议就是TCP（传输控制协议）和IP（网际协议），故而整个协议集被称为TCP/IP。Internet就是基于TCP/IP协议构建的。

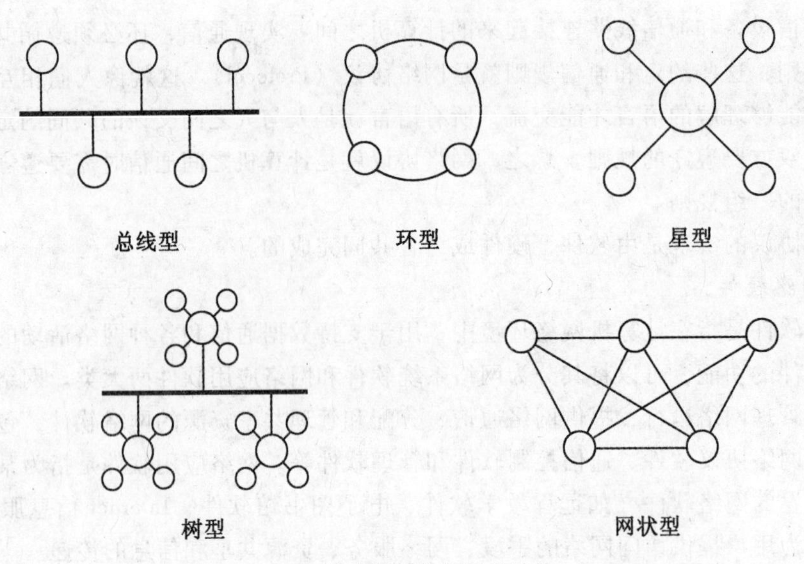

图 3-3 计算机网络的拓扑结构

1. TCP/IP 协议结构

TCP/IP 协议是一个分层结构。协议的分层使得各层的任务和目的十分明确，这样有利于软件编写和通信控制。TCP/IP 协议分为四层，由上至下分别是应用层（Application Layer）、传输层（Transport Layer）、网际层（Internet Layer）和网络接口层（Network Interface Layer），如图 3-4 所示。

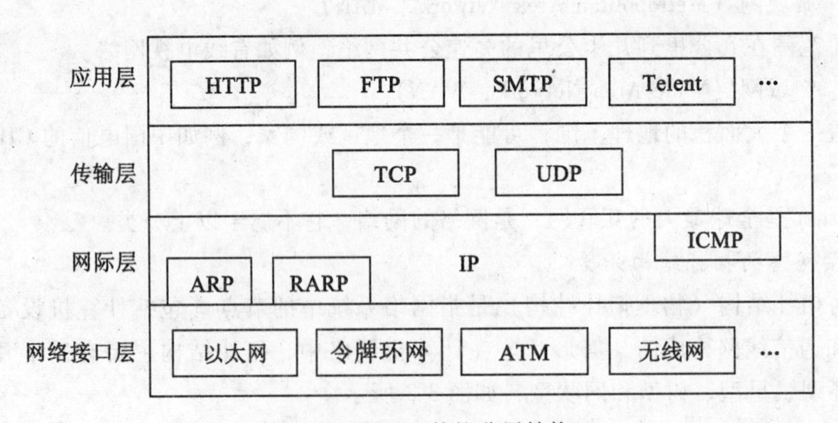

图 3-4 TCP/IP 协议分层结构

（1）应用层

最上层是应用层，它包含所有的高层协议。这些高层协议使用传输层的协议接收或发送数据。例如：Telnet（远程登录协议）允许一台机器上的用户登录到远程机器上并进行工作；FTP（文件传输协议）提供了有效地把数据从一台机器送到另一台机器上的方法；SMTP（简单邮件传输协议）用于发送电子邮件；HTTP（超文本传输协议）协议用于在万维网（WWW）上浏览网页等。

(2) 传输层

传输层的主要功能是将应用层传递过来的信息进行分段处理，然后在各段信息中加入一些附加的说明，以保证对方能收到可靠的信息。传输层有两个协议：TCP 和 UDP（用户数据报协议）。

(3) 网际层

网际层的主要功能是将传输层形成的一段一段的信息打成 IP 数据包，并在报头中填入地址信息，然后选择好发送的路径。网际层的协议有：IP、ICMP（Internet 控制报文协议）、ARP（地址解析协议）和 RARP（逆向地址解析协议）等。

(4) 网络接口层

最底层是网络接口层，其功能是接收和发送 IP 数据包，负责与网络中的传输介质打交道。

2. IP 地址

就像每一部电话都有一个唯一的号码一样，Internet 上的每台计算机都有一个唯一的 IP 地址。IP 协议使用 IP 地址在计算机之间传递信息，这是 Internet 能够运行的基础。

(1) IPv4

目前 Internet 上使用的 IP 地址是第 4 版本，称为 IPv4。它由 32 位二进制组成，通常采用点分十进制表示法，即每八位为一组分为四组，每一组用 0~255 的十进制表示，组与组之间以圆点分隔，如 202.114.108.245。

Internet 上的 IP 地址分成五类，即 A 类、B 类、C 类、D 类和 E 类，常用的 A 类、B 类和 C 类地址是由网络地址和主机地址两部分组成的。

① A 类地址

A 类地址中第一个八位组最高位始终为 0，其余 7 位表示网络地址，共可表示 128 个网络，但有效网络数为 126 个，因为其中全 0 表示本地网络，全 1 保留作为诊断用。第二、三、四个八位组共 24 位表示主机地址，每个网络最多可连入 16 777 214 台主机。A 类地址一般分配给具有大量主机的网络使用。

② B 类地址

B 类地址第一个八位组前两位始终为 10，剩下的 6 位和第二个八位组，共 14 位表示网络地址。第三、四个八位组共 16 位表示主机地址。因此有效网络数为 16 382，每个网络有效主机数为 65 534，这类地址一般分配给中等规模主机数的网络。

③ C 类地址

C 类地址第一个八位组前三位始终为 110，剩下的 5 位和第二、三个八位组，共 21 位表示网络地址。第四个八位组共八位表示不同的主机地址，因此有效网络数为 2 097 150，每个网络有效主机数为 254。C 类地址一般分配给小型的局域网使用。

A 类、B 类和 C 类地址结构如图 3-5 所示。

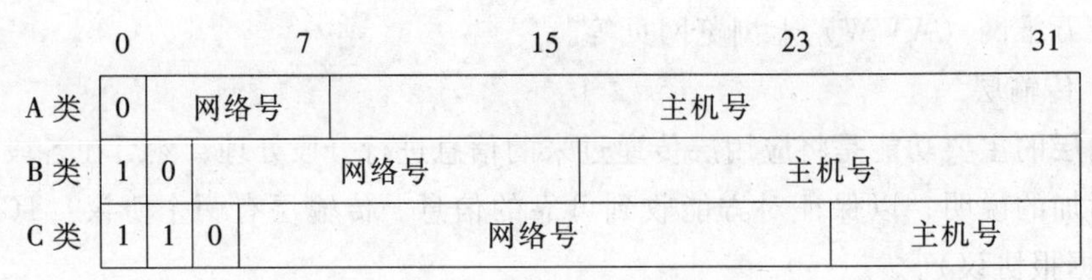

图 3-5　A 类、B 类和 C 类地址结构

(2) IPv6

IPv6 是下一版本的互联网协议，它的提出最初是因为随着互联网的迅速发展，IPv4 定义的有限地址空间将被耗尽，地址空间的不足必将影响互联网的进一步发展。IPv4 采用 32 位地址长度，只有约 43 亿个地址，而 IPv6 采用 128 位地址长度，几乎可以不受限制地提供地址。

在 IPv6 的设计过程中除了一劳永逸地解决地址短缺问题以外，还考虑了在 IPv4 中解决不好的其他问题。IPv6 的主要优势体现在以下几方面：扩大地址空间、提高网络的整体吞吐量、改善服务质量（QoS）、安全性有更好的保证、支持即插即用和移动性、更好实现多播功能。

3. 子网掩码

子网掩码与 IP 地址密切相关。子网掩码也是一个 32 位二进制串，它用来区分网络地址和主机地址。如果一个 IP 地址的前 n 位为网络地址，则其对应的子网掩码前 n 位为 1，后 32-n 位为 0，对应 IP 地址中的主机地址部分。

例如：如果用户获得了一个 202.114.108.2 的 IP 地址，而其子网掩码是 255.255.255.0，那么表示 IP 地址中的 202.114.108 是网络地址，而 2 是网络上主机的地址。

4. 域名地址

由于 IP 地址不便于记忆，也不能反映主机的用途，因此 TCP/IP 协议还提供了一种易于记忆的域名地址。域名简单地说就是 Internet 上主机的名字，它采用层次结构，每一层构成一个域，用圆点隔开。

第一层为顶级域。顶级域分为两类：通用域和地理域。通用域用于表示主机提供服务的性质，如：com（商业机构）、edu（教育机构）、gov（美国政府机构）、net（网络服务机构）、mil（美国军事机构）、org（非营利组织）、aero（航空业）。地理域用于区分主机所在的国家和地区，如：cn（中国）、hk（中国香港）、de（德国）、ca（加拿大）。

在每个顶级域下可以建立二级域名。例如：cn 下的二级域名有 41 个，包括 7 个类别域名和 34 个行政区域名。类别域名如：ac（科研机构）、com、edu、gov、mil、net 和 org 等；行政域名如：bj（北京）、sh（上海）、tj（天津）、hb（湖北）。

二级域名下可以进一步设置三级域名，通常为具体机构的名称。例如 edu.cn 的下级域名一般为各个学校的域名，如：whu（武汉大学）、tsinghua（清华大学）、pku（北京大学）等。

各个机构内部可以为各主机分配主机域名，例如武汉大学WWW服务器的主机名为www，则其域名全称为：www. whu. edu. cn。

Internet通过域名服务器DNS（Domain Name Server）将域名地址解析成IP地址，因而用户只需要记住域名地址就可以了。

3.2 组建局域网

局域网是一种将小区域内的通信设备互联在一起的通信网络，其建网成本低，传输速率高（10Mbps~10Gbps），传输质量好。

局域网技术产生于20世纪70年代，20世纪90年代后发展迅猛。正是局域网的出现，使得计算机网络被大多数人认识，并在很短的时间内就深入到了各种应用领域。迄今为止，出现过的主要局域网技术有：以太网（Ethernet）、令牌环网（Token-Ring）、光纤分布式数据接口（FDDI）和异步传输模式（ATM）等。目前，以太网在局域网市场淘汰了其他的局域网技术。近年来，随着无线局域网技术的不断发展，应用也越来越广泛。因此，现在应用于局域网的技术就是两种：以太网和无线局域网。无线局域网是对有线局域网的有益补充。

3.2.1 局域网的硬件架构

组建Windows局域网，首先要确定网络的工作模式。通常有两种网络工作模式：客户机/服务器模式和对等模式。

客户机/服务器网络是一种基于服务器的网络。服务器控制着整个网络，负责存储和提供共享的文件、数据库或应用程序等资源，其他用户的计算机则称为客户机，客户机通过网络向服务器申请资源共享服务。客户机/服务器网络的工作效率高，系统可靠性好，但实现起来比较复杂，成本高，适合于机器数量多、性能要求高的工作环境。客户机/服务器模式在Windows中称为域（Domain）模式。

在对等网络中，不需要使用专门的服务器，计算机之间的关系是平等的，没有主从之分。每台计算机既可以是客户机，也可以是服务器，同时扮演着两个角色。对等网具有组网容易、成本低廉、易于维护等特点。适合于机器数量较少、分布较集中、性能要求不高的工作环境。对等模式在Windows中称为工作组（Workgroup）模式。

局域网的硬件架构通常有双机互联、多机互联和无线互联等。

1. 双机互联

双机互联是最简单的网络，连接方式有电缆连接、双绞线连接、USB线连接和红外线连接等多种。双绞线连接是最常用的连接方式，只需要使用交叉线直接连接两台机器的以太网卡即可，如图3-6所示。组网时注意：两台机器的网卡速度要兼容；交叉线一端的线序为白绿、绿、白橙、蓝、白蓝、橙、白棕、棕，另一端线序为白橙、橙、白绿、蓝、白蓝、绿、白棕、棕。

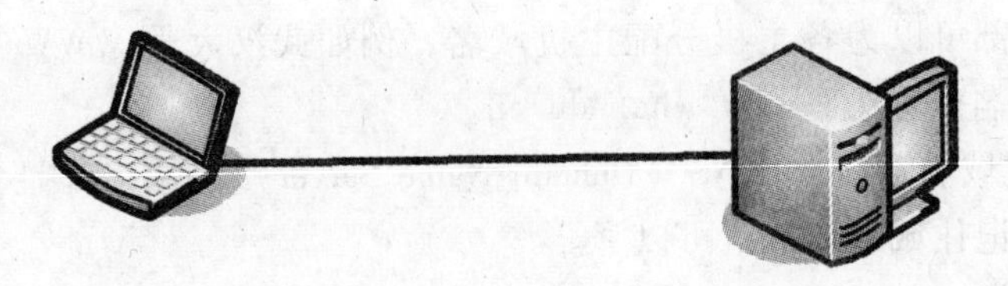

图 3-6 双机互联

2. 多机互联

多机互联时，除了每台机器都要配置以太网卡外，还需要交换机设备。将所有机器的网卡用直通线与交换机的端口相连接，就可以组成一个星型局域网，如图 3-7 所示。

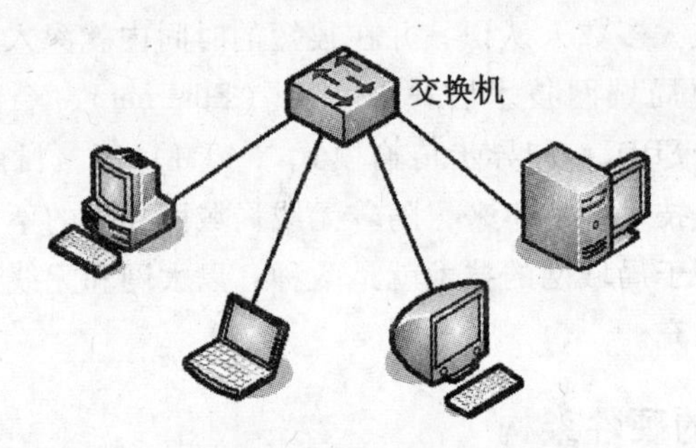

图 3-7 用交换机实现多机互联

当网络中机器的数量超过单一交换机的端口数时，需要采用多个交换机级联或堆叠的方式来扩展端口数量，如图 3-8 所示。

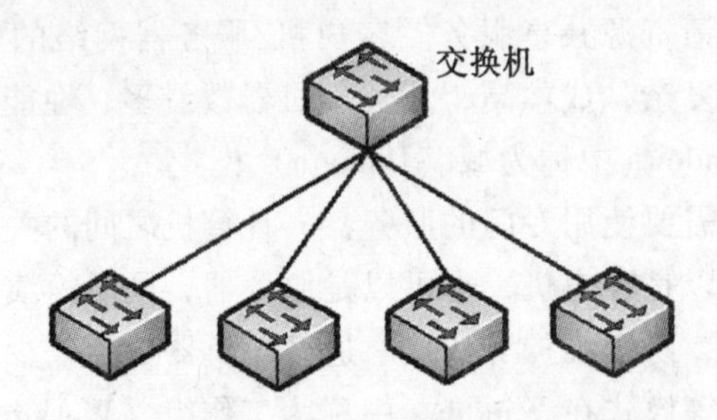

图 3-8 交换机的连接

3. 无线互联

组建无线局域网所需的设备主要有无线网卡和无线接入点等。无线网卡在无线网络中的作用与有线网络中的普通网卡相同。无线接入点也叫无线 AP（Access Point），类似于以太网中的交换机，提供无线信号的发射和接收功能。

装有无线网卡的多台机器可以直接进行无线互联，如图 3-9 所示。由于没有无线接入点，信号的强弱会直接影响到文件的传输速度，所以计算机之间的距离和摆放位置要适当调整。

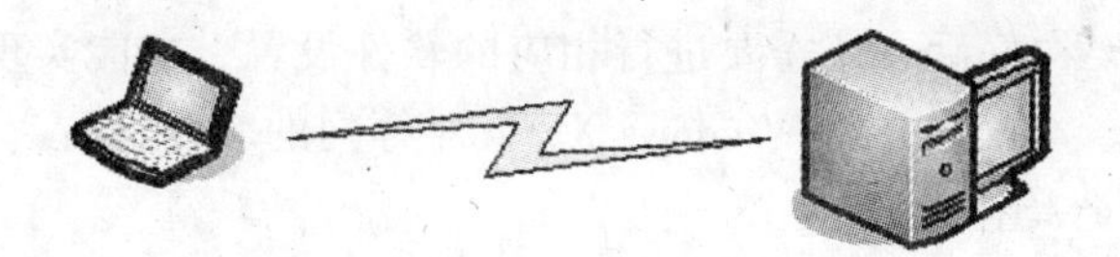

图 3-9　无线互联

无线 AP 是无线局域网的核心。在无线 AP 覆盖范围内，配备无线网卡的机器通过无线 AP 接入无线局域网。图 3-10 为单接入点模式的无线局域网。

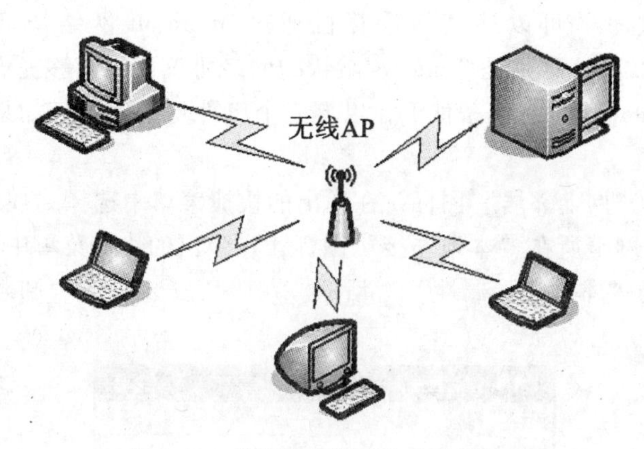

图 3-10　单接入点模式的无线局域网

通常无线 AP 都拥有一个或多个以太网接口，用于无线网络与有线网络的连接，从而扩大网络范围和规模。图 3-11 为多接入点模式的无线局域网。

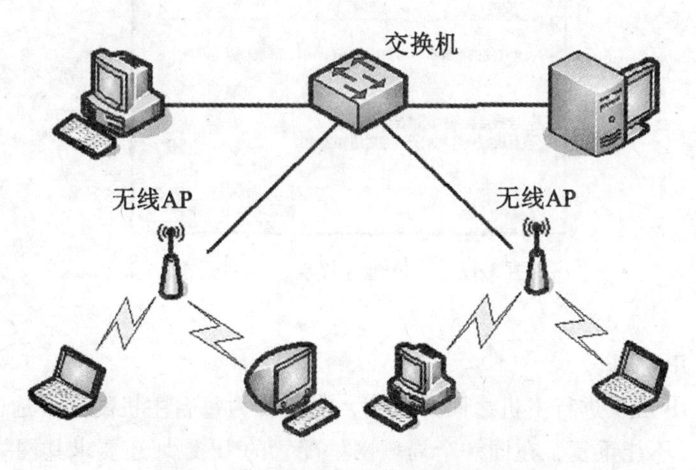

图 3-11　多接入点模式的无线局域网

3.2.2 局域网的软件设置

局域网的硬件架构好后，还需要进行相应的软件设置，才能实现各机器应用程序间的通信和资源共享。本章只介绍 Windows XP 下对等网的软件设置。

1. 有线对等网的软件设置

(1) 安装网络组件

在局域网中，如果想与其他 Windows 主机进行资源互访，通常需要机器上安装有"Microsoft 网络客户端"、"Microsoft 网络的文件和打印机共享"以及"Internet 协议(TCP/IP)"等组件。

"Microsoft 网络客户端"允许本机访问 Microsoft 网络上的其他资源；"Microsoft 网络的文件和打印机共享"可以让其他计算机通过 Microsoft 网络访问本机上的资源；"Internet 协议（TCP/IP）"则是 Windows 默认的网络协议，它能够提供跨越多种互联网络的通信。在 Windows XP 默认条件下，以上三个组件均已安装，如果被意外删除，可通过以下方法添加。

右击桌面上的"网上邻居"图标，在弹出的快捷菜单中选择"属性"，打开"网络连接"窗口。右击网卡所在"本地连接"图标，在弹出的快捷菜单中选择"属性"，打开如图 3-12 所示的"本地连接属性"对话框。在此"安装"或"卸载"网络组件。

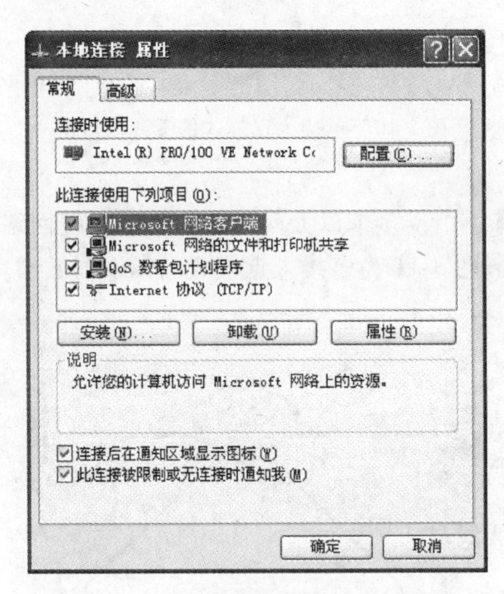

图 3-12 "本地连接属性"对话框

(2) 设置 IP 地址

通过 TCP/IP 协议进行主机之间的通信，还需要为每台主机配置合适的 IP 地址。IP 地址必须唯一，不能重复，在同一个局域网里配置的 IP 地址还要求其网络地址相同。

在 Windows XP 中配置 IP 地址，先要打开如图 3-12 所示的对话框。在"此连接使用下列项目"列表框中选中"Internet 协议（TCP/IP）"，双击或点击"属性"按钮，打开如图 3-13 所示的“Internet 协议（TCP/IP）属性”对话框，在此设置 IP 地址和子网掩码。

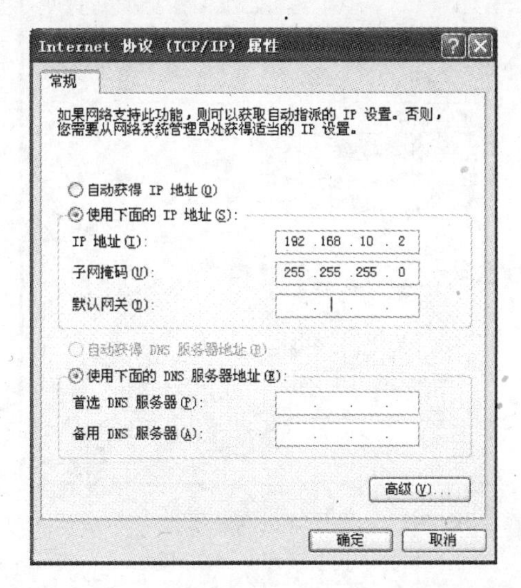

图 3-13　“Internet 协议（TCP/IP）属性”对话框

如果局域网里有 DHCP（动态主机配置协议）服务器，可以为其他机器提供动态分配 IP 地址的服务，则其他机器都只需在如图 3-13 所示的对话框中选中“自动获得 IP 地址”即可，这样就省去为每台机器手工配置静态 IP 地址的麻烦。

（3）设置主机名和工作模式

Windows 操作系统中可以通过机器名来访问不同机器上的共享资源，设置合适的主机名，可以使网络共享更加方便快捷。另外，网络的工作模式需要人工设置。

在 Windows XP 下要设置计算机名和工作模式，可以右击桌面上“我的电脑”图标，在弹出的快捷菜单中选择“属性”，打开“系统属性”对话框，单击“计算机名”选项卡，可以看到系统原来的主机名以及工作模式。要更改主机名或工作模式，可点击“更改”按钮，打开如图 3-14 所示的“计算机名称更改”对话框，在此设置计算机名和工作模式。注意，同一个工作组中的计算机必须使用相同的工作组名。

2. 无线对等网的软件设置

无线对等网是指无线网卡+无线网卡组成的无线局域网，网络中没有无线接入点。组网时，选择其中一台机器为主机，设置无线环境，其他机器（副机）搜索环境并连接。

（1）主机的无线设置

右击桌面上的“网上邻居”图标，在弹出的快捷菜单中选择“属性”，打开“网络连接”窗口。右击“无线网络连接”图标，在弹出的快捷菜单中选择“属性”，打开如图 3-15 所示的“无线网络连接属性”对话框。

在“此连接使用下列项目”列表框中选中“Internet 协议（TCP/IP）”，双击或点击

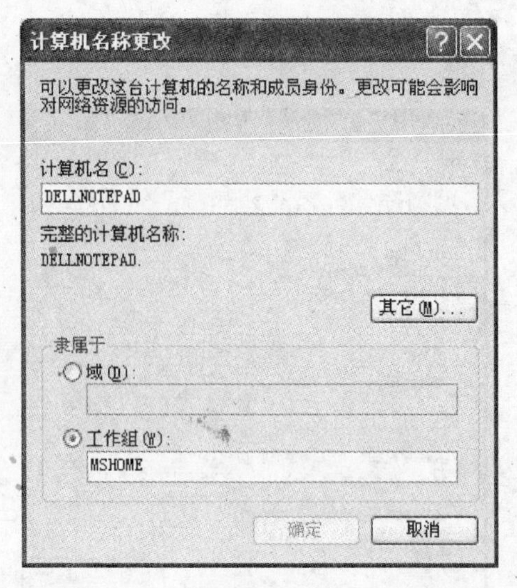

图 3-14　“计算机名称更改”对话框

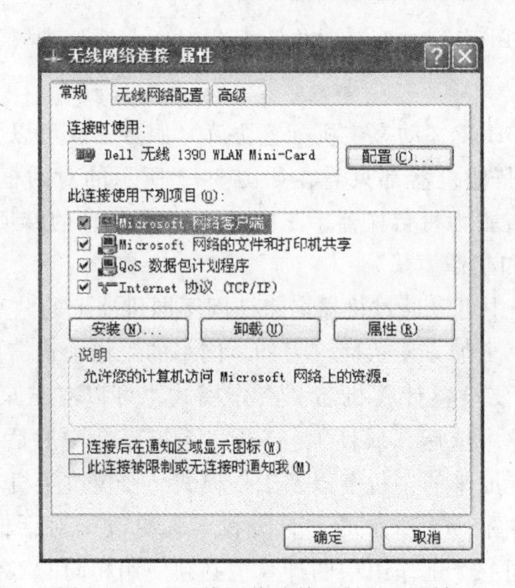

图 3-15　“无线网络连接属性”对话框

“属性”按钮，打开如图 3-13 所示的对话框，在此设置无线网卡的 IP 地址和子网掩码。

单击“无线网络配置”选项卡，如图 3-16 所示。选中“用 Windows 来配置我的无线网络配置”复选框，以启用 Windows XP 自带的无线网络管理。

单击“高级”按钮，打开如图 3-17 所示的“高级”对话框。

将“要访问的网络”设置成“仅计算机到计算机（特定)”，也可以根据实际的连接方式选择其他方式。不要选中“自动连接到非首选的网络”复选框。单击“关闭”按钮，返回如图 3-16 所示的对话框。

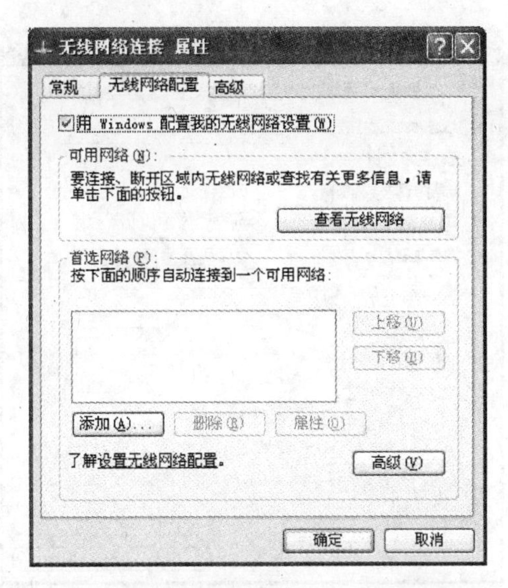

图 3-16　“无线网络配置”选项卡

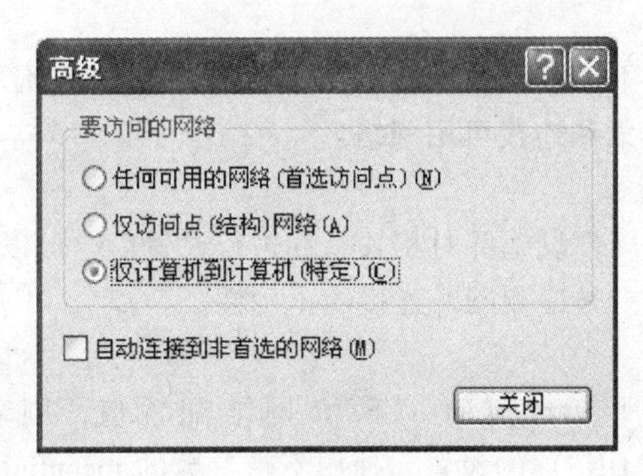

图 3-17　“高级”对话框

单击“添加”按钮，打开如图 3-18 所示的“无线网络属性”对话框。在“网络名(SSID)”文本框中随便输入一个服务设置标识（SSID），如：“t_wlan”。如果没有特别的需要，“网络验证”可以配置成“开放式”，“数据加密”可以配置成“已禁用”。选中“这是一个计算机到计算机（特定的）网络；没有使用无线访问点”复选框。单击“确定”按钮，返回如图 3-16 所示的对话框。再单击“确定”按钮即可。

（2）副机的无线设置

打开如图 3-15 所示的对话框，在“此连接使用下列项目”列表框中选中“Internet 协议（TCP/IP）”，双击或点击“属性”按钮，打开如图 3-13 所示的对话框，正确设置无线网卡的 IP 地址和子网掩码（要与主机在同一个网段）。

打开如图 3-17 所示的对话框，将“要访问的网络”设置成“仅计算机到计算机(特定)”。

如果机器不能搜索到可用的无线网络（无线网络连接显示断开状态），可以调整两

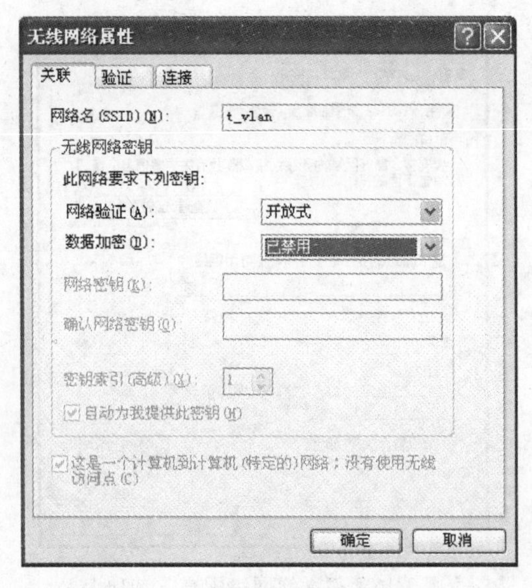

图 3-18　“无线网络属性”对话框

台机器的位置。如果还不能搜索到该网络，可以在如图 3-16 所示的对话框中单击“查看无线网络”按钮，搜索和连接可用网络。

3. 测试网络的连通性

在架构好局域网的硬件设施并对相关软件进行设置后，可以通过 Windows 操作系统提供的一些网络测试命令来检测网络连接的正确性。

（1）ipconfig 命令

ipconfig 用来显示所有当前的 TCP/IP 网络配置值，刷新动态主机配置协议（DHCP）和域名系统（DNS）的设置。使用不带参数的 ipconfig 可以显示所有网络适配器的 IP 地址、子网掩码、默认网关，如图 3-19 所示。ipconfig/all 则显示所有网络适配器完整的 TCP/IP 配置信息。

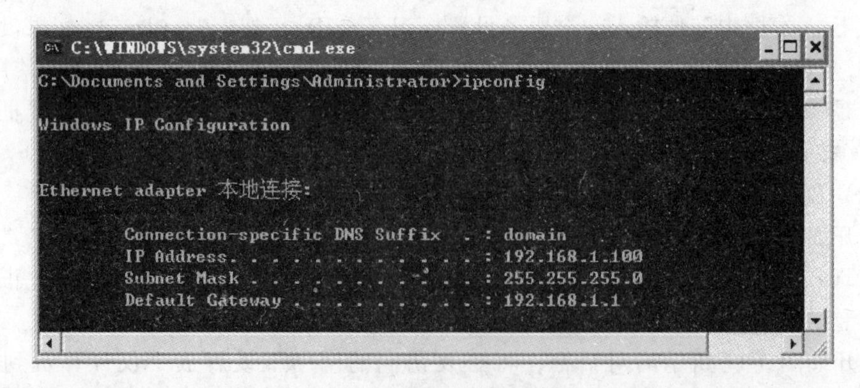

图 3-19　TCP/IP 网络配置信息

如果局域网里的机器配置的是静态 IP，上述信息可以从如图 3-12 所示的对话框中查看到，但是如果是通过“自动获得 IP 地址”而配置的动态 IP，则需要使用 ipconfig 命令才可看到本机当前分配到的 IP 地址。

（2）ping 命令

ping 是最常用的检测网络连通性的命令，用于确定本地主机是否能与另一台主机交换（发送与接收）数据，根据返回的信息，用户可以推断 TCP/IP 参数是否设置正确以及运行是否正常。

ping 命令的基本格式为：ping 目标名，其中目标名可以是 Windows 主机名、IP 地址或域名地址。如果 ping 命令收到目标主机的应答，则表示本机与目的主机已连通，可以进行数据交换，如图 3-20 中“ping 192.168.1.100”的命令结果；如果 ping 命令的显示结果为“Request timed out”，则表示目的主机不可达，如图 3-20 中“ping 192.168.1.200”的命令结果。不过，因为 ping 命令采用的是 ICMP 报文进行测试，如果对方装有防火墙，过滤掉 ICMP 报文，则 ping 命令无法收到正确的应答信息，而会造成不可达的假象。

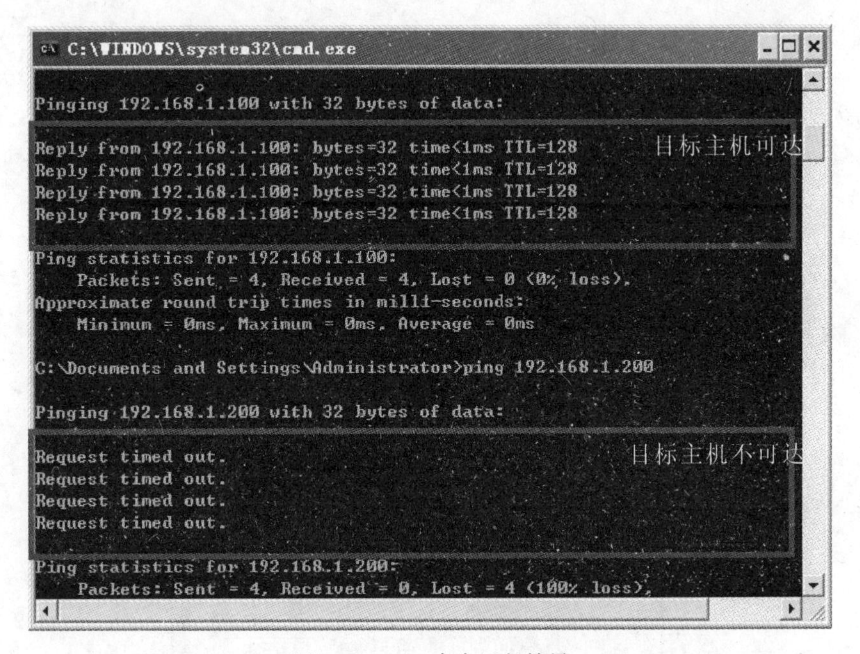

图 3-20　ping 命令运行结果

在局域网里，通常按以下顺序使用 ping 命令来测试网络的连通性。

① ping127.0.0.1 环回地址。这个 ping 命令被送到本地计算机的 IP 软件，如果 ping 不通，就表示 TCP/IP 协议的安装或运行存在某些最基本的问题。

② ping 本地 IP 地址。ping 本地 IP 地址可以检测本地网卡及本地 IP 地址配置的正确性，用户计算机始终都应该对该 ping 命令做出应答。如果 ping 不通，则表示本地配置或安装存在问题。出现此问题时，局域网用户可先断开网络电缆，然后重新发送该命

令。如果网线断开后本命令正确，则表示局域网内另一台计算机可能配置了相同的 IP 地址。

③ ping 局域网内其他 IP 地址。该 ping 命令从用户计算机发出，经过网卡及网络电缆到达其他计算机，再返回。收到应答表明本地网络 IP 地址和子网掩码配置正确，目标主机可达。

3.2.3 局域网的典型应用

一旦局域网中的主机可以正常通信，就可以设置网络共享，来实现整个局域网内部的资源共享。在局域网中可以实现软、硬件资源共享。本章只介绍 Windows XP 下对等模式局域网的网络共享方法。

1. 共享文件夹

(1) 设置共享文件夹

在 Windows XP“我的电脑”或“资源管理器”中，找到要共享文件夹的位置，右击该文件夹图标，在弹出的快捷菜单中选择“共享和安全”，打开如图 3-21 所示的对话框。

如果用户无法通过上述操作看到如图 3-21 所示的对话框，则要修改“文件夹选项”。方法如下：在“我的电脑”或“资源管理器”窗口中，打开“工具”菜单，选择“文件夹选项”，打开“文件夹选项”对话框。单击“查看”选项卡，在“高级设置”列表中，取消勾选“使用简单文件共享（推荐）”复选框。

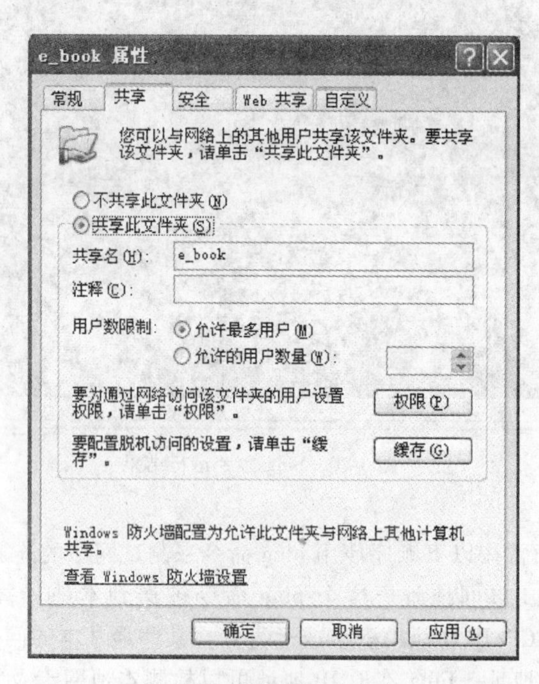

图 3-21 设置共享文件夹

在如图 3-21 所示的对话框中，选中“共享此文件夹”单选框，并在“共享名”文本框中输入共享名，其他用户在网络上看到该共享资源的是共享名。还可以在“用户数限制”中设置允许同时访问该共享资源的机器数。另外，在默认情况下，网络中的其他主机可以使用本机的任意账户对共享文件夹进行读取和更改。如果希望只有部分有权限的账户可以访问该资源，并且只能读取该共享资源，则点击“权限”按钮，打开如图 3-22 所示的对话框。

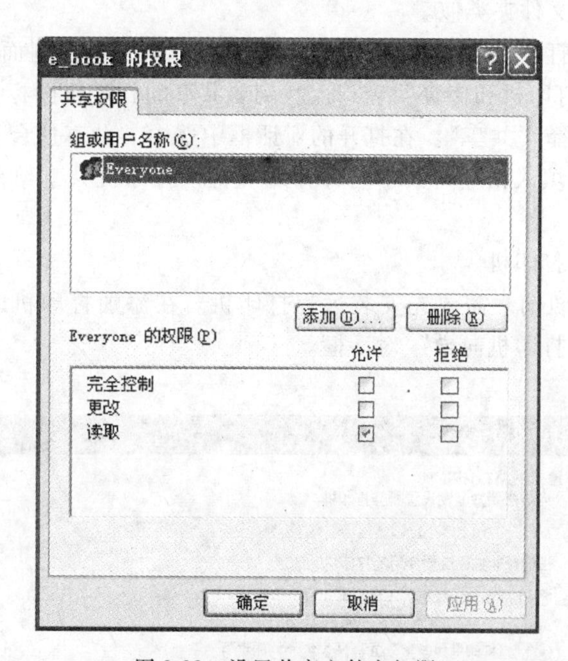

图 3-22　设置共享文件夹权限

在“组或用户名称”列表中，通过下方的“添加”和“删除”按钮，将希望访问该资源的用户或组加入。对于每一个用户或组，都可以通过下方的“完全控制”、“更改”和“读取”等权限复选框进行选择。要赋予某用户或组相应权限，只需选中其后的“允许”复选框，反之选中“拒绝”复选框。

(2) 使用共享文件

只要局域网内有主机将资源共享出来，其他主机就可以通过该资源所赋予的账户连接到此主机，使用共享资源。

在明确共享文件所存放的位置后，可以先在 Windows XP 的“网上邻居”中找到该资源所在的主机，双击该主机图标进行连接，根据其中的共享名找到共享文件夹；或者通过单击“开始”菜单中“运行...”，在打开的“运行”对话框中（也可以在“我的电脑”或 IE 的地址栏中）输入“\\主机名\\共享名”。如果提供共享资源的用户没有开放“Guest”账户，则在连接时还需输入用户名和密码。

一旦进入共享文件夹，就可以像使用本地资源一样，对共享资源进行打开、复制、修改、删除等操作，当然前提是共享资源提供者对上述操作赋予了“允许”权限。

（3）取消共享文件夹

如果想取消已共享的文件夹，可以直接右击该文件夹，在弹出的快捷菜单中选择“共享和安全”，打开如图3-21所示的对话框，选中“不共享此文件夹”单选框即可。

2. 共享打印机

（1）设置共享打印机

在局域网中通过共享打印机，可以使得多个用户共同使用一台打印机资源。共享打印机的过程与共享文件夹类似。

在安装有本地打印机的机器上，打开Windows XP的“控制面板”，选择“打印机和传真”，打开“打印机和传真”窗口。找到要共享的打印机图标，右击该图标，在弹出的快捷菜单中选择“共享”。在打开的对话框中选中“共享这台打印机”单选框，并在“共享名”栏中填入相应的共享名称，即可将该打印机共享给网络中的其他用户使用。

（2）使用共享打印机

使用共享打印机前，需要先安装远程打印机。在添加打印机时，系统将出现如图3-23所示的“添加打印机向导”对话框。

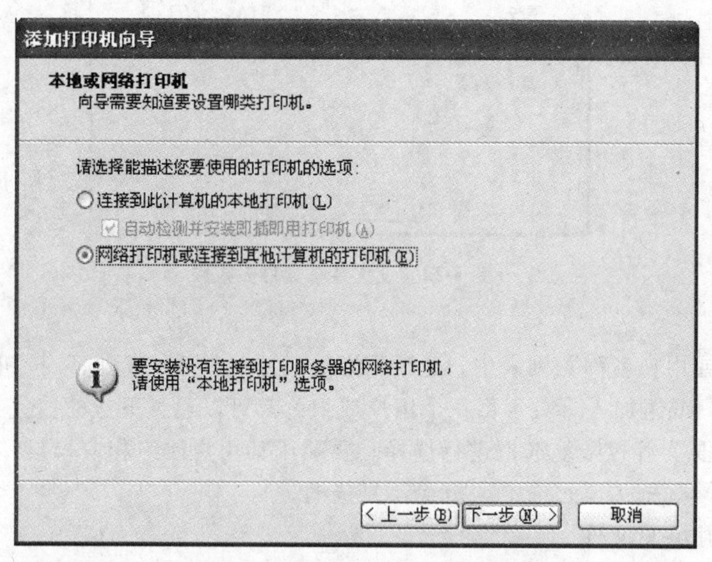

图3-23 “添加打印机向导”对话框

选中“网络打印机或连接到另一台计算机的打印机”单选框，再单击“下一步”按钮。打开如图3-24所示的“指定网络打印机位置”对话框。

可以通过该网络打印机的名称或URL确定其位置，如果不知道网络打印机的上述信息，可以选中“浏览打印机”单选框，系统会自动在局域网内搜索共享的打印机供用户选择。选好要使用的共享打印机后，只需再选择是否将其设置为默认打印机即可完成网络打印机的安装。

安装好网络打印机后，就可以像使用本地打印机一样使用该共享打印机。只要在需

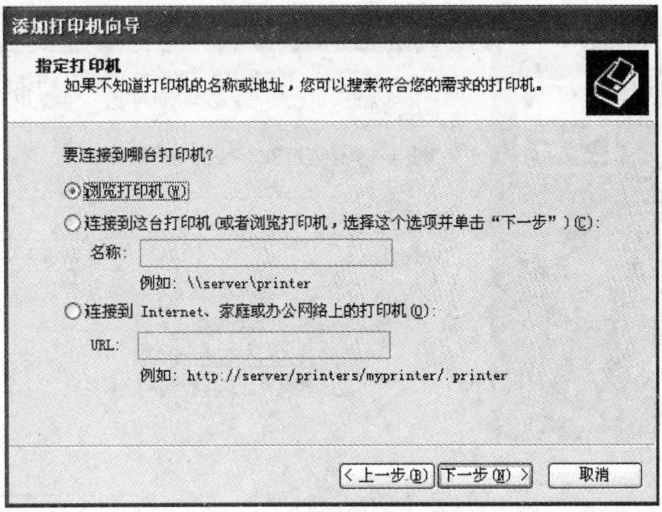

图 3-24　指定网络打印机位置

要实行打印的应用程序中，将共享打印机设为当前打印机就可以了。如果安装时将共享打印机设置为默认打印机，则不需额外选择，该打印机就是各应用程序的当前打印机。

（3）取消共享打印机

如果想取消已共享的打印机，可以直接右击该打印机图标，在弹出的快捷菜单中选择“共享”，在打开的“打印机属性”对话框中选中“不共享这台打印机”单选框即可。

3. 映射网络驱动器

映射网络驱动器是将局域网中其他机器的共享资源夹映射成本机上的某个驱动器号，这样可以缩短访问时间。

（1）映射网络驱动器

右击 Windows XP 桌面上的“我的电脑”或“网上邻居”图标，在弹出的快捷菜单中选择“映射网络驱动器”，打开如图 3-25 所示的“映射网络驱动器”对话框。

在“驱动器”列表中指定驱动器名，注意不要使用本机上已有的盘符。在“文件夹”列表框中输入共享文件夹的地址，或者通过“浏览”按钮查找局域网上的共享文件夹。如果需要在下次登录时自动建立同共享文件夹的连接，则选中“登录时重新连接”复选框。单击“完成”按钮，即可完成共享文件夹到本机的映射。

此后打开“我的电脑”或“资源管理器”，将会多一个驱动器盘符，通过该驱动器盘符可以访问该共享文件夹，如同访问本机的物理磁盘一样。

（2）断开网络驱动器

如果想断开网络驱动器，则右击桌面上的“我的电脑”或“网上邻居”图标。在弹出的快捷菜单中选择“断开网络驱动器”，打开“断开网络驱动器连接”对话框。选择要断开的网络驱动器，然后单击“确定”按钮即可。

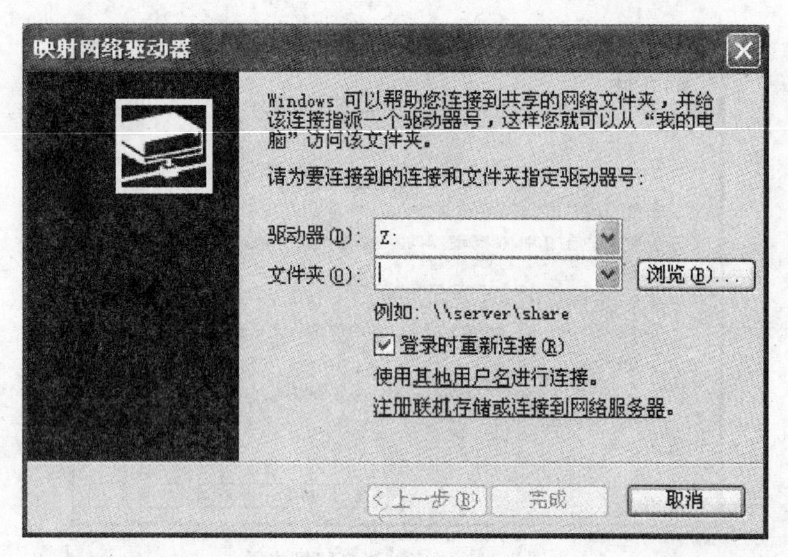

图 3-25 “映射网络驱动器”对话框

3.3 Internet 基础

3.3.1 Internet 概述

Internet 是全球最大的、开放的、由众多网络互联而成的计算机互联网。Internet 可以连接各种各样的计算机系统和计算机网络，不论是微机还是大/中型计算机，是局域网还是广域网，不管它们的物理位置如何，只要遵循 TCP/IP 协议，就可以连入 Internet。通过 Internet，用户可以获取信息、发布信息，进行商务交易、交流沟通和网络娱乐等活动。

Internet 产生于 20 世纪 70 年代后期，是美苏冷战的结果。当时，美国国防部高级计划研究署（DARPA）为了防止苏联的核武器攻击唯一的军事指挥中枢，造成军事指挥瘫痪，导致不堪设想的后果，于 1969 年研究并建立了世界上最早的计算机网络之一：ARPANET（Advanced Research Project Agency Network）。ARPANET 初步实现了各自独立计算机之间数据相互传输和通信，它就是 Internet 的前身。20 世纪 80 年代，随着 ARPANET 规模不断扩大，不仅在美国国内有很多网络和 ARPANET 相连，世界上也有许多国家通过远程通信，将本地的计算机和网络接入 ARPANET，使它成为世界上最大的互联网。

由于 ARPANET 的成功，美国国家科学基金会 NSF（National Science Foundation）于 1986 年建立了基于 TCP/IP 协议的计算机网络 NSFNET，并与 ARPANET 相连，使全美的主要科研机构都连入 NSFNET。它使 Internet 向全社会开放，不再像以前仅供教育、研究单位、政府职员及政府项目承包商使用，因此，很快取代 ARPANET 成为 Internet

新的主干。如今 Internet 已经发展到了全世界。

我国于 1994 年 5 月正式加入 Internet。虽然进入 Internet 的时间较晚，但发展异常迅速。目前，已经形成了以中国公用计算机网络（CHINANET）、中国联通互联网（UNINET）、中国移动互联网（CMNET）、中国科技网（CSTNET）和中国教育与科研网（CERNET）等多条主干网络为主的信息高速公路。

截至 2010 年 6 月底，我国网民数量已达 4.2 亿，其中手机网民的数量增幅最大。

3.3.2 Internet 接入方式

提供 Internet 接入服务的公司或机构称为 Internet 服务提供商，简称 ISP（Internet Services Provider），如中国电信、中国移动等。ISP 拥有与 Internet 连接的主干网络，如果一台计算机或局域网要接入 Internet，只需以某种方式与 ISP 的主干网络连接即可。目前接入 Internet 的方式主要有拨号接入、ISDN 接入、ADSL 接入、Cable Modem 接入、局域网接入和无线接入等。以下介绍几种常用的 Internet 接入方式。

1. 局域网接入

如果用户所在的地理区域已经架构了局域网并与 Internet 相连接，则用户可以通过该局域网接入 Internet。使用局域网来接入 Internet，由于全部利用数字线路传输，因此可以达到十兆甚至上百兆的桌面接入速度，这是局域网接入的最大优势。

利用局域网接入 Internet 非常简单，只需要用双绞线将计算机接入局域网，然后通过 ISP 的网络设备就可以连接到 Internet，如图 3-26 所示。

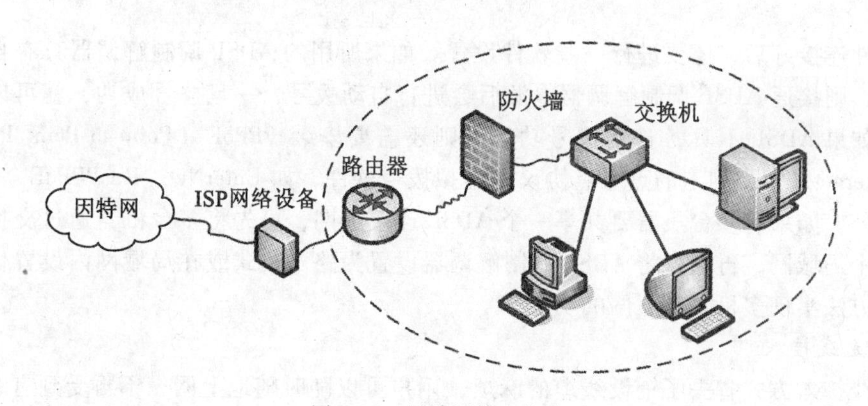

图 3-26 局域网接入方式

硬件连接好后，还需要设置 TCP/IP 协议的相关参数。打开如图 3-13 所示的对话框，设置 IP 地址、子网掩码、默认网关和 DNS 服务器的 IP 地址等。默认网关是指如果与用户通信的计算机不在本地局域网内，则数据包会被送至默认网关 IP 所在的网络设备（通常是路由器或三层交换机），由网关负责数据的转发。DNS 服务器则为用户提供使用域名访问 Internet 的服务，否则只能通过 IP 地址来访问 Internet。这些配置参数通常是从局域网管理员处获得的。

如果局域网内配置了 DHCP 服务器，则可省去上述配置的麻烦，只需在图 3-13 中选中“自动获得 IP 地址”即可。

2. ADSL 接入

ADSL（Asymmetrical Digital Subscriber Line，非对称数字用户环路）是一种能够通过普通电话线提供宽带数据业务的技术，是目前国内家庭用户首选的 Internet 接入方式。

利用 ADSL 接入 Internet，需要在计算机上加载一个 ADSL 调制解调器（Modem）。用双绞线连接计算机网卡和 ADSL 调制解调器的 RJ-45 接口，电话线连接 ADSL 调制解调器的 RJ-11 接口。为了在上网时不影响用户拨打电话，还要在电话线上接一个分频器，如图 3-27 所示。

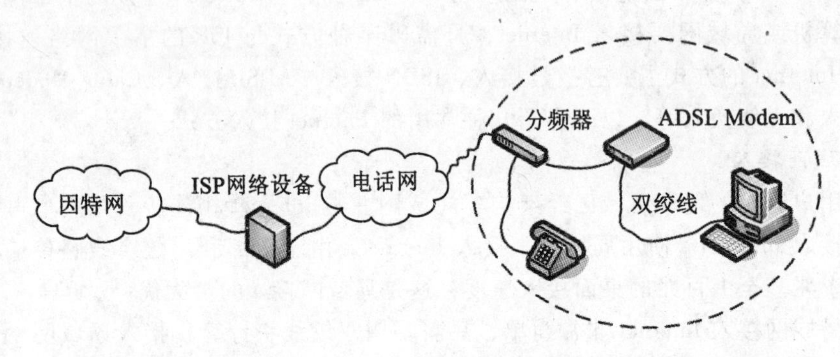

图 3-27　ADSL 接入方式

硬件连接好后，还要进行一些软件设置。如果所用的 ADSL 调制解调器具有自动拨号功能，则接通 ADSL 调制解调器电源后会进行自动拨号，一旦拨号成功，就可以直接上网。如果 ADSL 不具备自动拨号功能，则还需要安装 PPPoE（Point-to-Point Protocol over Ethernet，以太网上的点对点协议）虚拟拨号软件，如 EnterNet、RasPPPoE 等。

另外，如果有多台机器要共享一个 ADSL 连接上网，可先将多台机器通过交换机连接成一个局域网，再通过将 ADSL 调制解调器设置为路由模式或在局域网内设置代理服务器的方法实现多机共享上网的功能。

3. 无线接入

无线接入方式省去了铺设线缆的麻烦，用户可以随时随地上网，不再受到有线的束缚。目前个人用户无线接入的方案主要有两大类：一是通过无线局域网接入，这种方式速度快；二是通过手机卡上网，这种方法几乎不受地点限制，只要有手机信号并开通数字服务的地区都可以使用。

如果用户所在的地理区域已经架构了无线局域网并与 Internet 相连接，则用户可以通过该无线局域网接入 Internet。方法如下：双击任务栏上的“无线网络连接”图标，打开如图 3-28 所示的“无线网络连接”对话框。列表框中显示了自动检测到的无线网络。

从列表中选择要连接的无线网络，双击或单击“连接”按钮。

如果该无线网络没有启用安全特性（如 TP-LINK），则可以直接连入该无线网络。

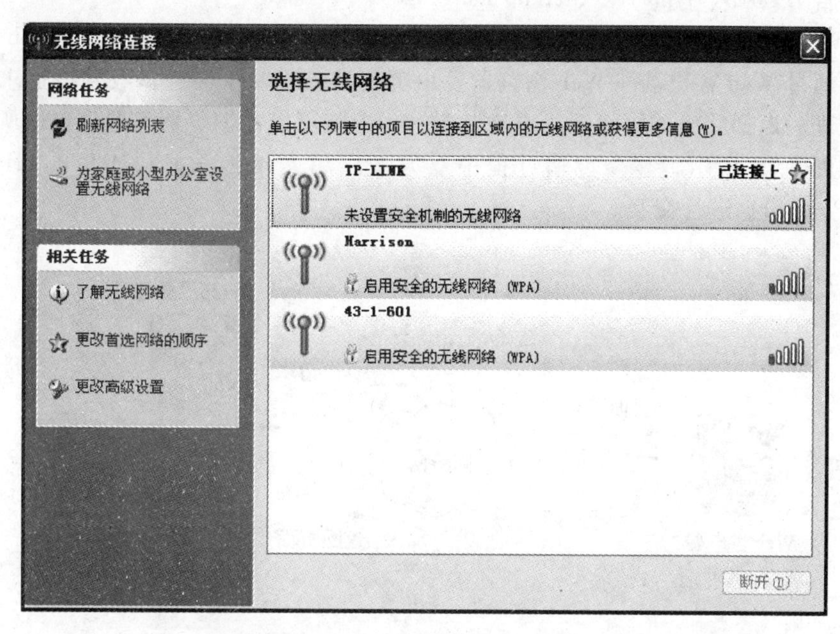

图 3-28 “无线网络连接”对话框

如果该无线网络启用了安全特性（如 Harrison 和 43-1-601），则会发生下列情况之一：

- 如果网络密钥由系统自动提供，则将自动建立连接。
- 如果没有为用户自动提供网络密钥，则用户要在弹出的对话框中输入网络密钥。

如果无线网络没有出现在列表中，用户可以单击相关任务下的“更改高级设置”，打开如图 3-15 所示的对话框。单击“无线网络配置”选项卡，如图 3-16 所示。单击“添加”按钮，手工添加无线网络。

3.4 Internet 常用服务

Internet 提供的大多数服务都遵循客户机/服务器模式。服务器是提供服务的一方，必须运行服务器程序；客户机是访问服务的一方，需要运行相应的客户端软件。作为服务器的计算机必须始终处于运行状态。以下介绍几种常用的 Internet 服务及相关的客户端软件。

3.4.1 WWW 服务与 WWW 浏览器

1. WWW 简介

WWW（World Wide Web），简称 3W 或 Web，即万维网，是一种基于超链接（HyperLink）的超文本（HyperText）系统。所谓超文本实际上是一种描述信息的方法，在超文本中，所选用的词在任何时候都能够被扩展，以提供有关词的其他信息，包括更进一步的文本、相关的声音、图像及动画等。编写超文本文件（网页）需要使用超文本标记语言 HTML（HyperText Markup Language）。

WWW 是以客户机/服务器模式工作的。供用户浏览的网页被放置在 Web 服务器上，用户通过 Web 客户端即 Web 浏览器发出页面请求，Web 服务器收到该请求后，经过一定处理后返回相应的页面至用户浏览器，用户就可以在浏览器上看到自己所请求的内容，如图 3-29 所示。整个传输过程中双方按照超文本传输协议 HTTP（HyperText Transfer Protocol）进行交互。

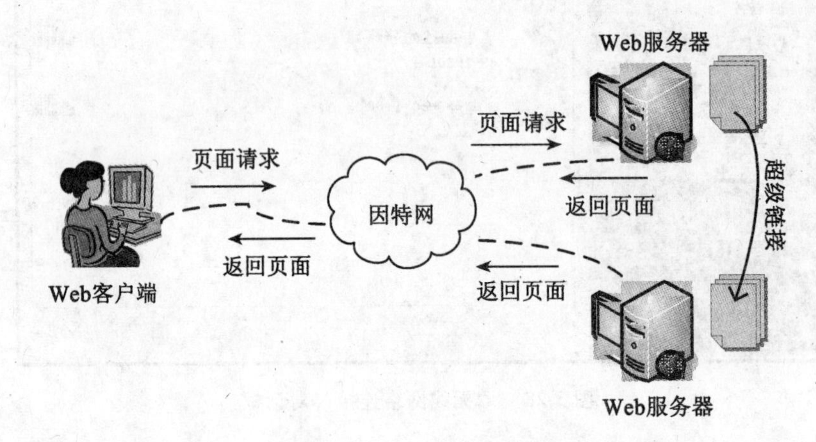

图 3-29　WWW 服务示意图

WWW 上的信息成千上万，如何定位到要浏览的资源所在的服务器，是首先要解决的问题。统一资源定位符 URL（Uniform Resource Locator）就是文件在 WWW 上的“地址”，它可以用于标识 Internet 或者与 Internet 相连的主机上的任何可用的数据对象。URL 格式如下：

协议类型：//<主机名>：<端口>/<路径>/文件名。其中协议类型可以是 http、ftp 和 telnet 等。

例如：介绍武汉大学学校概况的 URL 为 http：//www. whu. edu. cn/xxgk/default. html，其中“http”表示通信采用 http 协议，武汉大学 Web 服务器的域名为“www. whu. edu. cn”，“xxgk/”表示所访问的文件存在于 Web 服务器上的路径，“default. html”则指出介绍学校概况的超文本文件名。

URL 格式中主机名冒号后面的数字是端口编号，因为一台计算机常常会同时作为 Web、FTP 等服务器，端口编号用来告诉 Web 服务器所在的主机要将请求提交给哪个服务。默认情况下 http 服务的端口为 80，不需要在 URL 中输入，如果 Web 服务器采用的不是这一默认端口，就需要在 URL 中写明服务所用的端口。

2. IE 浏览器

浏览器是 Web 客户端软件，IE（Internet Explorer）浏览器是目前使用最为广泛的浏览器之一。IE 8.0 是 IE 浏览器的新版本，与以前的版本相比，它可以帮助用户更方便快捷地从 Web 中获取所需的内容，同时提供了更高的隐私和安全保护。以下介绍 IE 8.0 的常用操作。

(1) 访问网页

在桌面上双击 Internet Explorer 图标，或单击开始菜单下的“Internet Explorer”，打开 IE 浏览器窗口，如图 3-30 所示。在地址栏的文本框中输入想要访问网页的 URL，如 http：//www. whu. edu. cn，然后按一下“回车”键或单击地址栏上的“转至”按钮。如果 URL 正确，并且网络畅通，则该网页就会显示在浏览器窗口中。每个网页上都会有一些加了超链接的文本，当鼠标指向这些文字时，鼠标状态将会变为小手形状。通过超链接，用户可以从当前网页直接访问其他网页。

图 3-30 IE 浏览器窗口

(2) 使用地址栏上的常用按钮

由于浏览器会将刚浏览过的页面保存到本地机器的硬盘上，所以使用地址栏的“返回”和“前进”等按钮查看浏览过的页面要比重新下载该页快得多。

单击“返回”按钮，返回到上一显示页面；单击“前进”按钮，转到下一显示页面；单击“停止”按钮，停止加载当前页面；单击“刷新”按钮，重新加载当前页面。

(3) 设置浏览器主页

主页在首次启动 IE 或单击命令栏上的“主页”按钮时显示。设置主页通常有以下两种方法。

方法一：单击命令栏上“主页”按钮右侧的下拉箭头，选择“添加或更改主页”，打开如图 3-31 所示的“添加或更改主页”对话框。

选中“使用此网页作为唯一主页”单选框，可将当前网页作为唯一主页；选中“将此网页添加到主页选项卡”单选框，可将当前网页添加到主页选项卡集中；选中“使用当前选项卡集作为主页”单选框，将用当前打开的网页替换现有的主页或主页选

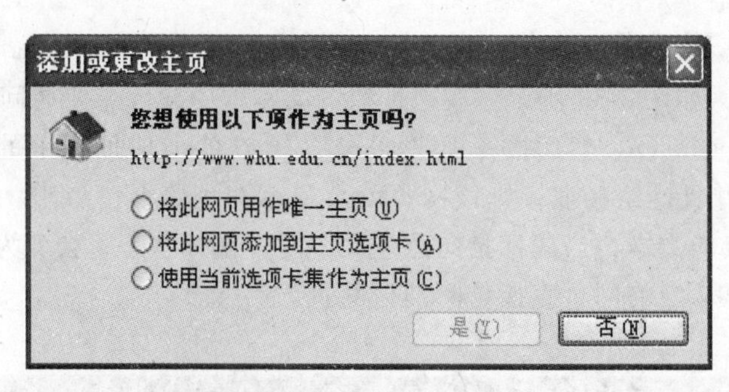

图 3-31 “添加或更改主页”对话框

项卡集，此选项仅当在 IE 中打开多个选项卡时可用。单击“是”按钮，保存所做的更改。

方法二：打开“工具”菜单，选择“Internet 选项”，打开如图 3-32 所示的“Internet 选项”对话框。单击“使用当前页”按钮，可以将 IE 浏览器正在显示的页面设置为主页；单击“使用默认值”按钮，用首次安装 IE 时使用的主页替换当前主页；单击“使用空白页”按钮，将主页设置为空白页；也可以在“主页”地址栏中直接输入一个或多个 URL 作为主页选项卡。最后单击“确定”按钮。

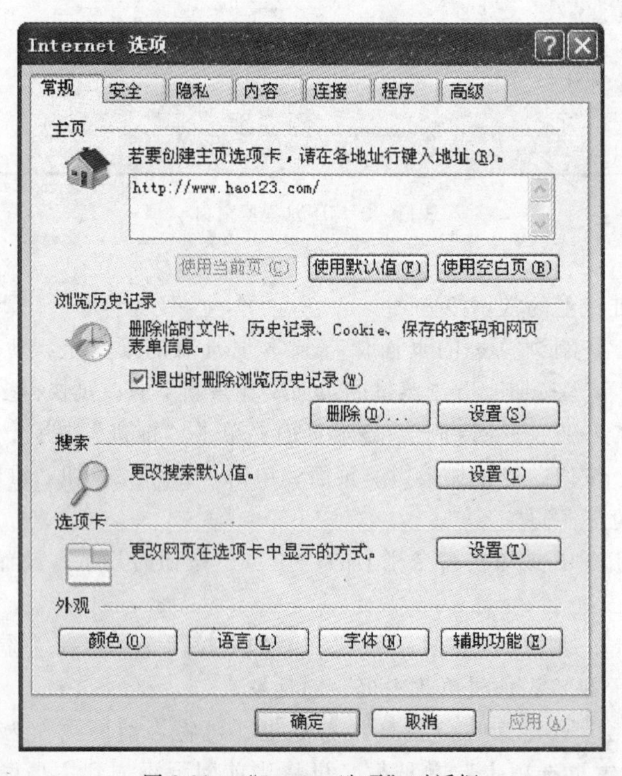

图 3-32 “Internet 选项”对话框

(4) 将网页添加到收藏夹

转到要添加到收藏夹的网页，打开“收藏夹”菜单，选择“添加到收藏夹”，或者单击工具栏上的“收藏夹”按钮，选择“添加到收藏夹”，打开如图 3-33 所示的“添加收藏”对话框。如果需要，可为该页键入新名称，指定要在其中创建此收藏页的文件夹，然后单击“添加”按钮。

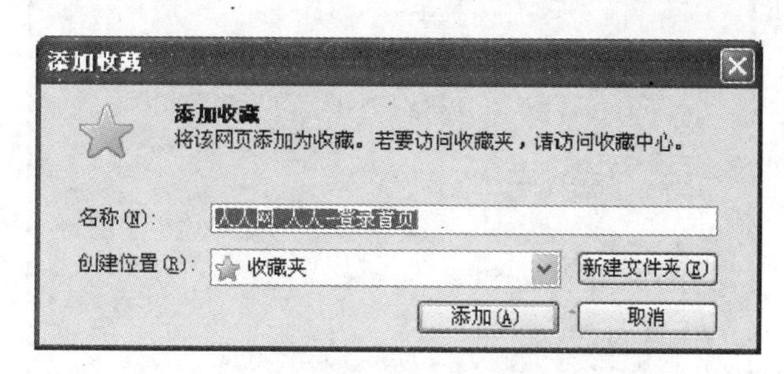

图 3-33 “添加收藏”对话框

如果要转到一个收藏页，可以单击工具栏上的“收藏夹”按钮，导航到包含该链接的文件夹，然后单击想要打开的页面即可。

当保存在收藏夹中收藏页较多时，可以打开“收藏夹”菜单，选择“整理收藏夹”，打开“整理收藏夹”对话框，进行分类整理。

(5) 删除网页历史记录

在浏览网页时，IE 会存储有关用户访问的网站的信息，以及这些网站经常要求用户提供的信息。这些信息包括：临时 Internet 文件、Cookie、曾经访问的网站的历史记录、用户曾经在网站或地址栏中输入的信息以及密码等。通常，将这些信息存储在计算机上是有用的，它可以提高浏览速度，并且不必多次重复键入相同的信息。如果用户正在使用公用计算机，不想在该计算机上留下任何个人信息，可以将这些信息删除。方法如下：

单击命令栏上的“安全”按钮，选择“删除浏览的历史记录”，或者打开如图 3-31 所示的对话框，单击“删除”按钮，打开如图 3-34 所示的对话框。

选择要删除的信息，单击“删除”按钮。删除浏览历史记录并不会删除收藏夹列表。

(6) 管理文档

① 查看页面源代码。打开“查看”菜单，选择“源文件”，即可看到该 Web 页的 HTML 源代码。

② 保存 Web 页面文件。打开“文件”菜单，选择“另存为”，可以将该 HTML 文件保存在用户的计算机上。

③ 保存页面中的图片。将鼠标指向要保存的图片，单击鼠标右键，在弹出的快捷菜单中选择“图片另存为”，即可将该页面中的图片文件保存在用户的计算机上。

④ 打印 Web 页面。打开“文件”菜单，选择“打印”，可在打印机上将该页面打

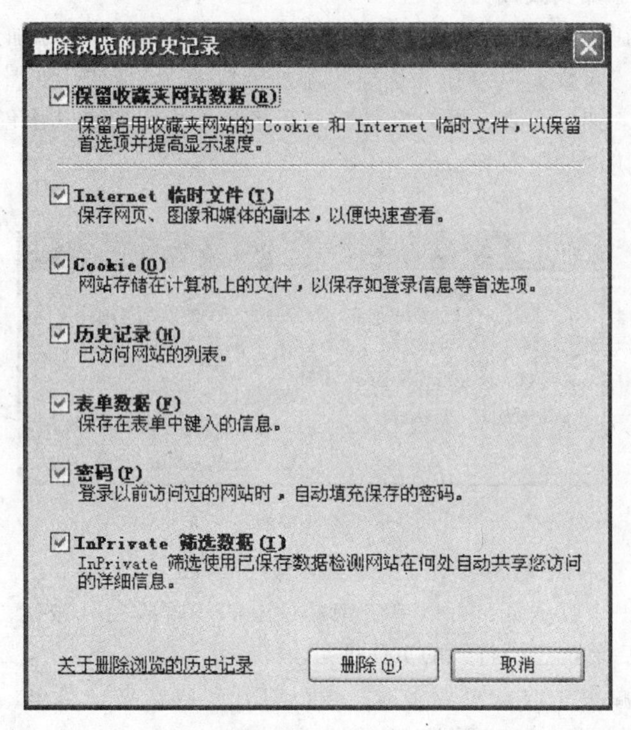

图 3-34 “删除浏览的历史记录”对话框

印出来。

⑤ 指定显示页面的语言编码。如果浏览器中显示的页面有乱码，很可能是编码方式不对。此时，可以打开“查看”菜单，选择“编码”，选择合适的编码方式。

(7) 在 Internet Explorer 中设置代理服务器

代理服务器（Proxy Server）是介于内部网和外网之间的一台主机设备，它负责转发合法的网络信息，并对转发进行控制和登记。

代理服务器位于客户机和远程服务器之间，对于远程服务器而言，代理服务器是客户机，它向服务器提出各种服务申请；对于客户机而言，代理服务器则是服务器，它接受客户机提出的申请并提供相应的服务。也就是说，设置代理服务后，客户机访问因特网时所发出的请求不再直接发送到远程服务器，而是先发送给代理服务器，由代理服务器再向远程服务器发送请求信息。远程服务器接收到代理服务器的请求信息后，返回应答信息。代理服务器接收远程服务器提供的应答信息，并保存在自己的硬盘上，然后将数据返回给客户机。

设置代理服务器可以提高网络访问速度。由于用户请求的应答信息会保存在代理服务器的硬盘中，因此下次再请求相同 Web 站点的文件时，数据将直接从代理服务器的硬盘中读取，所以代理服务器起到了缓存的作用，可以提高网络访问速度；此外，设置代理服务器后，目的网站看到的 IP 是代理服务器的 IP 地址，而用户的真实 IP 地址被隐藏起来，这对客户机的安全性有一定的保护，而且可以节省合法 IP 地址资源。

要在 Internet Explorer 中设置代理服务器，首先要获取代理服务器的 IP 地址和端口号。打开如图 3-31 所示的对话框，单击“连接”选项卡，如图 3-35 所示。

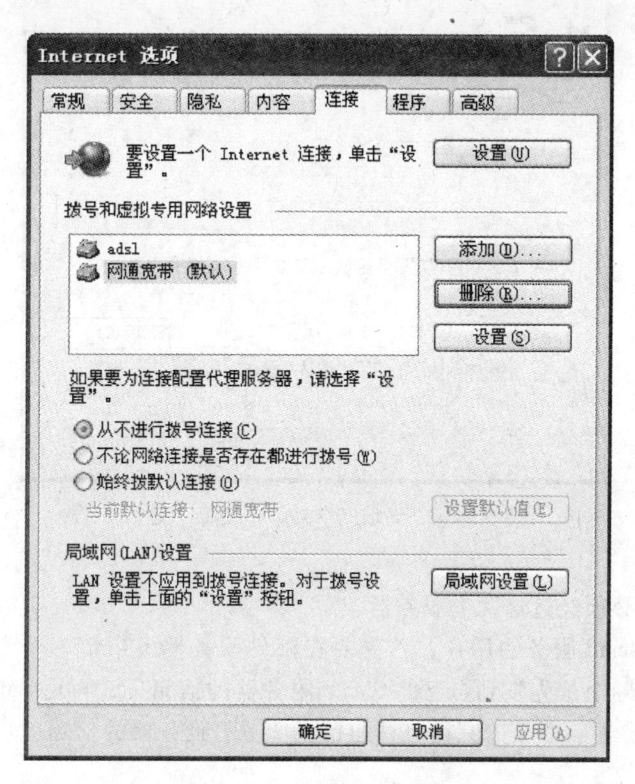

图 3-35 “连接”选项卡

对于拨号上网用户，单击“拨号和虚拟专用网络设置”列表中的拨号连接，然后单击右侧的“设置”按钮，打开“拨号连接设置”对话框，在“拨号连接设置”对话框中，选中“对此连接使用代理服务器（这些设置不会应用到其他连接）”复选框，并填写代理服务器 IP 地址及端口号，单击“确定”，完成设置。

对于局域网用户，单击“局域网设置”按钮，打开“局域网（LAN）设置”对话框，选中“为 LAN 使用代理服务器（这些设置不会应用于拨号或 VPN 连接）”复选框，并填写代理服务器的 IP 地址和端口号，然后单击“确定”，完成设置。如图 3-36 所示。

3.4.2 电子邮件服务与邮件客户端软件

1. 电子邮件简介

电子邮件，简称 E-mail，是一种通过电子手段进行信息交换的通信方式。电子邮件中可以包含文字、图形、图像和声音等多种信息。

E-mail 系统中有两个服务器，POP3 服务器和 SMTP 服务器。邮局协议 POP3（Post Office Protocol）负责接收邮件，简单邮件传输协议 SMTP（Simple Mail Transfer Protocol）负责发送邮件。它们都是由性能高、速度快、容量大的计算机担当，E-mail 系统内所有

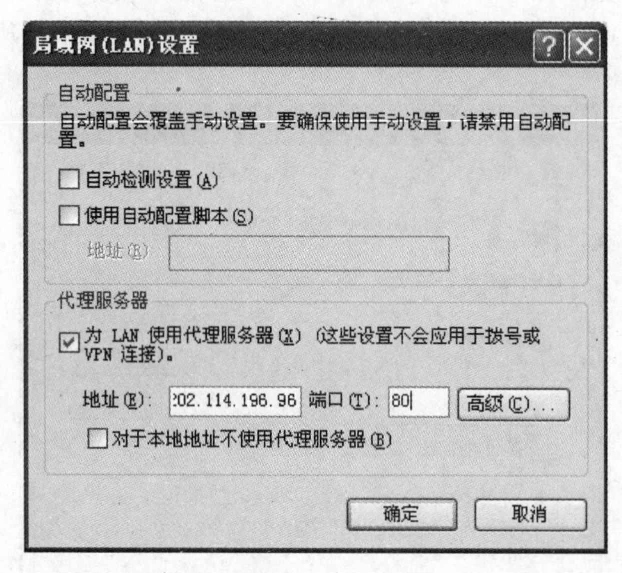

图 3-36 “局域网（LAN）设置”对话框

邮件的收发，都必须经过这两个服务器。

需要使用 E-mail 服务的用户，首先要在邮件服务器上申请一个专用信箱。当用户发送邮件时，实际上是先发到自己的 SMTP 服务器的信箱里，再由 SMTP 服务器转发给对方的 POP3 服务器。收信人只需打开自己的 POP3 服务器的信箱就可以接收信件，如图 3-37 所示。

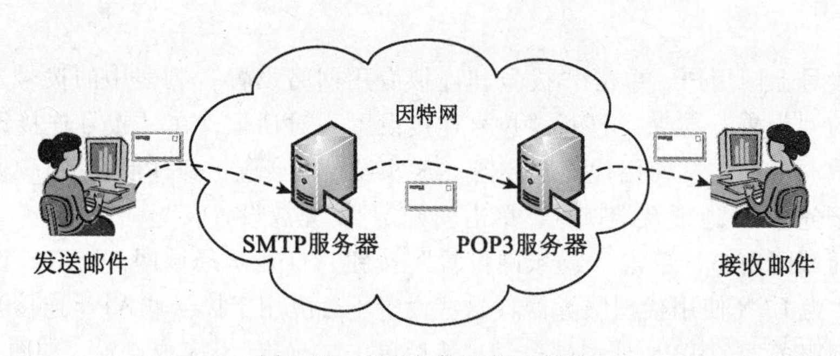

图 3-37 电子邮件服务示意图

2. E-mail 地址

E-mail 地址用来标识用户信箱在邮件服务器上的位置。E-mail 地址的格式为：username@ hostname。其中，“username” 代表用户名，对于同一个邮件服务器来说，这个用户名必须是唯一的；“@ ”(发 at 音) 是分隔符；“hostname” 是邮件服务器的域名。如 sourdream@ 126. com，就是一个完整的 E-mail 地址。

申请 E-mail 地址的方法很简单。对于那些只为特定对象服务的邮件系统，如学校、企业、政府等部门的邮件系统，首先需要有申请邮箱的资格，然后向这些部门的邮件系统管理部门提出申请，通过审核后，用户可以获得邮箱的地址和开启邮箱的初始密码。如果没有这样特定部门的邮件系统可用，则可以登录提供邮件服务的网站来申请自己的邮箱。很多门户网站都提供免费或付费的邮件服务，如腾讯、搜狐、网易、hotmail 和 tom 等。只需在这些网站的邮件服务网页上，按照系统提示输入相关信息，如申请的用户名、密码和个人基本信息等，就可以获得自己的邮箱。

3. 邮件客户端软件 Foxmail

收发电子邮件的一种方法是通过 Web 邮件系统。用户要先登录 Web 邮件系统的服务页面，如 mail. 126. com，再按照页面给出的提示进行邮件的收发。使用这种方法，由于所有的邮件都保存在服务器上，所以用户必须上网才能看到以前的邮件；如果用户有多个邮箱地址，则需要登录每个邮箱的服务页面，才能收到所有邮箱的邮件。

收发电子邮件的另一种方法是通过邮件客户端软件。通常邮件客户端软件比 Web 邮件系统提供更为全面的功能，速度更快。使用邮件客户端软件可以将已收邮件和已发邮件都保存在自己的机器中，不用上网就可以对以前的邮件进行阅读和管理。邮件客户端软件还可以快速收取用户所有邮箱的邮件。

Foxmail 是一款中文版的邮件客户端软件，其设计优秀、使用方便、运行高效，支持全部的 Internet 电子邮件功能。Foxmail 6. 5 的主窗口如图 3-38 所示。

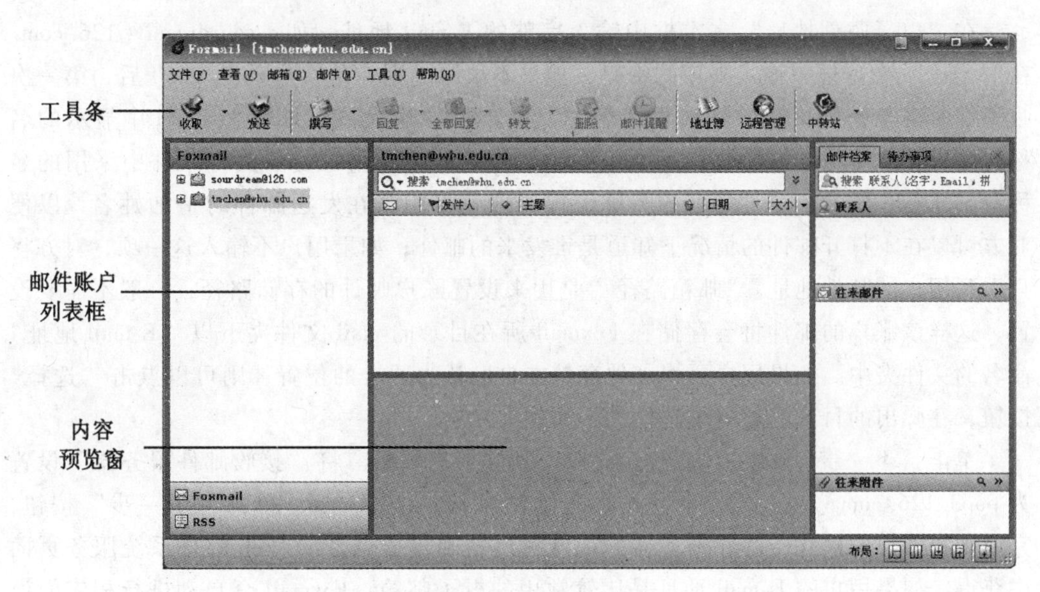

图 3-38 Foxmail 的主窗口

下面介绍 Foxmail 6. 5 的基本操作。

(1) 添加邮箱账户

第一次运行 Foxmail 时，系统会启动向导程序，引导用户添加第一个邮箱账户（见图 3-39）。

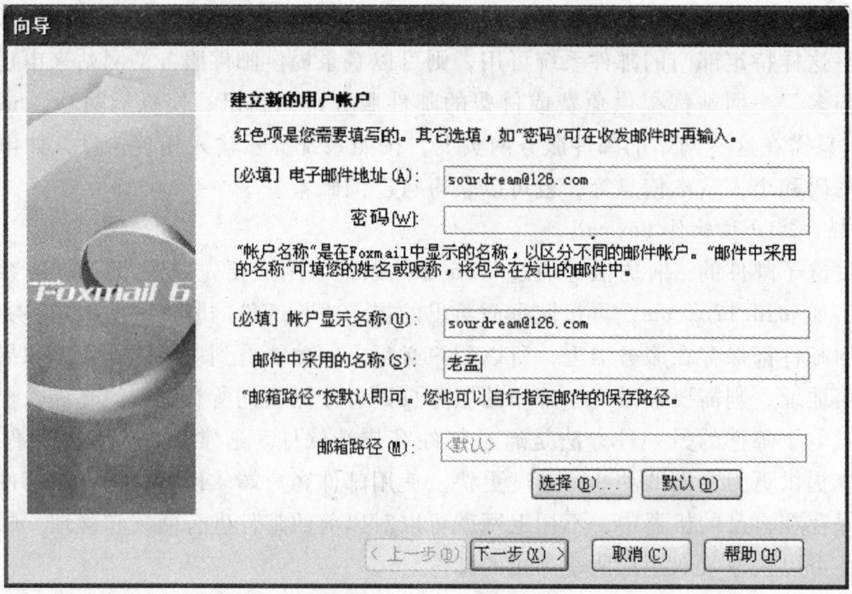

图 3-39　建立新的用户账户

在“电子邮件地址”文本框中输入完整的 E-mail 地址，如：sourdream@ 126. com。在“密码”文本框中输入邮箱的密码，如果不填写，则在每次启动 Foxmail 后，第一次收邮件时输入密码。在“帐户显示名称”文本框中输入该账户在 Foxmail 中显示的名称，可以随意填写，但要能和其他邮箱账户的显示名称相区分。在“邮件中采用的名称”文本框中输入用户的姓名或昵称，这一内容将用来在发送邮件时追加姓名，以便对方可以在不打开邮件的情况下知道是谁发来的邮件；如果用户不输入这一项，对方将只看到用户的邮件地址。“邮箱路径”是用来设置账户邮件的存储路径，一般不需要设置，这样该账户的邮件将会存储在 Foxmail 所在目录的 mail 文件夹下以“E-mail 地址”命名的文件夹中。如果用户要将邮件存储在自己认为适合的位置，则可以点击“选择”按钮，在弹出的目录树窗口中选择某个文件夹。

单击“下一步”按钮，打开如图 3-40 所示的对话框。将“接收邮件服务器”设置为 pop3. 126. com，“发送邮件服务器”设置为 smtp. 126. com。单击“下一步”按钮，完成邮箱账户的建立。邮件服务器的地址可以从邮箱提供者的 Web 邮件系统服务页面中获得。如果用户的 E-mail 地址是比较常用的电子邮箱，Foxmail 会自动进行相应的设置。

启动 Foxmail 后，用户可以继续添加邮箱账户。方法如下：打开“邮箱”菜单，选择“新建邮箱帐户”，打开如图 3-39 所示的对话框，步骤同上。

（2）设置邮箱账户属性

在“邮件账户”列表框中选中一个邮箱账户，打开“邮箱”菜单，选择“修改邮箱帐户属性”，打开如图 3-41 所示的“邮箱帐户设置”对话框。可以对个人信息、邮

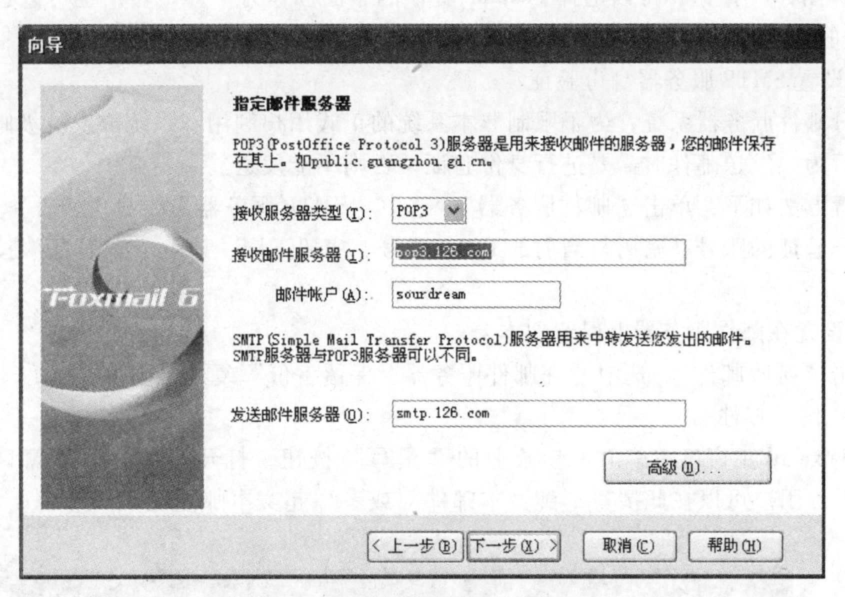

图 3-40　指定邮件服务器

件服务器、接受和发送邮件的方式等进行设定。注意：邮箱账户属性的设置是针对各个账户的，如果用户有不止一个邮箱账户，要分别设置。

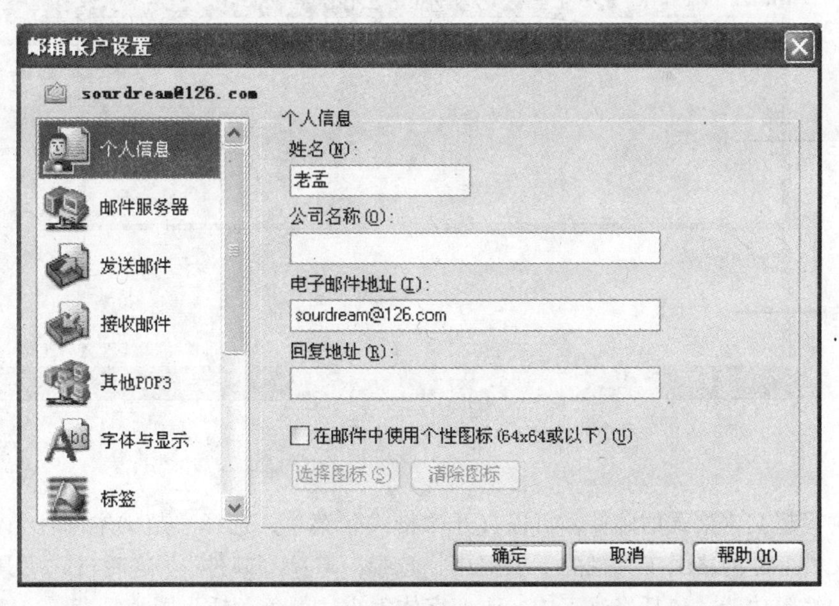

图 3-41　“邮箱账户设置”对话框

① 设置个性图标

单击“个人信息”，选中“在邮件中使用个性图标（64×64 或以下）”复选框。单击“选择图标”按钮，可以选择 Foxmail 提供的小图标作为个性签名，也可以选择其他.gif格式的小图片或动画。图片的大小要在 64×64 像素以内。

② 设置 SMTP 服务器身份验证

部分邮件服务器系统，为了限制非本系统的正式用户利用本系统散发垃圾邮件或其他不当行为，发送邮件时需要进行身份验证，否则不能发送。

设置方法如下：单击“邮件服务器”，选中“SMTP 服务器需要身份验证”复选框。如果用于验证的账号、密码与当前的 POP3 账号、密码不同，请点击“设置”按钮进行设置。

③ 设置在邮件服务器上保留副本

单击“接收邮件”，选中“在邮件服务器上保留备份”复选框即可。

(3) 撰写邮件

在 Foxmail 主窗口中单击工具条上的“撰写”按钮，打开“写邮件”窗口，如图 3-42所示。用户可以在此撰写“纯文本邮件”或者“超文本邮件”。

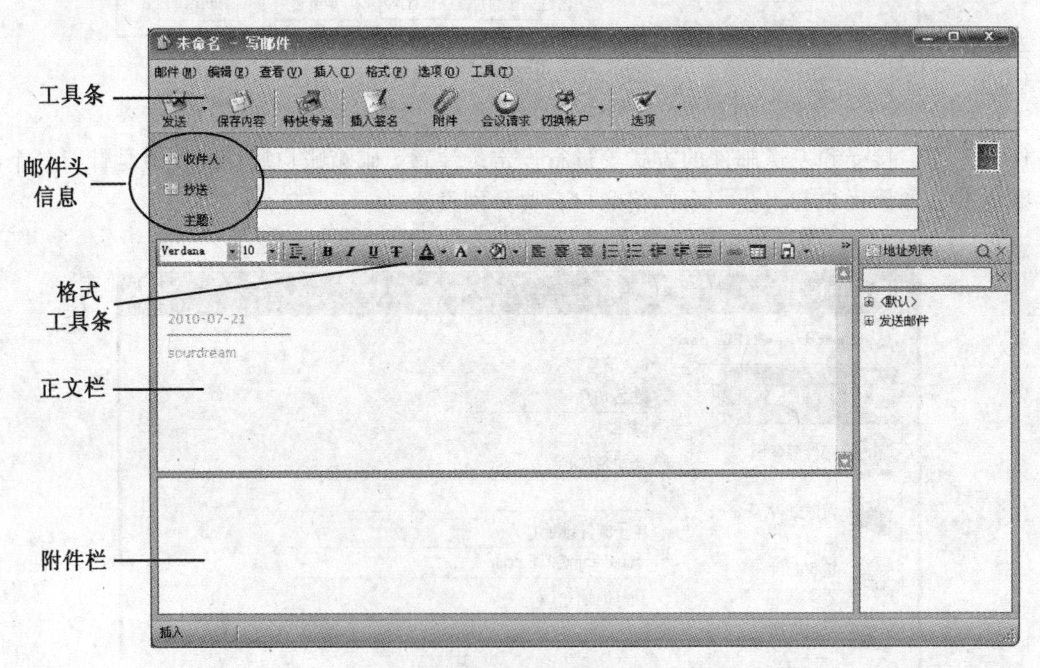

图 3-42 “写邮件”窗口

要撰写超文本格式的邮件，可以打开“格式”菜单，选择“超文本邮件”；或者在邮件正文栏上方的格式工具栏的下拉框中，选择“HTML 邮件”。这时格式工具栏将提供丰富的编辑功能，包括修改字体，改变字体大小、颜色，插入图片、背景、表格、音乐、表情等，并提供屏幕截图功能。另外，单击 Foxmail 主窗口工具栏上的“撰写”、“回复”或者“转发”按钮右侧的下拉箭头，可选择邮件信纸。通过“信纸管理器”，可以制作自己的 HTML 信纸。

① 填写邮件头信息

邮件头信息包括收件人、抄送、主题、暗送、发件人和回复等。默认只显示前三项，要显示其他项，可以单击工具栏上的“选项”按钮，选择“邮件头信息”。

“收件人”一栏可以手工输入收件人的 E-mail 地址（如果“收件人”为不同的多个地址，则要用英文的逗号、分号或者回车分隔），也可以单击“收件人”按钮，弹出“选择地址”对话框，把其中的一个或多个地址，也可以是一个组，添加到“收件人”列表框（在使用“选择地址”以前，应该先建立一个地址簿），然后单击“确定”按钮。

“抄送”表示邮件将同时被抄送给其他人。所有“抄送”E-mail 地址都将以明文传送，邮件接收者可以知道此邮件被发送给了哪些人。

“暗送”与“抄送”不同，邮件接收者看不到“暗送”所填写的邮件地址。

对曾经输入过的邮件地址，Foxmail 会调用自动补全功能，完成邮件地址输入。

“发件人”一栏填写的地址将被收件人视为发送者的 E-mail 地址。

“回复”一栏填写的 E-mail 地址将会在收信人“回复”此信时作为收件人地址。如果没有填写，则回复发送者地址。

② 编辑邮件正文

在邮件正文栏输入邮件的文本内容，可以对文本进行多种格式设置。

③ 添加附件

附件是随同邮件一起寄出的文件，文件的格式不受限制，这样电子邮件不仅能够传送纯文本文件，而且还能传送包括图像、声音以及可执行程序等各种文件。附件发送功能大大地扩展了电子邮件的用途。

要添加附件，可以单击工具条上的“附件”按钮，在打开的对话框中选择要添加的附件文件，可以同时选择多个，选取完毕后，单击“打开”按钮，文件就显示在窗口的附件区了。

另外，也可以通过拖放文件的方式添加附件。打开“我的电脑”或“资源管理器”窗口，选择将要作为附件的一个或多个文件，用鼠标把文件拖动到“写邮件”窗口中，放开鼠标即可。

Foxmail 6.5 还支持在写邮件时用“粘贴”命令添加附件。打开“我的电脑”或“资源管理器”窗口，选择将要作为附件的一个或多个文件，用“复制”命令将文件复制，在“写邮件”窗口中按下“Ctrl+V”，即可将这些文件作为邮件的附件。

（4）保存和发送邮件

如果一个邮件还没有写完就被迫中断，可以单击工具条上的“保存内容”按钮将其保存到发件箱中。用鼠标双击它可以重新打开，继续编辑。

邮件撰写好后，单击工具条上的“发送”按钮，即可将邮件发出。正常发送出去的邮件会保存在“已发送邮件”中，而暂缓发送或发送失败的邮件会被保存到“发件箱”中。

（5）收取邮件

在 Foxmail 主窗口中单击工具条上的“收取”按钮，将弹出一个收取邮件的对话框，收取当前邮箱账户的邮件。按下“F4”键或者打开“文件”菜单，选择“收取所有邮箱的邮件”，可以收取所有邮箱账户中的邮件。

邮件收取结束后，单击邮箱账户下的“收件箱”即可看到邮件。还未阅读的邮件前有一个未拆开的信封标识的图标。单击邮件，该邮件的内容即显示在“内容预览窗”中。双击邮件，将打开该邮件的阅读窗口，便于阅读内容较多的邮件。

如果邮件包含了附件，窗口中将会自动显示出附件的文件图标和名称。双击附件图标，将弹出“附件”对话框。单击“打开”按钮可以直接打开该文件，单击“保存”按钮可以将该文件保存到指定文件夹中，也可以直接将选中附件图标拖动到桌面或者文件夹中完成保存。另外，在邮件阅读窗口中，可以同时选中多个附件（按住 Ctrl 键后用鼠标左键多次选取），然后右击选中的附件图标，在弹出的快捷菜单中选择“打开”或“保存”，一次性地打开或者保存选中的附件。

收到一个邮件，如果希望保留邮件的内容而删除附件，可以右击选中要删除的附件图标，在弹出的快捷菜单中选择“删除”。

（6）回复和转发邮件

选中要回复的邮件，单击工具条上的“回复”按钮，打开“写邮件”窗口。系统会自动帮用户填好收件人地址和主题，并在邮件正文区的末尾显示来信内容。邮件写好后，单击工具条上的“发送”按钮即可发送。

选中要回复的邮件，单击工具条上的“回复全部”按钮，将回复给原始邮件的发件人及原始邮件中除该用户之外所有的收件人和抄送人。

选中要转发的邮件，单击工具条上的“转发”按钮，可以将邮件转发给其他人。打开的“写邮件”窗口中包含了原邮件的内容，如果原邮件带有附件的话也会自动附上，用户还可以编辑修改邮件的内容。在“收件人”文本框中填入要转发到的邮件地址，单击工具条上的“发送”按钮即可发送。

3.4.3 文件传输服务与 FTP 客户端软件

文件传输是指通过网络将文件从一台计算机传送到另一台计算机。不管两台计算机间相距多远，也不管它们运行什么操作系统，采用什么技术与网络相连，文件都能在网络上两个站点之间进行可靠的传输。随着 Internet 技术的快速发展，文件传输已经从传统的单一服务形式变得更加多样化，除传统的 FTP 服务之外，P2P 技术为文件的传输和共享注入了新的活力。

1. FTP 服务

文件传输协议 FTP（File Transfer Protocol）负责把本地计算机上的一个或多个文件传送到远程计算机，或者从远程计算机上获取一个或多个文件。

与大多数 Internet 服务一样，FTP 服务也采用客户机/服务器模式。用户通过一个支持 FTP 协议的客户端程序，连接到远程主机上的 FTP 服务器端程序。用户通过客户端程序向服务器程序发出命令，服务器程序执行用户所发出的命令，并将执行的结果返回到客户机。

使用 FTP 服务时，用户经常遇到两个概念：“下载”（Download）和“上传”

(Upload)。“下载”文件是指从远程主机拷贝文件到本地计算机；“上传”文件是指将文件从本地计算机中拷贝至远程主机上的某一文件夹中。如图 3-43 所示。

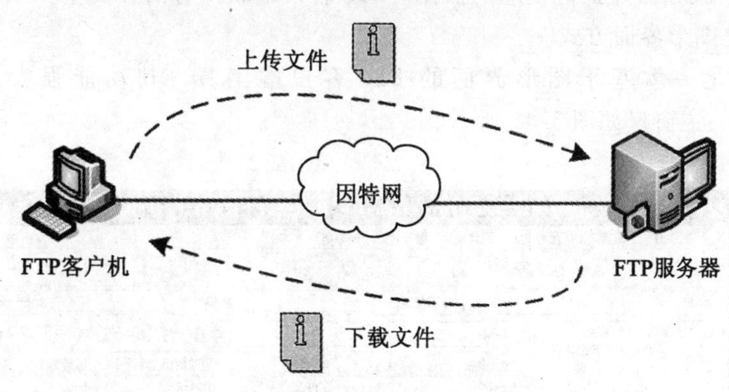

图 3-43　文件下载和上传

访问 FTP 服务器时首先必须通过身份验证，在远程主机上获得相应的权限以后，才能上传或下载文件。在 FTP 服务器上一般有两种用户：普通用户和匿名用户。普通用户是指注册的合法用户，必须先经过服务器管理员的审查，然后由管理员分配账号和权限。匿名用户是 FTP 系统管理员建立的一个特殊用户名 anonymous，任意用户均可用该用户名进行登录。当一个匿名 FTP 用户登录到 FTP 服务器时，用户可以用 E-mail 地址作为密码。

当 FTP 客户端程序和 FTP 服务器程序建立连接后，首先自动尝试匿名登录。如果匿名登录成功，服务器会将匿名用户主目录下的文件清单传给客户端，然后用户可以从这个目录中下载文件。如果匿名登录失败，一些客户端程序会弹出如图 3-44 所示的“登录身份”对话框，要求用户输入用户名和密码，试图进行普通用户方式的登录。

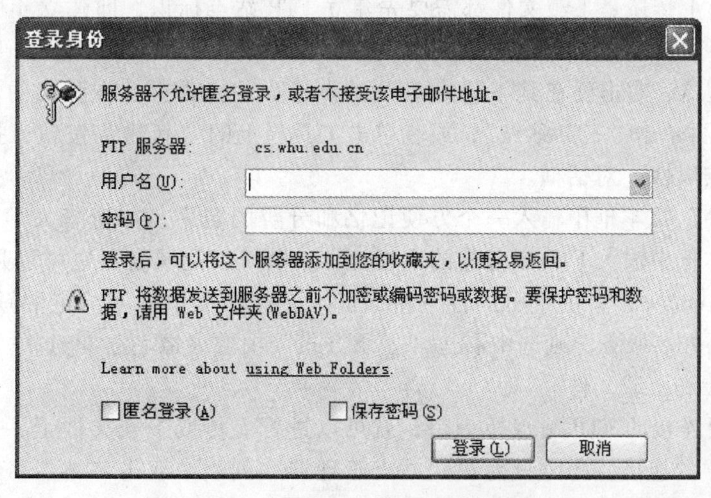

图 3-44　登录身份认证对话框

2. FTP 客户端软件 CuteFTP

用户在使用 FTP 服务时，需要在本地计算机上运行 FTP 客户端软件，通过客户端软件连接 FTP 服务器并执行相应的操作。FTP 客户端软件有两种类型：一种是命令行方式，另一种是图形界面方式。

CuteFTP 是一款基于图形界面的 FTP 客户端工具，其功能强大、操作简便。CuteFTP 7.1 的主窗口如图 3-45 所示。

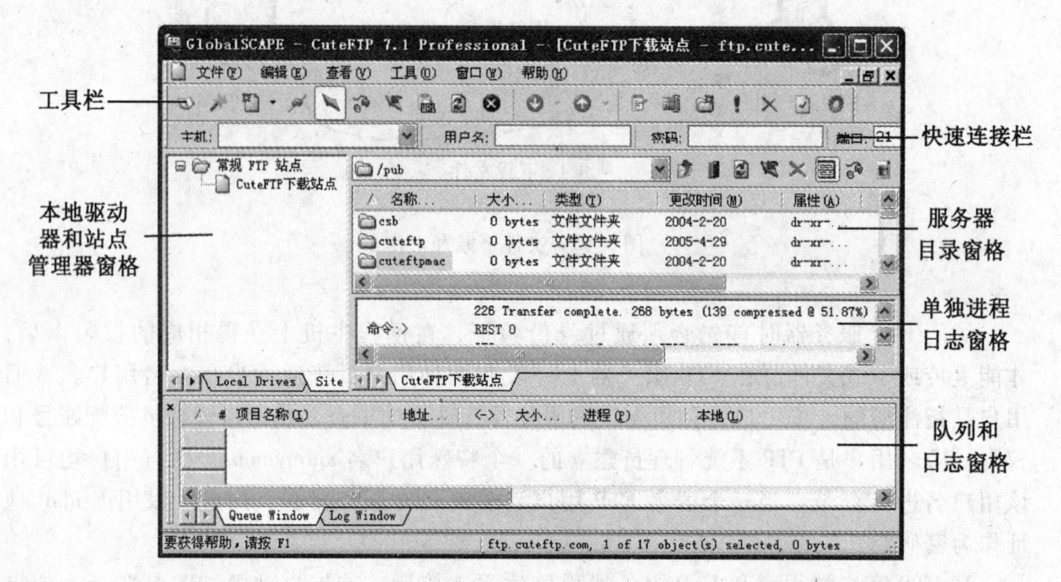

图 3-45　CuteFTP 主窗口

下面介绍 CuteFTP 的常用操作。

(1) 建立 FTP 站点

无论是要上传还是下载文件都需要先建立 FTP 站点标识，即建立相应 FTP 服务器的相关信息。在“本地驱动器和站点管理器”窗格中单击“Site Manager”选项卡，切换到站点管理器，右击要在其下建立 FTP 站点标识的文件夹，在弹出的快捷菜单中选择“新建”，再单击“FTP 站点”，或者单击工具栏上的“新建”按钮，打开如图 3-46 所示的“站点属性”对话框。

在“标签”文本框中输入一个方便记忆和分辨的名字，如清华大学 FTP。在“主机地址”文本框中输入 FTP 服务器的主机地址，既可以是域名，也可以是 IP 地址，如“ftp. tsinghua. edu. cn”。在“用户名”和“密码”文本框中输入给定的登录验证信息，如果使用的是匿名服务，则选中右边“登录方式”中的“匿名”单选框。

(2) 上传和下载文件

建立好要连接的 FTP 站点标识后，就可以进行上传或下载文件了。首先建立与目标 FTP 服务器的连接，此时只需在“站点管理器”列表中双击该站点名称，系统就会利用建立站点时的信息进行连接。

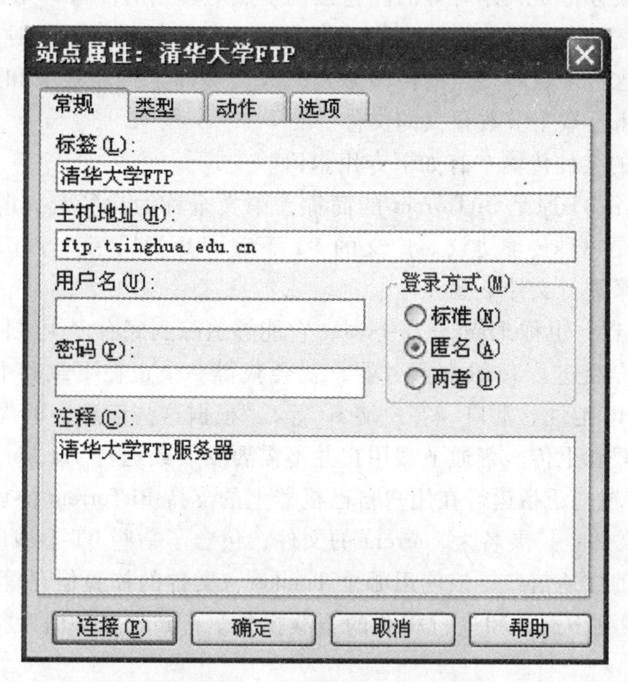

图 3-46　“站点属性”对话框

成功登录以后，如果要下载远程服务器的文件或文件夹，先在“服务器目录”窗格中找到它们的位置，选中后右击鼠标，在弹出的快捷菜单中选择“下载”，则所选内容会下载到默认的本地文件夹中。如果不想将文件保存在默认本地文件夹，则可以在使用“下载”命令前，先在“本地驱动器”窗格中切换好要存放的位置再进行下载。

上传文件的操作与下载刚好相反，如果要将文件上传到非远程默认文件夹里，先在“服务器目录”窗格中选好要上传到服务器上的位置，然后在“本地驱动器”窗格中选中要上传的文件或文件夹，右击鼠标，在弹出的快捷菜单中选择“上传”命令即可。

上传和下载文件的操作在选好源文件（或文件夹）和目标位置后，也可通过工具栏上的“下载”和“上传”按钮完成。

更简单的上传和下载文件的方法：在选好源文件（或文件夹）后，右击鼠标，在弹出的快捷菜单中选择“复制”，然后再用“粘贴”命令将其复制到目标位置，就好像所有的操作都在本地实现一样。

3. P2P 方式的文件传输

P2P 是 Peer-to-Peer 的缩写，即对等网络或者对等联网。与对等联网方式相对的主要是指客户机/服务器联网方式。在客户机/服务器联网方式中，各种资源都存储在中心服务器上，服务器性能的好坏直接关系到整个系统的性能。当大量用户请求服务器提供服务时，服务器就可能成为系统的瓶颈，会大大降低系统的性能。

P2P 改变了这种模式，其本质思想是整个网络结构中的传输内容不再被保存在中心服务器中，每一节点（Peer）都同时具有下载、上传和信息追踪这三方面的功能，每一个节点的权利和义务都是大体对等的。它强调多点对多点的传输，充分利用用户在下载时空闲的上传带宽，在下载的同时也能进行上传。换句话说，同一时间的下载者越多，上传者也越多。这种多点对多点的传输方式，大大提高了传输效率和对带宽的利用率，因此特别适合用来下载字节数很大的文件。

在P2P方式的文件传输中有如下专用术语。

- BT下载：BT原是BitTorrent的简称，中文全称为比特流，既是一个多点下载的P2P软件，也是一种传输协议。广义的BT下载即是指采用基于BitTorrent协议进行文件传输的软件来进行文件下载。
- BT服务器：也称Tracker服务器，它能够追踪到底有多少人同时在下载或上传同一个文件。客户端连上Tracker服务器，就会获得一个正在下载和上传的用户的信息列表（通常包括IP地址、端口、客户端ID等）。根据这些信息，BT客户端会自动连上别的用户进行下载和上传。普通下载用户并不需要安装或运行Tracker服务器程序。
- BT客户端：泛指运行在用户自己机器上的支持BitTorrent协议的程序。
- torrent文件：扩展名为.torrent的文件，包含了一些BT下载所必需的信息，如对应的发布文件的描述信息、该使用哪个Tracker、文件的校验信息等。BT客户端通过处理BT文件来找到下载源和进行相关的下载操作。torrent文件通常很小，大约几十K字节。
- 种子：种子就是提供P2P下载文件的用户，这个文件有多少种子就是有多少用户在下载/上传，通常种子越多，下载越快。

要进行P2P方式的文件传输，需要安装并运行BT客户端软件，如BitComet、BitTorrent和eMule等。

习题 3

一、单项选择题

1. 以下属于无线传输介质的是________。

A. 双绞线　　B. 同轴电缆

C. 红外线　　D. 光纤

2. 以下不属于网络通信设备的是________。

A. 交换机　　B. 路由器

C. 调制解调器　　D. 具有网络功能的打印机

3. TCP/IP协议是一个分层结构，共分为________层。

A. 4　　B. 5

C. 6　　D. 7

4. TCP/IP协议的最上层是________。

A. 应用层　　B. 传输层

C. 网际层　　D. 网络接口层

5. 现有IP地址为100.24.212.39，那么它属于________类地址。

A. A　　　　B. B

C. C　　　　D. D

6. 在下列IP地址中，属于B类IP地址的是________。

A. 61.128.0.1　　　　B. 128.168.9.2

C. 202.199.5.2　　　　D. 294.125.3.8

7. 以下关于局域网的描述中不正确的是________。

A. 覆盖的地理区域比较小　　　　B. 误码率低

C. 拓扑结构复杂　　　　D. 传输率高

8. 一个拥有五台计算机的公司，现要求用最小的代价将这些计算机联网，实现资源共享，最能满足要求的网络类型是________。

A. 主机/终端　　　　B. 对等方式

C. 客户机/服务器方式　　　　D. Internet

9. 计算机网络拓扑通过网络系统中节点与通信线路之间的几何关系表示________。

A. 网络结构　　　　B. 网络层次

C. 网络协议　　　　D. 网络模型

10. 无论是拨号接入还是局域网接入，都要选择接入Internet的________。

A. JSP　　　　B. ASP

C. ISP　　　　D. DSP

11. 如果要验证网卡工作是否正常，可以测试________。

A. 本地计算机的IP地址　　　　B. 网络DNS的IP地址

C. 网关的IP地址　　　　D. 一个已知域名

12. 在局域网的实际应用中，最重要的是________。

A. 使用远程资源　　　　B. 资源共享

C. 网络用户的通信和合作　　　　D. 以上都不是

13. 以下有关超文本标记语言HTML的叙述中，正确的是________。

A. HTML文件必须使用特定厂商开发的浏览器，并不是所有浏览器均可阅读

B. HTML文件和普通的文本文件不同，需使用特殊的编辑器来编辑

C. HTML文档中加入URL，可形成一个超链接而指向其他页面

D. HTML语言只能在Windows操作系统上运行

14. 以下关于电子邮件系统的叙述中正确的是________。

A. 发送邮件和接收邮件通常都使用SMTP协议

B. 发送邮件通常使用SMTP协议，而接收邮件通常使用POP协议

C. 发送邮件通常使用POP协议，而接收邮件通常使用SMTP协议

D. 发送邮件和接收邮件通常都使用POP协议

15. 在Foxmail中，如果需要往多个邮箱发送同一邮件，可以在“收件人”栏或“抄送”栏中同时填入多个收件人的电子邮件地址，下列________可作为地址间的间隔符。

A. .（句号） B. ;（分号）
C. :（冒号） D. /（正斜杠）

二、填空题

1. 计算机网络是计算机技术和________技术紧密结合的产物。

2. 传输介质通常分为________和________两大类。

3. 根据网络的覆盖范围不同，可以把计算机网络分为________、________和________三种类型。

4. TCP/IP 协议分为四层，由下至上分别是________、________、________和________。

5. IPv6 是下一版本的互联网协议，IPv6 采用了________位的地址长度。

6. 以太网是一种________网技术。

7. ________是国家投资建设，教育部负责管理，清华大学等高校承担建设和管理运行的全国学术性计算机互联网络。它主要面向教育和科研单位，是全国最大的公益性互联网络。

8. HTML 是________的缩写，HTTP 是________的缩写。

9. FTP 客户端软件有两种类型：一种是命令行方式，另一种是________（如 CuteFTP），其中后者操作更为简单。

10. FTP 服务器上一般有两种用户：普通用户和________用户。

三、操作题

1. 用 ping 命令检验两台计算机之间的网络连通性，并分析结果。

2. 查看本机 TCP/IP 参数设置。

3. 在局域网内通过设置网络共享，实现两台计算机之间的文件传递。

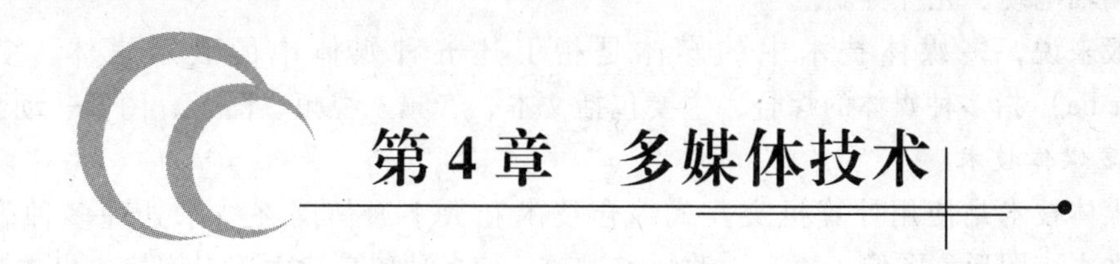

第4章 多媒体技术

多媒体技术是当今信息技术领域最活跃、发展最快的技术之一，是新一代电子技术发展和竞争的焦点。从其诞生至今，多媒体技术表现出强大的生命力，越来越多的人开始谈论并使用多媒体技术，越来越多的人在开发多媒体产品。现在，多媒体技术借助日益普及的高速信息网，可实现全球的信息资源共享，已经被广泛应用于咨询服务、图书、教育、通信、金融、医疗等诸多行业，并逐渐形成了多媒体产业，正潜移默化地改变着我们的生活。

本章介绍计算机多媒体技术的基础知识及相关工具，通过本章的学习，应了解多媒体技术的发展和应用、多媒体计算机的硬件系统和软件系统组成、信息压缩技术及标准，以及音频、图像、动画和视频处理技术的基本原理和常用工具软件的使用。

4.1 多媒体概述

4.1.1 基本概念

1. 媒体与多媒体

“媒体（Media）”在计算机领域中有两种含义：一是指用以存储信息的实体，如磁带、硬磁盘、软磁盘、光盘和半导体存储器等；二是指信息的载体，如数字、文本、声音、图形、图像等。多媒体技术中的媒体是指后者。

国际电报电话咨询委员会（Committee of Consultative International Telegraphic and Telephonic，CCITT），现为国际电信联盟（International Telecommunication Union，ITU），将媒体分为五大类：

（1）感觉媒体是指用户接触信息的感觉形式，如视觉、听觉、触觉、味觉、嗅觉等。

（2）表示媒体是信息的存在形式和表现形式，如数值、文字、图像、声音、视频等。

（3）显示媒体是指用于输入和输出信息的设备。它分为两类：一类是输入媒体，如键盘、鼠标、摄像机、话筒等；另一类是输出媒体，如纸、显示器、打印机、扬声器等。

(4) 存储媒体又称存储介质，是指用于存放数字化信息的载体，如硬盘、光盘，移动存储器等。计算机可以随时处理和调用存放在存储媒体中的信息编码。

(5) 传输媒体又称传输介质，是指能够传输数据信息的物理载体，如电话线、双绞线、同轴电缆、光纤等。

一般来说，多媒体技术中的媒体是指上述五种媒体中的表示媒体。多媒体（Multimedia）指多种媒体的综合，主要包括文本、音频、视频、图形、图像、动画等。

2. 多媒体技术

多媒体技术是使用计算机交互式综合技术和数字通信网络技术处理多种表示媒体——文本、图形、图像、声音、动画和视频，使多种信息建立逻辑连接，集成为一个交互式系统的技术。

多媒体技术的主要研究内容包括：

- 多媒体信息压缩技术
- 多媒体信息存储技术
- 多媒体通信与分布式处理技术
- 多媒体数据库管理技术
- 多媒体信息的展现与交互技术
- 虚拟现实技术
- 多媒体智能技术

总之，多媒体技术是一门正在不断发展的、跨学科的高新技术，它以计算机技术为基础，涉及数字信号处理技术、音频和视频技术、人工智能和模式识别技术、通信和图像处理技术等多项技术。

3. 多媒体技术的基本特征

多媒体技术具有以下基本特征：

(1) 集成性

多媒体技术的集成性体现在两个方面：一方面是指它可以将多种媒体信息（如文本、图形、图像、声音）有机地组织起来，综合表达一个完整信息；另一方面，是指它以计算机数字技术为基础，将多种单一的、零散的处理技术集成起来，如通信技术、交互技术、广播电视技术等。

(2) 交互性

交互性是指人可以通过多媒体计算机系统对多媒体信息进行加工、处理并控制多媒体信息的输入、输出和播放。它是多媒体应用有别于传统信息交流媒体的主要特点之一。传统媒体只能单向地、被动地传播信息。由于多媒体信息比单一信息对人具有更大的吸引力，它有利于人对信息的主动探索而不是被动接受。因此，多媒体技术的交互性可以实现人对信息的主动选择与控制。

(3) 实时性

多媒体技术中最重要的部分是与时间密切相关的媒体，如声音、视频图像和动画，甚至是实况信息媒体，这就决定了多媒体技术必须具有严格的时序和很高的速度要求。当多媒体应用扩大到整个网络范围后，这个问题将更加突出，会对系统结构、媒体同步、多媒体操作系统及应用服务提出更高的实时化要求。

（4）数字化

多媒体中的各个单媒体都是以数字形式存放在计算机中的。与传统的模拟信号相比，数字化信号更易于进行加密、压缩等计算，因而有利于提高信息的处理速度和安全性。由于数字信号只有“0”、“1”两种状态，使其具备了抗干扰能力强的优势，在处理过程中可以达到更高的保真度，因此更适于远距离的无失真传输。

4.1.2 多媒体技术的发展和应用

1. 多媒体技术的发展阶段

多媒体技术的发展是一个不断完善的过程，经历了几个代表性阶段：

（1）1984 年，美国苹果（Apple）公司首次使用位图（Bitmap）概念对图像进行描述，从而实现对图像进行简单地处理、存储及相互传送等。Apple 公司的设计师在其名为 Macintosh 的操作系统中首次采用了图形用户界面（GUI）和鼠标操作取代字符用户界面（CUI）的键盘操作，并使用了窗口（Windows）和图标（Icon）的概念。

直到今天，Apple 公司的 Macintosh 操作系统在图形和声音处理等方面仍处于领先地位。

（2）1985 年，美国 Commodore 公司开发出世界上第一个多媒体计算机系统 Amiga。后经不断完善，Amiga 形成了一个完整的多媒体计算机系列，如 Amiga 500、Amiga 1000、Amiga 1500、Amiga 2000、Amiga 2500、Amiga 3000、Amiga 4000 等。Amiga 系统的 CPU 芯片一直采用 Motolora 公司生产的 68000、68020、68030、68040 等芯片，其系统结构与 68000 微机的结构很相似，不同之处是在系统总线上连接了 3 块很有特色的专用芯片 Agnus（8370）、Paula（8364）与 Denise（8362），使其处理文本、音频及视频信息的速度大大提高。

同年，计算机硬件技术有了较大突破。为了解决大容量存储的问题，激光只读存储器 CD-ROM 问世，这不仅为多媒体数据的存储和处理提供了理想的条件，并对计算机多媒体技术的发展起了决定性的推动作用。在这一时期，CDDA 技术（Compact Disk Digital Audio）也日趋成熟，使计算机具备了处理和播放高质量数字音响的能力。

（3）1986 年，荷兰飞利浦（Philip）公司和日本索尼（Sony）公司联合制定了交互式压缩光盘 CD-I（Compact Disc Interactive）标准，使多媒体信息的存储规范化和标准化，同时公布该系统所采用的 CD-ROM 数据存储格式，该标准允许一片直径 5in 的压缩光盘上存储 650MB 的数字信息量。

（4）1987 年 3 月，美国无线电公司（RCA）制定交互式数字视频光盘 DVI（Digital Video Interactive）技术标准。该技术标准在交互式视频技术方面进行了规范化和标准化，使计算机能够利用压缩光盘以 DVI 标准存储静止图像和活动图像，并能存储声音等多种信息格式。DVI 标准的问世，使计算机处理多媒体信息具备了统一的技术标准。

同年，美国 Apple 公司开发了超级卡（Hypercard）。超级卡是以卡片为节点的超级文本，基本的信息单元为卡片，一组卡片称为卡堆。每张卡片不仅有字符，还包括图形、图像和声音。为了使超级卡和外设相连接，Apple 公司还开发了一个多媒体协议和驱动标准集 AMCA（Apple Media Control Architecture），用来访问视频光盘、音频光盘及录音带的信息。该卡安装在苹果计算机中，使该型计算机具备了快速、稳定的多媒体信息处理能力。

（5）1990 年 10 月，美国微软、飞利浦、NEC 等公司组成了“多媒体个人计算机市场委员会（Multimedia PC Marketing Council）”。该组织的主要任务是对计算机的多媒体技术进行规范化管理和制定相应的标准，即“MPC 标准”。该标准将对计算机增加多媒体功能所需的软件和硬件规定最低标准的规范、量化指标以及多媒体的升级规范等。

（6）1991 年，MPC 委员会提出 MPC1 标准。从此，全球计算机业界共同遵守该标准所规定的各项内容，促进了 MPC 的标准化和生产销售，使多媒体个人计算机成为一种新的流行趋势。

（7）1993 年 5 月，MPC 委员会公布 MPC2 标准。该标准根据硬件和软件的迅猛发展状况做了较大的调整和修改，尤其对声音、图像、视频和动画的播放、Photo CD 做了新规定。此后，MPC 委员会演变成 MPC 工作组（Multimedia PC Working Group）。

（8）1995 年 6 月，MPC 工作组公布了 MPC3 标准。该标准为了适应多媒体个人计算机的迅速发展，又提高了软件和硬件的技术指标。更重要的是，MPC3 标准制定了视频压缩技术 MPEG 技术指标，使视频播放技术更加成熟和规范化，并且制定了采用全屏幕播放、使用软件进行视频数据解压缩等各项技术标准。

此后，随着个人计算机软件和硬件的迅猛发展以及音视频压缩技术的日趋成熟，多媒体技术得到了蓬勃发展，国际互联网的兴起也促进了多媒体技术的进一步普及。

2. 多媒体技术的发展趋势

总体来看，多媒体技术正向两个方面发展：一是网络化发展趋势。多媒体技术与宽带网络通信等技术的相互结合，使其进入了科研设计、企业管理、办公自动化、远程教育、远程医疗、检索咨询、文化娱乐、自动测控等领域；二是多媒体终端的部件化、智能化和嵌入化发展趋势，这有利于提高计算机系统本身的多媒体性能，开发智能化家电。

3. 多媒体技术的应用领域

由于多媒体技术具有直观、信息量大、易于接受和传播迅速等特点，使得多媒体技术应用领域的拓展十分迅速。近年来，随着国际互联网的兴起，多媒体技术也渗透到网络上，并随着网络的发展和延伸不断成熟和进步。目前，多媒体应用系统丰富多彩、层出不穷，已深入到人类学习、工作和生活的各个方面。其应用领域从教育、培训、商业展示、信息咨询、电子出版扩展到科学研究、家庭娱乐等领域，这些多媒体应用给人类的生产生活带来了巨大变革。

（1）教育与培训

教育领域是应用多媒体技术最早的领域，也是进展最快的领域。在多媒体所有应用中，教育培训方面的应用大约占 40% 左右。多媒体技术的直观和易于接受的特点最适合教育，它是提高教学质量和普及教育的有效途径。多媒体教学使得学习不再是传统的读教材、听讲课、记笔记和做作业，而是根据教学的基本原理，利用计算机对信息具有大容量存储、高速度处理等特点，通过与用户之间的交互活动，用最优化的教学方式来实现教学目标。它既可代替教师进行课程的教学，也可作为常规课堂教学的补充手段。

多媒体教育、培训始于计算机辅助教学 CAI（Computer-Assisted Instruction），随后涌现出计算机辅助学习 CAL（Computer-Assisted Learning）、计算机化教学 CBI（Computer-Based Instruction）、计算机化学习 CBL（Computer-Based Learning）、计算机辅助训练 CAT（Computer-Assisted Training）及计算机管理教学 CMI（Computer-Managed Instruction）等各种多媒体技术与教育相关应用相结合的产物。这些应用使得学习内容生动活泼，提高了学生的学习兴趣，交互式的学习方式可以充分发挥学生自主学习的能力。

（2）商业展示与信息咨询

多媒体技术与触摸屏技术的结合为商业展示和信息咨询提供了新的手段，现已广泛应用于交通、商场、饭店、宾馆、邮政、旅游、娱乐等公共场所。用户通过鼠标或者触摸操作，即可查询自己需要的信息。同时，以多媒体技术制作的产品演示光盘为商家提供了一种全新的广告形式，商家通过多媒体演示可以将产品特性表现得淋漓尽致，客户也可通过多媒体演示随心所欲地观看广告，直观、便捷、经济。

（3）影视娱乐

在影视业，为了适应人们日益增长的娱乐需求，多媒体技术已作为关键手段在影视作品的制作和处理中被越来越多的设计师们所采用。

在娱乐业，随着多媒体技术的发展逐步趋于成熟，运用三维动画、虚拟现实等先进的多媒体技术制作的游戏软件变得更加丰富多彩、变幻莫测，深受年轻一代的喜爱，造就了数千亿美元的市场。数字化的视听产品大量进入家庭，丰富了人们的生活。

（4）多媒体电子出版物

多媒体电子出版物是以电子数据的形式，把文字、图像、声音、动画和视频等多媒体信息存储在光盘、磁盘、硅片等非纸张载体上，并通过电脑或网络通信来播放以供人们阅读的出版物。它是计算机多媒体技术与现代出版业相结合的产物，具有很多传统出版物不具备的优势，查询信息方便迅速、体积小、便于携带、可靠性高、寿命长。

多媒体电子出版产业前景灿烂，许多大型百科全书、教辅读物等都有了光盘版。有专家预测，今后全球的多媒体电子出版产业将以年均24%的增长率发展。印刷媒介与电子媒介的斗争，将成为数字化时代最引人注目的现象之一。

（5）多媒体通信与国际互联网

多媒体技术与通信技术结合形成了新的应用领域，如视频会议、可视电话、双向电视、电子商务、远程教学、远程医疗等。

随着 Internet 的兴起和发展，在很大程度上对多媒体技术的进一步发展起到了积极作用。人们在网络上传递多媒体信息，以多种形式相互交流，极大地提高了人们的工作效率，减轻了社会的交通负担，改变了人们传统的教育和娱乐方式。多媒体通信与国际互联网的结合必将成为21世纪人们通信的基本方式。

4.1.3 多媒体个人计算机（MPC）

1. 什么是多媒体个人计算机 MPC

所谓多媒体个人计算机 MPC（Multimedia Personal Computer），就是具备多媒体处理功能并符合 MPC 标准的个人计算机。它是在一般 PC 机的基础上，通过扩充使用视频、音频、图形处理软件和硬件来实现高质量的图形、立体声和视频处理能力。

MPC 标准规定多媒体计算机包括 5 个基本组成部件：个人计算机（PC）、只读光盘驱动器（CD-ROM）、声卡、Windows 操作系统、音箱或耳机。同时对主机的 CPU 性能，内存（RAM）的容量，外存（硬盘）的容量以及屏幕显示能力也有相应规定。事实上，由于当前计算机的迅速发展，硬件种类增加，软件功能增强，现在市场上的 PC 机基本都具备多媒体处理功能，早已远远高于早期规定的 MPC3 标准。

2. MPC 的主要特征

MPC 在硬件和软件方面具有以下几个主要特征：

（1）CD-ROM 是 MPC 的基本配置，用以实现多媒体信息的大容量存储载体。

（2）丰富的输入/输出手段。多媒体计算机的输入手段很多，用于输入各种媒体内容。除了常用的键盘和鼠标外，一般还具备扫描输入、手写输入、文字/语音识别输入等；而在输出方面，MPC 可以多种形式输出媒体信息，如音频输出、视频输出、投影输出以及帧频输出等。

（3）显示功能强，质量高。要清晰显示来自磁盘和光盘上的图形图像、动画、影视材料、文字，并能够使画面、字幕和声音同步，对显示的速度、清晰度、色彩和稳定性有较高要求，这样才能提高多媒体信息的表现质量。

（4）较快的数据处理能力。由于多媒体信息的数据量大，特别是图像、音频与视频数据，如果计算机的数据处理速度很慢，会造成数据编辑时工作效率低、播放效果差。因此，快速的数据处理能力对于多媒体信息的编辑加工尤为重要。

（5）具备丰富的软件资源。MPC 的软件系统必须非常丰富，以满足多媒体素材的处理及程序的编制需求。

3. MPC 的基本组成

由于多媒体计算机系统是在现有计算机上增加多媒体套件构成的，因此，和一般计算机系统一样，多媒体计算机系统由多媒体计算机硬件系统与多媒体计算机软件系统组成。

（1）多媒体计算机硬件系统

多媒体计算机硬件系统主要包括多媒体计算机（如个人机、工作站、超级微机等）、多媒体功能卡（视频卡、声音卡、压缩卡、加电控制卡、通信卡等）、多媒体输入/输出设备（如打印机、绘图仪、音响、电视机、录像机、录音机、喇叭、高分辨率屏幕等）、多媒体存储设备（如硬盘、光盘、声像磁带等）、操纵控制设备（如鼠标、键盘、操纵杆、触摸屏等）、通信传输设备及接口装置等组成。其中，最重要的是根据多媒体技术标准而研制生成的多媒体信息处理芯片和板卡、光盘驱动器等。

（2）多媒体计算机软件系统

多媒体计算机软件系统包括支持多媒体功能的操作系统；多媒体数据库管理系统；多媒体压缩与解压缩软件；多媒体声像同步软件；多媒体通信软件；媒体处理工具软件；各类多媒体应用软件等。

4.1.4　多媒体硬件系统

为了有效存储和处理各类媒体信息，MPC 不仅需配置基本硬件设备，如可高速运行的 CPU、大容量内存、大容量硬盘、高分辨率显卡、高速率 CD-ROM 驱动器等，在此基础上，还可根据用户需要选配一些扩展设备，包括大容量移动存储设备、扫描仪、数码摄像头、数码照相机、数码摄像机等，这些硬件设备使用户可以更方便地对声音、图像和视频等信息进行存储和输入输出处理。

1. 基本硬件设备

多媒体计算机的硬件设备很多，其中基本硬件设备必不可少，包括各类激光存储器、显示适配器、显示器、声音适配器与音箱。

（1）激光存储器

激光存储器是多媒体技术中最主要的存储设备，由激光盘片和激光驱动器构成。

① 激光存储器的种类

激光存储器种类繁多，从性能的角度可将其分为只读型光盘（ROM，Read Only Memory）、追记型光盘（WORM，Worme Once Read Many）和可擦写型光盘（Rewritable 或 Erasable）三类。因此，常用的有 CD-ROM，CD-R，CD-RW 以及 DVD-ROM，DVD-R，DVD+R，DVD-RW，DVD+RW 等。

只读型光盘中最常见的是 CD-ROM 和 DVD-ROM，大量用于多媒体计算机中，主要存放数字化的文、图、声、像等信息。随着技术的发展，DVD-ROM 产品已成为主流，它的存储容量更大，而且图像清晰度及高保真效果更好。

追记型光盘有 CD-R，DVD-R 和 DVD+R 产品，是一次写入可多次读出的光盘。这类光盘是利用激光使记录材料发生变化，以实现信息的记录，一旦写入，就不能更改。它具有读写两种功能，可随录随放，主要适用于一些特定场合，在文档图像存储和检索方面有重要用途。与只读型光盘相比，它具有由用户自己确定记录内容的优点。

可擦写型光盘有 CD-RW，DVD-RW 和 DVD+RW 产品，是可多次写入和读出的光盘。根据擦写原理，它又分为磁光型（Magnetic-Optical，M-O）和相变型（Phase-Change，P-C）两种。磁光型光盘利用热磁效应使光介质微量磁化来实现信号的反复读写，它只能擦写而不能盖写，擦写时，需转一圈抹去原有的数据，第二圈才开始写入数据，第三圈进行校验。相变型光盘是利用激光与介质薄膜相作用时，激光的热效应和光效应使介质在晶态与非晶态之间的可逆相变来实现反复擦写，它可以对数据实现盖写。盖写时，转一圈既可直接写入新数据，与普通磁盘的写入方式一样。

另外，根据 CD-R 和 CD-RW 盘片内有机染料的不同，可分为绿盘、蓝盘、金盘和紫盘等。其中，CD-RW 为紫盘。盘片染料的不同在抗光性、耐用性方面有区别。通常情况下，金盘刻录数据的质量最好，不仅兼容性最好，而且保存时间最长。金盘又分为黄金盘和白金盘，前者采用黄金作为激光反射层，而后者采用白银。目前市场主流盘片是白金盘，两者除了成本上有轻微差别外，在性能和质量上均无差别。

② 激光存储器的技术指标

与激光存储器系统相关的技术指标有存储容量、光驱速度、平均存取时间、光驱接口类型、误码率和光驱缓存容量等。

- 存储容量——指光盘能存储数据的容量。光盘盘片的容量又分为格式化容量和用户容量。格式化容量是指按某种光盘标准格式化后的容量。采用不同的光盘标准就有不同的存储格式，或者采用不同的驱动程序时，都会有不同的格式化容量。用户容量是指盘片格式化后允许对盘片执行读写操作的容量。由于格式本身、校正和检索等占用不少容量空间，所以用户容量一般小于格式化容量。CD-ROM 的用户容量一般为 550MB 或者 680MB。

- 光驱速度——光盘驱动器的传输速率。在制定 CD-ROM 标准时，把 150K 字节/秒的传输率定为标准，随着驱动器的传输速率越来越快，则出现了倍速、四倍速直至现在的 40 倍速、52 倍速或者更高。对于 40 倍速的 CD-ROM 驱动器，理论上的数据传输率应为：150×40＝6000K 字节/秒。虽然高倍速光驱的数据传输速率很快，但它同时存在 CPU 占用率高、噪声大、振动大、耗电量大、发热量大等问题。

- 平均存取时间——指从计算机向光盘驱动器发出命令开始，到光盘驱动器在光盘上找到需要读写的信息位置并接收读写命令为止所需要的时间。它也是衡量光驱性能的一个重要指标。其计算公式为：平均存取时间＝平均寻道时间+平均等待时间+光学稳定时间。其中，平均寻道时间为取光学头沿半径移动全程 1/3 长度所需的时间，平均等待时间为盘片旋转一周的 1/2 时间。

- 光驱接口类型——目前市面上的光驱接口主要有：IDE、EIDE、SCSI、SCSI-2 四种。其中 SCSI 接口的传输速度较快，但价格较贵，安装较复杂，需要专门的转接卡。因此一般用户常选用 IDE（或 EIDE）接口的光驱。

- 误码率——是指错误代码出现的几率。一般存储数字或者程序对误码率的要求较高，存储图像或声音数据时对误码率要求较低。CD-ROM 要求的误码率在 10^{-12} ~ 10^{-16}之间。

- 光驱缓存容量——光驱缓存是提高光驱综合性能的一个重要因素，其工作原理与主板缓存相似。理论上缓存越大则光驱速度越快，如 SCSI 光盘的数据缓存一般在 1MB 左右，有的能达到 2MB。而多数 IDE 接口光驱的数据缓存仍是 128KB 或 256KB，少数达到 512KB。目前，主流刻录机的缓存在 2M 左右，少数达到 8M。

(2) 显示适配器与显示器

显示适配器与显示器是多媒体计算机的重要设备，是计算机的信息窗口。显示适配器与显示器的性能好坏会影响用户对多媒体信息的理解和把握，从而影响操作的准确性，这一点在图像处理和动画制作时显得格外突出。

① 显示适配器

显示适配器（Display Adapter）常被简称为“显卡”，其外观如图 4-1 所示。

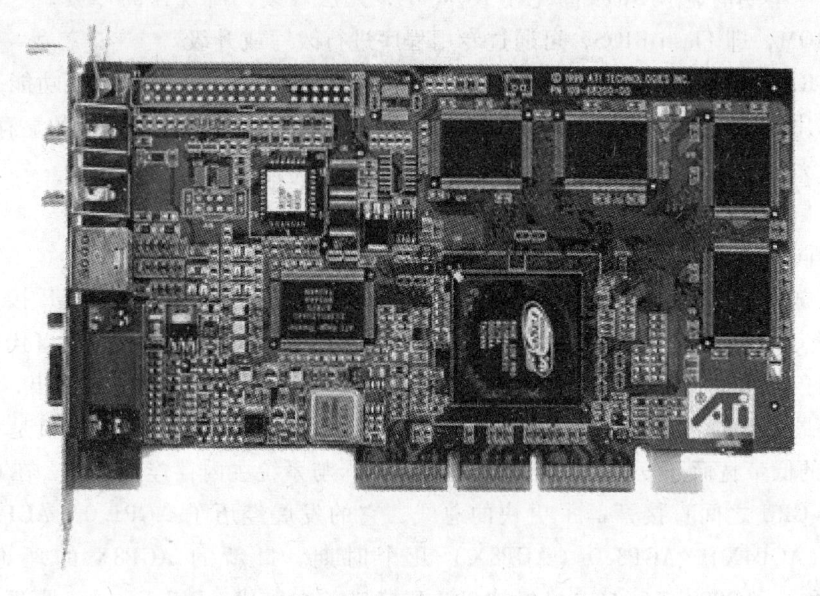

图 4-1 独立显卡

显卡的主要用途是将计算机系统所需要的显示信息进行转换驱动，并向显示器提供行扫描信号，控制显示器的正确显示，是连接显示器和计算机主板的重要元件。

从产品是否集成来看，可将显卡分为两类：一类是独立显卡，即将显示芯片、显存及相关电路单独做在一块电路板上，作为一块独立板卡插在主机板的扩展插槽（ISA、PCI、AGP 或 PCI-E）上，输出通过电缆与显示器相连，其外观如图 4-1 所示；另一类是集成显卡，即将显示芯片、显存及其相关电路都集成在主板上，与主板融为一体。集成显卡的显示芯片有单独的，但大部分都集成在主板的北桥芯片中。这两类显卡相比较而言，独立显卡有单独显存，一般不占用系统内存，技术较集成显卡先进，显示效果和性能均比集成显卡更好，且容易对显卡进行硬件升级。其缺点是系统功耗和发热量都较大，且需额外花费购买显卡的资金，适合对显示质量要求较高的用户。集成显卡通常显存容量较小，显示效果和处理性能相对较弱，不能对显卡进行硬件升级，但其优点在于功耗低、发热量小、成本低。

其中，独立显卡包括 4 个主要组成部分：

- GPU（Graphic Processing Unit）——图形处理器，功能类似计算机主板的 CPU，是整个显卡中最核心关键的部件，它是 NVIDIA 公司在发布 GeForce 256 图形处理芯片时首先提出的。在处理图像时，每帧画面的几何运算由 CPU 完成，而渲染运算由 GPU 完成，它使显卡减少了对 CPU 的依赖，并承担 CPU 的部分工作，在 3D 图形处理时尤为重要。
- ROM-BIOS——显卡 BIOS，功能类似计算机主板的 BIOS，它主要用于存放显示芯片与驱动程序之间的控制程序，另外还存有显卡的型号、规格、生产厂家及出厂时间等信息。早期的显卡 BIOS 固化在 ROM 中，无法修改，而现在的多数显卡已采用大容量 EPROM，即 Flash BIOS，可通过专用程序进行改写或升级。

• RAM——显示内存，功能类似计算机主板的内存。显存的主要功能是暂时储存显示芯片即将处理和处理完毕的数据。图形处理器的性能越强，需要的显存则越多。显存容量大小也决定了显示颜色数量的多少和分辨率的高低。

• 信号输出端子——将显示信息和控制信号送至显示器。

从不同的角度又可对独立显卡进行不同的分类。

按照总线接口标准来分，可将独立显卡分为三种：PCI 接口、AGP 接口与 PCI Express 接口。PCI 接口的速率最高只有 266MB/s，1998 年后便被 AGP 接口代替。但由于有些服务器主板并没有提供 AGP 或 PCI-E 接口，或者需要组建多屏输出，选购 PCI 显卡仍是最实惠的方式，因此目前仍有新的 PCI 接口显卡推出。AGP 接口是为了解决 PCI 总线的低带宽而开发的接口技术，它将图形卡与系统主内存连接起来，在 CPU 和图形处理器 GPU 之间直接开辟了更快的总线，它的发展经历了 AGP1.0（AGP1X/2X）、AGP2.0（AGP4X）、AGP3.0（AGP8X）几个时期。最新的 AGP8X 的理论带宽为 2.1Gbit/秒。到 2009 年，AGP 已经被 PCI-E 接口基本取代。PCI Express 是新一代的总线接口，采用此类接口的显卡产品已经在 2004 年正式面世。

按功能分类，独立显卡可分为：普通显卡，适于显示复杂图像和三维图像的图形加速卡，适于高档游戏的 3D 图形卡，适于收看电视的显示/TV 集成卡，带有视频输出电路的显示/视频输出集成卡等。

② 显示器

显示器主要用于显示计算机主机输出的各种信息。按照结构原理分类，显示器包括传统的 CRT（阴极射线管）显示器和 LCD（液晶）显示器两种。

CRT 显示器采用阴极射线管（Cathode Ray Tube）作为发光器件，体积较大，品种繁多，是早期常用的显示器，如图 4-2 所示。CRT 显示器的发展经历了球面、柱面、平面直角、纯平等几个阶段，在色彩还原、亮度调节、控制方式、扫描速度、清晰度以及外观等方面都已发展成熟。但随着 LCD 显示器的日益普及，CRT 已逐渐退出了历史舞台。

LCD（Liquid Crystal Display）显示器显示的主要原理是以电流刺激液晶分子产生点、线、面配合背部发光灯管构成画面，其外观如图 4-3 所示。和 CRT 显示器相比，LCD 显示器具有可视面积大、机身薄、低功耗、无辐射、画面柔和不伤眼等优点，因此它虽然是近几年兴起的新产品，但已全面取代笨重的 CRT 显示器成为现在主流的显示设备。

目前，TN（Twisted Nematic，扭曲向列）型 LCD 是市场上普通液晶显示器采用的模式，广泛应用于中低端液晶显示器，价格便宜，但视角窄、色彩表现不真实。宽屏 LCD 大多采用非晶硅薄膜晶体管作为 LCD 显示元件，并采用低温多晶硅技术和反射式液晶材料，使显示器色彩艳丽、低辐射，目前已成为市场主流产品。

图 4-2　CRT 显示器

图 4-3　LCD 显示器

(3) 声音适配器与音箱系统

① 声音适配器

声音适配器（Sound Card）常被简称为“声卡”，如图 4-4 所示。声卡是多媒体计算机的基本配置，是实现声波/数字信号相互转换的硬件。声卡的基本功能是把来自话筒、磁带、光盘的原始声音信号加以转换，输出到耳机、扬声器或录音机等声响设备，也可通过音乐设备数字接口（MIDI）使乐器发出美妙的声音。

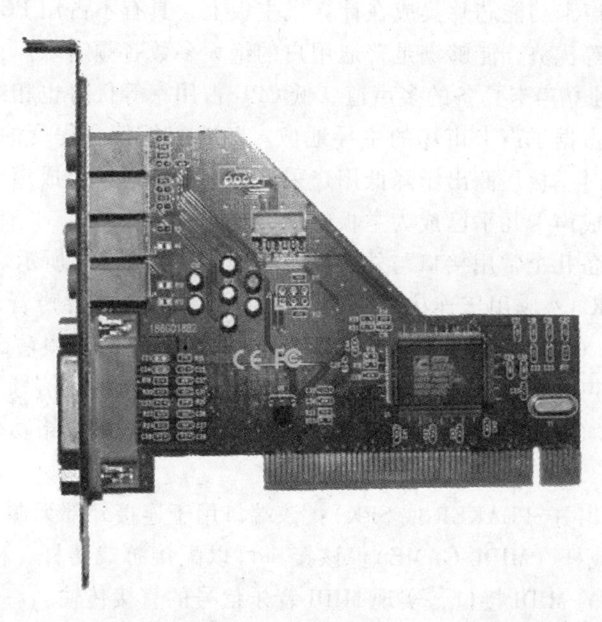

图 4-4　独立声卡

声卡的工作原理是当声卡从话筒中获取模拟声音信号后，通过模数转换器

(ADC)，将声波振幅信号采样转换成一串数字信号存储到计算机中。重放时，这些数字信号送到数模转换器（DAC），以同样的采样速度还原为模拟波形，放大后送到扬声器发声。

具体来说，声卡的主要作用包括：

- 录制数字声音文件。通过声卡及相应的驱动程序的控制，采集来自话筒、收录机等音源的信号，压缩后存放在计算机系统的内存或硬盘中；
- 将硬盘或CD中的数字声音文件还原成高质量声音信号，放大后通过扬声器播放；
- 对数字化的声音文件进行加工，以达到某一特定的音频效果；
- 控制音源的音量，对各种音源进行组合，实现混响器的功能；
- 利用语音合成技术，通过声卡朗读文本信息，如读英语单词和句子，奏音乐等；
- 具有初步的音频识别功能，让操作者用口令指挥计算机工作；
- 提供MIDI功能，使计算机可以控制多台具有MIDI接口的电子乐器。另外，在驱动程序的作用下，声卡可以将MIDI格式存放的文件输出到相应的电子乐器中，发出相应的声音，使电子乐器受声卡指挥。

与显卡类似，从产品是否集成的角度来看，声卡可分为独立声卡和集成声卡两大类，以适应不同用户的需求。

独立声卡涵盖低、中、高各档次，售价从几十元至上千元不等。早期的独立声卡总线接口多为ISA接口，总线带宽较低、功能单一、占用系统资源过多，目前已被淘汰。PCI声卡由于性能及兼容性好，支持即插即用，安装使用方便，已取代了ISA接口成为当前主流。

集成声卡是指声卡功能芯片集成在计算机主板上，具有不占用PCI接口、成本更为低廉、兼容性更好等优势，能够满足普通用户的绝大多数音频需求。目前集成声卡的技术不断进步，PCI独立声卡具备的多声道、低CPU占用率等优势也相继出现在集成声卡上，使得集成声卡占据了声卡市场的主导地位。随着主板整合程度的提高以及CPU性能的日益强大，同时主板厂商出于降低用户采购成本的考虑，集成声卡出现在越来越多的主板中，目前集成声卡几乎已成为主板的标准配置。

声卡一般都具备几个常用接口与外部设备相连接，如图4-5所示。

- 话筒（MIC）：它用于连接麦克风（话筒），可以将外界声音录制下来。
- 线路输入（LINE IN）：该端口用于外接辅助音源的音频输出，将影碟机、收音机等设备发出的声音或音乐信号输入，通过计算机的控制将该信号录制成一个文件。
- 线路输出（LINE OUT）：该端口一般用于连接耳机或音箱功放，输出计算机中的声音信息。
- 扬声器输出（SPEAKER或SPK）：该端口用于连接外部无源音箱的音频线。
- MIDI/游戏杆（MIDI/GAME）：该接口可以配接游戏摇杆、模拟方向盘，也可以连接电子乐器上的MIDI接口，实现MIDI音乐信号的直接传输。

② 音箱及音效系统

声卡输出的音频信号需要通过耳机或音箱变成我们能听到的声音。音箱分无源音箱和有源音箱两大类。无源音箱直接和声卡的扬声器输出（SPEAKER）端口相连接，连

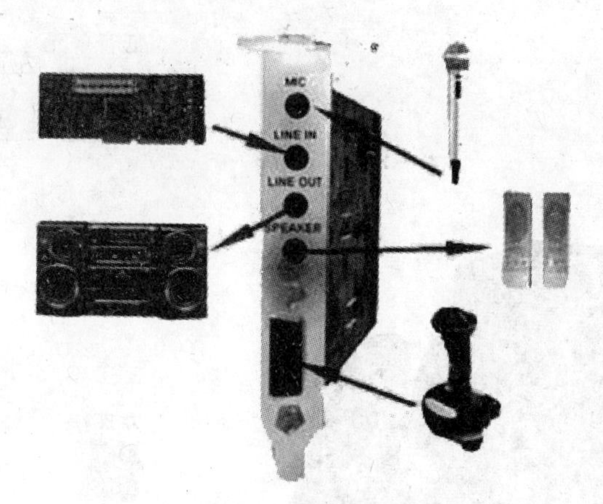

图 4-5　声卡接口

接简单、重量轻，但输出功率较小。目前较常用的是有源音箱，它带有功率放大器，与声卡的线路输出（LINE OUT）端口相连接，输出功率较大。

需要获得高品质的音响效果时可采用独立的音效处理系统，包括：音响放大器、专业音箱和专用音频连接线。声道数是衡量音箱档次的重要指标之一。根据声道数，音效系统可分为单声道、立体声、四声道环绕、4.1 声道、5.1 声道、7.1 声道等。

普通立体声系统一般配置两个音箱，分别放置在聆听位置前端的两侧，以满足一般多媒体制作的需要。高保真环绕立体声系统通常配置两个以上的音箱，每个音箱注重高音、中音、低音的质量和响度平衡，并且注重声像重现的位置。其中，5.1 音效处理是目前比较完美的声音解决方案，能够满足电脑游戏和家庭影音方面的多重要求，一些比较知名的声音录制压缩格式，譬如杜比 AC-3（Dolby Digital）、DTS 等都以 5.1 声音系统为技术蓝本。

为了充分发挥多声道的能力，必须清楚地了解如何配置和使用整个系统。5.1 声道音响设备应该包括 2 个前置音箱、2 个后置音箱、1 个中置环绕、1 个重低音炮，这些声道相互独立，其中的“.1”声道是一个专门设计的超低音声道，这一声道可以产生频响范围 20 ~ 120Hz 的超低音。如图 4-6 所示是较有代表性的 5.1 环绕立体声系统。

5.1 环绕立体声音效系统的摆放位置很讲究，否则得不到理想的环绕效果，图 4-7 是该系统各个音箱摆放位置的示意图。考虑到聆听者实际位置的不同、房间形状的不同和墙壁材质的不同等因素，各个音箱的声压级和摆放位置需要经过精心调整，以确保声像位置的准确性。当然，如果用户将音箱摆放于桌面，由于桌面影院属于近场聆听，所以对空间的形状、体积，以及家具等物品的衍射、吸收等并不是很敏感，音箱摆放相对自由一些。

目前，市场上已出现 7.1 系统，功能较 5.1 更强大，它在保留原先后置音箱的同时增加了两个侧中置音箱，主要负责侧面声音的回放，而原先的后置音箱则可以更加专注于后方声音的回放，因此 7.1 音效系统可以做到四面都有音箱负责声音的回放，环绕效果进一步增强。但由于其成本较高，没有广泛普及。

图 4-6　5.1 音箱系统

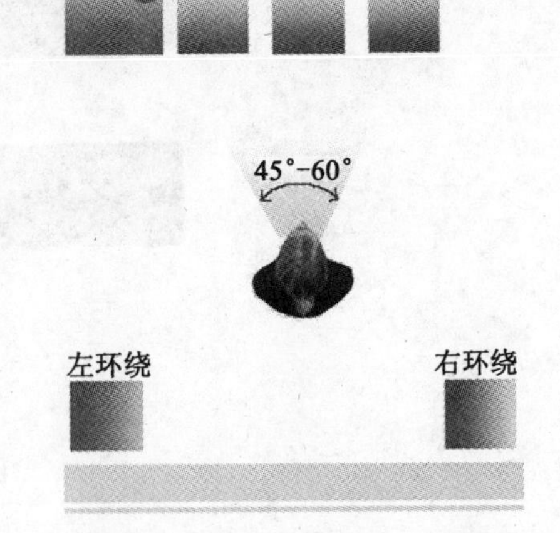

图 4-7　5.1 音效系统的摆放位置

需要注意的是，无论是 5.1 还是 7.1 音效系统，都需要考虑声卡是否支持的问题。现在绝大部分主流的独立声卡及主板集成声卡都已经能够支持 5.1 声道，但如果需要良好的 5.1 声道回放效果，还需要注意所选声卡的性能，构建良好的音效系统应尽量选择独立声卡。

2. 多媒体扩展设备

(1) 大容量移动磁盘存储器

目前，市场上几乎所有的 MPC 除了配置有光盘存储器系统外，还配有几十 GB 至几百 GB 的固定硬盘。此外，为了方便数据的传输和携带，还可使用移动存储设备，包括 USB 硬盘和 USB 闪存存储器，即移动硬盘和 U 盘。移动硬盘的容量可达几百 GB，而 U 盘的容量目前也已达几十 GB。它们直接与计算机上的 USB 接口连接，在 Windows 2000/XP 中不需要驱动程序，可像在普通硬盘上一样进行读写操作。

(2) 扫描仪

扫描仪是多媒体计算机系统中常用的外部输入设备，可以快速地将纸面上的图形、图像和文字输入到计算机中。它的工作原理是先将光线照射到扫描材料上，光线反射后由 CCD（Charge Couple Device，电荷耦合器件）接收并实现光电转换，再经过模数转换器将电压转换为代表每个像素色调或颜色的数字值，经由电路控制系统将数字信号输入计算机。

可从不同的角度对扫描仪进行分类，其中最常见的是按照基本构造分类，可将扫描仪分为手持式、立式、平面式、台式、胶片式和滚筒式等多种。也可按成像颜色分类，可将扫描仪分为灰度扫描仪和彩色扫描仪；按扫描工作原理分，可将扫描仪分为反射式扫描仪和透射式扫描仪两大类。

扫描仪的主要性能指标有：

- 扫描分辨率——表示扫描仪对图像细节的表现能力，单位为 DPI（Dot Per

Inch），即每英寸长度上扫描图像所含有像素点的个数。分辨率的大小直接决定了扫描图像的清晰程度，分辨率越高，扫描图像越清晰。

- 灰度值——灰度扫描仪支持的图像亮度层次范围。进行灰度扫描时，图像由纯黑到纯白整个色彩区域进行划分的级数。级数越多，图像层次越丰富。目前多数扫描仪的灰度值为256。
- 色彩度——彩色扫描仪支持的色彩范围，用像素的数据位表示。例如真彩色图像中每个像素点用24位表示，可以表示2^{24}即16M种颜色。色彩数越多扫描图像越鲜艳真实。
- 幅面——扫描图稿尺寸的幅面大小，常见的有A4、A3和A0幅面等。
- 扫描速度——在指定的分辨率和图像尺寸下的扫描时间。扫描速度与扫描分辨率、扫描颜色精度和扫描幅面有关，扫描分辨率越低，幅面越小，颜色越少，扫描速度则越快。因此，计算机的系统配置、扫描仪接口形式及扫描参数的设置都会影响扫描速度。

用扫描仪扫描印刷文本后，要利用OCR（Optical Character Recognition，光学字符识别）软件将原本为图像格式的文字识别并转换成可供编辑的文本格式的文字。一般的OCR软件都能识别宋体、仿宋体、黑体、楷体等中文印刷字体，准确率在90%以上。它的文字识别速度快，可以大大减少由键盘输入文字的操作时间。

（3）数码摄像头

数码摄像头是一种数字视频输入设备。它利用镜头采集图像，通过内部电路将图像直接转换成数字信号输入到计算机中。与传统模拟摄像头不同，它不需要视频卡进行模拟信号到数字信号的转换。目前，数码摄像头被广泛应用于视频会议、远程医疗及实时监控等方面，同时普通用户也可以通过摄像头在网络上进行有影像、有声音的交谈沟通。此外，人们还可以将其用于当前各种流行的数码影像及影音处理中。

数码摄像头的主要组成部件包括：

① 镜头

摄像头的镜头由几片透镜组成，按材料可分为塑料透镜、玻塑透镜和全玻透镜三种。全玻镜头形成的画面清晰、通透明亮，已成为主流。透镜越多，成本越高。目前较多摄像头都采用4片玻璃结构的镜头，有的附加一层虹膜增强滤光性，即常见的5G镜头。

② 图像传感器

图像传感器也称为感光芯片，是数码摄像头中的核心成像部件。常见的感光芯片有CCD（Charge Couple Device，电荷耦合器件）和CMOS（Complementary Metal Oxide Semiconductor，互补金属氧化物导体）两种。

CCD比较昂贵，成像像素高、清晰度高、色彩还原系数高，但由于目前网络宽带的限制，采用CCD会导致图像数据量太大而无法在网络间传送，所以，现在摄像头很少采用此类感光芯片。CMOS价格低、功耗低、响应速度快。在采用CMOS为感光元器件的产品中，通过采用影像光源自动增益补强技术，自动亮度、白平衡控制技术，色饱和度、对比度、边缘增强以及伽马矫正等先进的影像控制技术，完全可以达到与CCD

摄像头相媲美的效果，符合目前市场环境的需求，所以摄像头选用 CMOS 比较普遍。

③ 核心 IC 控制芯片

主控芯片即 DSP（Digital Signal Processing，数字信号处理器），其作用类似计算机中的 CPU。它的主要功能是将感光芯片获取的信号转换为视频图像，同时对图像进行压缩、传送与恢复，并及时刷新感光芯片。一个好的主控芯片可以产生很流畅的画面，并且占用 CPU 资源很少。

数码摄像头的主要性能指标有：

- 像素数——数码摄像头的主要指标之一。像素数是由摄像头中感光芯片所含的光敏单元数量决定的，光敏单元越多，摄像头捕捉到的图像信息就越多，图像分辨率也就越高，相应的屏幕图像就越清晰。但在实际应用中，由于传输带宽有限，高像素意味着大数据量，因此会造成低速度。
- 颜色深度——反映摄像头对色彩的识别能力和成像的色彩表现能力，目前市场上的数码摄像头的颜色深度均已达 24 位真彩色，有的甚至达 32 位真彩色。
- 视频捕获速度：又称帧速，表示在一秒钟时间内传输图像的数目，单位为帧/秒（fps）。帧速越高，代表播放越流畅。如果视频播放速度达到 30fps，由于人眼的视觉暂留现象，便会看到流畅的视频画面。但当图像分辨率增加时，由于网络带宽的限制，视频捕获速度会急速下降，产生所谓的“跳帧”现象。

（4）数码照相机

数码照相机（Digital Camera，DC）是目前最流行的数字成像设备，在制作多媒体产品时，数码照相机可以方便地摄取数字图像供加工和使用。

数码照相机主要由镜头、感光芯片、A/D（模数转换器）、MPU（微处理器）、内置存储器、LCD（液晶）显示屏、数码接口和电源等部件构成，其基本结构和工作原理如图 4-8 所示。

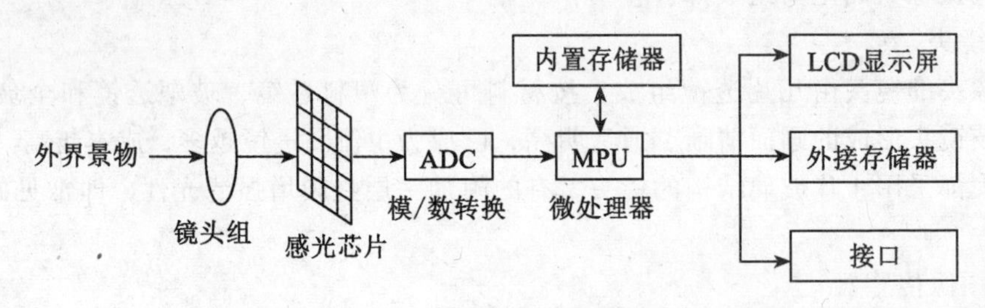

图 4-8　数码照相机的结构

当用户按下快门时，镜头将光线汇聚到感光芯片上。和数码摄像头类似，数码照相机的感光芯片也有 CCD 和 CMOS 之分，其功能都是把光信号转变为电信号。获得了对应于拍摄景物的电子图像后，再通过 ADC（模数转换器）器件将此模拟信号转换为数字信号，传输给 MPU（微处理器），它对数字信号进行压缩并转化为特定的图像格式，例如 JPEG 格式。最后，压缩后的数字图像文件被存储在内置存储器中。至此，用户就可以通过 LCD 显示屏查看已存储的照片了。此外，数码照相机还提供了连接到计算机和电视机的接口，用户可以通过计算机的显示屏或电视屏幕看到存储的照片。

4.1.5　多媒体软件系统

多媒体计算机软件系统的组成及相互关系如图 4-9 所示。

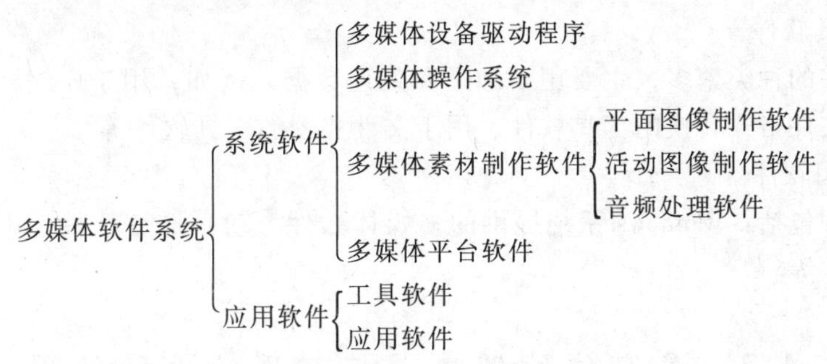

图 4-9　多媒体计算机软件系统的组成及相互关系

（1）多媒体设备驱动程序

多媒体设备驱动程序是为了使 MPC 硬件设备正常运行必不可少的基础软件。在启动操作系统时，多媒体设备驱动程序把设备的状态、型号、工作模式等信息提供给操作系统，并驻留在内存储器，供系统使用。

（2）多媒体操作系统

多媒体操作系统是指除具有一般操作系统的功能外，还具有多媒体底层扩充模块，支持高层多媒体信息的采集、编辑、播放和传输等处理功能的系统。它是多媒体的核心系统，负责管理系统中的各种资源，提高资源的可用性和利用率，为用户提供与系统交互的人机界面。多媒体操作系统具有实时任务调度、多媒体数据转换和同步控制、对多媒体设备的驱动和控制以及图形用户界面管理等功能。

多媒体操作系统一般有两种形式：一是使用专门设计的操作系统以支持多媒体功能，如 Amiga 多媒体计算机系统的 Amiga、CD-I 光盘实时操作系统的 CD-RTOS；二是在原有操作系统的基础上扩充一个支持音频/视频处理的多媒体模块和各种服务工具，如 DVI 多媒体软件开发平台 AVSS 就是建立在 MS-DOS 基础上的。

（3）多媒体素材制作软件

多媒体产品的制作需要大量多媒体素材，而这些素材的制作主要依靠素材制作软件。常见的素材制作软件分 3 大类：

- 平面图像处理软件：专门用于平面图像的获取、处理、格式转换和输出。
- 活动图像处理软件：主要对二维或三维动画及视频影像进行创作、剪辑整理及后期合成等。
- 音频处理软件：主要作用是对音频数字化，并对数字音频进行编辑、合成、声音还原及添加特效等。

由于素材制作软件各自的局限性，在制作和处理较复杂的素材时，常需要使用几个软件相互配合来完成。

（4）多媒体平台软件

多媒体平台软件是一种大型的软件系统，用于将制作好的多媒体素材进行组合与处理，并提供操作界面的生成、添加交互控制、输入输出控制及数据管理等功能。多媒体平台软件可以是用于多媒体素材连接的专用软件如 PowerPoint、Authorware、Director 等，也可以是附带多媒体控制功能的高级算法语言如 Visual Basic、Visual C++等。

（5）工具软件

工具软件的种类繁多，主要用于加工和处理数据。例如，用于压缩/解压缩数据的软件、用于文件格式转换的工具软件、用于文件加密的工具软件等。

（6）应用软件

应用软件包括：Windows 系统提供的多媒体软件、动画播放软件、声音播放软件、光盘刻录软件等。

4.2　多媒体处理技术与常用软件的使用

4.2.1　多媒体信息压缩技术

在多媒体计算机系统中，计算机所面临的不再是简单的数值，而是数值、文字、图形、图像、视频、音频等多种媒体元素，并且要将它们数字化、存储和传输，其数据量非常庞大，如果不对其进行有效压缩就难以得到实际应用。因此，数据压缩技术已成为当今数字通信、广播、存储和多媒体娱乐中的一项关键的共性技术。

1. 数据压缩概述

数据压缩是指在不丢失信息的前提下，按照一定的算法缩减数据量或对数据进行重新组织，以减少存储空间，提高数据的传输、存储和处理效率的一种技术方法。

压缩的理论基础是信息论。从信息的角度看，压缩就是去除信息中的冗余，即去除确定的或可推知的信息，而保留不确定的信息，即用一种更接近信息本质的描述来代替原有含冗余的描述，这个本质的东西就是信息量。图像、音频、视频等多媒体信息本身存在许多数据冗余。例如，一幅图像中的静止背景、蓝天和绿地，其中许多像素信息是相同的，若逐点存储则会浪费许多空间，这称为空间冗余。又如，在电视和动画的相邻序列中，只有运动物体有少许变化，仅存储差异部分即可，这称为时间冗余。此外还有结构冗余、视觉冗余等。根据信息论，各种冗余为数据压缩提供了条件。

数据压缩处理包括数据的压缩和解压缩过程。压缩是一个编码过程，即将原始数据经过编码进行压缩，以便存储与传输；解压缩是一个解码过程，即对编码数据进行解码，还原为可以使用的数据。

评价一个压缩方法的优劣可从以下三个方面综合考虑：

- 压缩比——多媒体数据压缩前和压缩后的比例。
- 压缩/解压缩速度——对信息的编码或解码的快慢程度。在许多应用中，压缩和解压可能在不同位置、不同系统中。所以，压缩/解压速度需要分别估计。静态图像对于压缩速度的要求没有对解压速度的要求严格，而动态图像对压缩和解压缩速度都有要求。

- 压缩质量——经过压缩后使用者对媒体的感知效果。压缩质量的好坏与压缩算法、数据内容和压缩比有密切关系。

2. 数据压缩方法分类

从不同的角度可对数据压缩方法进行不同的分类，常见的是根据压缩前后数据是否一致来分，可将数据压缩方法分为无损压缩和有损压缩两类。

(1) 无损压缩是指使用压缩后的数据进行解压缩，解压后的数据与原来的数据完全相同。这是一种可逆压缩，其原理是在压缩时去除或减少冗余值，而在解压缩时重新将这些值插入到数据中，恢复原始数据。无损压缩用于要求重构的信号与原始信号完全一致的场合，一个常见例子是磁盘文件的压缩。

这种压缩方法的特点是压缩比较小，在 2∶1~5∶1 之间，一般用于文本、数据的压缩。典型的编码方法有 LZW 编码、哈夫曼（Huffman）编码、算术编码、游程编码等。

(2) 有损压缩是指使用压缩后的数据进行解压缩，解压后的数据与原来的数据有所不同，但不会使人对原始资料表达的信息造成误解。用有损压缩方法压缩的数据，其解码数据与原始数据有一定误差，即压缩是有损和有失真的，是一种不可逆压缩，其中被压缩掉的信息是不易被人耳或人眼察觉到的。

有损压缩的压缩比可达几十至几百，适用于重构信号不一定非要和原始信号完全相同的场合。例如，图像和声音的压缩可以采用有损压缩，因为其中包含的数据往往多于我们的视觉系统和听觉系统所能接收的信息，丢掉一些数据不至于使我们对声音或者图像所表达的意思产生误解，但可大大提高压缩比。

常用的有损压缩方法有 PCM（脉冲编码调制）、预测编码、变换编码（主要是离散余弦变换编码）、插值和外推法、子带编码、小波编码等。

3. 音频压缩标准

音频信号分成电话质量的语音，调幅广播质量的音频信号和高保真立体声信号（如调频广播信号、激光唱盘信号等）。针对不同的音频信号，国际电信联盟 ITU-T 小组制定了不同的音频压缩标准。

(1) 用于电话质量的语音压缩标准 G. 711 ~ G. 728

电话质量的语音信号，频率范围为 300Hz ~ 3. 4kHz，采样频率为 8kHz，量化位数为 8 位时，所对应的速率为 64kb/s。针对这种音频数据，国际上从最初 ITU-TS 的 G. 711 标准开始，制定了 G. 721、G. 723 及 G. 728 等一系列语音压缩编码标准。这些压缩标准充分利用了线性预测技术、矢量量化技术和综合分析技术，多用于数字电话通信。

(2) 用于调幅广播质量的音频压缩标准 G. 722

调幅广播质量的音频信号，频率范围为 50kHz ~ 7kHz，当使用 16kHz 的采样频率和 14 位的量化位数时，信号速率为 224kb/s。1988 年 CCITT 为调幅广播质量的音频信号压缩制定了 G. 722 标准，它使用子带编码（SBC）方案，将现有的带宽分成两个独立的子带信道，这样其滤波器组即可将输入信号分成高低两个子带信号，然后分别使用

ADPCM 进行编码，最后进入混合器形成输出码流。G.722 能将 224kb/s 的调幅广播质量的音频信号压缩为 64kb/s，主要用于优质语音、音乐、视听多媒体和视频会议等。

(3) 用于高保真立体声的音频压缩标准 MPEG Audio

高保真立体声音频信号的频率范围是 50Hz ~ 20kHz，在 44.1kHz 采样频率下用 16 位量化，信号速率为每声道 705kb/s。目前国际上比较成熟的高保真立体声音频压缩标准为 MPEG 音频。MPEG 是由音频和视频两部分组成的，可以分别进行压缩。

其中的 MPEG 音频又分为 MPEG Layer 1、MPEG Layer 2 和 MPEG Layer 3 三个层次。其中，MPEG Layer 1 的压缩比是 4 : 1；MPEG Layer 2 提供位分配、缩放因子和采样的附加编码，使用了不同的帧格式，压缩比为 6 : 1 ~ 8 : 1；MPEG Layer 3 采用混合带通滤波器提高频率分辨率，增加差值非均匀量化、自适应分段和量化值的熵编码，压缩比可达 10 : 1 ~ 12 : 1。

在这三种 MPEG 音频编码模式中，MPEG Layer 3（简称 MP3）功能最强大，应用最为广泛，具有文件小、音质佳的特点。虽然它对音频信号采用有损压缩方式，但它却以极小的失真度换来了较高的压缩比。在编码过程中，为了降低声音失真度，MP3 采用了“感官编码技术”，即编码时先对音频文件进行频谱分析，然后用过滤器滤掉噪声电平，通过量化将其余排列打散，最后形成较高压缩比的 MP3 文件，并使压缩后的文件在回放时能够达到比较接近原始音乐信号的声音效果。

随着新技术不断推出，MP3 编码技术也在不断改良和完善，目前 MP3 已成为 Internet 上的事实标准，得到了越来越广泛的应用，并不断涌现出 MP3 编解码软件和硬件设备。

4. 静止图像压缩标准

(1) 传统 JPEG 压缩标准

JPEG（Joint Photographic Coding Experts Group）是联合专家组的简称，由国际标准化组织 ISO 和国际电报电话咨询委员会 CCITT 于 1986 年底组织成立，负责制定一种用于连续色调（黑白或真彩色）静止图像压缩编码的通用算法国际标准。经过几年研究，该联合组织于 1991 年 3 月公布了以其所提出的算法标准为基础的国际标准草案 ISO/IEC CD10918-1，通常简称为 JPEG 标准或 JPEG 算法。

JPEG 是一个适用范围很广的静态图像数据压缩标准，适用于黑白及彩色照片、彩色传真和印刷图片，可以支持很高的图像分辨率和量化精度，特别适合于不太复杂或一般取自真实景象的图像压缩。JPEG 专家组开发了两种基本的压缩算法，一种是采用以离散余弦变换（DCT）为基础的有损压缩算法；另一种是采用以预测技术为基础的无损压缩算法。在使用有损压缩算法时，它利用人的视觉系统特性，去掉视觉冗余信息和数据本身的冗余信息。在压缩比为 25 : 1 的情况下，压缩后还原得到的图像与原始图像相比较，非图像专家很难找到它们之间的区别。因此，JPEG 的应用非常广泛。

(2) JPEG 2000 简介

近年来，随着多媒体技术的进一步发展，传统的 JPEG 压缩技术已无法满足人们对数字化多媒体图像资料的要求，人们希望图像压缩具有更高的压缩比和更多新功能。为了改进 JPEG 压缩技术的一些不足之处，从 1998 年开始，专家们开始制定下一代 JPEG

标准。直到2000年3月才最终确定了彩色静态图像的新一代编码方式“JPEG 2000”编码算法的最终协议草案（正式名称为ISO 15444），其主要内容包括6部分：

- JPEG 2000图像编码系统（核心部分）；
- 应用扩展（在核心上扩展更多特性）；
- 运动JPEG 2000；
- 兼容性（即包容性与继承性）；
- 参考软件（目前主要为JAVA与C程序）；
- 复合图像文件格式。

JPEG 2000由于其算法方面的改进，较之现有的JPEG标准有了很大的技术飞跃。它放弃了JPEG所采用的以离散余弦变换（DCT）算法为主的区块编码方式，改用以离散小波变换（DWT）算法为主的多解析编码方式。此外，JPEG 2000还将彩色静态画面采用的JPEG编码方式、二值图像采用的JBIG（Joint Binary Image Group）编码方式及压缩率采用JPEGLS统一起来，成为对各种图像的通用编码方式。

JPEG2000作为一种新型图像编码系统，它的压缩优越性与其先进的编码技术密切相关，与JPEG编码技术相比，JPEG 2000的优势主要表现在以下六个方面：

- 高压缩比。由于采用了离散小波变换算法，在具有与传统JPEG类似质量的前提下，JPEG 2000的压缩比比传统JPEG高20%～40%，而压缩后的图像质量更高。
- 既支持有损压缩，也支持无损压缩。JPEG只能做到有损压缩，压缩后数据不能还原。而JPEG2000由于将预测法作为对图像进行无损编码的成熟方法集成进来，因此能实现无损压缩。这样，当需要保存一些非常重要或需要保留详细细节的图像时，则无需进行图像格式转换，使用方便。此外，JPEG 2000的误差稳定性较好，能更好地保证图像质量。
- 支持渐进传输，这是JPEG 2000的重要特征之一。所谓渐进传输就是先传输图像轮廓数据，再逐步传输其他数据，不断提高图像质量。这样，图像就由模糊到清晰逐步显示出来，从而节约并充分利用了有限的带宽。而传统的JPEG只能是从上到下逐行显示。
- 感兴趣区域压缩。JPEG 2000定义了感兴趣区域（ROI，Region of Interest），可以指定图片上感兴趣的区域，在压缩时对这些区域指定压缩质量，或在恢复时指定某些区域的解压缩要求，这在压缩图像尺寸方面起到了很大作用。
- 颜色处理方面。与JPEG相比，JPEG 2000可以处理多达256个通道的信息，而JPEG仅局限于RGB数据。
- 能使基于Web方式的多用途图像简单化。由于JPEG2000图像文件在它从服务器下载到用户的Web页面时，能平滑地提供一定数量的分辨率基准，这使得Web设计师处理图像变得简单。例如一些提供图片欣赏的站点，在页面上用缩略图代替较大图像。浏览者点击缩略图则可观看较大图像。使用传统JPEG设计这类网页时，缩略图与它链接的图像不是同一图像，需要另外制作与存储。使用JPEG2000则只需一个图像即可，用户可以自由地缩放、平移、剪切该图像从而得到所需要的分辨率与细节。

5. 视频压缩标准

视频压缩的目标是在尽可能保证视觉效果的前提下减少视频数据率，它是计算机处理视频的前提。目前视频流传输中最为重要的编解码标准有国际电信联盟 ITU 的 H. 26x 系列标准和国际标准化组织运动图像专家组的 MPEG 系列标准。

MPEG 是运动图像专家组（Moving Picture Experts Group）的缩写，由 ISO 和 CCITT 于 1998 年联合制定，是一个用于数字存储媒介中活动图像及其伴音编码的通用国际标准。

MPEG 标准包括 4 个部分：

- MPEG 视频标准——主要描述视频数据压缩到 1. 5Mb/s 的编解码算法；
- MPEG 音频——主要描述音频数据的编解码算法；
- MPEG 系统——主要描述视频和音频同步及多路复用，并且规定了系统的编解层；
- MPEG 测试与验证——说明如何测试比特数据流和解码器是否满足前 3 个部分中所规定的要求，这些测试可由厂商和用户实施。

在图像质量基本不变的情况下，MPEG 的压缩比为 50∶1，在人眼可观察到图像质量下降的情况下，压缩比可达 200∶1。

MPEG 组织制定的各个标准都有不同的目标和应用，目前已提出的 MPEG 标准有：

- MPEG-1，1992 年正式发布的数字电视标准。它用于速率约在 1. 5Mb/s 以下的数字存储媒体，主要用于多媒体存储与再现，如 VCD。MPEG-1 的主要任务是将视频信号及其伴音以可接收和重建的质量压缩到 1. 5Mb/s 的码率，并复合成单一的 MPEG 位流，同时保证视频和音频的同步；
- MPEG-2，这是继 MPEG-1 之后制定的又一视频压缩标准，被称为“21 世纪的电视标准”，它在 MPEG-1 的基础上作了许多重要的扩展和改进，但基本算法和MPEG-1 相同。它适用于更广的领域，主要包括数字存储媒体、广播电视和通信。MPEG-2 适于高于 2Mb/s 的视频压缩，它克服并解决了 MPEG-1 标准不能满足的多媒体技术、数字电视技术和传输速率等方面的技术缺陷。MPEG-2 标准的压缩编码系统是将视频和音频编码算法结合起来开发的。其中 MPEG-2 视频可支持交叠图像序列，支持可调节性编码，并具有很多其他先进性，因而取得更好的压缩效率和图像质量；MPEG-2 音频向后与 MPEG-1 音频兼容，并且支持 5. 1 或 7. 1 通道的环绕立体声；
- MPEG-3，于 1992 年合并到高清晰度电视（HDTV）工作组；
- MPEG-4，是 1999 年发布的多媒体应用标准。它与 MPEG-1 和 MPEG-2 有很大不同，定义的是一种格式、框架，而不是算法，目标是极低码率的音频/视频压缩编码。MPEG-4 具有高速压缩，基于内容交互和基于内容分级扩展等特点。由于 MPGE-4 适合在低数据传输速率的场合下应用，所以主要应用于公用电话交换网、可视电话、电子邮件和电子报纸等领域；
- MPEG-7，正式名称为多媒体内容描述接口，它是由 MPEG 工作组制定的专门支持多媒体信息基于内容检索的编码方案，它将为各种类型的多媒体信息规定一种标准化描述。这种描述与多媒体信息的内容一起，支持对用户感兴趣的图形、图像、3D 模型、视频、音频等信息及其组合的快速有效查询，满足实时或非实时的应用需求。MPEG-7 的应用领域很广，包括数字图书馆、多媒体目录服务、图像分析、教育、个人电子新闻服务、多媒体编辑及多媒体业务引导等。

6. 常用压缩软件 WinRAR

WinRAR 是一个功能强大的压缩包管理器，它是档案工具 RAR 在 Windows 环境下的图形界面软件。该软件可用于备份数据、缩减电子邮件附件的大小、解压缩从 Internet 上下载的 RAR、ZIP 及其他压缩文件，并且可以新建 RAR 及 ZIP 格式的文件。它是目前网络上非常通用的压缩软件，界面友好，使用方便，在压缩率和压缩速度方面都表现不俗。

它可以在 Windows 9x 及以上版本的系统环境下运行，其操作界面如图 4-10 所示。

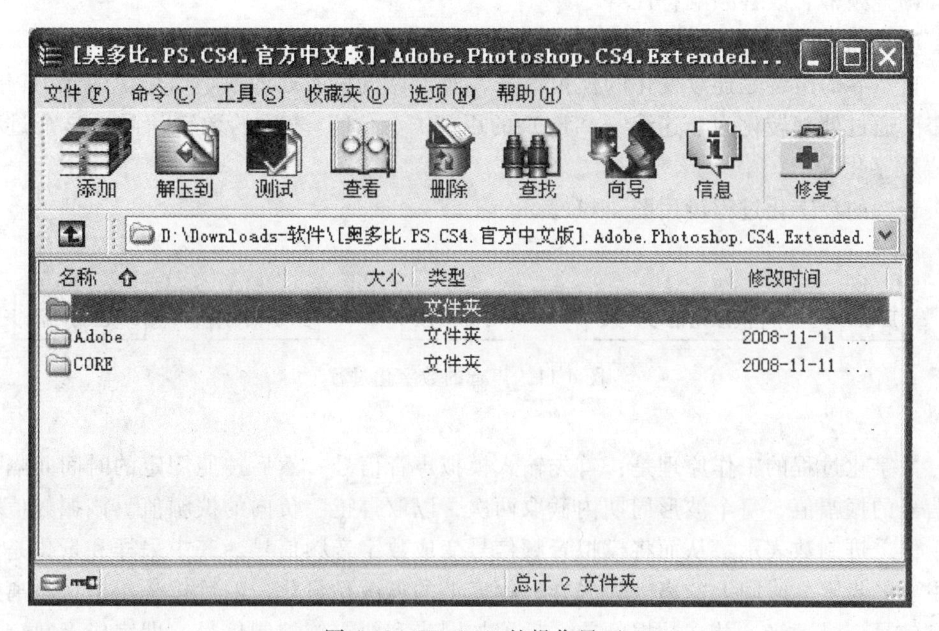

图 4-10　WinRAR 的操作界面

WinRAR 功能强大，其内置程序可以解开多种类型的档案文件、镜像文件和 TAR 组合型文件。该软件的主要功能和特点是：

- 采用独创的压缩算法。这使得该软件比其他同类 PC 压缩工具拥有更高的压缩比，尤其是针对可执行文件、对象链接库、大型文本文件等。针对多媒体数据，它还提供了经过高度优化后的可选压缩算法从而大大提高了压缩率，并且其压缩算法属于无损压缩。

- 完全支持 RAR 及 ZIP 压缩包，并支持 CAB、ARJ、LZH、TAR、GZ、ACE、UUE、BZ2、JAR、ISO、Z、7Z 等多种格式的解压缩，而且无需外挂程序就可直接建立 ZIP 格式压缩文件。

- 可建立多种全中文界面的全功能多卷自解包，并可加密码进行保护。

- 强大的压缩文件修复功能。可最大限度地恢复损坏的 RAR 和 ZIP 压缩文件中的数据，如果设置了恢复记录，甚至可能完全恢复。
- 支持 NTFS 文件安全及数据流。
- 仍然支持类似 DOS 版本的命令行模式。
- 提供了创建“固实”压缩包的功能，与常规压缩方式相比，压缩率提高了 10% ~50%，尤其在压缩小文件时更为显著。

4.2.2 数字音频编辑

在多媒体产品中，声音是必不可少的对象。处理声音时首先需要把声音数字化，然后才能使用音频编辑软件对数字音频进行处理，包括剪辑、合成、制作特效、增加混响、调整频率、改善频响特性等。

1. 声音数字化过程

自然界的声音是连续变化的模拟信号，而计算机只能处理数字信号，因此，声音信号需要通过处理转化为非连续（离散）的用“0”、“1”表示的数字信号，这个过程称为“数字化”。

音频的数字化过程可用图 4-11 表示。

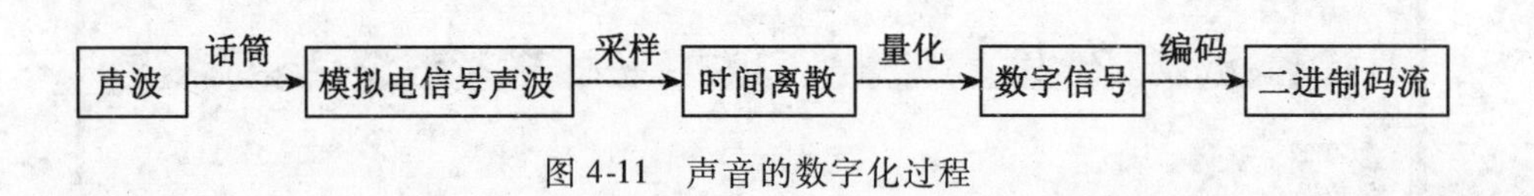

图 4-11　声音的数字化过程

数字化过程的工作原理是：首先输入模拟声音信号，然后按照固定的时间间隔截取该信号的振幅值，每个波形周期内截取两次，以取得正、负向的振幅值。该振幅值采用若干位二进制数表示，从而将模拟音频信号变成数字音频信号。其中采样和量化是两个最主要的步骤。时间上的离散为采样，幅度上的离散是量化。随后按一定格式将离散的数字信号记录下来，并在数据的前、后附加同步和纠错等控制信号，即完成了数字化过程。

（1）采样

采样是每隔一段相同的时间间隔在模拟音频的波形上采取一个幅度值，将读取的时间和波形的振幅记录下来。每次采样所获得的数据称为采样样本，它们与采样时间点的声波信号相对应。将一连串采样样本连接起来，就可以描述一段声波了。其中，每秒钟对声波采样的次数称为采样频率。对于每个样本，系统会分配一定的储存位数来表达声波的振幅状态，称为采样精度。

（2）量化

量化过程是把整个振幅划分为有限个小幅度，每个有限的小幅度赋予相同的一个量化值（振幅状态），用于表示采样精度可描述的振幅状态数量。量化的方法大致可以分成两类：均匀量化和非均匀量化。

均匀量化是指采用相等的量化间隔来度量采样得到的幅度。这种方法对于输入信号不论大小一律采用相同的量化间隔，其优点在于获得的音频品质较高，而其缺点在于音频文件容量较大。

非均匀量化是对输入的信号采用不同的量化间隔进行量化。对于小信号采用小量化间隔，对于大信号采用大量化间隔。虽然非均匀量化后文件容量相对较小，但对于大信号的量化误差较大。

(3) 衡量数字音频质量的参数

① 采样频率

采样频率指每秒钟抽取声波幅度样本的次数，单位为 Hz（赫兹）。例如，CD 音频通常采用 44.1kHz 的采样频率，即每秒钟在声波曲线上采集 44100 个样本。傅立叶定理表明，在单位时间内的采样点越多，录制的声音越接近原声。因此，采样频率越高，数字音频就越接近原声波曲线，失真越小。当然，高采样率也意味着存储音频的数据量越大。

采样频率的高低是根据奈奎斯特（Nyquist）定理和声音信号本身的最高频率决定的。奈奎斯特采样定理指出：采样频率不应低于原始声音最高频率的 2 倍，这样才能把数字声音还原。针对不同的声源和音质需求，通常使用的采样频率包括：11.025kHz（一般语音），22.05kHz（高品质语音或一般质量的音乐），44.1kHz（高品质音乐如 CD 音频）。

② 量化位数

量化位数描述声音波形的数据占多少位，单位为位（bit），如 8bit、16bit 和 24bit 等。量化位数决定了音乐的动态范围。16bit 量化级指记录声音的数据采用 16 位二进制数。通常将数字声音的质量描述为 24bit（量化级）、48kHz（采样频率），比如标准的 CD 音质为 16bit、44.1kHz。

③ 声道数

声道数指所使用的声音通道个数，它表明声音记录只产生一个波形（单声道）还是两个波形（双声道）。

数字音频文件是有大小的，如一个 MP3 文件的大小通常在 4～7MB 之间。计算音频文件大小的公式如下：

文件每秒存储量（字节）= 采样频率（Hz）×采样精度×（位）声道数/8

如，一张标准数字唱盘（CD-DA 红皮书标准）的标准采样频率为 44.1kHz、量化位数为 16bit，可以计算出每秒钟 WAVE 文件大小 = 44100×16×2/8 = 176400Bytes ≈ 168.2KB。那么一首 5 分钟的 CD 音频歌曲，其大小大约为 0.1682×60×5 = 50.468MB，因而一张 650MB 的 CD 光盘通常只存 10～14 首歌曲。

2. 声音文件格式

数字音频是模拟声音通过采样、量化和编码的过程得到的。不同的编码方式生成不同的数字音频文件格式。常用的音频文件格式有：WAV 文件、MP3 文件、WMA 文件、MIDI 文件、RA 文件等。

(1) WAV 文件

WAV 格式是微软公司开发的一种声音文件格式，也称波形文件，是最早的数字音频格式，被 Windows 平台及其应用程序广泛支持，它支持多种采样频率、量化位数和声道。与 CD 格式一样，标准 WAV 文件的采样频率也是 44.1kHz，量化位数为 16 位。由于 WAV 格式的声音文件没有使用压缩算法，声音层次丰富，还原性好，音质和 CD 相差无几，是目前 PC 机上广为使用的声音文件格式，几乎所有的音频编辑软件都可以处理 WAV 格式。

由于 WAV 文件由采样数据组成，数据量较大，不适合长时间记录，必须采用适当的方法对其进行压缩处理。

（2）MP3 文件

MP3 格式诞生于 20 世纪 80 年代的德国，全称是 MPEG-1 Audio Layer 3，于 1992 年合并至 MPEG 规范中。MP3 能够以高音质、低采样率对数字音频文件进行压缩，压缩率高达 10∶1 ~12∶1，相同长度的音乐文件，用 MP3 格式来存储，文件大小一般只有 WAV 文件的 1/10。由于其文件尺寸小，音质好，使得 MP3 格式的文件成为如今流行的音频文件格式之一。由于采用有损压缩，MP3 的音质略次于 CD 格式或 WAV 格式的声音文件。

MP3 Pro 是 MP3 的改进算法，由瑞典 Coding 科技公司开发，它采用变压缩的方式，对声音中的低频部分采用较高的压缩比，对高频部分采用较低的压缩比，改变了传统 MP3 文件高音损耗严重的缺陷，并能在低达 64kbps 的比特率下仍然提供近似 CD 的音质。MP3 Pro 格式与 MP3 格式兼容，因此其文件类型也是 MP3。MP3 Pro 播放器可以支持播放 MP3 Pro 或者 MP3 编码的文件，普通的 MP3 播放器也可支持播放 MP3 Pro 编码的文件，但只能播放出 MP3 的音质。

（3）WMA 文件

WMA（Windows Media Audio）文件是微软在互联网音频领域的力作，它以减少数据流量但保持音质的方法来达到更高的压缩率，压缩率一般可达 18∶1。WMA 文件可以在保证只有 MP3 文件一半大小的前提下，保持相同音质。现在的多数 MP3 播放器都支持 WMA 文件。

（4）RealAudio

RealAudio 是由 Real Networks 公司推出的一种音频文件格式，主要适用于网络在线音乐欣赏，最大特点是可以实时传输音频信息，尤其在网速较慢的情况下，仍可较为流畅地传送数据。现在 Real 的文件格式主要有：RA（RealAudio）、RM（RealMedia，RealAudio G2）、RMX（RealAudio Secured）三种。这些格式的共同点在于可随网络带宽的不同而改变音质，在保证大多数人听到流畅声音的前提下，令带宽较富裕的听众获得较好的音质。

（5）MIDI 文件

MIDI 是 Music Instrument Digital Interface 的缩写，即数字化乐器接口，是数字音乐/电子合成乐器的统一国际标准。该格式文件本身并不记载声音波形数据，而是将声音特征用数字指令的形式记录下来。在演奏 MIDI 乐器或进行重放时，将这些指令发送给声卡，由声卡按照指令将声音合成出来。MIDI 音频的特点是数据量小，适合用于对资源占用要求苛刻的场合，在多媒体光盘和游戏制作中应用较广泛。

（6）MP4文件

MP4是由美国网络技术公司（GMO）及RIAA联合公布的一种新的音乐格式，其音频压缩中的关键技术采用美国电话电报公司（AT&T）研发的“知觉编码”方法。由于该编码技术有版权保护，只有特定用户可以播放，因此有效保证了音乐版权的合法性。MP4的压缩比达到15∶1，体积较MP3更小，但音质却没有下降。

3. 常用音频编辑软件

声音处理软件是一类专门对音频进行混音、录制、合成、音量增益、高潮截取、男女变声、节奏快慢调节、声音淡入淡出处理等操作的多媒体音频处理软件。声音处理软件的主要作用是实现音频的二次编辑，从而达到改变音乐风格和多音频混合加工的目的。

常用的音频编辑软件有：

（1）Windows录音机

“录音机”是Windows系统自带的小程序，位于“开始/程序/附件/娱乐/”菜单中。它可以使用户不需要动用高级录音设备，也不需要安装专门的音频处理软件就能实现对声音的简单录制和编辑。“录音机”的界面如图4-12所示。

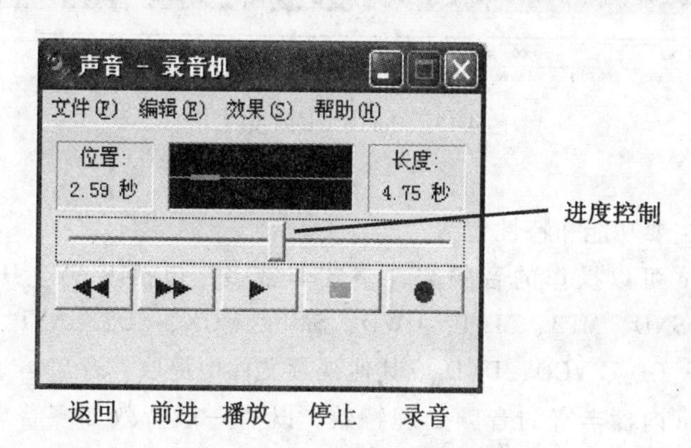

图4-12　Windows录音机界面

在录音之前，应做好准备工作。把话筒插入声卡的“MIC”插孔内，注意不要和“LINE IN”插孔混淆。录音时，单击录音机上的“录音”按钮，开始录音。一分钟后，录音自动停止。声音录制完毕，选择“文件/另存为”菜单，输入文件名，单击“保存”按钮，数字化录音则以WAV格式保存起来。

“录音机”软件有两个特点：一是自动录制时间只有一分钟，二是形成的声音文件只有WAV格式。虽然它的录音功能简单，但其采样频率转换功能很强。

除了简单的录音功能外，录音机还可以对声音进行简单的编辑操作，如声音属性的转换、添加加速、减速、回音、混响等简单特效、将多个声音混合到一个声音文件、将一个声音文件插入到另一个声音文件中等。

（2）GoldWave

GoldWave是一个集声音播放，录制，编辑和格式转换于一体的音频工具，它具有相当丰富的声音编辑功能，体积小巧，操作简单，功能齐全，它的主界面如图 4-13 所示。

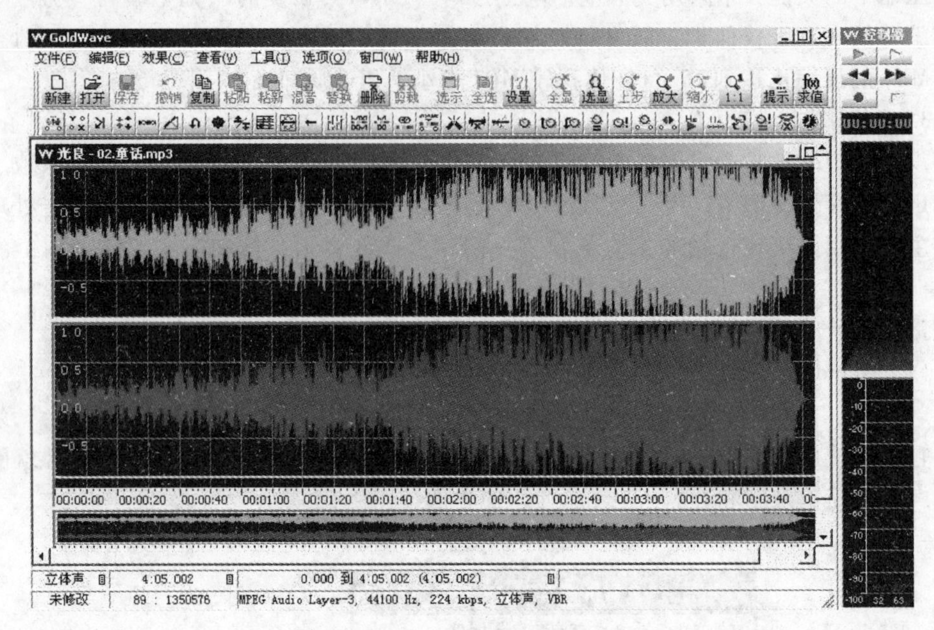

图 4-13　GoldWave 的主界面

GoldWave 的主要功能和特性包括：

- GoldWave 可以操作的音频文件格式非常多，包括 WAV、OGG、VOC、IFF、AIF、AFC、AU、SND、MP3、MAT、DWD、SMP、VOX、SDS、AVI、MOV、APE 等，并且用户还可以从 CD 、VCD、DVD 或其他视频文件中提取声音。
- GoldWave 内含丰富的音频处理特效，既有一般特效如多普勒、回声、混响、降噪，也有高级的表达式求值程序，在理论上通过公式计算可以制造任意需要的声音，支持从简单的声调到复杂的过滤器。内置的表达式有电话拨号音的声调、波形和效果等。
- GoldWave 的多文档界面允许同时打开多个文件，简化了文件之间的操作。
- 在编辑较长的音乐时，GoldWave 会自动使用硬盘，而编辑较短的音乐时，GoldWave 则会在速度较快的内存中编辑。
- GoldWave 的批转换命令可以把一组声音文件转换为不同的格式和类型。该功能可以转换立体声为单声道，转换 8 位声音为 16 位声音，或者是文件类型支持的任意属性的组合。如果安装了 MPEG 多媒体数字信号编解码器，还可以把原有的声音文件压缩为 MP3 格式，在保持高音质的前提下使声音文件的尺寸缩小为原尺寸的十分之一左右。
- GoldWave 可以不同的采样频率录制声音，录音时间不受限制。声源可以是 CD-ROM 播放的 CD 音乐，可以是通过音频电缆输入的录音机信号，也可以是通过麦克风直接进行的现场录音。

(3) Adobe Audition

Adobe Audition 原名为 Cool Edit Pro，为 Syntrillum 出品的多音轨声音编辑软件，支持 128 条音轨、多种音频特效、多种音频格式，可以很方便地对音频文件进行修改与合并。被 Adobe 公司收购后更名为 Adobe Audition。目前最新版本为 Adobe Audition 3，其启动界面如图 4-14 所示。

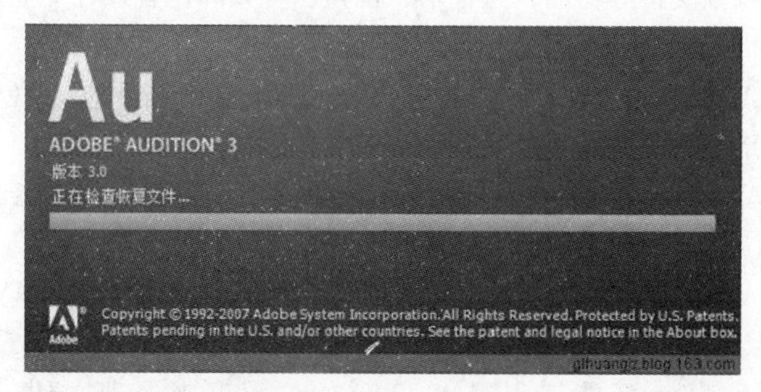

图 4-14　Adobe Audition 3

Adobe Audition 是专为在录像室、广播设备和后期制作设备中工作的音视频专业人员设计的一个专业音频编辑混合工具，它的主界面如图 4-15 所示。

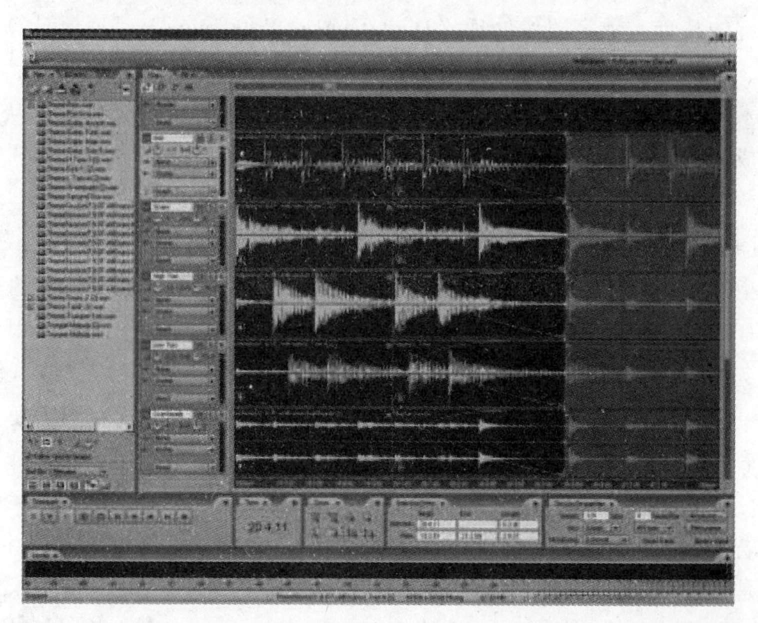

图 4-15　Adobe Audition 的主界面

Adobe Audition 可提供先进的音频混合、编辑、控制和效果处理功能，其主要功能和特性包括：

● Adobe Audition 可混合多达 128 个声道，可编辑单个音频文件，创建回路并可使用 45 种以上的数字信号处理效果。

● Adobe Audition 提供一个完善的多声道录音室，工作流程灵活且使用简便。无论是录制音乐、无线电广播，还是为录像配音，其录音工具均可创造出高质量且丰富细腻的音响效果。

● Adobe Audition 拥有集成的多音轨和编辑视图、实时特效、环绕支持、分析工具、恢复特性和视频支持等功能，为音乐、视频、音频和声音设计专业人员提供全面集成的音频编辑和混音解决方案。

● Adobe Audition 内含灵活的循环工具和数千个高质量、免除专利使用费（royalty-free）的音乐循环，有助于音乐跟踪和音乐创作。

● Adobe Audition 提供了直观的、客户化的界面，允许用户对能够观看影片重放的 AVI 声音音轨进行编辑、混合和增加特效。

● Adobe Audition 广泛支持工业标准音频文件格式，包括 WAV，AIFF，MP3，MP3 Pro 和 WMA。

● Adobe Audition 还能够利用达 32 位的位深度来处理文件，取样速度超过 192kHz，从而能够以最高品质的声音输出磁带、CD 或 DVD。

4.2.3 数字图像处理

图像是人类获取和交换信息的主要来源，是多媒体产品中使用最多的素材，具有直观、易于理解的特点。数字图像处理（Digital Image Processing）是通过计算机对图像进行去除噪声、增强、复原、分割、提取特征等处理的方法和技术。近年来，随着计算机和多媒体技术、科学计算可视化等有关领域的迅速发展，数字图像处理已从一个专门的研究领域变成了科学研究和人机界面中的一种普遍应用工具。

1. 图形与图像

图形与图像是表示“图”的两种手段，二者有很大区别。

图形是指经过计算机运算而形成的抽象化结果，由具有方向和长度的矢量线段构成，如图 4-16 所示。图形使用坐标、运算关系以及颜色数据进行描述，因此通常把图形又叫做“矢量图”。矢量图形的优势在于数据量小，便于编辑与修改，能准确表示 3D 图形，易于生成所需的各种视图，与分辨率无关；缺点是生成视图需要经过复杂计算。它适合表现内容规则、边界清晰及颜色分明的图形，不适于描述色彩丰富、复杂的自然影像。

图像由若干像素点组成，每个像素点的信息用若干个二进制位描述，并与显示像素对应，这就是“位映射”关系，因此图像又称为“位图”，如图 4-17 所示。和矢量图形相比，位图图像适于表现含有大量细节的画面，如自然景观、人物、动物、植物和一切引起人类视觉感受的事物，并可直接、快速地显示或打印。由于位图是一种点阵图形，本身的大小和精度是确定的，因此对图像进行放大会降低图像质量，使图像变得模糊不清。位图文件数据量较大，需要进行压缩。

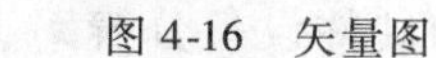

图4-16　矢量图　　　　　　　　图4-17　位图

2. 数字图像的属性

数字图像具有多种属性，例如分辨率、颜色数量、颜色深度、色彩模式等，这些属性对于数字图像的质量有重要影响。

（1）分辨率

分辨率是指单位长度内所含有的点（像素）的多少，它是影响图像质量的重要参数之一，可分为图像分辨率和设备分辨率。

图像分辨率是指组成一幅数字图像的像素点密度，单位是像素/英寸（dpi，display pixels/inch），即每英寸含有的像素点数量。例如，300dpi是指该图像每英寸含有300个点或像素。每英寸所含的像素点数量（dpi）越大，像素点密度越高，则图像对细节的表现力越强，清晰度越高。

图4-18中的两幅几何尺寸相同的图像，图4-18（a）的图像分辨率为240dpi，细节部分很清晰；图4-18（b）的图像分辨率是72dpi，几乎看不清细节部分。

设备分辨率包括显示器分辨率、打印机分辨率、扫描仪分辨率、数码摄像头分辨率和数码相机分辨率等。

显示分辨率是指在显示器屏幕上能显示出的像素数目，由水平方向和垂直方向的像素总数构成，如600×800，1024×768，1280×1024等。显示分辨率的大小与显示器的硬件指标、显卡的缓存容量大小有关。当显示器档次不够、显卡的缓存容量不够时，其显示分辨率不会很高。同样尺寸的显示器屏幕，显示分辨率越高，像素的密度越大，显示图像越精细。

此外，打印机分辨率代表着打印时的细致程度，扫描仪分辨率是指扫描仪辨识图像细节的能力，而数码成像设备的分辨率的大小取决于其成像器件（如CCD和CMOS）所含感光单元的数目多少。

我们应注意区分图像分辨率与设备分辨率。图像分辨率反映了图像的清晰程度，它

(a) 分辨率240dpi

(b) 分辨率72dpi

图 4-18

只取决于图像本身的内容，与处理它的硬件设备分辨率无关；而设备分辨率反映了硬件设备处理图像时的效果，图像的处理结果是否精细与处理它的硬件设备分辨率直接相关。

（2）颜色数量和颜色深度

与自然界中的影像不同，数字化图像所包含的颜色数量有限，这是因为表示图像的二进制数位数是有限的。图像的颜色数量有若干档次，如表 4-1 所示。从理论上讲，颜色数量越多，图像的色彩越丰富，表现力越强，数据量也越大。

颜色深度是指表示一个像素所需的二进制位数，以比特为单位。彩色或灰度图像的颜色分别用 4bit，8bit，16bit，24bit 和 32bit 表示，其各种颜色深度所能表示的最大颜色数量见表 4-1。

表 4-1　　颜色深度与可显示的颜色数量

颜色深度	数　值	颜色数量	图　像
1	2^1	2	单色（二值）图像
4	2^4	16	索引 16 色图像
8	2^8	256	索引 256 色图像
16	2^{16}	65536	增强色图像
24	2^{24}	1677216	真彩色图像
32	2^{32}	4292967296	真彩色图像

由上表可见，当某个图像的色彩深度达到或高于 24bit 时，其颜色数量已经足够多，且图像的色彩和表现力非常强，基本还原了自然影像，通常称之为“真彩色图像”。

（3）色彩模式

色彩模式是指在计算机技术中运用软件分析的颜色四维空间。由于成色原理不同，使得显示器、投影仪、扫描仪这类靠色光直接合成颜色的颜色设备和打印机、印刷机这类靠使用颜料的印刷设备在生成颜色方式上存在区别。每一种色彩模式都有其各自的特点和适用范围，用户可以按照制作要求来确定色彩模式，并可根据需要在不同的色彩模式之间转换。

常见的色彩模式有：

① RGB 色彩模式

自然界中的绝大部分可见光可以用红（Red）、绿（Green）、蓝（Blue）三色光按不同比例和强度的混合来表示。因此，RGB 模式也称为加色模式，通常用于光照、电视机、计算机显示和屏幕图像编辑，是目前运用最广泛的颜色模式之一。

RGB 色彩模式使用 RGB 模型为图像中每一个像素的 RGB 分量分配一个 0～255 范围内的强度值。例如，纯红色的 R 值为 255，G 值为 0，B 值为 0；灰色的 R、G、B 三个值相等（除了 0 和 255）；白色的 R、G、B 值都为 255；黑色的 R、G、B 值都为 0。RGB 图像只使用三种颜色，就可以使它们按照不同的比例混合，在屏幕上重现 2^{24}（16777216）种颜色。

② CMYK 色彩模式

当阳光照射到一个物体上时，这个物体将吸收一部分光线，并将剩下的光线进行反射，反射的光线就是我们所看见的物体颜色。CMYK 色彩模式就是以打印油墨在纸张上的光线吸收特性为基础，是一种减色模式。图像中每个像素都由靛青（C）、品红（M）、黄（Y）和黑（K）色按照不同比例合成。由于在实际应用中，靛青、品红与黄色很难叠加形成真正的黑色，因此引入了黑色（K）。黑色的作用是强化暗调，加深暗部色彩。每个像素的每种印刷油墨会被分配一个百分比值，最亮（高光）的颜色分配较低的印刷油墨颜色百分比值，较暗（暗调）的颜色分配较高的百分比值。例如，明亮的红色可能会包含 2% 青色、93% 洋红、90% 黄色和 0% 黑色。在 CMYK 图像中，当所有 4 种分量的值都是 0% 时，就会产生纯白色。CMYK 模式是最佳的打印模式，常用于制作印刷色打印的图像。

③ HSB 色彩模式

HSB 色彩模式是根据日常生活中人眼的视觉特征制定的一套色彩模型，最接近人类对色彩辨认的思考方式。HSB 色彩模式以色相（H）、饱和度（S）和亮度（B）来描述颜色的基本特征。

色相（H）指从物体反射或透过物体传播的颜色。在 0 到 360 度的标准色轮上，色相按位置计量。在通常使用中，色相由颜色名称标识，如红、橙或绿色。

饱和度（S）指颜色的强度或纯度，用色相中灰色成分所占的比例来表示，0% 为纯灰色，100% 为完全饱和。在标准色轮上，从中心位置到边缘位置的饱和度递增。

亮度（B）指颜色的相对明暗程度，通常将 0% 定义为黑色，100% 定义为白色。

HSB 色彩模式比前面两种色彩模式更容易理解。但由于设备限制，在计算机屏幕上显示时，要转换成 RGB 模式，作为打印输出时，要转换为 CMYK 模式。这在一定程度上限制了 HSB 模式的使用。

④ Lab 色彩模式

RGB 模式是一种发光屏幕的加色模式，CMYK 模式是一种颜色反光的印刷减色模式。而 Lab 模式既不依赖光线，也不依赖于颜料，它是国际照明委员会（International Commission on Illumination，CIE）确定的一个理论上包括了人眼可见的所有色彩的色彩模式。Lab 模式弥补了 RGB 和 CMYK 两种色彩模式的不足。

Lab 色彩模式由光度分量 L 和两个色度分量 a，b 组成，a 分量包括的颜色从深绿色（低亮度值）到灰色（中亮度值）再到亮粉红色（高亮度值），b 分量则是从亮蓝色（低亮度值）到灰色（中亮度值）再到黄色（高亮度值）。因此，这种色彩混合后将产生明亮的色彩。

Lab 色彩模式的优点是与设备无关，不管使用什么设备（如显示器、打印机或扫描仪）创建或输出图像，这种色彩模式产生的颜色都将保持一致。

⑤ Grayscale（灰度）色彩模型

灰度色彩模型最多使用 256 级灰度来表现图像，图像中的每个像素有一个 0（黑色）到 255（白色）之间的亮度值。灰度值也可以用黑色油墨覆盖的百分比来表示（0% 表示白色，100% 表示黑色）。

在将彩色图像转换为灰度模式的图像时，会丢失原图像中所有的色彩信息。与位图模式相比，灰度模式能够更好地表现高品质的图像效果。需要注意的是，尽管一些图像处理软件允许将一个灰度模式的图像重新转换为彩色模式的图像，但转换后不可能将原先丢失的颜色恢复，只能为图像重新上色。所以，在将彩色模式的图像转换为灰度模式的图像时，应尽量保留备份文件。

3. 数字图像文件格式

数字图像文件的格式很多，早期的图像文件格式多数由开发者自行定义，不具有通用性，也没有标准化，这使得图像的推广和使用受到很大制约。后来，随着图像应用技术的不断发展，出现了很多标准化的图像格式。对于同一幅数字图像，采用不同的文件格式保存时，其图像的数据量、色彩数量和表现力会有所不同。常用的图像处理软件能够识别大多数图像文件，并对其进行处理，只有少数文件格式需要进行格式转换后才能处理。

（1）常见位图文件格式

常见的位图文件格式有 JPG、GIF、BMP、TIF、IFF 等。

- JPG（Joint Photographics expert Group）格式：这是目前最常用的图像文件格式，它采用有损压缩，压缩比较高。JPG 文件非常灵活，具有调节图像质量的功能，允许用不同的压缩比例对文件进行压缩，支持多种压缩级别，压缩率通常在 10：1 到 40：1 之间。JPEG 格式压缩的主要是高频信息，对色彩的信息保留较好，适合应用于互联网，可减少图像的传输时间，可以支持 24bit 真彩色，也普遍应用于需要连续色调的图像。

- GIF（Graphics Interchange Format）格式：该格式为图像互换格式，主要用于在不同平台上进行图像交换，是一种基于 LZW 算法的无损压缩格式。其图像颜色深度从1位到8位，即GIF文件最多支持256种色彩的图像。GIF格式的另一个特点是在一个GIF文件中可以存放多幅彩色图像，如果把这多幅图像数据逐幅读取并显示在屏幕上，就可构成一种最简单的动画效果。GIF文件较小，适合网络传输。

- BMP（BitMap Picture）格式：这种格式也被称为“位图格式”，是一种与硬件设备无关的图像文件格式，是Windows系统中最常见的图像格式之一，在Windows环境下运行的所有图像处理软件几乎都支持这种格式。位图文件不采用任何压缩，占用的磁盘空间较大。

- TIFF（Tagged Image File Format）格式：这是现存图像文件格式中最复杂的一种。TIFF格式灵活多变，其中又定义了四类不同格式，分别为适用于二值图像的TIFF-B，适用于灰度图像的TIFF-G，适用于带调色板的彩色图像的TIFF-P及适用于RGB真彩图像的TIFF-R，它能把任何图像转换为二进制形式而不丢失任何属性。

- PNG（Portable Network Graphics）格式：该格式为可移植的网络图形格式，适合于任何类型、任何颜色深度的图片。它采用无损压缩来减少图片的大小，同时保留图片中的透明区域，所以文件略大。尽管该格式适用于所有图片，但有的Web浏览器并不支持它。

- PSD格式：这是Adobe Photoshop图像处理软件的专用文件格式，可以支持图层、通道、蒙版和不同色彩模式的各种图像特征，是一种非压缩的原始文件保存格式。扫描仪不能直接生成该格式的文件。PSD文件有时容量很大，但由于可以保留所有原始信息，在图像处理中对于尚未制作完成的图像，选用PSD格式保存是最佳选择。

（2）常见矢量图文件格式

常见的矢量图形文件格式有SWF、WMF、EMF、DXF等。

- SWF（Shockwave Format）格式：这是二维动画软件Flash中的矢量动画格式，主要用于Web页面上的动画发布。SWF格式的文件以其高清晰度的画质和小巧的体积，受到越来越多网页设计者的青睐，也逐渐成为网页动画和网页图片设计制作的主流，目前已是网上动画的事实标准。SWF文件在图像传输时，用户不必等文件全部下载完成才能观看，而是可以边下载边看，因此特别适合网络传输。

- WMF（Windows Metafile Format）格式：这是Windows中常见的一种图元文件格式，属于矢量文件格式。它具有文件短小、图案造型化的特点，整个图形常由各个独立的组成部分拼接而成，其图形往往较粗糙。

- EMF（Enhanced Metafile）格式：这是微软公司为了弥补WMF的不足而开发的一种Windows 32位扩展图元文件格式，也属于矢量文件格式，其目的是欲使图元文件更加容易接受。

- DXF（Autodesk Drawing Exchange Format）格式：这是Auto CAD中的矢量文件格式，它以ASCII码方式存储文件，在表现图形的大小方面十分精确。许多软件都支持DXF格式的输入与输出。

- SVG（Scalable Vector Graphics）格式：这是可缩放矢量图形格式。它是一种开放标准的矢量图形语言，用户可以直接用代码来描绘图像，可以用任何文字处理工具打开SVG图像，通过改变部分代码来使图像具有互交功能，并可以随时插入到HTML中通过浏览器来观看。SVG 格式可任意放大图形显示，边缘异常清晰，文字在 SVG 图像中保留可编辑和可搜寻的状态，没有字体限制，生成的文件比 JPEG 和 GIF 格式的文件更小，下载很快，十分适合用于设计高分辨率的 Web 图形页面。

4. 常用图像处理软件

处理图像需要借助图像处理软件进行。在当前图像处理领域，各类图像处理软件非常丰富，其功能、处理速度与侧重点也各有不同。其中，较常用的图像处理软件有以下几种。

（1）Adobe 系列

Adobe Systems 是一家创建于 1982 年 12 月的电脑软件公司，总部位于美国加州圣何塞。2005 年 4 月，Adobe 系统公司以 34 亿美元的价格收购了原先最大的竞争对手 Macromedia 公司，这一收购极大地丰富了 Adobe 的产品线，提高了其在多媒体和网络出版业的能力。在 2010 年 4 月，该公司公布了 CS5 套件（图形、视频和网页设计等专业工具）。

Adobe 公司的主要产品遍及多媒体技术的音频、视频、图像处理等多个领域，在图像处理软件方面，常用的 Adobe 系列产品有：

- Adobe Photoshop：该产品功能强大，是最受欢迎的图像处理软件之一，也是 Adobe 公司最为出名的图像处理软件。该软件是一个集各种运算方法于一体的操作平台，具有众多图像编辑功能，其独到之处是利用图层进行图像编辑与合成、校色调色、利用蒙版、通道和滤镜制作特效等强大功能。
- Adobe Illustrator：这是 Adobe 公司推出的专业矢量绘图工具，是一套用来满足输出及网页制作双方面用途的功能强大且完善的绘图软件包。这个专业的绘图程序整合了功能强大的矢量绘图工具、完整的 PostScript 输出，并能与 Photoshop 或其他 Adobe 家族软件紧密结合。它以其强大的功能和体贴的用户界面占据了全球矢量编辑软件中的大部分份额，据不完全统计，全球有 37% 的设计师在使用 Adobe Illustrator 进行艺术设计。它被广泛用于出版和在线图像的工业标准矢量图形制作，对于任何小型生产设计和大型的复杂项目均适用。
- Adobe Fireworks：该软件原属 Macromedia 公司，是一款网页图片的编辑与优化工具，它可加速 Web 设计与开发，可用于创建与优化 Web 图像和快速构建网站与 Web 界面原型。Fireworks 不仅具备编辑矢量图形与位图图像的灵活性，还提供了一个预先构建资源的公用库，并可与 Adobe Photoshop、Adobe Illustrator、Adobe Dreamweaver 和 Adobe Flash 等软件集成。

（2）CorelDraw

CorelDraw 是目前应用非常广泛的矢量绘图软件，由加拿大 Corel 公司开发，是 CorelDraw Graphics Suite 图形图像套装软件中的获奖软件，如图 4-19 所示。它集绘画、设计、制作、合成和输出等多项功能为一体，被广泛应用于商标设计、标志制作、模型绘制、插图描画、排版及分色输出等诸多领域。

CorelDraw 的操作界面如图 4-20 所示，其基本功能如下。

图 4-19 CorelDraw X4

图 4-20 CorelDraw 的操作界面

- 绘制与处理矢量图：CorelDraw 是主要绘制矢量图的软件，它能够利用其自身的图形工具绘制出各种图形，并可对其进行布尔、镜像等操作。对于已绘制好的矢量图，它可以对其进行各种效果处理。
- 处理位图：CorelDraw 在位图处理方面的功能也十分强大，它不仅可以直接处理位图，还能对位图进行滤镜操作。
- 处理文字：它可以对单个文字或整段文字进行编辑。
- 网络功能：它还具有网络功能，可创建超链接或将段落文本转换为网络文本等。

（3）Auto CAD

Auto CAD（Auto Computer Aided Design）是美国 Autodesk 公司首次于 1982 年生产的自动计算机辅助设计软件，用于二维绘图、详细绘制、设计文档和基本三维设计。经过不断完善，现已成为国际上广为流行的绘图工具，当前的最新版本为 Auto CAD 2011。

Auto CAD 具有良好的用户界面，通过交互菜单或命令行方式便可以进行各种操作。它的多文档设计环境，让非计算机专业人员也能很快地学会使用，并能在不断实践的过程中更好地掌握它的各种应用和开发技巧，从而不断提高工作效率。

Auto CAD 具有广泛的适应性，它可以在各种操作系统支持的微型计算机和工作站上运行，并支持分辨率由 320×200 到 2048×1024 等 40 多种图形显示设备，30 多种数字仪和鼠标器以及数十种绘图仪和打印机，这为 Auto CAD 的普及创造了条件。

（4）其他常用的图像处理小工具

上述软件均为图形处理领域最著名的软件，但是它们的共同点是过于专业，不适于非专业用户的家庭日常操作。针对这一问题，目前在国内网络上出现了很多功能强大、高画质、高速度且易于使用的小型图像处理软件，如光影魔术手、美图秀秀、彩影等，这些软件容易上手，简便易用，已能满足很多家庭用户对于绝大部分数码照片后期处理的需要。

5. Adobe Photoshop 图像处理软件

在众多图像处理软件中，Adobe 公司推出的专门用于图形图像处理的软件 Photoshop，以其功能强大、集成度高、适用面广和操作简便而著称。它不仅提供强大的绘图工具，可以绘制图形，还能从扫描仪、数码相机等设备采集图像，对它们进行修改、修复，调整图像的色彩、亮度，改变图像大小，并能对多幅图像进行合成，制作特殊效果。Photoshop 超强的图像处理能力可以提高用户的工作效率，让用户尝试新的创作方式来制作适用于打印、Web 和其他任何用户的最佳品质图像。该软件当前的最新版本是 Adobe Photoshop CS5。

Photoshop 的基本功能包括：

- 支持多种高质量的图像格式，包括 PSD、TIF、JPG、BMP、EPS、PCX、FLM、PDF、RAW、PNG 和 SVG 等 20 多种，它还可以在这些格式之间进行任意转换，以适应不同用户的需要。

其中，PSD 格式是 Photoshop 默认的源文件格式，文件扩展名为 .psd。该格式包含了图层、通道和颜色模式信息，还可以保存具有调节层、文本层的图像。由于它保留了在 Photoshop 中编辑图像过程的所有信息，因此修改起来十分方便。

- 可以按要求任意调整图像的尺寸和分辨率。在不影响分辨率的情况下改变图像尺寸或在不影响尺寸的同时增减分辨率，其裁剪功能可令用户方便地选择图像的某部分内容。
- 支持多图层工作方式，可以对图层进行合并、合成、翻转、复制和移动等操作，图像特效可以用于部分或全部图层。拖曳功能可以轻易地把图层中的层从一个图像复制到另一个图像中。文字图层让文本内容和文本格式的修改更为简便。特有的调整图层可以在不影响图像的同时控制图层中像素的色相、渐变和透明度等属性。
- 具有非常丰富及功能强大的工具，包括众多的绘画工具、文本工具、画笔工具、选择工具、旋转变形工具等 20 多组共 60 多个不同作用的工具。
- 在色调与色彩功能方面，Photoshop 可以有选择地调整色相、饱和度和明暗度，根据输入的相对值或绝对值，选色修正功能可以使用户分别调整每个色板或色层的油墨量，取代颜色功能可以帮助选取某一种颜色，然后改变其色调、饱和度和明暗度，可以分别调整暗部、中部和亮部色调。
- 可以方便地转换多种颜色模式，包括黑白、灰度、双色调、索引色、HSB、Lab、RGB 和 CMYK 模式等。CMYK 预览功能可以在 RGB 模式下查看 CMYK 模式下的图像效果，可以利用多种面板选择颜色，不但可以使用 Photoshop 提供的颜色表，还可以自定义颜色表以方便选择颜色。
- Photoshop 的结构开放，可以接受广泛的图像输入设备，例如扫描仪和数码相机，还可以支持第三方滤镜的加入和使用，无限扩展图像处理功能。

(1) Photoshop 中的基本概念

在 Photoshop 图像处理过程中，涉及下列一些常用的基本概念。

① 图层

图层（Layer）是一种由程序构成的物理层，可以将每个图层简单地理解为一张纸，将图像中的每个对象单独绘制在一张纸上。这些图层之间可以设置成不透明、半透明或完全透明。将这些图层交叠在一起时，就构成了一幅完整的图像。

图层的种类很多，按功能可分为文字图层、形状图层、填充图层、调整图层、蒙版图层、效果图层和智能对象图层等。

② 选区

选区是图像处理时的编辑区域，是 Photoshop 中的基本对象。选区可以是矩形、圆形或任意形状。一旦设置了选区，其内部图像内容就可以进行移动、复制或删除等操作。

③ 路径

路径是组成矢量图形的基本要素。由于矢量图形由路径和点组成，计算机通过记录图形中各点的坐标值，以及点与点之间的连接关系来描述路径，通过记录封闭路径中填充的颜色参数来表现图形。

在 Photoshop 中使用路径工具绘制的线条、矢量图形轮廓和形状通称为路径，由定位点、控制手柄和两点之间的连线组成。路径的实质是矢量线条，没有颜色，内部可以填充，不会因为图像放大或缩小而影响显示效果。

④ 蒙版

蒙版是一种图层，它可以用来保护被遮蔽的区域不被编辑。利用蒙版，可以将已创建的选区存储为 Alpha 通道以便以后随时调用，也可以将它用于其他复杂的图像编辑工作，如对图像执行颜色变换或滤镜效果等。

⑤ 通道

通道用于存放图像像素的单色信息，在窗口中显示为一幅灰度图像。打开一幅新图像时，Photoshop 会自动创建图像的颜色信息通道，根据颜色模式的不同，将图像划分为由基色和其他颜色组成的通道，同时也允许创建新通道。

通道分为颜色通道、专色通道和 Alpha 选区通道三种。其中：

- 颜色通道与图像所处的颜色模式相对应。如 RGB 图像包含红、绿、蓝通道，CMYK 图像包含靛青、品红、黄色和黑色通道。每个颜色通道是一幅灰度图像，它只代表一种颜色的明暗变化。所有颜色通道混合在一起时，便可形成图像的彩色效果，也就构成了彩色的复合通道。一般图像的偏色问题就可以通过编辑颜色通道来解决。
- 专色通道是用于保存专色信息的通道，它是除了几种基色以外的其他颜色，用于替代或补充基色。每个专色通道以灰度图形存储相应专色信息，与其在屏幕上的彩色显示无关。
- Alpha 通道是一种特殊的通道，它所保存的不是颜色信息，而是创建的选取和蒙版信息。在通道中，可以将选区作为 8 位灰度图像保存。

⑥ 滤镜

滤镜是在一组完成特定视觉效果的程序，它不仅可以修饰图像的效果并掩盖其缺陷，还可在原有图像的基础上产生特殊效果。滤镜是 Photoshop 中功能最丰富、效果最奇特的工具。

滤镜通过不同的方式改变像素数据，使用者不需了解内部原理，只要通过适当地设置滤镜参数即可得到不同程度的特殊效果。滤镜的使用没有次数限制，无选区时对全部图像产生影响，设置选区后则对图像局部施加效果。

（2）Photoshop 工作环境

启动 Photoshop CS4 后，可以看到其操作界面如图 4-21 所示，由主菜单栏、工具选项栏、工具箱、图像窗口和常用面板组成。

图 4-21　Photoshop CS4 的操作界面

① 主菜单栏

Photoshop 的主菜单如图 4-22 所示，包括：文件菜单、编辑菜单、图像菜单、图层菜单、选择菜单、滤镜菜单、分析菜单、3D 菜单、视图菜单、窗口菜单和帮助菜单。

图 4-22　Photoshop CS4 的主菜单

② 工具选项栏

工具选项栏位于主菜单下方，它显示了在工具箱中被激活工具的参数选项。当选择某一个工具后，工具选项栏会显示与之对应的参数设定选项。如图 4-23 所示为选中画笔工具时的选项栏。

图 4-23　Photoshop CS4 中画笔工具的工具选项栏

③ 工具箱

工具箱位于整个 Photoshop 工作区域的左侧，它包含了 Photoshop 中所有的绘图及编辑工具。工具箱中的每一个按钮代表一个工具，可以使用鼠标单击要选取的工具，或者直接用对应的快捷键选择。有些工具的右下角有一个黑色三角符号，表明该工具还有隐含的工具，直接点击该小三角就会弹出隐藏工具，在这些工具之间可以切换使用。Photoshop CS4 的工具箱如图 4-24 所示。

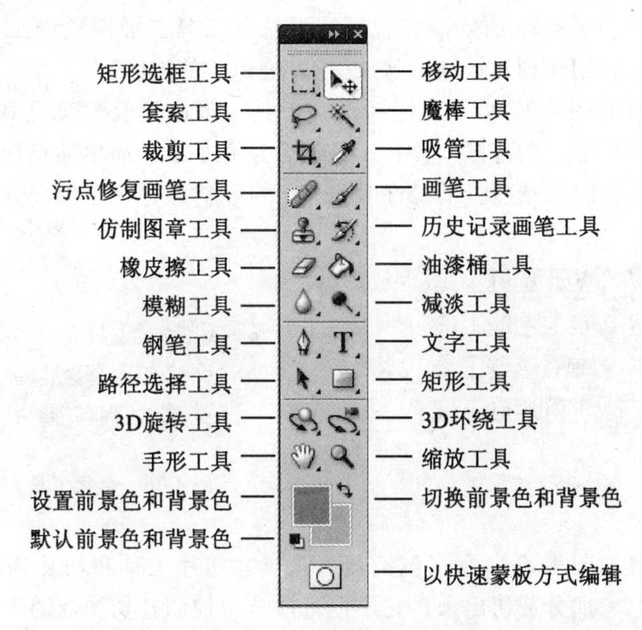

图 4-24　Photoshop CS4 的工具箱

工具箱是 Photoshop 的重要组成部分，对于一些常用工具的图示、具体名称和作用将在下一节中详细介绍。

④ 图像窗口

图像窗口是位于屏幕中央最大的一个区域，是 Photoshop 的主要编辑工作区。图像窗口的显示大小比例可以直接在其下方的百分比框内设定，也可在“视图”菜单或“导航器”面板中调整。

⑤ 常用面板

Photoshop 中有很多浮动面板，方便进行图像的各种编辑和操作，这些面板均列在“窗口”菜单下，需要时可选择将它们调出。这些面板调出后可在桌面上随意移动、堆叠或关闭。

Photoshop 软件本身将不同用途的面板进行了分组，在缺省状态下每组面板都是以组合形式出现在一个面板组中。当然，用户也可以根据自己的工作习惯和需要，对其进行重新编排，添加或删除组中的某个面板。

(3) Photoshop 工具箱

Photoshop 工具箱中的工具多达 60 多个，下面按其分类简单介绍一些常用工具的名称和作用。

① 选择工具

选择工具主要用于选择图像中某个规则或不规则的区域，主要包括：移动工具、选取工具、套索工具、切片工具、裁切工具和魔棒工具等。

- 移动工具（），它可移动选取、图层和参考线。
- 选取工具如图 4-25 所示。它包括矩形选框工具、椭圆选框工具、单行选框工具和单列选框工具，用于创建规则形状或一行/列像素的选区。
- 套索工具如图 4-26 所示，包括套索工具、多边形套索工具和磁性套索工具，一般用于创建不规则形状的选区。套索工具适合建立手绘的简单随意选区，多边形套索工具适合建立多边形直边选区，而磁性套索用于自动对颜色相近的部分作出选择。

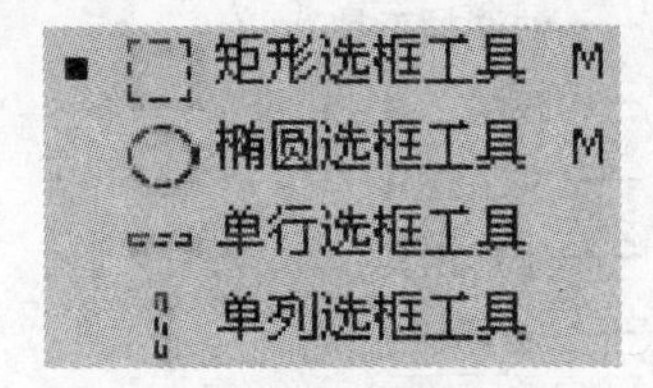

图 4-25 选取工具

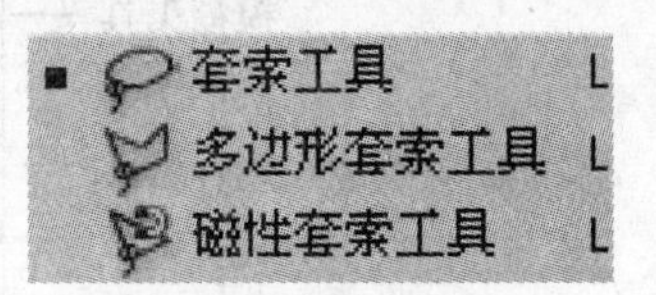

图 4-26 套索工具

- 切片工具如图 4-27 所示，包括裁剪工具、切片工具和切片选取工具。裁剪工具可将图片中的某一部分裁切出来，它不但可以自由控制裁切图像的大小和位置，还可以在裁切的同时对图像进行旋转、变形等操作。
- 魔棒工具如图 4-28 所示，包括快速选择工具和魔棒工具。快速选择工具可让用户使用可调整的圆形画笔笔尖快速绘制选取。魔棒工具可选择着色相近的区域。

图 4-27 切片工具

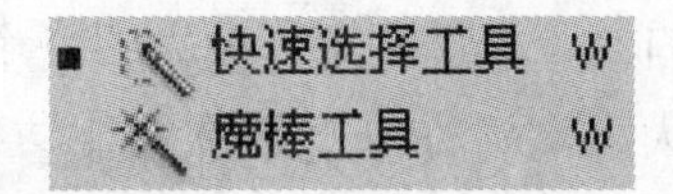

图 4-28 魔棒工具

② 绘画与修饰工具

绘画与图像修饰是 Photoshop 中最基本的操作。这类工具包括画笔工具、橡皮擦工具、油漆桶工具、图章工具、修复工具、减淡工具、模糊工具和历史记录画笔工具等。

- 画笔工具如图 4-29 所示，包括画笔工具、铅笔工具和颜色替换工具。画笔工具可以创建边缘较柔和的线条，而铅笔工具适用于徒手画硬质边界的线条。颜色替换工具可将选定的颜色替换为新颜色。

● 橡皮擦工具如图 4-30 所示，包括橡皮擦工具、背景橡皮擦工具和魔术橡皮擦工具。橡皮擦工具可以清除像素或者恢复背景色。背景橡皮擦可以通过拖动鼠标用各种笔刷擦拭选定区域为透明区域。魔术橡皮擦只需单击一次即可将纯色区域擦抹为透明区域。

● 油漆桶工具如图 4-31 所示，包括渐变工具和油漆桶工具。渐变工具用来设置填充区域的颜色混合效果，包括线性渐变、径向渐变、角度渐变、对称渐变和菱形渐变 5 种渐变类型。油漆桶工具可以将前景色和图案填充至图像选区中。

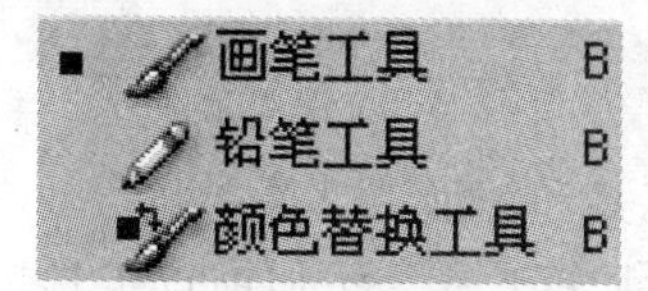

图 4-29　画笔工具

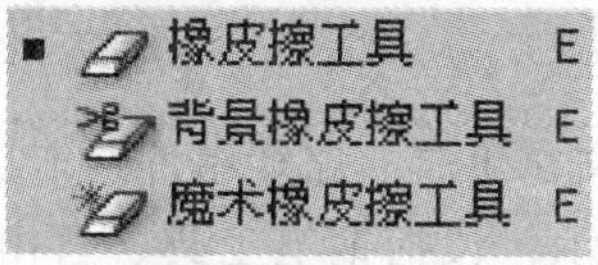

图 4-30　橡皮擦工具

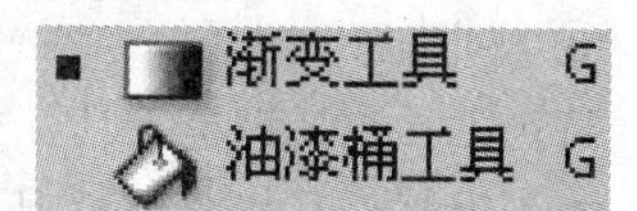

图 4-31　油漆桶工具

● 图章工具如图 4-32 所示，包括仿制图章工具和图案图章工具。它们主要用于复制原图像的部分细节，以弥补图像在局部显示的不足。仿制图章工具可以把其他区域的图像纹理轻易地复制到选定区域，而图案图章工具所选的图案为库中的样本。

● 修复工具如图 4-33 所示，包括污点修复画笔工具、修复画笔工具、修补工具和红眼工具，它们主要用于修复图像上的划痕、污迹、褶皱和其他瑕疵。污点修复画笔工具不需选取选区或定义源点，只需点击或拖曳即可消除污点。修复画笔工具是使用橡皮擦图章工具的原理对图像进行修复。修补工具是利用图像的某一区域替换另一区域的方法来修复图像。红眼工具则是设置修正红眼的尺寸和黑度后，拖动擦除。

● 减淡工具如图 4-34 所示，包括减淡工具、加深工具和海绵工具。减淡工具主要用于改变图像的暗调，加深工具用于改变图像的亮调，海绵工具用来调整图像色彩的饱和度。

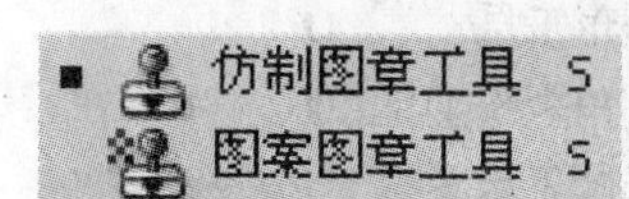

图 4-32　图章工具

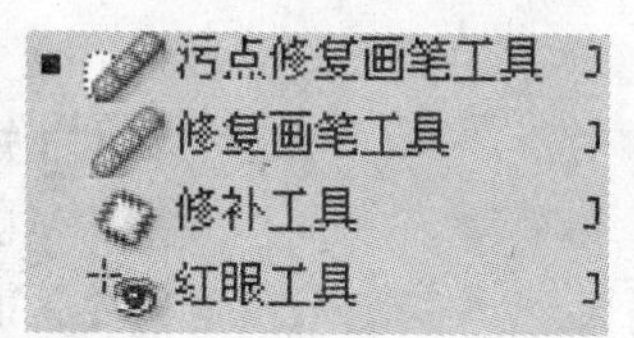

图 4-33　修复工具

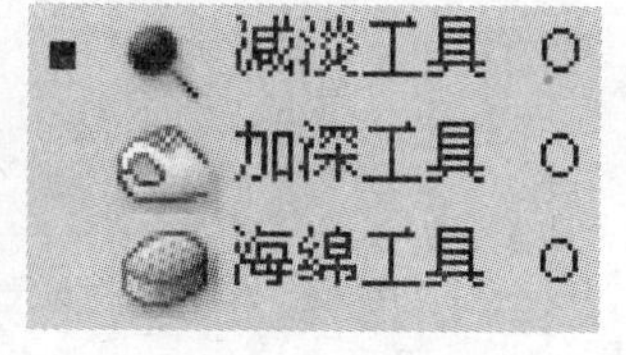

图 4-34　减淡工具

● 模糊工具如图 4-35 所示，包括模糊工具、锐化工具和涂抹工具。模糊工具通过笔刷的绘制对图像中的硬边缘进行模糊处理；锐化工具可锐化图像中的柔边缘以提高清晰度或聚焦程度，提高图像的对比度；涂抹工具可以模仿用手指在湿漉的图像中涂抹而得到的变形效果。

● 历史记录画笔工具如图 4-36 所示，包括历史记录画笔工具和历史记录艺术画笔工具。历史记录画笔可将选定状态或快照的副本绘制到当前图像窗口中。历史记录艺术画笔工具则可使用选定状态或快照，采用模拟不同绘画风格的风格化描边进行绘画。

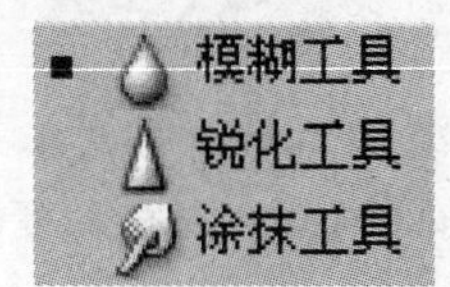

图 4-35　模糊工具

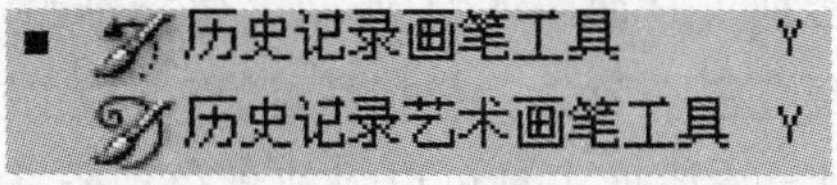

历史记录画笔工具　Y
历史记录艺术画笔工具　Y

图 4-36　历史记录画笔工具

③ 特定工具

特定工具包括钢笔工具、文字工具、路径组件选取工具和矩形工具等。

- 钢笔工具如图 4-37 所示，包括钢笔工具、自由钢笔工具、添加锚点工具、删除锚点工具和转换点工具。
- 文字工具如图 4-38 所示，包括横向文字工具、纵向文字工具、横向文字蒙版工具和纵向文字蒙版工具。

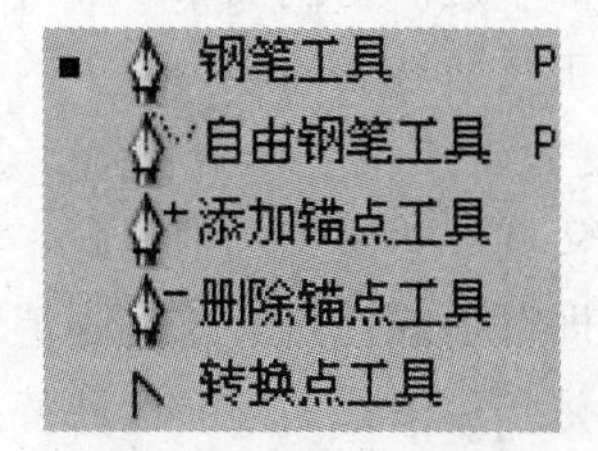

图 4-37　钢笔工具

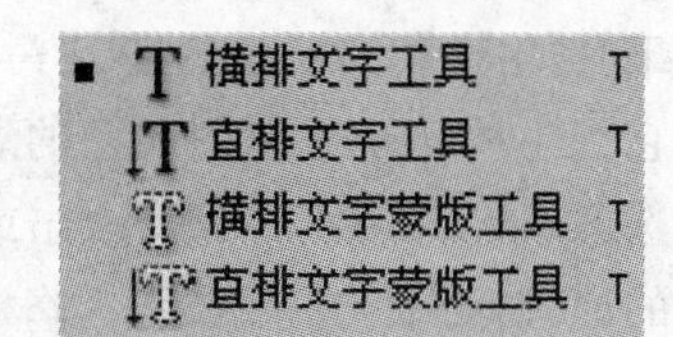

图 4-38　文字工具

- 路径组件选取工具如图 4-39 所示，包括路径组件选取工具和直接路径选取工具。
- 矩形工具如图 4-40 所示，包括矩形工具、圆角矩形工具、椭圆工具、多边形工具、直线工具和自定义形状工具。

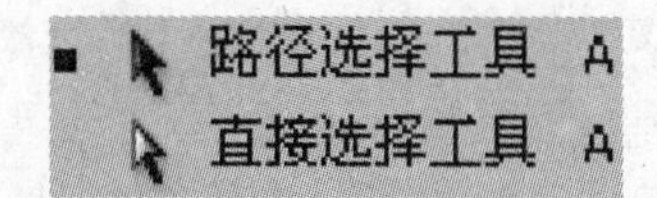

图 4-39　路径组件选取工具

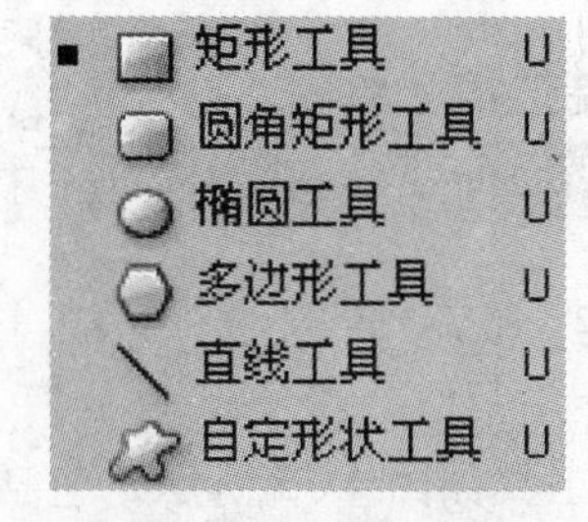

图 4-40　矩形工具

除上述常用工具外，Photoshop 中还有很多工具，如吸管工具、注释工具、手形工具、缩放工具及新增的 3D 物体创建和编辑工具等，限于篇幅，这里不逐一介绍。

（4）Photoshop 图像处理方法与实例

① 图层的基本操作方法与实例

图层编辑是 Photoshop 图像处理的最基本功能，也是创作各种合成效果的重要途径。在进行图层编辑时，每个图层占用独立的内存空间，图层越多，占用空间越大，因此 Photoshop 进行图像编辑时非常占用系统资源。

在图层编辑过程中，可以将图层信息保存下来，以便继续编辑，含有图层的文件采用 PSD 格式。当图像用于显示或打印时，必须合并图层，并以 JPG、PNG、TIF、BMP 等标准格式保存图像文件。

利用“图层”面板（如图 4-41 所示）及关联菜单中的命令，可以直观便捷地进行各种有关图层的操作，包括：

- 新建图层：通过单击“图层”面板底部的相应功能按钮，可以新建编辑图像时最常用的普通图层、调整图层、图层文件夹、蒙版图层和效果图层。建立图层后，双击图层名称，可以对该图层更名。
- 移动、复制和删除图层：在图层之间拖动图层，可以改变图层顺序；在图层上单击鼠标右键，利用快捷菜单命令可以复制和删除图层。
- 显示和隐藏图层：单击图层缩览图左侧的眼睛图标，可以改变图层的显示或隐藏状态。操作时应注意，只有可见图层才能被打印。

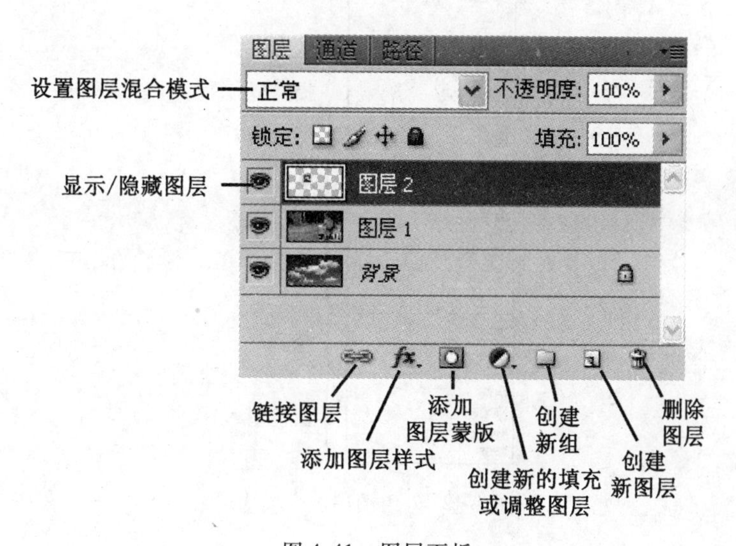

图 4-41　图层面板

- 链接合并图层：在“图层”面板中选择图层，单击“图层”面板左下角的链接按钮，可以将选中的多个图层进行链接，便于同时对这些图层执行移动、变形、对齐、分布或发布等操作，提高工作效率。
- 添加智能对象：智能对象是一种容器，用户可以在其中嵌入栅格或矢量图像数据，嵌入的数据将保留其所有原始特性，并仍然可以完全编辑。在 Photoshop 中可以通过转换一个或多个图层来创建智能对象。它可以使用户灵活地在 Photoshop 中以非破坏性方式缩放、旋转图层或将图层变形。在“图层”面板中添加了智能对象的图层，在缩览图右下角会出现一个智能图像的图标。

上述图层基本操作方法均可以通过在图层上单击鼠标右键弹出的快捷菜单命令中实现。除此之外，还有两个最常用也是最核心的图层操作——设置图层混合模式与设置图层样式。下面通过实例来讲解这两种图层操作。

- 设置图层混合模式

图层混合模式决定当前图层中的像素与其下面的图层中的像素以何种模式进行混合。在默认状态下，图层之间没有叠加效果，上下层之间是不透明的。通过设置图层混合模式可以改变这种默认状态，创建出丰富的图层特效。

在 Photoshop CS4 中包含 25 种图层混合模式，每种模式都有各自的运算公式，因此对于两幅相同的图像，设置不同的图层混合模式，得到的图像效果也是不同的。Photoshop 根据各混合模式的基本功能，用分隔线将它们分为 6 组，如图 4-42 所示。每组图层混合模式的功能如下：

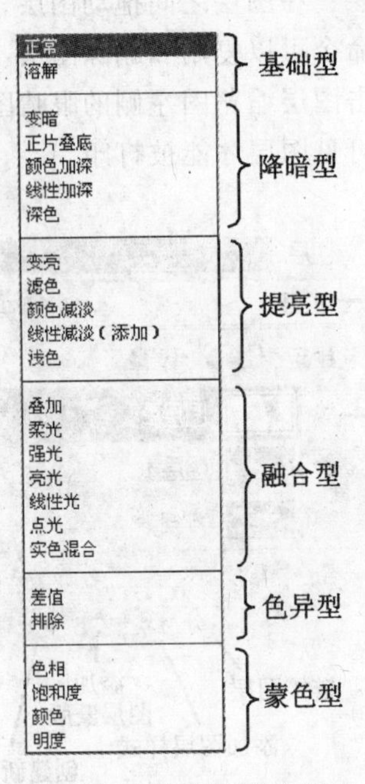

图 4-42　6 组图层混合模式

ⅰ　基础型是利用图层的不透明度及图层填充值来控制下层图像，达到与底色溶解在一起的效果。

ⅱ　降暗型主要通过滤除图像中的亮调图像，达到使图像变暗的效果。

ⅲ　提亮型与降暗型相反，通过滤除图像中的暗调信息，达到使图像变亮的效果。

ⅳ　融合型用于不同程度的融合图像。

ⅴ　色异型用于制作各类另类或反色效果。

ⅵ　蒙色型是依据上层图像中的颜色信息，不同程度地映衬下层图像。

此外，“不透明度”输入框可以通过输入百分比数值来设置图层之间的不透明程度，也可通过移动控制条的滑块来设置；“锁定”功能可以对图层实现不同方式的加锁，包括锁定透明像素、锁定图像像素、锁定位置和锁定全部四种；“填充”程度的设置会影响图层中绘制的像素或图层上绘制的形状，但不影响已应用于图层的任何图层效果的不透明度，如图 4-43 所示。

图 4-43　设置不透明度、锁定与填充

- 设置图层效果和样式：

Photoshop 提供了各种效果（如阴影、发光和斜面）来更改图层内容的外观，图层效果与图层内容链接，移动或编辑图层的内容时，修改的内容中会应用相同的效果。例如，如果对文本图层应用投影并添加新的文本，则将自动为新文本添加阴影。

图层样式是应用于一个图层或图层组的一种或多种效果。可以应用 Photoshop 附带提供的某一种预设样式，或者使用“图层样式”对话框来创建自定样式。“图层效果”图标 fx 将出现在“图层”面板中的图层名称的右侧。可以在“图层”面板中展开样式，以便查看或编辑合成样式的效果。

设置图层效果和样式都是通过“图层样式”对话框实现的，可以通过“图层”菜单中的“图层样式”命令打开该对话框，也可单击“图层”面板底部的 fx 图标或直接双击要添加样式的图层缩览图来打开该对话框，如图 4-44 所示，其中包括投影、发光、斜面、叠加和描边等几大类。

下面通过制作水珠效果的实例来介绍设置图层混合模式与图层样式的具体操作方法。

【例 4.1】设置图层样式实例——制作水珠效果

- 选择一张合适的背景素材图片。为使效果明显，本例采用绿叶图像作为背景。
- 新建一个图层，设置画笔大小为 56，硬度为 0，在绿叶任意位置上绘制一个水珠形状。如图 4-45 所示。
- 双击新建图层的缩览图，打开“图层样式”对话框。
- 设置混合选项。将“填充不透明度”选项设置为 0%。
- 设置投影选项。在左侧面板中点击“投影”选项，将右边的“不透明度”设为 100%，“距离”设为 0，“大小”设为 0，“等高线”选择“高斯”。
- 设置内阴影选项。在左侧面板中点击“内阴影”选项，将右边的“混合模式”设为“颜色加深”，“不透明度”设为 12%，“距离”设为 2，“大小”设为 4。
- 设置内发光选项。在左侧面板中点击“内发光”选项，将右边的“混合模式”设为“叠加”，“不透明度”设为 30%，颜色设为黑色，“大小”设为 9。

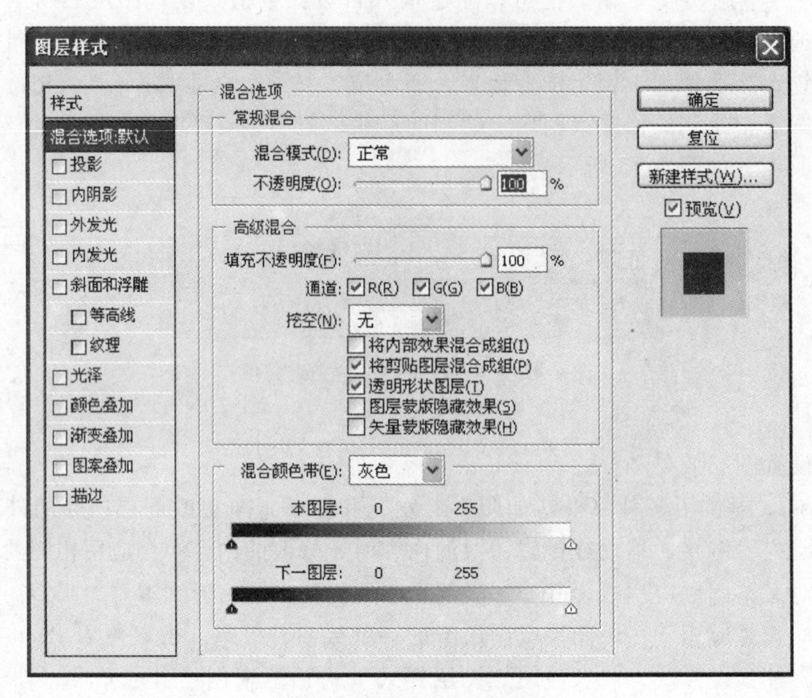

图 4-44　图层样式对话框

- 设置斜面和浮雕选项。在左侧面板中点击“斜面和浮雕”选项，将右边的“样式”设为“内斜面”，“深度”设为250%，“大小”设为24，“软化”设为16。在下面的“阴影”选项栏中的“阴影模式”设为“颜色减淡”，“不透明度”设为37%。
- 点击“确定”按钮，即可在绿叶上看见逼真的水珠效果，如图4-46所示。

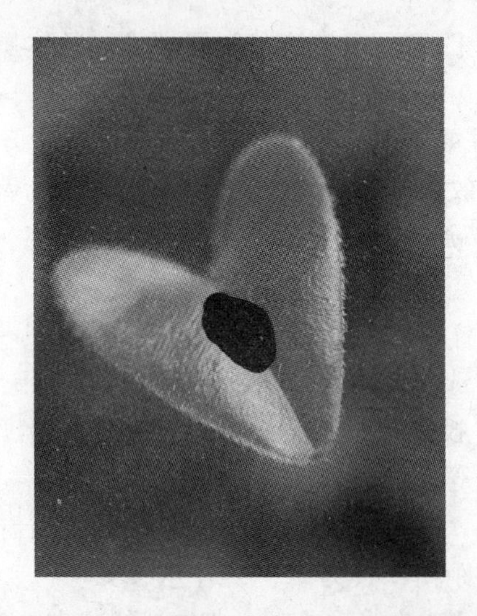

图 4-45　绿叶背景与水珠两个图层

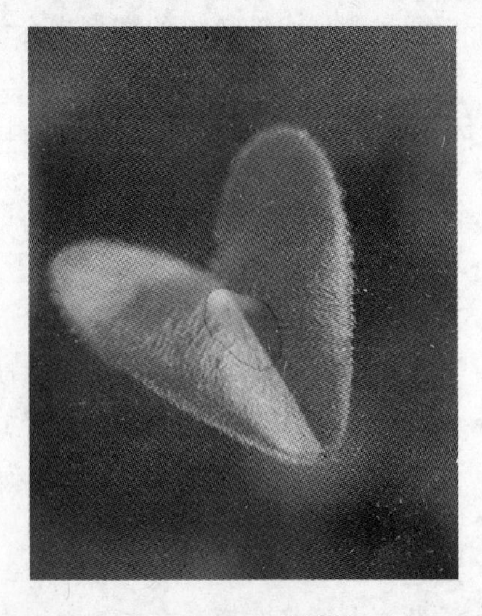

图 4-46　水珠效果

② 蒙版的基本操作方法与实例

图层蒙版是 Photoshop 图层的精华，更是混合图像时的首选技术。使用图层蒙版可以创建出多种梦幻般的图像效果。图层蒙版相当于一个 8 位灰阶 Alpha 通道。在图层蒙版中，蒙版是黑色的区域表示完全透明，下层图像能够显示出来；蒙版是白色的区域表示完全不透明，下层图像被遮盖；不同程度的灰色蒙版表示图像以不同程度的透明度进行显示。

使用蒙版的优点是蒙版编辑是非破坏性的，编辑时只在图层蒙版上操作，不影响图层的原有像素。当对蒙版所产生的效果不满意时，可以随时删除蒙版，或用黑白色反向处理，即可恢复图像原来的样子。

在“图层”面板中，图层蒙版和矢量蒙版都显示为图层缩览图右边的附加缩览图。对于蒙版有以下操作。

- 建立图层蒙版：选中要添加蒙版的图层，在“图层”面板下方单击“添加图层蒙版”按钮或选择“图层”菜单中的“添加图层蒙版”命令。此时会在当前图层后面出现蒙版图标。

- 编辑图层蒙版：在图层的蒙版内进行编辑时，可以使用工具箱中的各种绘图工具，如画笔、喷枪及铅笔、油漆桶和渐变等工具。

- 停用和重新启用蒙版：在蒙版图标上单击鼠标右键，出现的快捷菜单中选择“停用图层蒙版”，蒙版图标上出现红叉，则图像恢复到原来状态。按住 Shift 键，鼠标在红叉上单击就可使红叉消失，恢复蒙版状态。

- 删除蒙版：不需要蒙版效果时，可以在蒙版图标上单击鼠标右键，出现的快捷菜单中选择“扔掉图层蒙版”，将其删除。

- 图层与图层蒙版的链接：在系统默认下，图层和图层蒙版是被链接在一起的，因此图层和图层蒙版可以移动或变形。在“图层”面板中，图层与图层蒙版中间出现链接图标，表示两者已被链接。单击链接图标，可以取消链接，这样可以分别编辑图层与图层蒙版，再单击即可恢复链接。

蒙版操作时需要特别注意的是选中的对象是图层还是蒙版。只有当蒙版是选中状态时，所有的操作才是针对蒙版进行的，否则会对原图像产生误操作。

下面通过简单的图像融合实例来说明蒙版的基本操作方法。

【例 4.2】 蒙版操作的简单实例——图像融合

- 打开两张合适的背景素材图片和前景素材图片，选择“图像”菜单下的“图像大小”，将两张图片的宽度设置成相同值，以便于融合。

- 使用移动工具将前景图像拖动到背景图像上，形成了一个新图层，即“图层1”。然后将原前景图像关闭。此时，背景图片的图层面板里包含“图层 1”和“背景”两个图层，如图 4-47 所示。

- 在“图层 1”被选中的状态下，点击“图层”面板下方的“添加图层蒙版”按钮，则在“图层 1”缩览图的后面出现了一个蒙版缩览图，如图 4-48 所示。

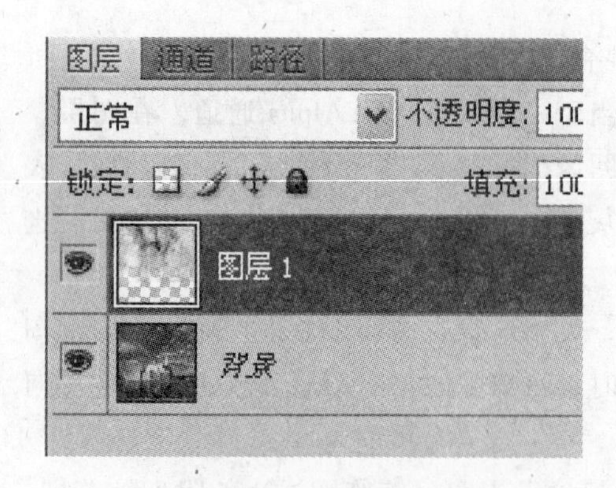

图 4-47　两个图层

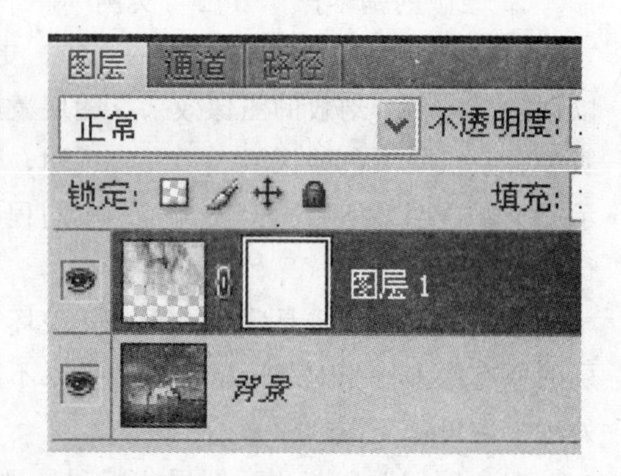

图 4-48　蒙版缩览图

• 点击该蒙版缩览图，使其成为选中状态。点击工具箱中的“渐变”工具，在上方的工具选项栏中选择“线性渐变”，如图 4-49 所示。

图 4-49　选择线性渐变

• 将鼠标在图片中按从下至上的方向拖动，可以看见在蒙版缩览图上出现渐变效果，如图 4-50 所示，而图像上也出现了相应的渐变融合。由于在蒙版中白色区域表示完全不透明，因此前景图片遮盖住背景，黑色区域表示完全透明，则显露出背景图片，而渐变中间的灰色表示半透明，因此中间部分表现为渐变融合，效果如图 4-51 所示。

图 4-50　蒙版上的渐变效果

图 4-51　图像的渐变融合效果

③ 通道的基本操作方法与实例

利用“通道”面板可以创建和编辑通道，进行通道的基本操作。该面板是图层面板组中的一个标签，它列出了图形中的所有通道，首先是复合通道（对于 RGB、CMYK 和 Lab 图像），然后是单个颜色通道、专色通道，最后是 Alpha 通道。通道内容的缩览图显示在通道名称的左侧。缩览图在编辑通道时自动更新。需要注意的是，每个主通道（如 RGB 模式中的红、绿、蓝）的名称不能更改。

对通道的常见操作均可在通道上单击鼠标右键弹出的快捷菜单中实现，包括：

- 创建新通道

- 复制和删除通道：需要对通道图像或通道中的蒙版进行编辑时，通常要先将该通道复制后再编辑，以免编辑后不能还原。而对于不再需要的通道，则可以将其删除以节省磁盘空间，提高系统运行速度。

- 分离和合并通道：分离通道可以将一幅图像中的通道分离成为灰度图像，以保留单个通道信息，可以独立进行编辑和存储。分离后，原文件被关闭，每个通道均以灰度模式成为一个独立的图像文件。合并通道可以将若干个灰度图像合并成一个图像，甚至可以合并不同的图像。

- 创建专色通道：新建专色通道后，Photoshop 会在通道面板中自动依次命名为“专色 1”、“专色 2”等。专色通道可以直接合并到各个原色通道中。

利用通道操作可以得到各种复杂的形状和透明度的选区。在提取一些形状和透明度复杂的图像时，利用通道可以使操作更容易，同时对于提取具有复杂透明度层次的图像，利用通道操作会更容易得到所需的图像内容。

下面通过简单的抠图实例来介绍通道的基本操作方法。

【例 4.3】通道应用的简单实例——利用通道抠图

- 打开一张合适的素材图片，如图 4-52 所示。点击右下角图层面板组中的“通道”标签，分别查看红、绿、蓝三个通道中的图像，比较每个颜色通道中图像的主体和背景的明暗反差，选择一个对比最明显的通道进行操作。对于本例选择的图像来说，选择绿通道。

- 在绿通道上单击鼠标右键，在快捷菜单中选择“复制通道”，生成“绿副本”通道，如图 4-53 所示。复制通道非常重要，绝对不能在原颜色通道上进行操作，否则会更改图像的显示。

图 4-52　通道抠图素材

图 4-53　复制出“绿副本”通道

● 选中“绿副本”通道，执行“图像”菜单下的“调整/曲线”命令，打开“曲线”对话框，调整为如图 4-54 所示效果。让图像主体尽量黑，背景尽量白，也可再使用“亮度/对比度”命令，使其反差更大。

● 选择“图像”菜单下的“调整/反相”命令，是图像颜色反相，如图 4-55 所示。通道里白色表示选区内区域，黑色表示选区外区域。

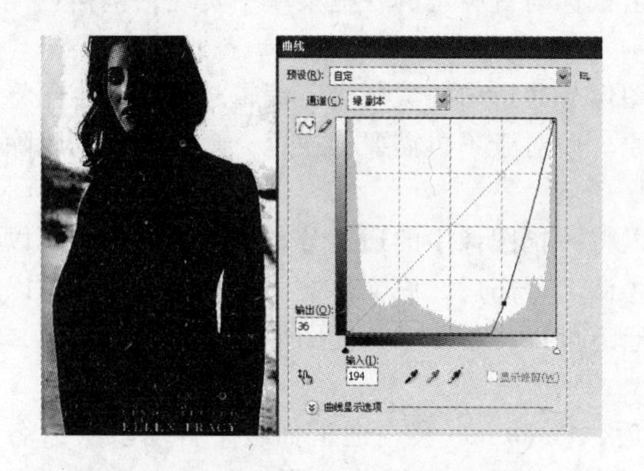

图 4-54 曲线调整“绿副本”通道

图 4-55 对“绿副本”通道反相

● 使用工具箱的“画笔”工具，设置前景色为白色，将主体内部的黑色部分涂成白色，即将全部需要抠出的内容涂成白色。再设置前景色为黑色，用画笔把背景涂成黑色，即将所有不需要的内容涂成黑色，如图 4-56 所示。

● 点击通道面板下方的“将通道载入选区”按钮，此时白色包围的区域被选中。

● 点击“RGB”通道，回复到彩色图像显示模式，按“Ctrl+C”组合键将选区里的人物复制出来。

● 点击“图层”标签，回到图层面板，新建一个图层，按“Ctrl+V”将复制的人物粘贴，即抠出前景人物。如图 4-57 所示。

人物抠出后就可以对其进行一些其他的平面效果图处理了。

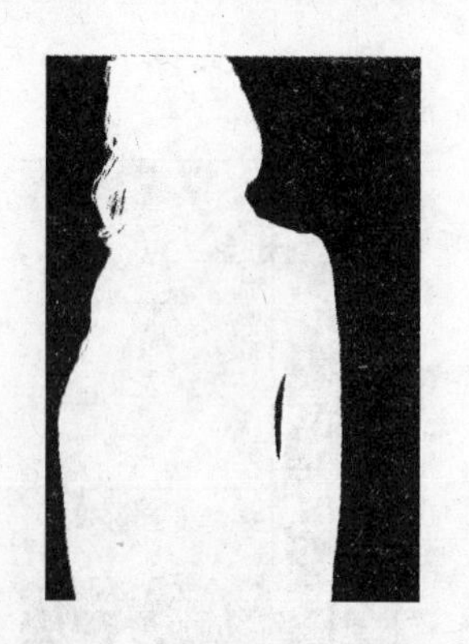

图 4-56 用画笔涂白色和黑色

图 4-57 抠图结果

④ 滤镜的基本操作方法与实例

Photoshop 中的滤镜分为 3 种类型：内嵌滤镜、内置滤镜和外挂滤镜。内嵌滤镜是内嵌于 Photoshop 程序内部的滤镜，它们不能删除，即使将 Photoshop 目录下的 plug-ins 目录删除，这些滤镜依然存在；内置滤镜是指默认方式下安装 Photoshop 是自动安装到 plug-ins 目录下的那部分滤镜；外挂滤镜是指除上述两类以外，由第三方厂商为 Photoshop 所开发的滤镜，不但数量庞大、功能各样，而且版本和种类也在不断更新和升级。

Photoshop 中所有内置滤镜都有以下几个相同的特点，在操作滤镜时必须遵守这些操作规范，才能有效准确地使用滤镜功能。

- 滤镜效果针对选区进行。如果没有定义选区则对整个图像进行处理。
- 滤镜只能针对当前的可视图层，能够反复、连续地应用，但是每次只能作用于一个图层上。
- 当要操作的滤镜较复杂或应用滤镜的图像尺寸较大时，执行使需要的时间会很长。如果要结束正在生成的滤镜效果，可以按 Esc 键退出。
- 所有滤镜都可以作用于 RGB 颜色模式的图像，而不能作用于索引颜色模式的图像，部分滤镜不支持 CMYK 颜色模式。此时可以将某一图层复制到一个新文件上，转换为 RGB 颜色模式，再添加滤镜效果。
- 若只对局部图像进行滤镜效果处理，可以对选区进行羽化操作，使处理的区域能够自然地与原图像融合。
- 如果对滤镜设置窗口中对已经调节的效果不满意，可以取消或复位，将参数重置为调节前的状态。

执行滤镜命令通常需要较长时间，因此绝大部分滤镜对话框中都提供了预览功能，勾选该选项后，可以单击下方的“+”或“-”按钮，达到放大或缩小预览图像显示比例的目的。

下面通过制作木纹纹理效果的实例来介绍滤镜的基本操作方法。

【例 4.4】 滤镜特效的简单实例——木纹效果

- 执行“文件”菜单下的“新建”命令，在“名称”内输入“木纹”，“宽度”设为 200，“高度”设为 300，“分辨率”设为 96，如图 4-58 所示。
- 设置前景色，将 RGB 值分别设为 197，153，36。选择工具箱中的“油漆桶”工具，在图像上单击鼠标，使前景填充设好的颜色。
- 选择“滤镜”菜单中的“杂色/添加杂色”命令，在弹出的“添加杂色”对话框中，将“数量”设为 16，“分布”选择“高斯分布”，并勾选“单色”选项，点击“好”按钮，则图像添加了杂色效果，如图 4-59 所示。
- 选择“滤镜”菜单中的“模糊/动感模糊”命令，在弹出的“动感模糊”对话框中，将“角度”设为 90，“距离”设为 436，从预览中可见画面产生了竖纹纹理，如图 4-60 所示。
- 选择“滤镜”菜单中的“液化”命令，此时打开“液化”窗口，在左边的“工具选项”中，将“画笔大小”设为 91，“画笔密度”设为 86，“画笔压力”设为

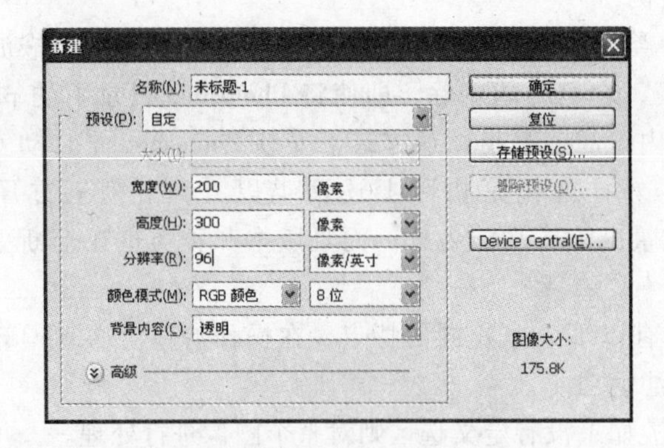

图 4-58　新建画布

图 4-59　添加杂色

100。然后在中间预览窗口内的图像上移动鼠标，出现扭曲的木纹效果，如图 4-61 所示。至此，木纹纹理制作完毕。

图 4-60　动感模糊

图 4-61　液化效果

4.2.4　数字动画制作

随着计算机软件和硬件的高速发展，由计算机参与动画制作已经大大改变了传统动画的制作方式。在多媒体软件产品中，适当的空间位置，配上合适的多媒体动画，将起到解释和连接多媒体应用软件中各组成部分的作用。出色的计算机动画制作在某些方面将有效提高多媒体应用软件的整体质量。目前，计算机动画已成为多媒体软件产品中不可缺少的组成部分。

1. 数字动画概述

英国动画大师约翰·海勒斯（John Halas）对动画的描述为：“动作的变化是动画的本质”。动画是很多内容连续但各不相同的画面组成，由于每幅画面中的物体位置和形态不同，在连续观看时，给人以活动的感觉。

动画从最初（1831 年）由法国人约瑟夫·安东尼·普拉特奥（Joesph Antoine

Plateau）发明圆盘动画开始，一直发展到现在，其本质没有很大变化，始终是连续播放的静态画面。但是，动画制作的手段却发生了日新月异的改变，已经从传统的手工绘画转变为计算机动画制作方式。利用计算机制作动画，在一定程度上减轻了动画制作的劳动强度，某些具有规律的动画甚至可以利用计算机自动生成，动画的颜色具有一致性，播放时更加稳定和流畅。但应注意，计算机虽然解决了动画制作的工具问题，却并未解决动画的创作问题，人在动画编制中仍起主导作用。

（1）计算机动画及其发展

计算机动画是指采用图形与图像处理技术，借助编程或动画制作软件生成一系列画面，其中当前画面是前一幅画面的部分修改。计算机动画是计算机图形学和艺术相结合的产物，它给人们提供了一个充分展示个人想象力和艺术才能的新天地。目前，计算机动画已经广泛应用于影视特技、商业广告、游戏、计算机辅助教学等领域。

利用计算机制作动画经历了几个里程碑：

20世纪60年代，主要是二维动画辅助制作系统，计算机用于记录画面的绘制过程。这个阶段的制作主要使用编程语言实现，技术性非常强，大多由计算机专业人员来操作。

20世纪70年代初，关键帧技术被提出，利用计算机产生某些关键帧画面的图像，由计算机自动插值计算出中间帧，大大提高了制作效率。同时，已出现三维图形与动画的基本技术开发。

20世纪70年代末，研制出交互式二维动画系统，具有直观、方便、易操作的特点，此时已无须用户掌握太多计算机知识。

20世纪80年代，可利用计算机模拟制作传统的二维动画片，从而辅助传统动画片的制作，并且优化了70年代出现的模型和阴影技术，使动画显示效果更佳。

20世纪90年代，出现了动力学仿真技术、三维仿真演员系统及自主动画（面向目标的动画），并开始将这些技术应用于影视作品开发中，创造出许多如《终结者》、《美女与野兽》等优秀的电影及动画作品。

从计算机动画的发展来看，计算机从记录动画开始，随后模拟传统动画，直到现在，形成了独特风格的计算机动画。计算机在动画制作中所扮演的角色，已经从纯粹的制作工具逐渐发展为处理工具和设计工具，其发展的最终目标是由计算机自动智能地生成动画。

（2）计算机动画的分类

从不同的角度，可以把计算机动画按几种方式分类：

① 按动画画面的性质来分，可将计算机动画分成帧动画和矢量动画。

- 帧动画是指构成动画画面的基本单位是帧，很多帧组成一部动画。帧动画借鉴传统动画的概念，一帧对应一幅画面，每帧的内容不同，当连续播放时形成动画视觉效果。制作帧动画的工作量非常大，计算机特有的自动动画功能只能解决移动、旋转等基本动作过程，不能解决关键帧的问题。帧动画主要用于传统动画片、广告片以及电影特技的制作方面。
- 矢量动画是指动画画面只有一帧，通过计算机计算生成变换的图形、线、文字和图案。矢量动画通常采用编程方式和某些矢量动画制作软件来完成。

② 按计算机动画的表现形式来分，可将计算机动画分成二维动画和三维动画。

- 二维动画又称“平面动画”，是帧动画的一种，它沿用传统动画的概念，将一系列画面连续显示，使物体产生在平面上运动的效果，具有灵活的表现手段、强烈的表现力和良好的视觉效果。
- 三维动画又称“空间动画”，它可以是帧动画，也可以制作成矢量动画。它主要表现三维物体和空间运动。

2. 计算机动画文件格式

计算机动画以文件形式保存，不同的动画制作软件产生不同的文件格式。比较常见的动画文件格式有以下几种。

(1) AVI 格式——视频文件格式，对视频和音频文件采用一种有损压缩方式以实现动态图像和声音同步播放，压缩率较高，但由于受到视频标准的制约，该格式的画面分辨率不高，满屏显示时，画面质量比较粗糙，但目前其应用范围仍非常广泛。

(2) GIF 格式——适合网页传输的帧动画文件格式，目的是在不同平台上交流使用。它采用无损数据压缩方法中压缩率较高的 LZW 算法，文件尺寸较小，是目前 Internet 的 WWW 应用中最主要的文件格式之一。

(3) FLIC 格式——它是 FLI 和 FLC 文件格式的统称，是 Autodesk 公司的 Animator Pro 软件生成的彩色动画文件格式，数据压缩率相当高，代码效率高、通用性好，它被广泛用于动画图形中的动画序列、计算机辅助设计和计算机游戏应用程序。

(4) SWF 格式——使用 Flash 软件制作的动画文件格式。它基于矢量技术，采用曲线方程描述内容，画面不是由点阵组成，因而在缩放时不会失真，非常适合描述由几何图形组成的动画，如教学演示等。由于这种格式的动画可以与 HTML 文件充分结合，并能添加 MP3 音乐，因此被广泛应用于网页上，是一种“准”流式媒体文件。

(5) DIR 格式——使用 Director 软件制作的动画格式，也是一种具有交互性的动画，可加入声音，数据量较大，多用于多媒体游戏中。

3. 常用计算机动画制作软件

制作动画通常依靠动画制作软件完成。计算机动画制作软件具备大量用于绘制动画的编辑工具和效果工具，还有用于自动生成动画、产生运动模式的自动动画功能。目前，计算机动画制作软件很多，不同的动画效果，取决于不同的计算机动画软件和硬件的功能。虽然制作的复杂程度不同，但动画的基本原理是一致的。常见的动画制作软件有：

(1) Ulead GIF Animator

GIF Animator 是友立（Ulead）公司出品的一个专门用作平面动画制作的软件，操作使用都十分简单，比较适合非专业人士使用。该软件提供“精灵向导”，使用者可以根据向导的提示一步步完成动画制作，同时还提供了众多帧之间的转场效果，实现画面间的特色过渡。这款软件的主要输出文件格式是 GIF，常用于简单标头动画的制作。

(2) Ulead Cool 3D

Cool 3D 是由友立（Ulead）公司出品的一个专门制作三维文字动态效果的文字动画

制作软件，主要用来制作影视字幕和界面标题。

这款软件操作简单，采用模板式操作，使用者可直接从软件的模板库中调用动画模板来制作文字三维动画，只需先用键盘输入文字，再通过模板库挑选合适的文字类型，选好后双击即可应用效果，同样，对于文字的动画路径和动画样式也可从模板库中进行选择，十分简单易行。

（3）Adobe Flash

Flash是由原Macromedia公司开发的一个功能强大的二维动画制作软件，有很强的矢量图形制作能力，它提供了遮罩、路径和交互的功能，并能对音频进行简单编辑。Flash采用时间轴和帧的制作方式，不仅在动画方面有强大的功能，在网页制作、媒体教学、游戏、广告等领域也有广泛的应用。Flash是交互式矢量图和Web动画的事实标准。网页设计者使用Flash能创建漂亮的、可改变尺寸且极其紧密的导航界面，无论是专业的动画设计者还是业余动画爱好者，Flash都是一个很好的动画设计软件。

（4）3D Studio Max

3D Studio Max常被简称为3ds Max，是Autodesk公司开发的基于PC系统的注明三维动画渲染和制作软件，如图4-62所示。它功能十分强大，在光线、色彩渲染等方面都很出色，造型丰富细腻，跟其他软件相配合可产生很专业的三维动画制作效果。目前被广泛应用于影视广告、室内外设计、多媒体制作、游戏、辅助教学以及工程可视化等领域。

3ds Max自诞生以来，就以一体化、智能化界面著称，其操作界面如图4-63所示。一体化是指所有工作，如三维造型、二维放样、帧编辑、材质编辑、动画设置等都在统一的界面中完成，这样就避免了屏幕切换带来的麻烦。所谓智能化是指那些条件具备，当前能够起作用的工具图标才能被激活，即符合当前用户制作某动画时能被用上的命令才能被用户使用，反之则不能使用。

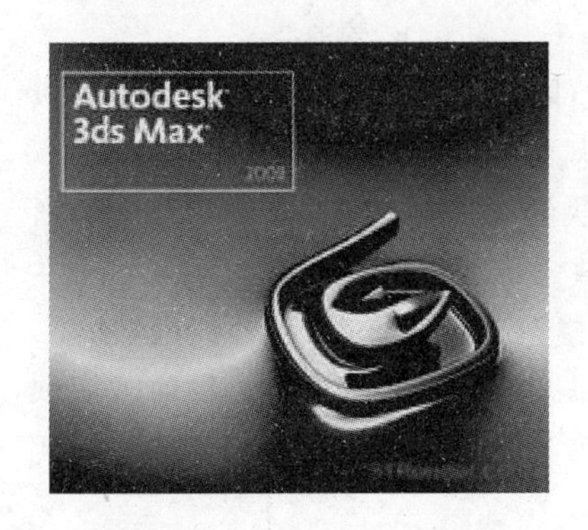

图4-62　3ds Max

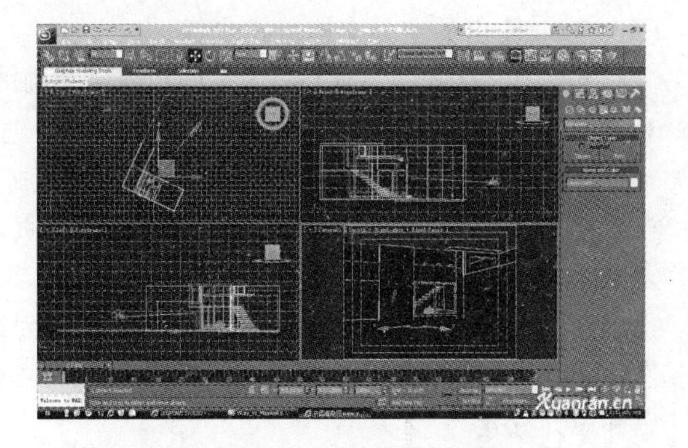

图4-63　3ds Max的操作界面

（5）Maya

Maya是Autodesk公司开发的顶级三维动画制作软件，应用对象是专业的影视广告、角色动画及电影特技等。Maya功能完善，工作灵活，易学易用，制作效率极高，渲染真实感极强，是电影级别的高端制作软件，因此它对计算机的硬件配置要求较高，一般在专业工作站上使用。目前随着个人计算机性能的提高，Maya 的使用者也逐渐多了起来。

（6）Poser

Poser 是 Metacreations 公司推出的一个三维动物、人体造型和三维人体动画制作软件。它主要用于人体建模，常配合其他软件来实现真实的人体动画制作。它的操作很直观，只需鼠标就可实现人体模型的动作扭曲，并能随意观察各个侧面的制作效果，并且它拥有丰富的模型库，使用者通过选择即可很容易地改变人物属性，同时还提供服装、饰品等道具，双击即可调用，使用十分简单。

4. Adobe Flash 二维动画制作软件

Flash 是原美国 Macromedia 公司设计的二维矢量动画制作软件，也是目前 Internet 上交互式矢量图和 Web 动画的标准。Flash 功能强大，最初大量应用于网页矢量动画设计中，随着 Flash 技术的不断发展和普及，它已被广泛应用到越来越多的领域，如网站广告、电子贺卡、教学课件、网络游戏及网络应用程序开发等。Macromedia 公司被 Adobe 公司收购后，更名为 Adobe Flash。当前最新版本为 Adobe Flash CS5。

Flash 的主要特性有：

- 使用矢量图形和流式播放技术。与位图图像不同，矢量图形与分辨率无关，可以任意缩放尺寸而不影响显示质量；流式播放技术使得动画可以边播放边下载，从而节省了用户等待的时间。
- 通过使用关键帧技术和矢量计算（Vector Graphics）方式使得生成的动画文件体积非常小，非常适合于网页设计和传输。
- 集音乐、动画、音效和交互方式于一体。越来越多的人已经把 Flash 作为网页动画设计的首选工具软件。据该公司声称全世界 97% 的网络浏览器都内建 Flash 播放器（Flash Player）。

Flash 输出的主要文档格式包括：

- .fla 格式——该格式是 Flash 创建动画的源文件格式，只能用 Flash 打开，可以对动画绘制、图层、库、时间轴和舞台场景等进行重复编辑。
- .swf 格式——该格式是 Flash 作品完成后默认的影片输出格式。Swf 动画的播放需要 Flash 播放器的支持，既可以嵌入在网页内播放，也可以独立播放。由于 Swf 在发布时可以选择保护功能，因此观看者不能对其进行修改和编辑。若没有选择该功能，很容易被其他人输入到自己的 Flash 软件中作为源文件进一步编辑。当然，目前破解软件种类众多，保护功能同样可能被破解，有不少闪客专门用此方法来学习别人的程序代码和设计方式。
- .as 格式——该格式是 Flash 软件使用 Actionscript 语言生成的代码文件格式。Actionscript 是 Flash 的动作脚本语言，简称 AS，用于控制影片和应用程序中的动作、运算符、对象、类以及其他元素。AS 代码可以直接写在 Flash 的时间轴上，也可以单独写在一个 .as 文件中，作为外部文件进行链接。

除上述 3 种主要文件格式外，Flash 还可以输出其他格式的图像或影片。其中，它支持导出的图像格式有 GIF、AI、BMP、JPG、PNG、EMF、WMF 等，支持导出的影片格式有 AVI、MOV、WAV 等。另外，它还可以导出为 Windows 放映文件 exe 格式和 Macintosh 放映文件 app 格式。

(1) Flash 动画制作的基本概念

利用 Flash 软件制作动画时，需要了解一些相关的基本概念。

① 图层

Flash 也是以图层的概念来存储对象的，其概念类似 Photoshop 中的图层，区别在于一个存储静止对象而另一个存储运动对象。

在创建动画时，可以使用图层和图层文件夹来组织动画序列的组件和分离动画对象，这样它们之间就不会互相擦除、相连或分割。通常将运动方式不同的对象置于不同的图层，如编辑运动中的人，其头、手、腿和脚必须位于独立的图层，这样可以使动画的条理清晰，便于编辑。通常的做法是背景层包含静态插图，其他的每个图层中包含一个独立的动画对象。通过增加图层，可以在每一层编辑不同的效果，从而制作出较复杂的动画。

② 普通帧和关键帧

普通帧是代表整个动画中各个时刻的不同静态画面；关键帧是在动画中状态发生变化的画面，或是包括 ActionScript 语句的帧。

普通帧处于两个关键帧之间，由系统自动生成，是表示渐变或运动等效果的中间画面，普通帧的数量多少不会影响动画文件的体积。关键帧的画面和位置由设计者定义，不是系统自动生成的。由于 Flash 文档主要保存每一个关键帧的具体内容，因此，增加关键帧的数量会增大动画文件的体积。

③ 元件与实例

元件是在 Flash 中创建的图形、按钮或影片剪辑，它可以重复使用。元件可以包含从其他应用程序中导入的插图或影片。任何创建的元件都会自动存放在库中。实例是元件位于工作区域的实际应用，是位于舞台上或嵌套在另一个元件内的元件副本。

元件和实例的运用可以简化影片的编辑，把影片中需要多次使用的元素做成元件，当修改了元件后，它的所有实例都会随之更新，不必逐一更改；而反过来，对元件的一个实例应用效果则只更新该实例，因此，实例可以与它的元件在颜色、大小和功能上差别很大。

由于在影片播放时，一个元件只需下载一次到播放器中，因此，影片使用了元件和实例会显著减小文件的大小，加快影片的回放速度。

④ 库与公用库

在 Flash 中，库能将所有的元件保留下来，以方便用户下次再使用该元件。除元件外，库中还可以保留位图、声音、视频等各种多媒体素材，方便用户对所有用到的素材进行浏览和选择。

此外，Flash 还提供了公用库功能。利用该功能，用户可以在一个动画中定义一个公用库，在以后制作其他动画时进行链接，从而可以使用外部库元件，免去了用户多次创建元件的麻烦。

（2）Flash 的工作环境

Flash CS4 的欢迎屏幕如图 4-64 所示，分 3 个区域，左栏是“打开最近的项目”，中间为“新建”栏，右边是“从模板创建”栏。最常见的操作是点击“新建”下的“Flash 文件（ActionScript3.0）”或“Flash 文件（ActionScript2.0）”，出现操作界面，如图 4-65 所示，由应用程序栏、主菜单栏、工具面板、时间轴面板、舞台和几个常用面板组成。

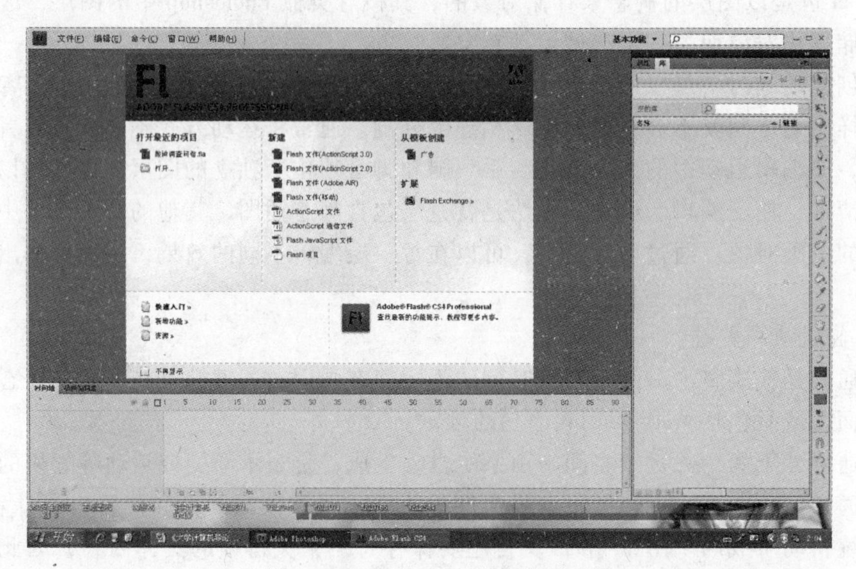

图 4-64　Flash CS4 的开始页面

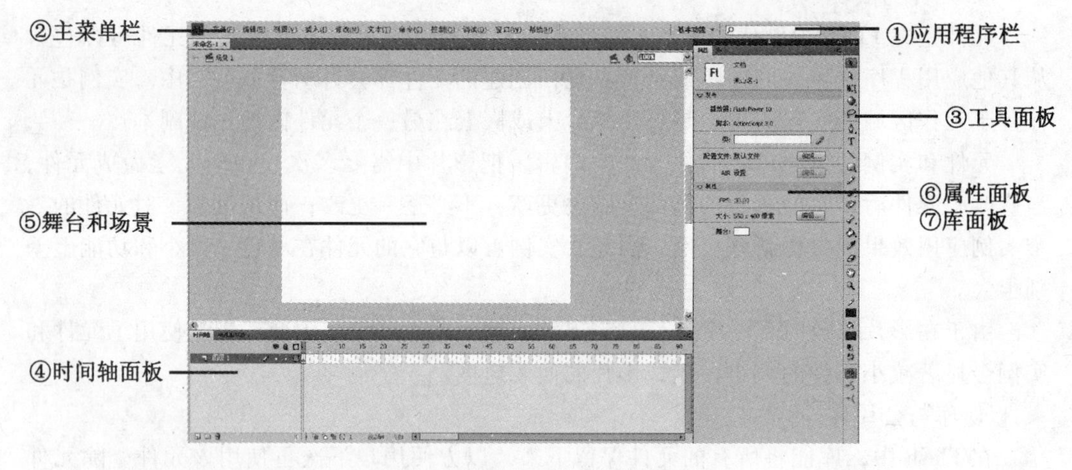

图 4-65　Flash CS4 的操作界面

① 应用程序栏

应用程序栏由原版本中的标题栏改成，该栏显示了工作区预设下拉菜单，工作区预设包括 6 种操作界面，如图 4-66 所示，用来适应不同领域专业人员各自的操作特点，默认的预设为基本功能，其操作界面如图 4-65 所示。

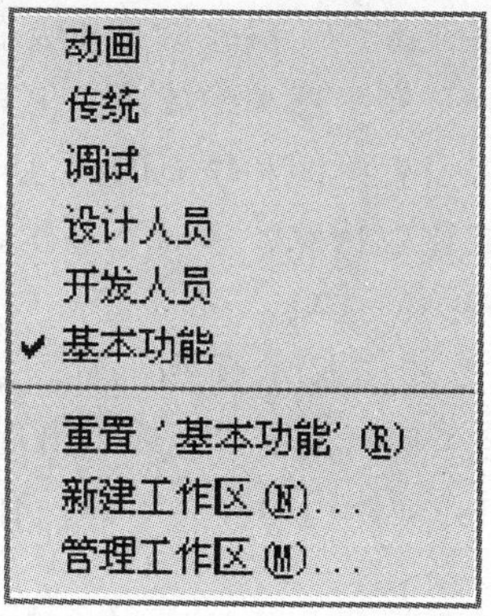

动画
传统
调试
设计人员
开发人员
✔基本功能
重置'基本功能'(R)
新建工作区(N)...
管理工作区(M)...

图 4-66　Flash CS4 的工作区预设

② 主菜单栏

在编辑文档时，主菜单如图 4-67 所示，包括以下 11 个菜单：

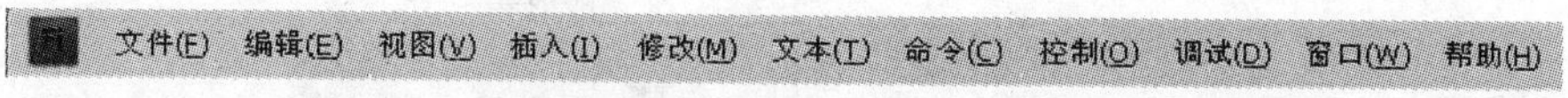

文件(F)　编辑(E)　视图(V)　插入(I)　修改(M)　文本(T)　命令(C)　控制(O)　调试(D)　窗口(W)　帮助(H)

图 4-67　Flash CS4 的主菜单

- 文件：可以执行创建、打开、保存、关闭、导入/导出文件等操作。
- 编辑：可以执行复制、粘贴、撤销、清除、查找等编辑操作。
- 视图：可以执行放大、缩小、标尺、网格等有关视图的操作。
- 插入：可以执行插入新元素（如帧、图层、元件、场景等）的操作。
- 修改：可以执行元素本身或元素属性的变换动作，如将位图转换为矢量图，将对象变形、排列或对齐等操作。
- 文本：可以执行与文本相关的属性设置，如设置字体、字距、检查拼写等。
- 命令：可以运行命令，导入/导出动画 XML 等操作。
- 控制：可以执行与影片进程和测试有关的操作，如测试影片和场景、播放和停止等。
- 调试：可以执行与动作脚本语言调试相关的操作，如远程调试会话、删除断点等。
- 窗口：可以对窗口和面板进行管理，如新建窗口、展开或隐藏某个面板等。
- 帮助：可以提供工作过程的支持，如 Adobe 产品改进计划、Flash 技术支持中心等。

③ 工具面板

工具面板位于整个操作界面的右侧，在 Flash CS4 版本中，它被分隔线分成了以下 6 个组成部分：

● “选择”部分，主要用来选择工作区中的相关对象；

● “绘图”部分，包括了一些用来绘制线段、绘制图形、输入文本的相关工具；

● “填充”部分：主要是填充颜色、擦除填充和吸取颜色等和填充相关的工具；

● “查看”部分，这个部分只有手形和缩放两个工具，用于平移或缩放舞台；

● “颜色”部分，主要用来设置笔触和填充的颜色；

● “选项”部分，这个区域比较特殊，平时不显示，只有在选择了相应的工具后，根据所选工具的不同才会显示相关的选项。

在动画制作过程中，若需要指定显示哪些工具，也可以使用“编辑”菜单下的“自定义工具面板”选项来决定工具面板中出现或不出现哪些功能键。

工具面板包含 Flash 操作中必须使用的各类工具，有关其中各种工具的具体使用方法，将在下一节中作详细介绍。

④ 时间轴面板

时间轴用于组织和控制文件内容在一定时间内播放，如图 4-68 所示。按照功能的不同，时间轴面板分为左右两部分，左边为图层控制区，右边为时间线控制区。

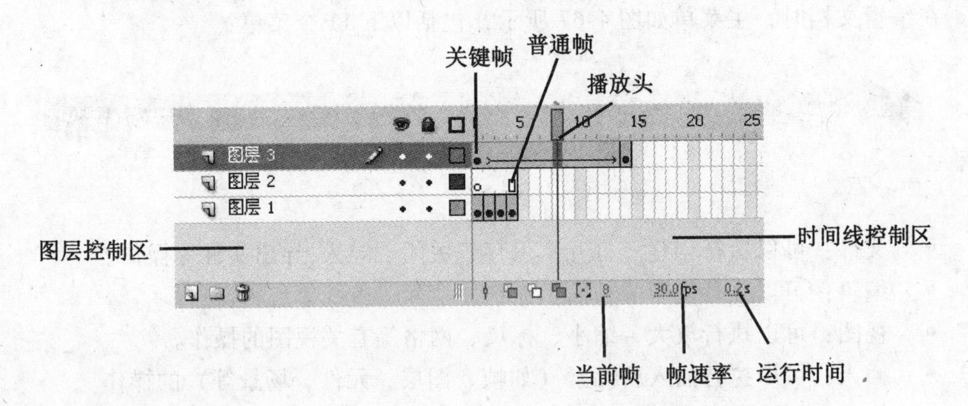

图 4-68　时间轴面板

在图层控制区中，图层按照其在时间轴中出现的次序堆叠，新建的图层在最上面，因此时间轴底部图层中的对象在舞台上也堆叠在底部。每个图层中包含的帧显示在该图层名右侧的一行中。图层控制区右边的功能按钮可以对图层进行隐藏、显示、锁定和解锁操作，并能将图层内容显示为轮廓。图层控制区下方的功能按钮可以实现新建图层、新建图层文件夹和删除图层的操作。和 Photoshop 类似，图层也可以通过上下拖动来改变相互之间的位置从而达到所需要的遮盖效果。

在时间线控制区中，每一帧显示为一个小方格。时间轴顶部的数字指示帧编号，播放头指示当前在舞台上显示的帧。播放文档时，播放头从左向右通过时间轴。时间线控制区下方显示的是时间轴状态指示所选的帧编号、当前帧速率以及到当前帧为止的运行时间。

时间轴可以显示文档中帧和关键帧出现的时间点以及制作的动画类型，是动画制作中必不可少的面板。

⑤ 舞台和场景

舞台是创建 Flash 文档时编辑和播放动画的矩形区域，是工作区中的有色或白色区域，即文档背景色区域，如图 4-69 所示。在舞台上可以放置、编辑矢量插图、文本框、按钮、导入的位图图形、视频剪辑等对象。创作环境中的舞台相当于回放时显示文档的矩形空间。在工作时可以使用缩放功能更改舞台的视图，还可以在舞台上显示出网格、辅助线和标尺来帮助定位元件对象。

图 4-69　舞台和场景

一个场景表示在一个舞台上展开的一段表演，就是一段连续的动画过程。使用场景可以有效地组织动画，一般而言，在较小的动画作品中，使用一个默认场景就可以了。若要制作较长较复杂的动画，如果大量的帧在一个场景中则容易发生误操作，不方便编辑和管理，此时可以将整个动画分成连续的几个部分分别编辑，这样它包含场景就不止一个。要查看某个特定场景，可以使用“视图”下的“转到”命令，再从其子菜单中选择场景的名称。

⑥ 属性面板

属性面板是 Flash 中使用频率最高的一个面板，用户可以通过该面板来设置选取的对象。对于正在使用的工具或资源，使用“属性”面板，可以很容易地查看和更改它们的属性，从而简化文档的创建过程。当选定单个对象时，如文本、组件、形状、位图、视频、组、帧等，“属性面板”可以显示相应的信息和设置。当选定了两个或多个不同类型的对象时，“属性”面板会显示选定对象的总数，如图 4-70 所示。

这里值得说明的是，在 Flash CS4 中，滤镜已成为属性面板中的一个子项目，用户可以直接利用各种滤镜为文本、按钮和影片剪辑添加有趣的视觉效果。一个对象上可以应用多个滤镜，应用的滤镜数量越多所创作的动画质量越高，但 Flash 要处理的计算量也就相对越大，因此，用户应根据需要选择合适的滤镜数量和质量级别，以此来保证 Flash 影片的播放性能。

⑦ 库面板

库面板是 Flash 中存储和组织元件、位图图形、声音剪辑、视频剪辑和字体的容器，如图 4-71 所示。因为每种媒体都有与之相关的不同图标，所以在库中可以根据图标轻松地识别出不同的库资源。库面板是 Flash 中最有用，也是使用最频繁的界面元素之一。

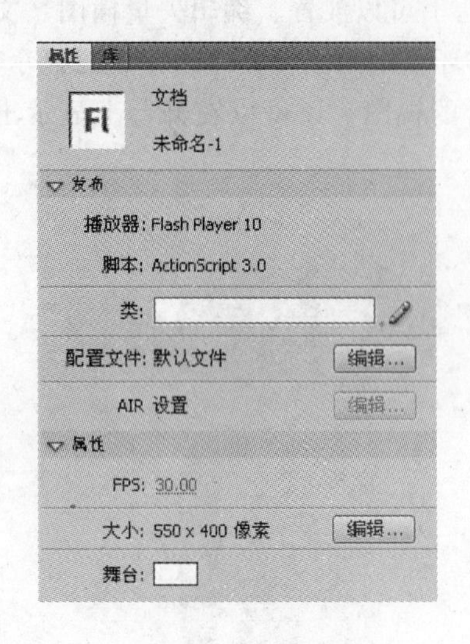

图 4-70　属性面板

图 4-71　库面板

⑧ 常用的浮动面板

面板有利于查看、组合和更改资源。但屏幕的大小有限，为了尽量使工作区最大，除上述动画制作必须使用的面板外，Flash CS4 还提供了多种面板，每个面板对应于一个功能模块。在 Flash 主菜单中单击“窗口”菜单，可以看到 Flash 程序中所有面板的列表。

图 4-72 显示了在常用动画制作过程中使用较普遍的一些面板，例如“颜色”面板用于渐变色和填充模式的设置，“变形”面板用于改变元件或组的形状，“动作”面板用于创建和编辑对象或帧的 ActionScript 代码。这些面板的位置是不固定的，可以展开或折叠、自由拖动、任意堆叠，这种模式十分有利于管理和使用众多面板。

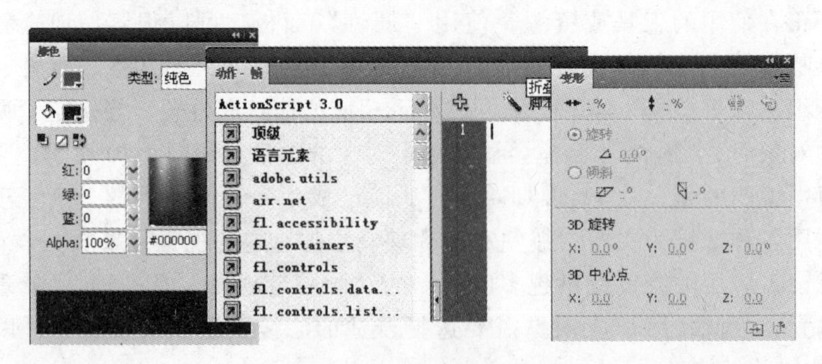

图 4-72　几个常用的浮动面板

(3) 工具面板

工具面板里包含了绘图、选择、编辑、填充等所有工具，如图 4-73 所示。拖动工具面板的边框可以改变工具面板的大小。下面针对前面叙述的 6 个组成部分，详细介绍每个工具的名称和相应功能。

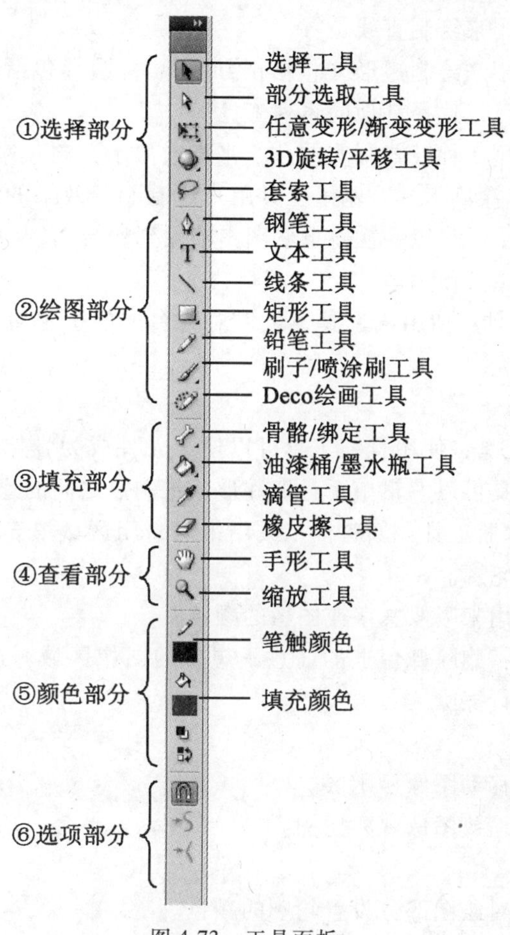

图 4-73　工具面板

① 选择部分

- 选择工具：选取工具区中的文字或图像。
- 部分选取工具：选取图形的节点和路径以改变图像的形状。
- 3D 旋转/平移工具：3D 旋转是在全局 3D 空间中旋转影片剪辑对象；3D 平移可实现在 3D 空间中通过 x，y，z 轴移动影片剪辑对象。
- 任意变形/渐变变形工具：任意变形工具可以移动、旋转、缩放和扭曲单个变形或组合几个变形；渐变变形工具实现对渐变颜色的变形操作。
- 套索工具：手绘一个自由选择区域来创建插图的一个不规则选择，也可使用套索工具选项来调整用户的选择。

② 绘图部分

- 钢笔工具：创建直线或曲线部分，是 Flash CS4 中唯一可以让用户创建贝塞尔曲线的绘制工具，能让用户精确控制线段。该工具图标内还包含另外 3 个同系列工具，分别是添加锚点工具、删除锚点工具和转换锚点工具。
- 文本工具：用来在舞台上创建文本字段。
- 线条工具：用来绘制直线。
- 矩形工具：用来绘制矩形（包括正方形）、椭圆（包括正圆）、多边形等图形，在图标的三角箭头下可以选择其他同系列工具。
- 铅笔工具：用 3 种模式（直线化、平滑或墨水）之一来创建线条。
- 刷子工具/喷涂刷工具：刷子工具用来绘制刷子效果的线条或者填充所选对象内部的颜色；喷涂刷工具可以一次将形状图案喷涂到舞台上，同时可以将影片剪辑或图形元件作为该工具的图案使用。
- Deco 绘画工具：使用该工具，可以对舞台上的选定对象应用藤蔓式填充、网格填充或对称刷子填充。

③ 填充部分

- 骨骼/绑定工具：使用骨骼工具可以使某元件成为骨架的根部或头部，然后拖动进行链接；绑定工具可以编辑单个骨骼和形状控制点之间的连接。
- 颜料桶/墨水瓶工具：颜料桶工具用来对封闭区域填充颜色；墨水瓶工具用来描绘所选对象的边缘轮廓。
- 滴管工具：用来吸取文字或图像的颜色。
- 橡皮擦工具：删除舞台上的任意不想要的图像区域。按下 Shift 键不放，可以对水平和垂直线条进行擦除。

④ 查看部分

- 手形工具：移动图像显示区。
- 缩放工具：缩放图像观察比例。

⑤ 颜色部分

- 笔触颜色：对绘图部分设置轮廓的颜色。
- 填充颜色：对填充部分设置内部填充的颜色。

⑥ 选项部分

这部分是根据选择的工具不同而出现不同的设置选项，这里不再一一举例。

（4）制作 5 种基本动画的方法及实例

对于 Flash 动画的分类很多，常见的是将 Flash 动画分为传统基本动画和高级交互动画两大类。其中传统基本动画是按照动画形成的原理，通过在时间轴的不同图层上根据需要添加普通帧和关键帧，结合设置图层的属性来制作的，它是制作高级交互动画的基础。而高级交互式动画是通过在动作面板中创建和编辑 ActioScript 代码，同时结合按钮或组件等元件来制作的。它可以实现在动画播放时支持事件的响应和交互，并产生很多特殊效果。

本小节主要通过实例介绍 Flash 的传统基本动画制作方法，限于篇幅原因，对于高级交互式动画的制作和 ActionScript 语言的编写不在这里讲解。

Flash 的传统基本动画分为逐帧动画、补间动画、遮罩动画和路径动画 4 种。下面分别介绍它们的制作方法。

① 逐帧动画的制作方法

逐帧动画是最简单的 Flash 动画类型，它的制作方法是在时间轴的每一帧都添加一个关键帧，每个关键帧的内容都由用户自己根据需要绘制。由于每一幅画面都是关键帧，使得逐帧动画的工作量非常大，并且生成文件的体积较大。但是这种方法制作出来的动画效果非常准确真实。下面以屏幕打字效果的实例来说明制作逐帧动画的步骤。

【例 4.5】逐帧动画实例——屏幕打字效果

- 执行“文件”菜单中的“新建”命令，在弹出的对话框中选择“Flash 文件（ActionScript 2.0）”或“Flash 文件（ActionScript 3.0）”，然后单击“确定”按钮。
- 执行“插入”菜单中的“新建元件”命令，或按 Ctrl+F8 组合键，新建一个“图形”类型的元件，命名为“武”，如图 4-74 所示。
- 单击“确定”按钮，进入“武”图形元件的编辑状态。选择工具面板中的文字工具，在舞台中央输入一个汉字“武”，并在属性面板中进行相应的颜色、字体、字号等设置，如图 4-75 所示。
- 点击舞台上方的“场景 1”链接，回到场景 1 中。

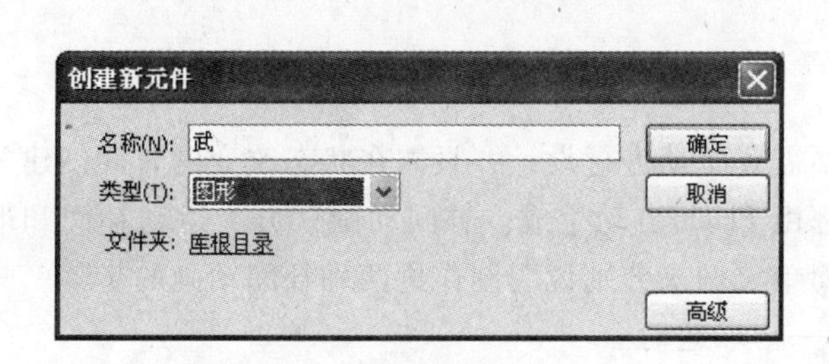

图 4-74　新建一个图形元件

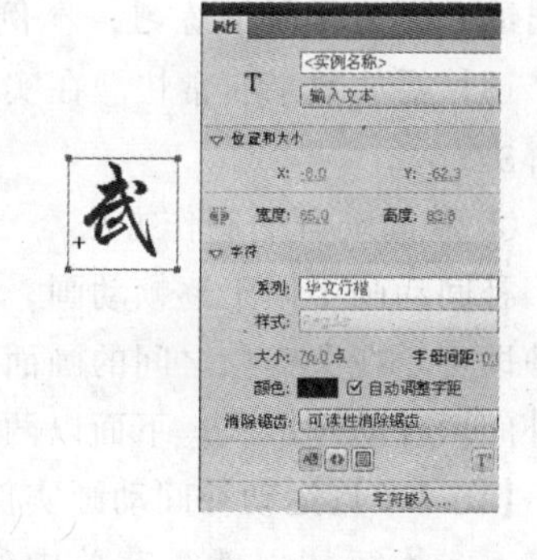

图 4-75　“武”元件的编辑状态

- 按照同样的方法，另外再创建三个元件，分别命名为“汉”、“大”、“学”。元件内容分别为“汉”、“大”、“学”三个字。然后回到场景 1 中。此时库中已创建好 4 个图形元件，如图 4-76 所示。
- 在场景 1 中，点击时间轴的第 1 帧，使其称为选中状态。然后从库中将“武”元件拖动到舞台中央，此时，第 1 帧变成实心黑点表示，即称为关键帧。
- 在第 2 帧上单击鼠标右键，在弹出的快捷菜单中选择“插入关键帧”，也可直接按快捷键 F6，此时第 2 帧也变成关键帧，然后从库中将“汉”元件拖动到舞台上，与“武”字排列整齐。
- 按照同样的方法，点击第 3 帧并插入关键帧，将“大”字从库中拖动到舞台上，放置在“汉”字后面，排列整齐。
- 点击第 4 帧并插入关键帧，将“学”字从库中拖动到舞台上，放置在“大”

字后面，排列整齐。如图 4-77 所示。

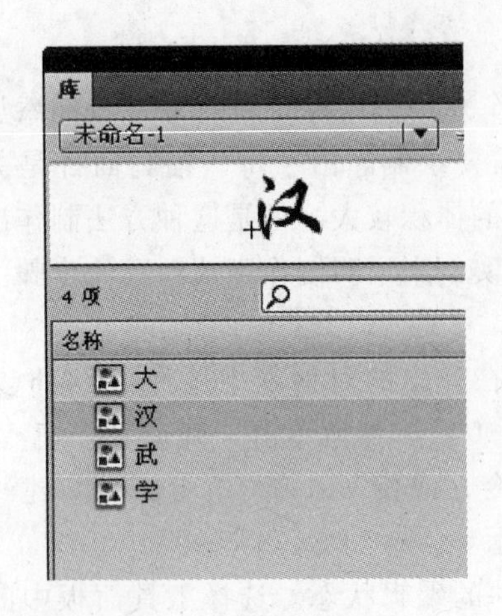

图 4-76　库中创建四个元件

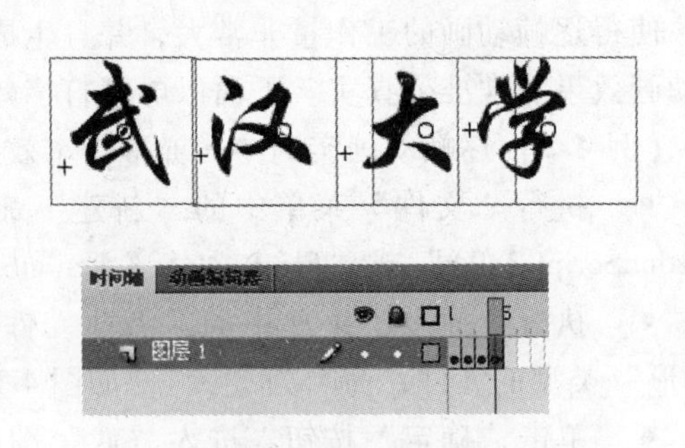

图 4-77　四帧逐帧动画

这样就完成了一个简单的含有 4 个关键帧的逐帧动画，每一帧出现一个字。完成制作后，执行“控制”菜单中的“测试影片”命令，就可以看到完成后的效果了。需要指出的是，为了便于练习，本例使用了较简单的 4 个关键帧，由于 Flash 采用循环播放，逐帧播放效果非常快。在实际制作当中，可以采用中间插入普通帧进行延时的方法来解决。

② 补间动画的制作方法

补间动画不同于逐帧动画，它不需要每帧进行设计，只需在状态改变的时候创建关键帧即可。在关键帧之间的画面全部由 Flash 自动生成。补间动画又分为运动补间和形状补间两种动画形式。下面以两个简单实例来分别说明制作这两种补间动画的步骤。

【例 4.6】 运动补间动画实例——小球运动

- 执行“文件”菜单中的“新建”命令，在弹出的对话框中选择“Flash 文件(ActionScript 2.0)”或“Flash 文件 (ActionScript 3.0)”，然后单击“确定”按钮。
- 执行“插入”菜单中的“新建元件”命令，或按 Ctrl+F8 组合键，新建一个“图形”类型的元件，命名为“小球”。
- 单击“确定”按钮，进入“小球”元件的编辑状态。点击工具面板中的矩形工具，选择同系列工具里面的椭圆工具，并且选择合适的笔触颜色和填充颜色，然后按住 Shift 键，在舞台中央拖出一个正圆，如图 4-78 所示。
- 点击舞台上方的“场景 1”链接，回到场景 1 中。
- 选中时间轴上的第 1 帧，将“库”面板中的“小球”元件拖到舞台上。然后在第 30 帧单击鼠标右键，在弹出的快捷菜单中选择“插入关键帧”命令，使第 30 帧成为关键帧。
- 点击工具面板中的选择工具，然后点击舞台上的小球图形，拖动至新的位置。
- 在时间轴的第 1 帧和第 30 帧中间的任何一个位置单击鼠标右键，在弹出的快捷菜单中选择“创建传统补间”命令，两帧之间出现了由起点关键帧指向终点关键帧的箭头，表明已经建立了运动补间关系，如图 4-79 所示。

图 4-78　“小球”元件的编辑

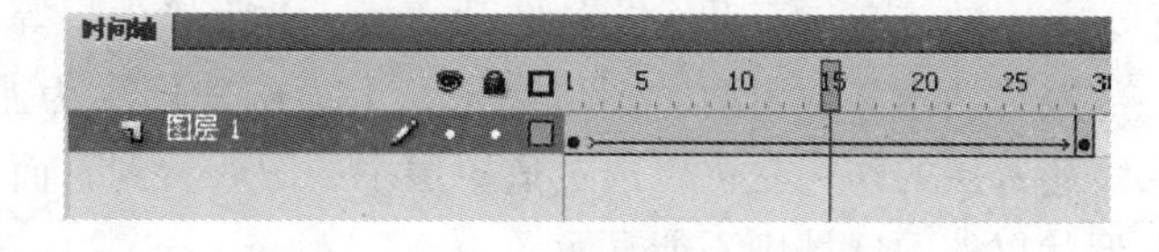

图 4-79　1～30 帧之间创建传统补间

【例 4.7】形状补间动画实例——小球变文字

- 执行“文件”菜单中的“新建”命令，在弹出的对话框中选择“Flash 文件（ActionScript 2.0）”或“Flash 文件（ActionScript 3.0）”，然后单击“确定”按钮。
- 在当前图层上选择时间轴第 1 帧，然后选择工具面板中的椭圆工具，在场景中绘制一个小球。
- 选择第 50 帧，单击鼠标右键，在弹出的快捷菜单中选择“插入关键帧”命令，建立一个终点关键帧。在场景中删除刚才绘制的小球，并使用工具面板中的文字工具，在原位置输入汉字“好”。
- 选中场景中的“好”字，单击鼠标右键，在弹出的快捷菜单中选择“分离”命令，使其打散为像素点阵形状，如图 4-80 所示。
- 在第 1 帧和第 50 帧中间的任一位置单击鼠标右键，在弹出的快捷菜单中选择“创建补间形状”命令，如图 4-81 所示。在两帧之间出现了由起点关键帧到终点关键帧的箭头，表明已经建立了形状补间关系。

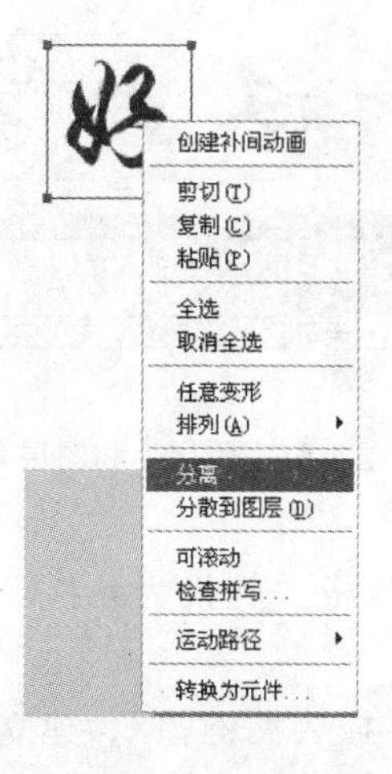

图 4-80　将文字分离

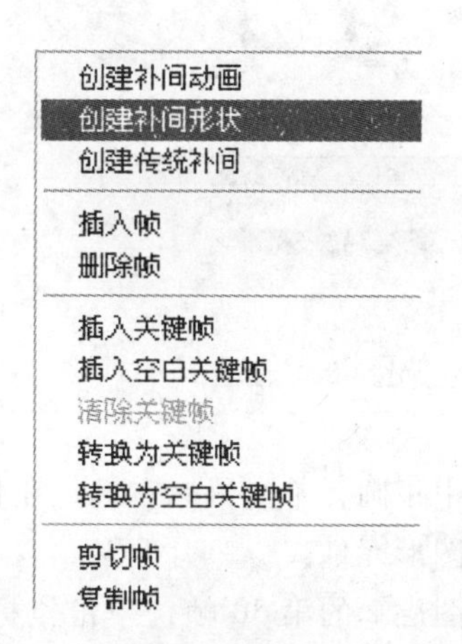

图 4-81　“创建补间形状”命令

由上述两个实例可以看出，制作补间动画的要素有两个：一是必须设定补间动画的起始帧和结束帧这两个关键帧；二是形状补间只能用于分解了的图形对象，如分离的组、实例、位图图像或文本等。

③ 遮罩动画的制作方法

遮罩动画在 Flash 制作中很常用，主要作用是产生一些特殊的效果，如探照灯效果、水中的涟漪、百叶窗式的图片切换、放大镜效果等。

遮罩动画必须由两个图层完成，上面的图层称为遮罩层，下面的图层称为被遮罩层。遮罩层的作用是可以透过遮罩层中的图形看到下面图层中的内容，但是在遮罩层图形形状以外的区域则不能显示。

一般在遮罩层中绘制的图形不需设置颜色，只注重其形状，这些形状是完全透明的，会显示出下面图层的内容，其他区域则完全不透明。下面以探照灯效果的实例来说明制作遮罩动画的步骤。

【例 4.8】 遮罩动画实例——探照灯效果

- 执行“文件”菜单中的“新建”命令，在弹出的对话框中选择“Flash 文件（ActionScript 2.0）”或“Flash 文件（ActionScript 3.0）”，然后单击“确定”按钮。
- 在图层 1 的第 1 帧，单击工具面板中的文本工具，在舞台上输入“武汉大学”，并在属性面板中进行相应的属性设置，如字体、颜色、字号等，如图 4-82 所示。
- 在图层 1 的第 30 帧，单击鼠标右键，在弹出的快捷菜单中选择“插入帧”命令，将文字的静态画面延续到第 30 帧。
- 点击时间轴面板左下角的“新建图层”按钮，新建图层 2，同时将图层 1 锁定。
- 在图层 2 的第 1 帧，选择工具面板中的椭圆工具，按住 Shift 键，在场景中绘制一个正圆，并遮住第一个字“武”，如图 4-83 所示。

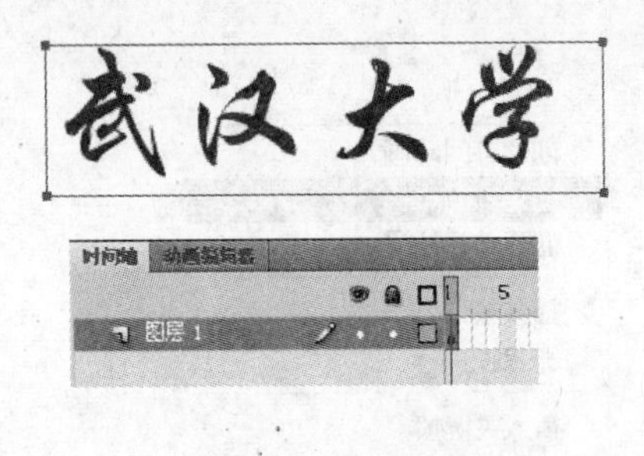

图 4-82　图层 1

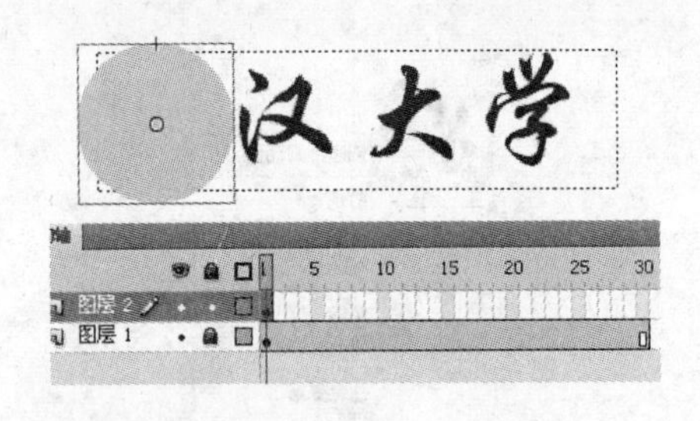

图 4-83　图层 1 和图层 2

- 选中正圆，单击鼠标右键，在快捷菜单内中执行“转换为元件”命令，将其转换为一个图形元件。
- 在图层 2 的第 30 帧，单击鼠标右键，选择“插入关键帧”，建立一个终点关键帧。
- 在第 30 帧上，将场景中原来的图形删除。打开库面板，将其中刚建立的图形元件拖入场景中，并放在最后一个字“学”的上面，如图 4-84 所示。

● 在图层 2 的两个关键帧之间任一位置单击鼠标右键，在弹出的快捷菜单中选择“创建传统补间”命令，建立运动补间。

● 在图层 2 上单击鼠标右键，在弹出的快捷菜单中选择“遮罩层”，使图层 2 成为遮罩层，图层 1 则变为被遮罩层，建立起两个图层之间的遮罩关系，如图 4-85 所示。

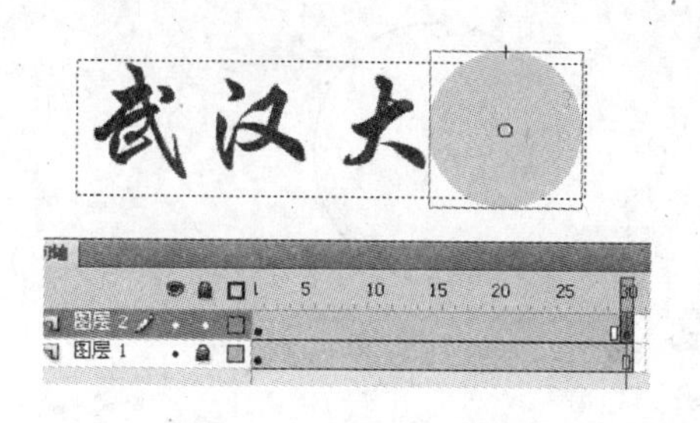

图 4-84　建立终点关键帧

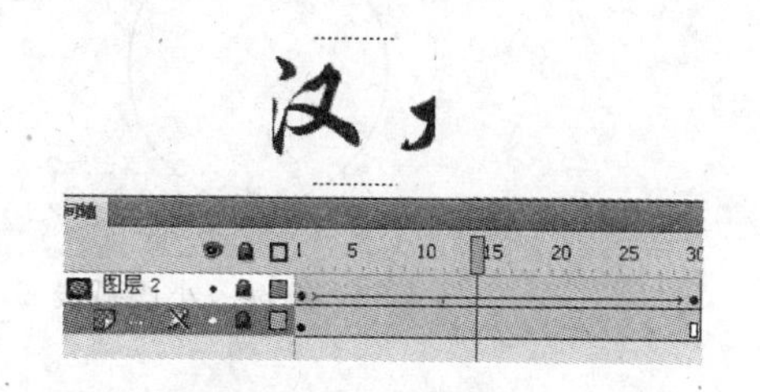

图 4-85　设置遮罩层

制作遮罩动画的要点是：至少有两个以上的图层，上层是设置了遮罩范围的遮罩层，遮罩层中的内容可以是填充的形状、文字对象、图形元件的实例或影片剪辑；下层是被应用遮罩的图层，它可以是一个或一个以上的多个图层。

④ 路径动画的制作方法

和遮罩动画一样，路径动画也必须由引导层和被引导层两个图层结合来完成。其中，引导层分普通导向图层和运动引导层两种，起主要作用的是运动引导层，它在制作动画时起到引导对象沿着指定路径运动的作用。下面以小球圆周运动实例来说明制作路径动画的步骤。

【例 4.9】路径动画实例——小球做圆周运动

● 如例 4.5 的前四个步骤，新建文件并新建“小球”的图形元件。

● 在图层 1 上单击鼠标右键，在弹出的快捷菜单中选择“添加传统运动引导层”，此时，在图层 1 的上面，又新增了一个图层，名称为“引导层：图层 1”，它就是图层 1 的运动引导层。图层 1 此时变成了被引导层，如图 4-86 所示。

● 点击“引导层：图层 1”图层的第 1 帧，然后在工具面板中选择“椭圆”工具，设置“笔触颜色”为黑色，将“填充颜色”设为无（⊘），在舞台上拖动创建一个圆形轮廓，如图 4-87 所示。

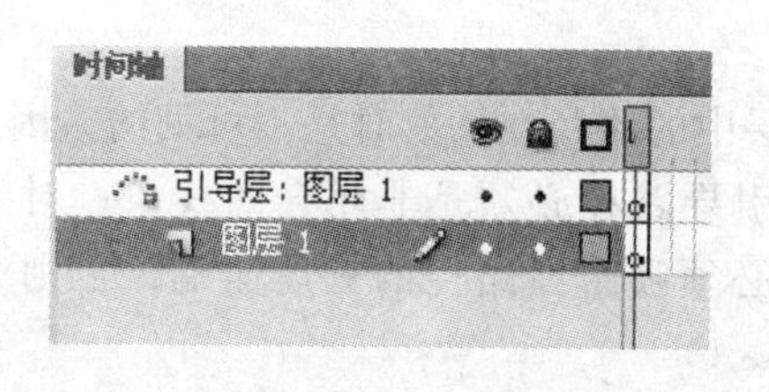

图 4-86　创建运动引导层

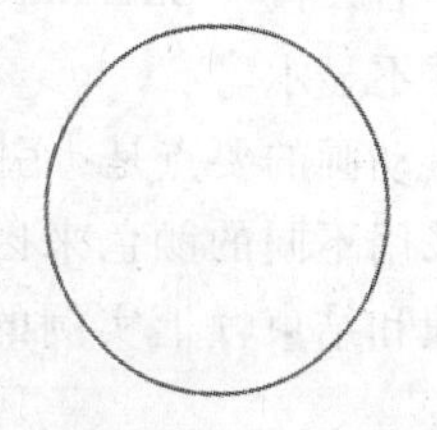

图 4-87　圆形轮廓

- 使用工具面板中的“选择”工具，在圆形轮廓中框选一小段，如图 4-88 所示，按 Delete 键将选中的一小段弧线删除，这样就创建了一个带缺口的圆周路径，如图 4-89 所示。

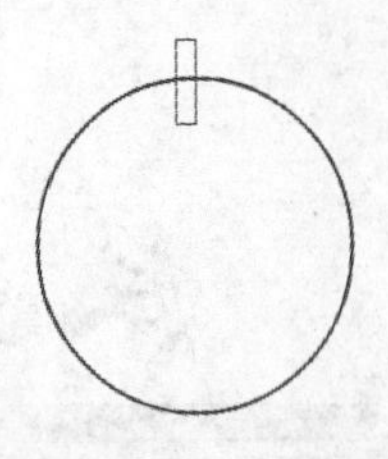

图 4-88　框选一小段弧线

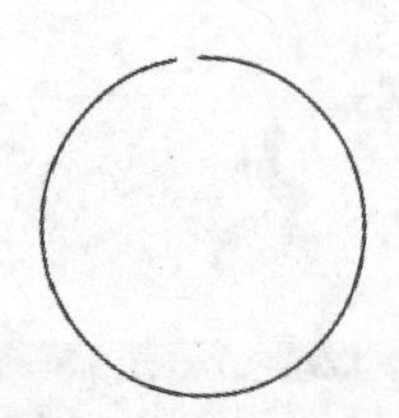

图 4-89　删除一小段弧线

- 在“引导层：图层 1”图层的第 40 帧，点击鼠标右键，在弹出的快捷菜单中选择“插入帧”命令，将这个圆周路径静态延续到第 40 帧。
- 点击图层 1 的第 1 帧，从“库”面板中将“小球”元件拖到舞台上，并使用“变形”工具适当调整其大小。然后将其放置在圆周路径缺口的一端。此时选择工具面板下方的“贴紧至对象（ ）”按钮，使小球吸附在路径一端。如图 4-90 所示。
- 在图层 1 的第 40 帧单击鼠标右键，在弹出的快捷菜单中选择“插入关键帧”命令，产生一个终点关键帧。然后将“小球”元件拖动到圆周路径的另一端并吸附。
- 在图层 1 的两个关键帧之间任一位置单击鼠标右键，在弹出的快捷菜单中选择“创建传统补间”命令，建立运动补间，如图 4-91 所示。

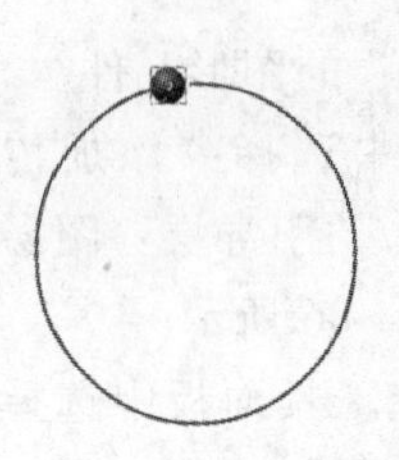

图 4-90　小球吸附在路径起始端

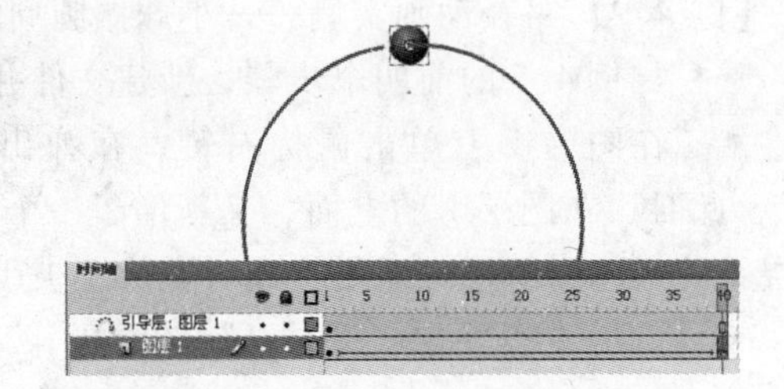

图 4-91　小球吸附在路径终点

完成制作后，按“Ctrl+Enter”组合键测试影片，就可以看到小球在做圆周运动，但圆周轨迹并不显示。

制作路径动画的要点是：引导图层中的路径在播放时是不可见的，因此若有多条路径，则可以采用不同的颜色来区分；引导路径必须是非闭合的线条；对于被引导层来说，其开始帧和结束帧上实例的中心必须吸附在路径的首尾两端，否则无法沿路径运动。

4.2.5　数字视频处理

视频是各种媒体中拥有信息量最丰富、表现力最强的一种媒体。与动画类似，视频也属于动态图像，是连续渐变的静态图像或图形沿时间轴顺序更换显示，由于人眼的“视觉暂留”现象使人们在视觉上产生一种物体在连续运动的错觉。因此，视频和动画在本质上没有区别，只是二者的表现内容和使用场合有所不同。动画序列中的每帧静止图像是由人工或计算机产生的图像，而视频序列中的每帧静止图像，均来自数字摄像机、数字化的模拟摄影资料、视频素材库等，常用于表现真实场景。

1. 视频处理过程

数字视频是先用数码摄像机等视频捕捉设备，将外界影像的颜色和亮度信息转变为电信号，再记录到存储介质（如录像带、移动硬盘等）上。播放时，视频信号被转变为帧信息，并以每秒约30帧的速度投影到显示器上。

视频处理是使用专门的视频处理软件对数字视频进行剪辑，并增加一些特殊效果，使视频的可观赏性增强，更加满足用户的需要。

视频处理主要包括：

（1）视频剪辑——根据需要，剪除不需要的视频片段，连接多段视频信息。在连接时，还可以添加过渡效果等。

（2）视频叠加——根据实际需要，把多个视频影像叠加在一起。

（3）视频和声音同步——在单纯的视频信息上添加声音，并精确定位，保证视频和声音的同步。

（4）添加特殊效果——使用滤镜加工视频影像，使影像具有各种特殊效果，滤镜的作用和效果类似Photoshop中的滤镜。

在Windows环境中，编辑处理后的视频文件可以直接通过媒体播放器进行播放，大多数多媒体平台软件如PowerPoint，Authorware和Visual Basic等也能够直接使用视频文件。

2. 视频文件格式

视频文件可以分为适合本地播放的本地影像视频和适合在网络中播放的网络流媒体影像视频两大类。尽管后者在播放的稳定性和播放画面质量上可能没有前者优秀，但网络流媒体影像视频的广泛传播性使之正被广泛应用于视频点播、网络演示、远程教育、网络视频广告等互联网信息服务领域。

（1）本地影像视频文件格式

① AVI文件

AVI的全称是Audio-Video Interleaved，即音频视频交错格式，是Windows系统所使用的视频文件格式。它于1992年由Microsoft公司推出，随着Windows 3.1一起被人们所认识和熟知。所谓“音频视频交错”，就是可以将视频和音频交织在一起进行同步播放。这种视频格式的优点是成本低，可以跨多个平台使用，其缺点是体积过于庞大，而且压缩标准不统一，不具备兼容性，用不同压缩算法生成的AVI文件，必须使用相应的解压缩算法才能播放出来。AVI文件目前主要应用在多媒体光盘上，用来保存电影、电视等各种影像信息，有时也出现在 Internet 上，供用户下载、欣赏新影片的精彩片断。

② MPEG/. MPG/. DAT 文件

MPEG 文件是使用 MPEG 算法进行压缩的全运动视频图像文件格式，它采用有损压缩方法减少运动图像中的冗余信息，同时保证每秒 30 帧的图像动态刷新率，已被几乎所有的计算机平台共同支持。这类格式包括了 MPEG-1，MPEG-2 和 MPEG-4 在内的多种视频格式。MPEG-1 目前正被广泛地应用于 VCD 的制作和一些视频片段网络下载，大部分 VCD 均采用 MPEG1 格式压缩，刻录软件自动将 MPEG1 转为 .DAT 格式。MPEG-2 则应用于 DVD 的制作，同时也广泛应用于 HDTV（高清晰电视广播）和较高要求的视频编辑处理中。MPEG-2 的图像质量比 MPEG-1 要好得多，它的压缩率比 AVI 高，图像质量却比 AVI 好。

③ MOV/. QT 文件

MOV 文件是美国 Apple 公司开发的一种音频、视频文件格式，默认播放器是苹果的 QuickTime Player。QuickTime 文件格式支持 25 位彩色，支持 RLE、JPEG 等领先的集成压缩技术，提供 150 多种视频效果，并配有提供了 200 多种 MIDI 兼容音响和设备的声音装置。该文件格式具有较高的压缩率和完美的视频清晰度等特点，并且它具有跨平台性，不仅能支持 Mac OS，同样也能支持 Windows 操作系统系列。

（2）网络影像视频文件格式

① ASF 格式

ASF 的全称为 Advanced Streaming Format（高级流格式），它是微软为了和现在的 Real Player 竞争而推出的一种可以直接在网上观看视频节目的文件压缩格式，用户可以直接使用 Windows 自带的 Windows Media Player 对其进行播放。它使用 MPEG-4 压缩算法，压缩率和图像的质量都很不错。ASF 具有支持本地或网络回放、可扩充的媒体类型、部件下载以及扩展性强等优点。

② WMV 格式

WMV 全称为 Windows Media Video，也是微软推出的一种独立于编码方式的，在 Internet 上实时传播多媒体的技术标准。WMV 的优点与 ASF 类似，包括：本地或网络回放、可扩充的媒体类型、部件下载、可伸缩的媒体类型、数据流的优先级化、多语言支持、环境独立性、丰富的流间关系以及扩展性等。

③ RM/RA/RMVB 格式

Real Network 公司所制定的音频视频压缩规范称为 Real Media，用户可以使用 RealPlayer 或 RealOne Player 对符合 RealMedia 技术规范的网络音频/视频资源进行实况转播，并且 RealMedia 可以根据不同的网络传输速率制定出不同的压缩比率，从而实现在低速率的网络上进行影像数据实时传送和播放。这种格式的另一个特点是用户使用 RealPlayer 或 RealOne Player 播放器可以在不下载音频/视频内容的条件下实现在线播放。另外，RM 作为目前主流的网络视频格式，它还可以通过其 Real Server 服务器将其他格式的视频转换成 RM 视频并由 Real Server 服务器负责对外发布和播放。RM 和 ASF 格式可以说各有千秋，通常 RM 视频的画面较柔和，而 ASF 视频的画面则相对清晰。

RMVB 格式是一种由 RM 视频格式升级延伸出的新视频格式，它的先进之处在于 RMVB 视频格式打破了原先 RM 格式那种平均压缩采样的方式，在保证平均压缩比的基础上合理利用比特率资源，就是说静止和动作场面少的画面场景采用较低的编码速率，这样可以留出更多的带宽空间，而这些带宽会在出现快速运动的画面场景时被利用。这样在保证了静止画面质量的前提下，大幅提高了运动图像的画面质量，从而在图像质量和文件大小之间达到了微妙的平衡。

RA/RAM 格式从开始就定位在视频流应用方面，可以说是视频流技术的始创者。它可以在 56K Modem 拨号上网的条件实现不间断的视频播放，当然，其图像质量并不是很好，这主要是由在网上传输不间断的视频需要较大带宽决定的。

④ 3GP 格式

3GP 是一种 3G 流媒体的视频编码格式，主要是为了配合 3G 网络的高传输速度而开发的，也是目前手机中最为常见的一种视频格式。

该格式是“第三代合作伙伴项目 3GPP”制定的一种多媒体标准，使用户能使用手机享受高质量的视频、音频等多媒体内容。其核心由高级音频编码（AAC）、自适应多速率（AMR）和 MPEG-4 和 H. 263 视频编码解码器等组成，目前大部分支持视频拍摄的手机都支持 3GPP 格式的视频播放。

⑤ FLV 格式

FLV 流媒体格式是一种新的视频格式，是 Flash Video 的简称。由于它形成的文件极小，加载速度极快，使得网络观看视频文件成为可能，它的出现有效地解决了视频文件导入 Flash 后，使导出的 SWF 文件体积庞大，不能在网络上很好使用等问题。

3. 常用视频编辑软件

常用的视频编辑软件有如下几种：

① Windows Movie Maker

Windows Movie Maker 是 Windows XP 系统自带的视频编辑软件，其操作界面如图 4-92所示。它可以进行简单的视频制作与处理，支持 WMV、AVI 等格式。可以添加视频效果、制作视频标题、添加字幕等。编辑完成后，可以自己选择保存的清晰度、大小、码率等。

② Adobe Premiere

Premiere 是 Adobe 公司推出的基于非线性编辑设备的视频/音频编辑软件，其启动界面如图4-93 所示，操作界面如图 4-94 所示。使用它可以随心所欲地对各种视频图像、动画及音频进行编辑，还可对视频格式进行转换。它被广泛应用于电视台、广告制作、电影剪辑等领域，成为 PC 和 MAC 平台上应用最为广泛的视频编辑软件。最新版本的 Premiere 完善地解决了 DV 数字化影像和网上的编辑问题，为 Windows 平台和其他跨平台的 DV 和所有网页影像提供了全新的支持。同时它可以与其他 Adobe 软件紧密集成，组成完整的视频设计解决方案。新增的 Edit Original（编辑原稿）命令可以再次编辑置入的图形或图像。另外它还加入了关键帧的概念，用户可以在轨道中添加、移动、删除和编辑关键帧，对于控制高级的二维动画游刃有余。

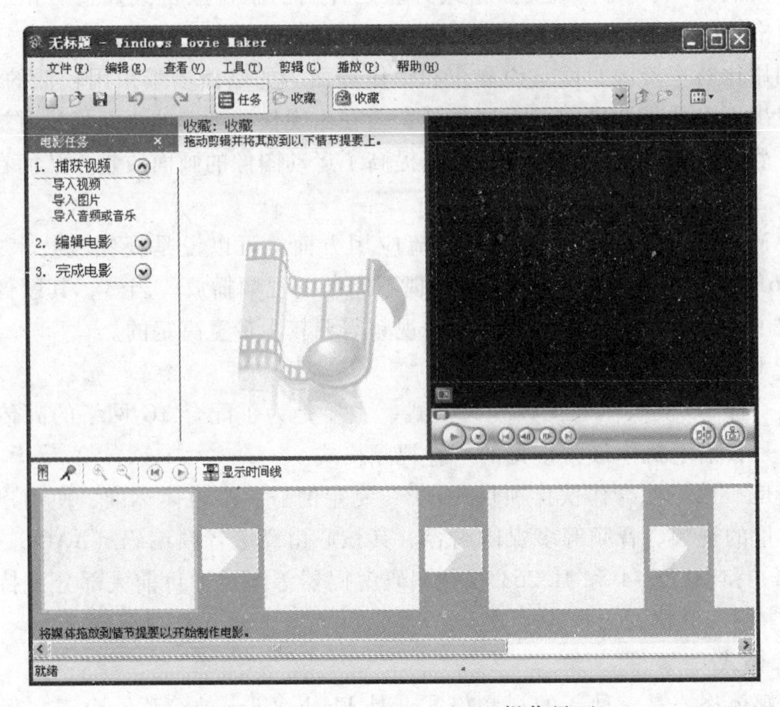

图 4-92　Windows Movie Maker 操作界面

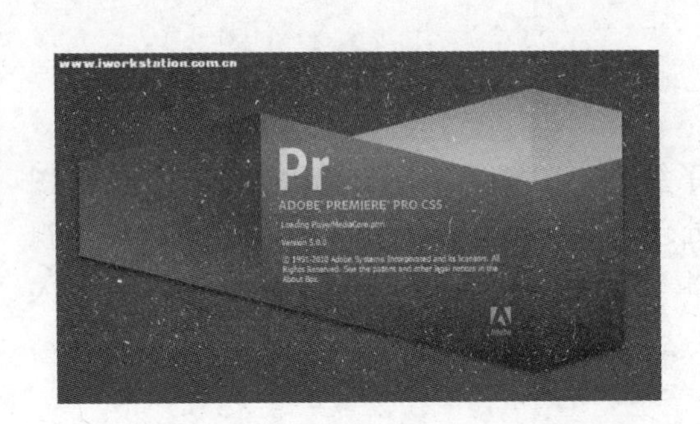

图 4-93　Premiere CS5

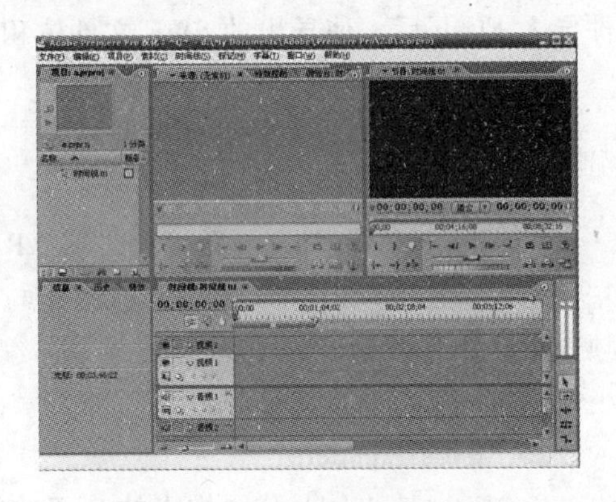

图 4-94　Premiere 的操作界面

将 Premiere 与 Adobe 公司的 Affter Effects 软件配合使用，更可使二者发挥最大功能。After Effects 软件是 Premiere 的自然延伸，主要用于将静止的图像推向视频、声音综合编辑的新境界。它集创建、编辑、模拟、合成动画、视频于一体，综合了影像、声音、视频的文件格式。目前，Premiere 已经成为桌面制作人员的数字非线性编辑软件中的标准。

③ Video Studio（会声会影）

Video Studio 是 Ulead（友立）公司开发的一套完全针对家庭娱乐、个人纪录片制作之用的简便型编辑视频软件，如图 4-95 所示，其操作界面如图 4-96。

图 4-95　会声会影 X3

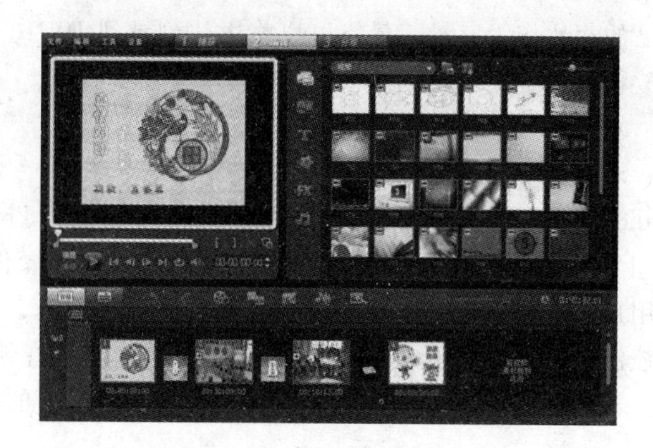
图 4-96　会声会影的操作界面

会声会影采用“在线操作指南”的步骤引导方式来处理各项视频、图像素材，它一共分为开始→捕获→故事板→效果→覆叠→标题→音频→完成 8 大步骤，具有图像抓取和编修功能，并提供超过 128 组影片转场、37 组视频滤镜、76 种标题动画等丰富效果，可以用拖曳方式操作，每个效果都可以做进一步的控制。另外还具备让用户在影片中加入字幕、旁白或动态标题的文字功能。会声会影的输出方式也多种多样，它可输出传统的多媒体电影文件，例如 AVI 视频、FLC 动画、MPEG 电影文件，也可将制作完成的视频嵌入到贺卡中，生成一个 exe 可执行文件。通过内置的 Internet 发送功能，可将视频通过电子邮件发送出去或者自动将其作为网页发布。

④ Corel Digital Studio（影音宝典）

Corel Digital Studio（影音宝典）软件具备照片管理、照片编辑、视频编辑、DVD 刻录、DVD 播放等功能，可将用户所需的所有多媒体程序全面整合、完美搭配。影音宝典软件包括的主要编辑应用程序有：Corel PaintShop Photo 2010，可进行最简单易用的图像管理和照片处理，点击一次即可修复照片，并可将照片输出成日历、电子相册、卡片等；Corel VideoStudio 2010，可以最快速度进行剪辑影片并制作特效，还可完美兼容 AVCHD 等高清格式的编辑、输出，内置好莱坞式精彩菜单模板；Corel DVD Factory 2010，是影片转档与光盘刻录的有效工具，使用它可以任意设定菜单样式，自定标题、章节，刻录光盘或直接输出至 iPhone、iPod、PSP 等设备随时随地观看影片；Corel WinDVD 2010，可以完美兼容杜比音频、M2T、M2TS、DVD、AVCHD 等高清影音文件或光盘播放，为用户带来影院般的视听享受。

⑤ DVD MovieFactory

DVD MovieFactory（DVD 制片家）是 Ulead 公司开发的一个从摄像机到 DVD/VCD 的完整解决方案。它与会声会影类似，具备简单易用的向导式制作流程，使创建 DVD/VCD 的过程非常简单，效率很高，其内置的 DV-to-MPEG 技术可以直接把视频捕获为 MPEG 格式，然后马上进行 VCD/DVD 光盘的刻录；成批转换功能可以不受视频格式的限制；它还包含一个简单的视频编辑模块，可对影片进行快速剪裁；制作有趣的场景选择菜单可以为DVD增加互动性，支持多层菜单，可以选择预制的专业化模板或用用户自己的相片作为背景。最终可以将影片刻录到DVD、VCD或SVCD，在家用DVD/VCD播放机或电脑上欣赏。

⑥ Sony Vegas Movie Studio

Sony Vegas是一个专业的整合影像编辑与声音编辑的软件，现在的Vegas Movie Studio™版本是专业版的简化版本，其目标是媲美Premiere，挑战After Effects，将成为PC上最佳的入门级视频编辑软件。结合高效率的操作界面与多功能的优异特性，可以让用户更方便地创造丰富的影像。该软件具备剪辑、特效、合成、编码、转场特效与动画控制等一整套功能，其中独特的无限制视轨与音轨，更是其他影音软件所没有的特性。不论是专业人士或是个人用户，都可因其简易的操作界面而轻松上手。

习 题 4

一、单项选择题

1. ________颜色模式是针对印刷而设计的模式，基色为靛青、品红、黄色和黑色。

A. Lab　　B. HSB　　C. RGB　　D. CMYK

2. 下列关于位图和矢量图的说法错误的是________。

A. 矢量图的质量不受分辨率高低的影响

B. 位图图像放大后会发现有马赛克一样的单个像素

C. 扩大位图尺寸的效果是增多单个像素，从而使线条和形状显得参差不齐

D. 由于位图图像是以排列后的像素几何体形式创建的，所以能单独操作局部位图

3. 下列图像文件格式中，属于矢量文件格式的是________。

A. JPG　　B. WMF　　C. GIF　　D. PSD

4. 在独立显卡上，最核心的组成部件是________。

A. CPU　　B. BIOS　　C. GPU　　D. RAM

5. 下列音频文件格式中，________格式的文件音质略次于CD格式，但压缩比可达到12∶1，是如今最为流行的音频文件格式之一。

A. WAV　　B. MP3　　C. RM　　D. WMA

6. 图像分辨率的单位是________。

A. PPI　　B. Pixel　　C. DPI　　D. Bit

7. 下列视频文件格式中，不采用流媒体播放形式的是________。

A. ASF　　B. SWF　　C. RM　　D. AVI

8. 在Photoshop中，用于选择着色相近区域的工具是________。

A. 移动工具　　B. 魔棒工具　　C. 画笔工具　　D. 套索工具

9. 在Flash中创建的元件是可以重复使用的，它位于舞台上的副本称为________。

A. 遮罩　　B. 库　　C. 实例　　D. 帧

10. 在Photoshop中，路径的实质是________。

A. 矢量化线条　　　　　　　　B. 选区
C. 填充和描边的工具　　　　　D. 一个文件或文件夹所在的位置

二、填空题

1. 从产品是否集成来看，可将显卡分为________显卡和________显卡两类。其中，________显卡的技术先进而且性能好。

2. 声音数字化中最重要的两个步骤是________和________。

3. RGB 颜色模式是由________、________、________三种基色组成。

4. Photoshop 中，属于选区工具的有移动工具、________工具、________工具、切片工具和________工具。

5. 按解码后信息是否能恢复来分，可将数据压缩方法分为________压缩和________压缩两类。

6. 数码摄像头的感光芯片有________和________两种，其中________在市场主流产品中占主要地位。

7. 在 RGB 颜色模式中，白色的 R、G、B 值分别为________、________和________。

8. 在 Flash 中，遮罩动画必须由两个图层组成，上面的图层称为________，下面的图层称为________。

9. 在 Flash 中，元件只被创建一次，以后可以重复使用，它可以是________、________或________三种类型。元件被创建后自动存放在________中。

10. 真彩色图像的颜色深度是________________。

三、操作题

1. 利用 Windows 录音机录制一段自己的话，并简单编辑，添加效果。

2. 在 Photoshop 中，利用添加图层样式的方法制作金属发光文字。

3. 在 Photoshop 中，导入一幅图片，对其添加各种内置滤镜，观察效果。

4. 采用 Flash 中运动引导层的动画制作方法，制作一个月亮绕地球运动及地球绕太阳运动的 Flash 动画作品。

5. 发挥自己的想象力，制作一个 Flash 动画作品，将动作补间、形状补间、遮罩动画和运动引导层四种动画形式融合进去。

第5章 网页制作与网站管理

万维网是人类历史上最重要、意义最深远的发明创造之一，它帮助我们跨越空间的距离、语言的差异以及地域知识的差别，简单快捷地实现信息共享和价值发现。目前，万维网是Internet上最流行的应用，它的普及和深入已经使商业行为和居民生活发生了永久性的变化，它的不断创新和持续发展将为人类社会迈向美好未来提供强大的推动力。

本章首先概括介绍万维网的定义、组成、发展轨迹与未来趋势。然后从结构和表现两个方面，详细阐述制作网页所需要用到的基本技术。最后结合具体的工具软件，对网站的可视化开发、管理以及发布作简要说明。

5.1 万 维 网

万维网（World Wide Web，WWW）的正式定义是“WWW is a wide-area hypermedia information retrieval initiative to give universal access to large universe of documents”（万维网是一种广域超媒体信息检索原始规约，目的是访问巨量的文档）。简而言之，WWW是一个以Internet为基础的计算机网络，它允许用户在一台计算机上通过Internet访问另一台计算机上的信息。从技术角度上说，万维网是Internet上那些支持WWW协议和超文本传输协议的客户机与服务器的集合，通过它可以访问世界各地的超媒体文件，内容包括文字、图形、声音、动画、资料库，以及各种各样的软件。

5.1.1 WWW组成

WWW的基本组成元素包括客户机、服务器、统一资源定位符、超文本传输协议和超文本标记语言。

1. 客户机/服务器

客户机/服务器是一个物理上分布的逻辑整体，由客户机、服务器和连接支持部分组成。客户机是一个面向最终用户的接口设备或应用程序，它是服务的消耗者，可向其他设备或应用程序提出请求，然后再向用户显示所得信息；服务器是为客户机提供信息共享资源和各种服务的设备或应用程序，它是服务的提供者，可同时为多个客户请求过程提供服务；连接支持是用来连接客户机与服务器的部分，如网络连接、网络协议、应用接口等。

2. 统一资源定位符

统一资源定位符（Uniform Resource Locator，URL）是用于完整描述 Internet 上网页和其他资源的地址的一种标识方法。URL 的一般格式为（带方括号 [ ] 的为可选项）：

protocol ：// hostname [： port] / path / [； parameters] [? query] #fragment

例如：

http：//www. whu. edu. cn：8080/WebApplication/index. aspx? name = yac&age = 33 # resume

其中各部分说明如下：

- protocol：指定使用的传输协议，最常用的是 HTTP 协议。
- hostname：指定存放资源的服务器的域名地址或 IP 地址。
- ：port：指定协议使用的端口号，省略时使用默认端口，如 HTTP 协议的默认端口为 80。有时出于安全或其他考虑，可以在服务器上对端口进行重定义，即采用非标准端口号，此时 URL 中就不能省略端口号这一项。
- path：由零或多个“/”符号隔开的字符串，用来表示主机上的一个目录或文件地址。
- ；parameters：指定特殊参数的可选项。
- ? query：可选项，指定传递给动态网页（如使用 ASP. NET/JSP/PHP 等技术制作的网页）的参数，可有多个参数，用“&”符号隔开，每个参数的名称和值用“=”符号分隔。
- fragment：指定网络资源中的片断。例如一个网页中有多个名词解释，可使用 fragment 直接定位到某一名词解释。

3. 超文本传输协议

超文本传输协议（Hypertext Transfer Protocol，HTTP）是 WWW 的核心，运行在不同端系统上的客户机程序和服务器程序通过交换 HTTP 消息进行交流，HTTP 协议定义了这些消息的结构以及客户机和服务器如何交换这些消息。

HTTP 协议采用了请求/响应模型，如图 5-1 所示。客户端向服务器发送一个请求报文，内容包括请求方法、URL、协议版本、请求头部和请求数据；服务器向客户端发送一个响应报文，内容包括协议版本、状态码、状态码文本解释、响应头部和响应数据。

HTTP 请求/响应的具体步骤如下：

（1）客户端连接到服务器

客户端与服务器的 HTTP 端口（默认为 80）建立一个 TCP 套接字连接。例如，可以打开客户端的命令提示符窗口，在其中输入“telnet www. whu. edu. cn 80”，即可利用 telnet 命令远程登录到指定的服务器。

（2）发送 HTTP 请求

通过 TCP 套接字，客户端向服务器发送一个请求报文，具体内容由请求行、请求头部、空行和请求数据四部分组成，其中请求行包含请求方法、URL 和协议版本。例如，当客户端通过步骤 1 登录到指定服务器后，可在命令提示符窗口输入如下的 HTTP

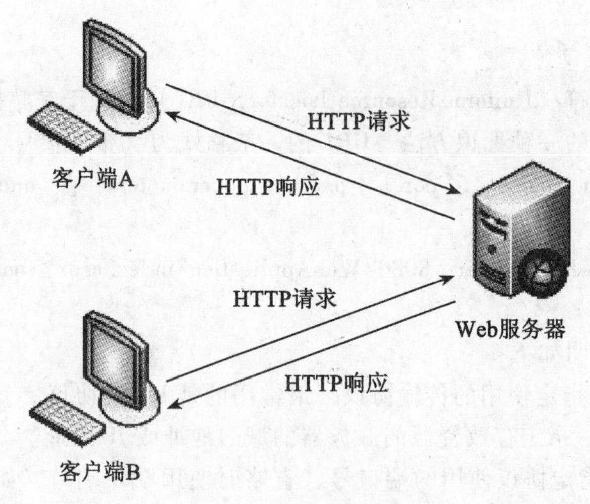

图 5-1　请求/响应模型

请求报文：

GET /index. html HTTP/1. 1

Host：www. whu. edu. cn

(3) 服务器接受请求并返回 HTTP 响应

服务器解析请求，定位请求资源。服务器将资源副本写到 TCP 套接字，由客户端读取。一个 HTTP 响应由状态行、响应头部、空行和响应数据四部分组成。例如，当客户端通过步骤 2 向指定服务器发送了 HTTP 请求后，得到的 HTTP 响应报文如图 5-2 所示。

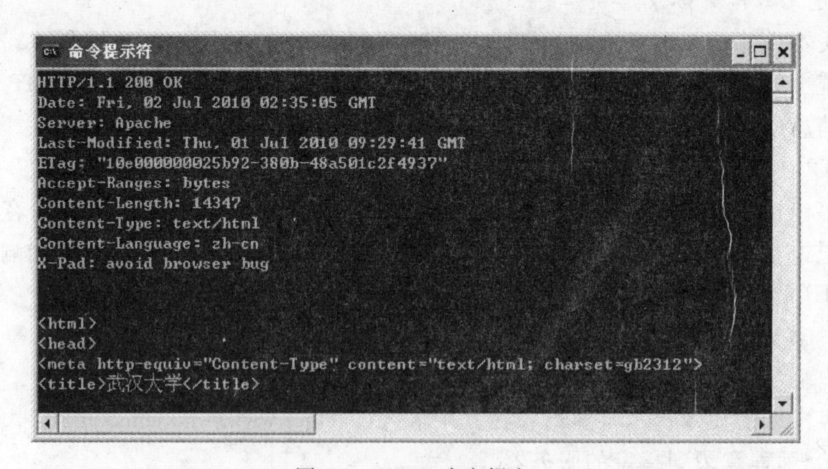

图 5-2　HTTP 响应报文

(4) 释放 TCP 连接

服务器主动关闭 TCP 套接字，释放 TCP 连接；客户端被动关闭 TCP 套接字，释放

TCP 连接。

目前在 WWW 中广泛使用的是 HTTP/1.1，它是在 HTTP/1.0 基础上的升级，增加了持久连接、断点续传等一些新功能，全面兼容 HTTP/1.0。为了克服当前 HTTP 协议的缺点，万维网联盟（World Wide Web Consortium，W3C）已经开始研究制定下一代 HTTP 协议 HTTP-NG，其中将增加有关会话控制、丰富的内容协商等方式的支持，来提供更高效率的连接。

4. 超文本标记语言

超文本标记语言（Hypertext Markup Language，HTML）是目前 WWW 上应用最为广泛的语言，也是构成网页文档的主要语言。设计 HTML 语言的目的是为了能将存放在一台计算机中的文本或图形与另一台计算机中的文本或图形方便地联系在一起，形成有机的整体，用户不用考虑具体信息是在本地计算机上还是在网络的其他计算机上。

基于 HTML 编写的超文本文档称为网页，它利用各种标签来标识文档的结构以及标记超链接的信息，并通过浏览器显示运行效果。超文本（Hypertext）是用超链接的方法，将各种不同空间的文字信息组织在一起的网状文本。与传统的按线性方式组织的文本相比，超文本是以非线性方式组织的，文本中遇到的一些相关内容通过链接组织在一起，用户可以很方便地浏览这些相关内容。这种文本的组织方式与人们的思维方式和工作方式比较接近。

超链接（Hyperlink）是指从一个网页指向一个目标的连接关系，这个目标可以是其他网页，也可以是相同网页上的不同位置，还可以是图片、电子邮件地址或应用程序。而在网页中用来实现超链接的对象，通常是一段文本或一张图片。当浏览者单击具备链接功能的文字或图片后，链接目标将显示在浏览器上，并且根据目标的类型来打开或运行。

超媒体（Hypermedia）是超文本和多媒体在信息浏览环境下的结合，它不仅可以包含文字而且还可以包含图形、图像、动画、声音和电视片断，这些媒体之间也是用超链接组织的。超媒体与超文本之间的不同之处在于超文本主要是以文字的形式表示信息，建立的链接关系主要是文句之间的链接关系。超媒体除了使用文本外，还使用图形、图像、声音、动画或影视片断等多种媒体来表示信息，建立的链接关系是文本、图形、图像、声音、动画和影视片断等媒体之间的链接关系。

目前在 WWW 中广泛使用的是 HTML 4.01 标准，其详细内容可参考本章第二节。HTML 的最近更新是 W3C 于 2008 年 1 月 22 日发布的 HTML 5.0 工作草案，它提供了绘制二维图片的接口，并且可以对音频和视频内容进行更多的控制，正式标准将会在 2010 年制定完成。

5.1.2　Web 应用程序

万维网也可以简称为 Web，一个 Web 应用程序是作为单一实体管理的、逻辑上链接的网页集合，通常在分布式环境下进行部署并运行，如图 5-3 所示。当访问者单击网页上的某个链接、在浏览器中选择一个书签或在浏览器的地址栏中输入一个 URL 时，便生成一个页面请求。Web 服务器（接收浏览器请求并提供页面作为响应的软件）接收到该请求后，如果请求的是静态网页，服务器会查找相应页面并将其直接发送到请求浏览器。如果客户端请求的是动态网页，Web 服务器会查找相应页面并将其传递给应用程序服务器（专门处理动态网页的软件），由它执行页面中包含的动态指令，最后得到一个静态网页作为结果返回到 Web 服务器，Web 服务器再将该页面发送到请求浏览器。如果动态网页中包含数据库访问指令，应用程序服务器会通过数据库驱动程序（在应用程序服务器和数据库之间充当解释器的软件）作为媒介与数据库进行交互，查询结果会以记录集（从数据库的一个或多个表中提取的一组数据）的形式返回到应用程序服务器，应用程序服务器使用该数据生成最终的静态响应页面。

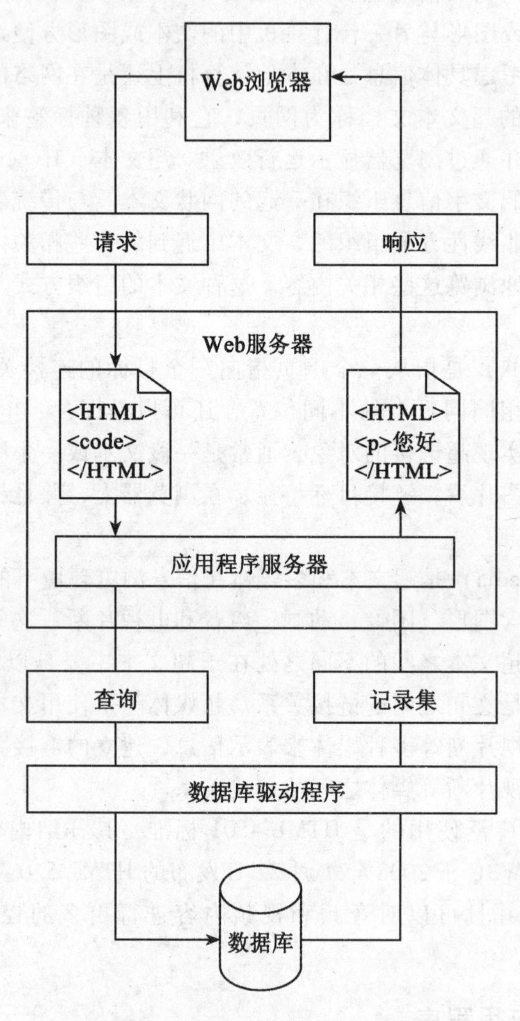

图 5-3　Web 应用程序的分布式架构

由图 5-3 可以看出，Web 应用程序中的每一次信息交换都要涉及客户端和服务器两个层面。因此，Web 应用开发技术可以分为客户端技术和服务器技术两大类。

1. 客户端技术

传统的客户端开发技术可以分为胖客户端技术和瘦客户端技术。基于 Client/Server 架构的胖客户端技术将应用程序处理分成了两部分：由用户计算机执行的处理和由服务器执行的处理。一个典型的胖客户端包含一个或多个在用户计算机上运行的应用程序，用户可以通过功能丰富的交互式界面查看并操作数据，处理一些或所有的业务规则。服务器负责管理对数据的访问并负责执行一些或所有的业务规则。采用胖客户端技术开发的应用系统在客户机部署与系统升级方面都较复杂，而且对跨平台应用的支持不够好。

20 世纪 90 年代末以来，随着互联网的发展和浏览器技术的成熟，基于 Browser/Server 架构的瘦客户端技术得到了广泛应用。在 B/S 架构下，服务器负责绝大部分业务逻辑的实现与扩展，用户计算机上安装的浏览器作为瘦客户端，只用完成显示交互界面、发送服务请求、显示响应结果等简单功能。采用瘦客户端技术开发的 Web 应用系统一方面具备部署简便、客户端零维护和跨平台支持良好等优点，另一方面也体现出执行效率较低、服务器负担过重、浏览器交互性偏弱、无法脱机操作等一系列缺陷。

目前，客户端开发正在经历从“什么都用浏览器”到“根据情况采用强化客户端技术”的转变。用户需要更为复杂而精美的应用交互界面，发布和表现多种复杂形式的多媒体和内容，对形式多样而丰富的信息内容进行更好的组织和表现，而这些都是传统的胖客户端和瘦客户端技术所无法达到的，于是富客户端（Rich Client）技术应运而生。这种技术既能提供和胖客户端技术一样出色的人机交互界面，同时又结合了瘦客户端技术的优势，简化了系统部署与升级维护，并使开发跨平台应用更加方便，为分布式应用中客户端的实现提供了一种较完美的解决方案。

常用的客户端开发技术包括 JavaScript、CSS、Java Applet、ActiveX、Flash/Flex、Silverlight、Ajax 等，这里限于篇幅就不一一介绍了。本章 5.3 节会对用于控制网页外观的 CSS 作较为详细的阐述，其他技术内容可参考相关书籍和文献。

2. 服务器技术

从最早的 CGI 1.0 到今天的 J2EE 与 .NET 两大平台之争，服务器的开发技术走过了一条由静态向动态逐步发展、完善的道路。目前常用的服务器技术包括 ASP、ASP.NET、JSP、PHP、ColdFusion、Python、Ruby 等，这里仅对基于 J2EE 平台的 JSP 和基于 .NET 平台的 ASP.NET 作简要介绍。

J2EE（Java 2 Platform Enterprise Edition）是一种利用 Java 2 平台来简化诸多与多级企业解决方案的开发、部署和管理相关的复杂问题的体系结构，它不仅巩固了标准版中的许多优点，如“编写一次、到处运行”的特性、方便存取数据库的 JDBC API、CORBA 技术以及能够在 Internet 应用中保护数据的安全模式等，同时还提供了对 EJB、Servlet、JSP 以及 XML 技术的全面支持。JSP（Java Server Page）是开发基于 Web 的 J2EE 应用程序的核心技术，是由 Sun Microsystems 公司倡导、许多公司参与一起建立的一种动态网页技术标准。在传统的 HTML 文件（*.htm，*.html）中插入 Java 程序段和 JSP 标签，就构成了 JSP 网页（.jsp）。JSP 能把页面外观设计和业务逻辑开发有效地分离。通常，JSP 负责生成动态页面，业务逻辑由其他可重用的组件（如 Servlet、JavaBean、EJB）来实现，JSP 可以通过 Java 程序段访问这些业务组件。

.NET是Microsoft推出的用以创建XML Web服务（下一代软件）的平台，该平台将信息、设备和人以一种统一的、个性化的方式联系起来。借助于.NET平台，可以创建和使用基于XML的应用程序、进程和Web站点以及服务，它们之间可以按设计，在任何平台或智能设备上共享和组合信息与功能，以向单位和个人提供定制好的解决方案。.NET Framework是.NET的核心，是建立、部署、执行.NET应用程序的基础环境，其架构如图5-4所示。

ASP.NET是一个统一的Web开发模型，它包括使用尽可能少的代码生成企业级Web应用程序所必需的各种服务。如图5-4所示，ASP.NET是.NET Framework的一部分，当设计人员开发ASP.NET应用程序时，可以访问.NET Framework的基础类库，可以使用符合公共语言规范的任何语言来编写应用程序代码。ASP.NET包括页面和控件框架、安全基础结构、状态管理功能、应用程序配置、XML Web Services框架等一系列组成部分，其中页面和控件框架居于核心位置。

ASP.NET页面和控件框架是一种编程框架，它在Web服务器上运行，可以动态生成和呈现ASP.NET网页。ASP.NET网页是完全面向对象的，在其中可以使用属性、方法和事件来处理HTML元素。页面和控件框架为响应在服务器上运行的代码中的客户端事件提供统一的模型，从而使开发者不必考虑Web应用程序中固有的客户端和服务器分离的实现细节。该框架还会在页面处理生命周期中自动维护页面及该页面上控件的状态。用户可以从任何浏览器或客户端设备请求ASP.NET网页，ASP.NET会为发出请求的浏览器呈现适当的标记。

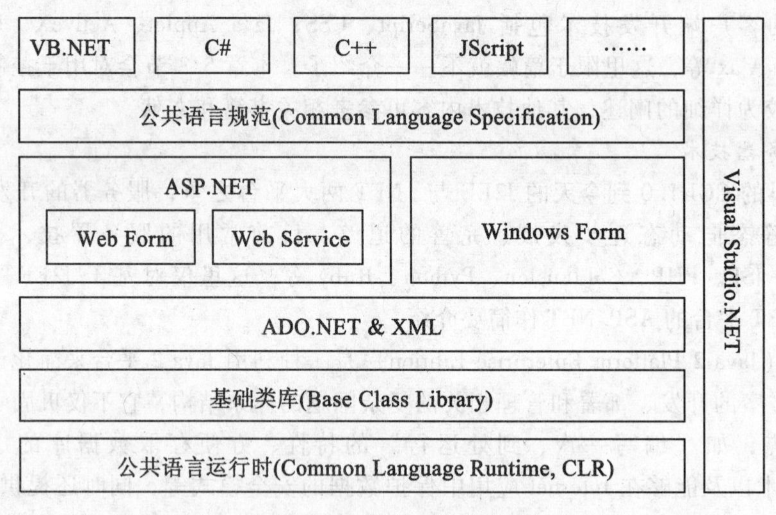

图5-4 .NET Framework架构

在开发Web应用程序时往往会混合运用多种服务器技术以发挥它们各自的优点，并根据所使用的技术来选择适当的Web服务器与应用程序服务器，对运行环境进行合理地配置。限于篇幅，本章不对各种服务器技术进行详细介绍，有兴趣的读者可参考相关书籍或文献。

5.1.3　Web 2.0 与云计算

Web 2.0 是相对 Web 1.0（2003 年以前的互联网模式）的新的一类互联网应用的统称，是一次从核心内容到外部应用的革命。目前关于 Web 2.0 没有一个精确统一的定义，中国互联网协会将 Web 2.0 定义为：Web 2.0 是互联网的一次理念和思想体系的升级换代，由原来的自上而下的由少数资源控制者集中控制主导的互联网体系转变为自下而上的由广大用户集体智慧和力量主导的互联网体系。Web 2.0 内在的动力来源是将互联网的主导权交还个人，从而充分发掘了个人的积极性，广大个人所贡献的智慧和个人联系形成的社群的影响就替代了原来少数人所控制和制造的影响，从而极大解放了个人的创作和贡献潜能，使互联网的创造力上升到了新的量级。

一般认为，Web 应用程序只要符合以下七项原则中的一项或几项，就可以称为 Web 2.0 应用。

- 互联网作为平台
- 利用集体智慧
- 数据是下一个 Intel Inside
- 软件发布周期的终结
- 轻量型编程模型
- 软件超越单一设备
- 丰富的用户体验

限于篇幅，对这七项原则不做深入讨论，有兴趣的读者可以参阅 Tim O'Reilly（O'Reilly Media 公司主席兼 CEO，Web 2.0 概念的创始人）撰写的 *What Is Web* 2.0 一文，访问网址是：http：//oreilly. com/web2/archive/what-is-web-20. html？page=1。

目前主流的 Web 2.0 应用包括：

● Blog（博客）：Blog 是个人或群体以时间顺序所作的一种记录，并且不断更新。Blog 之间的交流主要是通过回溯引用和留言/评论的方式来进行的。一个 Blog 可被视为一个档案，Blog 的作者既是这份档案的创作人，也是其档案管理人。

● Tag（标签）：Tag 是一种更为灵活、有趣的日志分类方式，可以让用户为自己所创造的内容（Blog 文字、图片、音频等）创建多个用作解释的关键字。比如一幅雪景的图片就可以定义“雪花”、“冬天”、“北极”、“风景照片”等几个 Tag。Tag 类似于传统媒体的“栏目”，它的相对优势则在于创作者不会因媒体栏目的有限性而无法给作品归类，体现了群体的力量，使得日志之间的相关性和用户之间的交互性大大增强。

● SNS（Social Network Service，社会性网络服务）：SNS 指的是依据六度分隔理论，以认识朋友的朋友为基础，扩展自己的人脉，便于在需要的时候可以随时获取一点，得到该人脉的帮助。SNS 网站就是依据六度分隔理论建立的网站，帮助用户运营朋友圈的朋友。Google 推出的 Gmail 就是一个 SNS 应用，通过网友之间的互相邀请，Gmail 在很短的时间内就获得了巨大的用户群。

● RSS（Really Simple Syndication，真正简单聚合）：RSS 是一种用于共享新闻和其他 Web 内容的数据交换规范，广泛应用于 Blog、Wiki 和网上新闻频道。借助 RSS，网民可以自由订阅指定 Blog 或新闻等支持 RSS 的网站（绝大多数的 Blog 都支持 RSS），也就是说读者可以自定义自己喜欢的内容，而不是像 Web 1.0 那样由网络编辑选出读者阅读的内容。世界多数知名新闻社的网站都提供 RSS 订阅支持。

- Wiki（维基）：Wiki 指的是一种网上共同协作的超文本系统，可由多人共同对网站内容进行维护和更新。用户可以通过浏览器对 Wiki 文本进行浏览、创建、更改，而且创建、更改、发布的代价远比 HTML 文本为小。用户并不需要懂得 HTML 语言，只要简单了解少量的 Wiki 的语法约定，就可以在系统中发布自己的页面。与其他超文本系统相比，Wiki 有使用方便及开放的特点，所以 Wiki 系统可以帮助用户在一个社群内共同收集、创作某领域的知识，发布大家都关心和感兴趣的话题。

对于 Flickr、MySpace、YouTube 这样一些用户数量多且参与程度高的 Web 2.0 网站来说，如何有效地为如此巨大的用户群体服务，让他们参与时能够享受方便、快捷的服务，成为这些网站不得不解决的一个问题。与此同时，对于 Google、Microsoft、IBM、Amazon 这样拥有巨大服务器资源的企业来说，如何有效利用搭建好的规模庞大的服务器群，为更多的企业或个人提供强大的计算能力与多种多样的服务，正日益成为这些企业考虑的核心问题。正是因为一方对计算能力的需求，而另一方能够提供这样的计算能力，于是云计算就应运而生了。

“云计算（Cloud Computing）”一词是 Google 的 CEO 埃里克·施密特 2006 年 8 月 9 日在名为《Search Engine Strategies Conference》的演讲上首次提出的，是一种新兴的网络应用模式。“云”是一些可以自我维护和管理的虚拟计算资源，通常为一些大型服务器集群，包括计算服务器、存储服务器、宽带资源等。云计算将所有的计算资源集中起来，并由软件实现自动管理，无须人的参与。云计算的定义有狭义与广义之分。狭义云计算是指 IT 基础设施的交付和使用模式，指通过网络以按需、易扩展的方式获得所需的资源（硬件、平台、软件）；广义云计算是指服务的交付和使用模式，指通过网络以按需、易扩展的方式获得所需的服务，这种服务可以是 IT 和软件、互联网相关的，也可以是任意其他的服务。

从用户体验的角度出发，云计算可分为三种服务模式，如图 5-5 所示。

- SaaS（Software as a Service，软件即服务）：将应用作为服务提供给客户。通过 SaaS 这种模式，用户只要接入网络，通过浏览器就能直接使用在云端上运行的应用，而不需要顾虑类似安装等琐事，并且免去初期高昂的软硬件投入。SaaS 主要面对的是普通的用户，主要产品包括 Salesforce Sales Cloud、Google Apps、Zimbra，Zoho 和 IBM Lotus Live 等。

- PaaS（Platform as a Service，平台即服务）：将一个开发平台作为服务提供给用户。通过 PaaS 这种模式，用户可以在一个包括 SDK、文档和测试环境等在内的开发平台上非常方便地编写应用，而且不论是在部署还是在运行的时候，用户都无须为服务器、操作系统、网络和存储等资源的管理操心，这些繁琐的工作都由 PaaS 供应商负责处理。PaaS 主要的用户是开发人员，主要产品包括 Google App Engine、Force.com、Heroku 和 Windows Azure 等。

- IaaS（Infrastructure as a Service，基础设施即服务）：将虚拟机或者其他资源作

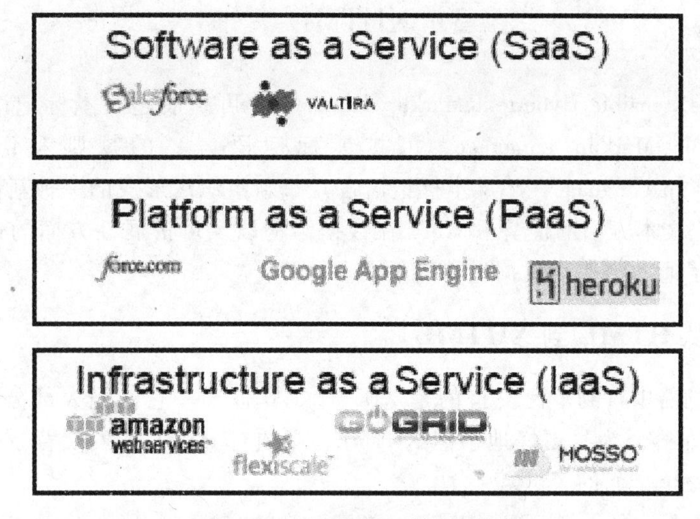

图 5-5　云计算的三种服务模式

为服务提供给用户。通过 IaaS 这种模式，用户可以从供应商那里获得他所需要的虚拟机或者存储空间等资源来装载相关的应用，同时这些基础设施的繁琐的管理工作将由 IaaS 供应商来处理。IaaS 主要的用户是系统管理员，主要产品包括 Amazon EC2、Linode、Joyent、Rackspace、IBM Blue Cloud 和 Cisco UCS 等。

举例来说，我们可以通过 Google 提供的一系列 SaaS 云计算服务来方便高效地安排日常的工作和生活。我们可以通过 Google Calendar 来管理最近的日程安排；整理完日程，我们可以通过 Gmail 收发邮件，通过 GTalk 来与同事朋友进行联系；如果打算开始工作，我们可以通过 Google Docs 来编写在线文档，需要查阅相关论文时可以使用 Google Scholar，需要翻译时可以使用 Google Translate，需要绘制图表时可以使用 Google Charts；如果工作累了，我们可以通过 Google Blogger 来分享日志，通过 Google 的 YouTube 来分享视频，通过 Google 的 Picasa 来编辑分享图片。

总而言之，云计算是网格计算、分布式计算、并行计算、效用计算、网络存储、虚拟化、负载均衡等传统计算机技术和网络技术发展融合的产物，它旨在通过网络把多个成本相对较低的计算实体整合成一个具有强大计算能力的完美系统，并借助 SaaS、PaaS、IaaS 等先进的服务模式把强大的计算能力分布到终端用户手中。云计算的核心理念就是通过不断提高“云”的处理能力，进而减少用户终端的处理负担，最终使用户终端简化成一个单纯的输入输出设备，并能按需享受“云”的强大计算处理能力。

Web 2.0 与云计算为我们展现了一个美好的未来，但 Web 的发展不会就此终结。只要未来的技术协议或者社会约定都遵从以下的基本价值观：Web 是一个属于全世界的平台，独立于任何特定的硬件设备、软件平台、语言、文化或者个人，Web 不会受控于任何一个公司或者国家，那么在 Web 的发展道路上就会不断产生一个又一个的伟大成就，人类也将从 Web 的卓越天性中持续获得对未来工作的良好指引。

5.2 XHTML基础

XHTML（eXtensible Hypertext Markup Language，可扩展超文本标记语言）是根据XML（eXtensible Markup Language，可扩展标记语言）的规则和语法对HTML（Hypertext Markup Language，超文本标记语言）重新组织后形成的一种新语言，它结合HTML在格式化文本方面的优势和XML在数据结构以及可扩展性方面的优势，为Web开发人员搭建了通向结构化数据世界的桥梁。

5.2.1 从HTML到XHTML

目前在浏览器中得到广泛支持的是XHTML 1.0标准，它的绝大部分内容与HTML 4.01标准完全兼容。为了更好地掌握XHTML，必须对HTML的发展背景、基本概念以及主要特征有一个全面的了解。

1. HTML简介

HTML是目前WWW上应用最为广泛的语言，也是构成网页文档的主要语言。HTML的第一个版本没有正式的版本号，它在1989—1995年间被用来建立简单的网页。1995年，IETF（Internet Engineering Task Force，互联网工程任务组）为HTML建立了标准，并将其编号为HTML 2.0。1997年，W3C发布了HTML 3.2，随后在1998年和1999年又分别推出了HTML 4.0和HTML 4.01，后者是目前使用最为广泛的HTML版本。在这之后，W3C宣布将不再发布新的HTML版本，转而致力于XHTML标准的研发。虽然XHTML为HTML向XML的迁移提供了可行方案，但许多Web开发人员并不喜欢XHTML的严格架构。因此在2004年，Apple、Mozilla、Opera等公司自行建立了一个名叫WHATWG（Web Hypertext Application Technology Working Group，网络超文本应用技术工作组）的组织，开始新的HTML版本—HTML 5.0的研究，其目标是保持与当前的HTML标准HTML 4.01向后兼容，进一步提升网页性能，增加页面交互性。2007年W3C接纳了HTML 5.0，并于2008年1月22日发布了第一份工作草案，正式标准有望在2010年制定完成。

顾名思义，超文本标记语言的主要构成是各种用来定义文档结构和外观的标记，它们被封闭在尖括号（即“<”与“>”）中，且不区分大小写。标记的使用有以下两种形式：成对出现的标记和单独出现的标记，无论是哪种标记，其中都不能包含空格。

（1）成对出现的标记

成对出现的标记包括开始标记和结束标记，它们的名称相同，但结束标记在名称前有一个斜杠，一般格式为：

<开始标记>内容</结束标记>

例如，要在网页中显示一段加粗的文本，可以使用如下标记：

<b>文本</b>

网页在浏览器中显示时，标记<b>和</b>不会被显示，标记对之间的文本将以粗体形式显示。

(2)单独出现的标记

在 HTML 中，有少量标记是单独出现的，它们的一般格式是：

<标记>

例如，要在网页中分行显示文本，可以使用如下标记：

文本 1
文本 2

网页在浏览器中显示时，标记
不会被显示，文本 1 与文本 2 将分行显示。

当用一对标记将某些内容包夹在其中时，标记对与其间的内容被称为一个元素。例如，下面一行就是一个元素：

<p>HelloWorld</p>

其中标记名称 p 又被称为元素名，常用来指代整个元素。网页内容就是由不同元素组成的，它们彼此之间可以相互嵌套。例如，要在网页中显示一段加粗、倾斜、带下画线的文本，可以使用如下元素：

<b><i><u>文本</u></i></b>

u 元素嵌套在 i 元素中，而 i 元素又嵌套在 b 元素中。HTML 对元素的嵌套层次没有限制，但要求嵌套不能出现交叉。例如，下面的元素嵌套是错误的：

<b><i>文本</b></i>

标记可以有一个或多个属性，它们是关于元素内容应如何显示的附加信息。不同的标记拥有不同的属性，可以根据实际需要为属性赋值，所有的"属性/值"对都应出现在开始标记的">"之前，并使用空白分隔，空白包括空格、水平制表符和回车符。一般格式为：

<开始标记 属性 1="值 1" 属性 2="值 2" … 属性值 n="值 n">内容</结束标记>

或

<标记 属性 1="值 1" 属性 2="值 2" … 属性值 n="值 n">

例如，要在网页中设置某个单元格的高度和宽度，并调整其中内容的水平与垂直位置，可以使用<td>标记，并对相关属性进行设置：

<td width="50" height="30" align="center" valign="top">内容</td>

又如，要在网页中链接外部图片，可以使用<img>标记，并对相关属性进行设置：

<img src="图片路径名" alt="替代文本">

在设置属性值时，需要注意以下几点：

- 属性值可以使用双引号或单引号作为界定符，也可以不使用引号。但使用引号可以更好地与未来的 HTML 新标准衔接，同时也是 W3C 提倡使用的表示方法。当双引号作为属性值时，应使用单引号作为界定符，反之亦然。如果属性值中包含空白，则必须使用引号作为界定符，因为不同属性之间是用空白分隔的。
- 有些属性可以不赋值。例如，可以使用"<hr noshade>"在网页中显示一条没有阴影的水平分隔线，<hr>标记的 noshade 属性不需要明确赋值。
- 属性值不允许分行。例如，在下面的定义中 align 属性并不起作用：

<p align="cen

ter">内容</p>

利用 HTML 编写的网页本质上是扩展名为 .htm 或 .html 的文本文件，因此任何文本编辑软件都可以用来撰写 HTML 文件，如 Notepad、Word 等。也可以使用一些专业开发工具来设计 HTML 网页，如 Dreamweaver、FrontPage 等，它们可以帮助不熟悉 HTML 语法的用户快速开发符合实际需求的网页。

2. XHTML 与 HTML 的区别

XHTML 1.0 与 HTML 4.01 的内容基本相同，并没有增加新的标记，但是语法形式更加严格，要求网页文档必须是“格式良好(well-formed)”的，具体的不同点如下：

(1)所有元素必须正确嵌套

在 XHTML 中，如果一个元素嵌套在另一个元素中，那么里面元素的结束标记必须出现在外面元素的结束标记之前，即嵌套必须严格对称。例如，下面的写法是格式良好的：

```
<em><strong>网页制作与网站管理</strong></em>
```

而下面的写法是错误的：

```
<em><strong>网页制作与网站管理</em></strong>
```

HTML 虽然也要求所有元素必须正确嵌套，但并不总是严格执行。

(2)所有元素必须关闭

在 XHTML 中，非空元素必须包含相匹配的开始标记和结束标记，而空元素则必须在标记的“>”之前加一个“/”来关闭它。例如，下面的写法是格式良好的：

```
<p>这是一段文字</p>
<hr />
<img src="images/haibao.jpg" alt="世博会吉祥物" />
```

HTML 不强制要求所有元素必须关闭。例如，下面的写法在 HTML 中是允许的：

```
<p>这是一段文字
<hr>
<img src="images/haibao.jpg" alt="世博会吉祥物">
```

(3)标记和属性必须使用小写字母

与 HTML 不同，XHTML 是区分大小写的，如<img>、<Img>和<IMG>表示三个不同的标记，src 和 SRC 表示两个不同的属性。XHTML 要求所有标记和属性的名称都必须使用小写字母。例如，下面的写法在 HTML 中是允许的：

```
<IMG SRC="images/haibao.jpg" ALT="世博会吉祥物">
```

而在 XHTML 中，上述写法必须修改为：

```
<img src="images/haibao.jpg" alt="世博会吉祥物" />
```

(4)所有属性值必须用引号封闭且不能简化

HTML 允许不给属性值加引号，但 XHTML 要求所有的属性值都必须使用引号作为界定符。例如，下面的写法在 XHTML 是不合要求的：

```
<table width=60% border=1></table>
```

正确的写法应该是：

```
<table width="60%" border="1"></table>
```

在 HTML 中，有一小部分属性是没有值的，如<hr>标记的 noshade 属性，<select>标记的 multiple 属性等。在 XHTML 中，每个属性都必须有明确的取值，没有值的属性使用自己的名称作为值。因此<hr>标记的 noshade 属性应表示成 noshade = " noshade"，<select>标记的 multiple 属性应表示成 multiple = " multiple"。

(5)使用 id 属性而不是 name 属性

HTML 为某些标记定义了 name 属性，如<a>、<form>、<frame>、<img>等，同时，它也几乎为所有标记添加了 id 属性。这两个属性都是用来为网页中的指定元素关联一个标识符，以便在后面可以被超链接或脚本引用。例如，要定义一个锚点和指向该锚点的超链接，可以使用下面的写法：

```
<a name = " bmark" >页首</a>
<a href = " #bmark" >返回页首</a>
```

XHTML 不赞成使用 name 属性，而是推荐使用 id 属性来为网页中的元素绑定标识符，因此上面定义锚点的写法应修改为：

```
<a id = " bmark" >页首</a>
```

如果必须在某个标记中使用 name 属性，最好在其中加入一个取值相同的 id 属性，以确保该标记在支持 XHTML 的浏览器中也可以被正确处理。

5.2.2　XHTML 文档的组成

与 HTML 文档类似，XHTML 文档包括两个主要部分——头部和主体，每一部分都由相应的开始标记和结束标记在文档中进行界定。头部是放置文档标题的地方，同时也可以在其中指明浏览器在显示文档时可能会用到的其他参数，这些信息都不会出现在浏览器的可显示区域中。主体是放置文档实际内容的地方，其中包括要显示的文本和各种标记，这些标记将告诉浏览器显示文本的方式。除此之外，在主体中还可以通过特殊标记来引用文档外部的多媒体元素，如图像、视频、音频、动画等，浏览器加载这些多媒体内容，并把它们与文本集成在一起。

XHTML 文档还可以包含 XML 声明和文档类型声明，它们出现在头部和主体之前。下面依次介绍 XHTML 文档的各个组成部分。

1. 可选的 XML 声明

XHTML 1.0 推荐在文档的开头使用 XML 声明，它的一般格式是：

```
<? xml version = "版本号" encoding = "字符编码" standalone = "是否独立" ? >
```

因为在语法形式上与普通属性类似，声明中的三个主要部分被称为伪属性。如果在文档中进行了 XML 声明，则版本声明(version)是必选项，编码声明(encoding)和独立声明(standalone)是可选项。

版本声明用于标识文档所遵循的 XML 规范。虽然 XML 1.0 依然是应用最为广泛的版本，但 W3C 已于2004 年 2 月 4 日发布了 XML 1.1 推荐标准，并于2006 年 8 月 16 日发布了该推荐标准的第二版。XML 1.1 对结构良好性的定义作了少量而明确的修改，提高了国际化支持水平，但无法完全向后兼容 XML 1.0。考虑到不兼容性以及未来 XML 规范的发展，在文档中进行版本声明是十分必要的。

编码声明用于标识文档所使用的字符编码。如果没有规定编码，解析器会自动确定文档使用的是 UTF-8 还是 UTF-16 编码。如果文档使用 UTF-8 或 UTF-16 以外的字符编码，为了执行可靠的处理，必须在 XML 声明中包含一个编码声明，以便解析器可以正确读取字符或在无法处理编码时报告错误。

独立声明用于标识文档的内容是否依赖于外部信息源，取值为 yes 或 no(默认值)。yes 表示文档可以完全独立存在，不依赖其他任何文件；no 表示文档可能依赖于外部 DTD 或外部实体。

本节后面涉及的 XHTML 文档将使用如下的 XML 声明：

<? xml version="1.0"? >

该声明等价于：

<? xml version="1.0" encoding="UTF-8" standalone="no"? >

2. 文档类型定义及声明

DTD(Document Type Definition，文档类型定义)是一套语法规则，它规定在引用 DTD 的文档中可以使用哪些元素，这些元素应该按什么顺序出现，哪些元素可以出现在其他元素中，哪些元素有属性等。DTD 可以是文档的一部分，但通常是一个单独的扩展名为 .dtd 的文本文件。

DTD 是一种保证文档格式正确的有效方法，解析器可以通过比较文档和 DTD 文件来验证文档是否符合规范。XHTML1.0 规范制定了三种 DTD：

(1) XHTML 1.0 Strict：严格型 DTD，不允许在文档中使用规范不推荐的元素和属性，如<font>、<center>等。

(2) XHTML 1.0 Transitional：过渡型 DTD，允许在文档中继续使用规范不推荐的元素和属性，但必须遵守 XHTML 的语法规则。

(3) XHTML 1.0 Frameset：框架型 DTD，专用于包含框架的文档。

任何一个 XHTML 文档都必须在开头包含文档类型声明(只允许 XML 声明在它的前面)，作用是告诉解析器文档遵循三种 DTD 定义中的一种，它的一般格式为：

<! DOCTYPE rootelement KEYWORD "identifier" "URL">

声明的各个组成部分说明如下：

- DOCTYPE：表示声明类型的关键字，全部为大写，与左侧的"!"之间不允许有空白。
- rootelement：文档的根元素名，在 XHTML 文档中它必须是 html，全部为小写。
- KEYWORD：表示 DTD 类型的关键字，取值为 SYSTEM 或 PUBLIC。SYSTEM 表示文档引用的是没有公共定义的 DTD；PUBLIC 表示文档引用的是由权威机构制定的，提供给公众使用的 DTD。
- identifier：DTD 的公共标识符，仅在 DTD 类型为 PUBLIC 时使用。
- URL：外部 DTD 的 URL，解析器在验证文档时，首先使用公共标识符检索 DTD，如果找不到，再根据 URL 进行查找。

如果 XHTML 文档遵循严格型 DTD，使用下面的文档类型声明：

```
<!DOCTYPE html PUBLIC "-//W3C//DTD XHTML 1.0 Strict//EN"
"http://www.w3.org/TR/xhtml1/DTD/xhtml1-strict.dtd">
```

如果 XHTML 文档遵循过渡型 DTD，使用下面的文档类型声明：

```
<!DOCTYPE html PUBLIC "-//W3C//DTD XHTML 1.0 Transitional//EN"
"http://www.w3.org/TR/xhtml1/DTD/xhtml1-transitional.dtd">
```

如果 XHTML 文档遵循框架型 DTD，使用下面的文档类型声明：

```
<!DOCTYPE html PUBLIC "-//W3C//DTD XHTML 1.0 Frameset//EN"
"http://www.w3.org/TR/xhtml1/DTD/xhtml1-frameset.dtd">
```

3. 命名空间声明

命名空间是对 XML 1.0 标准的补充，主要解决文档中元素和属性的命名冲突问题。命名空间被声明为元素的属性，可以在 XML 文档的任何元素中进行声明。命名空间的范围起始于声明该命名空间的元素，并作用于该元素的所有内容，直到被其他命名空间声明所覆盖。命名空间的声明可采用如下两种方式：

(1)直接声明方式

一般格式为：<someElement xmlns:pfx="URI" />

在属性名“xmlns:pfx”中，xmlns 是声明命名空间的关键字，本身并不绑定到任何命名空间；pfx 是命名空间前缀，用来与指定的命名空间绑定在一起。属性值是一个 URI(Uniform Resource Identifier，统一资源标识符)引用，用来标识命名空间的名称，它可以是一个 URL 或 URN(Uniform Resource Name，统一资源名称)。例如：

```
<fifa:description xmlns:fifa="http://www.fifa.com">
  <fifa:name>国际足球联合会</fifa:name>
  <fifa:birthday>1904 年 5 月 21 日</fifa:birthday>
  <fifa:game xmlns:worldcup="http://www.worldcup.com">
    <worldcup:founder>Jules Rimet</worldcup:founder>
    <worldcup:recent>2010</worldcup:recent>
    <host>南非</host>
  </fifa:game>
  <headquarters>瑞士苏黎世</headquarters>
</fifa:description>
```

在上面的示例中，在元素 description 及其子元素 game 的开始标记中声明了命名空间 http://www.fifa.com 和 http://www.worldcup.com，并分别与前缀 fifa 和 worldcup 进行了绑定。在使用命名空间时，将前缀 fifa 置于元素 description 及其子元素 name、birthday 和 game 的名称前，并使用冒号分隔，表明这四个元素属于命名空间 http://www.fifa.com；将前缀 worldcup 置于元素 game 的子元素 founder 和 recent 的名称前，表明这两个元素属于命名空间 http://www.worldcup.com；未添加任何前缀的元素 host 和 headquarters 不属于任何命名空间。

在声明命名空间时，需要注意以下两点：

① 命名空间前缀必须是一个合法的 XML 名称，以三字母序列 x、m 和 l(包括任何大小写组合)开头的前缀被保留，供 XML 和与 XML 相关的规范使用。

② URI 引用并不一定要指向实际存在的文档或目录，它的作用仅仅是赋予命名空间一个唯一的名称。

(2)默认声明方式

当 XML 文档中的大部分元素都属于同一命名空间时，可以声明一个默认命名空间，从而避免为每个元素重复地添加命名空间前缀。声明默认命名空间的一般格式为：

```
<someElement xmlns="URI" />
```

如果默认命名空间声明范围内的任何元素未使用前缀显式限定，则该元素将被隐式限定。与带前缀的命名空间一样，默认命名空间也可以被覆盖。例如：

```
<html xmlns="http://www.w3.org/1999/xhtml">
  <head>
    <title>默认命名空间</title>
  </head>
  <body>
    <h1 align="center">圆和矩形</h1>
    <svg xmlns="http://www.w3.org/2000/svg" width="100%" height="100%">
      <rect x="150" y="0" width="100" height="100" />
      <circle cx="50" cy="50" r="35" />
    </svg>
    <hr />
    <p>Last ModifiedJuly 13, 2010</p>
  </body>
</html>
```

在上面的示例中，使用 html 元素的 xmlns 属性声明了一个默认命名空间 http://www.w3.org/1999/xhtml，由于包含声明的元素及其子元素(包括 html、head、title、body、h1、hr、p)并未使用前缀显式限定，因此这些元素都属于该默认命名空间。默认命名空间在 svg 元素的 xmlns 属性中被重新声明为 http://www.w3.org/2000/svg，由于命名空间可以被覆盖，所以元素 svg 及其子元素 rect 和 circle 都属于重新声明的默认命名空间。

需要注意的是，默认命名空间不作用于属性，上面示例中 align、width、height、x、y、cx、cy、r 等属性不属于任何一个命名空间。要使属性归属于某个命名空间，必须显式限定该属性。例如，下面的写法是正确的：

```
<x xmlns:n1="http://www.w3.org" xmlns="http://www.w3.org">
<good a="1" n1:a="2" />
</x>
```

good 元素的第一个 a 属性不属于任何一个命名空间，第二个 a 属性属于命名空间

http：//www. w3. org，因此它们被认为是两个不同的属性。

下面的写法是错误的：

```
<x xmlns：n1 = "http：//www. w3. org" xmlns：n2 = "http：//www. w3. org">
<bad n1：a="1" n2：a="2" />
</x>
```

bad 元素中两个 a 属性的前缀均绑定到命名空间 http：//www. w3. org，因此它们被认为是两个相同属性，这在定义元素属性时是不允许的。

在 XHTML 文档中，对文档类型进行声明后，必须利用根元素 html 的 xmlns 属性声明默认命名空间 http：//www. w3. org/1999/xhtml，即：

```
<html xmlns = "http：//www. w3. org/1999/xhtml">
……
</html>
```

根元素 html 的开始标记<html>与结束标记</html>限定了文档的开始点和结束点，在它们之间是由各种元素组成的文档头部和主体。在根元素中声明默认命名空间，意味着根元素及其所有未使用前缀限定的子元素都属于同一命名空间。

4. 文档头部

头部是放置文档概要信息的地方，其中包括标题、元数据、脚本代码、样式定义等，这些信息都不会出现在浏览器的可显示区域中。根据 XHTML 1.0 的规定，头部信息必须放置在 head 元素的开始标记<head>与结束标记</head>之间，其中允许出现的子元素包括：

- title 元素：是 head 元素必须包含的子元素，用于定义文档标题，内容通常显示在浏览器窗口的标题栏中。例如：

```
<head><title>文档的标题</title></head>
```

- meta 元素：定义文档的元数据，包括版权、关键字、概要描述、作者、创作日期等，以帮助搜索引擎识别、分类和定位文档中的信息。
- link 元素：定义文档与外部资源的关系，最常见的用途是链接外部样式表。
- style 元素：定义内部样式，设置文档在浏览器中呈现时的具体外观。
- script 元素：定义客户端脚本，既可以利用元素的<script>和</script>标记对来封装脚本代码，也可以通过元素的 src 属性来引用外部脚本文件。
- base 元素：为文档中的所有链接定义基准 URL 或默认目标窗口。

5. 文档主体

主体是放置文档实际内容的地方，其中包括要显示的文本和各种标记，它们都必须放置在 body 元素的开始标记<body>和结束标记</body>之间。body 元素的各种属性可分为三类：

- 呈现属性：控制文档的外观，包括 background、bgcolor、text、link 等。
- 事件属性：控制文档的事件处理过程，包括 onload、onclick、onmouseover 等。
- 标准属性：适用于大多数元素的属性，包括 id、class、style 等。

body 元素的呈现属性如表 5-1 所示，常用的标准属性如表 5-2 所示。

表 5-1　　**body 元素的呈现属性**

<table>
<tr><th>属性名</th><th>属性值</th><th>示 例</th><th>说 明</th></tr>
<tr><td>background</td><td>URL</td><td>background = " images \ sea. jpg"</td><td>规定文档的背景图像</td></tr>
<tr><td>bgcolor</td><td rowspan="5">rgb(x, x, x)
#xxxxxx
colorname</td><td rowspan="5">bgcolor = "rgb(208, 167, 250)"
text = "#8B65C3"
link = "green"</td><td>规定文档的背景颜色</td></tr>
<tr><td>text</td><td>规定文档中所有文本的颜色</td></tr>
<tr><td>link</td><td>规定文档中未访问链接的颜色</td></tr>
<tr><td>alink</td><td>规定文档中活动链接的颜色</td></tr>
<tr><td>vlink</td><td>规定文档中已访问链接的颜色</td></tr>
</table>

表 5-2　　**元素的标准属性**

属性名	属性值	示 例	说 明
id	字符串	id = " bodyStyle"	为元素指定唯一标识符
class	字符串	class = " bodyClass"	为元素指定类名
style	样式定义	style = " font-family：黑体；font-size：28px"	为元素定义内联样式

6. 注释

当文档内容比较复杂时，可以在其中添加注释，注释信息不会被浏览器显示出来，但它们有助于用户更好地理解创作者所编写的文档，提高管理和维护的便捷性。注释应放在特殊的开始标记“<!--”和结束标记“-->”之间，在“<!--”的后面和“-->”的前面必须有一个空格。例如：

<!--这是单行注释 -->

<!--这是多行注释

注释行一

注释行二 -->

在文档中添加注释需要注意以下两点：

(1)注释不允许嵌套。下面的写法是错误的：

<!--注释开始

<!--这是嵌套注释 -->

注释结束 -->

(2)注释内容中应尽量避免出现两个相连的连字符，否则可能会导致错误。

综上所述，一个符合 XHTML1.0 规范的最简单文档必须包括文档类型声明、命名空间声明、头部和主体等组成部分，其基本结构如下所示：

```
<! DOCTYPE html PUBLIC "-//W3C//DTD XHTML 1.0 Transitional//EN"
"http://www.w3.org/TR/xhtml1/DTD/xhtml1-transitional.dtd">
<html xmlns="http://www.w3.org/1999/xhtml">
  <head>
    <meta http-equiv="Content-Type" content="text/html; charset=utf-8" />
    <title>无标题文档</title>
  </head>
  <body>
  </body>
</html>
```

5.2.3　XHTML 的常用标记

标记被用来定义文档的结构和外观，是 XHTML 中最基本的单位。常用的 XHTML 标记包括文本标记、多媒体标记、链接标记、表格标记和表单标记。

1. 文本标记

XHTML 文档中的大部分内容都是文本，与文本相关的标记构成了标准中最丰富的一部分。这些标记定义了文本的结构及外观，使包含文本的网页能在网络上方便快捷地进行检索和浏览。常用的文本标记如表 5-3 所示。

表 5-3　**文 本 标 记**

标记	功能	常用属性			示例
		名称	值	功能	
<p></p>	定义段落	align	left | center | right | justify	规定段落中文本的水平对齐方式	<p align="right">段落右对齐</p>
 	强制换行				第 1 行 第 2 行
<hn></hn>（n=1～6）	定义标题	align	left | center | right | justify	规定标题中文本的水平对齐方式	<h1>最大标题</h1> <h6>最小标题</h6>
<hr />	定义水平分隔线	align	left | center | right	规定水平线的水平对齐方式	<hr align="center" width="70%" size="5" noshade="noshade" />
		noshade	noshade	取消水平线的阴影	
		size	像素	规定水平线的高度(厚度)	
		width	像素/百分比	规定水平线的宽度	

续表

<table>
<tr><th rowspan="2">标记</th><th rowspan="2">功能</th><th colspan="3">常用属性</th><th rowspan="2">示 例</th></tr>
<tr><th>名称</th><th>值</th><th>功能</th></tr>
<tr><td rowspan="2"><ol></ol></td><td rowspan="2">定义有序列表</td><td>type</td><td>1 | a | A | i | I</td><td>规定列表的项目序号类型</td><td rowspan="6"><ol type="A" start="3">
<li>武昌</li>
<li value="11">汉口
<ul type="disc">
<li>江汉</li>
<li type="square">江岸
</li>
</ul></li>
<li value="25">汉阳
</li>
</ol></td></tr>
<tr><td>start</td><td>整数</td><td>规定列表的起始项目序号</td></tr>
<tr><td><ul></ul></td><td>定义无序列表</td><td>type</td><td>disc | square | circle</td><td>规定列表的项目符号类型</td></tr>
<tr><td rowspan="2"><li></li></td><td rowspan="2">定义列表项目</td><td>value</td><td>整数</td><td>规定有序列表中项目的序号</td></tr>
<tr><td>type</td><td>disc | square | circle</td><td>规定无序列表中项目的符号</td></tr>
<tr><td><dl></dl></td><td colspan="4">定义定义列表</td></tr>
<tr><td><dt></dt></td><td colspan="4">定义术语项目</td><td rowspan="2"><dl>
<dt>Geek</dt>
<dd>形容对计算机和网络技术有狂热兴趣的人</dd>
</dl></td></tr>
<tr><td><dd></dd></td><td colspan="4">定义术语解释</td></tr>
<tr><td><div></div></td><td>定义区块</td><td>align</td><td>left | center | right | justify</td><td>规定区块中内容的水平对齐方式</td><td><div align="center">
新的区块</div></td></tr>
<tr><td><b></b></td><td colspan="4">定义粗体文本</td><td><b>计算机中心</b></td></tr>
<tr><td><i></i></td><td colspan="4">定义斜体文本</td><td><i>武汉大学</i></td></tr>
<tr><td></td><td colspan="4">定义下标文本</td><td>O₂</td></tr>
<tr><td></td><td colspan="4">定义上标文本</td><td>E=MC²</td></tr>
<tr><td><u></u></td><td colspan="4">定义下画线文本</td><td><u>China</u></td></tr>
<tr><td rowspan="3"><font></font></td><td rowspan="3">定义所包含文本的字体、尺寸和颜色</td><td>face</td><td>字体名称</td><td>规定文本的字体</td><td rowspan="3"><font face="隶书" size="7" color="rgb(247, 53, 32)">
永不妥协
</font></td></tr>
<tr><td>size</td><td>1~7</td><td>规定文本的尺寸</td></tr>
<tr><td>color</td><td>rgb(x, x, x) | #xxxxxx | colorname</td><td>规定文本的颜色</td></tr>
</table>

需要注意的是，XHTML文档中的一些字符具有特殊含义，如小于号(<)和大于号(>)作为标记名称的界定符，空格作为分隔符等。如果希望浏览器正确地显示这些字符，必须在文档中使用字符实体。另外，有些特殊字符无法通过键盘直接输入到文档

中，也可以使用字符实体来表示。字符实体有三种表示形式：

- &#十进制实体编号。
- &#x 十六进制实体编号。
- & 实体名称。

其中实体名称和实体编号指的是某个字符在 ISO 8859-1 字符集中的标准名称和位置编号。在实际使用时，考虑到并非所有字符都拥有实体名称和浏览器的支持程度，推荐通过第一种或第二种方式来引用字符实体。常用的字符实体如表 5-4 所示。

表 5-4　**常用的字符实体**

显示结果	描述	实体名称	实体编号
	不断行的空格		|
<	小于号	<	< | <
>	大于号	>	> | >
&	和号	&	& | &
"	双引号	"	" | "
'	单引号	'	' | '
×	乘号	×	× | ×
÷	除号	÷	÷ | ÷
¥	人民币元	¥	¥ | ¥
§	节	§	§ | §
€	欧元	€	€ | €
®	注册商标	®	® | ®
©	版权	©	© | ©

2. 多媒体标记

在 XHTML 文档中可以通过不同标记来引用外部的多媒体对象，从而增强文档的表现力和交互性。常用的多媒体标记如表 5-5 所示。

表 5-5　**多媒体标记**

标记	功能	常用属性			示例
		名称	值	功能	
<img />	定义显示在文档中的外部图像	src	URL	规定图像文件的 URL	< img src = " images/paul. jpg" alt = " 章鱼保罗" align = " left" width = "124" height = "86" /> 出生在英国，但在德国长大的章鱼保罗在南非世界杯上八猜全中，令全世界球迷拜服。
		alt	字符串	规定图像的替代文本	
		align	top | bottom | middle | left | right	规定带有文本环绕的图像的对齐方式	
		border	像素	规定图像边框的宽度	
		height	像素/百分比	规定图像的显示高度	
		width	像素/百分比	规定图像的显示宽度	

续表

标记	功能	常用属性			示例
		名称	值	功能	
<object> </object>	定义嵌入在文档中的 ActiveX 控件	classid	clsid：控件编号	规定已注册控件的编号	<object classid="clsid：6BF52A52-394A-11D3-B153-00C04F79FAA6" width="400" height="300"> <param name="url" value="media/jht. avi" /> <param name="autostart" value="1" /> <param name="playcount" value="2" /></object>
		codebase	URL	规定未注册控件的 URL	
		height	像素	规定控件的显示高度	
		width	像素	规定控件的显示宽度	
<param />	为嵌入在文档中的 ActiveX 控件提供参数	name	字符串	规定参数名称	
		value	字符串	规定参数值	
<embed> </embed>	定义嵌入在文档中的多媒体对象	src	URL	规定多媒体对象的 URL	<embed src="media/sqqt. mp3" type = "application/x-mplayer2" width="400" height="300" autostart="true" loop="true" volume="50"> </embed>
		type	MIME 类型名	规定多媒体对象的 MIME 类型	
		height	像素	规定显示区域的高度	
		width	像素	规定显示区域的宽度	
		autostart	true | false	规定是否自动播放	
		loop	true | false | 整数	规定是否循环播放及循环次数	
		hidden	true | false	规定显示区域是否可见	
		volume	0 ~ 100	规定播放的音量大小	
		pluginspage	URL	规定插件的下载位置	

在使用上述多媒体标记时，需要注意以下事项：

- src 和 alt 属性是<img>标记的必需属性。src 属性指定了外部图像文件的 URL，可以是绝对 URL 或相对 URL（参考链接标记的介绍）。alt 属性指定了在图像无法显示时，代替图像显示在浏览器中的文本内容。
- <object>标记被用来在文档中嵌入 ActiveX 控件，浏览器利用控件来解释不同类型的多媒体对象（图像、视频、音频、动画等）。ActiveX 控件是可重用的软件组件，通常以 OCX（*.ocx）文件的形式存在，运行之前必须在本地机器的系统注册表中进行注册。当用户通过浏览器访问包含<object>标记的文档时，浏览器会根据指定的编号载入相应控件，如果该控件已注册，则控件可在页面上直接运行；如果该控件没有注册，则浏览器会根据指定的 URL 自动下载该控件，在本地机器上完成注册并运行。控件下载一次后就驻留在本地机器上，下次访问相同网页时控件可直接运行。多媒体文件的格式非常多，支持它们在浏览器中播放的 ActiveX 控件也各不相同。为了实现这些控件在本地机器中的注册，可以在本地机器上安装常用的媒体播放软件（Windows Media Player、RealPlayer 等），这些软件集成了相应的浏览器控件，安装完毕后控件会自动注册。

- <param>标记与<object>标记搭配使用，被用来为载入的 ActiveX 控件提供相关参数，其中包括需要播放的多媒体对象的 URL、播放次数、播放速率、播放器显示模式、音量控制等。不同类型控件所使用的参数各不相同，因此每次使用前最好查阅相关文献以明确具体细节。

- <embed>标记适用于支持插件技术的浏览器，如 Firefox、Opera 等。插件是一个能够负责特定页面区域的代码模块，如果页面中包含某种类型的多媒体对象，浏览器只需要知道应保留的区域大小，而区域的显示则由指定的插件代码负责。当用户使用支持插件技术的浏览器访问包含<embed>标记的文档时，浏览器会根据指定的多媒体对象的 MIME(Multipurpose Internet Email Extension，多用途互联网邮件扩展，可用来区分多媒体数据类型)类型，在本地系统中查找并载入合适的插件，由该插件负责多媒体对象的运行。如果浏览器找不到可以解释多媒体对象的插件，则会根据指定的下载位置自动下载和安装相应插件。需要注意的是，当使用不同的插件来解释多媒体对象时，<embed>标记需要的属性也会有所差别。表 5-5 中列举的前四个属性得到了大多数插件和 HTML 5.0 草案的支持，而其他属性是否有效要根据插件的类型来决定。

- <object>标记适用于 IE 内核的浏览器，非 IE 内核的浏览器可通过<embed>标记引用多媒体对象。考虑到兼容性，往往将<embed>标记作为<object>标记的嵌套标记使用，支持 ActiveX 控件的浏览器会忽略<object>标记内的<embed>标记，而使用插件技术的浏览器将只解释<embed>标记而不识别<object>标记，从而确保多媒体对象在大多数浏览器上都能正常运行。例如，为了实现在不同类型的浏览器上都能以背景音乐方式播放 MP3 格式的音频文件，可以在文档中添加如下所示的 HTML 源代码：

```
<object classid="clsid: 6BF52A52-394A-11D3-B153-00C04F79FAA6">
  <param name="url" value="media/sqqt.mp3" />
  <param name="autostart" value="1" />
  <param name="volume" value="50" />
  <param name="uimode" value="invisible" />
  <embed src="media/sqqt.mp3" type="application/x-mplayer2" width="400" height
    ="300"
  autostart="true" volume="50" hidden="true"></embed>
</object>
```

3. 链接标记

在 XHTML 文档中可以包含各种类型的链接，它们将处于不同位置的网络资源联系在一起，形成有机的整体，用户不用考虑具体信息是在本地计算机上还是在其他计算机上。在文档中创建链接时，需要用到两类 URL：绝对 URL 和相对 URL。

如果链接的资源与包含链接的文档不在同一站点内，应使用绝对 URL 来定位资源。绝对 URL 是网络资源的完整地址，包含定位资源所需的全部信息。例如：

http：//www. newsmth. net/index. html

http：//www. huaxia. com/ly/ylgw/dl/images/2010/01/06/508796. jpg

http：//img3. sqkz. com/chuyao/yinyue/PlayOn/04Change. mp3

尽管同一站点内不同文档之间也可以使用绝对 URL 实现链接，但并不推荐使用这种方法。因为一旦站点所在服务器的域名地址或 IP 地址发生改变，则所有使用绝对 URL 的链接都必须做相应更改，给维护造成一定困难。

如果链接的资源与包含链接的文档在同一站点内，使用相对 URL 来定位资源能提供更大的灵活性和适应性。相对 URL 仅包含网络资源的部分地址信息，浏览器会自动将其与基准地址合并起来，生成一个完整的资源地址。通常情况下，浏览器会从当前文档的 URL 中提取相应元素作为基准地址，例如，当前文档的 URL 为"http：//www. 126. com/myemail/index. htm"，则文档中所有相对 URL 的基准地址是"http：//www. 126. com/myemail/"。相对 URL 可分为相对于文档的 URL 和相对于站点根目录的 URL，下面以图 5-6 所示的站点结构为例，解释两种相对 URL 之间的区别，站点的相关内容可参考 5.4 节。

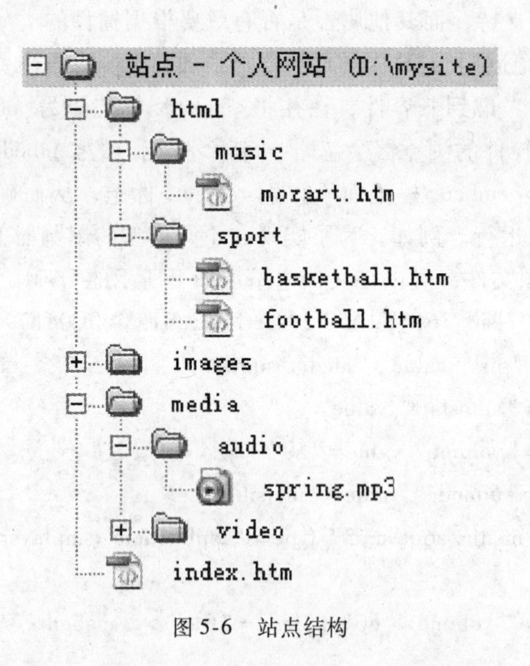

图 5-6　站点结构

在链接中使用相对于文档(包含链接的源文档)的 URL 来定位目标资源时，必须明确指定源文档与目标资源之间的相对位置关系。例如：

- basketball. htm 与 football. htm 均在目录 sport 下，如果 basketball. htm 中包含指向 football. htm 的链接，则链接可使用的相对 URL 是“football. htm”。
- mozart. htm 在 index. htm 所在目录的二级子目录 music 下，如果 index. htm 中包含指向 mozart. htm 的链接，则链接可使用的相对 URL 是“html/music/mozart. htm”，其中“/”表示在目录层次结构中下移一级。
- spring. mp3 在 mozart. htm 所在目录的上两级目录的二级子目录 audio 下，如果 mozart. htm 中包含指向 spring. mp3 的链接，则链接可使用的相对 URL 是“../../media/audio/spring. mp3”，其中“../”表示在目录层次结构中上移一级。

在链接中使用相对于站点根目录的 URL 来定位目标资源时，必须明确指定根目录与目标资源之间的相关位置关系。例如：

- index. htm 处在根目录 mysite 下，如果 mozart. htm 中包含指向 index. htm 的链接，则链接可使用的相对 URL 是“/index. htm”，其中“/”表示根目录。
- spring. mp3 处在根目录的二级子目录 audio 下，如果 index. htm 中包含指向 spring. mp3 的链接，则链接可使用的相对 URL 是“/media/audio/spring. mp3”，其中第一个“/”表示根目录，其余的“/”表示在目录层次结构中下移一级。
- basketball. htm 与 football. htm 处在根目录的二级子目录 sport 下，如果 basketball. htm 中包含指向 football. htm 的链接，则链接可使用的相对 URL 是“/html/sport/football. htm”。

在链接中使用相对 URL 来定位目标资源，能确保在站点整体迁移时链接依然有效，因为站点内部不同文档之间的相对位置关系并没有发生改变。

在文档中可以使用<a>标记来创建各种类型的链接，相关信息如表 5-6 所示。

表 5-6　**链接标记**

标记	功能	常用属性		
		名称	值	功能
<a></a>	定义文档中的链接	href	URL	规定链接目标的 URL
		name	字符串	规定锚点名称
		type	MIME 类型名	规定链接目标的 MIME 类型
		target	_self | _blank | _parent | _top | 窗口名称	规定链接目标的显示窗口

根据 href 属性值的不同，链接一般分为以下三种类型：

(1)指向其他文档的链接

可以将 href 属性的值设置为绝对 URL 或相对 URL，来创建指向站点外目标文件的外部链接或指向站点内其他目标文件的内部链接。例如：

<a href="http://www.whu.edu.cn/index.html">武汉大学</a>

<a href="images/lzs.jpg">老斋舍</a>

当用户单击显示在页面中的链接文本(标记对<a>与</a>之间的文字内容)时，浏览器会尝试检索并显示 href 属性所指定的目标文件。

也可以使用图片代替文本作为实现超链接的对象，例如：

<a href="http://www.tudou.com/index.html"><img src="images/td.jpg" alt="土豆网" /></a>

使用 type 属性可以明确告诉浏览器链接目标的文件类型，浏览器会自动调用相关程序来打开目标文件。例如，用户单击了下面的链接后，浏览器会启动 Windows Media Player 播放 AVI 格式的视频文件：

<a href="media/baggio.avi" type="application/x-mplayer2">巴乔记忆</a>

使用 target 属性可以指定链接目标的具体显示位置，它的适用属性值为：

- _self：默认值，在链接所在的同一窗口中显示目标文档。
- _blank：在新打开、未命名的窗口中显示目标文档。
- _parent：在链接所在窗口的父窗口中显示目标文档。
- _top：在整个浏览器窗口中显示目标文档。
- 窗口名称：在命名窗口中显示目标文档。

例如，若当前文档中存在以下两个链接：

<a href="interest/music.htm" target="_blank">音乐</a>

<a href="interest/sport.htm" target="main">运动</a>

单击第一个链接时，浏览器会打开一个新窗口，然后在窗口中显示目标文档；单击第二个链接时，浏览器也会打开一个新窗口，并将其命名为“main”，然后在窗口中显示目标文档。

(2)锚点链接

锚点链接是指向同一文档或其他文档内特定位置的链接，创建过程可分为两步：创建锚点和创建锚点链接。

① 创建锚点

在 HTML 4.0 之前的版本中，只能使用<a>标记的 name 属性创建锚点。例如，可以在文档中的特定位置添加如下标记：

<a name="anchor1"></a>

name 属性规定了锚点的名称，以后可以在文档的其他位置创建指向该锚点的链接，实现向特定位置的跳转。

随着 HTML 4.01/XHTML 1.0 中通用属性 id 的出现，几乎所有的标记都可以用来创建锚点。例如：

<h2 id="anchor2">WWW</h2>

id属性规定了锚点的标识符。id属性是name属性的升级版本，它解决了只能通过少数拥有name属性的标记创建锚点的问题。

在创建锚点的过程中，需要注意以下几点：

- 在使用<a>标记创建锚点时，一般不需要在标记对<a>和</a>之间加入任何文本，因为此时的<a>标记只是用来标识文档中的某个位置，不需要显示内容。
- 对于那些既拥有id属性、又拥有name属性的标记(<a>、<img>、<form>等)来说，它们可以同时使用这两个属性来创建锚点，但锚点名称必须相同。例如：

```
<img name="anchor3" id="anchor3" src="../images/library.jpg" />
```

虽然新标准推荐使用id属性创建锚点，但考虑到某些旧版本的浏览器不支持该属性，同时使用两个属性是一个好的设计习惯。

- 在同一文档中锚点名称必须是唯一的，在不同文档中允许存在同名锚点。

② 创建锚点链接

如果已经定义了锚点，就可以在同一文档或其他文档中创建指向该锚点的链接。如果是指向同一文档中的锚点，链接的一般形式为：

```
<a href="#锚点名称">链接文本</a>
```

或

```
<a href="#锚点标识符">链接文本</a>
```

例如：

```
<a href="#anchor1">锚点1</a>
<a href="#anchor2">锚点2</a>
```

如果是指向其他文档中的锚点，链接的一般形式为：

```
<a href="链接目标的URL#锚点名称">链接文本</a>
```

或

```
<a href="链接目标的URL#锚点标识符">链接文本</a>
```

例如：`<a href="interest/travel.htm#anchor3">锚点3</a>`

(3)电子邮件链接

如果将<a>标记的href属性值设置为“mailto：电子邮件地址”的形式，可以在文档中创建一个电子邮件链接。例如：

```
<a href="mailto：missforever@126.com">联系我</a>
```

当用户在页面上单击电子邮件链接后，浏览器会自动运行相关联的电子邮件程序，打开一个新的空白邮件窗口，其中“收件人”文本框内会自动填入电子邮件链接所指定的地址。

如果用户使用的是IE浏览器，可以选择“工具”→“Internet选项”→“程序”命令，在“电子邮件”下拉列表框中指定与浏览器默认关联的电子邮件程序。

4. 表格标记

表格是由行和列形成的二维网格，主要用来在文档中组织大量数据，清楚、全面地表现数据之间的关系。常用的表格标记如表5-7所示。

表 5-7　　　　　　　　　　　　　　**表 格 标 记**

<table>
<tr><th rowspan="2">标记</th><th rowspan="2">功能</th><th colspan="3">常用属性</th></tr>
<tr><th>名称</th><th>值</th><th>功　能</th></tr>
<tr><td rowspan="7"><table>
</table></td><td rowspan="7">定义表格</td><td>align</td><td>left | center | right</td><td>规定表格的水平对齐方式</td></tr>
<tr><td>bgcolor</td><td>rgb(x, x, x) | #xxxxxx | colorname</td><td>规定表格的背景颜色</td></tr>
<tr><td>border</td><td>像素</td><td>规定表格外部边框的宽度</td></tr>
<tr><td>cellpadding</td><td>像素/百分比</td><td>规定单元格边沿与其内容之间的距离</td></tr>
<tr><td>cellspacing</td><td>像素/百分比</td><td>规定相邻单元格之间的距离</td></tr>
<tr><td>summary</td><td>字符串</td><td>规定表格内容的摘要</td></tr>
<tr><td>width</td><td>像素/百分比</td><td>规定表格的宽度</td></tr>
<tr><td><caption>
</caption></td><td>定义表格标题</td><td>align</td><td>left | center | right | top | bottom</td><td>规定标题的对齐方式</td></tr>
<tr><td rowspan="3"><tr></tr></td><td rowspan="3">定义表格中的行</td><td>align</td><td>left | center | right | justify | char</td><td>规定行中内容的水平对齐方式</td></tr>
<tr><td>bgcolor</td><td>rgb(x, x, x) | #xxxxxx | colorname</td><td>规定行的背景颜色</td></tr>
<tr><td>valign</td><td>top | bottom | middle | baseline</td><td>规定行中内容的垂直对齐方式</td></tr>
<tr><td rowspan="8"><td></td></td><td rowspan="8">定义表格中的标准单元格</td><td>align</td><td>left | center | right | justify | char</td><td>规定单元格内容的水平对齐方式</td></tr>
<tr><td>bgcolor</td><td>rgb(x, x, x) | #xxxxxx | colorname</td><td>规定单元格的背景颜色</td></tr>
<tr><td>colspan</td><td>整数</td><td>规定单元格可横跨的列数</td></tr>
<tr><td>height</td><td>像素/百分比</td><td>规定单元格的高度</td></tr>
<tr><td>nowrap</td><td>nowrap</td><td>规定单元格中的内容不换行</td></tr>
<tr><td>rowspan</td><td>整数</td><td>规定单元格可横跨的行数</td></tr>
<tr><td>valign</td><td>top | bottom | middle | baseline</td><td>规定单元格内容的垂直对齐方式</td></tr>
<tr><td>width</td><td>像素/百分比</td><td>规定单元格的宽度</td></tr>
<tr><td><th></th></td><td>定义表格中的表头单元格</td><td colspan="3">与<td>标记的常用属性相同</td></tr>
</table>

例如，可以在网页文档中加入下面的 HTML 代码来创建一个与表 5-7 结构相似的表格。

```
<table width="70%" border="4" align="center" cellpadding="5" cellspacing="2"
summary="详细介绍 XHTML 中常用标记的名称、功能、属性取值及含义">
    <caption>XHTML 常用标记</caption>
```

```
    <tr align="center"  valign="middle">
      <th width="15%"  rowspan="2">标记</th>
      <th width="25%"  rowspan="2">功能</th>
      <th colspan="3">常用属性</th>
    </tr>
    <tr align="center"  valign="middle">
      <th width="10%">名称</th>
      <th width="25%">值</th>
      <th width="25%">功能</th>
    </tr>
    <tr align="center"  valign="middle">
      <td width="15%">&lt； p&gt； &lt； /p&gt； </td>
      <td width="25%">定义段落</td>
      <td width="10%">align</td>
      <td width="25%">left ； |  ； center ； |  ； right ；
|  ； justify</td>
      <td width="25%">规定段落中文本的水平对齐方式</td>
    </tr>
    <tr align="center"  valign="middle">
      <tdwidth="15%"  rowspan="3">&lt； img ； /&gt； </td>
      <td width="25%"  rowspan="3">定义显示在文档中的外部图像</td>
      <td width="10%">src</td>
      <td width="25%">URL</td>
      <td width="25%">规定图像文件的 URL</td>
    </tr>
    <tr align="center"  valign="middle">
      <td width="10%">alt</td>
      <td width="25%">字符串</td>
      <td width="25%">规定图像的替代文本</td>
    </tr>
    <tr align="center"  valign="middle">
      <td width="10%">border</td>
      <td width="25%">像素</td>
      <td width="25%">规定图像的边框宽度</td>
    </tr>
  </table>
```

在使用表格标记时，需要注意以下几点：

- 标记对<caption>与</caption>之间的标题文本在大多数浏览器中默认居中显示。

- <th>标记用于定义表头单元格，这不仅有助于更为语义化地描述表头内容的功能，还有助于各种不同的浏览器和设备更准确地渲染表头。表头单元格中的内容在多数浏览器中会以粗体居中方式显示。
- 使用<td>或<th>标记的 rowspan 和 colspan 属性，可以创建跨越多个横行和竖列的单元格，实现复杂的表格结构。

5. 表单标记

表单是客户端与服务器端传递数据的桥梁，是创建交互式文档的主要手段。当用户在浏览器显示的表单中输入信息并执行提交操作后，这些信息将被发送给某台服务器。服务器通常会调用某个脚本程序或应用程序来处理这些信息，并将处理结果以 HTML 文档的形式返回给客户端浏览器。常用的表单标记如表 5-8 所示。

表 5-8　**表单标记**

<table>
<tr><th rowspan="2">标记</th><th rowspan="2">功能</th><th colspan="3">常用属性</th></tr>
<tr><th>名称</th><th>值</th><th>功能</th></tr>
<tr><td rowspan="4"><form>
</form></td><td rowspan="4">定义供用户输入信息的表单</td><td>action</td><td>URL</td><td>规定接收和处理表单数据的应用程序的 URL</td></tr>
<tr><td>enctype</td><td>MIME 类型名</td><td>规定表单数据的 MIME 编码类型</td></tr>
<tr><td>method</td><td>post | get</td><td>规定表单数据发送到服务器的方法</td></tr>
<tr><td>target</td><td>_self | _blank | _parent | _top | 窗口名称</td><td>规定处理结果的显示窗口</td></tr>
<tr><td rowspan="20"><input /></td><td rowspan="20">定义收集用户信息的表单控件</td><td rowspan="10">type</td><td>text</td><td>定义单行文本框</td></tr>
<tr><td>password</td><td>定义密码文本框</td></tr>
<tr><td>button</td><td>定义普通按钮</td></tr>
<tr><td>submit</td><td>定义提交按钮</td></tr>
<tr><td>reset</td><td>定义重置按钮</td></tr>
<tr><td>checkbox</td><td>定义复选框</td></tr>
<tr><td>radio</td><td>定义单选按钮</td></tr>
<tr><td>file</td><td>定义文件域</td></tr>
<tr><td>image</td><td>定义图像域</td></tr>
<tr><td>hidden</td><td>定义隐藏域</td></tr>
<tr><td>name</td><td>字符串</td><td>规定表单控件的名称</td></tr>
<tr><td>value</td><td>字符串</td><td>规定表单控件的值</td></tr>
<tr><td>alt</td><td>字符串</td><td>规定图像域的替代文本</td></tr>
<tr><td>checked</td><td>checked</td><td>规定复选框或单选按钮首次加载时被选中</td></tr>
<tr><td>disabled</td><td>disabled</td><td>规定禁用表单控件</td></tr>
<tr><td>maxlength</td><td>整数</td><td>规定单行或密码文本框中允许输入的最大字符数</td></tr>
<tr><td>readonly</td><td>readonly</td><td>规定单行或密码文本框处于只读状态</td></tr>
<tr><td>size</td><td>整数</td><td>规定表单控件的宽度</td></tr>
<tr><td>src</td><td>URL</td><td>规定图像域的 URL</td></tr>
</table>

续表

标记	功能	常用属性		
		名称	值	功　能
<textarea></textarea>	定义多行文本框	name	字符串	规定多行文本框的名称
		cols	整数	规定多行文本框的可见宽度
		rows	整数	规定多行文本框的可见行数
<select></select>	定义列表框	name	字符串	规定列表框的名称
		size	整数	规定列表框中可见选项的数目
		multiple	multiple	规定列表框允许多选
<option></option>	定义列表框中的选项	selected	selected	规定选项处于初始选中状态
		value	字符串	规定送往服务器的选项值

例如，可以在网页文档中加入下面的 HTML 代码来创建一个如图 5-7 所示的表单。

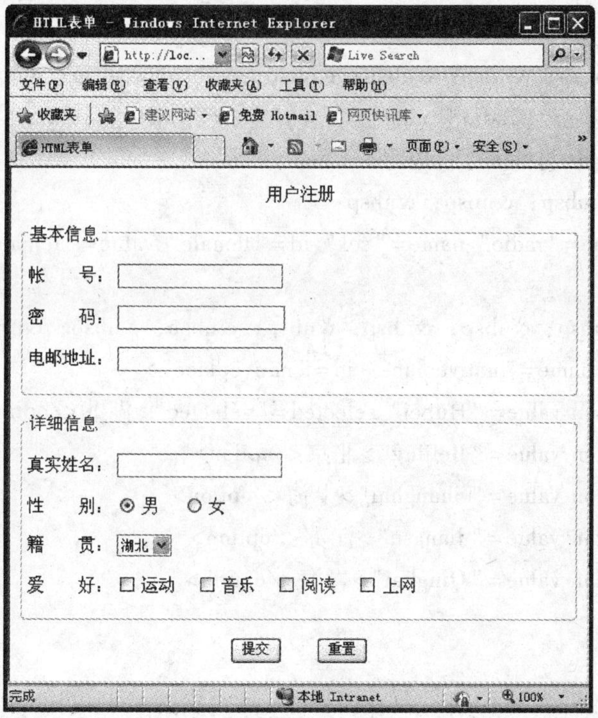

图 5-7　HTML 表单

```
<form name="regForm" method="post" action="">
  <p align="center">用户注册</p>
  <fieldset>
```

```
        <legend>基本信息</legend>
        <p>账                 号:
          <input type="text" name="username" id="username" />
        </p>
        <p>密                 码:
          <input type="password" name="pswd" id="pswd" size="22" />
        </p>
        <p>电邮地址:
          <input type="text" name="email" id="email" />
        </p>
      </fieldset>
      <p></p>
      <fieldset>
        <legend>详细信息</legend>
        <p>真实姓名:
          <input type="text" name="truename" id="truename" />
        </p>
        <p>性                 别:
        <input type="radio" name="sex" id="male" value="male" checked=
"checked" />  男
               
        <input type="radio" name="sex" id="female" value="female" />  女
        </p>
        <p>籍                 贯:
          <select name="nativeplace" id="nativeplace">
            <option value="Hubei" selected="selected">湖北</option>
            <option value="Beijing">北京</option>
            <option value="Shanghai">上海</option>
            <option value="Jiangsu">江苏</option>
            <option value="Qinghai">青海</option>
          </select>
        </p>
        <p>爱                 好:
          <input type="checkbox" name="interest" id="sport" value="sport" />
  运动
               
          <input type="checkbox" name="interest" id="music" value="music" />
  音乐
```

```
             
        <input type="checkbox" name="interest" id="reading" value="reading" />
  阅读
             
        <input type="checkbox" name="interest" id="network" value="network" />
  上网
      </p>
    </fieldset>
    <p align="center">
      <input type="submit" name="Submit" id="Submit" value="提交" />
                 
      <input type="reset" name="Reset" id="Reset" value="重置" />
    </p>
  </form>
```

在使用表单标记时，需要注意以下两点：

(1)<form>标记用来创建 HTML 表单，在其中可添加不同类型的表单控件供用户输入信息。用户一旦执行提交操作，浏览器将根据<form>标记中属性值的规定将输入数据发送给服务器做进一步处理。不同属性的具体规定如下所示：

- action 属性的值可以是绝对 URL 或相对 URL，例如：

```
<form action="http://www.w3.org/webapp/validate.asp"></form>
<form action="myweb/login.jsp"></form>
```

- method 属性用来规定表单数据发送到服务器的方法，主要包括 get 和 post 两种方法。get 方法是默认设置，浏览器将表单数据附在 action 属性指定的 URL 之后，两者之间使用问号分隔。由于不同浏览器和服务器对 URL 长度进行了限制，因此 get 方法不适宜发送长表单。如果发送的数据量太大，数据可能会被截断，从而导致意外或失败的处理结果。post 方法是在 http 请求中嵌入表单数据，可用于发送大量数据，而且在提交用户名、密码和信用卡号等机密信息时，post 方法比 get 方法更安全。
- 浏览器在将表单数据发送给服务器之前，需要对这些数据进行编码，确保在传输过程中数据不会被打乱或破坏。enctype 属性用来规定表单数据的 MIME 编码类型，目前得到浏览器支持的主要包括 application/x-www-form-urlencoded 和 multipart/form-data 两种类型，其中第一种类型是默认设置。只有当表单包含文件域且 method 属性值为 post 时，才能使用第二种编码类型。

(2)表单控件是表单中用来收集用户信息的对象，包括文本框、按钮、复选框、单选按钮、列表框、隐藏域等。用户可以改变控件的状态(如输入文本、单击按钮、选择列表项等)来完成表单，然后将表单数据提交到服务器做进一步处理。大部分表单控件都可以使用<input>标记创建，通过 type 属性的不同取值来定义控件类型。也有一些表单控件需要使用 XHTML 提供的其他标记来创建，如多行文本框、列表框、标签和字段集等。限于篇幅，这里对各种表单控件的功能和适用属性不再一一介绍，感兴趣的读者可结合表5-8查阅其他相关书籍或文献。

5.3 层叠样式表

层叠样式表(Cascading Style Sheet，CSS)是用于(增强)控制网页样式并允许将样式信息与网页内容分离的一种标记性语言。通过使用CSS设置页面的确切外观，可以将页面内容与表示形式分离开。页面内容存放在XHTML文档中，而定义页面表示形式的CSS规则存放在另一个文件(外部样式表)或XHTML文档的另一部分(通常为文档头部)中。将内容与表示形式分离不但增强了XHTML文档的可读性和重用性，而且使集中维护站点外观变得更加容易，因为进行更改时无需对每个页面上的每个属性都进行更新。目前在浏览器中得到广泛支持的是CSS 2.1标准，它纠正了CSS 2.0的少数错误，增加了一些呼声较高、并已广泛使用的特性。CSS的最新版本CSS 3.0也已经发布了工作草案，其中加入了一系列诸如多栏布局、多背景图、文字阴影、圆角、边框图片、媒体查询、语音等令人激动的新特性，但由于完整支持该版本的浏览器非常有限，因此作为正式标准推出还有待时日。

5.3.1 样式表的基本语法

一个样式表由一组格式设置规则组成，每个规则都包含选择器和声明两部分。选择器(selector)用来标识需要设置格式的元素，而声明则包含了一组样式属性(property)定义，这组定义被放在一对大括号之间。每个样式属性定义都表示为“属性名：属性值;”的形式，用来描述元素不同方面的外观效果。格式设置规则的语法形式如下所示：

```
selector {
  property_1: value_1;
  property_2: value_2;
  ……
  property_n: value_n;
}
```

例如，下面的代码创建了一个格式设置规则，其中选择器为body元素，声明包含了三个样式属性定义，分别用来设置字体名称、文字大小和前景颜色。一旦包含该规则的样式表被应用于XHTML文档，则body元素内文本的前景颜色为蓝色，字体采用华文楷体，文字大小是36像素。

```
body {
  font-family: "华文楷体";
  font-size: 36px;
  color: #0000FF;
}
```

格式设置规则中的选择器有不同的定义方式，主要包括元素选择器、类选择器和ID选择器三种类型。

1. 元素选择器

元素选择器使用 XHTML 元素名作为格式设置规则的选择器，从而使样式声明能作用于特定类型的元素。例如：

```
h1 { font-size: 48px; text-decoration: underline; }
```

该格式设置规则作用于文档中所有的 h1 元素，元素内文本带下画线，文字大小是 48 像素。也可以用多个 XHTML 元素名作为选择器，不同元素名之间使用逗号分隔。例如：

```
h1, p, a { color: #FF0000; font-family:"黑体"; }
```

该格式设置规则作用于文档中所有的 h1 元素、p 元素和 a 元素，元素内文本的前景颜色为红色，字体采用黑体。也可以用嵌套元素名作为选择器，外部元素名和内部元素名之间使用空格分隔。例如：

```
p a {text-decoration: line-through; font-family: "隶书"; }
```

该格式设置规则作用于文档中所有嵌套在 p 元素中的 a 元素，元素内文本带删除线，字体采用隶书。例如，在下面的 XHTML 代码中，第一行和第二行能应用上例定义的格式设置规则，第三行和第四行则不能产生相应的外观效果。

```
<p><a href="javascript:;">直接嵌套在 p 元素中的 a 元素内的链接文本</a></p>
<p><b><a href="javascript:;">间接嵌套在 p 元素中的 a 元素内的链接文本</a>
</b></p>
<a href="javascript:;">a 元素内的链接文本</a>
<p>p 元素内的段落文本</p>
```

如果希望格式设置规则能作用于直接嵌套在某元素中的特定元素，则元素选择器使用大于号(>)分隔外部元素名和内部元素名。例如：

```
div>p { font-size: 42px; text-decoration: underline; }
```

该格式设置规则作用于文档中所有直接嵌套在 div 元素中的 p 元素，元素内文本带下画线，文字大小是 42 像素。例如，在下面的 XHTML 代码中，第一行能应用上例定义的格式设置规则，第二行则不能产生相应的外观效果。

```
<div><p>直接嵌套在 div 元素中的 p 元素内的段落文本</p></div>
<div><h1><i>间接嵌套在 div 元素中的 p 元素内的段落文本</i></h1></div>
```

如果希望格式设置规则能作用于紧跟在某元素之后的特定元素，则元素选择器使用加号(+)分隔两个相邻的同级元素。例如：

```
p+h1 { color: #00FF00; font-family:"华文仿宋"; }
```

该格式设置规则作用于文档中所有紧跟在 p 元素之后的 h1 元素，元素内文本的前景颜色为绿色，字体采用华文仿宋。例如，在下面的 XHTML 代码中，第一行能应用上例定义的格式设置规则，第二行则不能产生相应的外观效果。

```
<p>p 元素内的段落文本</p><h1>h1 元素内的标题文本一</h1>
<h1>h1 元素内的标题文本二</h1>
```

2. 类选择器

类选择器使用以英文句点(.)开头的自定义名称作为格式设置规则的选择器，从而使样式声明能作用于任何 XHTML 元素。例如：

```
.myclass { color: #FFFF00; font-style: italic; font-weight: bold; }
```

该格式设置规则能作用于 class 属性值为“myclass”的任何元素，元素内文本的前景颜色为黄色，字体加粗倾斜。例如：

```
<p align="center" class="myclass">p 元素内的段落文本</p>
<h1 class="myclass">h1 元素内的标题文本</h1>
<a href="javascript:;" class="myclass">a 元素内的链接文本</a>
```

类选择器也可以用于嵌套元素。例如：

```
.myclass a {color: #00FF00; text-decoration: line-through; }
```

该格式设置规则作用于嵌套在 class 属性值为“myclass”的元素中的 a 元素，元素内文本的前景颜色为绿色，字体带删除线。例如，在下面的 XHTML 代码中，第一行能应用上例定义的格式设置规则，第二行和第三行则不能产生相应的外观效果。

```
<p class="myclass"><a href="javascript:;">嵌套在 p 元素中的 a 元素内的链接文本</a></p>
<a href="javascript:;" class="myclass">a 元素内的链接文本</a>
<p class="myclass">p 元素内的段落文本</p>
```

在定义类选择器时，可以在英文句点前面添加 XHTML 元素名，使其适用于特定的元素。例如：

```
p.myclass { font-family:"华文楷体"; font-size: 28px; }
```

该格式设置规则作用于 class 属性值为“myclass”的 p 元素，元素内文本使用华文楷体，文字大小是 28 像素。例如，在下面的 XHTML 代码中，第一行能应用上例定义的格式设置规则，第二行和第三行则不能产生相应的外观效果。

```
<p class="myclass">p 元素内的段落文本</p>
<h1 class="myclass">h1 元素内的标题文本</h1>
<div class="myclass"><p>嵌套在 div 元素中的 p 元素内的段落文本</p></div>
```

3. ID 选择器

ID 选择器使用由英文字符“#”与元素的 id 属性值组合而成的字符串作为格式设置规则的选择器，从而使样式声明作用于拥有特定 id 的 XHTML 元素。例如：

```
#tagH1 {background-color: #FF0000; font-size: 56px; }
```

该格式设置规则能作用于 id 属性值为“tagH1”的任何元素，元素内文本的背景颜色为红色，文字大小是 56 像素。例如：

```
<h1 id="tagH1">h1 元素内的标题文本</h1>
```

ID 选择器也可以用于嵌套元素。例如：

```
#idStyle p { color: #0000FF; text-decoration: underline; }
```

该格式设置规则作用于嵌套在 id 属性值为“idStyle”的元素中的 p 元素，元素内文本的前景颜色为蓝色，带下画线。例如，在下面的 XHTML 代码中，仅有第一行能应用上例定义的格式设置规则，第二行和第三行并不能产生相应的外观效果。

```
<div id="idStyle"><p>嵌套在 div 元素中的 p 元素内的段落文本</p></div>
```

<div id = "idStyle" > div 元素内的块文本</div>

<p id = "idStyle" > p 元素内的段落文本</p>

在定义 ID 选择器时，可以在英文字符"#"前面添加 XHTML 元素名，使其适用于特定的元素。例如：

p#idStyle { background-color: #FFFFCC; color: #FF0000; font-size: 32px; }

该格式设置规则仅能作用于 id 属性值为"idStyle"的 p 元素，元素内文本的背景颜色为淡黄色，前景颜色为红色，文字大小是 32 像素。例如，在下面的 XHTML 代码中，仅有第一行能应用上例定义的格式设置规则，第二行和第三行并不能产生相应的外观效果。

<p id = "idStyle" >p 元素内的段落文本一</p>

<p>p 元素内的段落文本二</p>

<div id = "idStyle" >div 元素内的块文本</div>

需要注意的是，在 XHTML 文档中元素的 id 属性值是唯一不重复的，但不同元素的 class 属性值允许相同。因此可共享的格式设置规则应使用类选择器，而作用于特定元素的格式设置规则应使用 ID 选择器。

5.3.2 样式表的创建与应用

根据定义位置的不同，样式表可以分为外部样式表、内部样式表和内联样式三种类型。

1. 外部样式表

外部样式表是指将格式设置规则定义在扩展名为 .css 的文本文件中，然后在网页文档中使用<link>标记链接该类型的文件，达到分离页面内容与表示形式，统一管理站点外观的目的。

例如，下面是外部样式表 mystyle.css 的定义，其中包含三个格式设置规则。

```
h1 { font-size: 48px; text-decoration: underline; }
.classStyle { color: #FF0000; font-family: "华文楷体"; }
#idStyle { background-image: url(../images/sea.jpg); }
```

如果需要在网页文档中链接该外部样式表，可以使用如下代码：

```
<head>
  <link rel = "stylesheet" type = "text/css" href = "styles/mystyle.css" />
</head>
```

<link>标记放置在文档头部，用来定义文档在站点中的位置以及与站点中其他文档之间的关系。目前<link>标记最常见的用途是链接外部样式表，其中 rel 属性表示当前文档链接的是外部样式表，type 属性定义了外部样式表的类型，href 属性指定了外部样式表的 URL。一旦外部样式表链接成功，其中定义的格式设置规则将作用于文档内的相应元素，使元素包含的内容产生指定的外观效果。

2. 内部样式表

内部样式表是指将格式设置规则定义在文档头部的<style>与</style>标记对之间，

达到为单个文档设置特殊外观的目的。例如，可将上述外部样式表 mystyle. css 中的所有格式设置规则修改成如下形式：

```
<head>
  <styletype="text/css">
  <!--
    h1 { font-size: 48px; text-decoration: underline; }
    .classStyle { color: #FF0000; font-family: "华文楷体"; }
    #idStyle { background-image: url(images/sea.jpg); }
  -->
  </style>
</head>
```

上述内部样式表可直接作用于所在文档的相应元素，使包含在元素中的内容产生特殊的外观效果。需要注意的是，为了防止不支持样式表的浏览器误将格式设置规则当成普通字符串直接显示出来，最好将所有规则都放在注释开始标记"<!--"和结束标记"-->"之间，这样可以达到支持样式表的浏览器正确呈现元素的外观效果，不支持样式表的浏览器忽略格式设置规则的目的。

也可以在定义内部样式表时使用@ import 指令来导入外部样式表。例如：

```
<head>
  <style type="text/css">
  <!--
    @import url("styles/mystyle.css");
    p { font-size: 36px; }
  -->
  </style>
</head>
```

@ import 指令必须出现在样式表中所有格式设置规则之前，它的参数是一个外部样式表的 URL，该 URL 可以直接表示为字符串或作为 url 函数的参数。

需要注意的是，@ import 指令更多时候被用来实现外部样式表的嵌套。例如，外部样式表 mystyle. css、size. css 和 color. css 的定义如图 5-8 所示。

```
@import url("size.css");
@import url("color.css");
```
mystyle.css

```
h1 { font-size: 48px; }
p {font-size: 36px; }
body { font-size: 24px; }
```
size.css

```
h1 { color: #FF0000; }
p {color: #0000FF; }
body { color: #00FF00; }
```
color.css

图 5-8　外部样式表的嵌套

当在文档中使用<link>标记链接外部样式表 mystyle. css 时，浏览器会依次加载

size. css 和 color. css 两个外部样式表，使文档产生多个格式设置规则相叠加的外观效果。

3. 内联样式

内联样式是指将样式属性定义作为 XHTML 元素的 style 属性值，达到为特定元素设置外观的目的。例如：

```
<h1 style="text-align: center; font-size: 48px; font-family: '隶书';">山中</h1>
<p style=" text-align: center; font-size: 36px; color: #0000FF;">荆溪白石出</p>
<p style=" text-align: center; font-size: 36px; color: #00FF00;">天寒红叶稀</p>
<p style=" text-align: center; font-size: 36px; color: #FF0000;">山路元无雨</p>
<p style=" text-align: center; font-size: 36px; color: #FFFF00;">空翠湿人衣</p>
```

上例在 IE 8.0 浏览器中的显示效果如图 5-9 所示。采用内联样式会导致表现和内容混杂在一起，无法发挥样式表所具备的简化文档结构、增强文档可读性和重用性、集中维护页面外观等诸多优势，因此在实际应用中要谨慎使用内联样式。当某个样式属性定义仅需要在特定元素上应用一次时，使用内联样式是比较合理的选择。

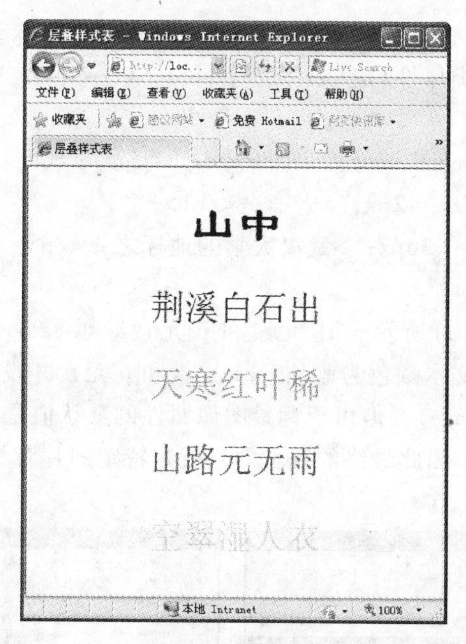

图 5-9　内联样式

需要说明的是，限于篇幅，本节不对创建样式表时可使用的诸多属性做详细介绍。在 W3C CSS 2.1 版本中共有 115 个标准属性，其中删除了 CSS 2.0 版本中 7 个重复或无用的属性：font-size-adjust、font-stretch、marker-offset、marks、page、size 和 text-shadow。有兴趣的读者可以参考其他相关书籍或文献来了解具体属性的名称、功能和取值。

5.3.3　继承和层叠

继承和层叠是 CSS 最重要的两个特性，两者紧密相关但又各不相同。继承关系到

XHTML 元素如何从其父元素继承属性，并将这些属性传递给它们的子元素；而层叠与应用到某个 XHTML 文档的样式表有关，也与相互冲突的规则会不会互相覆盖有关。

1. 继承

CSS 中的继承是指某些属性从父元素传递到其子元素的机制。除了根元素 html 以外，XHTML 文档中的每个元素都将从其父元素那里继承所有的可继承属性。例如，定义如下的格式设置规则：

```
div { color: #FF0000; font-style: italic; text-align: center; }
```

当该规则作用于如下代码段时，h1 元素和 p 元素都将继承父元素 div 的属性，并且 p 元素会将这些属性传递给它的子元素 b，因此 h1 元素和 b 元素内的文本都将呈现出红色、倾斜、水平居中对齐的外观效果。

```
<div>
   <h1>一级标题</h1>
   <p><b>加粗的段落文本</b></p>
</div>
```

有些属性是不能被继承的，如所有的背景类属性（background-color、background-image 等）和大多数边框类属性（border-color、border-top-width、border-right-style 等）。例如：

```
<body style="background-image: url(images/lzs.jpg); color: #0000FF;">
   <h1 style="font-size: 42px;">老斋舍</h1>
   <p style="font-size: 36px;">武汉大学的地标之一</p>
</body>
```

显示效果如图 5-10（a）所示。h1 元素和 p 元素继承了 body 元素的前景颜色属性（color），因此元素内的文本颜色为蓝色。h1 元素和 p 元素并没有继承 body 元素的背景图像属性（background-image），但由于背景图像属性的默认值是 transparent，这表示父元素的背景会透过子元素，因此最终的视觉效果就是特定图片背景上的蓝色文本。

(a) 未被继承的背景

(b) 被继承的背景

图 5-10　样式继承

对于那些默认情况下不能被继承的属性，可以使用关键字“inherit”作为属性值来实现强制继承。例如，将上面设置背景图像的例子修改成如下形式：

```
<body style="background-image: url(images/lzs.jpg); color: #0000FF;">
  <h1 style="background-image: inherit; font-size: 42px;">老斋舍</h1>
  <p style="background-image: inherit; font-size: 36px;">武汉大学的地标之一</p>
</body>
```

显示效果如图5-10(b)所示。h1元素和p元素的背景图像属性被设置为“inherit”，表示它们将使用与body元素相同的背景图片，从而导致多个背景叠加形成混乱的拼图效果。

2. *层叠*

层叠是一种机制，用于在多个互相冲突的格式设置规则作用于同一个元素时控制最终的外观结果。CSS遵循“重要性→特殊性→源顺序”的原则来决定最终应用的格式设置规则。对于两个规则而言，如果其中包含互相冲突的样式属性定义，则首先比较属性的重要性，声明为重要的属性覆盖一般属性；如果属性的重要性相同，则比较选择器的特殊性，高特殊性的选择器覆盖低特殊性的选择器；如果重要性和特殊性都相同，则最终结果由源顺序决定，后出现的规则覆盖先出现的规则。下面依次介绍重要性、特殊性和源顺序的使用方法。

(1)重要性

在一个样式属性定义的分号之前添加“! important”指令，可以将该属性声明为重要属性，重要属性会覆盖与其冲突的一般属性。例如，定义以下三条格式设置规则：

```
p { color: red ! important; }
 classStyle { color: green; }
#idStyle { color: blue; }
```

如果上述规则同时作用于下面的p元素，由于第一条规则中的color属性进行了重要性声明，该属性将覆盖后两条规则和内联样式中的color属性，因此p元素内文本的颜色为红色。

```
<p class="classStyle" id="idStyle" style="color: cyan;">应用层叠规则的段落文本
</p>
```

(2)特殊性

选择器的特殊性由四个部分组成，分别表示为a、b、c、d，其中a的权重最大，d的权重最小。特殊性的运算规则如下：

- 如果样式属性定义来自于内联样式，则a值为1，否则为0。
- b的值等于选择器中id属性值的个数。
- c的值等于选择器中class属性值的个数。
- d的值等于选择器中XHTML元素名的个数。

在表5-9中列举了对不同的格式设置规则进行特殊性运算的一些例子，如果其中的若干规则同时作用于某一元素，则最终的外观效果将由特殊性最高的规则决定。

表 5-9　　　　格式设置规则的特殊性

格式设置规则	特殊性(a,b,c,d)
p { color: red; font-size: 24px; }	0,0,0,1
div h1+p { color: cyan; font-size: 36px; }	0,0,0,3
. classStyle { color: green; font-size: 48px; }	0,0,1,0
body div. classStyle1>p. classStyle2 { color: gray; font-size: 60px; }	0,0,2,3
#idStyle { color:yellow; font-size: 72px; }	0,1,0,0
h1+div#idStyle1>#idStyle2 p. classStyle { color: brown; font-size: 84px; }	0,2,1,3
style="color: blue; font-size: 96px;"	1,0,0,0

例如，若表 5-9 中第二行、第四行和第六行列举的规则同时作用于下面的 p 元素，并将最后一行列举的 style 属性设置作为该元素的内联样式，则根据特殊性的高低，p 元素内的文本颜色为蓝色，文字大小是 96 像素。

<p class="classStyle" id="idStyle" style="color: blue; font-size: 96px;">段落文本</p>

需要注意的是，如果将表 5-9 中第二行列举的规则作用于下面代码中的 p 元素，并且将最后一行列举的 style 属性设置作为 div 元素的内联样式，由于继承得到的规则没有特殊性，因此 p 元素内的文本颜色为红色，文字大小是 24 像素。

<divstyle="color: blue; font-size: 96px;"><p>嵌套元素内的段落文本</p></div>

(3)源顺序

源顺序是指格式设置规则出现的先后次序。如果互相冲突的规则的重要性和特殊性都相同，则根据“后出现的规则覆盖先出现的规则”的原则决定最终的外观效果。例如，外部样式表 mystyle1. css 和 mystyle2. css 的定义如图 5-11 所示。

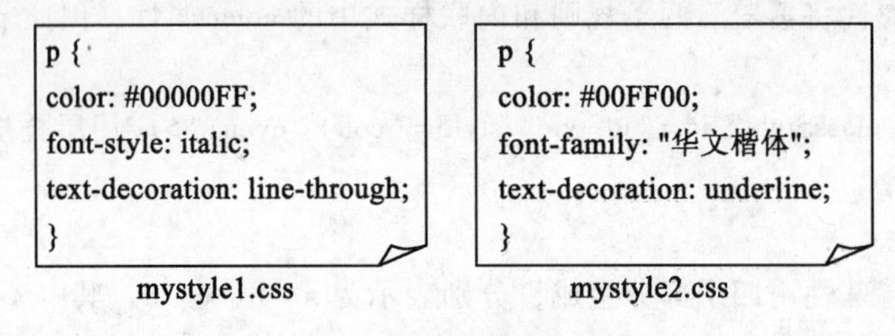

图 5-11　外部样式表

XHTML 文档的部分源代码如下所示：

```
<head>
  <style type="text/css">
  <!--
    @ import url("styles/mystyle1. css");
    p { color: #FF0000; font-family: "隶书"; font-size: 48px; }
```

```
    -->
    </style>
    <link href="styles/mystyle2.css" rel="stylesheet" type="text/css" />
</head>
<body><p>CSS 的继承与层叠</p></body>
```

由上例可以看出，使用@ import 指令导入的外部样式表 mystyle1. css 中的规则出现在内部样式表的其他规则之前，而使用<link>标记链接的外部样式表 mystyle2. css 中的规则出现在内部样式表的所有规则之后。因此，文档主体中 p 元素内的文本采用华文楷体，颜色为绿色，大小是 48 像素、文字倾斜且带下画线。

5.4　网站的敏捷开发

作为承载网络信息的重要实体，网站的开发、维护、更新和升级必须做到实时、高效、方便、快捷，以适应不断变化的客户需求，紧跟互联网发展的脚步。在掌握必要的网页制作技术(如 XHTML、CSS、JavaScript 等)的基础上，使用一些可视化集成工具来进行网站的敏捷开发与管理，已成为目前的主流趋势。这种方法将极大缩减整个网站的开发周期和管理成本，提高站点运行效率，使网站能为用户持续提供周到、完善、体验性更好的互联网服务。

5.4.1　常用网站开发工具

Microsoft 公司的 FrontPage 和 Adobe 公司的 Dreamweaver 是目前应用最为广泛的网页制作与网站管理工具，它们都支持多种媒体类型，可以通过 ActiveX 定义接口，与脚本编程语言 JavaScript 和 VBScript 配合，创建动态交互的 Web 应用程序。如果用户是网页设计的初学者，可以选择 FrontPage 作为入门级的开发工具，通过其所见即所得的操作界面迅速掌握可视化设计和制作网页的基本技能。同时，用户还可以充分利用 FrontPage 与操作系统集成良好的特性，方便快捷地对整个网站进行管理和维护，最大限度地避免人为原因造成的未链接文件、慢速网页、未验证链接等问题。如果用户是专业的网页设计师，则 Dreamweaver 是进行网站开发的不二选择。Dreamweaver 是美国 Macromedia 公司(2005 年被 Adobe 公司并购)开发的集网页制作和管理网站于一身的所见即所得网页编辑器，利用它可以轻而易举地制作出跨越平台限制和跨越浏览器限制的充满动感的网页，为用户提供最佳的集成开发环境、方便快捷的站点管理措施和无可比拟的编辑控制能力。Dreamweaver 也存在一些不足，在制作一些复杂网页时，难以精确达到与浏览器完全一致的显示效果，产生的代码效率比较低。尽管如此，Dreamweaver 依然毫无争议地占据了网站开发领域的大部分市场份额，它与二维矢量动画软件 Flash、网页图像软件 Fireworks 被合称为“网页设计三剑客”，已成为事实上的业界标准。考虑到 Microsoft 在 2006 年年底已经停止了 FrontPage 的研发和销售，本节的后续内容将以 Dreamweaver 作为开发平台，介绍网站管理的相关知识。

Adobe 于 2010 年 4 月 12 日正式发布了 Dreamweaver CS5，其中加入了与 Adobe

BrowserLab 集成、CSS 检查、CMS 支持、PHP 自定义类代码提示、站点特定的代码提示、与 Business Catalyst 集成等一系列最新的功能，并对原有的 CSS 起始布局、Subversion 支持、站点设置、保持跨媒体一致性等功能进行了增强和扩展，使设计人员和开发人员能充满自信地构建基于标准的网站。在 Windows 中，Dreamweaver CS5 提供了一个将全部元素置于一个窗口中的集成布局，在集成的工作区中，全部窗口和面板都被集成到一个更大的应用程序窗口中，如图 5-12 所示。

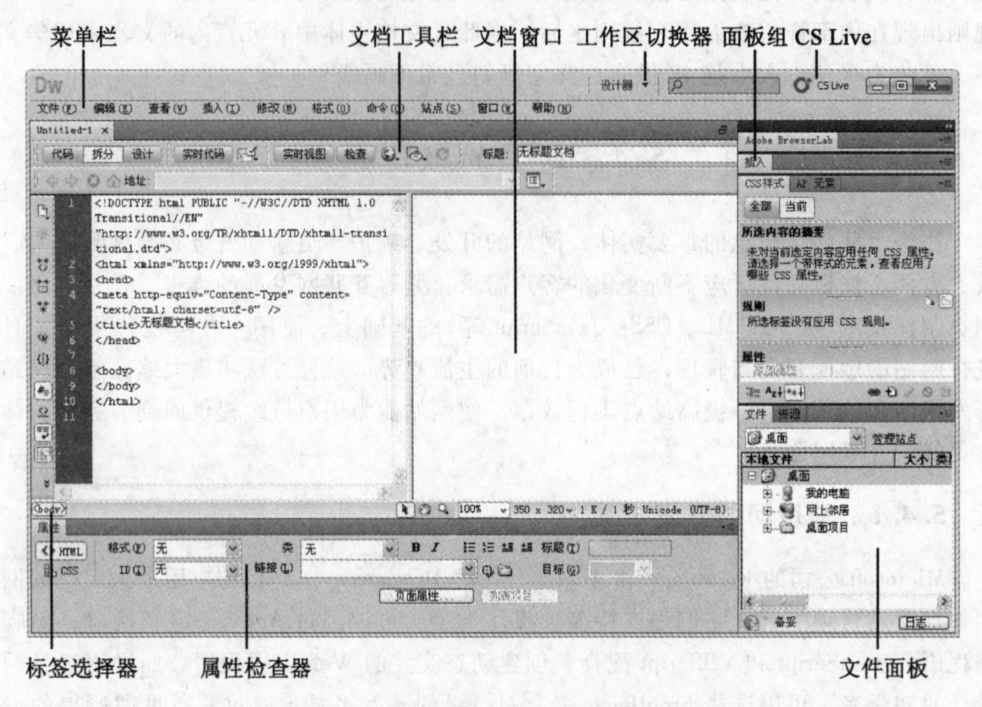

图 5-12　Dreamwever CS5 的工作区

工作区中主要包含以下元素：

- 菜单栏：主要包括“文件”、“编辑”、“查看”、“插入”、“修改”、“格式”、“命令”、“站点”、“窗口”、“帮助”等菜单。单击菜单栏中的命令，在弹出的下拉菜单中选择要执行的菜单项，可以完成大部分的网页设计工作。
- 文档工具栏：包含一些按钮，单击它们可以在文档的不同视图之间快速切换。“文档”工具栏中还包含一些与查看文档、在本地和远程站点间传输文档有关的命令和选项。
- 文档窗口：以不同的视图显示当前创建和编辑的文档，可供选择的视图包括“设计”视图、“代码”视图、“拆分代码”视图、“代码和设计”视图、“实时”视图和“实时代码”视图。
- 工作区切换器：帮助开发者在喜欢的用户界面配置之间实现快速导航和选择，常用的工作区布局包括“设计器”布局、“编码器”布局、“经典”布局等。

● 面板组：一组放在一起显示的面板集合，通常在垂直方向显示。面板可以帮助开发者以可视化的方式监控和修改正在进行的设计工作，常用的面板包括“插入”面板、“CSS样式”面板、“文件”面板等。

● CS Live：一套在线服务，包括 Adobe BrowserLab、CS Review、Acrobat. com、Adobe Story 和 SiteCatalyst® NetAverages™。CS Live 可以驾驭 Web 连接性并与 Adobe Creative Suite 5 集成以简化创作审阅流程，加快网站兼容性测试等。

● 标签(标记)选择器：显示环绕当前选定内容的标签的层次结构。单击该层次结构中的任何标签可以选择该标签及其全部内容。

● 属性检查器：用于查看和更改所选对象或文本的各种属性，显示的内容根据选定的元素会有所不同。在“编码器”工作区布局中，属性检查器默认是不展开的。

● 文件面板：最常用的面板之一，主要用来查看和管理站点中的文件和文件夹。在“文件”面板中查看站点内容时，开发者可以更改查看区域的大小，还可以展开或折叠“文件”面板。当折叠“文件”面板时，它以文件列表的形式显示本地站点、远程站点、测试服务器或 SVN 库的内容；在展开时，它会显示本地站点和远程站点、测试服务器或 SVN 库中的一个。开发者还可以通过更改折叠面板中默认显示的视图(本地站点视图或远程站点视图)来对“文件”面板进行自定义。

限于篇幅，本节不对工作区中各元素包含的具体内容作详细介绍，有兴趣的读者可以参考 Adobe 公司针对 Dreamweaver CS5 发布的官方帮助文件，或者其他的相关书籍和文献。

5.4.2 创建站点

利用 Dreamweaver 提供的可视化设计与管理功能，开发者可以快速创建满足实际需求的 Web 站点，一般的工作流程如下。

(1)规划和设置站点

确定将在哪里发布文件，检查站点要求、访问者情况以及站点目标。此外，还应考虑诸如用户访问以及浏览器、插件和下载限制等技术要求。在组织好信息并确定结构后，就可以开始创建站点。

(2)组织和管理站点文件

在“文件”面板中，可以方便地添加、删除和重命名文件及文件夹，以便根据需要更改组织结构。在“文件”面板中还有许多工具，可以使用它们便捷地管理站点，如向/从远程服务器传输文件，设置存回/取出过程来防止文件被覆盖，以及同步本地和远程站点上的文件等。使用“资源”面板可以方便地组织站点中的资源，大多数资源都可以直接从“资源”面板拖到网页文档中。

(3)设计网页布局

选择要使用的布局方法，或综合使用 Dreamweaver 布局选项创建站点的外观。可以使用 Dreamweaver AP 元素、CSS 定位样式或预先设计的 CSS 布局来创建布局，也可以利用表格工具，通过绘制并重新安排页面结构来快速地设计页面。如果希望同时在浏览器中显示多个元素，可以使用框架来设计文档的布局。最后，可以基于 Dreamweaver 模板创建新的页面，然后在模板更改时自动更新这些页面的布局。

(4)向页面添加内容

添加资源和设计元素，如文本、图像、鼠标经过图像、图像地图、颜色、影片、声音、链接、跳转菜单等。可以对标题和背景等元素使用内置的页面创建功能，在页面中直接键入，或者从其他文档中导入内容。Dreamweaver 还提供相应的行为以便为响应特定的事件而执行任务，例如在访问者单击“提交”按钮时验证表单，或者在主页加载完毕时打开另一个浏览器窗口。最后，Dreamweaver 还提供了工具来最大限度地提高 Web 站点的性能，并测试页面以确保能够兼容不同的浏览器。

(5)针对动态内容设置 Web 应用程序

许多 Web 站点都包含动态页面，使访问者能够查看和编辑存储在数据库中的信息。若要创建动态页面，必须先设置 Web 服务器和应用程序服务器，创建或修改 Dreamweaver 站点，然后连接到数据库。

(6)创建动态页面

在 Dreamweaver 中可以定义动态内容的多种来源，其中包括从数据库提取的记录集、表单参数和 JavaBeans 组件。若要在页面上添加动态内容，只需将该内容拖动到页面上即可。

(7)测试和发布

测试页面是在整个开发周期中持续进行的一个过程。在工作流程的最后，在服务器上发布 Web 站点和安排定期维护，以确保站点保持最新并且工作正常。

限于篇幅，本节不对可视化网页设计的具体细节作详尽阐述，仅简要介绍 Dreamweaver 站点的概念、组成与创建过程，下一节对 Dreamweaver 站点的管理与发布作概括说明。

在 Dreamweaver 中，术语“站点”是指属于某个 Web 站点的文档的本地或远程存储位置。Dreamweaver 站点可用来组织和管理与 Web 站点相关的所有文档，跟踪和维护链接，管理和共享文件以及将开发好的站点内容上传到 Web 服务器。Dreamweaver 站点由三个部分(或文件夹)组成，具体取决于开发环境和所开发的 Web 站点类型：

- 本地文件夹：存储正在处理的文件，是开发者的工作目录，又称为“本地站点”。此文件夹通常位于本地计算机上，也可能位于网络服务器上。最基本的 Dreamweaver 站点只需设置本地文件夹即可。若要向 Web 服务器传输文件或开发 Web 应用程序，则必须添加远程站点和测试服务器信息。
- 远程文件夹：存储用于测试、生产和协作等用途的文件，通常位于运行 Web 服务器的计算机上，又称为“远程站点”。开发者可以在本地文件夹中处理文件，希望其他人查看时，再将它们发布到远程文件夹。
- 测试服务器文件夹：处理动态页面的文件夹。如果站点中包含动态页面，Dreamweaver 需要测试服务器的服务以便在用户进行操作时生成和显示动态内容。测试服务器可以是本地计算机、开发服务器、中间服务器或生产服务器。

若要在 Dreamweaver CS5 中创建站点，执行以下操作步骤：

(1)在工作区中选择“站点”→“新建站点”命令，打开“站点设置”对话框。

(2)选择对话框左侧的“站点”类别，在“站点名称”文本框中输入显示在“文件”面板和“管理站点”对话框中的名称，在“本地站点文件夹”文本框中输入本地磁盘上存储站点文件、模板和库项目的文件夹的路径名，或者单击文件夹图标浏览到该文件夹。

(3)选择对话框左侧的“服务器”类别，单击“添加新服务器”按钮，打开如图5-13所示的窗口，在其中可对远程服务器和测试服务器进行设置。

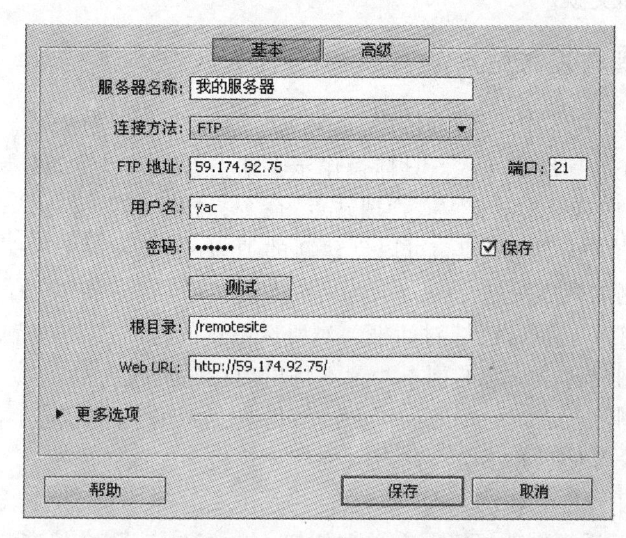

图5-13　服务器设置

(4)单击如图5-13所示窗口中的“基本”按钮，设置服务器的基本选项：

- 在“服务器名称”文本框中输入新服务器的名称，该名称可以是所选择的任何名称。
- 在“连接方法”下拉列表框中选择连接服务器的方法，最常用的是通过FTP协议实现本地站点和远程站点之间的文件传输。
- 在“FTP地址”文本框中输入远程文件夹所在的FTP服务器的地址，地址前面不需要加协议名。
- 在“用户名”和“密码”文本框中输入用于连接到FTP服务器的用户名和密码。
- 单击“测试”按钮验证是否能正常连接FTP服务器。
- 在“根目录”文本框中输入远程文件夹的路径名。
- 在“Web URL”文本框中输入Web站点的URL。Dreamweaver使用Web URL创建站点根目录相对链接，并在使用链接检查器时验证这些链接。

如果需要设置更多选项，可展开“更多选项”部分，这里不再一一介绍。

(5)单击如图5-13所示窗口中的“高级”按钮，设置服务器的高级选项。如果需要测试服务器处理动态页面，可从“服务器模型”下拉列表框中选择用于Web应用程序的服务器模型。

(6)选择对话框左侧的“高级设置”→“本地信息”类别，在“默认图像文件夹”文本本框中输入存储站点图像的文件夹的路径名，或者通过单击文件夹图标浏览到该文件夹来选定。在“链接相对于”单选按钮组中选择 Dreamweaver 创建的链接类型，Dreamweaver 可以创建两种类型的链接：文档相对链接和站点根目录相对链接。有关两种链接之间差异的详细信息，可以参考 5.2.3 节中对相对 URL 的介绍。限于篇幅，这里不再对“高级设置”包含的其他类别作详细阐述，有兴趣的读者可单击对话框中的“帮助”按钮，或者参考相关的书籍和文献。

5.4.3 管理与发布站点

在 Dreamweaver CS5 中，可以使用“管理站点”对话框创建新站点，对已有站点进行编辑、复制、删除、导出和导入。具体操作步骤如下：

(1)在工作区中选择“站点”→“管理站点”命令，打开“管理站点”对话框。

(2)单击右侧的“新建”按钮，可以创建新的 Dreamweaver 站点。若要对已有站点进行处理，可从左侧的列表中选择一个站点，单击右侧的某个按钮以执行下列操作之一：

- 编辑：打开“站点设置”对话框，对所选站点的选项设置进行更改。
- 复制：创建所选站点的副本，副本将出现在站点列表中。
- 删除：删除所选站点，此操作无法撤销。需要注意的是，从站点列表中删除某个站点及其所有设置信息并不会将站点文件从计算机中删除。
- 导出：打开“导出站点”对话框，将所选站点的设置信息导出为 XML 文件(*.ste)。如果在对话框中选择第一个单选按钮，Dreamweaver 会保存远程服务器登录信息(如用户名和密码)以及本地路径信息；如果在对话框中选择第二个单选按钮，Dreamweaver 不会保存不适用于其他用户的信息。
- 导入：打开“导入站点”对话框，导入选中的站点设置文件(*.ste)，实现站点在不同计算机和产品版本之间的移动与共享。

(3)单击“完成”按钮，关闭“管理站点”对话框。

对于站点中包含的文件和文件夹，可以使用“文件”面板来进行便捷高效地管理，如图 5-14 所示。

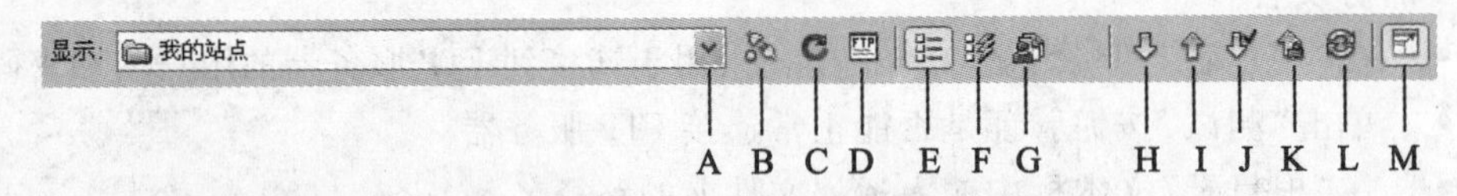

A. 站点下拉列表框　B. 连接/断开　C. 刷新　D. 查看站点 FTP 日志　E. 远程服务器　F. 测试服务器　G. 存储库文件　H. 获取文件　I. 上传文件　J. 取出文件　K. 存回文件　L. 同步　M. 展开/折叠

图 5-14　展开的“文件”面板选项

“文件”面板主要包含以下功能选项：

- 站点下拉列表框：用于选择 Dreamweaver 站点并显示该站点的文件，还可以用来访问本地磁盘上的全部文件，类似于 Windows 资源管理器。
- 连接/断开：用于连接到远程站点或断开与远程站点的连接，适用于连接方法为 FTP、RDS 或 WebDAV 的站点。默认情况下，如果 Dreamweaver 已空闲 30 分钟以上，则将断开与远程站点的连接(仅限 FTP)。

- 刷新：用于刷新本地和远程目录列表。
- 查看站点 FTP 日志：用于查看所有 FTP 文件传输活动。如果使用 FTP 传输文件时出错，可以借助于站点 FTP 日志来确定问题所在。
- 远程服务器：用于在“文件”面板的窗格中显示远程和本地站点的目录结构。
- 测试服务器：用于在“文件”面板的窗格中显示测试服务器和本地站点的目录结构。
- 存储库文件：用于显示 Subversion(SVN)存储库。
- 获取文件：用于将选定文件从远程站点复制到本地站点(如果该文件有本地副本，则将其覆盖)。如果已启用存回和取出功能，则本地副本为只读，文件仍将留在远程站点上，可供其他小组成员取出；如果已禁用存回和取出功能，则文件副本将具有读写权限。需要注意的是，Dreamweaver 所复制的文件是在“文件”面板的活动窗格中选择的文件。如果“远程”窗格处于活动状态，则选定的远程或测试服务器文件将复制到本地站点；如果“本地”窗格处于活动状态，则 Dreamweaver 会将选定的本地文件的远程或测试服务器版本复制到本地站点。
- 上传文件：用于将选定的文件从本地站点复制到远程站点。需要注意的是，Dreamweaver 所复制的文件是在“文件”面板的活动窗格中选择的文件。如果“本地”窗格处于活动状态，则选定的本地文件将复制到远程站点或测试服务器；如果“远程”窗格处于活动状态，则 Dreamweaver 会将选定的远程服务器文件的本地版本复制到远程站点；如果所上传的文件在远程站点上尚不存在，并且启用了存回和取出功能，则会以“取出”状态将该文件添加到远程站点；如果要不以“取出”状态添加文件，则单击“存回文件”按钮。
- 取出文件：用于将文件的副本从远程服务器传输到本地站点(如果该文件有本地副本，则将其覆盖)，并且在服务器上将该文件标记为取出。如果对当前站点禁用存回和取出功能，则此选项不可用。
- 存回文件：用于将本地文件的副本传输到远程服务器，并且使该文件可供他人编辑，本地文件变为只读。如果对当前站点禁用存回和取出功能，则此选项不可用。
- 同步：用于同步本地和远程文件夹之间的文件。
- 展开/折叠：用于展开或折叠“文件”面板。当“文件”面板折叠时，它以文件列表的形式显示本地站点、远程站点或测试服务器的内容。当“文件”面板展开时，它显示本地站点和远程站点的目录结构，或者显示本地站点和测试服务器的目录结构。

除了上述功能外，开发者也可以利用“文件”面板对文件和文件夹执行新建、打开、重命名、删除、移动、刷新、查找、检查链接、遮盖等一系列操作。当“文件”面板折叠时，可通过单击面板右上角的“选项”菜单来选择相应的命令，这里就不再一一介绍了。

在将站点上传到服务器并声明其可供浏览之前，应先在本地对其进行测试，以便尽早发现问题，避免重复出错。下面的准则有助于开发界面友好、易于访问的 Web

站点：

- 确保页面在目标浏览器中能够如预期的那样工作，在不支持样式、层、插件或JavaScript的浏览器中清晰可读且功能正常。
- 在不同的浏览器和平台上预览页面，查看布局、颜色、字体大小和默认浏览器窗口大小等方面的区别。
- 检查站点是否有断开的链接，并修复断开链接。
- 监测页面的文件大小以及下载这些页面所占用的时间。对于由大型表格组成的页面，在某些浏览器中，在整张表完全加载之前，访问者将什么也看不到。应考虑将大型表格分为几部分；如果不可能这样做，可考虑将少量内容(例如欢迎词或广告横幅)放在表格以外的页面顶部，这样用户可以在下载表格的同时查看这些内容。
- 运行一些站点报告来测试并解决整个站点的问题，如无标题文档、空标签以及冗余的嵌套标签等。
- 验证代码，以定位标签或语法错误。
- 在站点发布后，对其进行更新和维护。站点的发布可以通过多种方式完成，而且是一个持续的过程。这一过程的一个重要部分是定义并实现一个版本控制系统，既可以使用Dreamweaver中所包含的工具，也可以使用外部的版本控制应用程序。

Dreamweaver CS5提供了多项功能来帮助开发者对站点进行测试，下面简要介绍其中最常用的两项：运行报告和检查链接。

(1)运行报告

可以对当前文档、已选文件或整个站点的工作流程和HTML属性运行报告。工作流程报告可以改进Web小组中各成员之间的协作，显示谁取出了某个文件、哪些文件具有与之关联的设计备注以及最近修改了哪些文件。HTML报告有助于发现文档中存在的各种代码错误，如可合并的嵌套字体标签、遗漏的替换文本、多余的嵌套标签、可删除的空标签和无标题文档等。运行报告后，可将报告保存为XML文件，然后将其导入模板实例、数据库或电子表格中，再将其打印出来或显示在网站上。在Dreamweaver CS5中运行报告的具体步骤如下：

①在工作区中选择“站点”→“报告”命令，打开“报告”对话框，如图5-15所示。

②从“报告在”下拉列表框中选择要报告的内容。需要注意的是，只有在“文件”面板中已经有选定文件的情况下，才能运行“站点中的已选文件”报告。

③从“选择报告”列表框中选择要运行的报告类型。如果选择了工作流程报告，则需要单击“报告设置”按钮进行设置。

④单击“运行”按钮，创建报告。根据运行的报告的类型，可能会提示开发者保存文件、定义站点或选择文件夹(如果尚未执行这些操作)。“站点报告”面板(在“结果”面板组中)中将显示一个结果列表，开发者可以单击要按其排序的列标题以对结果进行排序；或者选择报告中的任一行，单击面板左侧的“更多信息”按钮以了解问题说明；也可以双击报告中的任一行，在“文档”窗口中查看相应的代码。

(2)检查链接

可以对当前文档、本地站点的某一部分或整个本地站点使用“检查链接”功能来搜

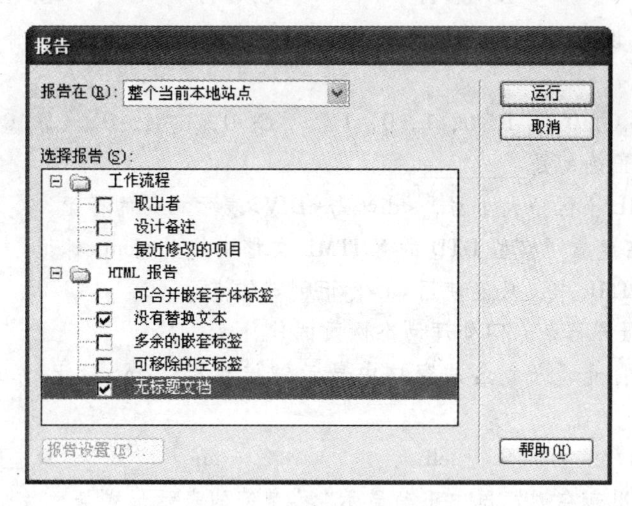

图 5-15　“报告”对话框

索断开的链接和孤立文件(文件仍然位于站点中，但站点中没有任何其他文件链接到该文件)。需要注意的是，Dreamweaver 验证仅指向站点内文档的链接，出现在选定文档中的外部链接将被编辑成一个列表，但并不会得到验证。

若要检查当前文档中的链接，选择工作区中的“文件”→“检查页”→“链接”命令；若要检查本地站点某一部分中的链接，首先在“文件”面板的“本地”视图中选择要检查的文件或文件夹，然后右键单击该文件或文件夹，从弹出的快捷菜单中选择“检查链接”→“选择文件/文件夹”命令；若要检查整个本地站点中的链接，选择工作区中的“站点”→“检查站点范围的链接”命令。最后的检查结果显示在“链接检查器”面板中(在“结果”面板组中)，开发者可以从“显示”下拉列表框中选择“断掉的链接”、“外部链接”或“孤立的文件”，查看当前文档、已选文件/文件夹或本地站点中存在的各种链接错误。

在运行链接报告之后，可直接在“链接检查器”面板中修复断开的链接和图像引用。首先在面板中的“断掉的链接”列选择某断开的链接，此时一个文件夹图标会出现在该链接旁边，然后单击文件夹图标以浏览到正确文件，或者直接输入正确的路径和文件名，最后按下 Tab 键或者 Enter 键即可完成修复操作。

开发者一旦完成本地站点的创建、管理和测试工作，即可将站点内容上传至 Web 服务器的远程文件夹中，实现站点的公开发布。

习　题　5

一、单项选择题

1. 下面不属于 WWW 组成部分的是________。

A. URL　　B. HTTP　　C. FTP　　D. HTML

2. 若有格式设置规则：#idStyle p. classStyle { color: red; }，则该规则的特殊性是________。

A. 1, 0, 0, 0　　B. 0, 1, 0, 1　　C. 0, 1, 1, 0　　D. 0, 1, 1, 1

3. 下面说法正确的是________。

A. XHTML 不区分大小写，<div>与<DIV>表示相同的标记

B. 不能在遵循严格型 DTD 的 XHTML 文档中使用<font>标记

C. 在 XHTML 中，只能使用<a>标记创建锚点

D. Web 服务器是专门处理动态网页的软件

4. 为了在新打开、未命名的窗口中显示链接目标，<a>标记的 target 属性值应设为________。

A. _blank　　B. _self　　C. _top　　D. _parent

5. 下面不能用来在浏览器中正确显示">"字符的表示形式是________。

A. >　　B. >　　C. >　　D. >

6. 在 IE 浏览器中执行下面的代码段，h1 元素内文本的背景颜色、字体名称和字体大小依次是________。

```
<head><style type="text/css">
  div h1 { background-color: yellow; font-family: "隶书"; }
  . hs { background-color: red; font-size: 36px; }
</style></head>
<body>
  <div style="font-family: 黑体;"><h1 class="hs" style="font-size: 48px;">样式
   表</h1>
  </div>
</body>
```

A. 黄色、隶书、36 像素　　B. 红色、隶书、48 像素

C. 黄色、黑体、36 像素　　D. 红色、黑体、48 像素

7. 下面不属于 Dreamweaver 站点组成部分的是________。

A. 测试服务器　　B. 本地文件夹　　C. 虚拟目录　　D. 远程文件夹

8. 下面说法错误的是________。

A. CSS 是最常用的客户端开发技术之一

B. 在将表单数据发送给服务器时，post 方法比 get 方法更安全

C. <th>标记比<td>标记更适合于定义表格的行标题或列标题

D. <object>标记是 W3C 推荐使用的多媒体标记，适用于所有类型的浏览器

9. 在相对 URL 中，用来表示在目录层次结构中上移一级的是________。

A. ./　　B. /　　C. ../　　D. \

10. 为了符合"结构与表现分离"的 Web 设计标准，最合适的网页布局方法是________。

A. 使用 div+css　　B. 使用表格

C. 使用框架　　　　　　　　　　　　D. 使用预格式化标记<pre>

二、填空题

1. 从用户体验的角度出发，云计算可分为SaaS、PaaS和______________三种服务模式。

2. 可用来在XHTML文档中嵌入视频对象的多媒体标记包括______________和______________。

3. 格式设置规则中的选择器主要包括元素选择器、______________和ID选择器三种类型。

4. 如果站点中包含动态页面，Dreamweaver需要______________的服务以便在用户进行操作时生成和显示动态内容。

5. 在一个样式属性定义的分号之前添加______________指令，可以将该属性声明为重要属性。

6. 相对URL可分为______________和______________。

7. 在XHTML中，表示蓝色的颜色值形式包括blue、#0000FF和__________。

8. 当表单包含文件域且method属性值为post时，应使用的编码类型是__________。

9. 若要将直接嵌套在id属性值为“myDiv”的div元素中的a元素内文本设置为无下画线，则格式设置规则是______________。

10. 在XHTML中，注释应放在开始标记__________和结束标记__________之间。

三、操作题

1. 制作如图5-16所示的静态网页，具体要求如下：

图5-16　XHTML静态网页

(1)只允许使用 XHTML 标记及其属性生成页面，不允许使用 CSS。

(2)使用表格作为布局方法，页面内容(文本、链接、表单、图片等)必须与图 5-16 所示内容一致，图片来源可参考 http：//www. whu. edu. cn。

(3)文字大小采用 2 号字，链接呈现蓝色带下画线，表单控件包含的文本使用默认格式。

(4)用<object>标记在页面中嵌入自选的音频对象，以背景音乐的方式自动循环播放。

(5)页面内容遵循 XHTML 1. 0 Transitional 规范，通过 W3C 的在线验证。验证网址为 http：//validator. w3. org/#validate_by_upload。

2. 修改第 1 题制作完成的网页，具体要求如下：

(1)将 XHTML 标记中所有不符合 XTHML 1. 0 Strict 规范的属性设置用 CSS 取代，确保页面能通过 W3C 的在线验证。

(2)创建内部样式表，将页面中所有链接的默认外观设置为黑色、无下画线。

3. 在 Dreamweaver CS5 中创建站点，具体要求如下：

(1)在创建本地站点时,将“站点名称”设置为“我的 Dreamweaver 站点”,“本地站点文件夹”设置为“D:\localsite\”(若文件夹不存在则新建它)，“默认图像文件夹”设置为“D:\localsite\image\”(若文件夹不存在则新建它)。

(2)在创建远程站点时，将“服务器名称”设置为“我的远程服务器”，“连接方法”设置为“FTP”，“FTP 地址”设置为“192. 168. 2. 198”，“用户名”设置为“web”，“密码”设置为“dream2010”，“根目录”设置为“/学号/”(“学号”为操作者的真实学号，以学号命名的远程文件夹由管理员负责创建)，“Web URL”设置为“http：//192. 168. 2. 198/remotesite/学号/”。

(3)将前两题制作完成的网页及相关资源放在本地文件夹 localsite 中，形成如图 5-17所示的目录结构，其中 whu. htm 是第 1 题制作完成的网页文档，whu_ css. htm 是第 2 题制作完成的网页文档，image 是存储图像的文件夹，audio 是存储音频的文件夹。利用“文件”面板将本地站点的所有内容上传至远程站点。

(4)通过浏览器访问远程站点上的 whu. htm 和 whu_ css. htm 两个网页文档，测试站点的创建与发布是否成功。

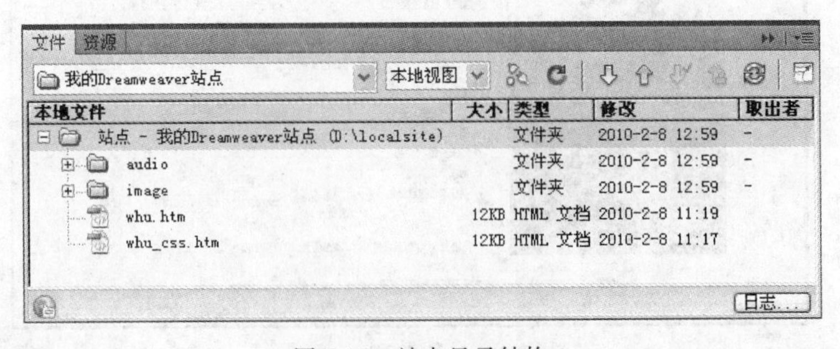

图 5-17　站点目录结构

第6章 数据库基础与Access应用

数据库技术是计算机应用技术的一个重要组成部分。随着计算机科学与技术的发展、计算机应用领域的深入与拓展，数据库技术已经渗透到我们日常生活和工作的方方面面，比如用信用卡购物，飞机、火车订票系统，图书馆对书籍的借阅管理等，无一不使用了数据库技术。因此，掌握数据库技术的基本知识尤为重要。

本章首先介绍数据库的基础知识，然后讨论关系数据模型及关系代数，之后再介绍数据库的设计过程，最后对 Access 的运行环境和基本对象进行概要性的描述。

6.1 数据库技术基础

数据库技术产生于20世纪60年代末，是数据管理的最新技术，是计算机科学的重要分支。数据库技术是信息系统的核心和基础，它的出现极大地促进了计算机应用向各行各业的渗透。数据库的建设规模、数据库信息量的大小和使用频度已成为衡量一个国家信息化程度的重要标志。

数据库技术是一门综合性技术，它涉及操作系统、数据结构、算法设计和程序设计等知识。在计算机科学中，将数据库技术作为专门学科来研究和学习。

6.1.1 数据库系统的组成与特点

计算机在数据管理方面经历了由低级到高级的发展过程。计算机数据管理随着计算机硬件和软件技术和计算机应用范围的发展而发展，多年来经历了人工管理、文件系统、数据库系统、分布式数据库系统和面向对象数据库系统几个阶段。数据库系统是指采用了数据库技术的完整的计算机系统。

1. 数据库系统的组成

数据库系统由五个基本要素组成：硬件系统，相关软件（包括操作系统、编译系统等），数据库，数据库管理系统，人员（包括数据库管理员、系统分析员、应用程序员和用户）。其核心是数据库管理系统。

（1）数据库（DataBase，DB）

数据库是存储在一起的相关数据的集合，这些数据是结构化的，无有害的或不必要的冗余，并为多种应用服务；数据的存储独立于使用它的程序；对数据库插入新数据，修改和检索原有数据均能按一种公用的和可控制的方式进行。

在 Access 数据库中，可以将这个“数据仓库”以若干相关的表的形式表现出来。

（2）数据库管理系统（DataBase Management System，DBMS）

数据库管理系统是一种操纵和管理数据库的系统软件，用于建立、使用和维护数据库。它对数据库进行统一的管理和控制，以保证数据库的安全性和完整性。

用户通过 DBMS 访问数据库中的数据，数据库管理员也通过 DBMS 进行数据库的维护工作。DBMS 提供多种功能，可使多个应用程序和用户用不同的方法在相同或不同的时间建立、修改和查询数据库中的数据。其主要功能可概括如下：

① 数据定义

数据定义包括定义构成数据库结构的外模式、模式和内模式，定义各个外模式与模式之间的映射，外模式与内模式之间的映射，定义有关的约束条件，例如，为保证数据库中的数据具有正确语义而定义的完整性规则，为保证数据库安全而定义的用户口令和存取权限等。

② 数据操纵

数据操纵包括对数据库中数据的检索、插入、修改和删除等基本操作。

③ 数据库运行管理

对数据库的运行进行管理是 DBMS 运行时的核心部分，包括对数据库进行并发控制、安全性检查、完整性约束条件的检查和执行、数据库的内部维护等。所有访问数据库的操作都要在这些控制程序的统一管理下进行，以保证数据的安全性、完整性、一致性以及多用户对数据库的并发使用。

④ 数据的组织、存储和管理

数据库中需要存放多种数据，如数据字典、用户数据、存取路径等，DBMS 负责分门别类地组织、存储和管理这些数据，确定以何种文件结构和存取方式物理地组织这些数据，如何实现数据之间的联系，以便提高存储空间利用率以及提高随机查找、顺序查找、增、删、改等操作的时间效率。

⑤ 数据库的建立和维护

建立数据库包括数据库初始数据的输入与数据转换等。维护数据库包括数据库的转储与恢复、数据库的重组织与重构造、性能的监视与分析等。

⑥ 数据通信接口

DBMS 需要提供与其他软件系统进行通信的功能。例如，提供与其他 DBMS 或文件系统的接口，从而能够将数据转换为另一个 DBMS 或文件系统能够接受的格式，或者接收其他 DBMS 文件系统的数据。

（3）数据库系统（DataBase System，DBS）

数据库系统是指采用了数据库技术的完整的计算机系统，是实现有组织地、动态地存储大量相关数据，提供数据处理和信息资源共享的便利手段。如图 6-1 所示的是数据库系统的层次结构。

（4）数据库管理员（DataBase Administrator，DBA）

使用 DBMS 的一个主要原因是可以对数据和访问这些数据的程序进行集中控制。对

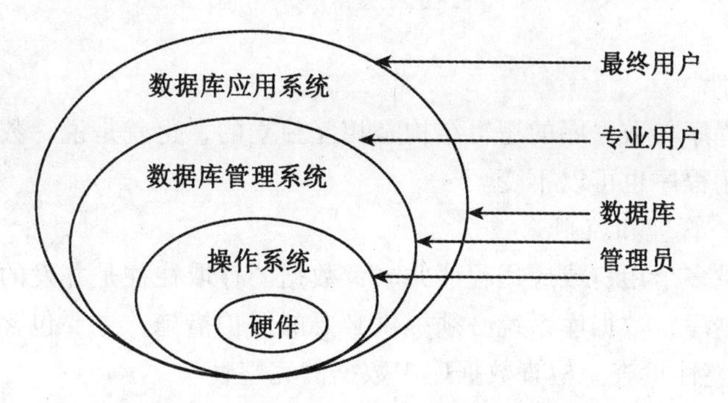

图 6-1　数据库系统层次结构示意图

系统进行集中控制的人称为数据库管理员。数据库管理员的作用包括：模式定义、存储结构及存取方式定义、数据访问授权、完整性约束定义等。

2. 数据库系统的基本特点

数据库技术是在文件系统基础上发展产生的，两者都以数据文件的形式组织数据，但由于数据库系统在文件系统基础上加入 DBMS 对数据进行管理，从而使得数据库系统具有以下特点：

（1）数据的高集成性

数据库系统的数据高集成性主要表现在如下几个方面：

① 在数据库系统中采用统一的数据结构方式，如在数据库中采用二维表作为统一结构方式。

② 在数据库系统中按照多个应用的需要组织全局统一的数据结构（即数据模式），数据模式不仅可以建立全局的数据结构，还可以建立数据间的语义联系，从而构成一个内在紧密联系的数据整体。

③ 数据库系统中的数据模式是多个应用共同的、全局的数据结构，而每个应用的数据则是全局结构中的一部分，称为局部结构或视图，这种全局与局部结构的模式构成了数据库系统数据集成性的主要特征。

（2）数据的高共享性和低冗余性

由于数据的继承性使得数据可以为多个应用所共享。数据共享的使用大大减少了数据冗余，节约了存储空间。数据共享可以避免数据之间的不相容性与不一致性。所谓数据的一致性是指在系统中同一数据的不同出现应保持相同的值。因此，减少数据的冗余以避免数据的不同出现是保证系统一致性的基础。

（3）数据的高独立性

数据独立性是指数据与程序间的不依赖性，包括数据的物理独立性和逻辑独立性。

① 物理独立性

在数据库系统中，数据库管理系统（DBMS）提供映像功能，实现了应用程序对数据的逻辑结构、物理存储结构的独立性。用户的应用程序与存储在存储介质上的数据是相互独立的，也就是说数据存放的方式由 DBMS 处理，用户应用程序无须了解，当数据的存储结构改变时，其逻辑结构可以不变，因此，基于逻辑结构的应用程序也无须修改。

② 逻辑独立性

用户的应用程序与数据库的逻辑结构是相互独立的，也就是说，数据的逻辑结构改变了，用户的应用程序也可以不变。

（4）数据统一管理和控制

数据库可以被多个用户或应用程序共享，数据的存取往往是并发的，即多个用户同时使用同一个数据库，数据库系统必须提供必要的保护措施，主要包含以下几个方面：

① 数据的完整性检查。检查数据库中数据的完整性。

② 数据的安全性保护。检查数据库访问者以防止不合法访问。

③ 并发控制。控制多个应用程序的并发访问所产生的相互干扰以保证其正确性。

④ 数据库恢复。数据库出错时，将错误恢复到某一已知的正确状态。

（5）采用特定的数据模型

数据库中的数据是有结构的，这种结构由数据库管理系统所支持的数据模型表现出来。数据库系统不仅可以表示事物内部数据项之间的联系，而且可以表示事物与事物之间的联系，从而反映出现实世界事物之间的联系。因此，任何数据库管理系统都支持一种抽象的数据模型。

6.1.2 数据模型

数据库不仅要反映数据本身的内容，而且要反映数据之间的联系。计算机不能直接处理现实世界中的具体事物，所以需要事先将具体事物转换成计算机所能够处理的数据。

数据是现实世界符号的抽象，而模型是现实世界特征的模拟和抽象。如一门课程，一位学生，一个部门等都是具体的模型。数据模型（Data Model）是现实世界数据特征的抽象。数据模型应能够比较真实地模拟现实世界、容易被人们理解、便于在计算机上实现。

数据模型按不同的应用层次分成3种类型，它们是概念数据模型（Conceptual Data Model）、逻辑数据模型（Logic Data Model）和物理数据模型（Physical Data Model）。

概念数据模型简称概念模型，它是一种面向客观世界、面向用户的模型。它与具体的数据库管理系统无关，与具体的计算机平台无关，概念模型是整个数据模型的基础。目前，较为有名的概念模型有E-R模型、扩充的E-R模型、面向对象模型及谓词模型等。

逻辑数据模型又称数据模型，它是一种面向数据库系统的模型，该模型着重于在数据库系统一级的实现。概念模型只有在转换成数据模型后才能在数据库中得以表示。目前，数据库领域中最常用的逻辑数据模型有4种，分别为：层次模型、网状模型、关系模型和面向对象模型。其中，层次模型和网状模型是早期的数据模型，统称为非关系模型。

物理数据模型又称物理模型，它是一种面向计算机物理表示的模型，此模型给出了数据模型在计算机上物理结构的表示。

1. E-R模型

E-R模型（Entity-Relationship Model）又称为实体—联系模型，它是概念模型的著名表示方法之一。概念模型的出发点是有效和自然地模拟现实世界，给出数据的概念化结构，是面向现实世界的。E-R模型将现实世界的要求转化成实体、属性、码等几个基本概念以及实体集间的联系，并可以用实体—联系图非常直观地表示出来。

（1）E-R模型的基本概念

① 实体

实体是客观存在并可以相互区别的事物。实体可以是具体的人、事、物，也可以是抽象的概念或联系。例如，一个学生、学生的一次选课、一门课程等都是实体，学生与课程的关系也是实体。

② 属性

属性是实体所具有的某一特性。一个实体可以由若干个属性来描述。例如，学生实体可以由学号、姓名、性别、年龄、系别等属性组成。

③ 码

码是能够唯一标识实体的属性集。例如，学号是学生实体的码。

④ 域

属性的取值范围称为域，例如，姓名的域为字符串集合，性别的域为（男，女）。

⑤ 实体型

用实体名及其属性名集合来抽象和描述同类实体，称为实体型。例如，学生（学号，姓名，性别，年龄，系别）就是一个实体型。

⑥ 实体集

同型实体的集合称为实体集。例如，全体学生就是一个实体集。

⑦ 联系

在现实世界中，事物内部以及事物之间是普遍联系的。在E-R模型中，这些联系反映为实体内部的联系和实体之间的联系。实体内部的联系通常是指组成实体的各属性之间的联系。实体之间的联系通常是指不同实体之间的联系。

（2）两个实体之间的联系

两个实体集之间的联系可以分为3类：一对一联系（1∶1）；一对多联系（1∶n）；多对多联系（m∶n）。

① 一对一联系（1∶1）。如果对于实体集A中的每一个实体，实体集B中至多有一个实体与之联系，反之亦然，则称实体集A与实体集B具有一对一联系，记为1∶1。

例如，一个班级只有一个班长，而一个班长只在一个班级中，则班级与班长之间具有一对多联系。

② 一对多联系（1∶n）或多对一联系。如果对于实体集A中的每一个实体，实体集B中有n个实体（n≥0）与之联系，反之，对于实体集B中的每一个实体，实体集A中至多只有一个实体与之联系，则称实体集A与实体集B有一对多联系，记为1∶n，反之，则称为多对一联系，记为n∶1。

例如，一个班级中有若干学生，而每个学生只在一个班级中，则班级和学生之间具有一对多联系。

③ 多对多联系（m：n）。如果对于实体集 A 中的每一个实体，实体集 B 中有 n 个实体（n≥0）与之联系；反之，对于实体集 B 中的每一个实体，实体集 A 中也有 m 个实体（m≥0）与之联系，则称实体集 A 与实体集 B 具有多对多联系，记为 m：n。

例如，一个学生选修多门课程，而一门课程有多个学生选修，则学生和课程之间具有多对多联系。

两个实体集之间的 3 类联系，如图 6-2 所示。

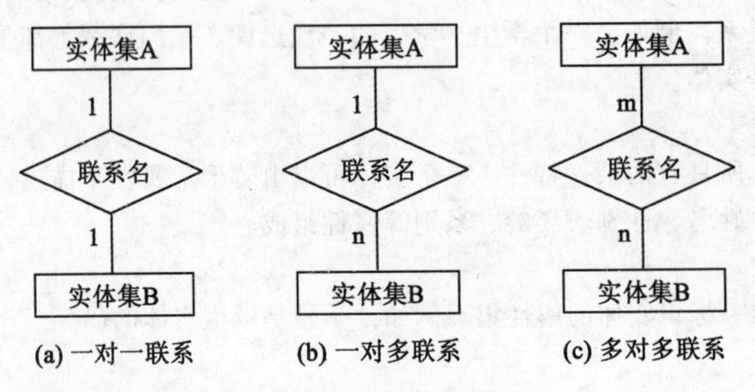

图 6-2　两个实体之间的联系

(3) E-R 模型的图示法

E-R 模型可以用一种非常常见的图的形式表示，这种图称为 E-R 图（Entity-Relationship Diagram）。E-R 图提供了表示实体集、属性和联系的方法。

① 实体型

用矩形表示，矩形框内写明实体名。

② 属性

用椭圆形表示，并用无向边将其与相应的实体连接起来。

例如，学生实体具有学号、姓名、性别等属性。

③ 联系

用菱形表示，菱形框内部写明联系名，用无向边将其与有关实体连接起来，在无向边旁标上联系的类型（1：1，1：n 或 m：n）。

例如，某大学成绩管理系统中，有 6 个实体：学生、专业、学生选课、课程、教师和教师任课。

学生实体具有学号、姓名、专业编号、性别、出生日期、入学时间、入学成绩、团员否、照片和简历属性；专业实体有专业编号、专业名称和所属系属性；教师实体具有教师编号、教师姓名、性别、出生日期、所属系、文化程度、基本工资、通信地址、邮政编码、电话和电子信箱属性；学生选课实体具有学号、课程编号、平时成绩和考试成绩属性；课程实体具有课程编号、课程名称、学时、学分、课程性质和备注属性。

学校有若干专业，开设多门课程，每名学生只在一个专业，每个专业有若干学生，每个学生可以同时选修多门课程，教师可以教授多门课程，每门课程可以由多位教师来讲授，其 E-R 图如图 6-3 所示（由于幅面的限制，图中有些实体的属性没有全部画出）。

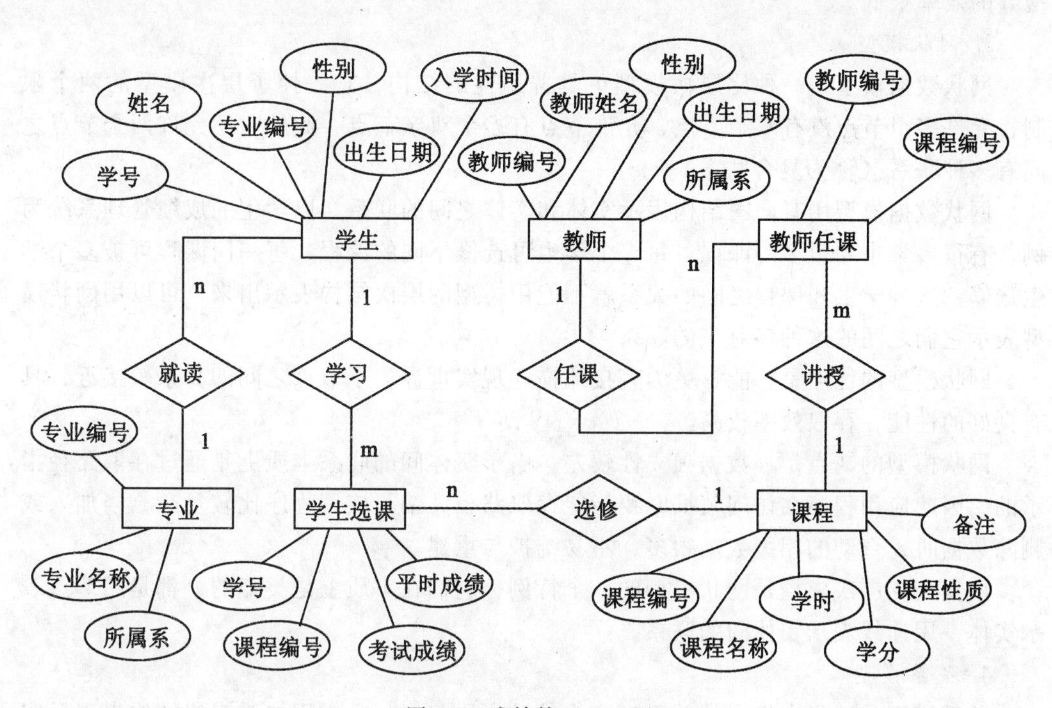

图 6-3　成绩管理 E-R 图

2. *层次模型*

用树型（层次）结构表示实体类型及实体间联系的数据模型称为层次模型(Hierarchical Model)。层次模型的限制条件是：有且仅有一个节点无父节点，此节点为树的根；其他节点有且仅有一个父节点。

在层次模型中，每个节点表示一个记录类型，记录类型之间的联系用节点之间的连线（有向连线）表示，这种联系是父与子之间的一对多联系，这就使得层次数据库系统只能处理一对多的实体联系。

每个记录类型可以包含若干个字段，这里，记录类型描述的是实体，字段描述的是实体的属性。各个记录类型及其字段都必须命名，各个字路类型、同一记录类型中各个字段不能同名。每个记录类型可以定义一个排序字段，也称为码字段，如果定义该排序字段的值是唯一的，则它能唯一地标识一个记录值。在层次模型中，同一个双亲的子女节点称为兄弟节点，没有子女节点的节点称为叶节点。

现实世界中许多实体之间的联系就呈现出一种自然的层次关系。以学校的组织机构为例，最上层为学校，其下层有若干学院、研究所等，每个学院的下层有若干系，系的下层有若干班级，如此形成了一个庞大的层次型数据库。

层次模型的优点是：结构本身比较简单，层次清晰，易于实现；向下寻找数据容易，与日常生活的数据类型相似。

层次模型的缺点是：只适合处理1∶1和1∶n的关系，因而难以实现复杂数据关系的描述；寻找非直系的节点非常麻烦，必须先通过父节点由下而上，再由上往下寻找，搜寻的效率很低。

3. 网状模型

网状数据模型是一种比层次模型更具普遍性的结构，它去掉了层次模型的两个限制，允许多个节点没有双亲节点，允许节点有多个双亲节点，此外它还允许两个节点之间有多种联系（称为复合联系）。

网状数据模型用有向图结构表示实体和实体之间的联系。以学生的成绩管理系统为例，有很多学生和很多门课程，每一个学生可选修不同的课程，每一门课程可被多个学生选修，这种学生和课程之间的关系就不能用树型的层次结构表示出来，可以用网状模型表示它们之间的这种多对多的联系。

网状模型的优点是：能够更为直接地描述现实世界；子节点之间的关系较接近，具有良好的性能，存取效率较高。

网状模型的缺点是：数据独立性较差。由于实体间的联系本质上是通过存取路径指示的，因此应用程序在访问数据时要指定存取路径，编写应用程序比较复杂，当加入或删除数据时，牵动的相关数据很多，不易维护与重建。

事实上，层次模型是网状模型的一个特例，它们在本质上是类似的，都是用节点表示实体，用连线表示实体间的联系。

4. 关系模型

关系模型是以集合论中的关系概念为基础发展起来的，它用二维表格结构来表示实体及实体之间的联系。关系模型的数据结构是一个“二维表框架”组成的集合，每个二维表又可称为关系。

在用户观点下，关系模型中数据的逻辑结构是一张二维表，它由行和列组成，一个关系数据库由若干个二维表组成。在二维表中，每一行称为一条记录，用来描述一个对象的信息，每一列称为一个字段，用来描述对象的一个属性。二维表之间存在相应的关联，这些关联将用来查询相关的数据，如图6-4所示。

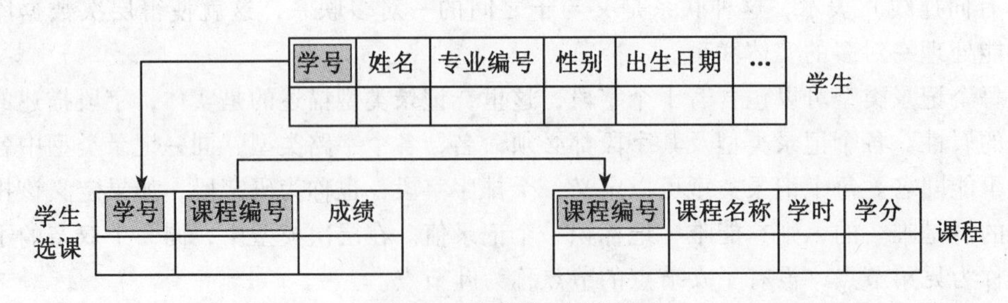

图6-4　关系模型示意图

例如，要查找某同学所选修的课程名称及考试成绩，首先要在学生表中根据姓名找到他的学号，然后在学生选课表中找到该学号的学生所对应的课程编号和考试成绩，还要根据这些课程编号在课程表中找到相应的课程名称。在上述查询过程中，“学生”表和“学生选课”表的同名属性“学号”起到了连接学生表和学生选课表这两个关系的纽带；“学生选课”表和“课程”表的同名属性“课程编号”起到了连接学生选课表和课表两个关系的纽带。

由此可见，关系模型中的各个关系部应当孤立起来，不是随意拼凑的一堆二维表，它必须满足相应的要求。

关系是一张二维表，关系框架是一个关系属性名表，形式化表示为：

E（A_1，A_2，…，A_n）

其中，R 为关系名，A_i =（1，2，…，n）为关系的属性名。

关系之间通过公共属性实现联系。

关系模型有如下特点：

（1）关系模型的数据结构简单，无论是实体还是实体之间的联系都用关系表来表示。不同的关系表之间通过相同的数据项或关键字构成联系。正是这种表示方式可直接处理两实体间 m∶n 的联系。

（2）关系模型中的所有的关系都必须是规范化的。

（3）关系模型的数据操作是从原有的二维表得到新的二维表。

这说明：第一，无论原始数据还是结果数据都是同一种数据结构——二维表；第二，其数据操作是集合操作，即操作对象和结果是若干元素的集合，而不像层次和网状模型中是单记录的操作方式；第三，关系模型把存取路径向户隐蔽起来，用户只需要指出要做什么，而不必详细地指出如何做，大大提高了数据的独立性和系统效率。

由此可见，关系模型的特点也是它的优点，它有坚实的理论基础，建立在严格的数学概念基础之上，因而关系模型从诞生后发展迅速，深受用户欢迎，目前得到广泛的应用。

5. 面向对象模型

面对大型复杂数据的管理，单纯依靠传统的数据库系统难以胜任。把面向对象技术与数据库技术结合成为了数据库技术的新方向。20 世纪 80 年代中后期以来，面向对象数据库管理系统（Object-Oriented DataBase Management System，简称 OODBMS）和对象—关系型数据库管理系统（Object Relational DataBase Management System，简称 OODBMS）的研究十分活跃。

通常，人们将初期的层次和网状模型作为数据库系统发展中的第一代，将关系模型作为第二代。1990 年，在 DBMS 功能委员会发表的《第三代数据库系统宣言》中提出了第三代数据库系统的三条原则：支持更加丰富的对象结构和原则；包含第二代 DBMS；对其他子系统开放。根据这三条原则，OODBMS 将关系模型与面向对象程序设计语言中的核心概念加以综合。这些概念包括将数据和程序封装到对象中、对象标识、多重继承、任意数据类型、嵌套对象等。典型的对象—关系型数据库管理系统有：DB2 UDB、ORACLE、Microsoft SQL Server 等。

6.1.3　关系模型理论

关系模型有严格的数学基础，抽象级别比较高，而且简单清晰，便于理解和使用。

关系数据库是现代数据库产品的主流，因此了解及掌握关系模型理论是非常必要的。

关系数据库使用关系数据模型组织数据，关系模型由关系数据结构、关系操作集合和关系完整性约束三部分组成。

1. 关系数据库概述

(1) 关系模型数据结构

关系数据模型源于数学，它用二维表来组织数据，而这个二维表在关系数据库中就称为关系。关系数据库就是表或者说是关系的集合。

在关系系统中，用户感觉数据库就是一张张表。表由行和列组成，如图 6-5 所示的是学生表。

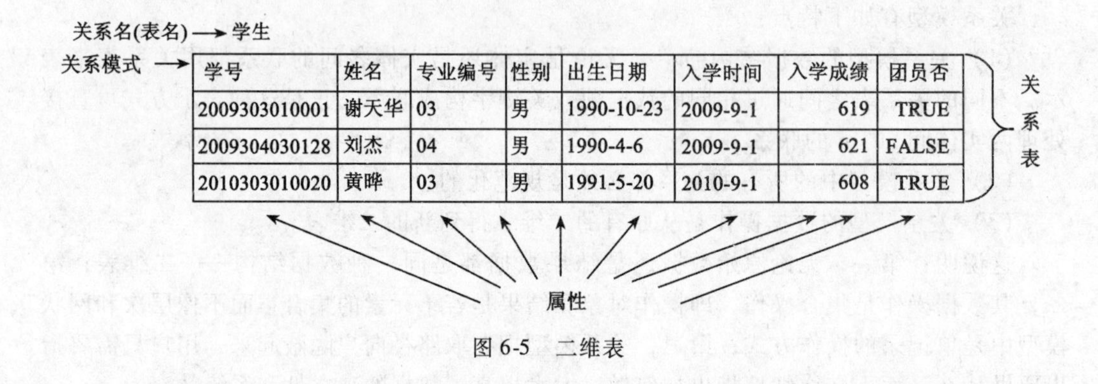

学号	姓名	专业编号	性别	出生日期	入学时间	入学成绩	团员否
2009303010001	谢天华	03	男	1990-10-23	2009-9-1	619	TRUE
2009304030128	刘杰	04	男	1990-4-6	2009-9-1	621	FALSE
2010303010020	黄晔	03	男	1991-5-20	2010-9-1	608	TRUE

图 6-5　二维表

二维表的表头那一行称为关系模式，又称表的框架或记录类型。关系模式的特点如下：

① 是记录类型，决定二维表的内容；

② 数据库的关系数据模型是若干关系模式的集合；

③ 每一个关系模式都必须命名，且同一关系数据模型中的关系模式名不允许相同；

④ 每一个关系模式都由一些属性组成，关系模式的属性名通常取自相关实体类型的属性名；

⑤ 关系模式可表示为关系模式名（属性名 1，属性名 2，…，属性名 n）的形式，如：学生（学号，姓名，专业编号，性别，出生日期，入学成绩，团员否，照片，简历）。

在关系数据库中，可以将“学生”看做一个实体集，每一位学生的信息为一个实体，如图 6-6 所示。

对于数据库来说，该数据表有许多记录内容。因此，一个实体也可以看做数据库中的一条记录。

(2) 关系数据库基本术语

① 关系（Relation）

对应于关系模式的一个具体的表称为关系。其格式为：

关系名（属性名 1，属性名 2，…，属性名 n）

实体集

学号	姓名	专业编号	性别	出生日期	入学时间	入学成绩	团员否
2009303010001	谢天华	03	男	1990-10-23	2009-9-1	619	TRUE
2009304030128	刘杰	04	男	1990-4-6	2009-9-1	621	FALSE
2010303010020	黄晔	03	男	1991-5-20	2010-9-1	608	TRUE

←实体
←实体
←实体

图 6-6　实体集

在数据库中，关系模式对应着二维表的表结构：

表名（字段名 1，字段名 2，…，字段名 n）

二维表的名字就是关系的名字，图 6-5 中的关系名就是“学生”。

② 元组（Tuple）

二维表中的行称为元组（记录值），一个关系就是若干个元组的集合。在图 6-5 的“学生”关系中，元组有：

（2009303010001，谢天华，03，男，1990-10-23，2009-9-1，619，TRUE ）

（2009304030128，刘杰，04，男，1990-4-6，2009-9-1，621，FALSE ）

（2010303010020，黄晔，03，男，1991-5-20，2010-9-1，608，TRUE）

③ 属性（Attribute）

二维表中的列称为属性（或叫字段），每个属性有一个名字，称为属性名。二维表中对应某一列的值称为属性值。

④ 域（Domain）

二维表中属性的取值范围称为域。例如，在图 6-5 中，性别字段的取值范围是汉字“男”或“女”，逻辑型字段“团员否”只能从“真（TRUE）”和“假（FALSE）”两个值中取值。

⑤ 元

二维表中列的个数称为关系的元数，又称为关系的目，或称为关系的度（Degree）。如果一个二维表有 n 列，则称为 n 元关系。图 6-5 所示的“学生”关系的属性有学号、姓名、专业编号、性别、出生日期，入学时间，团员否、照片、简历，是一个 9 元关系学生表。

⑥ 键（Key）

键在关系中用来标识行的一列或者多列。键可以是唯一（Unique）的，也可以不唯一（NonUnique）。

表 6-1 中描述了关系数据库中一些关于键的内容。

表 6-1　　**关系模式中的键**

键名	英文	
键码	Key	关系模型中的一个重要概念，在关系中用来标识表的一列或多列
候选关键字	Candidate Key	唯一地标识表中的一行而又不含多余属性的一个属性集

续表

键名	英文	
主关键字	Primary Key	被挑选出来作为表行的唯一标识的候选关键字。一个表只有一个主关键字，主关键字又称为主键
公共关键字	Common Key	在关系数据库中，关系之间的联系是通过相容或相同的属性或属性组来表示的。如果两个关系中有相容或相同的属性或属性组，那么这个属性或属性组称为这两个关系的公共关键字
外关键字	Foregn Key	如果公共关键字在一个关系中是主要关键字，那么这个公共关键字称为另一个关系的外关键字。外关键字表示了两个关系之间的联系。外关键字又称作外键或外码

例如，图 6-4 给出的三个关系中，学生选课表的主关键字是属性集（学号，课程编号）；学号或课程编号中的任何一个都不能唯一地确定学生选课成绩表中的记录，但它们分别是学生表和课程表的关键字，因此，对于学生选课表而言，学号或课程编号都是外关键字。

通过外部关键字，可以实现关系之间的动态连接，否则就成了孤立的关系，只能查找本关系的内容。在进行关系模式设计时应特别注意这方面的问题。

实际操作时可以很容易地将 E-R 图转换为关系模型。

例如，根据图 6-3 所示的 E-R 图，图中有 6 个实体，分别为学生、学生选课、课程、专业、教师和教师任课，转换成关系模型如下：

学生（<u>学号</u>，姓名，专业编号，性别，出生日期，入学时间，入学成绩，团员否，照片，简历）

学生选课（<u>学号</u>，<u>课程编号</u>，开课时间，平时成绩，考试成绩）

课程（<u>课程编号</u>，课程名称，学时，学分，课程性质，备注）

专业（<u>专业编号</u>，专业名称，所属系）

教师（<u>教师编号</u>，教师姓名，性别，出生日期，所属系，文化程度，职称，基本工资，通信地址，邮政编码，电话，电子信箱）

教师任课（<u>教师编号</u>，<u>课程编号</u>）

加下画线部分为该关系模式的主码，即主关键字。由于一个学生可以选多门课，一门课可以有多个学生选，因此，在学生选课表中，学号，课程编号，平时成绩，考试成绩等值都不唯一，不能做该表的主关键字，而同一门课一个学生只能选一次，所以，在学生选课表中，学号和课程编号两个字段的组合是唯一的，可以选定学号和课程编号合起来做主关键字；同样，教师任课表中的主关键字段是教师编号和课程编号。

⑦ 关系类型

在关系模型中，实体和实体间的联系都是用关系表示的。也就是说，二维表格中既存放着实体本身的数据，又存放着实体间的联系。关系不但可以表示实体间一对多的联系（可以将一对一联系看做是多对多联系的特殊情况），通过建立关系间的联系，也可以表示多对多的联系。

2. 关系数据库操作

关系代数好像一种抽象的查询语言，是关系数据操纵语言的一种传统表达方式，它与关系运算及表达式查询类似。

传统的集合运算包括并、交、差和笛卡儿积等运算。专门的关系运算可以从关系的水平方向进行运算，也可以从关系的垂直方向运算。下面介绍常见的 3 种方法。

（1）选择运算

选择是从关系中查找符合指定条件行的操作。以逻辑表达式为选择条件，将筛选满足表达式的所有记录。选择操作的结构构成关系的一个子集，是关系中的部分行，其关系模式不变。选择操作是从二维表中选择若干行的操作。

例如，在 Access 中，查找“学生”表中专业编号为“03”的记录，结果如图 6-7 所示。

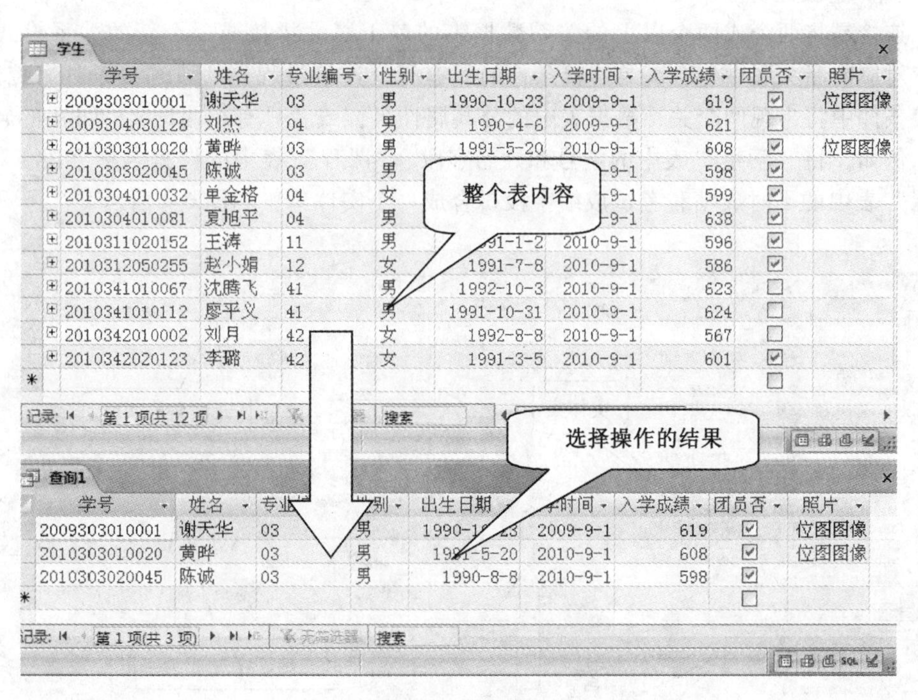

学生

学号	姓名	专业编号	性别	出生日期	入学时间	入学成绩	团员否	照片
2009303010001	谢天华	03	男	1990-10-23	2009-9-1	619	☑	位图图像
2009304030128	刘杰	04	男	1990-4-6	2009-9-1	621	☐	
2010303010020	黄晔	03	男	1991-5-20	2010-9-1	608	☑	位图图像
2010303020045	陈诚	03	男	[illegible]	-9-1	598	☑	
2010304010032	单金格	04	女	[illegible]	-9-1	599	☑	
2010304010081	夏旭平	04	男	[illegible]	-9-1	638	☑	
2010311020152	王涛	11	男	91-1-2	2010-9-1	596	☑	
2010312050255	赵小娟	12	女	1991-7-8	2010-9-1	586	☑	
2010341010067	沈腾飞	41	男	1992-10-3	2010-9-1	623	☐	
2010341010112	廖平义	41	男	1991-10-31	2010-9-1	624	☐	
2010342010002	刘月	42	女	1992-8-8	2010-9-1	567	☐	
2010342020123	李璐	42	女	1991-3-5	2010-9-1	601	☑	

记录：第 1 项(共 12 项)　搜索

查询1

学号	姓名	专业	性别	出生日期	入学时间	入学成绩	团员否	照片
2009303010001	谢天华	03	男	1990-1 23	2009-9-1	619	☑	位图图像
2010303010020	黄晔	03	男	19 1-5-20	2010-9-1	608	☑	位图图像
2010303020045	陈诚	03	男	1990-8-8	2010-9-1	598	☑	

记录：第 1 项(共 3 项)　无筛选器　搜索

图 6-7　选择操作

（2）投影运算

投影是从关系数据表中选取若干属性的操作。所选择的若干属性将形成一个新的关系数据表，其关系模式中属性的个数由用户来确定，或者排列顺序不同，同时也可能减少某些元组。因为排除了一些属性后，特别是排除了关系中关键字属性后，所选属性可能有相同的值，出现了相同的元组，而关系中必须排除相同元组，从而有可能减少某些元组。

例如，在“学生”表中查看学号、姓名、性别和入学成绩等字段的内容，结果如图 6-8 所示。

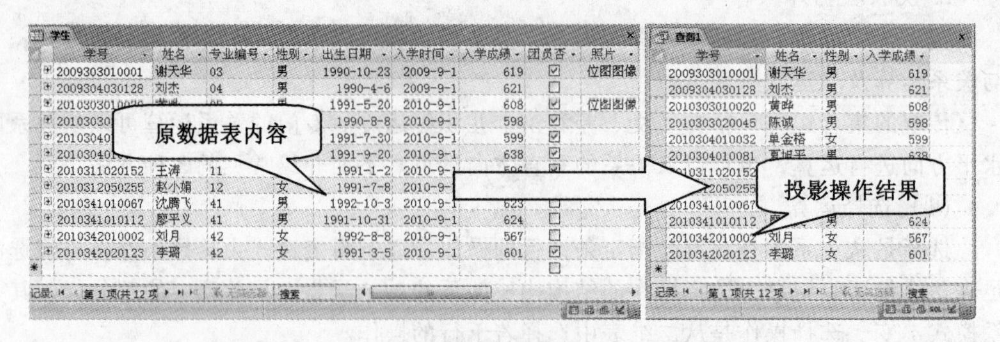

图 6-8　投影操作

（3）连接运算

连接是将两个或两个以上的关系数据表的若干属性拼接成一个新的关系模式的操作。对应的新关系中包含满足连接条件的所有行，连接过程是通过连接条件来控制的，连接条件中将出现两个关系数据表中的公共属性名，或者具有相同语义、可比的属性。

例如，将“学生”表中的学号和姓名字段、“课程”表中的课程名称字段，“学生选课”表中的平时成绩和考试成绩字段拼合成一个实体集，如图 6-9 所示。

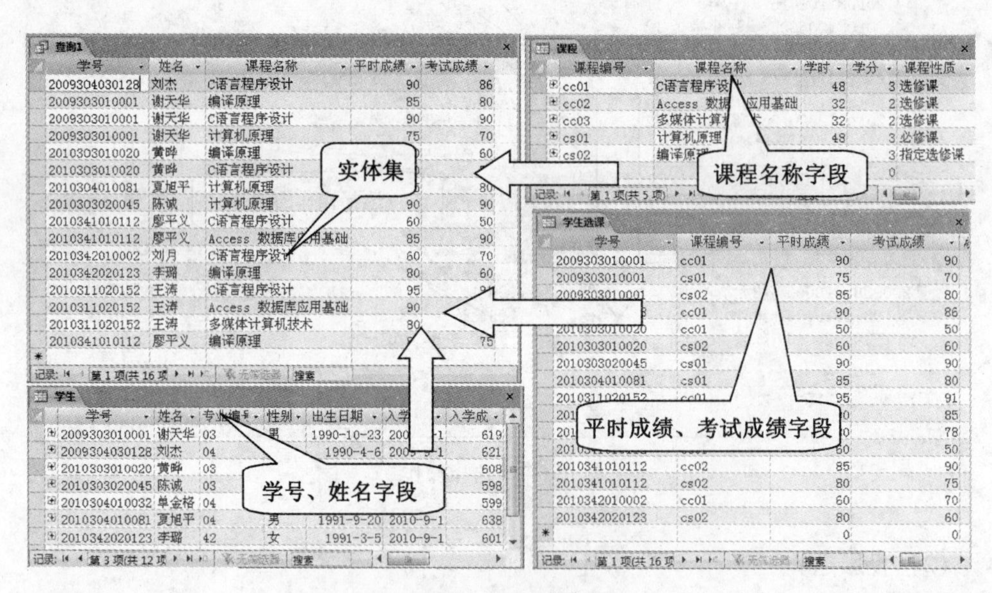

图 6-9　连接操作

3. 关系数据库完整性

数据库中的数据是从外界输入的，而在输入数据时会发生意外，如输入无效或错误的信息等。保证输入的数据符合规定，是多用户的关系数据库系统关注的首要问题，也是数据完整性的重要特性。

关系数据库完整性（DataBase Integrity）是指数据库中数据的正确性和相容性。数据库完整性由各种各样的完整性约束来保证，所以数据库完整性设计就是数据库完整性约束的设计。

数据库完整性约束可以通过 DBMS 或应用程序来实现，基于 DBMS 的完整性约束作为模式的一部分存入数据库中。

关系模型中有三类完整性约束：实体完整性、参照完整性和用户定义的完整性。其中实体完整性和参照完整性是关系模型必须满足的完整性约束条件，称为关系的两个不变性，由关系数据库系统自动支持。

（1）实体完整性（Entity Integrity）

实体完整性规定表的每一行在表中是唯一的实体。实体完整性规则如下：

① 实体完整性要保证关系中的每个元组都是可识别的和唯一的。

② 实体完整性规则的具体内容是：若属性 A 是关系 R 的主属性，则属性 A 不可以为空值。

③ 实体完整性是关系模型必须满足的完整性约束条件。

④ 关系数据库管理系统可以用主关键字实现实体完整性，这是由关系数据库默认支持的。

实体完整性规则是针对关系而言的，而关系则对应一个现实世界中的实体集。现实世界中的实体是可区分的，它们具有某种标识特征；相应地，关系中的元组也是可区分的，在关系中用主关键字做唯一性标识。例如，在学生表中，主关键字为学号字段，那么“学号”字段的取值不能为空或取重复值，如图 6-10 所示。

学生

学号	姓名	专业编号	性别	出生日期	入学时间
2009303010001	谢天华	03	男	1990-10-23	2009-
2009304030128	刘杰	04	男	1990-4-6	2009-
2010303010020	黄晔	03	男	1991-5-20	2010-
2010303020045	陈诚	03	男	1990-8-8	2010-
2010304010032	单金格	04	女	1991-7-30	2010-
2010304010081	夏旭平	04	男	1991-9-20	2010-
2010311020152	王涛	11	男	1991-1-2	2010-
2010312050255	赵小娟	12	女	1991-7-8	2010-
2010341010067	沈腾飞	41	男	1992-10-3	2010-
2010341010112	廖平义	41	男	1991-10-31	2010-
2010342010002	刘月	42	女	1992-8-8	2010-
2010342020123	李璐	42	女	1991-3-5	2010-
*					

图 6-10　实体完整性

如果学号字段取空值，则意味着学生表中的某个学生的记录不可标识，即存在不可区分的实体，这与实体的定义也是矛盾的。

学生表中的其他属性可以是空值，如“出生日期”字段或“性别”字段如果为空，则表明不清楚该学生的这些特征值。

(2) 参照完整性 (Referential Integrity)

参照完整性规则通过定义外关键字和主关键字之间的引用规则来约定两个关系之间的联系。也就是说，表的主关键字和外关键字的数据应对应一致，它确保了有主关键字的表中对应其他表的外关键字的行存在，即保证了表之间的数据的一致性，防止数据丢失或无意义的数据在数据库中扩散。参照完整性是建立在外关键字和主关键字之间或外关键字和唯一性关键字之间的关系上的。

例如，有学生表和专业表两个关系，如图 6-11 所示。其中，专业编号字段是专业表的主关键字，是学生表的外关键字。在专业表中，专业编号字段与学生表的专业编号字段中的实体相对应，所以，学生表为参照关系，专业表为被参照关系。

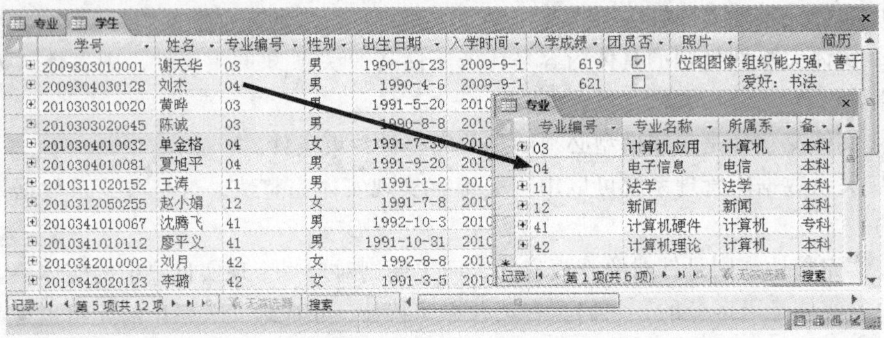

图 6-11　参照完整性

显然，学生表中专业编号字段的取值必须是确实存在的专业编号，即在专业表中有该专业的记录。那么，在学生表中，专业编号字段的值要么为空（表示学生暂时还没有确定专业），要么为专业表中的某个记录的主关键字值（学生已经确定了专业，且该专业存在），而不可能取其他的值。

(3) 用户定义的完整性 (User-defined Integrity)

用户定义的完整性即是针对某个特定关系数据库的约束条件，它反映某一具体应用所涉及的数据必须满足的语义要求。

在用户定义完整性中最常见的是限定属性的取值范围，即对值域的约束。例如，在学生表的设计视图中选择性别字段名称，并在“常规”选项卡中设置有效性规则为"男"Or"女"；在有效性文本中输入提示信息：性别只能取"男"或"女"，如图 6-12 所示。

以后，再对学生表中数据进行编辑或修改时，性别字段的值必须满足用户定义的语义要求。

4. 关系数据库规范化理论

实际问题的数据关系一般是比较复杂的，并非就是一个关系模型所要求的二维表。如果一个关系设计得不好，会出现数据冗余、操作异常、不一致等问题。

为了有效地组织和管理数据，需要把这些复杂的数据关系结构简化为逻辑严密、结

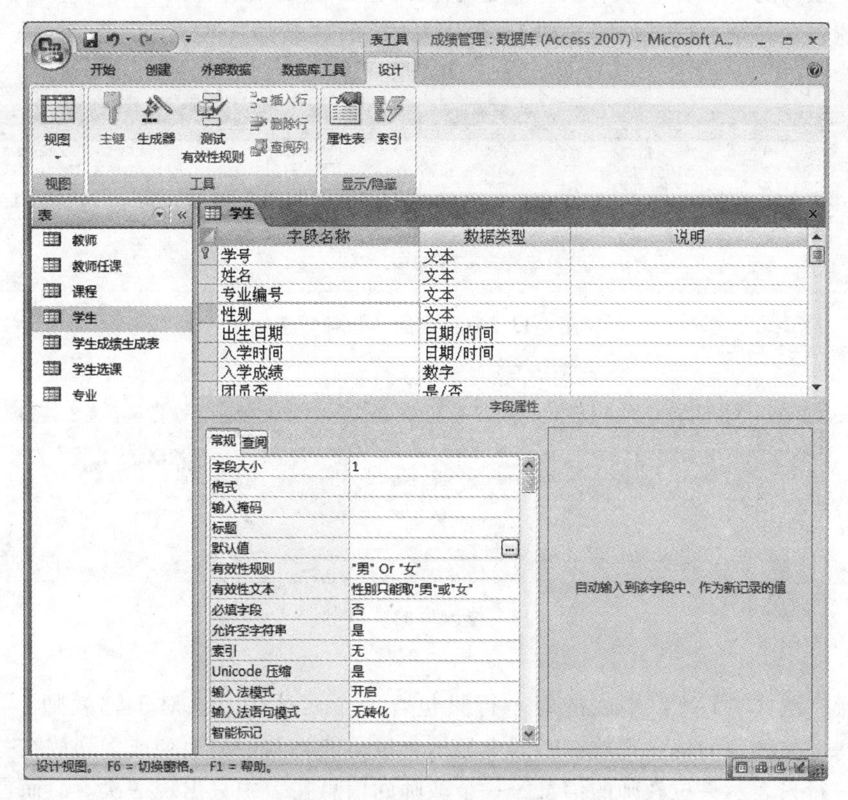

图 6-12　用户定义完整性

构更简单的二维表形式。也就是要把一组给定的关系转换成等价的、结构更简单、逻辑严密的一组或多组关系，这一过程称为关系规范化。

数据库的设计范式是符合某一种规范的关系模式的集合。在关系数据库中，这种规范就是范式。目前关系数据库有 6 种范式：第一范式（1NF）、第二范式（2NF）、第三范式（3NF）、第四范式（4NF）、第五范式（5NF）和第六范式（6NF）。满足最低要求的范式是第一范式（1NF）。在第一范式的基础上，进一步满足更多要求的称为第二范式（2NF），其余范式依次类推。下面介绍第一范式（1NF）、第二范式（2NF）和第三范式（3NF）。

（1）第一范式（1NF）

在任何一个关系数据库中，第一范式（1NF）是对关系模式的基本要求，不满足第一范式（1NF）的数据库就不是关系数据库。

所谓第一范式（1NF）是指数据库表的每一列都是不可分割的基本数据项，同一列中不能有多个值，即实体中的某个属性不能有多个值或者不能有重复的属性。如果出现重复的属性，就可能需要定义一个新的实体，新的实体由重复的属性构成，新实体与原实体之间为一对多关系。

例如，对于图 6-13 中的“教师”表来说，不能将教师的联系方式信息都放在一列中显示；正确的“教师”表，表中任意字段的值必须是不可分的，即每个记录的每个字段只能包含一个数据，如图6-14所示为修改后的“教师”表。

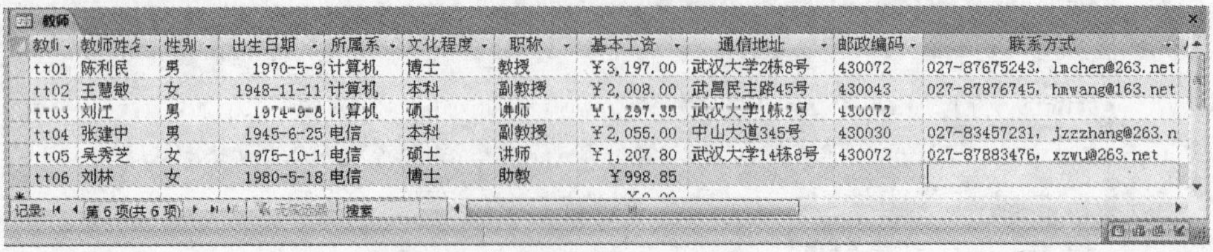

教师	教师姓名	性别	出生日期	所属系	文化程度	职称	基本工资	通信地址	邮政编码	联系方式
tt01	陈利民	男	1970-5-9	计算机	博士	教授	￥3,197.00	武汉大学2栋8号	430072	027-87675243，lmchen@263.net
tt02	王慧敏	女	1948-11-11	计算机	本科	副教授	￥2,008.00	武昌民主路45号	430043	027-87876745，hmwang@163.net
tt03	刘江	男	1974-9-8	计算机	硕士	讲师	￥1,297.35	武汉大学1栋2号	430072	
tt04	张建中	男	1945-6-25	电信	本科	副教授	￥2,055.00	中山大道345号	430030	027-83457231，jzzzhang@263.n
tt05	吴秀芝	女	1975-10-1	电信	硕士	讲师	￥1,207.80	武汉大学14栋8号	430072	027-87883476，xzwu@263.net
tt06	刘林	女	1980-5-18	电信	博士	助教	￥998.85			
							￥0.00			

记录：第6项(共6项)　搜索

图6-13　有错误的“教师”表

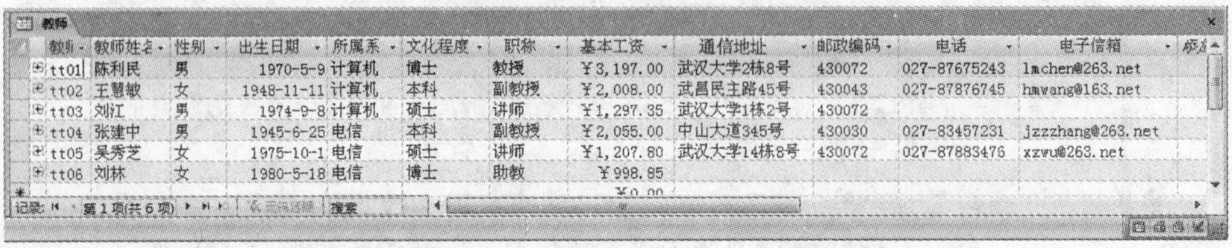

教师	教师姓名	性别	出生日期	所属系	文化程度	职称	基本工资	通信地址	邮政编码	电话	电子信箱
tt01	陈利民	男	1970-5-9	计算机	博士	教授	￥3,197.00	武汉大学2栋8号	430072	027-87675243	lmchen@263.net
tt02	王慧敏	女	1948-11-11	计算机	本科	副教授	￥2,008.00	武昌民主路45号	430043	027-87876745	hmwang@163.net
tt03	刘江	男	1974-9-8	计算机	硕士	讲师	￥1,297.35	武汉大学1栋2号	430072		
tt04	张建中	男	1945-6-25	电信	本科	副教授	￥2,055.00	中山大道345号	430030	027-83457231	jzzzhang@263.net
tt05	吴秀芝	女	1975-10-1	电信	硕士	讲师	￥1,207.80	武汉大学14栋8号	430072	027-87883476	xzwu@263.net
tt06	刘林	女	1980-5-18	电信	博士	助教	￥998.85				
							￥0.00				

记录：第1项(共6项)　搜索

图6-14　修改后的“教师”表

在第一范式（1NF）中表的每一行只包含一个实体信息。对于“教师”表来说，不能将每一位教师的信息都放在一列中显示，也不能将其中的两列或多列放在一列中显示；每一行只表示一位教师的信息，一个教师的信息在表中只出现一次。简而言之，第一范式就是无重复的列。

（2）第二范式（2NF）

在满足第一范式（1NF）的前提下，表中所有非主键字段完全依赖于主关键字段。

因此，通常需要为表添加一个列，以存储各个实体的唯一标识。如图6-14所示的“教师”表中的“教师编号”字段列。因为每位教师的编号是唯一的，所以每位教师可以被唯一区分。这个唯一属性列被称为主关键字。有些情况下，表中的一个列并不能存储实体的唯一标识，如图6-15所示的“学生选课”表，其中唯一能标识一个实体的是“学号”+“课程编号”，因此，“学生选课”表的主关键字是“学号”和“课程编号”两个字段。

但是，图6-15的“学生选课”表，仍然不满足第二范式的条件，因为表中的“课程名称”、“学时”、“学分”等字段不依赖于主关键字。解决的办法是，创建一个主关键字为“课程编号”的“课程”表，将“学生选课”表中的“课程名称”、“学时”、“学分”等字段移到“课程”表中，这样，“学生选课”表中的所有非主关键字完全依赖于主关键字“学号”和“课程编号”；“课程”表中的“课程名称”、“学时”、“学分”等非主关键字也完全依赖于“课程”表中的主关键字“课程编号”，如图6-16所示。

（3）第三范式（3NF）

满足第二范式的前提下，一个表的所有非主键字段均不传递依赖于主键。

学生选课

学号	课程编号	平时成绩	考试成绩	课程名称	学分	课程性质
20093040301	cc01	90	86	C语言程序设i	3	选修课
20093030100	cs02	85	80	编译原理	3	指定选修课
20093030100	cc01	90	90	C语言程序设i	3	选修课
20093030100	cs01	75	70	计算机原理	3	必修课
20103030100	cs02	60	60	编译原理	3	指定选修课
20103030100	cc01	50	50	C语言程序设i	3	选修课
20103040100	cs01	85	80	计算机原理	3	必修课
20103030200	cs01	90	90	计算机原理	3	必修课
20103410101	cc01	60	50	C语言程序设i	3	选修课
20103410101	cc02	85	90	Access 数据l	2	选修课
20103420100	cc01	60	70	C语言程序设i	3	选修课
20103420201	cs02	80	60	编译原理	3	指定选修课
20103110201	cc01	95	91	C语言程序设i	3	选修课
20103110201	cc02	90	85	Access 数据l	2	选修课
20103110201	cc03	80	78	多媒体计算机	2	选修课
20103410101	cs02	80	75	编译原理	3	指定选修课

记录: 第 1 项(共 16 项　无筛选器　搜索

图 6-15　不满足 2NF 的"学生选课"表

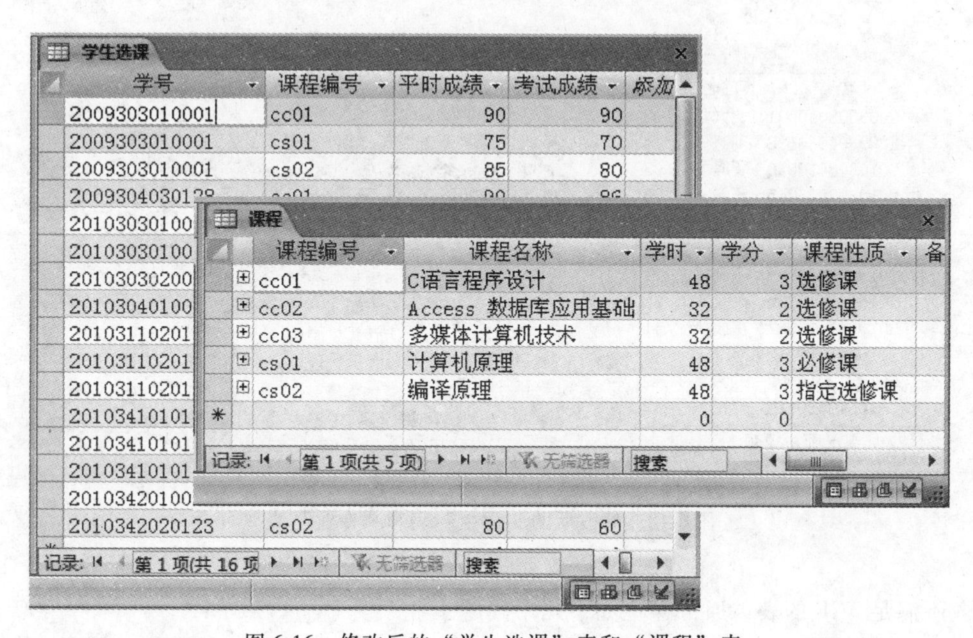

学生选课

学号	课程编号	平时成绩	考试成绩
2009303010001	cc01	90	90
2009303010001	cs01	75	70
2009303010001	cs02	85	80
2010342020123	cs02	80	60

课程

课程编号	课程名称	学时	学分	课程性质
cc01	C语言程序设计	48	3	选修课
cc02	Access 数据库应用基础	32	2	选修课
cc03	多媒体计算机技术	32	2	选修课
cs01	计算机原理	48	3	必修课
cs02	编译原理	48	3	指定选修课

图 6-16　修改后的"学生选课"表和"课程"表

传递依赖：设表中有 A（主关键字段）、B、C 三个字段，若 B 依赖于 A，而 C 依赖于 B，称字段 C 传递依赖于主关键字段 A。

如图 6-17 的"学生"表中，"学号"是主关键字段，"姓名"、"专业编号"、"性别"等依赖于"学号"，而"专业名称"依赖于"专业编号"，存在传递的函数依赖。

可以创建一个"专业"表，其主关键字段为"专业编号"，将"学生"表中的

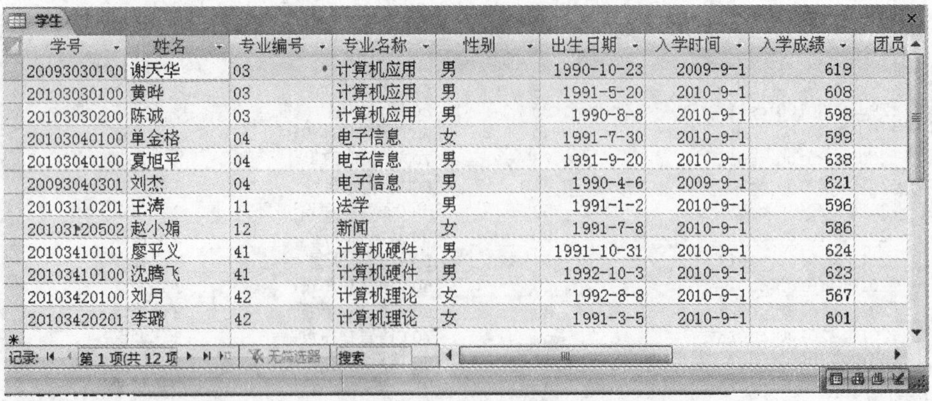

学生

学号	姓名	专业编号	专业名称	性别	出生日期	入学时间	入学成绩	团员
20093030100	谢天华	03	计算机应用	男	1990-10-23	2009-9-1	619	
20103030100	黄晔	03	计算机应用	男	1991-5-20	2010-9-1	608	
20103030200	陈诚	03	计算机应用	男	1990-8-8	2010-9-1	598	
20103040100	单金格	04	电子信息	女	1991-7-30	2010-9-1	599	
20103040100	夏旭平	04	电子信息	男	1991-9-20	2010-9-1	638	
20093040301	刘杰	04	电子信息	男	1990-4-6	2009-9-1	621	
20103110201	王涛	11	法学	男	1991-1-2	2010-9-1	596	
20103120502	赵小娟	12	新闻	女	1991-7-8	2010-9-1	586	
20103410101	廖平义	41	计算机硬件	男	1991-10-31	2010-9-1	624	
20103410100	沈腾飞	41	计算机硬件	男	1992-10-3	2010-9-1	623	
20103420100	刘月	42	计算机理论	女	1992-8-8	2010-9-1	567	
20103420201	李璐	42	计算机理论	女	1991-3-5	2010-9-1	601	

记录: 第1项(共12项 无筛选器 搜索

图 6-17 不满足 3NF 的“学生”表

“专业名称”和“所属系”移到“专业”表中。这样，在“专业”表中，“专业名称”、“所属系”完全依赖于“专业编号”，“学生”表中的传递依赖也消除了。如图 6-18 所示。

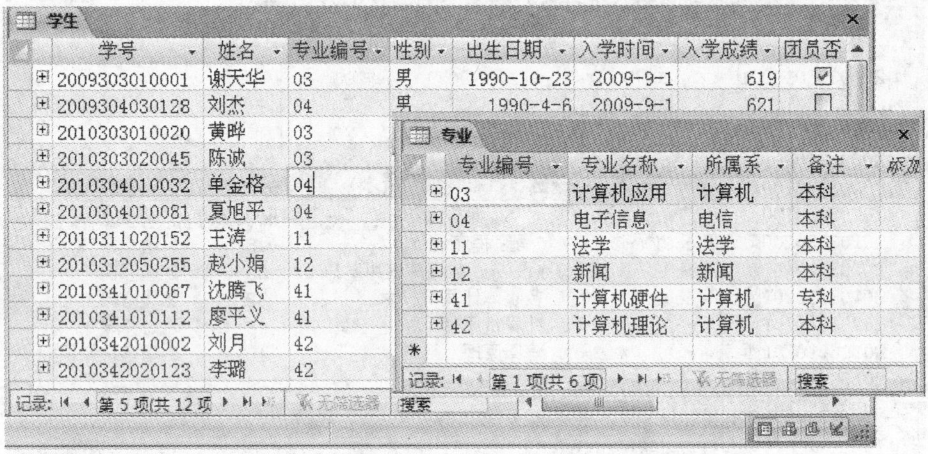

学生

学号	姓名	专业编号	性别	出生日期	入学时间	入学成绩	团员否
2009303010001	谢天华	03	男	1990-10-23	2009-9-1	619	☑
2009304030128	刘杰	04	男	1990-4-6	2009-9-1	621	☐
2010303010020	黄晔	03					
2010303020045	陈诚	03					
2010304010032	单金格	04					
2010304010081	夏旭平	04					
2010311020152	王涛	11					
2010312050255	赵小娟	12					
2010341010067	沈腾飞	41					
2010341010112	廖平义	41					
2010342010002	刘月	42					
2010342020123	李璐	42					

记录: 第5项(共12项 无筛选器 搜索

专业

专业编号	专业名称	所属系	备注
03	计算机应用	计算机	本科
04	电子信息	电信	本科
11	法学	法学	本科
12	新闻	新闻	本科
41	计算机硬件	计算机	专科
42	计算机理论	计算机	本科

记录: 第1项(共6项) 无筛选器 搜索

图 6-18 修改后的“学生”表和“专业”表

不满足 3NF 的表，通常存在如下几个问题：

（1）冗余度高。如果某系有 300 个学生，“所属系”属性的值就要重复 300 次，这种重复将浪费大量的存储空间。

（2）插入异常。如果要插入一个新成立的系，该系还没有招收新学生，因为插入时主关键字(“学号”）的值不能为空，所以无法插入。

（3）删除异常。假如在图 6-15 的“学生选课”表中，有一门课程只有一个学生选修，而现在要删除这个学生的信息，那么该生选修的课程也一并删除了，这门课在数据库中就不存在了，因此产生了删除异常，删除了不该删除的信息。

（4）修改麻烦。要将某一门课的学时修改，如果该门课有100个学生选修，在表中就要修改100处，容易出现数据不一致的现象。

将一个2NF关系分解为多个3NF的关系后，在一定程度上解决了上述四个问题，虽然并不能完全消除关系模式中的各种异常情况和数据冗余。不过，一般说来，数据库只需满足第三范式（3NF）就行了。

6.1.4　数据库设计基础

数据库设计是指对于一个给定的应用环境，提供一个确定最优秀数据模型与处理模式的逻辑结构设计，以及一个确定数据库存储结构与存取方法的物理结构设计，建立起既能反映现实世界实体及实体联系，满足用户数据处理要求，又能被某个数据库管理系统所接受，同时能实现系统目标，并能有效存取数据的数据库。

目前设计数据库系统主要采用的是以逻辑数据库设计和物理数据库设计为核心的规范设计方法。各种规范设计方法在设计步骤上存在差别，各有千秋。通过分析、比较与综合各种常用的数据库规范设计方法，一般将数据库设计分为以下几个阶段。

1. 需求分析

从数据库设计的角度出发，对现实世界要处理的对象（包括组织、部门、企业等）进行详细调查，在了解原系统的概况，确定新系统功能的过程中，收集支持系统目标的基础数据及其处理。在分析用户要求时，要确保用户目标的一致性。需求分析是整个设计过程的基础，是最困难、最花费时间的一步。因此，需求分析是否做得充分与准确，决定了在其上构造数据库的速度与质量。需求分析做得不好，甚至会导致整个数据库设计返工。

2. 概念结构设计

概念结构设计是整个数据库设计的关键，它通过对用户需求进行综合、归纳与抽象，形成一个独立于具体DBMS软件和硬件系统的概念模型。

3. 逻辑结构设计

逻辑结构设计的任务是把概念结构设计阶段设计好的基本E-R换为与选用的具体机器上的DBMS数据模型相符合的逻辑结构。

4. 物理结构设计

物理结构设计是为逻辑数据模型选取一个最适合应用环境的物理结构，包括确定数据的存储结构，设计数据的存取路径，确定数据的存放位置以及确定系统配置。

5. 数据库的实施

完成数据库的物理设计之后，设计人员就要用DBMS提供的数据定义语言及其宿主语言将数据库逻辑设计和物理设计结果严格描述出来，成为DBMS可以接受的源代码，再经过调试产生目标模式，然后就可以组织数据入库，再进行试运行了。

6. 数据库运行与维护

数据库应用系统经过试运行后，可能要对数据库结构进行修改或扩充，以便提高数据库系统的性能；投入正式运行后，也应不断地对其进行评价、调整与修改。

6.2 Access 2007 使用基础

Access 是一个基于关系数据模型且功能强大的数据库管理系统，在许多企事业单位的日常数据管理中得到广泛的应用。

本节以 Access 2007 中文版为介绍背景，在不作特殊说明的情况下，本节中的 Access 指的都是 Access 2007 中文版。

6.2.1 Access 2007 数据库及表的基本操作

在使用 Access 2007 数据库时，需要首先打开 Access 2007 窗口，打开或创建需要使用的数据库，再执行其他的各种操作，如新建表、浏览表中的数据，创建新的窗体、报表等。

1. 数据库的创建

Access 2007 在设计上保持了 Office 2007 系列的一致风格，界面布局简便易用。

(1) Access 2007 工作界面

启动 Access 2007 时，用户将看到开始界面，如图 6-19 所示。

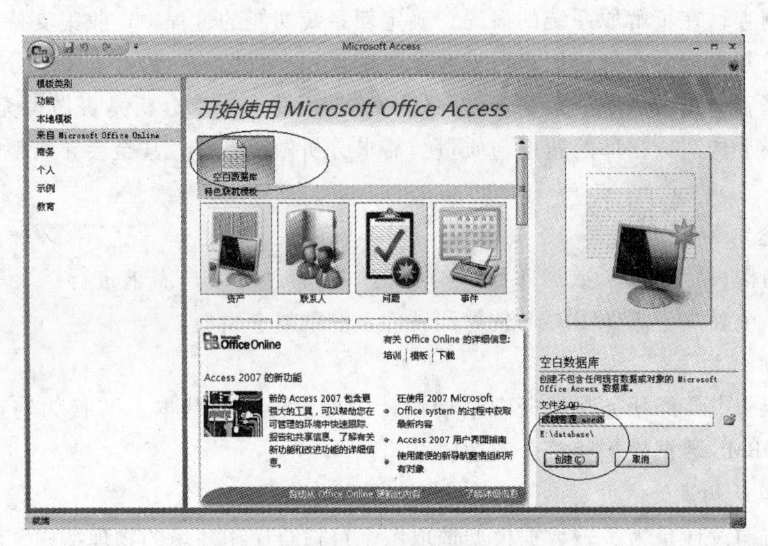

图 6-19　开始界面

在开始使用界面上单击“空白数据库”图标，在“文件名”文本框中输入数据库名称“成绩管理”，选定保存位置后，单击“创建”按钮，创建一个空白数据库“成绩管理”，空白数据库如图 6-20 所示。

在如图 6-20 所示的界面中，可以看到“文件”菜单、快速访问工具栏、标题栏、功能区和导航窗格等。

功能区按照常见的活动进行组织。功能区中的每个选项卡都包含执行该活动所需的

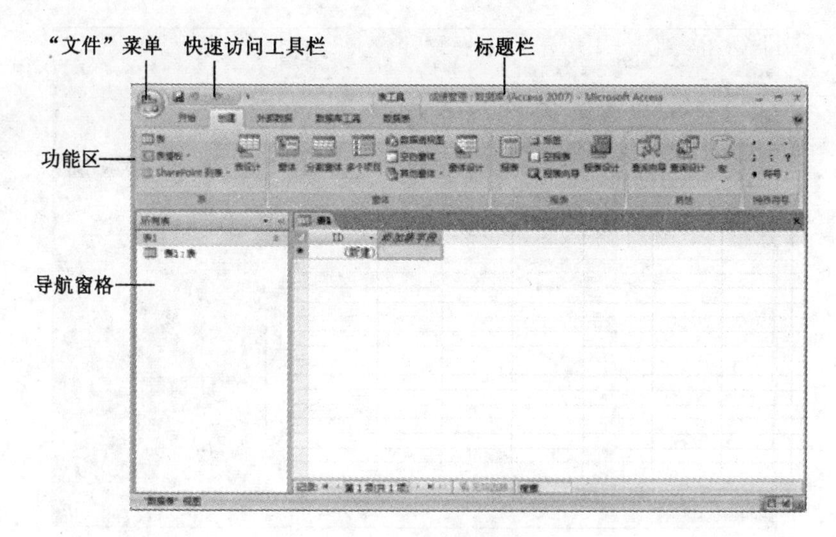

图 6-20　空白数据库

各项命令，这些命令组成多个逻辑组。在“创建”选项卡上，可以看到可创建的表、查询、窗体、报表等数据库对象。

（2）Access 2007 的文件保存格式

Access 2007 使用新的文件格式。当然，以前的文件在 Access 2007 中依然可用。使用新的文件格式是为了使 Access 2007 数据库更加安全、结构更加紧凑以及在文件受损后使数据库恢复更加可靠。此外，新的文件格式使 Access 2007 支持新的字段类型，例如存储附件的表字段以及具有多个值的字段。

如果要创建早期版本的数据库副本，并使其更安全、更紧凑以及在必要时更容易恢复，可执行下列操作：在 Access 2007 中，单击“文件”菜单，然后选择“打开”命令，打开相应早期版本的数据库；再次单击“文件”菜单，选择“另存为”命令，选择“Access 2007 数据库”命令。

Access 2007 中的某些新增功能要求使用新的文件格式。如果用户的数据库使用了这些新增功能，却尝试使用早期格式创建该数据库的副本，Access 将提示无法执行该操作的原因。

2. 表的创建

表是数据库中用来存储和管理数据的对象，是一种有关特定实体的数据集合，是数据库的基础，也是数据库中其他对象的数据来源。一个表就是一个关系，即一个二维表，都是由数据字段（表中的列）和数据记录（表中的行）组成。字段说明了信息在某一方面的属性，记录的是一条完整的信息。

刚创建的空白数据库，系统自动以“数据表视图”方式新建一个临时表“表 1”，单击“数据表”选项卡中的“视图”按钮，选择“设计视图”方式，系统弹出“另存为”对话框，在对话框中，将表名称另存为“学生”，可按照自己的需要在设计视图下设计或修改表的结构，如图 6-21 所示。

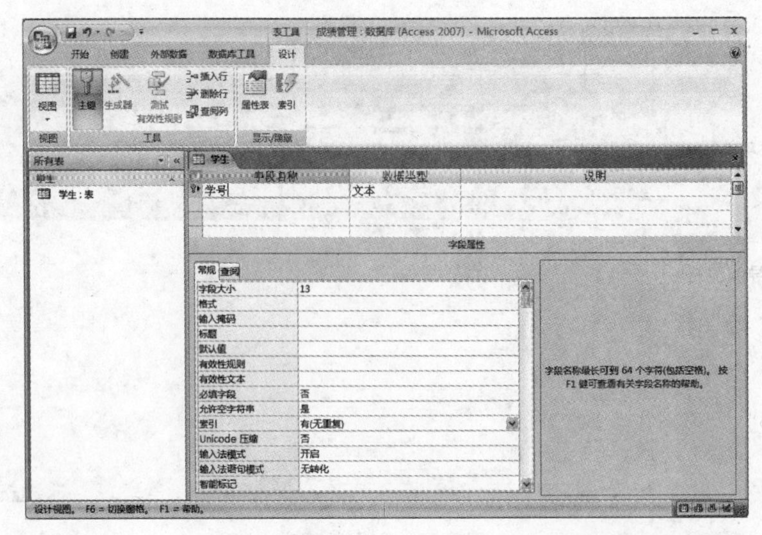

图 6-21　设计视图

表结构由字段名称、数据类型和字段的属性等构成。

Access 2007 有 11 种不同的数据类型：文本、备注、数字、日期/时间、货币、自动编号、是/否、OLE 对象、超级链接、附件和查阅向导。系统会根据输入的字段值，确定字段的数据类型。用户也可以定义和修改字段的数据类型。每一个字段在某个时刻只能定义唯一的数据类型。

(1) 创建表的一般过程

① 启动表设计视图。

② 在设计视图中定义表的各个字段，包括字段名称、字段类型、说明。字段名称是字段的标识，必须输入；数据类型默认为“文本”型，用户可以从数据类型列表框中选择其他的数据类型；说明信息是对字段含义的简单注释，用户可以不输入任何文字。

③ 设置字段属性。设计视图的下方是“字段属性”栏，包含两个选项卡，其中的“常规”选项卡，用来设置字段属性，如字段大小、标题、默认值等；“查阅”选项卡显示相关窗体中该字段所用的控件。

④ 定义主关键字。具有唯一标识表中每条记录值的一个或多个字段称为主关键字 (Primary Key)，简称主键，其值能够唯一地标识表中的一条记录。主键有两个主要特点：

- 一个数据表中只能有一个主键，如果在其他字段上建立主键，则原来的主键就会取消。
- 主键的值不能重复，也不可为空 (Null)。例如，将“学生”表中的“学号”定义为主键，则意味着学生表中不允许有两条记录的学号相同，也不允许其值为空。

表只有定义了主键，才能在该表与数据库中其他表之间建立关系。同时，也可以提高查询和排序的速度。主键不是表结构必需的属性，但应尽量定义主键。

定义主键的方法是：选择要设置为主键的字段，单击“表设计”工具栏上的“主键”按钮，或者右击鼠标，在弹出的快捷菜单中选择“主键”命令，这时字段行左侧会出现一个钥匙状的图标，表示该字段已经被设置为“主键”。如果主键是多个字段的组合，需要按住 Ctrl 键，依次单击各个字段左边的字段选择器后，再设置为主键。这时，选择的各个字段行左侧将同时出现钥匙状的图标。

⑤ 修改表结构。在表创建的同时经常需要作表结构的修改，如删除字段，增加字段，删除主键等。

⑥ 保存表文件。

依据 6.1 节中介绍的关系数据库规范化理论，成绩管理库下应创建：“学生”、“课程”、“专业”、“学生选课”、“教师”和“教师任课”六个表结构并定义主键。成绩管理数据库中的表结构如表 6-2 所示，表中带下画线的字段为表的主键。本节将主要以“成绩管理”库和其中的数据表作为讲解示例。

表 6-2　　**成绩管理库中表的结构**

表名	字段名称	数据类型	字段大小	表名	字段名称	数据类型	字段大小
学生	学号	文本	12	学生选课	学号	文本	12
	姓名	文本	4		课程编号	文本	4
	专业编号	文本	2		平时成绩	数字	整型
	性别	文本	1		考试成绩	数字	整型
	出生日期	日期/时间		教师	教师编号	文本	4
	入学时间	日期/时间			教师姓名	文本	4
	入学成绩	数字	整型		性别	文本	1
	团员否	是否			出生日期	日期/时间	
	照片	OLE 对象			所属系	文本	10
	简历	备注			文化程度	文本	8
课程	课程编号	文本	4		职称	文本	8
	课程名称	文本	20		基本工资	货币	
	学时	数字	整型		通信地址	文本	40
	学分	数字	整型		邮政编码	文本	6
	课程性质	文本	8		电话	文本	12
	备注	备注			电子信箱	文本	40
专业	专业编号	文本	2	教师任课	教师编号	文本	4
	专业名称	文本	10		课程编号	文本	4
	所属系	文本	10				
	备注	备注					

修改表结构可以在创建表结构的同时执行，也可以在表结构创建结束之后。无论是哪种情况，修改表结构都在表的设计视图中完成。

（2）输入和修改表记录

定义了表结构之后，紧接着要做的是在表中输入记录，或者对表中已有的记录作修改、删除和插入等操作。表记录的操作是在数据表视图中进行的，单击“数据表”选项卡中的“视图”按钮，选择“数据表视图”方式，可切换到数据表视图，如图 6-22 所示。

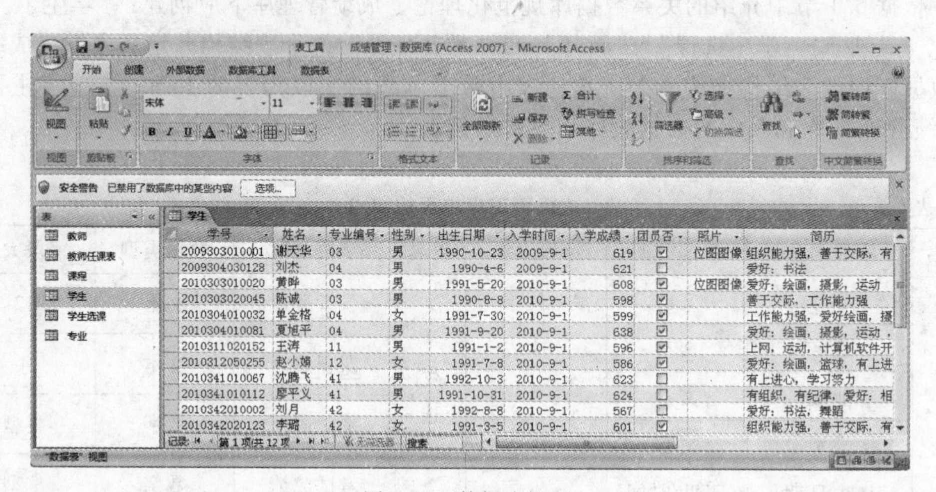

图 6-22　数据表视图

数据表视图以二维表的形式，直观地显示表记录的内容，同时在窗口下方显示当前表的记录总数和记录的导航按钮。

在数据表视图中，为方便用户选定待编辑的数据，系统提供了记录选定器和字段选定器。记录选定器是位于数据表中记录左侧的小框，其操作类似于行选定器，字段选定器则是数据表的列标题，其操作类似于列选定器。如果要选择一条记录，单击该记录的记录选定器；如果要选择多条记录，在开始行的记录选定器处按住鼠标左键，拖至最后一条记录即可。字段选定器是以字段为单位进行选择，操作也很直观。

在设计视图中，字段选定器是位于字段左侧的小框。

① 输入记录

一条记录是由所有字段的字段值组成的。在数据表视图中，可以输入每条记录的各个字段值。有些特殊的字段，输入字段值的方法会有所不同，下面主要介绍这些字段值的输入方法。

- 自动编号类型：其值由系统自动生成，用户不能修改。
- OLE 对象类型：在该类型的字段中可以插入图片、声音等对象。以在“学生”表中插入“照片”为例，介绍插入 OLE 对象的一般方法，具体步骤如下：

a）在数据表视图，光标定位于要插入对象的单元格（如学生表中“谢天华”同学的“照片”字段值的空白处）。

b）右击鼠标，在弹出的快捷菜单中选择“插入对象”命令，出现插入 OLE 对象的对话框，如图 6-23 所示。

c）如果选择“新建”选项，从“对象类型”列表框中选择要创建的对象类型，如“画笔图片”，打开画图程序绘制图形，关闭画图程序，返回数据表视图。

如果选择“由文件创建”选项，则在“文件”框中输入或点击“浏览”按钮确定照片所在的位置，这里选择该选项，并指定一张 BMP 格式的照片文件所在的位置。

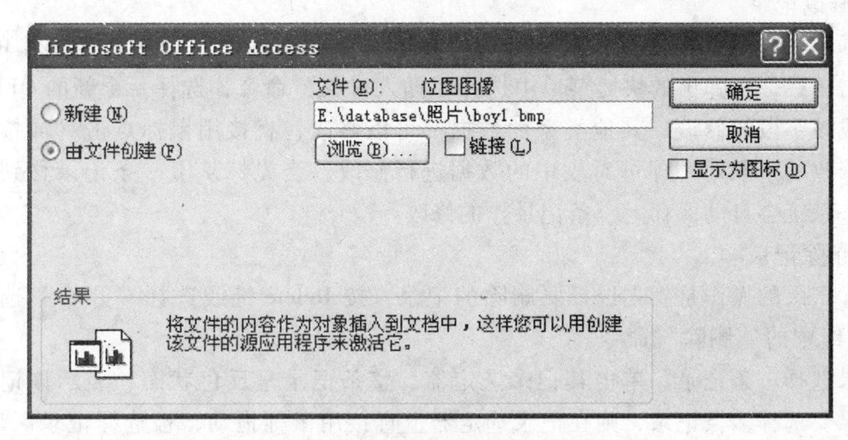

图 6-23　插入 OLE 对象的对话框

d）选中“链接”复选框，照片以链接方式插入；如果不选择“链接”复选框，则照片以嵌入方式插入。

e）单击“确定”按钮，回到数据表视图，第一条记录的照片字段值处显示为“位图图像”字样。由于 OLE 对象字段的实际内容没有显示在数据表视图中，若要查看，可以双击字段值处，打开与该对象相关联的应用程序，显示插入对象的实际内容。若要删除，单击字段值处，按下键盘上的“Delete”键即可，也可以选择“开始”选项卡的“记录”组中“删除”命令。

默认情况下，OLE 会创建一个等同于相应的图像或文档的位图。这些位图文件可能会变得十分庞大，最大可能会相当于原文件大小的 10 倍。

另外，OLE 需要名为 OLE 服务器的程序才能运行。例如，如果将 JPEG 图像文件存储在一个 Access 数据库中，则运行该数据库的每台计算机都需要有另一个注册为 OLE 服务器的程序，才能支持 JPEG 图像。而 Office Access 2007 按照附件本身的格式进行存储，并不支持图像，因此无需安装其他软件就可查看数据库中的图像。

- 附件类型：附件可以更有效地存储数据，使用附件可以将多个文件存储在单个字段之中。

使用“附件”对话框可添加、编辑及管理附件。通过双击表中的附件字段，可以直接从该字段中打开此对话框，也可以右击鼠标，在快捷菜单中选择“管理附件”，打开“附件”对话框。将数据类型设置成“附件”之后，不能对其进行更改

- 超链接类型：可以直接在超链接类型的字段值处输入地址或路径，也可以右击

鼠标，在快捷菜单中选择“超链接”→“编辑超链接”，打开“插入超链接”对话框，输入地址或路径。此时，地址或路径的文字下方会显示表示链接的下画线，当鼠标移入时变为手形指针样式，单击此链接可打开它指向的对象。

② 添加记录

在数据表视图，表的最末端有一条空白的记录，记录选定器上显示为一个星号图标 *，表示可以从这里开始增加新的记录。

③ 修改记录

数据表中自动编号类型和附件类型的数据不能更改；对于 OLE 对象类型的数据，可以右击鼠标，在弹出的快捷菜单中选择“插入对象”命令，选择一个新的 OLE 对象，从而完成该字段的修改；其他类型的数据都可以修改，直接用鼠标点击（或按 Tab 键移到要修改的字段处）即可对表中的数据进行修改。当光标从上一条记录移到下一条记录时，系统会自动保存上一条记录作的修改。

④ 删除记录

删除记录的操作是：先选择要删除的记录，按 Delete 键或选择“开始”选项卡中“记录”组中的“删除”命令。

如果选择一条记录，单击其记录选定器，整条记录呈反色状态，表示该记录被选择；如果要选择多条记录，则在记录选定器上直接用鼠标拖动，被选择记录区呈反色，再作删除记录的操作。删除时系统会弹出消息框，提示用户删除后的记录不能再恢复，是否确认删除，用户可以根据实际情况做出响应。

3. 建立索引和表间关系

索引有两个主要作用：其一，索引有助于快速查找和排序数据表中的记录。如果表中某个字段或字段组合经常在查询时作为条件使用，则可以为它们建立索引，以提高查询的效率。表中使用索引来查找数据，就像在书中使用目录来查找数据一样方便。其二，对于要建立表间关系的两个表，必须在建立索引的前提下，才可以创建合理的表间关系。

- 主索引。Access 将表的主键自动设置为主索引，即主键就是主索引，主索引就是主键。主索引字段的值不能有重复，也不能为空（Null）。同一个表中只可创建一个主索引（或主键），Access 将主索引字段作为当前排序字段。
- 唯一索引。该索引字段的值必须是唯一的，不能有重复。在 Access 中，唯一索引可以有多个。
- 普通索引。该索引字段的值可以有重复。

（1）建立索引

表 6-1 中，成绩管理数据库的各表主索引用下画线标明了，建立各表的索引。

例如，在“教师”表中，可以定义“教师编号”字段为主索引，则不允许有两个教师有相同的教师编号，也不能有教师编号字段值为空。在不允许两个教师共用一个电子信箱的情况下，可以定义“电子信箱”字段为唯一索引。对于会有重复值的“性别”、“所属系”和“文化程度”等字段应定义为普通索引。

一般而言，单字段的索引可以通过表的设计视图中该字段的“索引”属性来建立，建立学生表的主索引为学号的操作如图 6-24 所示，多字段的索引可以在索引对话框中建立。

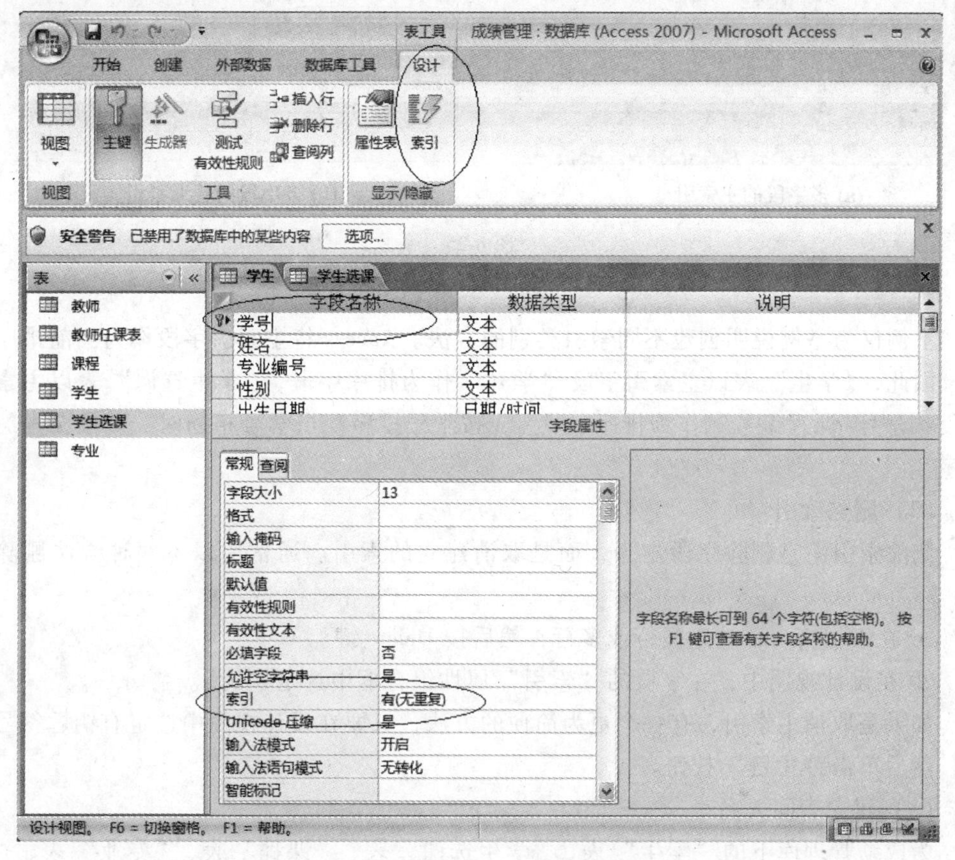

图 6-24　创建“学号”单字段索引

【例 6.1】为“学生选课”表建立多字段的主索引，索引字段为学号和课程编号，再建立多字段的普通索引，索引字段为“课程编号+考试成绩”。具体步骤如下：

① 打开“学生选课”表的设计视图，在字段选定器中拖动鼠标，选定学号和课程编号字段，单击工具栏上的主键按钮，设置学号和课程编号为多字段主索引。

② 单击工具栏上的“索引”按钮，弹出“学生选课”表的多字段“索引”对话框，如图 6-25（a）所示，当前的显示是由于定义了“学号+课程编号”为多字段主索引的结果。

③ 在窗格的第三行“索引名称”处，输入“课程编号+考试成绩”，“字段名称”处分别选择“课程编号”和“考试成绩”，“排序次序”处分别选择为升序和降序，在下方的“索引属性”栏中将“主索引”和“唯一索引”项都选为“否”，设置如图 6-25（b）所示。

④ 关闭“索引”对话框，执行保存操作。

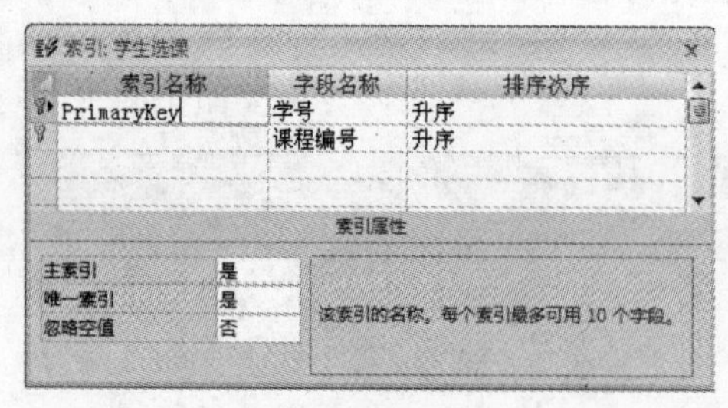

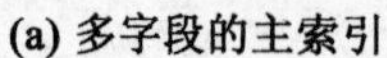
(a) 多字段的主索引

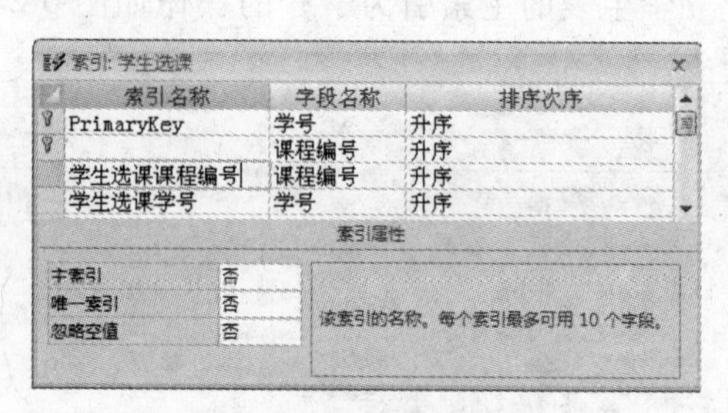

(b) 多字段的普通索引

图 6-25

上例仅为举例说明创建不同索引类别的方法。Access 将主索引字段作为当前排序字段，因此，“学生”表以主索引字段“学号”作为排序字段，“学生选课”表以主索引字段“学号+课程编号”作为排序字段，先按学号排序，当学号相同时，再按课程编号排序。

（2）删除索引

删除索引不是删除字段本身，而是取消建立的索引。通常用以下两种方法删除索引：

① 在索引窗口，选定一行或多行，然后按 Delete 键。

② 在设计视图中，在字段的“索引”属性组合框中选定“无”。

如果是取消主索引，有一个更为简便的方法，只要在设计视图中选定有钥匙符号的行，然后单击“主键”按钮。

（3）建立表间关系

为成绩管理库下的“学生”表、“学生选课”表、“课程”表、“专业”表、“教师”表和“教师任课”表建立关系。具体步骤如下：

① 打开成绩管理数据库；

② 激活数据库工具选项卡，选择“显示隐藏”组中的“关系”按钮，打开“关系”窗口，出现“显示表”对话框；

③ 在“显示表”对话框中选择要建立关系的表，然后按下“添加”按钮，单击“关闭”按钮。

④ 在“关系”窗口中选择“学生”表中的主键字段“学号”，将其拖动到“学生选课”表中的“学号”字段上，松开鼠标后，弹出“编辑关系”对话框，如图 6-26 所示。

在“编辑关系”对话框中的“表/查询”列表框中，列出了主表“学生”的相关字段“学号”，在“相关表/查询”列表框中，列出了相关表“学生选课”的相关字段“学号”。在列表框下方有三个复选框，如果选择了“实施参照完整性”复选框，然后选择“级联更新相关字段”复选框，可以在主表的主关键字值更改时自动更新相关表中的对应数据；如果选择了“实施参照完整性”复选框，然后选择“级联删除相关字段”复选框，可以在删除主表中的记录时自动删除相关表中的相关信息；如果只选择了“实施参照完整性”复选框，则只要相关表中有相关记录，主表中的主键值就不能更新，且主表中的相关记录不能被删除。

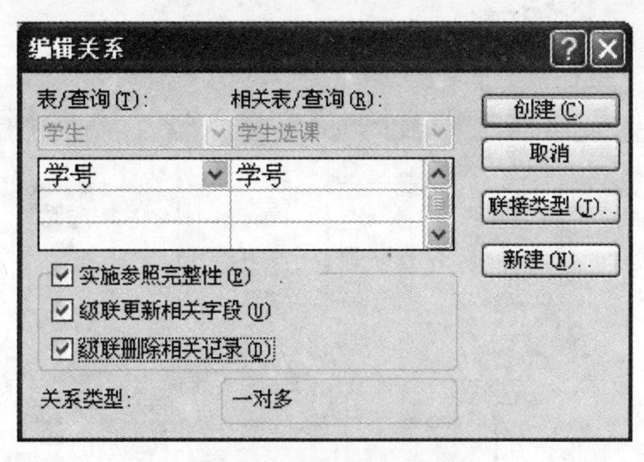

图 6-26　编辑关系对话框

⑥ 在“编辑关系”对话框中选择“实施参照完整性”、“级联更新相关字段”和“级联删除相关字段”复选框，使得在更新或删除主表中主键字段的内容时，同步更新或删除相关表中相关记录。

⑦ 单击“创建”按钮，完成创建过程。在“关系”窗口中可以看到，“学生”表和“学生选课”表之间出现了一条表示关系的连线。

有“1”标记的是“一”方，有“∞”标记的是“多”方，可直接用鼠标在这条线上双击，在弹出的“编辑关系”对话框中进行修改。

为“课程”和“学生选课”创建一对多的关系，在“编辑关系”对话框中选择“实施参照完整性”、“级联更新相关字段”和“级联删除相关字段”选项。

为“专业”表和“学生”表创建一对多的关系，在“编辑关系”对话框中选择“实施参照完整性”、“级联更新相关字段”选项。

为“教师”和“教师任课”表创建一对多的关系，在“编辑关系”对话框中选择“实施参照完整性”、“级联更新相关字段”和“级联删除相关字段”选项。

为“课程”和“教师任课”表创建一对多的关系，在“编辑关系”对话框中选择“实施参照完整性”、“级联更新相关字段”选项。

如图 6-27 所示为成绩管理数据库中各表间的关系。

单击关系线时，该线变粗表示被选中，按 Delete 键即可删除关系；或者右击关系线，从快捷菜单中选择“删除”命令，可删除关系。

两个表建立关联后，在主表的每行记录前面出现一个“+”号，单击“+”号，可展开一个窗口，显示子表中的相关记录；单击“-”号，可折叠该窗口。如查看“学生”表和相关表的记录，从“学生”表中可以查看每名学生的所有选课情况。

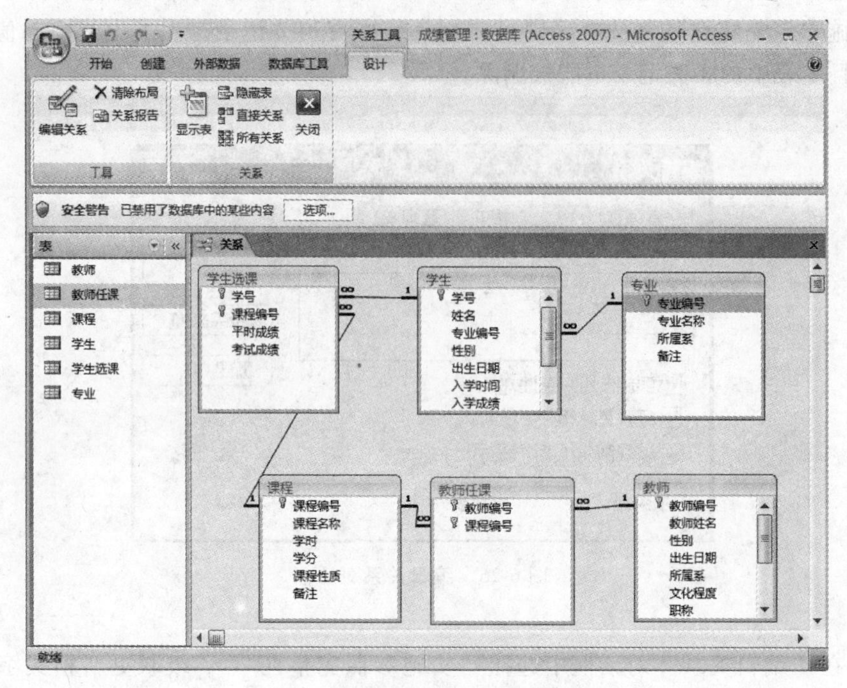

图 6-27 成绩管理数据库中表间关系

6.2.2 数据库查询

查询是 Access 数据库的主要对象，是 Access 数据库的核心操作之一。利用查询可以直接查看表中的原始数据，也可以对表中数据进行计算后再查看，还可以从表中抽取数据，供用户对数据进行修改、分析。

查询就是以数据库中的数据作为数据源，根据给定条件从指定的数据库的表或查询中检索出符合用户要求的记录数据，形成一个新的数据集合。查询的结果是动态的，它随着查询所依据的表或查询的数据的改动而变动。

查询是数据库提供的一种功能强大的管理工具，可以按照使用者所指定的各种方式来进行查询。在 Access 2007 中，打开需要查询的数据库，激活“创建”选项卡，在“其他”组中，按下“查询设计”按钮，添加需要查询的表后，可以方便地设计查询，如图 6-27 所示为查询设计窗口。

1. 查询类型

在查询设计窗口的功能区中，可以看到 Access 2007 的查询类型。

(1) 选择查询

选择查询是最常用的一种查询，应用选择查询可以从数据库的一个或多个表中提取特定的信息，并且将结果显示在一个数据表上供查看或编辑使用，或者用作窗体或报表的基础。利用选择查询，用户还能对记录分组并对组中的字段值进行各种计算，例如平均、统计、汇总、最小、最大和其他计算。

（2）操作查询

操作查询不仅进行查询，而且还对表中的原始记录进行相应的修改。

- 生成表查询

利用一个或多个表中的全部或部分数据创建新表。运行生成表查询的结果就是把查询的数据以另外一个新表的形式存储，即使该生成表查询被删除，已生成的新表仍然存在。

- 追加查询

将一组记录追加到一个或多个表中原有记录的尾部。运行追加查询的结果是向有关表中自动添加记录，增加了表的记录数。

- 更新查询

对一个或多个表中的一组记录做全部更新。运行更新查询会自动修改有关表中的数据，数据一旦更新不能恢复。

- 删除查询

按一定条件从一个或多个表中删除一组记录，数据一旦删除不能恢复。

（3）交叉表查询

交叉表查询是将来源于某个表中的字段进行分组，一组列在数据表的左侧，一组列在数据表的上部，然后在数据表行与列的交叉处显示表中某个字段的各种计算值，如求和、计数值、平均值、最大值等。

（4）SQL查询

SQL查询是用户使用SQL语句创建的查询。前面讲过的查询，系统在执行时自动将其转换为SQL语句执行。用户也可以在“SQL视图”中直接编写SQL查询语句。

- 联合查询

可将两个以上的表或查询所对应的多个字段，合并为查询结果中的一个字段。执行联合查询时，将返回所包含的表或查询中对应字段的记录。

- 传递查询

使用服务器能接受的命令直接将命令发送到ODBC数据库而无需事先建立链接，如使用SQL服务器上的表。可以使用传递查询来检索记录或更改数据。

- 数据定义查询

用来创建、删除、更改表或创建数据库中的索引的查询。

2. 查询的设计视图

对于比较简单的查询，使用向导比较方便，激活“创建”选项卡，在“其他”组中，按下“查询向导”按钮，用户可以在向导的指示下选择表和表中的字段，快速、准确地建立查询。对于有条件的查询，需要在“设计”视图中创建查询。

查询“设计”视图的上半部分是表/查询输入窗口，用于显示查询要使用的表或查询；下半部分为查询设计网格，用来指定具体的查询条件。

查询设计网格的每一个非空白列对应着查询结果中的一个字段，而网格的行标题表明了字段在查询中的属性或要求。

字段：设置字段或字段表达式，用于限制在查询中使用的字段。

表：包含选定字段的表。

排序：确定是否按字段排序，以及按何种方式排序。

显示：确定是否在数据表中显示该字段，如果在显示行被选中，就表明在查询结果中显示该字段内容，否则不显示其内容。

条件：指定查询限制条件，又称为查询准则。通过指定条件，限制在查询结果中的记录或限制包含在计算中的记录。

或：指定逻辑“或”关系的多个限制条件。

【例 6.2】查询学生专业的情况，并显示学生的学号、姓名、性别及专业名称。操作步骤如下：

① 激活创建选项卡，在“其他”组中单击“查询设计”按钮，这时屏幕上显示查询的“设计”视图，并显示一个“显示表”对话框，如图 6-28 所示；

② 在“显示表”对话框中，单击“表”选项卡，选定查询涉及的“学生”表和“专业”表，分别单击“添加”按钮，“学生”表和“专业”表添加到查询“设计”视图上半部分的窗口中，单击“关闭”按钮关闭“显示表”对话框，如图 6-29 所示；

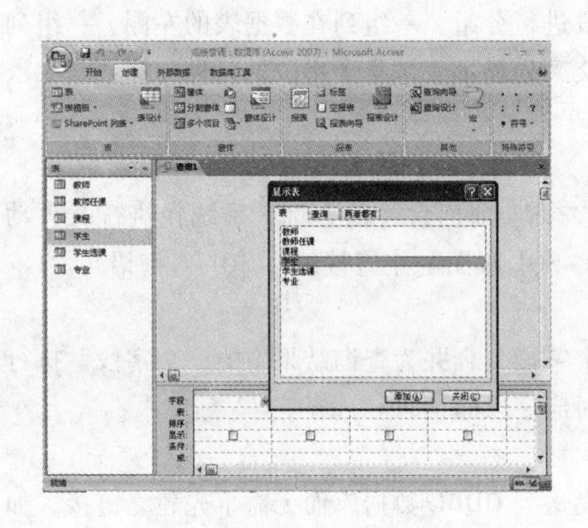

图 6-28　选择查询涉及的表

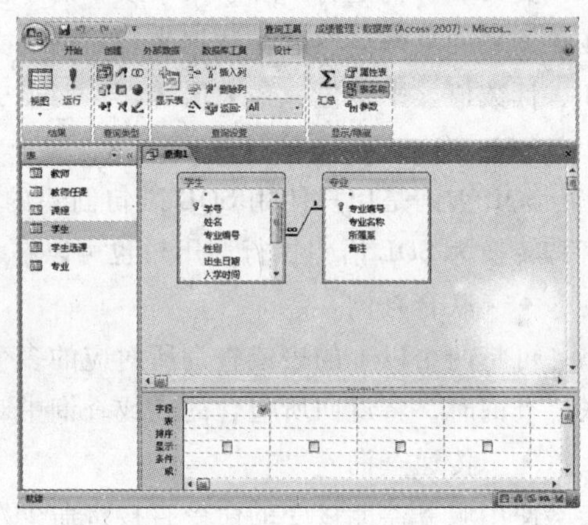

图 6-29　查询“设计”视图

③ 双击“学生”表中的“学号”字段，也可以将该字段直接拖到字段行上，这时在查询“设计”视图下半部分窗口的“字段”行上显示了字段的名称“学号”，“表”行上显示了该字段对应的表名称“学生”表；

④ 重复第三步，将“学生”表中的“姓名”、“性别”字段和“专业表”中的“专业名称”字段放到设计网格的“字段”行上，如图 6-30 所示；

⑤ 单击快速访问工具栏上的“保存”按钮，这时会出现一个“另存为”对话框，在“查询名称”文本框中输入“学生专业情况查询”，然后单击“确定”按钮；

⑥ 点击功能区上的“视图”按钮，选择“数据表视图”命令，或点击功能区的“运行”按钮 ! 切换到数据表视图，这时就可以看到“学生专业情况查询”的执行结

果，如图 6-31 所示。

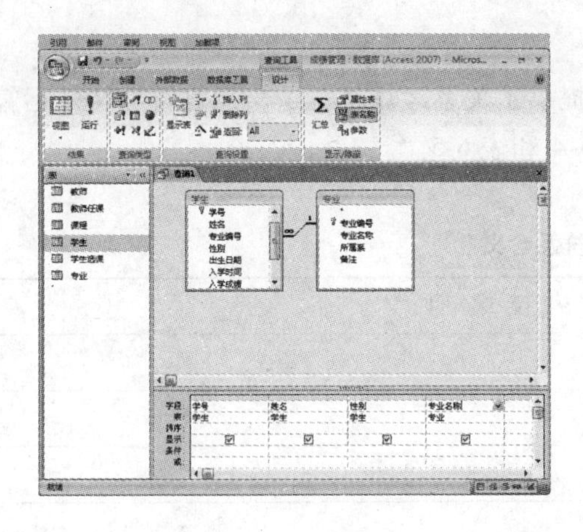

图 6-30　建立查询

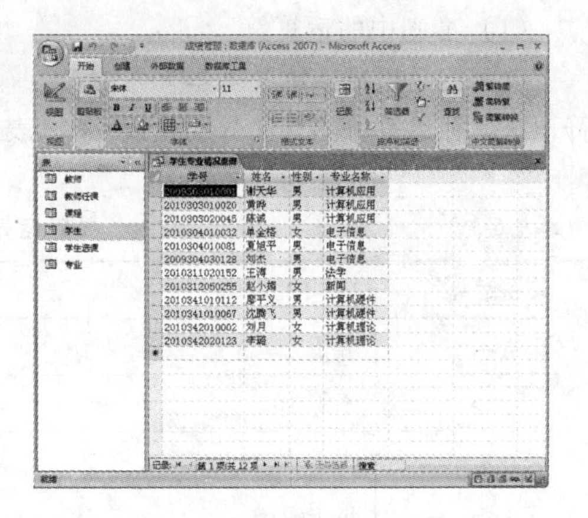

图 6-31　学生专业情况查询

在上例中，查询的数据源来自两个表，如果查询基于两个以上的表或查询，在查询设计视图中可以看到这些表或查询之间的关系连线。双击关系连线将显示“联接属性”对话框，如图 6-32 所示，在对话框中可指定表或查询之间的联接类型。

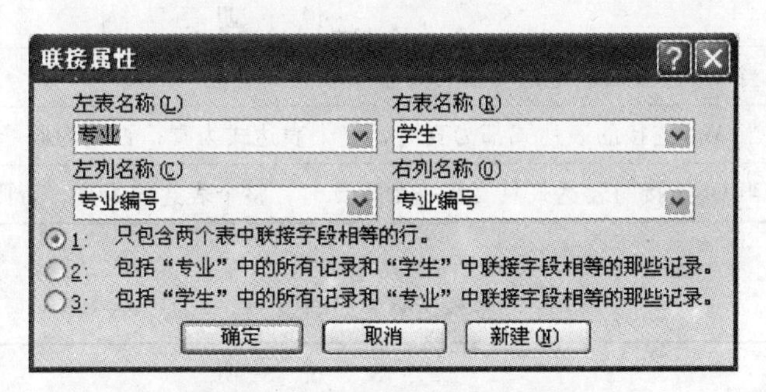

图 6-32　“联接属性”对话框

表或查询之间的联接类型表明查询将选择哪些字段或对哪些字段执行操作。默认联接类型只选取联接表或查询中具有相同联接字段值的记录，如果值相同，查询将合并这两个匹配的记录，并作为一个记录显示在查询的结果中。对于一个表，如果在其他表中找不到任何一个与之匹配的记录，则查询结果中不显示任何记录。在使用第二种或第三种联接类型时，两表中的匹配记录将合并为查询结果中的一个记录，这与使用第一种联接类型相同，但是，如果指定包含所有记录的那个表中的某个记录与另一个表的记录均不匹配时，该记录仍然显示在查询结果中，只是与它合并的另一个表的记录值是空白的。也就是说，同样的查询条件，选择不同的联接类型，所能得到查询结果是不同的。

3. 查询准则

查询准则是在查询或高级筛选中用来识别所需特定记录的限制条件，使用准则可以实现快速数据检索。在“设计”视图的“条件”行上输入查询准则，运行查询时，可从指定的表中筛选出符合条件的记录。

（1）准则中的运算符

运算符是组成准则的基本元素。Access 提供了关系运算符、逻辑运算符和特殊运算符，这 3 种运算符的含义分别见表 6-3、表 6-4 和表 6-5。

表 6-3　　关系运算符及含义

关系运算符	说　明
=	等于
<>	不等于
<	小于
<=	小于等于
>	大于
>=	大于等于

表 6-4　　逻辑运算符及含义

逻辑运算符	说　明
Not	当 Not 连接的表达式为真时，整个表达式为假
And	当 And 连接的表达式都为真时，整个表达式为真，否则为假
Or	当 Or 连接的表达式只要有一个为真时，整个表达式为真，否则为假

表 6-5　　特殊运算符及含义

特殊运算符	说　明
In	用于指定一个字段值的列表，列表中的任意一个值都可与查询的字段相匹配
Between	用于指定一个字段值的范围，指定的范围之间用 And 连接
Like	用于指定查找文本字段的字符模式。在所定义的字符模式中，用“?”表示该位置可匹配任何一个字符；用“*”表示该位置可匹配零或多个字符；用“#”表示该位置可匹配一个数字；用方括号描述一个范围，用于表示可匹配的字符范围
IsNull	用于指定一个字段为空
IsNotNull	用于指定一个字段为非空

（2）准则中的函数

Access 提供了大量的标准函数，这些函数为用户更好地构造查询准则提供了极大的便利，也为用户更准确地进行统计计算、实现数据处理提供了有效的方法。

表 6-6 列出了数值函数的格式和功能。

表 6-6　　数值函数说明

函数	说　明
Abs	返回数值表达式的绝对值
Int	返回数值表达式的整数部分
Srq	返回数值表达式的平方根
Sgn	返回数值表达式的符号值

表 6-7 列出了字符函数的格式和功能。

表 6-7　　字符函数说明

函数	说　明
Space	返回由数值表达式的值确定的空格个数组成的空字符串
String	返回一个由字符表达式的第 1 个字符重复组成的指定长度为数值表达式值的字符串
Left	返回一个值，该值是从字符表达式左侧第 1 个字符开始，截取的若干个字符
Right	返回一个值，该值是从字符表达式右侧第 1 个字符开始，截取的若干个字符
Len	返回字符表达式的字符个数，当字符表达式为 Null 时，返回 Null 值
Ltrim	返回去掉字符表达式前导空格的字符串
Rtrim	返回去掉字符表达式尾部空格的字符串
Trim	返回去掉字符表达式前导和尾部空格的字符串
Mid	返回一个值，该值是从字符表达式最左端某个字符开始，截取到某个字符为止的若干个字符

表 6-8 列出了日期时间函数的格式和功能。

表 6-8　　日期时间函数说明

函数	说　明
Day（date）	返回给定日期 1～31 的值，表示给定日期是一个月中的哪一天
Month（date）	返回给定日期 1～12 的值，表示给定日期是一年中的哪个月
Year（date）	返回给定日期 100～9999 的值，表示给定日期是哪一年
Weekday（date）	返回给定日期 1～7 的值，表示给定日期是一周中的哪一天
Hour（date）	返回给定小时 0～23 的值，表示给定时间是一天中的哪个时刻
Date（）	返回当前系统日期

表6-9列出了统计函数的格式和功能。

表6-9　　统计函数说明

函数	说　明
Sum	返回字符表达式中值的总和
Avg	返回字符表达式中值的平均值
Count	返回字符表达式中值的个数，即统计记录数
Max	返回字符表达式中值的最大值
Min	返回字符表达式中值的最小值

（3）准则中的参数

如果在查询设计器的“条件”行单元格中输入一个带方括号的文本，该文本将作为提示信息，提示用户输入查询的参数，参数查询可以在运行查询的过程中自动修改查询的规则，这样的查询被称为参数查询。如果用户知道所要查找的记录的特定值，那么使用参数查询较为方便。

（4）条件表达式

“条件表达式”是查询或高级筛选中用来识别所需记录的限制条件，它是运算符、常量、字段值、函数以及字段名和属性等的任意组合，能够计算出一个结果。通过在相应字段的条件行上添加条件表达式，可以限制正在执行计算的组、包含在计算中的记录以及计算执行之后所显示的结果。“条件表达式”在Access 2007“设计”视图中的“条件”行和“或”行的位置上。表6-10给出了条件表达式的示例。

表6-10　　条件表达式的示例

字段名	条件表达式	功　能
性别	“女”或 =”女”	查询性别为女的学生记录
出生日期	>#90/11/20#	查询1990年11月20日以后出生的学生记录
所在班级	Like“计算机＊”	查询班级名称以“计算机”开始的记录
姓名	NOT“王＊”	查询不姓王的学生记录
考试成绩	>=90 AND <=100	查询考试成绩在90~100分的学生记录
出生日期	Year（[出生日期]）=1991	查询1991年出生的学生记录

4. 数据库查询的应用

利用选择查询，用户可以从数据库的一个或多个表中提取特定的信息，并且将结果显示在一个数据表上供查看或编辑，还能对记录分组并对组中的字段值进行各种计算，例如平均、统计、汇总、最小、最大和其他总计。

【例 6.3】查询 1991 年出生的女生或 1990 年出生的男生的基本信息，并显示学生的姓名、性别、出生日期和所在专业的信息。操作步骤如下：

① 将“学生”表和“专业”表添加到查询“设计”视图上半部分的窗口中，在设计视图中，将“学生”表的“姓名”、“性别”、“出生日期”和专业表的“专业名称”字段添加到查询“设计”视图下半部分窗口的“字段”行上。

② 在“出生日期”字段列的“条件”行单元格中输入条件表达式：between #91-01-01# and #91-12-31#。在“性别”字段列的“条件”行单元格中输入“女”。在“出生日期”字段列的“或”行单元格中输入条件表达式：between #90-01-01# and #90-12-31#。在“性别”字段列的“或”行单元格中输入“男”，如图 6-33 所示。

③ 单击快速访问工具栏上的“保存”按钮，在“查询名称”文本框中输入“学生基本信息条件查询”，然后单击“确定”按钮。

④ 单击功能区上的“运行”按钮 ! 切换到“数据表”视图。“学生基本信息条件查询”的结果如图 6-34 所示。

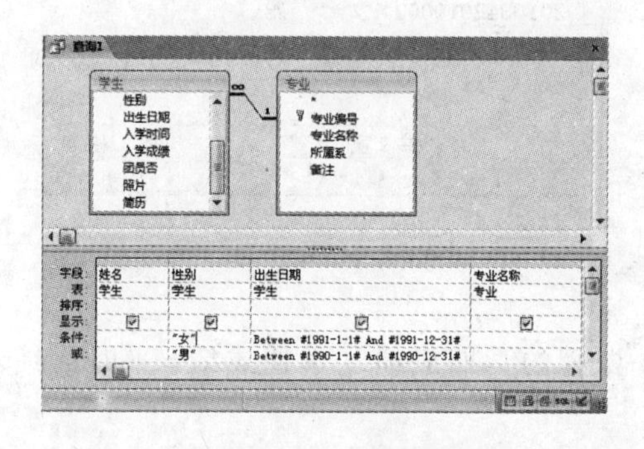

图 6-33　查询“设计”视图

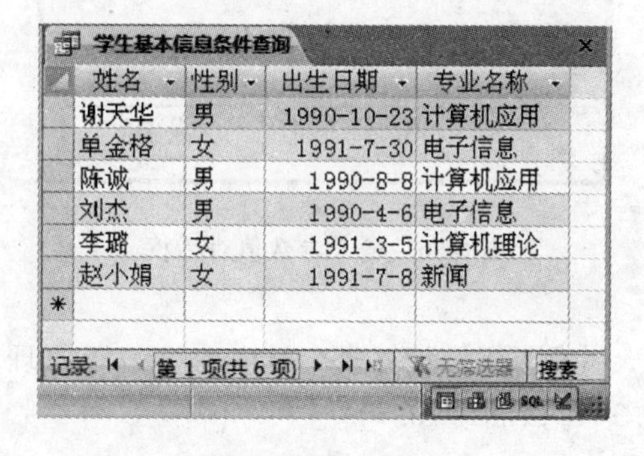

学生基本信息条件查询

姓名	性别	出生日期	专业名称
谢天华	男	1990-10-23	计算机应用
单金格	女	1991-7-30	电子信息
陈诚	男	1990-8-8	计算机应用
刘杰	男	1990-4-6	电子信息
李璐	女	1991-3-5	计算机理论
赵小娟	女	1991-7-8	新闻

记录: 第 1 项(共 6 项)　无筛选器　搜索

图 6-34　查询结果

【例 6.4】根据所输入的专业编号查询该专业学生的基本信息，显示姓名、性别、专业编号。操作步骤如下：

① 将要显示的“姓名”、“性别”、“专业编号”字段添加到“设计视图”的“字段”行上。

② 在“专业编号”的“条件”行单元格中，输入一个带方括号的文本 [请输入专业编号:] 作为提示信息，如图 6-35 所示。

③ 单击“保存”按钮，在“查询名称”文本框中输入“单参数查询”，然后单击“确定”按钮。

④ 单击工具栏上的“执行”按钮 !，弹出参数查询对话框，输入查询参数“42”，如图 6-36 所示。

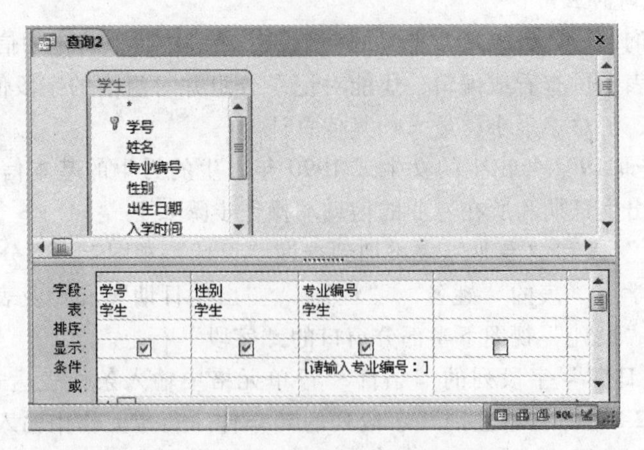

图 6-35　单参数查询设计视图窗口

⑤ 单击“确定”按钮，结果如图 6-37 所示。

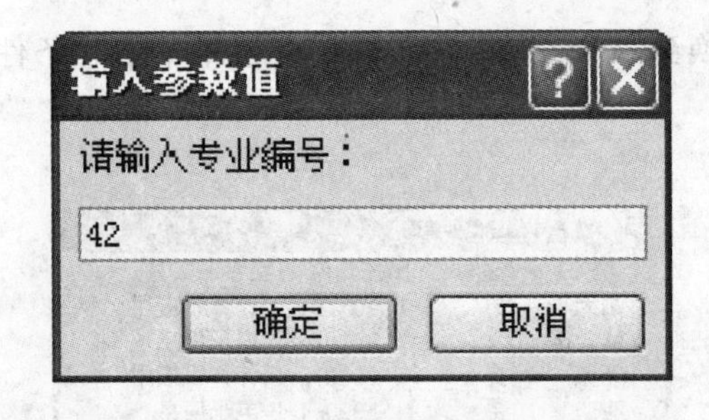

图 6-36　输入参数值对话框

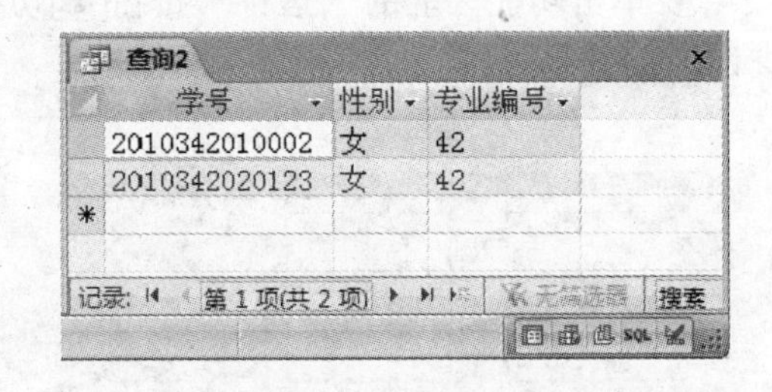

图 6-37　参数查询结果

【例 6.5】 计算每个学生的“编译原理”课程的学期成绩（学期成绩=平时成绩×0.3+考试成绩×0.7）。

由于表中没有“学期成绩”字段，所以需要在设计网格中添加该字段，操作步骤如下：

①将“学生”表中的“姓名”，“课程”表中的“课程名称”,“学生选课”表中的“平时成绩”和“考试成绩”字段添加到查询设计网格的“字段”行。

②由于“平时成绩”和“考试成绩”在查询结果中不需要显示，因此取消“平时成绩”和“考试成绩”的显示。

③在“字段”行的第一个空白列输入表达式：学期成绩：[平时成绩] *0.3+ [考试成绩] *0.7。在“课程名称”字段的条件行输入“编译原理”，如图 6-38 所示。

④单击工具栏上的“保存”按钮，在“查询名称”文本框中输入“学生成绩查询”，然后单击“确定”按钮，运行后的查询结果如图 6-39 所示。

【例 6.6】 在“成绩管理”数据库中，根据“学生”表、“课程”表和“学生选课”表建立一个查询，然后把查询结果存储为一个新表。操作步骤如下：

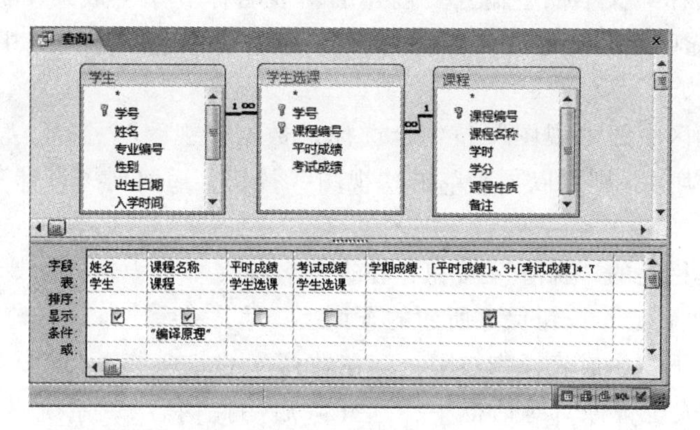

图 6-38　“学生成绩查询”设计窗口

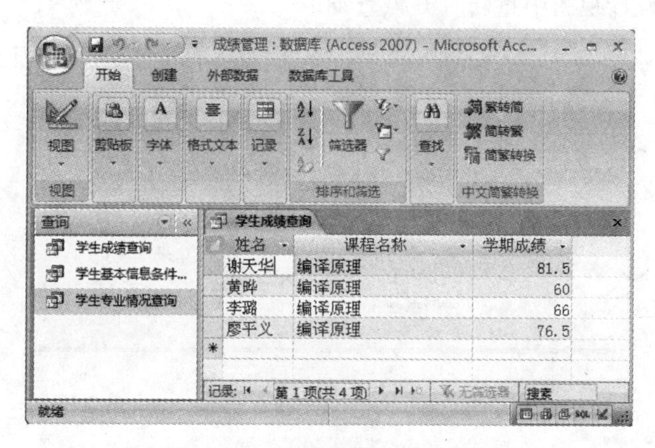

图 6-39　“学期成绩查询”结果

① 将“学生”表中的“姓名”字段和“性别”字段，“课程”表中的“课程名称”字段，“学生选课”表中的“平时成绩”字段和“考试成绩”字段添加到设计网格的“字段”行上。

② 单击功能区中“查询类型”组上的“生成表”查询按钮，这时屏幕上显示“生成表”对话框，如图 6-40 所示。

图 6-40　“生成表”对话框

③ 在“表名称”文本框中输入要创建的新表名称“学生成绩生成表”，然后单击“当前数据库”选项，把新表放入当前打开的“成绩管理”数据库中，单击“确定”按钮。

④ 单击功能区中的“视图”按钮，选择“数据表视图”，预览“生成表查询”新建的表。如果不满意，则可以再次单击“视图”按钮，返回到“设计”视图进行更改，直到满意为止。

⑤ 单击工具栏上的“保存”按钮，在查询名称文本框中输入“学生成绩生成表查询”，然后单击“确定”按钮保存所建的查询。

⑥ 默认情况下，生成表操作被阻止。在数据库的安全警告栏中，点击“选项”按钮，在弹出的“安全警告”对话框中，选择“启用此内容”，系统自动关闭当前的查询。在导航窗格中选择查询对象，在“学生成绩生成表查询”条目上右击鼠标，选择“设计视图”，在设计视图中重新打开该查询。

⑦ 在“设计视图”中，单击“运行”按钮 ! ，弹出如图 6-41 所示的提示框。

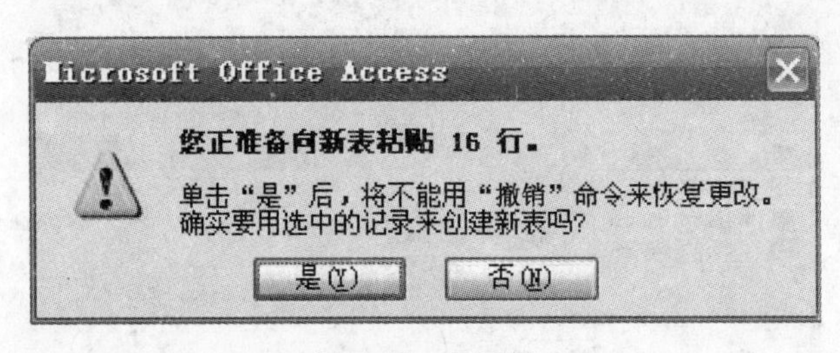

图 6-41 提示框

单击“是”按钮，Access 2007 将开始新建“学生成绩生成表”，生成新表后不能撤销所做的更改；单击“否”按钮，不建立新表。这里单击“是”按钮。

当单击表对象时，在表对象窗口可以看到除了原来已有的表名称外，增加了“学生成绩生成表”的表名称。

6.2.3 SQL 查询

SQL 即 Structured Query Language 的英文缩写，称为结构化查询语言，它集数据定义语言 DDL、数据操纵语言 DML、数据控制语言 DCL 于一体，是一个综合的、功能极强的关系数据库的标准语言。

实质上，Access 2007 中所有的数据库操作都是由 SQL 语言构成的。Access 2007 的开发者只是在其上增加了更加方便的操作向导和可视化设计罢了。当用设计视图建立一个查询后，切换到 SQL 视图，可以看到 SQL 视图中的 SQL 编辑器中有相应的 SQL 语句，这是 Access 自动生成的 SQL 语句。因此，Access 是先生成 SQL 语句，然后再用这些语句去操作数据库的。

1. SQL 视图

在数据库窗口中，如果新建或打开了一个查询，点击“视图”按钮，在弹出的命令中选择“SQL 视图”，如图 6-42 所示，便可以切换到 SQL 视图，如图 6-43 所示。

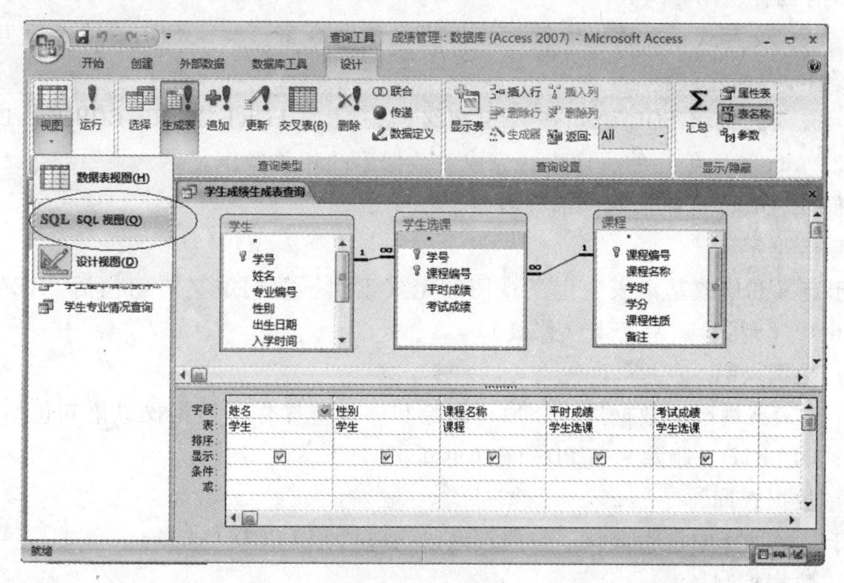

图 6-42　设计视图

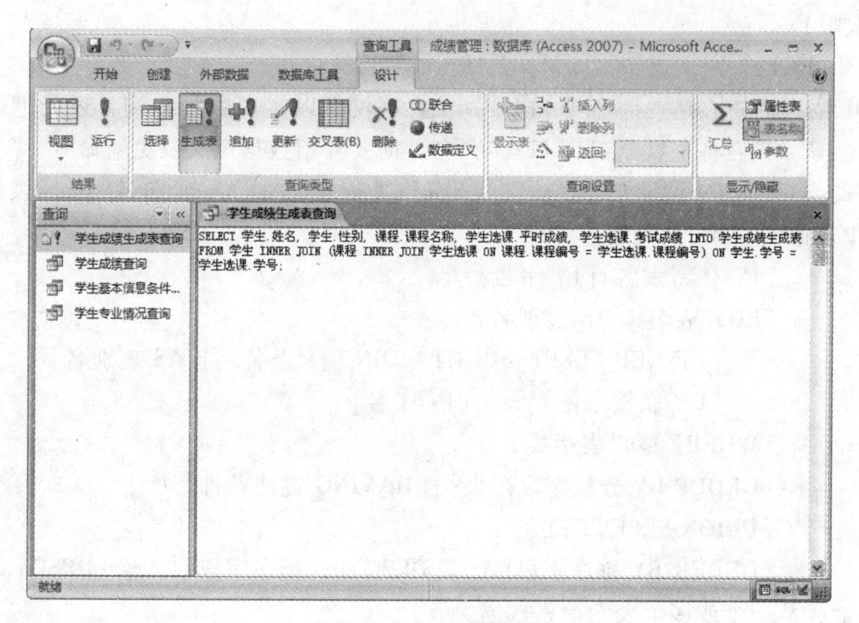

图 6-43　SQL 视图

在“SQL”视图中，单击功能区上的“运行”按钮 ，可以看到这个查询的结果。和直接用查询视图设计的查询产生的效果相同，也可以在 SQL 视图中输入或修改相应的 SQL 命令后再运行。

2. SQL语言简介

SQL有两种使用方式:

- 联机交互式:在数据库管理软件提供的命令窗口输入SQL命令,交互地进行数据库操作;
- 嵌入式:将SQL语句嵌入用高级语言(如FORTARAN、COBOL、PASCAL、PL/I、C、Ada等)编写的程序中,完成对数据库的相关操作。

标准的SQL语言包括四个部分内容。

(1)数据定义

用于定义和修改基本表、定义视图和定义索引。数据定义语句包括CREATE(建立)、DROP(删除)、ALTER(修改)。

(2)数据操纵

用于对表或视图的数据进行添加、删除和修改等操作。数据操纵语句包括INSERT(插入)、DELETE(删除)、UPDATE(更新)。

(3)数据查询

用于从数据库中检索数据。数据查询语句包括SELECT(选择)。

(4)数据控制

用于控制用户对数据的存取权力。数据控制语句包括GRANT(授权)、REVOTE(回收权限)。

3. SELECT命令

SQL语言的核心是查询命令SELECT,它不仅可以实现各种查询,还能进行统计、结果排序等。我们将重点介绍SELECT命令,简要介绍数据定义及更新命令。

格式:SELECT [谓词][表别名.] SELECT表达式 [AS 列别名][, [表别名.] SELECT表达式 [AS 列别名]…]

```
        [INTO 新表名][IN 库名]
        FROM 表名 [ AS 表别名]
            [[INNER|LEFT|RIGHT|JOIN [[<表名>][ AS 表别名]
            [ON 联接条件]]…] [IN 库名]
        [WHERE 逻辑表达式]
        [GROUP BY 分组字段列表]][HAVING 过滤条件]
        [UNION SELECT 命令]
        [ORDER BY 排序字段[ASC|DESC][, 排序字段][ASC|DESC]…]]
```

功能:从一个或多个表中检索数据。

说明:

(1)选择输出SELECT子句

用于指定在查询结果中包含的字段、常量和表达式。其中:

- [表别名]:在FROM子句中给表取的别名,主要用于当不同表中存在同名字段时区别数据来源表。
- SELECT表达式:是用户要查询的内容,如果是多个字段,则用逗号分割。既可以是字段名，也可以是函数(系统及自定义函数)，还可以是一个“ * ”，表示输出表中的所有字段。

- [AS 列别名]：如果不想使用字段名作为输出的列名，可以在 AS 后给出另一个列标题名。
- [谓词]指定查询选择的记录，可取 ALL、DISTINCT、DISTINCTROW、TOP n [PERCENT]。

① ALL：显示查询结果中全部数据(含重复记录)，可省略。如“SELECT 学号 FROM 学生选课”(从“学生选课”表中查询学生的学号)。

② DISTINCT：忽略在选定字段中包含重复数据的记录。

③ DISTINCTROW：忽略整个重复记录的数据，而不仅仅是重复的字段。仅在选择的字段源于查询中所使用的表的一部分而不是全部时才会生效。如果查询仅包含一个表或者要从所有的表中输出字段，DISTINCTROW 就会被忽略。

④ TOP n [PERCENT]：返回出现在范围内的一定数量的记录。例如“SELECT TOP 5 学号 FROM 学生选课”。

(2)数据来源 FROM 子句

用于指定查询的表名，并给出表别名。其中：

- [<表名>][AS <表别名>]：为表指定一个临时别名。若指定了表别名，则整个 SELECT 语句中都必须使用这个别名代替表名。
- INNER JOIN：规定内连接。只有在被连接的表中有匹配记录的记录才会出现在查询结果中。
- LEFT JOIN：规定左外连接。JOIN 左侧表中的所有记录及 JOIN 右侧表中匹配的记录才会出现在查询结果中。
- RIGHT JOIN：规定右外连接。JOIN 右侧表中的所有记录及 JOIN 左侧表中匹配的记录才会出现在查询结果中。
- [ON 连接条件]：指定连接条件。
- [IN 库名]：指定表所在的库，用库文件的完整路径表示，省略表示当前库。

(3) 输出目标 INTO 子句

- [INTO 新表名]：创建一个新表，将查询结果存入其中。

例如：SELECT DISTINCT 学号 INTO 选课的学生 FROM 学生选课;

查询结果：创建新表“选课的学生”，并将本次查询结果存入新表中，新表的结构按查询结果中包含的字段为准。

- [IN 库名]：将产生的新表存入指定的数据库中，否则保存在当前数据库中。

(4) 条件 WHERE 子句

指定查询条件。只把满足逻辑表达式的数据作为查询结果。作为可选项，如果不加条件，则所有数据都作为查询结果。

逻辑表达式一般包括连接条件和过滤条件。

其中：连接条件用于当从多个表中进行数据查询时，指定表和表之间的连接字段，也可以在 FROM 的 ON 子句中指定连接条件。格式如下：

别名 1. 字段表达式 1 = 别名 2. 字段表达式 2

过滤条件用于对数据进行筛选时指定筛选条件，只将满足筛选条件的数据作为查询结果，格式如下：

别名 . 字段表达式 = 值

表达式中可用的运算符如表 6-11 所示。

表 6-11　**WHERE 子句常见的查询条件表**

查询条件	所用符号或关键字	说　明
关系条件	=, >, >=, <, <=, ==, <>, #, ! =	
复合条件	NOT, AND, OR	
确定范围	BETWEEN...AND （或反条件 NOT BETWEEN...AND）	表达式 BETWEEN 值 1 AND 值 2 若表达式的值在值 1 和值 2 之间(包括值 1 和值 2)，返回真，否则返回假。
包含子项	IN(或反条件 NOT IN)	表达式 IN(值 1，值 2，……) 若表达式的值包含在列出的值中，返回真，否则返回假。
字符匹配	LIKE(字符串格式中可使用通配符)	可使用的通配符包括星号(*)、百分号(%)、问号(?)、下画线字符(_)、数字符号(#)、感叹号(!)、连字符(-)以及方括号([ ])等。

(5)分组统计 GROUP 子句

对查询结果进行分组统计，统计选项必须是数值型的数据。其中：

- 分组字段列表：最多 10 个用于分组记录的字段的名称。列表中的字段名称的顺序决定了分组的先后顺序。

可以和 GROUP BY 一起使用的统计函数有：

① Sum(字段表达式)：求某字段表达式的和，忽略字段为 NULL 的数据。

② Avg(字段表达式)：求某字段表达式的平均值，忽略字段为 NULL 的数据。

③ Count(字段表达式)：统计查询返回的记录数，忽略字段为 NULL 的数据。如果表达式使用通配符 *，则返回所有记录数。

④ Max(字段表达式)、Min(字段表达式)：返回表达式的最大值或最小值。

⑤ First(字段表达式)、Last(字段表达式)：返回在查询所返回的结果集中的第一个或者最后一个记录的字段值。

⑥ StDev( )、StDevP(字段表达式)：返回已包含在查询的指定字段内的一组值作为总体样本或总体样本抽样的标准偏差的估计值。

⑦ Var( )、VarP(字段表达式)：返回已包含在查询的指定字段内的一组值为总体

样本或总体样本抽样的方差的估计值。

- HAVING 过滤条件：功能与 WHERE 一样，只是要与 GROUP 子句配合使用表示条件，将统计结果作为过滤条件。

(6) 排序 ORDER BY 子句

指定查询结果排列顺序，一般放在 SQL 语句的最后。其中：

- 排序字段：设置排序的字段或表达式。
- ASC：按表达式升序排列，默认为升序。
  DESC：按表达式降序排列。

(7) UNION 子句

将两个查询结果合并输出，但输出字段的类型和宽度必须一致。

4. 单表查询

(1)简单查询

【例 6.7】查询学生表中的所有记录。

SELECT * FROM 学生；

(2)选择字段查询

【例 6.8】从教师表中查询出教师编号、姓名、性别、所属系、文化程度、职称信息。

SELECT 教师编号，教师姓名，性别，所属系，文化程度，职称 FROM 教师；

(3)有条件查询

【例 6.9】从学生表中查询出学号前 4 个字符是“2009”的学生的学号、姓名、入学成绩，并将查询结果按入学成绩从高到低的顺序排列。

SELECT 学号，姓名，入学成绩 FROM 学生 WHERE LEFT(学号，4)='2009' ORDER BY 入学成绩 DESC；

【例 6.10】从学生表中查询出入学时间为 2009-9-1，并且入学成绩不低于 600 分的学生信息。

SELECT * FROM 学生 WHERE 入学时间=#2009-9-1# AND 入学成绩>=600；

(4)统计查询

【例 6.11】从教师表中统计出基本工资总额。

SELECT SUM(基本工资) FROM 教师；

【例 6.12】从学生表中统计出 2009 级学生入学成绩的平均值。

SELECT AVG(入学成绩) AS 平均入学成绩 FROM 学生 WHERE LEFT(学号，4)='2009'；

【例 6.13】从学生选课表中统计出每个学生的选修课总评成绩(按平时成绩占总评的 40%，期末考试占总评的 60% 计算)。

SELECT 学号，课程编号，平时成绩*0.4+考试成绩*0.6 AS 总评成绩；

(5)分组统计查询

【例 6.14】从学生选课表中统计出每个学生的所有选修课程的平均考试成绩。

SELECT 学号，AVG(考试成绩) AS 平均考试成绩 FROM 学生选课 GROUP BY

学号；

在进行查询时，先将数据按学号分组，每组对考试成绩求平均，输出学号和平均成绩，结果集中，每个学号占一条记录。

(6)查询排序

【例 6.15】 从学生选课表查询每个学生的选课信息，并将结果按考试成绩从高到低排序，考试成绩相同的按平时成绩从高到低排序。

SELECT * FROM 学生选课 ORDER BY 考试成绩 DESC，平时成绩 DESC；

(7)包含谓词的查询

【例 6.16】 从学生选课表中查询出有选修课程的学生的学号(要求同一个学生只列一次)。

SELECT DISTINCT 学号 FROM 学生选课；

5. 多表查询

当要查询的数据来自多个表时，必须采用多表查询方法。

使用多表查询时必须注意：

- 在 FROM 子句中列出参与查询的表；
- 如果参与查询的表中存在同名的字段，并且这些字段要参与查询，必须在字段名前加表名；
- 必须在 FROM 子句中用 JOIN 语句或在 WHERE 子句中将多个表用某些字段或表达式连接起来，否则将会产生笛卡尔积。

(1)用 WHERE 子句写连接条件

【例 6.17】 从学生表和专业表中查询出每个学生的学号、姓名以及专业名称。

SELECT 学号，姓名，专业名称 FROM 学生 a，专业表 b WHERE a. 专业编号=b. 专业编号；

【例 6.18】 从学生表和专业表中查询出 2009 级每个学生的全部信息以及专业名称。

SELECT a. *，专业名称 FROM 学生 a，专业表 b WHERE a. 专业编号=b. 专业编号 AND 学号 LIKE '2009 *'；

【例 6.19】 从学生选课表、学生表、课程表中查询出学生姓名、所选课程名和该课程总评成绩(按平时成绩占总评的 40%，期末考试占总评的 60% 计算)。

SELECT 姓名，课程名称，平时成绩 * 0.4+考试成绩 * 0.6 AS 成绩 FROM 学生 a，课程 b，学生选课 c WHERE a. 学号=c. 学号 AND b. 课程编号=c. 课程编号；

(2)用 JOIN 子句写连接条件

【例 6.20】 从学生表和专业表中查询出每个学生的学号、姓名以及专业名称。

SELECT 学号，姓名，专业名称 FROM 学生 a INNER JOIN 专业表 b ON a. 专业编号=b. 专业编号；

【例 6.21】 从学生选课表、学生表、课程表中查询出学生姓名、所选课程名以及总评成绩(按平时成绩占总评的 40%，期末考试占总评的 60% 计算)。

SELECT 姓名，课程名称，平时成绩 * 0.4+考试成绩 * 0.6 AS 成绩 FROM 课程 INNER JOIN(学生 INNER JOIN 学生选课 ON 学生 . 学号 = 学生选课 . 学号) ON 课程 .

课程编号 = 学生选课.课程编号;

在此查询中，先将学生选课表和学生表进行连接，然后将连接的结果在与课程表连接得到最终结果。

(3)联合查询

联合查询可以将两个或多个独立查询的结果组合在一起。

【例 6.22】 查询出所有学生的学号和姓名以及所有老师的编号和姓名。

SELECT 学号，姓名 FROM 学生 UNION SELECT 教师编号，教师姓名 FROM 教师;

在 UNION 操作中的所有查询必须请求相同数量的字段，但是这些字段不必都具有相同的大小或数据类型。

习　题　6

一、单项选择题

1. 数据库系统的数据独立性是指＿＿＿＿＿＿。

A. 不会因为数据的数值变化而影响应用程序

B. 不会因为系统数据存储结构与数据逻辑结构的变化而影响应用程序

C. 不会因为存储策略的变化而影响存储结构

D. 不会因为某些存储结构的变化而影响其他的存储结构

2. 在数据库的体系结构中，数据库存储的改变会引起内模式的改变。为使数据库的模式保持不变，从而不必修改应用程序，必须通过改变模式与内模式之间的映像来实现，这样使数据库具有＿＿＿＿＿＿。

A. 数据独立性　　B. 逻辑独立性　　C. 物理独立性　　D. 操作独立性

3. 在 E-R 模型中，通常将实体、属性、联系分别用＿＿＿＿＿＿表示。

A. 矩形框、椭圆形框、菱形框　　B. 椭圆形框、矩形框、菱形框

C. 矩形框、菱形框、椭圆形框　　D. 菱形框、椭圆形框、矩形框

4. 数据库类型是根据＿＿＿＿＿＿划分的。

A. 文件形式　　B. 记录形式　　C. 数据模型　　D. 存取数据的方法

5. 把关系看成二维表，则下列说法中不正确的是＿＿＿＿＿＿。

A. 表中允许出现相同的行　　B. 表中不允许出现相同的列

C. 行的次序可以交换　　D. 列的次序可以交换

6. 关系数据库规范化是为解决关系数据库中＿＿＿＿＿＿问题而引入的。

A. 插入、删除异常和数据冗余　　B. 提高查询速度

C. 减少数据操作的复杂性　　D. 保证数据的安全性和完整性

7. 设有关系 W(工号，姓名，工种，定额)，将其规范化到第三范式正确的答案是＿＿＿＿＿。

A. W1(工号，姓名)　W2(工种，定额)

B. W1(工号，工种，定额)　W2(工号，姓名)

C. W1(工号，姓名，工种)　W2(工号，定额)

D. 以上都不对

8. 关系数据库管理系统能实现的专门关系运算包括＿＿＿＿＿＿。

A. 排序、索引、统计　　　B. 选择、投影、连接

C. 关联、更新、排序　　　D. 显示、打印、制表

9. Access 表中字段的数据类型不包括＿＿＿＿＿＿。

A. 文本　B. 备注　C. 通用　D. 日期/时间

10. 定义表结构时，不用定义＿＿＿＿＿＿。

A. 字段名　B. 数据库名　C. 字段类型　D. 字段长度

11. 下面关于主关键字段叙述错误的是＿＿＿＿＿＿。

A. 数据库中的每个表都必须有一个主关键字段

B. 主关键字段值是唯一的

C. 主关键字可以是一个字段，也可以是一组字段

D. 主关键字段中不许有重复值和空值

12. 如果"通信录"表和"籍贯"表通过各自的"籍贯代码"字段建立了一对多的关系，"一"方表是＿＿＿＿＿＿。

A."通信录"表　B."籍贯"表　C. 都是　D. 都不是

13. 利用一个或多个表中的全部或部分数据建立新表的是＿＿＿＿＿＿。

A. 生成表查询　　　B. 删除查询

C. 更新查询　　　D. 追加查询

14. Access 提供了组成查询准则的运算符是＿＿＿＿＿＿。

A. 关系运算符　　　B. 逻辑运算符

C. 特殊运算符　　　D. 以上都是

15. SQL 能够创建＿＿＿＿＿＿。

A. 更新查询　　　B. 追加查询

C. 各类查询　　　D. 选择查询

二、填空题

1. E-R 模型是数据库设计的工具之一，它一般适用于建立数据库的＿＿＿＿＿＿模型。

2. 数据模型的三要素是数据结构、数据操作和＿＿＿＿＿＿。

3. 在关系数据库系统中，一个关系相当于＿＿＿＿＿＿。

4. 在数据库设计中，用 E-R 图来描述信息结构但不涉及信息在计算机中的表示，它属于数据库设计的＿＿＿＿＿＿阶段。

5. 在关系数据模型中，域是指＿＿＿＿＿＿。

6. Access 是一个＿＿＿＿＿＿系统。

7. ＿＿＿＿＿＿属性可以防止非法数据输入到表中。

8. 在 Access 中，对同一个数据库中的多个表，若想建立表间的关系，就必须给表

中的某字段建立____________，这样才能够建立表间的关系。

9. 书写查询准则时，日期值应该用____________括起来。

10. ____________查询就是用户使用 SQL 语句来创建的一种查询。

三、操作题

在“成绩管理”数据库中，已经建立了一系列表：学生、课程、教师、学生选课、教师任课表和专业表。按下列要求完成查询操作：

1. 创建一个查询，查找并显示“学号”、“姓名”和“入学成绩”三个字段的内容，所建查询名为“qT1”；

2. 创建追加查询，将“学生”表中有书法爱好学生的“学号”、“姓名”和“入学时间”三列内容追加到目标表“书法爱好者”的对应字段内，所建查询命名为“qT2”；

3. 创建一个查询，计算并输出教师的最大年龄和最小年龄信息，标题显示为“最大”和“最小”，所建查询命名为“qT3”；

4. 创建一个查询，按输入的职称查找并显示“职称”、“教师姓名”、“所属系”和“文化程度”四个字段的内容，所建查询命名为“qT4”。当运行该查询时，应显示“请输入职称”的提示信息；

5. 创建一个查询，查找并显示“刘”姓教师的“教师姓名”、“性别”和“所属系”三个字段的内容，所建查询名为“qT5”。

第7章　数据结构与算法基础

7.1　数据结构与算法的基本概念

7.1.1　什么是数据结构

利用计算机进行数据处理是计算机应用的一个重要领域。在进行数据处理时，实际需要处理的数据元素一般有很多，而这些大量的数据元素都需要存放在计算机中，因此，如何组织计算机中的大量数据，以便提高数据处理的效率，并且节省计算机的存储空间，这是进行数据处理的关键问题。

一般来说，用计算机解决一个具体问题时，大致需要经过下列几个步骤：首先要从具体问题抽象出一个适当的数学模型，然后设计一个解此数学模型的算法，最后编出程序、进行测试、调整直至得到最终解答。寻求数学模型的实质是分析问题，从中提取操作的对象，并找出这些操作对象之间含有的关系，然后用数学的语言加以描述。

【例7.1】图书馆的书目检索系统自动化问题。当你想借阅一本参考书但不知道书库中是否有的时候，或者，当你想找某一方面的参考书而不知图书馆内有哪些这方面的书时，你都需要到图书馆去查阅图书目录卡片。在图书馆内有各种名目的卡片：有按书名编排的、有按作者编排的、还有按分类编排的，等等。若利用计算机实现自动检索，则计算机处理的对象便是这些目录卡片上的书目信息。列在一张卡片上的一本书的书目信息可由登录号、书名、作者名、分类号、出版单位和出版时间等若干项组成，每一本书都有唯一的一个登录号，但不同的书目之间可能有相同的书名，或者有相同的作者名，或者有相同的分类号。由此，在书目自动检索系统中可以建立一张按登录号顺序排列的书目文件和三张分别按书名、作者名和分类号顺序排列的索引表，如图7-1所示。由这四张表构成的文件便是书目自动检索的数学模型，计算机的主要操作便是按照某个特定要求（如给定书名）对书目文件进行查询。诸如此类的还有查号系统自动化、仓库账目管理等。在这类文档管理的数学模型中，计算机处理的对象之间通常存在一种最简单的线性关系，这类数学模型可称为线性的数据结构。

001	高等数学	樊映川	S01	…
002	大学英语	许国璋	E01	…
003	高等数学	华罗庚	S02	…
004	大学计算机	谭浩强	C01	…
…	…	…	…	…

大学计算机	004,…
大学英语	002,…
高等数学	001,003,…
…	…

樊映川	001,…
华罗庚	003,…
谭浩强	004,…
许国璋	002,…
…	…

C	004,…
E	002,…
S	001,003,…
…	…

图7-1　图书目录文件示例

【例7.2】 计算机和人对弈问题。计算机之所以能和人对弈是因为有人将对弈的策略事先存入计算机。由于对弈的过程是在一定规则下随机进行的，所以，为了使计算机能灵活对弈就必须对对弈过程中所有可能发生的情况以及相应的对策都考虑周全，并且，一个“好”的棋手在对弈时不仅要看棋盘当时的状态，还应能预测棋局发展的趋势，甚至最后结局。因此，在对弈问题中，计算机操作的对象是对弈过程中可能出现的棋盘状态——称为格局。例如图7-2（a）所示为井字棋的一个格局，而格局之间的关系是由比赛规则决定的。通常，这个关系不是线性的，因为从一个棋盘格局可以派生出几个格局，例如从图7-2（a）所示的格局可以派生出五个格局，如图7-2（b）所示，而从每一个新的格局又可派生出四个可能出现的格局。因此，若将从对弈开始到结束的过程中所有可能出现的格局都画在一张图上，则可得到一棵倒长的“树”。“树根”是对弈开始之前的棋盘格局，而所有的“叶子”就是可能出现的结局，对弈的过程就是从树根沿树杈到某个叶子的过程。“树”可以是某些非数值计算问题的数学模型，它也是一种数据结构，这种结构可称为非线性的数据结构。

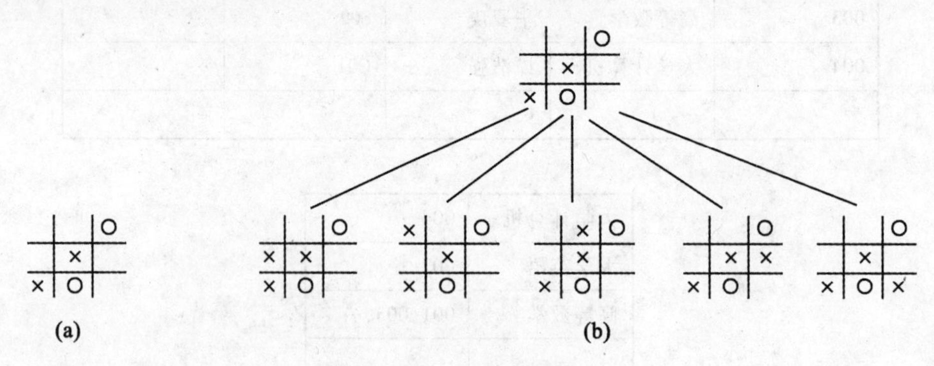

图 7-2　井字棋对弈“树”

数据结构作为计算机的一门学科，主要研究和讨论以下三个方面的问题：

① 数据集合中各数据元素之间所固有的逻辑关系，即数据的逻辑结构；

② 在对数据进行处理时，各数据元素在计算机中的存储关系，即数据的存储结构；

③ 对各种数据结构进行的运算。

讨论以上问题的主要目的是为了提高数据处理的效率。所谓提高数据处理的效率，主要包括两个方面：一是提高数据处理的速度，二是尽量节省在数据处理过程中所占用的计算机存储空间。本章主要讨论工程上常用的一些基本数据结构，它们是软件设计的基础。

简单地说，数据结构是指相互有关联的数据元素的集合。例如，向量和矩阵就是数据结构，在这两个数据结构中，数据元素之间有着位置上的关系。又如图书馆中的图书卡片目录，则是一个较为复杂的数据结构，对于列在各卡片上的各种书之间，可能在主题、作者等问题上相互关联，甚至一本书本身也有不同的相关成分。

数据元素具有广泛的含义。一般来说，现实世界中客观存在的一切个体都可以是数据元素。

例如：

描述一年四季的季节名

春、夏、秋、冬

可以作为季节的数据元素；

表示数值的各个数

18、11、35、23、16、…

可以作为数值的数据元素；

表示家庭成员的各成员名

父亲、儿子、女儿

可以作为家庭成员的数据元素。

甚至每一个客观存在的事件，如一次演出、一次借书、一次比赛等也可以作为数据元素。

总之，在数据处理领域中，每一个需要处理的对象都可以抽象成数据元素。数据元素一般简称为元素。

在实际应用中，被处理的数据元素一般有很多，而且，作为某种处理，其中的数据元素一般具有某种共同特征。例如，{春，夏，秋，冬} 这四个数据元素有一个共同特征，即它们都是季节名，分别表示了一年中的四个季节，从而这四个数据元素构成了季节名的集合。又如，{父亲，儿子，女儿} 这三个数据元素也有一个共同特征。即它们都是家庭的成员名，从而构成了家庭成员名的集合。一般来说，人们不会同时处理特征完全不同且互相之间没有任何关系的各类数据元素，对于具有不同特征的数据元素总是分别进行处理。

一般情况下，在具有相同特征的数据元素集合中，各个数据元素之间存在某种关系，这种关系反映了该集合中的数据元素所固有的一种结构。在数据处理领域中，通常把数据元素之间这种固有的关系简单地用前后件关系（或直接前驱与直接后继关系）来描述。

例如，在考虑一年四个季节的顺序关系时，则“春”是“夏”的前件（即直接前驱），而“夏”是“春”的后件（即直接后继）。同样，“夏”是“秋”的前件，“秋”是“夏”的后件；“秋”是“冬”的前件，“冬”是“秋”的后件。

前后件关系是数据元素之间的一个基本关系，但前后件关系所表示的实际意义随具体对象的不同而不同。一般来说，数据元素之间的任何关系都可以用前后件关系来描述。

1. 数据的逻辑结构

前面提到，数据结构是指反映数据元素之间关系的数据元素集合的表示。更通俗地说，数据结构是指带有结构的数据元素的集合。在此，所谓结构实际上就是指数据元素之间的前后件关系。

由上所述，一个数据结构应包含以下两方面的信息：

① 表示数据元素的信息；

② 表示各数据元素之间的前后件关系。

在以上所述的数据结构中，其中数据元素之间的前后件关系是指它们的逻辑关系，而与它们在计算机中的存储位置无关。因此，上面所述的数据结构实际上是数据的逻辑结构。

所谓数据的逻辑结构，是指反映数据元素之间逻辑关系的数据结构。

由前面的叙述可以知道，数据的逻辑结构有两个要素：一是数据元素的集合，通常记为 D；二是 D 上的关系，它反映了 D 中各数据元素之间的前后件关系，通常记为 R。即一个数据结构可以表示成

$$B=(D,R)$$

其中 B 表示数据结构。为了反映 D 中各数据元素之间的前后件关系，一般用二元组来表示。例如，假设 a 与 b 是 D 中的两个数据，则二元组(a, b)表示 a 是 b 的前件，

b是a的后件。这样，在D中的每两个元素之间的关系都可以用这种二元组来表示。

【例7.3】一年四季的数据结构可以表示成

B=(D,R)

D={春,夏,秋,冬}

R={(春,夏),(夏,秋),(秋,冬)}

【例7.4】家庭成员数据结构可以表示成

B=(D,R)

D={父亲,儿子,女儿}

R={(父亲,儿子),(父亲,女儿)}

2. 数据的存储结构

数据处理是计算机应用的一个重要领域，在实际进行数据处理时，被处理的各数据元素总是被存放在计算机的存储空间中，并且，各数据元素在计算机存储空间中的位置关系与它们的逻辑关系不一定是相同的，而且一般也不可能相同。例如，在前面提到的一年四个季节的数据结构中，“春”是“夏”的前件，“夏”是“春”的后件，但在对它们进行处理时，在计算机存储空间中，“春”这个数据元素的信息不一定被存储在“夏”这个数据元素信息的前面，而可能在后面，也可能不是紧邻在前面，而是中间被其他的信息所隔开。又如，在家庭成员的数据结构中，“儿子”和“女儿”都是“父亲”的后件，但在计算机存储空间中，根本不可能将“儿子”和“女儿”这两个数据元素的信息都紧邻存放在“父亲”这个数据元素信息的后面，即在存储空间中与“父亲”紧邻的只可能是其中的一个。由此可以看出，一个数据结构中的各数据元素在计算机存储空间中的位置关系与逻辑关系是有可能不同的。

数据的逻辑结构在计算机存储空间中的存放形式称为数据的存储结构（也称数据的物理结构）。

数据元素在计算机存储空间中的位置关系可能与逻辑关系不同，因此，为了表示存放在计算机存储空间中的各数据元素之间的逻辑关系（即前后件关系），在数据的存储结构中，不仅要存放各数据元素的信息，还需要存放各数据元素之间的前后件关系的信息。

一般来说，一种数据的逻辑结构根据需要可以表示成多种存储结构，常用的存储结构有顺序、链接、索引等存储结构。而采用不同的存储结构，其数据处理的效率是不同的。因此，在进行数据处理时，选择合适的存储结构是很重要的。

3. 线性结构和非线性结构

如果在一个数据结构中一个数据元素都没有，则称该数据结构为空的数据结构。在一个空的数据结构中插入一个新的元素后就变为非空；在只有一个数据元素的数据结构中，将该元素删除后就变为空的数据结构。

根据数据结构中各数据元素之间前后件关系的复杂程度，一般将数据结构分为两大类型：线性结构与非线性结构。

如果一个非空的数据结构满足下列两个条件：

① 有且只有一个根节点；

② 每一个节点最多有一个前件，也最多有一个后件。

则称该数据结构为线性结构。线性结构又称线性表。

由此可以看出，在线性结构中，各数据元素之间的前后件关系是很简单的。如例 7.1 中的一年四季这个数据结构就属于线性结构。

如果一个数据结构不是线性结构，则称之为非线性结构。如例 7.2 中反映家庭成员间辈分关系的数据结构，它不是线性结构，而只属于非线性结构。显然，在非线性结构中，各数据元素之间的前后件关系要比线性结构复杂，因此，对非线性结构的存储与处理比线性结构要复杂得多。

线性结构与非线性结构都可以是空的数据结构。一个空的数据结构究竟是属于线性结构还是属于非线性结构，这要根据具体情况来确定。如果对该数据结构的运算是按线性结构的规则来处理的，则属于线性结构；否则属于非线性结构。

7.1.2　数据结构的图形表示

一个数据结构除了用二元关系表示外，还可以直观地用图形表示。在数据结构的图形表示中，对于数据集合 D 中的每一个数据元素用中间标有元素值的方框表示，一般称之为数据节点，并简称为节点；为了进一步表示各数据元素之间的前后件关系，对于关系 R 中的每一个二元组，用一条有向线段从前件节点指向后件节点。

例如，一年四季的数据结构可以用如图 7-3 所示的图形表示。

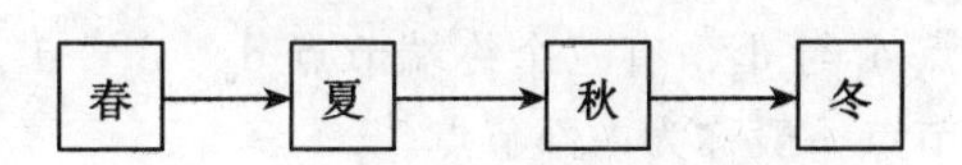

图 7-3　一年四季数据结构的图形表示

又如，反映家庭成员间辈分关系的数据结构可以用如图 7-4 所示的图形表示。

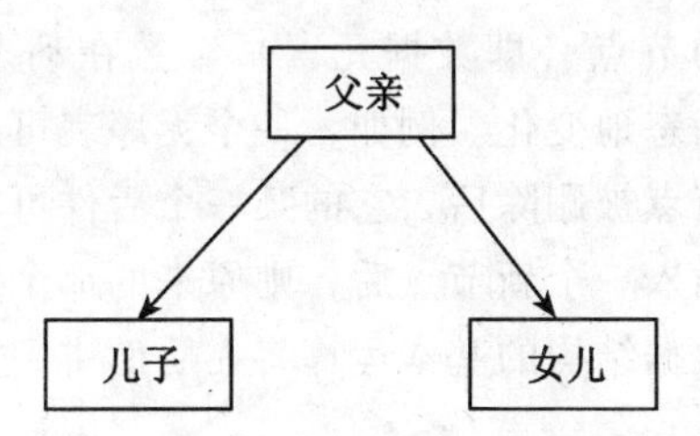

图 7-4　家庭成员间辈分关系数据结构的图形表示

显然，用图形方式表示一个数据结构是很方便的，并且也比较直观。有时在不会引起误会的情况下，在前件节点到后件节点连线上的箭头可以省去。例如，在图 7-4 中，即使将“父亲”节点与“儿子”节点连线上的箭头以及“父亲”节点与“女儿”节点连线上的箭头都去掉，同样表示了“父亲”是“儿子”与“女儿”的前件，“儿子”与“女儿”均是“父亲”的后件，而不会引起误会。

【例 7.5】用图形表示数据结构 B=（D，R），其中

$$D=\{d_i \mid 1 \leqslant i \leqslant 7\}=\{d_1, d_2, d_3, d_4, d_5, d_6, d_7\}$$

$$R=\{(d_1, d_3), (d_1, d_7), (d_2, d_4), (d_3, d_6), (d_4, d_5)\}$$

这个数据结构的图形表示如图 7-5 所示。

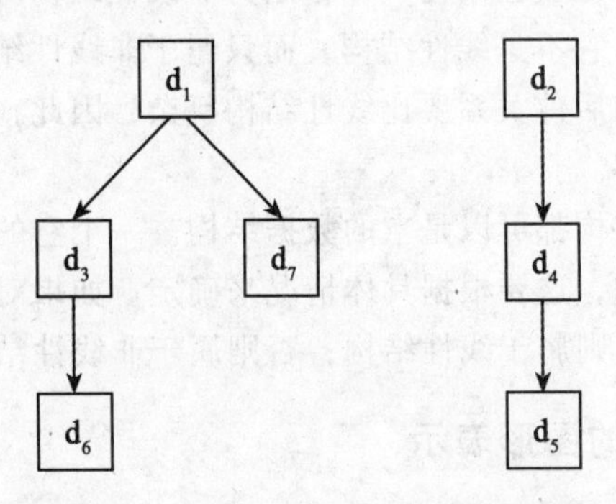

图 7-5 例 7.5 数据结构的图形表示

在数据结构中，没有前件的节点称为根节点；没有后件的节点称为终端节点（也称为叶子节点）。例如，在图 7-3 所示的数据结构中，元素“春”所在的节点（简称为节点“春”，下同）为根节点，节点“冬”为终端节点；在图 7-4 所示的数据结构中，节点“父亲”为根节点，节点“儿子”与“女儿”均为终端节点；在图 7-5 所示的数据结构中，有两个根节点 d_1 与 d_2，有三个终端节点 d_6、d_7、d_5。数据结构中除了根节点与终端节点外的其他节点一般称为内部节点。

通常，一个数据结构中的元素节点可能是在动态变化的。根据需要或在处理过程中，可以在一个数据结构中增加一个新节点（称为插入运算），也可以删除数据结构中的某个节点（称为删除运算）。插入与删除是对数据结构的两种基本运算。除此之外，对数据结构的运算还有查找、分类、合并、分解、复制和修改等。在对数据结构的处理过程中，不仅数据结构中的节点（即数据元素）个数在动态地变化，而且，各数据元素之间的关系也有可能在动态地变化。例如，一个无序表可以通过排序处理而变成有序表；一个数据结构中的根节点被删除后，它的某一个后件可能就变成了根节点；在一个数据结构中的终端节点后插入一个新节点后，则原来的那个终端节点就不再是终端节点而成为内部节点了。有关数据结构的基本运算将在后面讲到具体数据结构时详细介绍。

7.1.3 算法的基本概念

所谓算法是指解题方案的准确而完整的描述。

对于一个问题，如果可以通过一个计算机程序，在有限的存储空间内运行有限长的时间而得到正确的结果，则称这个问题是算法可解的。但算法不等于程序，也不等于计算方法。当然，程序也可以作为算法的一种描述，但程序通常还需要考虑很多方法和分析无关的细节问题，这是因为在编写程序时要受到计算机系统运行环境的限制。通常，程序的编制不可能用于算法的设计。

1. 算法的基本特征

作为一个算法，一般应具有以下几个基本特征。

（1）可行性（Effectiveness）

针对实际问题设计的算法，人们总是希望能够得到满意的结果。但一个算法又总是在某个特定的计算工具上执行的，因此，算法在执行过程中往往要受到计算工具的限制，使执行结果产生偏差。

（2）确定性（Definiteness）

算法的确定性，是指算法中的每一个步骤都必须是有明确定义的，不允许有模棱两可的解释，也不允许有多义性。这一性质也反映了算法与数学公式的明显差别。在解决实际问题时，可能会出现这样的情况：针对某种特殊问题，数学公式是正确的，但按此数学公式设计的计算过程可能会使计算机系统无所适从。这是因为根据数学公式设计的计算过程只考虑了正常使用的情况，而当出现异常情况时，此计算过程就不能适应了。

（3）有穷性（Finiteness）

算法的有穷性，是指算法必须能在有限的时间内做完，即算法必须能在执行有限个步骤之后终止。数学中的无穷级数，在实际计算时只能取有限项，即计算无穷级数值的过程只能是有穷的。因此，一个数的无穷级数表示只是一个计算公式，而根据精度要求确定的计算过程才是有穷的算法。

算法的有穷性还应包括合理的执行时间的含义。因为，如果一个算法需要执行千万年，显然失去了实用价值。

（4）拥有足够的情报

一个算法是否有效，还取决于为算法所提供的情报是否足够。通常，算法中的各种运算总是要施加到各个运算对象上，而这些运算对象又可能具有某种初始状态，这是算法执行的起点或是依据。因此，一个算法执行的结果总是与输入的初始数据有关，不同的输入将会有不同的结果输出。当输入不够或输入错误时，算法本身也就无法执行或导致执行有错。一般来说，当算法拥有足够的情报时，此算法才是有效的，而当提供的情报不够时，算法可能无效。

综上所述，所谓算法，是一组严谨地定义运算顺序的规则，并且每一个规则都是有效的，且是明确的，此顺序将在有限的次数下终止。

2. 算法的描述

对于算法，一旦确定后往往都要将其思想转化为计算机指令序列，借助计算机的高速性来执行，以得到所需要的结果。但是，算法与计算机是无关的，对算法或算法思想的描述可以用文字、框图（流程图或 N-S 图）、计算机语言或自我约定的符号语言等任何一种方法去完成，这主要取决于读者的兴趣，当然与问题的特点也有一定的关系。对于算法思想简明的问题用文字说明较好，然后，用计算机语言直接表述。对于较复杂和庞大的问题，采用流程图或 N-S 图描述较好。本章教学内容主要是一些经典的中、小型问题，算法并不庞大，一般采用文字介绍算法思想。

值得注意的是，程序与算法虽然密切相关，但两者又有很大不同。算法是一种思想或者说是一种求解处理方法，是静态的、有穷的，而程序是在规定的数据结构基础上按照算法思想构造出来的计算机命令序列，既要实现数据结构，又要实现算法。当提交程序给计算机运行时，产生的过程是动态的，甚至可能是无穷的，例如，Windows 操作系统程序运行时，在桌面状态，将等待用户击键或点击鼠标，然后计算机根据对应的动作进行处理，否则将无限等待下去。

3. 算法设计的目标

对于同一个问题，往往可能存在多个算法，这些算法的思想可能完全不同，但得到的结果都应当是相同的。同一个问题的多种算法，其中应当存在优劣区别，一个好的算法应该具备如下几个特点：

（1）正确性（Correctness）

算法能正确描述待求解问题的需求，没有逻辑错误，据此算法书写的程序，对于任何合法的数据输入，都能得到正确的、说明需求的结果。

（2）可读性（Readability）

算法应简洁、明晰，易于阅读和理解，便于算法的移植和交流，有利于增加算法的生命力。

（3）健壮性（Robustness）

当输入的数据非法时，算法要能作出适当的处理，不会产生难以预料的结果。

（4）高效率性（High Efficiency）

一般来说，对同一个问题的多种算法，首先选择执行时间相对较短、存储空间相对较少的算法，然后考虑易于实现的算法。很多情况下，一个算法的执行时间与它所占用的存储空间是相对矛盾的，占用的时间少，占用的存储空间就相对较多；占用的空间少，执行时间就相对较长。对高效率性的选择，取决于算法设计者对实际问题的综合考虑。

在实际算法设计中，正确性是我们最重要的选择，在此基础上，再考虑高效率性，然后是健壮性和可读性。

7.1.4 算法的效率分析

算法的好坏主要看这个算法所要占用的机器资源的多少。而在这些资源中，时间和空间是两个最主要的方面。

1. 算法的时间复杂度

所谓算法的时间复杂度，是指执行算法所需要的计算工作量。

为了能够比较客观地反映出一个算法的效率，在度量一个算法的工作量时，不仅应该与所使用的计算机、程序设计语言以及程序编制者无关，而且应该与算法实现过程中的许多细节无关。为此，可以用算法在执行过程中所需基本运算的执行次数来度量算法的工作量。基本运算反映了算法运算的主要特征，因此，用基本运算的次数来度量算法工作量是客观的也是实际可行的，有利于比较统一问题的几种算法的优劣。

例如，在考虑两个矩阵相乘时，可以将两个实数之间的乘法运算作为基本运算，而对于所用的加法运算忽略不计。又如，当需要在一个表中进行查找时，可以将两个元素之间的比较作为基本运算。

算法所执行的基本运算次数还与问题的规模有关。例如，两个20阶矩阵相乘与两个10阶矩阵相乘，所需要的基本运算次数显然是不同的，前者需要更多的运算次数。因此，在分析算法的工作量时，还必须对问题的规模进行度量。

综上所述，算法的工作量用算法所执行的基本运算次数来度量，而算法所执行的基本运算次数是问题规模的函数，即

$$算法的工作量=f(n)$$

其中，n是问题的规模。例如，两个n阶矩阵相乘所需要的基本运算（即两个实数的乘法）次数为n^3，即计算工作量为n^3，也就是时间复杂度为n^3。

在具体分析一个算法的工作量时，还会存在这样的问题：对于一个固定的规模，算法所执行的基本运算次数还可能与特定的输入有关，而实际上又不可能将所有可能情况下算法所执行的基本运算次数都列举出来。例如，“在长度为n的一维数组中查找值为x的元素”，若采用顺序搜索法，即从数组的第一个元素开始，逐个与被查值x进行比较。显然，如果第一个元素恰为x，则只需要比较1次。但如果x为数组的最后一个元素，或者x不在数组中，则需要比较n次才能得到结果。因此，在这个问题的算法中，其基本运算（即比较）的次数与具体的被查值x有关。

在同一个问题规模下，如果算法执行所需的基本运算次数取决于某一特定输入时，可以用以下两种方法来分析算法的工作量。

（1）平均性态（Average Behavior）

所谓平均性态分析，是指用各种特定输入下的基本运算次数的加权平均值来度量算法的工作量。

设x是所有可能输入中的某个特定输入，$p(x)$是x出现的概率（即输入为x的概率），$t(x)$是算法在输入为x时所执行的基本运算次数，则算法的平均性态定义为

$$A(n)=\sum_{x\in D_n}p(x)t(x)$$

其中，D_n表示当规模为n时，算法执行时所有可能输入的集合。这个式子中的$t(x)$可以通过分析算法来加以确定；而$p(x)$必须由经验或用算法中有关的一些特定信息来确定，通常是不能解析地加以计算的。如果确定$p(x)$比较困难，则会给平均性态的分析带来困难。

（2）最坏情况复杂性（Worst-Case Complexity）

所谓最坏情况分析，是指在规模为n时，算法所执行的基本运算的最大次数。它定义为

$$W(n)=\max_{x\in D_n}\{t(x)\}$$

显然，$W(n)$的计算要比$A(n)$的计算方便得多。由于$W(n)$实际上是给出了算法工作量的一个上界，因此，它比$A(n)$更具有实用价值。

【例7.6】采用顺序搜索法，在长度为n的一维数组中查找值为x的元素。即从数组的第一个元素开始，逐个与被查值x进行比较。基本运算为x与数组元素的比较。

首先进行平均性态分析。

设被查项x在数组中出现的概率为q。当需要查找的x为数组中第i个元素时，则

在查找过程中需要做 i 次比较，当需要查找的 x 不在数组中时(即数组中没有 x 这个元素)，则需要与数组中所有的元素进行比较。即

$$t_i=\begin{cases}i,\ 1\leqslant i\leqslant n\\ n,\ i=n+1\end{cases}$$

其中，$i=n+1$ 表示 x 不在数组中的情况。

如果假设需要查找的 x 出现在数组中每个位置上的可能性是一样的，则 x 出现在数组中每一个位置上的概率为 q/n(因为前面已经假设 x 在数组中的概率为 q)，而 x 不在数组中的概率为 $1-q$。即

$$p_i=\begin{cases}q/n, & 1\leqslant i\leqslant n\\ 1-q, & i=n+1\end{cases}$$

其中，$i=n+1$ 表示 x 不在数组中的情况。

因此，用顺序搜索法在长度为 n 的一维数组中查找值为 x 的元素，在平均情况下需要做的比较次数为

$$A(n)=\sum_{i=1}^{n+1}p_it_i=\sum_{i=1}^{n}(q/n)i+(1-q)n=(n+1)q/2+(1-q)n$$

如果已知需要查找的 x 一定在数组中，此时 $q=1$，则 $A(n)=(n+1)/2$。这就是说，在这种情况下，用顺序搜索法在长度为 n 的一维数组中查找值为 x 的元素，在平均情况下需要检查数组中一半的元素。

如果已知需要查找的 x 有一半的机会在数组中，此时 $q=1/2$，则

$$A(n)=[(n+1)/4]+n/2\approx 3n/4$$

这就是说，在这种情况下，用顺序搜索法在长度为 n 的一维数组中查找值为 x 的元素，在平均情况下需要检查数组中3/4的元素。

再进行最坏情况分析。

在这个例子中，最坏情况发生在需要查找的 x 是数组中的最后一个元素或 x 不在数组中的时候，此时显然有

$$W(n)=\max\{t_i\mid 1\leqslant i\leqslant n+1\}=n$$

在上述例子中，算法执行的工作量是与具体的输入有关的，$A(n)$只是它的加权平均值，而实际上对于某个特定的输入，其计算工作量未必是 $A(n)$，且 $A(n)$也不一定等于 $W(n)$。但在另外一些情况下，算法的计算工作量与输入无关，即当规模为 n 时，在所有可能的输入下，算法所执行的基本运算次数是一定的，此时有 $A(n)=W(n)$。例如，两个 n 阶的矩阵相乘，都需要做 n^3 次实数乘法，而与输入矩阵的具体元素无关。

2. 算法的空间复杂度

一个算法的空间复杂度，一般是指执行这个算法所需要的内存空间。

一个算法所占用的存储空间包括算法程序所占空间、输入的初始数据所占的存储空间以及算法执行过程中所需要的额外空间。其中额外空间包括算法程序执行过程中的工作单元以及某种数据结构所需要的额外附加存储空间。如果额外空间量相对于问题规模来说是常数，则称该算法是原地工作的。在许多实际问题中，为了减少算法所占的存储空间，通常采用压缩存储技术，以便尽量减少不必要的额外空间。

7.2 线性表

7.2.1 线性表的基本概念

线性表(Linear List)是最简单、最常用的一种数据结构。

线性表由一组数据元素构成。数据元素的含义很广泛，在不同的具体情况下，它可以有不同的含义。例如一个 n 维向量(x_1, x_2, …, x_n)是一个长度为 n 的线性表，其中的每一个分量就是一个数据元素。又如，一个英文小写字母表(a, b, c, …, z)是一个长度为26的线性表，其中的每一个小写字母就是一个数据元素。再如一年中的四个季节(春，夏，秋，冬)是一个长度为4的线性表，其中每一个季节名就是一个数据元素。

矩阵也是一个线性表，只不过它是一个比较复杂的线性表。在矩阵中既可以把每一行看成一个数据元素，也可以把每一列看成一个数据元素。其中每一个数据元素实际上又是一个简单的线性表。

一个数据元素还可以由若干个数据项组成。例如某班的学生情况登记表是一个复杂的线性表，表中每一个学生的情况就组成了线性表中的每一个元素，每一个数据元素包括姓名、学号、性别、年龄和健康状况5个数据项，如表7-1所示。在这种复杂的线性表中，由若干数据项组成的数据元素称为记录(record)，而由多个记录构成的线性表又称为文件(file)。因此，上述学生情况登记表就是一个文件，其中每一个学生的情况就是一个记录。

表7-1　　学生情况登记表

姓名	学号	性别	年龄	健康状况
王强	800356	男	19	良好
刘建平	800357	男	20	一般
赵军	800361	女	19	良好
葛文华	800362	男	21	较差
…	…	…	…	…

综上所述，线性表是由 $n(n\geqslant 0)$ 个数据元素 a_1, a_2, …, a_n 组成的一个有限序列，表中的每一个数据元素，除了第一个外，有且只有一个前件，有且只有一个后件。即线性表或是一个空表，或可以表示为

$$(a_1, a_2, \cdots, a_i, \cdots, a_n)$$

其中 $a_i(i=1, 2, \cdots, n)$ 是属于数据对象的元素，通常也称其为线性表中的一个节点。

显然，线性表是一种线性结构。数据元素在线性表中的位置只取决于它们自己的序号，即数据元素之间的相对位置是线性的。

非空线性表有如下一些结构特征：

①有且只有一个根节点 a_1，它无前件；

②有且只有一个终端节点 a_n，它无后件；

③除根节点与终端节点外，其他所有节点有且只有一个前件，也有且只有一个后件。线性表中节点的个数 n 称为线性表的长度。当 $n=0$ 时，称为空表。

7.2.2 线性表的顺序存储结构

在计算机中存放线性表，一种最简单的方法是顺序存储，也称为顺序分配。

线性表的顺序存储结构具有以下两个基本特点：

①线性表中所有元素所占的存储空间是连续的；

②线性表中各数据元素在存储空间中是按逻辑顺序依次存放的。

由此可以看出，在线性表的顺序存储结构中，其前后件两个元素在存储空间中是紧邻的，且前件元素一定存储在后件元素的前面。

在线性表的顺序存储结构中，如果线性表中各数据元素所占的存储空间（字节数）相等，则要在该线性表中查找某一个元素是很方便的。

假设线性表中的第一个数据元素的存储地址（指第一个字节的地址，即首地址）为 $ADR(a_1)$，每一个数据元素占 k 个字节，则线性表中第 i 个元素 a_i 在计算机存储空间中的存储地址为

$$ADR(a_i)=ADR(a_1)+(i-1)k$$

即在顺序存储结构中，线性表中每一个数据元素在计算机存储空间中的存储地址由该元素在线性表中的位置序号唯一确定。一般来说，长度为 n 的线性表

$$(a_1, a_2, \cdots, a_i, \cdots, a_n)$$

在计算机中的顺序存储结构如图 7-6 所示。

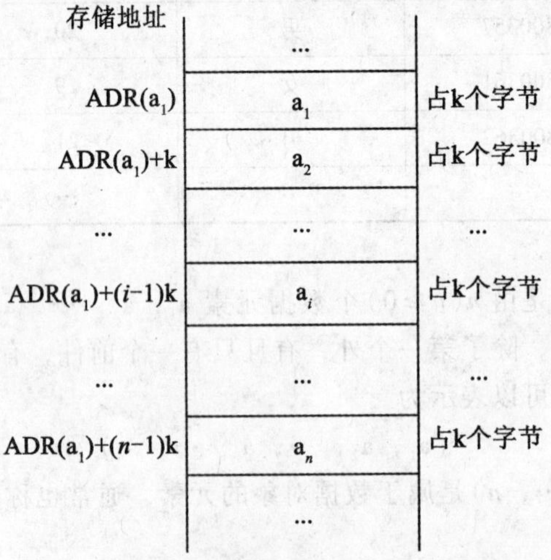

存储地址		
	...	
$ADR(a_1)$	a_1	占k个字节
$ADR(a_1)+k$	a_2	占k个字节
...	...	...
$ADR(a_1)+(i-1)k$	a_i	占k个字节
...	...	...
$ADR(a_1)+(n-1)k$	a_n	占k个字节
	...	

图 7-6 线性表的顺序存储结构

在程序设计语言中，通常定义一个一维数组来表示线性表的顺序存储空间。因为程序设计语言中的一维数组与计算机中实际的存储空间结构是类似的，这就便于用程序设计语言对线性表进行各种运算处理。

在用一维数组存放线性表时，该一维数组的长度通常要定义得比线性表的实际长度大一些，以便对线性表进行各种运算，特别是插入运算。在一般情况下，如果线性表的长度在处理过程中是动态变化的，则在开辟线性表的存储空间时要考虑到线性表在动态变化过程中可能达到的最大长度。如果开始时所开辟的存储空间太小，则在线性表动态增长时可能会出现存储空间不够而无法再插入新的元素；但如果开始时所开辟的存储空间太大，而实际上又用不着那么大的存储空间，则会造成存储空间的浪费。在实际应用中，可以根据线性表动态变化过程中的一般规模来决定开辟的存储空间量。

在线性表的顺序存储结构下，可以对线性表进行各种处理。主要的运算有以下几种：

①在线性表的指定位置处加入一个新的元素(即线性表的插入)；

②在线性表中删除指定的元素(即线性表的删除)；

③在线性表中查找某个(或某些)特定的元素(即线性表的查找)；

④对线性表中的元素进行整序(即线性表的排序)；

⑤按要求将一个线性表分解成多个线性表(即线性表的分解)；

⑥按要求将多个线性表合并成一个线性表(即线性表的合并)；

⑦复制一个线性表(即线性表的复制)；

⑧逆转一个线性表(即线性表的逆转)等。

下面主要讨论线性表在顺序存储结构下的插入与删除问题。

1. 顺序表的插入运算

首先举一个例子来说明如何在顺序存储结构的线性表中插入一个新元素。

【例 7.5】 图 7-7(a)为一个长度为 8 的线性表顺序存储在长度为 10 的存储空间中。现在要求在第 2 个元素(即 18)之前插入一个新元素 87。其插入过程如下：

首先从最后一个元素开始直到第 2 个元素，将其中的每一个元素均依次往后移动一个位置，然后将新元素 87 插入到第 2 个位置。

插入一个新元素后，线性表的长度变成了 9，如图 7-7(b)所示。

如果再要在线性表的第 9 个元素之前插入一个新元素 14，则采用类似的方法：将第 9 个元素往后移动一个位置，然后将新元素插入到第 9 个位置。插入后，线性表的长度变成了 10，如图 7-7(c)所示。

现在，为线性表开辟的存储空间已经满了，不能再插入新的元素了。如果再要插入，则会造成“上溢”的错误。

一般来说，设长度为 n 的线性表为

$$(a_1, a_2, \cdots, a_i, \cdots, a_n)$$

现要在线性表的第 i 个元素 a_i 之前插入一个新元素 b，插入后得到长度为 $n+1$ 的线性表为

$$(a'_1, a'_2, \cdots, a'_j, a'_{j+1}, \cdots, a'_n, a'_{n+1})$$

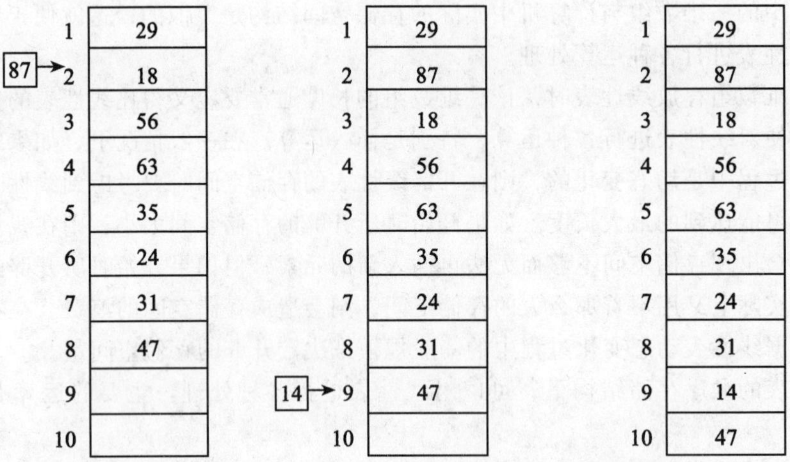

序号	(a)	(b)	(c)
1	29	29	29
2	18（87→2）	87	87
3	56	18	18
4	63	56	56
5	35	63	63
6	24	35	35
7	31	24	24
8	47	31	31
9		47（14→9）	14
10			47

(a) 长度为8的线性表　(b) 插入元素87后的线性表　(c) 插入元素14后的线性表

图 7-7　线性表在顺序存储结构下的插入

则插入前后的两线性表中的元素满足如下关系：

$$a_j' = \begin{cases} a_j & 1 \leqslant j \leqslant i-1 \\ b & j=i \\ a_{j-1} & i+1 \leqslant j \leqslant n+1 \end{cases}$$

在一般情况下，要在第 $i(1 \leqslant i \leqslant n)$ 个元素之前插入一个新元素时，首先要从最后一个(即第 n 个)元素开始，直到第 i 个元素之间共 $n-i+1$ 个元素依次向后移动一个位置，移动结束后，第 i 个位置就被空出，然后将新元素插入到第 i 项。插入结束后，线性表的长度就增加了1。

显然，在线性表采用顺序存储结构时，如果插入运算在线性表的末尾进行，即在第 n 个元素之后(可以认为是在第 $n+1$ 个元素之前)插入新元素，则只要在表的末尾增加一个元素即可，不需要移动表中的元素；如果要在线性表的第 1 个元素之前插入一个新元素，则需要移动表中所有的元素。在一般情况下，如果插入运算在第 $i(1 \leqslant i \leqslant n)$ 个元素之前进行，则原来第 i 个元素之后(包括第 i 个元素)的所有元素都必须移动。在平均情况下，要在线性表中插入一个新元素，需要移动表中一半的元素。因此，在线性表顺序存储的情况下，要插入一个新元素，其效率是很低的，特别是在线性表比较大的情况下更为突出，由于数据元素的移动而消耗较多的处理时间。

2. 顺序表的删除运算

首先举一个例子来说明如何在顺序存储结构的线性表中删除一个元素。

【例 7.6】 图 7-8(a)为一个长度为 8 的线性表顺序存储在长度为 10 的存储空间中。现在要求删除线性表中的第 1 个元素(即删除元素 29)。其删除过程如下：

从第 2 个元素开始直到最后一个元素，将其中的每一个元素均依次往前移动一个位置。此时，线性表的长度变成了 7，如图 7-8(b)所示。

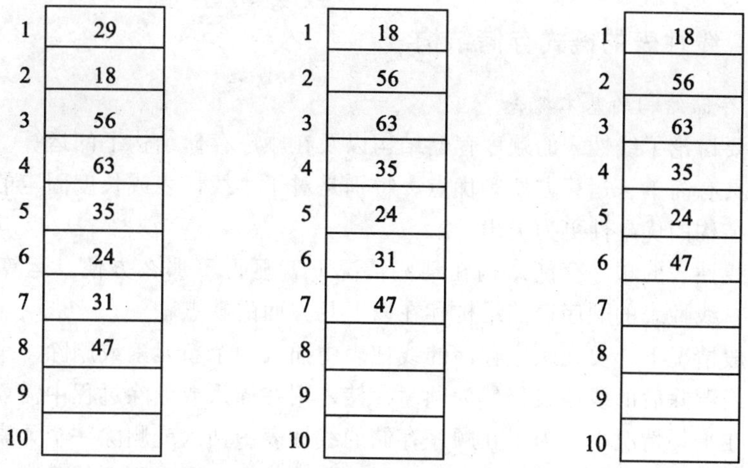

	(a) 长度为8的线性表	(b) 删除元素29后的线性表	(c) 删除元素31后的线性表
1	29	18	18
2	18	56	56
3	56	63	63
4	63	35	35
5	35	24	24
6	24	31	47
7	31	47	
8	47		
9			
10			

(a) 长度为8的线性表　(b) 删除元素29后的线性表　(c) 删除元素31后的线性表

图 7-8　线性表在顺序存储结构下的删除

如果再要删除线性表中的第 6 个元素，则采用类似的方法：将第 7 个元素往前移动一个位置。此时，线性表的长度变成了 6，如图 7-8(c)所示。

一般来说，设长度为 n 的线性表为

$$(a_1,\ a_2,\ \cdots,\ a_i,\ \cdots,\ a_n)$$

现要删除第 i 个元素，删除后得到长度为 $n-1$ 的线性表为

$$(a_1',\ a_2',\ \cdots,\ a_j',\ \cdots,\ a_n')$$

则删除前后的两线性表中的元素满足如下关系：

$$a_j{}' = \begin{cases} a_j & 1 \leqslant j \leqslant i-1 \\ a_{j+1} & i \leqslant j \leqslant n-1 \end{cases}$$

在一般情况下，要删除第 $i(1 \leqslant i \leqslant n)$ 个元素时，则要从第 $i+1$ 个元素开始，直到第 n 个元素之间共 $n-1$ 个元素依次向前移动一个位置。删除结束后，线性表的长度就减小了 1。

显然，在线性表采用顺序存储结构时，如果删除运算在线性表的末尾进行，即删除第 n 个元素，则不需要移动表中的元素；如果要删除线性表中的第 1 个元素，则需要移动表中所有的元素。在一般情况下，如果要删除第 $i(1 \leqslant i \leqslant n)$ 个元素，则原来第 i 个元素之后的所有元素都必须依次往前移动一个位置。在平均情况下，要在线性表中删除一个元素，需要移动一半的元素。因此，在线性表顺序存储情况下，要删除一个元素，其效率也是很低的，特别是在线性表比较大的情况下更为突出，由于数据元素的移动而消耗较多的处理时间。

由线性表在顺序存储结构下的插入和删除运算可以看出，线性表的顺序存储结构对于小线性表或者其中元素不常变动的线性表来说是合适的，因为顺序存储结构比较简单。但这种顺序存储结构的方式对于元素经常需要变动的大线性表就不太合适了，因为

插入与删除的效率比较低。

7.2.3 线性表的链式存储结构

1. 链式存储结构的基本概念

前面主要讨论了线性表的顺序存储结构以及在顺序存储结构下的运算。线性表的顺序存储结构具有简单、运算方便等优点，特别是对于小线性表或长度固定的线性表，采用顺序存储结构的优越性更为突出。

但是，线性表的顺序存储结构在某些情况下就显得不那么方便，运算效率不那么高。实际上，线性表的顺序存储结构存在以下几方面的缺点：

①在一般情况下，要在顺序存储的线性表中插入一个新元素或删除一个元素时，为了保证插入或删除后的线性表仍然为顺序存储，则在插入或删除过程中需要移动大量的数据元素。在平均情况下，为了在顺序存储的线性表中插入或删除一个元素，需要移动线性表中约一半的元素；在最坏情况下，则需要移动线性表中所有的元素。因此，对于大的线性表，特别是在元素的插入或删除很频繁的情况下，采用顺序存储结构是很不方便的，插入与删除运算的效率都很低。

②当为一个线性表分配顺序存储空间后，如果出现线性表的存储空间已满，但还需要插入新的元素时，就会发生“上溢”错误。在这种情况下，如果在原线性表的存储空间后找不到与之连续的可用空间，则会导致运算的失败或中断。显然，这种情况的出现对运算是很不利的。也就是说，在顺序存储结构下，线性表的存储空间不便于扩充。

③在实际应用中，往往是同时有多个线性表共享计算机的存储空间，例如，在一个处理中，可能要用到若干个线性表。在这种情况下，存储空间的分配将是一个难题。如果将存储空间平均分配给各线性表，则有可能造成有的线性表的空间不够用，而有的线性表的空间根本用不着或用不满，这就使得在有的线性表空间无用而处于空闲的情况下，另外一些线性表的操作由于“上溢”而无法进行。这种情况实际上是计算机的存储空间得不到充分利用。如果多个线性表共享存储空间，对每一个线性表的存储空间进行动态分配，则为了保证每一个线性表的存储空间连续且顺序分配，会导致在对某个线性表进行动态分配存储空间时，必须要移动其他线性表中的数据元素。这就是说，线性表的顺序存储结构不便于对存储空间的动态分配。

由于线性表的顺序存储结构存在以上这些缺点，因此，对于大的线性表，特别是元素变动频繁的大线性表不宜采用顺序存储结构，而是采用下面要介绍的链式存储结构。

假设数据结构中的每一个数据节点对应一个存储单元，这种存储单元称为存储节点，简称节点。

在链式存储方式中，要求每个节点由两部分组成：一部分用于存放数据元素值，称为数据域；另一部分用于存放指针，称为指针域。其中指针用于指向该节点的前一个或后一个节点（即前件或后件）。

在链式存储结构中，存储数据结构的存储空间可以不连续，各数据节点的存储顺序与数据元素之间的逻辑关系可以不一致，而数据元素之间的逻辑关系是由指针域来确定的。

链式存储方式既可用于表示线性结构，也可用于表示非线性结构。在用链式结构表示较复杂的非线性结构时，其指针域的个数要多一些。

2. 线性链表

线性表的链式存储结构称为线性链表。

为了适应线性表的链式存储结构，计算机存储空间被划分为一个一个小块，每一小块占若干字节，通常称这些小块为存储节点。

为了存储线性表中的每一个元素，一方面要存储数据元素的值，另一方面要存储各数据元素之间的前后件关系。为此，将存储空间中的每一个存储节点分为两部分：一部分用于存储数据元素的值，称为数据域；另一部分用于存放下一个数据元素的存储序号（即存储节点的地址），即指向后件节点，称为指针域。由此可知，在线性链表中，存储空间的结构如图 7-9 所示。

存储序号	数据域	指针域
1		
2		
3		
⋮		
i		
⋮		
m		

图 7-9　线性链表的存储空间

在线性链表中，用一个专门的指针 HEAD 指向线性链表中第一个数据元素的节点（即存放线性表中第一个数据元素的存储节点的序号）。线性表中最后一个元素没有后件，因此，线性链表中最后一个节点的指针域为空（用 NULL 或 0 表示），表示链表终止。线性链表中存储节点的结构如图 7-10 所示。线性链表的逻辑结构如图 7-11 所示。

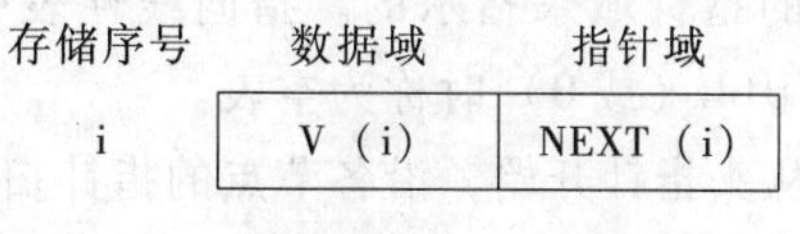

图 7-10　线性链表的一个存储节点

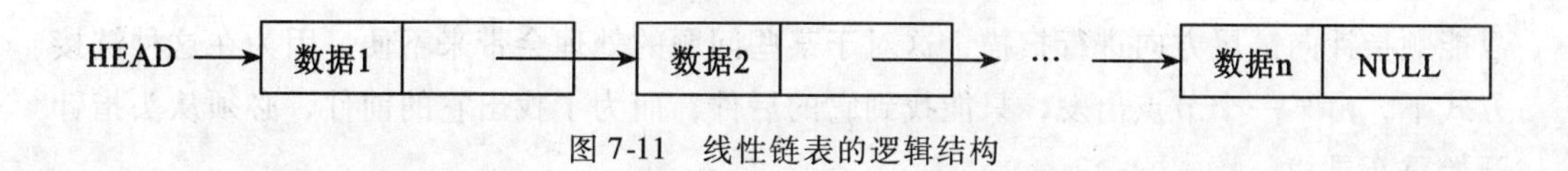

图 7-11　线性链表的逻辑结构

下面举一个例子来说明线性链表的存储结构。

设线性表为（a_1，a_2，a_3，a_4，a_5），存储空间具有 10 个存储节点，该线性表在存储空间中的存储情况如图 7-12 所示。为了直观地表示该线性链表中各元素之间的前后件关系，还可以用如图 7-13 所示的逻辑状态来表示，其中每一个节点上面的数字表示该节点的存储序号（简称节点号）。

HEAD: 3

i	V(i)	NEXT(i)
1	a_2	9
2		
3	a_1	1
4		
5	a_4	10
6		
7		
8		
9	a_3	5
10	a_5	0

图 7-12　线性链表的物理状态

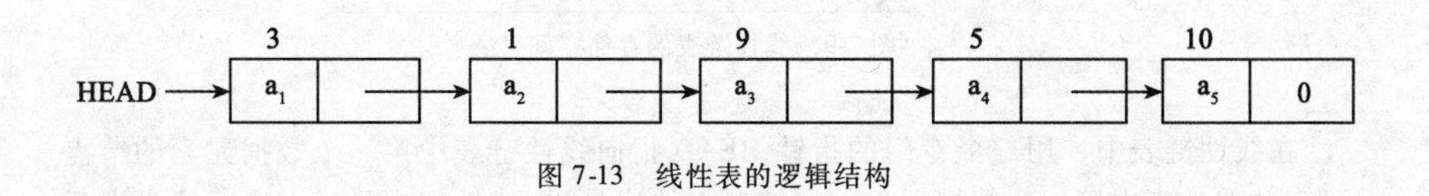

图 7-13　线性表的逻辑结构

一般来说，在线性表的链式存储结构中，各数据节点的存储序号是不连续的，并且各节点在存储空间中的位置关系与逻辑关系也不一致。在线性链表中，各数据元素之间的前后件关系是由各节点的指针域来指示的。指向线性表中第一个节点的指针 HEAD 称为头指针，当 HEAD = NULL（或 0）时称为空表。

对于线性链表，可以从头指针开始，沿各节点的指针扫描到链表中的所有节点。

上面讨论的线性链表又称为线性单链表。在这种链表中，每一个节点只有一个指针域，由这个指针只能找到后件节点，但不能找到前件节点。因此，在这种线性链表中，只能顺指针向链尾方向进行扫描，这对于某些问题的处理会带来不便，因为在这种链接方式下，由某一个节点出发，只能找到它的后件，而为了找出它的前件，必须从头指针开始重新寻找。

为了弥补线性单链表的这个缺点，在某些应用中，对线性链表中的每个节点设置两个指针；一个称为左指针（Llink），用以指向其前件节点；另一个称为右指针（Rlink），用以指向其后件节点。这样的线性链表称为双向链表，其逻辑状态如图 7-14 所示。

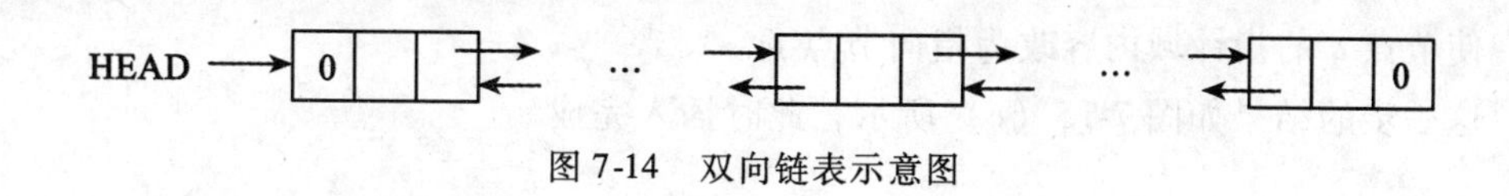

图 7-14　双向链表示意图

3. 线性链表的基本运算

线性链表的运算主要有以下几个：

①在线性链表中包含指定元素的节点之前插入一个新元素。

②在线性链表中删除包含指定元素的节点。

③将两个线性链表按要求合并成一个线性链表。

④将一个线性链表按要求进行分解。

⑤逆转线性链表。

⑥复制线性链表。

⑦线性链表的排序。

⑧线性链表的查找。

下面主要讨论线性链表的插入和删除。

（1）在线性链表中查找指定元素

在对线性链表进行插入或删除的运算中，总是首先需要找到插入或删除的位置，这就需要对线性链表进行扫描查找，在线性链表中寻找包含指定元素值的前一个节点。当找到包含指定元素的前一个节点后，就可以在该节点后插入新节点或删除该节点后的一个节点。

在非空线性链表中寻找包含指定元素值 x 的前一个节点 p 的基本方法如下：

从头指针指向的节点开始往后沿指针进行扫描，直到后面已没有节点或下一个节点的数据域为 x 为止。因此，由这种方法找到的节点 p 有两种可能：当线性链表中存在包含元素 x 的节点时，则找到的 p 为第一次遇到的包含元素 x 的前一个节点序号；当线性链表中不存在包含元素 x 的节点时，则找到的 p 为线性链表中的最后一个节点号。

（2）线性链表的插入

线性链表的插入是指在链式存储结构下的线性表中插入一个新元素。

为了要在线性链表中插入一个新元素，首先要给该元素分配一个新节点，以便用于存储该元素的值。然后将存放新元素值的节点链接到线性链表中指定的位置。

现在要在线性链表中包含元素 x 的节点之前插入一个新元素 b。其插入过程如下：

①建立一个新节点，设该节点号为 p，并置节点 p 的数据域为插入的元素值 b，如图 7-15（a）所示。

②在线性链表中寻找包含元素 x 的前一个节点，设该节点的存储号为 q，如图 7-15

(b) 所示。

③将节点 p 插入到节点 q 之后。为了实现这一步，只要改变一下两个节点的指针域内容：

使节点 p 指向包含元素 x 的节点。

使节点 q 的指针域内容改为指向节点 p。

这一步的结果如图 7-15（c）所示，此时插入完成。

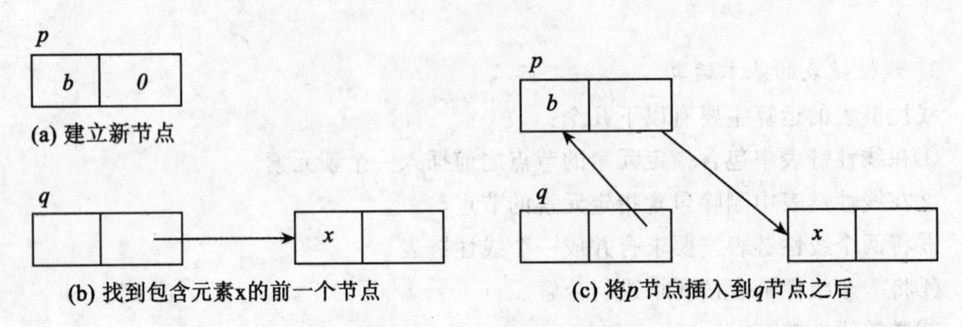

图 7-15　线性链表的插入

由线性链表的插入过程可以看出，由于插入的新节点取自于内存，因此，在线性链表插入时总能取到存储插入元素的新节点，不会发生“上溢”的情况。另外，线性链表在插入过程中不发生数据元素移动的现象，只需改变有关节点的指针即可，从而提高了插入的效率。

(3) 线性链表的删除

线性链表的删除是指在链式存储结构下的线性表中删除包含指定元素的节点。

为了在线性链表中删除包含指定元素的节点，首先要在线性链表中找到这个节点，然后将要删除的节点释放。

现在要在线性链表中删除包含元素 x 的节点，其删除过程如下：

①在线性链表中寻找包含元素 x 的前一个节点，设该节点的存储号为 q，如图 7-16（a）所示。

②将节点 q 之后的节点 p 从线性链表中删除。即让节点 q 的指针指向包含元素 x 的节点 p 的指针指向的节点（即节点 p 后的节点）。

经过上述两步后，线性链表如图 7-16（b）所示。

③将包含元素 x 的节点 p 所占的内存释放，此时，线性链表的删除运算完成。

从线性链表的删除过程可以看出，在线性链表中删除一个元素后，不需要移动表中的数据元素，只需改变被删除元素所在节点的前一个节点的指针域即可。另外，当从线性链表中删除一个元素后，该元素的存储节点就变为空闲，应将该空闲节点所占内存释放。

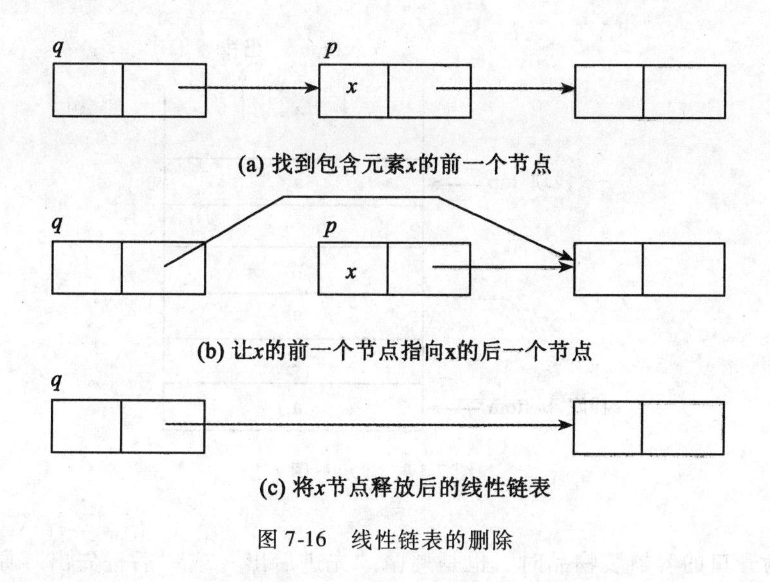

图 7-16　线性链表的删除

7.3　栈和队列

7.3.1　栈及其基本运算

1. 什么是栈

栈（stack）实际上也是线性表，只不过是一种特殊的线性表。在这种特殊的线性表中，其插入与删除运算都只在线性表的一端进行。即在这种线性表的结构中，一端是封闭的，不允许进行插入与删除元素；另一端是开口的，允许插入与删除元素。在顺序存储结构下，对这种类型线性表的插入与删除运算是不需要移动表中其他数据元素的。这种线性表称为栈。

栈是限定在一端进行插入与删除的线性表。

在栈中，允许插入与删除的一端称为栈顶，而不允许插入与删除的一端称为栈底。栈顶元素总是最后被插入的元素，从而也是最先能被删除的元素；栈底元素总是最先被插入的元素，从而也是最后才能被删除的元素。即栈是按照“先进后出”（FILO—First In Last Out）或“后进先出”（LIFO—Last In First Out）的原则组织数据的，因此，栈也被称为“先进后出”表或“后进先出”表。由此可以看出，栈具有记忆作用。

通常用指针 top 来指示栈顶的位置，用指针 bottom 指向栈底。

往栈中插入一个元素称为入栈运算，从栈中删除一个元素（即删除栈顶元素）称为退栈运算。栈顶指针 top 动态反映了栈中元素的变化情况。

图 7-17 是栈的示意图。

栈这种数据结构在日常生活中也是常见的。例如，子弹夹是一种栈的结构，最后压入的子弹总是最先被弹出，而最先压入的子弹最后才能被弹出。又如，在用一端为封闭

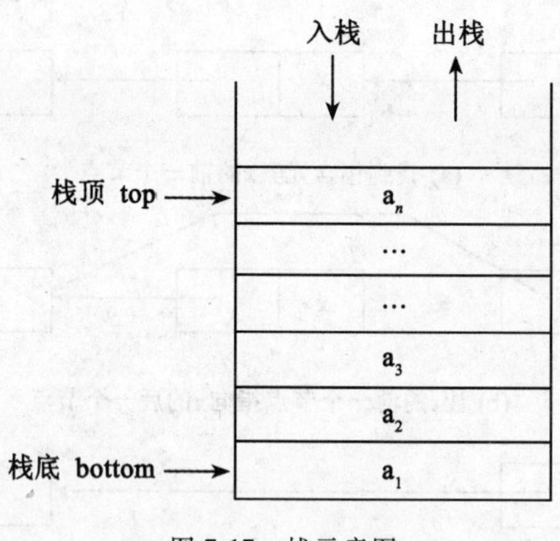

图 7-17　栈示意图

而另一端为开口的容器装物品时，也是遵循“先进后出”或“后进先出”原则的。

2. 栈的顺序存储及其运算

与一般的线性表一样，在程序设计语言中，用一维数组 S(1：m)作为栈的顺序存储空间，其中 m 为栈的最大容量。通常，栈底指针指向栈空间的低地址一端（即数组的起始地址这一端）。图 7-18（a）是容量为 10 的栈顺序存储空间，栈中已有 6 个元素；图 7-18（b）与图 7-18（c）分别为入栈与退栈后的状态。

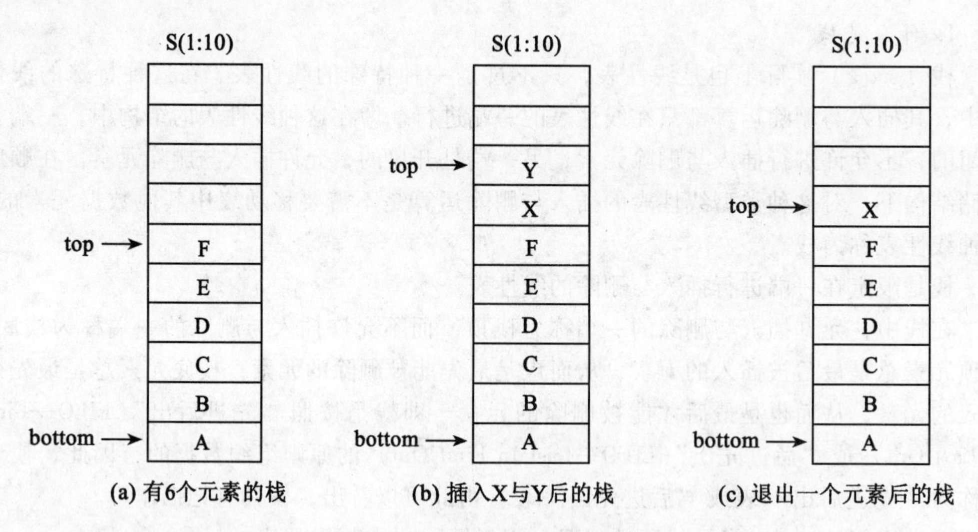

图 7-18　栈在顺序存储结构下的运算

在栈的顺序存储空间 S(1：m)中，S(bottom)通常为栈底元素(在栈非空的情况下)，S(top)为栈顶元素。Top=0 表示栈空；top=m 表示栈满。

栈的基本运算有三种：入栈、退栈与读栈顶元素。下面分别介绍在顺序存储结构下栈的这三种运算。

(1) 入栈运算

入栈运算是指在栈顶位置插入一个新元素。这个运算有两个基本操作：首先将栈顶指针进一（即 top 加 1），然后将新元素插入到栈顶指针指向的位置。

当栈顶指针已经指向存储空间的最后一个位置时，说明栈空间已满，不可能再进行入栈操作。这种情况称为栈“上溢”错误。

(2) 退栈运算

退栈运算是指取出栈顶元素并赋给一个指定的变量。这个运算有两个基本操作：首先将栈顶元素（栈顶指针指向的元素）赋给一个指定的变量，然后将栈顶指针退一（即 top 减 1）。

当栈顶指针为 0 时，说明栈空，不可能进行退栈操作。这种情况称为栈“下溢”错误。

(3) 读栈顶元素

读栈顶元素是指将栈顶元素赋给一个指定的变量。必须注意的是，这个运算不删除栈顶元素，只是将它的值赋给一个变量，因此，在这个运算中，栈顶指针不会改变。

3. 栈的链式存储

栈也可以采用链式存储结构。图 7-19 是栈在链式存储时的逻辑状态示意图。

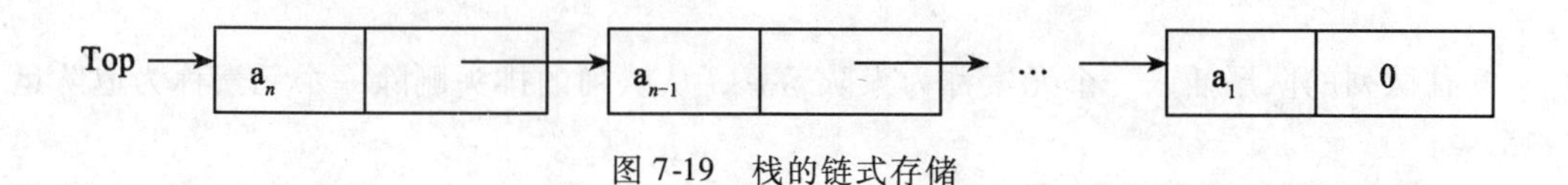

图 7-19　栈的链式存储

在实际应用中，链式栈可以用来收集计算机存储空间中所有空闲的存储节点，这种带链的栈称为可利用栈。由于可利用栈链接了计算机存储空间中所有的空闲节点，因此，当计算机系统或用户程序需要存储节点时，就可以从中取出栈顶节点；当计算机系统或用户程序释放一个存储节点（该元素从表中删除）时，则要将该节点放回到可利用栈的栈顶。由此可知，计算机中的所有可利用空间都可以以节点为单位链接在可利用栈中。

随着其他线性链表中节点的插入与删除，可利用栈处于动态变化之中，即可利用栈经常要进行退栈与入栈操作。

7.3.2　队列及其基本运算

1. 什么是队列

在计算机系统中，如果一次只能执行一个用户程序，则在多个用户程序需要执行时，这些用户程序必须先按照到来的顺序进行排队等待。这通常是由计算机操作系统进行管理的。

在操作系统中，用一个线性表来组织管理用户程序的排队执行，原则是：

①初始时线性表为空；

②当有用户程序来到时，将该用户程序加入到线性表的末尾进行等待；

③当计算机系统执行完当前的用户程序后，就从线性表的头部取出一个用户程序执行。

由这个例子可以看出，在这种线性表中，需要加入的元素总是插入到线性表的末尾，并且又总是从线性表的头部取出（删除）元素。这种线性表称为队列。

队列（queue）是指允许在一端进行插入、而在另一端进行删除的线性表。允许插入的一端称为队尾，通常用一个称为尾指针（rear）的指针指向队尾元素，即尾指针总是指向最后被插入的元素；允许删除的一端称为排头（也称为队头），通常也用一个排头指针（front）指向排头元素的前一个位置。显然，在队列这种数据结构中，最先插入的元素将最先能够被删除；反之，最后插入的元素将最后才能被删除。因此，队列又称为“先进先出”(FIFO—First In First Out）或“后进后出”(LILO—Last In Last Out）的线性表，它体现了“先来先服务”的原则。在队列中，队尾指针 rear 与队头指针 front 共同反映了队列中元素动态变化的情况。图 7-20 是具有 6 个元素的队列的示意图。

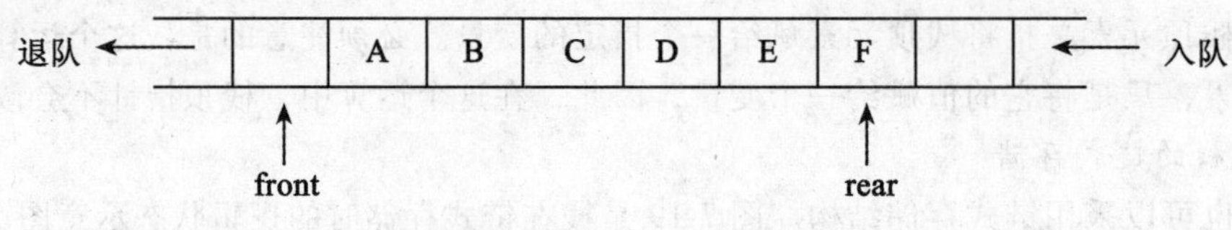

图 7-20　具有 6 个元素的队列

往队列的队尾插入一个元素称为入队运算，从队列的排头删除一个元素称为退队运算。

图 7-21 是在队列中进行插入与删除的示意图。由图 7-21 可以看出，在队列的末尾插入一个元素（入队运算）只涉及队尾指针 rear 的变化，而要删除队列中的排头元素（退队运算）只涉及队头指针 front 的变化。

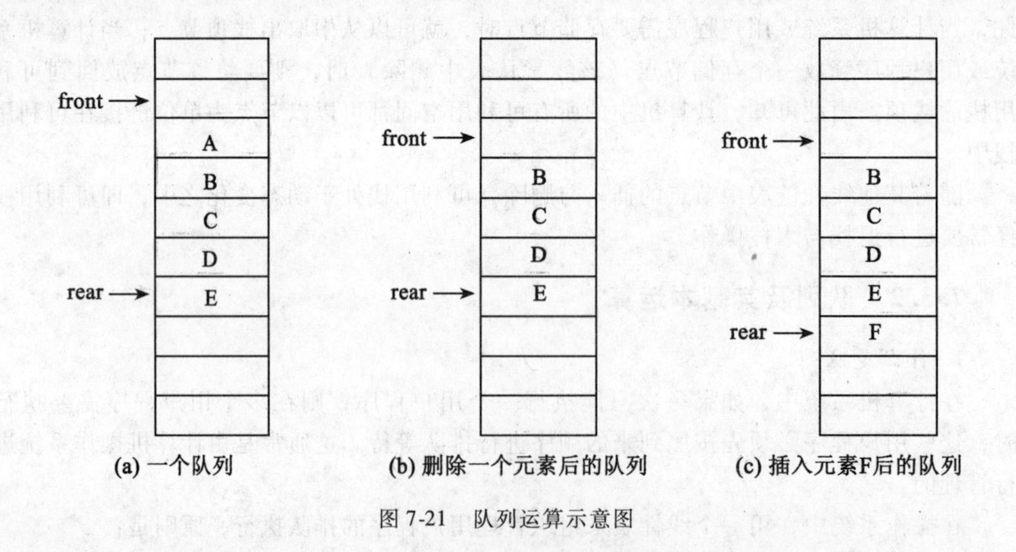

图 7-21　队列运算示意图

与栈类似，在程序设计语言中，用一维数组作为队列的顺序存储空间。

2. 循环队列及其运算

在实际应用中，队列的顺序存储结构一般采用循环队列的形式。

所谓循环队列，就是将队列存储空间的最后一个位置绕到第一个位置，形成逻辑上的环状空间，供队列循环使用。在循环队列结构中，当存储空间的最后一个位置已被使用而再要进行入队运算时，只要存储空间的第一个位置空闲，便可将元素加入到第一个位置，即将存储空间的第一个位置作为队尾。

在循环队列中，用队尾指针 rear 指向队列中的队尾元素，用队头指针 front 指向队头元素的前一个位置，因此，从队头指针 front 指向的后一个位置直到队尾指针 rear 指向的位置之间所有的元素均为队列中的元素。

循环队列的初始状态为空，即 rear=front=m。

循环队列主要有两种基本运算：入队运算与退队运算。

每进行一次入队运算，队尾指针就进一。当队尾指针 rear=m+1 时，则置 rear=1。

每进行一次退队运算，队头指针就进一。当队头指针 front=m+1 时，则置 front=1。

图 7-22（a）是一个容量为 10 的循环队列存储空间，且其中已有 6 个元素。图 7-22（b）是在图 7-22（a）的循环队列中又加入了 2 个元素后的状态，图 7-22（c）是在图 7-22（b）的循环队列中退出了 1 个元素后的状态。

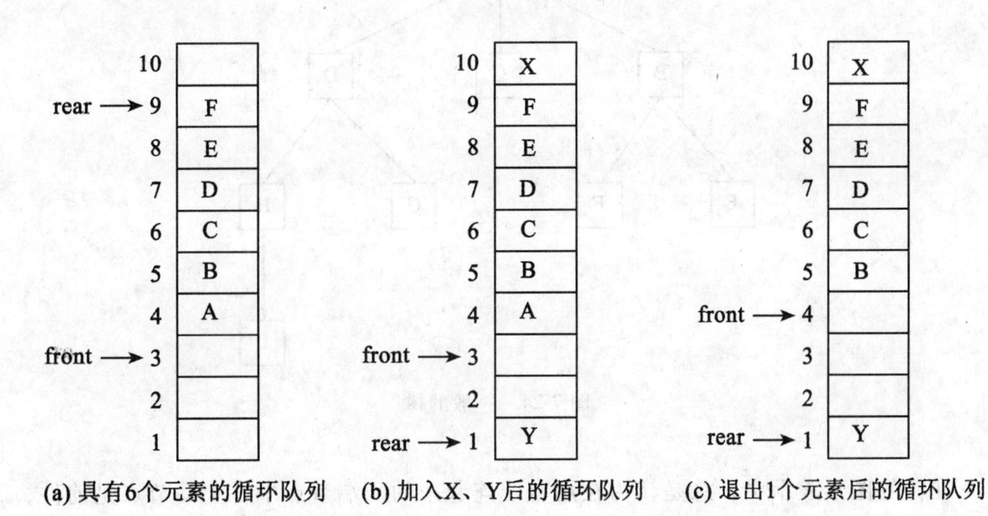

图 7-22　循环队列运算

3. 队列的链式存储结构

与栈类似，队列也可以采用链式存储结构。图 7-23 是队列在链式存储时的逻辑状态示意图。

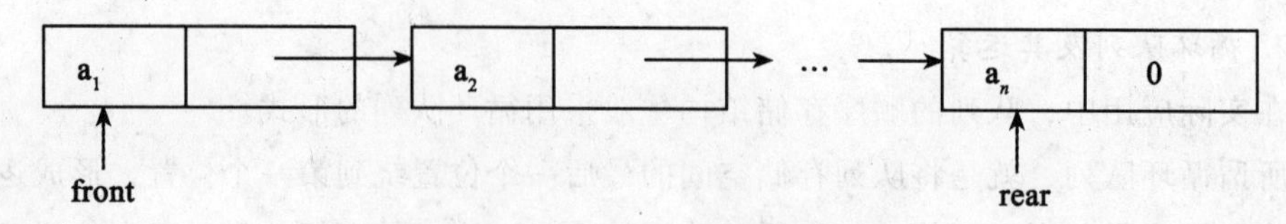

图 7-23　队列的链式存储结构示意图

7.4　树和二叉树

7.4.1　树的基本概念

树（Tree）是一种简单的非线性结构。在树这种数据结构中，所有数据元素之间的关系具有明显的层次特性。图 7-24 表示了一棵一般的树。由图 7-24 可以看出，在用图形表示树这种数据结构时，很像自然界中的树，只不过是一棵倒长的树，因此，这种数据结构就用“树”来命名。

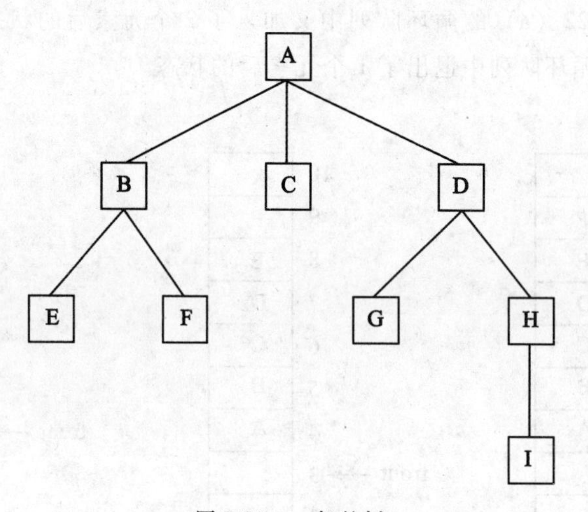

图 7-24　一般的树

在树的图形表示中，总是认为在用直线连起来的两端节点中，上端节点是前件，下端节点是后件，这样，表示前后件关系的箭头就可以省略。

在现实世界中，能用树这种数据结构表示的例子有很多。例如，学校的行政关系、家族的血缘关系、书中目录的层次关系等。由于树具有明显的层次关系，因此，具有层次关系的数据都可以用树这种数据结构来描述。在所有的层次关系中，人们最熟悉的是血缘关系，按血缘关系可以很直观地理解树结构中各数据元素节点之间的关系，因此，在描述树结构时，也经常使用血缘关系中的一些术语。

下面介绍树这种数据结构中的一些基本特征，同时介绍有关树结构的基本术语。

在树结构中，每一个节点只有一个前件，称为父节点，没有前件的节点只有一个，称为树的根节点，简称为树的根。例如，在图 7-24 中，节点 A 是树的根节点。

在树结构中，每一个节点可以有多个后件；它们都称为该节点的子节点。没有后件的节点称为叶子节点。例如，在图 7-24 中，节点 C、E、F、G、I 均为叶子节点。

在树结构中，一个节点所拥有的后件个数称为该节点的度。例如，在图 7-24 中，根节点 A 的度为 3；节点 B、D 的度为 2；节点 H 的度为 1。叶子节点的度为 0。在树中，所有节点中的最大的度称为树的度。例如，图 7-24 所示的树的度为 3。

前面已经说过，树结构具有明显的层次关系，即树是一种层次结构。在树结构中，一般按如下原则分层：

根节点在第 1 层。

同一层上所有节点的所有子节点都在下一层。例如，在图 7-24 中，根节点 A 在第 1 层；节点 B、C、D 在第 2 层；节点 E、F、G、H 在第 3 层；节点 I 在第 4 层。

树的最大层次称为树的深度。例如，图 7-24 所示的树的深度为 4。

在树中，以某节点的一个子节点为根构成的树称为该节点的一棵子树。例如，在图 7-24 中节点 A 有 3 棵子树，它们分别以 B、C、D 为根节点；节点 B 有 2 棵子树，其根节点为 E、F；节点 D 有 2 棵子树，它们分别以 G、H 为根节点。

在树中，叶子节点没有子树。

树在计算机中通常用多重链表表示。多重链表中的每个节点描述了树中对应节点的信息，而每个节点中的链域（即指针域）个数将随树中该节点的度而定，其一般结构如图 7-25 所示。

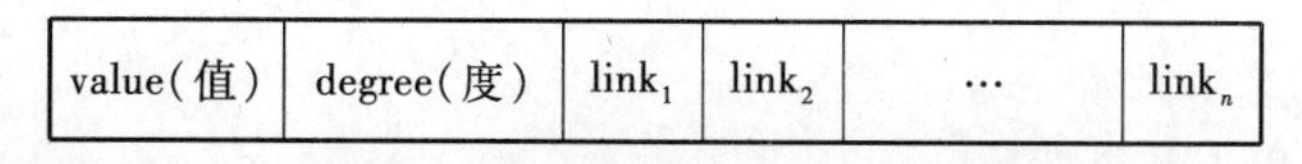

图 7-25　树的多重链表中的节点结构

在表示树的多重链表中，由于树中每个节点的度一般是不同的，因此，多重链表中各节点的链域个数也就不同，这将导致对树进行处理的算法很复杂。如果用定长的节点来表示树中的每个节点，即取树的度作为每个节点的链域个数，这就可以使对树的各种处理算法大大简化。但在这种情况下，容易造成存储空间的浪费，因为有可能在很多节点中存在空链域。

7.4.2　二叉树及其基本性质

1. 什么是二叉树

二叉树（Binary Tree）是一种很有用的非线性结构。二叉树不同于前面介绍的树结构，但它与树结构很相似，并且，树结构的所有术语都可以用到二叉树这种数据结构上。

二叉树具有以下两个特点：

① 非空二叉树只有一个根节点；

② 每一个节点最多有两棵子树，且分别称为该节点的左子树与右子树。

由以上特点可以看出，在二叉树中，每一个节点的度最大为2，即所有子树（左子树或右子树）也均为二叉树，而树结构中的每一个节点的度可以是任意的。另外，二叉树中的每一个节点的子树被明显地分为左子树与右子树。在二叉树中，一个节点可以只有左子树而没有右子树，也可以只有右子树而没有左子树。当一个节点既没有左子树也没有右子树时，该节点即是叶子节点（如图 7-26 所示）。

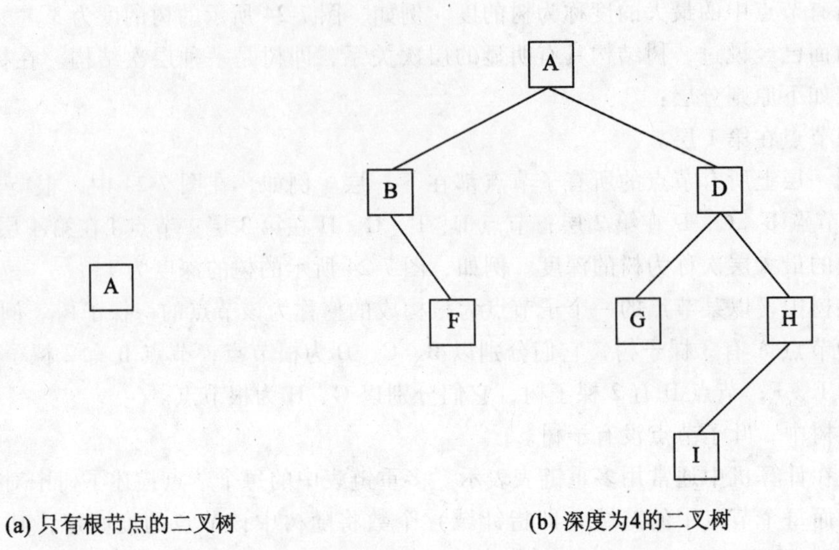

图 7-26　二叉树

2. 二叉树的基本性质

二叉树具有以下几个性质：

性质 1　在二叉树的第 k 层上，最多有 2^{k-1}（$k \geqslant 1$）个节点。

性质 2　深度为 m 的二叉树最多有 2^m-1 个节点。

性质 3　在任意一棵二叉树中，度为 0 的节点（即叶子节点）总是比度为 2 的节点多一个。

性质 4　具有 n 个节点的二叉树，其深度至少为$\lfloor \log_2 n \rfloor+1$，其中$\lfloor \log_2 n \rfloor$表示取 $\log_2 n$ 的整数部分。

在学习其他性质前介绍两个概念：

（1）满二叉树

所谓满二叉树是指这样的一种二叉树：除最后一层外，每一层上的所有节点都有两个子节点。这就是说，在满二叉树中，每一层上的节点数都达到最大值，即在满二叉树的第 k 层上有 2^{k-1}个节点，且深度为 m 的满二叉树有 2^m-1 个节点。如图 7-27 所示为满二叉树。

（2）完全二叉树

所谓完全二叉树是指这样的二叉树：除最后一层外，每一层上的节点数均达到最大值；在最后一层上只缺少右边的若干节点。

更确切地说，如果从根节点起，对二叉树的节点自上而下、自左至右用自然数进行连续编号，则深度为 m、且有 n 个节点的二叉树，当且仅当其每一个节点都与深度为 m 的满二叉树中编号从 1 到 n 的节点一一对应时，称之为完全二叉树。如图 7-28 所示为完全二叉树。

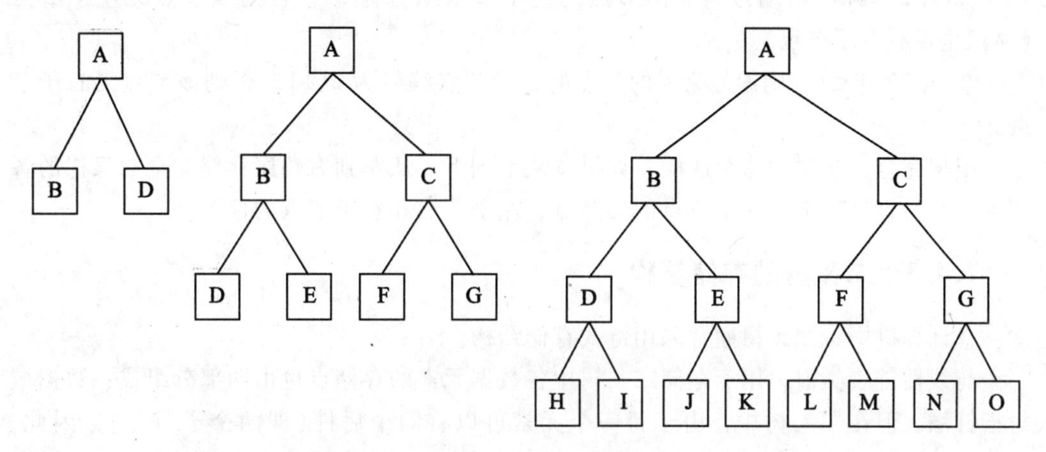

图 7-27　满二叉树

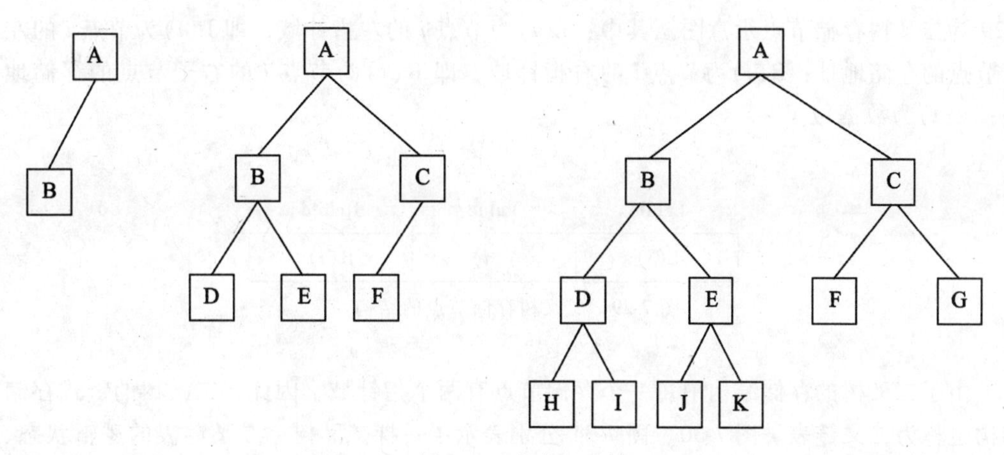

图 7-28　完全二叉树

对于完全二叉树来说，叶子节点只可能在层次最大的两层上出现；对于任何一个节点，若其右分支下的子孙节点的最大层次为 p，则其左分支下的子孙节点的最大层次或为 p 或为 $p+1$。

由满二叉树与完全二叉树的特点可以看出，满二叉树也是完全二叉树，而完全二叉树一般不是满二叉树。

完全二叉树还具有以下两个性质：

性质 5　具有 n 个节点的完全二叉树的深度为$\lfloor \log_2 n \rfloor+1$。

性质6 设完全二叉树共有 n 个节点。如果从根节点开始，按层序（每一层从左到右）用自然数1，2，…，n 给节点进行编号，则对于编号为 k（$k=1$，2，…，n）的节点有以下结论：

① 若 $k=1$，则该节点为根节点，它没有父节点；若 $k>1$，则该节点的父节点编号为 INT（$k/2$）。

② 若 $2k\leqslant n$，则编号为 k 的节点的左子节点编号为 $2k$；否则该节点无左子节点（显然也没有右子节点）。

③ 若 $2k+1\leqslant n$，则编号为 k 的节点的右子节点编号为 $2k+1$；否则该节点无右子节点。

根据完全二叉树的这个性质，如果按从上到下、从左到右顺序存储完全二叉树的各节点，则很容易确定每一个节点的父节点、左子节点和右子节点的位置。

7.4.3 二叉树的存储结构

在计算机中，二叉树通常采用链式存储结构。

与线性链表类似，用于存储二叉树中各数据元素的存储点也由两部分组成：数据域与指针域。但在二叉树中，由于每一个元素可以有两个后件(即两个子节点)，因此，用于存储二叉树的存储节点的指针域有两个：一个用于指向该节点的左子节点的存储地址，称为左指针域；另一个用于指向该节点的右子节点的存储地址，称为右指针域。图7-29为二叉树存储节点示意图。其中：L(i)为节点 i 的左指针域，即 L(i)为节点 i 的左子节点的存储地址；R(i)为节点 i 的右指针域，即 R(i)为节点 i 的右子节点的存储地址；V(i)为数据域。

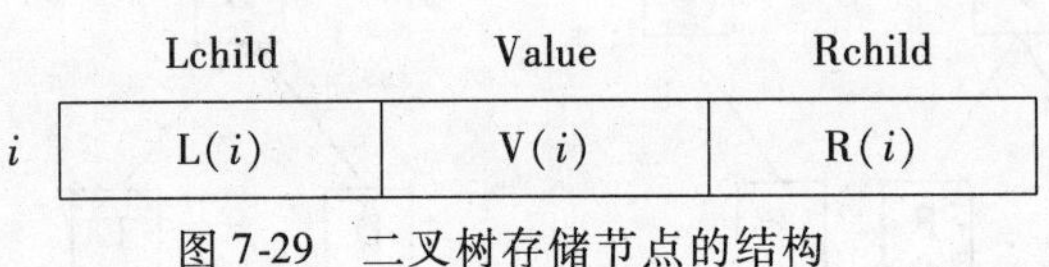

图7-29 二叉树存储节点的结构

由于二叉树的存储结构中每一个存储节点有两个指针域，因此，二叉树的链式存储结构也称为二叉链表。图7-30、图7-31分别表示了一棵二叉树、二叉链表的逻辑状态、二叉链表的物理状态。其中BT称为二叉链表的头指针，用于指向二叉树根节点(即存放二叉树根节点的存储地址)。

对于满二叉树与完全二叉树来说，根据完全二叉树的性质6，可以按层序进行顺序存储，这样，不仅节省了存储空间，又能方便地确定每一个节点的父节点与左右子节点的位置，但顺序存储结构对于一般的二叉树不适用。

7.4.4 二叉树的遍历

二叉树的遍历是指不重复地访问二叉树中的所有节点。

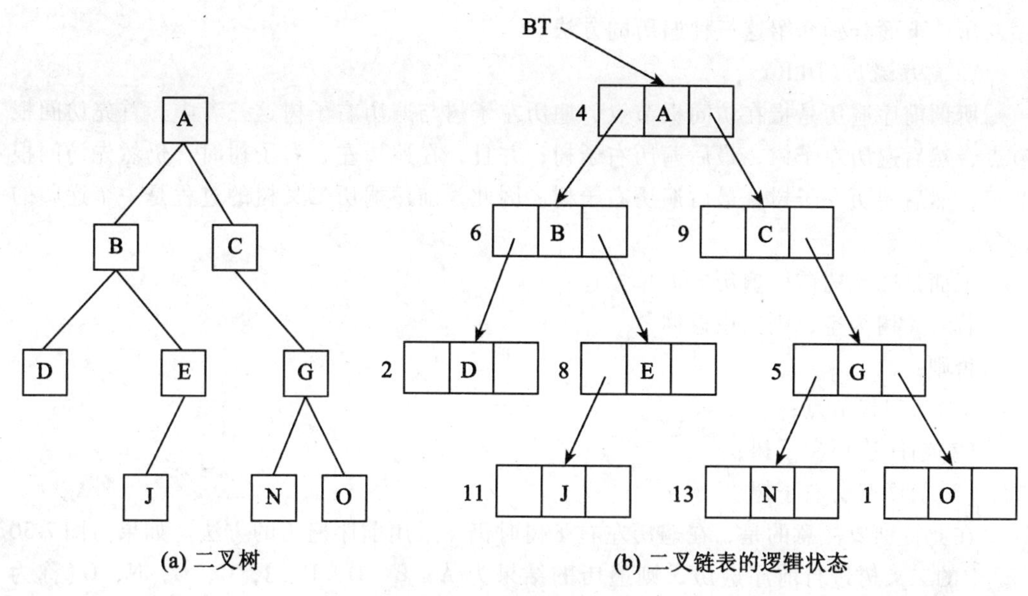

图 7-30　二叉树和二叉链表

	i	L (i)	V (i)	R (i)
	1	0	O	0
	2	0	D	0
	3			
BT →	4	6	A	9
	5	13	G	1
	6	2	B	8
	7			
	8	11	E	0
	9	0	C	5
	10			
	11	0	J	0
	12			
	13	0	N	0

图 7-31　二叉链表的物理状态

由于二叉树是一种非线性结构，因此，对二叉树的遍历要比遍历线性表复杂得多。在遍历二叉树的过程中，当访问到某个节点时，再往下访问可能有两个分支，那么先访问哪一个分支呢？对于二叉树来说，需要访问根节点、左子树上的所有节点、右子树上的所有节点，在这三者中，究竟先访问哪一个？也就是说，遍历二叉树的方法实际上是要确定访问各节点的顺序，以便不重不漏地访问到二叉树中的所有节点。

在遍历二叉树的过程中，一般先遍历左子树，然后再遍历右子树。在先左后右的原则下，根据访问根节点的次序，二叉树的遍历可以分为三种：前序遍历、中序遍历、后序遍历。下面分别介绍这三种遍历的方法。

1. 前序遍历(DLR)

所谓前序遍历是指在访问根节点、遍历左子树与遍历右子树这三者中，首先访问根节点，然后遍历左子树，最后遍历右子树；并且，在遍历左、右子树时，仍然先访问根节点，然后遍历左子树，最后遍历右子树。因此，前序遍历二叉树的过程是一个递归的过程。

下面是二叉树前序遍历的简单描述：

若二叉树为空，则结束返回。

否则：

(1)访问根节点；

(2)前序遍历左子树；

(3)前序遍历右子树。

在此特别要注意的是，在遍历左右子树时仍然采用前序遍历的方法。如果对图7-30(a)中的二叉树进行前序遍历，则遍历的结果为A，B，D，E，J，C，G，N，O(称为该二叉树的前序序列)。

2. 中序遍历(LDR)

所谓中序遍历是指在访问根节点、遍历左子树与遍历右子树这三者中，首先遍历左子树，然后访问根节点，最后遍历右子树；并且，在遍历左、右子树时，仍然先遍历左子树，然后访问根节点，最后遍历右子树。因此，中序遍历二叉树的过程也是一个递归的过程。

下面是二叉树中序遍历的简单描述：

若二叉树为空，则结束返回。

否则：

(1)中序遍历左子树；

(2)访问根节点；

(3)中序遍历右子树。

在此也要特别注意的是，在遍历左右子树时仍然采用中序遍历的方法。如果对图7-30(a)中的二叉树进行中序遍历，则遍历结果为D，B，J，E，A，C，N，G，O(称为该二叉树的中序序列)。

3. 后序遍历(LRD)

所谓后序遍历是指在访问根节点、遍历左子树与遍历右子树这三者中，首先遍历左子树，然后遍历右子树，最后访问根节点，并且，在遍历左、右子树时，仍然先遍历左子树，然后遍历右子树，最后访问根节点。因此，后序遍历二叉树的过程也是一个递归的过程。

下面是二叉树后序遍历的简单描述：

若二叉树为空，则结束返回。

否则：

(1)后序遍历左子树;

(2)后序遍历右子树;

(3)访问根节点。

在此也要特别注意的是，在遍历左右子树时仍然采用后序遍历的方法。如果对图7-30(a)中的二叉树进行后序遍历，则遍历结果为D，J，E，B，N，O，G，C，A(称为该二叉树的后序序列)。

7.5 查找技术

查找是数据处理领域中的一个重要内容，查找的效率将直接影响到数据处理的效率。

所谓查找是指在一个给定的数据结构中查找某个指定的元素。通常，根据不同的数据结构，应采用不同的查找方法。

7.5.1 顺序查找

顺序查找又称为顺序搜索。顺序查找一般是指在线性表中查找指定的元素，其基本方法如下：

从线性表的第一个元素开始，依次将线性表中的元素与被查找元素进行比较，若相等则表示找到(即查找成功)；若线性表中所有的元素都与被查元素进行了比较但都不相等，则表示线性表中没有要找的元素(即查找失败)。

在进行顺序查找过程中，如果线性表中的第一个元素就是被查找元素，则只需要一次比较就查找成功，查找效率最高；但如果被查找的元素是线性表中的最后一个元素，或者被查找元素根本不在线性表中，则为了查找这个元素需要与线性表所有的元素进行比较，这是顺序查找的最坏情况。在平均情况下，利用顺序查找法在线性表中查找一个元素，大约要与线性表中一半的元素进行比较。

由此可以看出，对于大的线性表来说，顺序查找的效率是很低的。虽然顺序查找的效率不高，但在下列两种情况下也只能采用顺序查找：

(1)如果线性表为无序表(即表中元素的排列是无序的)，则不管是顺序存储结构还是链式存储结构，都只能用顺序查找。

(2)即使是有序线性表，如果采用链式存储结构，也只能用顺序查找。

7.5.2 二分查找

二分法查找只适用于顺序存储的有序表。在此所说的有序表是指线性表中的元素按值非递减排列(即从小到大，但允许相邻元素值相等)。

设有序线性表的长度为 n，被查元素为 x，则对分查找的方法如下：

将 x 与线性表的中间项进行比较：

若中间项的值等于 x，则说明查到，查找结束；

若 x 小于中间项的值，则在线性表的前半部分(即中间项以前的部分)以相同的方法进行查找；

若 x 大于中间项的值，则在线性表的后半部分(即中间项以后的部分)以相同的方法进行查找。

这个过程一直进行到查找成功或子表长度为0(说明线性表中没有这个元素)为止。

显然，当有序线性表为顺序存储时才能采用二分查找，并且，二分查找的效率要比顺序查找高得多。可以证明，对于长度为 n 的有序线性表，在最坏情况下，二分查找只需要比较 $\log_2 n$ 次，而顺序查找需要比较 n 次。

7.6 排序技术

排序就是把一组无序的记录按其关键字的某种次序排列起来，使其具有一定的顺序，便于进行数据查找。其方法很多，应用也很广泛。这里主要讨论常用的交换排序、插入排序和选择排序方法。

7.6.1 交换排序

交换排序的基本方法是：两两比较待排序记录的关键字，并交换不满足次序要求的那些偶对，直到全部满足为止。本节介绍冒泡排序和快速排序两种交换排序方法。

1. 冒泡排序

冒泡排序法的基本思想是：通过无序区中相邻记录关键字间的比较和位置交换，使关键字最小的记录如气泡一般逐渐往上“漂浮”直至“水面”。整个算法是从最下面的记录开始，对每两个相邻记录的关键字进行比较，且是关键字较小的记录换至关键字较大的记录之上，使得经过一趟冒泡排序后，关键字最小的记录到达最上端，接着，再在剩下的记录中找关键字次小的记录，并把它换在第二个位置上。依次类推，一直到所有记录都有序为止。

【例7.7】已知有10个待排序的记录，它们的关键字序列为75，87，68，92，88，61，77，96，80，72，给出用冒泡排序法进行排序的过程。

解：按冒泡排序法的基本思想，10个数据元素要进行9次排序，每次排序将无序区中关键字最小的数据元素移到无序区的最前面，从而扩大有序区，减小无序区，最后使所有的数据元素进入有序区，完成排序，如图7-33所示。图7-32为一次排序的过程示意图。其中带阴影的数字表示本次比较的两个关键字值。我们看到，经过9次比较其中关键字最小的元素61移到最前面。

冒泡排序的执行时间在最坏情况下是 $O(n^2)$。

2. 快速排序

在前面所讨论的冒泡排序法中，由于在扫描过程中只对相邻两个记录进行比较，因此，在互换两个相邻记录时只能消除一个逆序。如果通过两个记录的交换，然后消除线性表中多个逆序，就会大大提高排序的速度。下面介绍的快速排序法可以实现通过一次交换而消除多个逆序。

初始序列	75	87	68	92	88	61	77	96	80	72
第 1 次比较后	75	87	68	92	88	61	77	96	72	80
第 2 次比较后	75	87	68	92	88	61	77	72	96	80
第 3 次比较后	75	87	68	92	88	61	72	77	96	80
第 4 次比较后	75	87	68	92	88	61	72	77	96	80
第 5 次比较后	75	87	68	92	61	88	72	77	96	80
第 6 次比较后	75	87	68	61	92	88	72	77	96	80
第 7 次比较后	75	87	61	68	92	88	72	77	96	80
第 8 次比较后	75	61	87	68	92	88	72	77	96	80
第 9 次比较后	61	75	87	68	92	88	72	77	96	80

图 7-32　冒泡排序法第一次排序过程示意图

第 1 次排序	61	75	87	68	92	88	72	77	96	80
第 2 次排序	61	68	75	87	72	92	88	77	80	96
第 3 次排序	61	68	72	75	87	77	92	88	80	96
第 4 次排序	61	68	72	75	77	87	80	92	88	96
第 5 次排序	61	68	72	75	77	80	87	88	92	96
第 6 次排序	61	68	72	75	77	80	87	88	92	96
第 7 次排序	61	68	72	75	77	80	87	88	92	96
第 8 次排序	61	68	72	75	77	80	87	88	92	96
第 9 次排序	61	68	72	75	77	80	87	88	92	96
最后结果	61	68	72	75	77	80	87	88	92	96

图 7-33　冒泡排序过程示意图

快速排序法的基本思想是：在待排序的 n 个记录中任取一个记录(通常取第一个记录)，把该记录放入最终位置后，整个数据区域被此记录分割成两个子区间。所有关键字比该记录关键字小的放置在前子区间中，所有比它大的放置在后子区间中，并把该记录排在这两个子区间的中间，这个过程称作一趟快速排序。之后对所有的两个子区间分别重复上述过程，直至每个子区间内只有一个记录为止。简而言之，每趟使表的第一个元素入终位，将数据区间一分为二，对于子区间按递归方式继续这种划分，直至划分的子区间长度为 1。

一趟快速排序采用从两头向中间扫描的办法，同时交换与基准记录逆序的记录。具体做法是：设两个指示器 i 和 j，它们的初值分别指向无序区中第一个和最后一个记录分别用 $R[i]$ 和 $R[j]$ 表示。首先将 $R[i]$ 作为基准存入临时变量 temp，将 $R[j]$ 与临时变量比较，如果 $R[j]>\text{temp}$，j 减一，继续将 $R[j]$ 与 temp 比较，否则，将 $R[j]$ 的值移到 $R[i]$ 中，i 加一；再把 $R[i]$ 与 temp 比较，如果 $R[i]<\text{temp}$，i 加一，继续将 $R[i]$ 与 temp 比较，否则将 $R[i]$ 的值移到 $R[j]$ 中，j 减一，再将 $R[j]$ 与 temp 比较，重复以上步骤，直至 i、j 指向同一个记录。

【例 7.8】 已知有 10 个待排序的记录，它们的关键字序列为 75，87，68，92，88，61，77，96，80，72，给出用快速排序法进行排序的过程。

解：快速排序过程如图 7-34 所示。其中带阴影的数据表示本次排好序的数据元素。

初始序列	75	87	68	92	88	61	77	96	80	72
第 1 次排序后	72	61	68	75	88	92	77	96	80	87
第 2 次排序后	68	61	72	75	88	92	77	96	80	87
第 3 次排序后	61	68	72	75	88	92	77	96	80	87
第 4 次排序后	61	68	72	75	88	92	77	96	80	87
第 5 次排序后	61	68	72	75	88	92	77	96	80	87
第 6 次排序后	61	68	72	75	87	80	77	88	96	92
第 7 次排序后	61	68	72	75	77	80	87	88	96	92
第 8 次排序后	61	68	72	75	77	80	87	88	92	96

图 7-34　快速排序过程示意图

快速排序算法的时间复杂度是 $O(n\log_2 n)$。

7.6.2　插入排序

插入排序的基本思想是：每一趟将一个待排序的记录，按其关键字值的大小插入到已经排序的记录中适当位置上，直到全部插入完成。本节主要介绍两种插入排序：直接插入排序和希尔排序。

1. 直接插入排序

直接插入排序是一种最简单的排序方法：其过程是依次将每个记录插入到一个有序的序列中去。

我们可以想象，在线性表中，只包含第 1 个记录的子表显然可以看成是有序表；接下来的问题是，从线性表的第 2 个记录开始直到最后一个记录，逐次将其中的每一个记录插入到前面已经有序的子表中。一般来说，假设线性表中前 $j-1$ 个记录已经有序，现在要将线性表中第 j 个记录插入到前面的有序子表中，插入过程如下：

首先将第 j 个记录放到一个变量 T 中，然后从有序子表的最后一个记录（即线性表中第 i-1 个记录）开始，往前逐个与 T 进行比较，将大于 T 的元素均依次向后移动一个位置，直到发现一个记录不大于 T 为止，此时就将 T（即原线性表中的第 j 个记录）插入到刚移出的空位置上，有序子表的长度就变为 j 了。

【例 7.9】 已知有 10 个待排序的记录，它们的关键字序列为 75，87，68，92，88，61，77，96，80，72，给出用直接插入排序法进行排序的过程。

解：直接插入排序过程如图 7-35 所示。其中带阴影的为已排序的记录。

初始序列	75	87	68	92	88	61	77	96	80	72
第 1 次排序	75	87	68	92	88	61	77	96	80	72
第 2 次排序	68	75	87	92	88	61	77	96	80	72
第 3 次排序	68	75	87	92	88	61	77	96	80	72
第 4 次排序	68	75	87	88	92	61	77	96	80	72
第 5 次排序	61	68	75	87	88	92	77	96	80	72
第 6 次排序	61	68	75	77	87	88	92	96	80	72
第 7 次排序	61	68	75	77	87	88	92	96	80	72
第 8 次排序	61	68	75	77	80	87	88	92	96	72
第 9 次排序	61	68	72	75	77	80	87	88	92	96

图 7-35　直接插入排序过程示意图

直接插入排序法的执行时间在最坏情况下是 $O(n^2)$。

2. 希尔排序法

希尔排序又称为缩小增量排序方法，其基本思想是：把记录按下标的一定增量 d 分组，对每组记录采用直接插入排序方法进行排序，随着增量逐渐减小，所分成的组包含的记录越来越多，到增量的值减小到 1 时，整个数据合成为一组，构成一组有序记录，则完成排序。

【例 7.10】 已知有 10 个待排序的记录，它们的关键字序列为 75，87，68，92，88，61，77，96，80，72，给出用希尔排序法进行排序的过程。

解：希尔排序过程如图 7-36 所示。

希尔排序算法的时间复杂度是 $O(n\log_2 n)$。

7.6.3　选择排序

选择排序的基本方法是：每步从待排序记录中选出关键字最小的记录，顺序放在已排序的记录序列的最后，直到全部排完为止。本节介绍直接选择排序和堆排序。

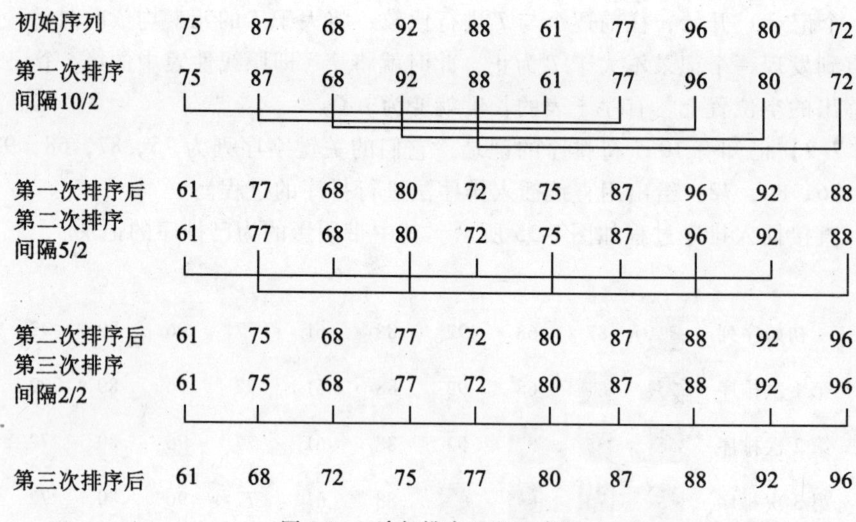

图 7-36　希尔排序过程示意图

1. 直接选择排序

直接选择排序的过程是：每一趟排序在 $n-i-1$ （$i=1$，2，…，$n-1$）个记录中选取关键字最小记录，并和第 i 个记录进行交换。

【**例 7.11**】已知有 10 个待排序的记录，它们的关键字序列为 75，87，68，92，88，61，77，96，80，72，给出用直接选择排序法进行排序的过程。

解：直接选择排序过程如图 7-37 所示。其中有阴影的为已排序的记录。

初始序列	75	87	68	92	88	61	77	96	80	72
第 1 次排序	61	87	68	92	88	75	77	96	80	72
第 2 次排序	61	68	87	92	88	75	77	96	80	72
第 3 次排序	61	68	72	92	88	75	77	96	80	87
第 4 次排序	61	68	72	75	88	92	77	96	80	87
第 5 次排序	61	68	72	75	77	92	88	96	80	87
第 6 次排序	61	68	72	75	77	80	88	96	92	87
第 7 次排序	61	68	72	75	77	80	87	96	92	88
第 8 次排序	61	68	72	75	77	80	87	88	92	96
第 9 次排序	61	68	72	75	77	80	87	88	92	96
最后结果	61	68	72	75	77	80	87	88	92	96

图 7-37　直接选择排序过程示意图

2. 堆排序

堆排序法属于选择类的排序方法。

堆的定义如下：

具有 n 个元素的序列（h_1，h_2，…，h_n），当且仅当满足

$$\begin{cases} h_i \geqslant h_{2i} \\ h_i \geqslant h_{2i+1} \end{cases} \quad 或 \quad \begin{cases} h_i \leqslant h_{2i} \\ h_i \leqslant h_{2i+1} \end{cases}$$

（$i=1$，2，…，$n/2$）时称之为堆。本节只讨论满足前者条件的堆。

由堆的定义可以看出，堆顶元素（即第一个元素）必为最大项。

在实际处理中，可以用一维数组 H(1:n)来存储堆序列中的元素，也可以用完全二叉树来直观地表示堆的结构。例如，序列（96，92，77，87，88，61，68，75，80，72）是一个堆。

根据堆的定义，可以得到堆排序的方法如下：

（1）首先将一个无序序列变成堆。

（2）然后将堆顶元素（序列中的最大项）与堆中最后一个元素交换（最大项应该在序列的最后）。不考虑已经换到最后的那个元素，只考虑前 $n-1$ 个元素构成的子序列，显然，该子序列已不是堆，但左右子树仍为堆，可以将子序列调整为堆。反复做第（2）步，直到剩下的子序列为空。

堆排序的方法对于规模较小的线性表并不合适，但对于较大规模的线性表来说是很有效的。在最坏情况下，堆排序需要比较的次数不超过 $O(n\log_2 n)$。

习　题　7

一、单项选择题

1. 算法的计算量的大小称为计算的（　　）。

　A. 效率　　B. 复杂性　　C. 现实性　　D. 难度

2. 从逻辑上可以把数据结构分为（　　）两大类。

　A. 动态结构、静态结构　　B. 顺序结构、链式结构

　C. 线性结构、非线性结构　　D. 初等结构、构造型结构

3. 若长度为 n 的线性表采用顺序存储结构，在其第 i 个位置插入一个新元素的算法的时间复杂度为（　　）（$1<=i<=n+1$）。

　A. O（0）　　B. O（1）　　C. O（n）　　D. O（n^2）

4. 对于栈操作数据的原则是（　　）。

　A. 先进先出　　B. 后进先出　　C. 后进后出　　D. 不分顺序

5. 六个元素按 6，5，4，3，2，1 的顺序进栈，问下列哪一个不是合法的出栈序列？（　　）

　A. 5 4 3 6 1 2　　B. 4 5 3 1 2 6　　C. 3 4 6 5 2 1　　D. 2 3 4 1 5 6

6. 栈和队列的共同点是（　　）。

A. 都是先进先出　　B. 都是先进后出

C. 只允许在端点处插入和删除元素　　D. 没有共同点

7. 对线性表进行二分查找时，要求线性表必须（　　）。

A. 以顺序方式存储　　B. 以链接方式存储

C. 以顺序方式存储，且数据元素有序　　D. 以链接方式存储，且数据元素有序

8. 一棵二叉树如图所示，它的中序遍历的结果为（　　）。

A. abdgcefh　　B. dgbaechf　　C. gdbehfca　　D. abcdefgh

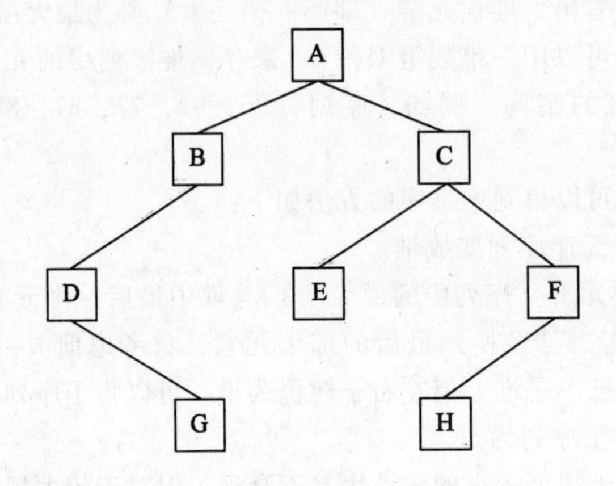

9. 按照二叉树的定义，具有3个节点的二叉树有（　　）种。

A. 3　　B. 4　　C. 5　　D. 6

10. 已知某二叉树的后序遍历序列是 dabec，中序遍历序列是 debac，它的前序遍历序列是（　　）。

A. acbed　　B. decab　　C. deabc　　D. cedba

二、填空题

1. 数据结构中评价算法的两个重要指标是__________。

2. 一个算法应具有以下基本特征：__________、__________、__________、拥有足够的情报。

3. 当线性表的元素总数基本稳定，且很少进行插入和删除操作，但要求以最快的速度存取线性表中的元素时，应采用__________存储结构。

4. 在一个长度为 n 的顺序表中第 i 个元素（$1<=i<=n$）之前插入一个元素时，需向后移动__________个元素。

5. 链式存储结构是通过__________表示元素之间的关系的。

6. 队列是限制插入只能在表的一端，而删除在表的另一端进行的线性表，其特点是__________。

7. 具有256个节点的完全二叉树的深度为__________。

8. 高度为8的完全二叉树至少有__________个节点。

9. 在 n 个记录的有序顺序表中进行二分查找，最大比较次数是__________。

10. 选择排序常用的有__________和__________。

第8章 信息安全

当今的世界，信息化已成为各国经济、社会发展竞争的制高点。随着信息技术的迅猛发展和广泛应用，社会信息化进程不断加快，社会对信息化的依赖性也越来越强，信息化也是我国加快实现工业化和现代化的必然选择。但信息和信息技术的发展同样也带来了一系列的安全问题，信息与网络的安全面临着严峻的挑战：计算机病毒、黑客入侵、特洛伊木马、逻辑炸弹、各种形式的网络犯罪、重要情报泄露等。正如美国密码学家 Snowp 曾经说过："网络的好处在于互联，网络的麻烦也在于互联。计算机连成网络，开始进入到每一台计算机都可能被另外的计算机攻击的时期"。

由于各种网络安全隐患和威胁的存在，使得信息安全面临严峻形势，并逐渐成为社会性问题，而且还会危及到政治、军事、经济和文化等各方面的安全。目前国内乃至全世界的网络安全形势都面临着严峻的考验，计算机网络及信息系统的安全问题也显得愈加突出。

8.1 信息安全概况

8.1.1 信息安全内容

信息安全本身包括的范围很大，大到国家军事政治等机密安全，小范围的当然还包括如防范商业企业机密泄露，防范青少年对不良信息的浏览，个人信息的泄露等。网络环境下的信息安全体系是保证信息安全的关键，包括计算机安全操作系统、各种安全协议、安全机制（数字签名、信息认证、数据加密等），直至安全系统，其中任何一个安全漏洞便可以威胁全局安全。信息安全服务至少应该包括支持信息网络安全服务的基本理论，以及基于新一代信息网络体系结构的网络安全服务体系结构。

网络信息安全是一个涉及计算机科学、网络技术、通信技术、密码技术、信息安全技术、应用数学、数论、信息论等多种学科的边缘学科。从广义上讲，凡是涉及网络上信息的保密性、完整性、可用性、真实性和可控性的相关技术和理论都是网络信息安全所要研究的领域。通用的定义为：

网络信息安全是指网络系统的硬件、软件及其系统中的数据受到保护，不受偶然的或者恶意的原因而遭到破坏、更改、泄露，系统能够连续、可靠、正常地运行，网络服务不中断。

信息安全是指：保证信息系统中的数据在存取、处理、传输和服务过程中的保密性、完整性和可用性，以及信息系统本身能连续、可靠、正常地运行，并且在遭到破坏后还能迅速恢复正常使用的安全过程。

早期的信息安全主要就是要确保信息的保密性、完整性和可用性。随着通信技术和计算机技术的不断发展，特别是二者结合所产生的网络技术的不断发展和广泛应用，对信息安全问题又提出了新的要求。现在的信息安全通常包括五个属性，即信息的可用性、可靠性、完整性、保密性和不可抵赖性，即防止网络自身及其采集、加工、存储、传输的信息数据被故意或偶然的非授权泄露、更改、破坏或使信息被非法辨认、控制，确保经过网络传输的信息不被截获、不被破译，也不被篡改，并且能被控制和合法使用。其中：

（1）可用性（Availability）是指得到授权的实体在需要时可访问资源和服务。可用性是指无论何时，只要用户需要，信息系统必须是可用的，也就是说信息系统不能拒绝服务。网络最基本的功能是向用户提供所需的信息和通信服务，而用户的通信要求是随机的、多方面的（话音、数据、文字和图像等），有时还要求时效性。网络必须随时满足用户通信的要求。攻击者通常采用占用资源的手段阻碍授权者的工作。可以使用访问控制机制，阻止非授权用户进入网络，从而保证网络系统的可用性。增强可用性还包括如何有效地避免因各种灾害（战争、地震等）造成的系统失效。

（2）可靠性（Reliability）是指系统在规定条件下和规定时间内、完成规定功能的概率。可靠性是网络安全最基本的要求之一，网络不可靠，事故不断，也就谈不上网络的安全。目前，对于网络可靠性的研究基本上偏重于硬件可靠性方面。研制高可靠性元器件设备，采取合理的冗余备份措施仍是最基本的可靠性对策，然而，有许多故障和事故，则与软件可靠性、人员可靠性和环境可靠性有关。

（3）完整性（Integrity）是指信息不被偶然或蓄意地删除、修改、伪造、乱序、重放、插入等破坏的特性。只有得到允许的人才能修改实体或进程，并且能够判别出实体或进程是否已被篡改。即信息的内容不能被未授权的第三方修改。信息在存储或传输时不被修改、破坏，不出现信息包的丢失、乱序等。

影响信息完整性的主要因素有：设备故障、误码、人为攻击、计算机病毒等。

保障网络信息完整性的主要方法有：

① 协议：通过各种安全协议可以有效地检测出被复制的信息、被删除的字段、失效的字段和被修改的字段；

② 纠错编码方法：由此完成检错和纠错功能。最简单和常用的纠错编码方法是奇偶校验法；

③ 密码校验和方法：它是抗篡改和传输失败的重要手段；

④ 数字签名：保障信息的真实性；

⑤ 公证：请求网络管理或中介机构证明信息的真实性。

（4）保密性（Confidentiality）是信息不被泄露给非授权的用户、实体或过程，或供其利用的特性。即防止信息泄露给非授权个人或实体，信息只被授权用户使用的特性。保密性是保障网络信息安全的重要手段。

常用的保密技术包括：防侦收、防辐射、信息加密、物理保密等。

(5) 不可抵赖性（Non-Repudiation）也称做不可否认性。不可抵赖性是面向通信双方信息真实同一的安全要求，它包括收、发双方均不可抵赖。一是源发证明，它提供给信息接收者以证据，这将使发送者谎称未发送过这些信息或者否认它的内容的企图不能得逞；二是交付证明，它提供给信息发送者以证明这将使接收者谎称未接收过这些信息或者否认它的内容的企图不能得逞。

除此之外，计算机网络信息系统的其他安全属性还包括：

- 可控性：是指可以控制授权范围内的信息的流向及行为方式，如对信息的访问。传播及内容具有控制能力。首先，系统需要能够控制谁能够访问系统或网络上的信息，以及如何访问，即是否可以修改信息还是只能读取信息。这首先要通过采用访问控制表等授权方法得以实现；其次，即使拥有合法的授权，系统仍需要对网络上的用户进行验证，以确保他确实是他所声称的那个人，通过握手协议和信息加密进行身份验证；最后，系统还要将用户的所有网络活动记录在案，包括网络中机器的使用时间、敏感操作和违纪操作等，为系统进行事故原因查询、定位、事故发生前的预测、报警以及为事故发生后的实时处理提供详细可靠的依据或支持。

- 可审查性：使用审计、监控、防抵赖等安全机制，使得使用者（包括合法用户、攻击者、破坏者、抵赖者）的行为有证可查，并能够对网络出现的安全问题提供调查依据和手段。审计是通过对网络上发生的各种访问情况记录日志，并对日志进行统计分析，是对资源使用情况进行事后分析的有效手段，也是发现和追踪事件的常用措施。审计的主要对象为用户、主机和节点，主要内容为访问的主体、客体、时间和成败情况等。

- 认证：保证信息使用者和信息服务者都是真实声称者，防止冒充和重演的攻击。

- 访问控制：保证信息资源不被非授权地使用。访问控制根据主体和客体之间的访问授权关系，对访问过程作出限制。

信息安全问题的解决需要依靠密码、数字签名、身份验证等技术以及防火墙、安全审计、灾难恢复、防病毒、防黑客入侵等安全机制和措施加以解决。其中密码技术和管理是信息安全的核心。

8.1.2 威胁网络信息安全的因素

影响计算机网络信息安全的因素很多，有些因素可能是有意的，也可能是无意的；可能是人为的，也可能是自然的；可能是外来黑客对网络系统资源的非法使用，归结起来，针对网络信息安全的威胁主要可以分为来自计算机系统内部的因素和来自计算机外部的攻击。

1. 人为因素

如操作员安全配置不当造成的安全漏洞，用户安全意识不强，用户口令选择不慎，用户将自己的账号随意转借他人或与别人共享等都会对网络安全带来威胁。

(1) 人为的无意失误。如操作员安全配置不当造成的安全漏洞，用户安全意识不强，用户口令选择不慎，用户将自己的账号随意转借他人或与别人共享等都会对网络安全带来威胁。

(2) 人为的恶意攻击。这是计算机网络所面临的最大威胁，敌手的攻击和计算机犯罪就属于这一类。此类攻击又可以分为以下两种：一种是主动攻击，它以各种方式有选择地破坏信息的有效性和完整性；另一类是被动攻击，它是在不影响网络正常工作的情况下，进行截获、窃取、破译以获得重要机密信息。这两种攻击均可对计算机网络造成极大的危害，并导致机密数据的泄露。

2. 物理安全因素

物理安全是保护计算机网络设备、设施以及其他媒体免遭地震、水灾、火灾等环境事故以及人为操作失误或错误及各种计算机犯罪行为导致的破坏过程。为保证信息网络系统的物理安全，还要防止系统信息在空间的扩散，还要避免由于电磁泄漏产生信息泄露，从而干扰他人或受他人干扰。物理安全包括环境安全，设备安全和媒体安全三个方面。

3. 软件漏洞和“后门”

计算机软件不可能是百分之百的无缺陷和无漏洞的，然而，这些漏洞和缺陷恰恰是黑客进行攻击的首选目标，曾经出现过的黑客攻入网络内部的事件，大部分就是因为安全措施不完善所招致的苦果。另外，软件的“后门”都是软件公司的设计编程人员为了自便而设置的，一般不为外人所知，但一旦“后门”洞开，其造成的后果将不堪设想。

(1) 操作系统

操作系统不安全是计算机网络不安全的根本原因，目前流行的许多操作系统均存在网络安全漏洞。操作系统不安全主要表现为以下几个方面。

① 操作系统结构体制本身的缺陷。操作系统的程序是可以动态连接的。I/O 的驱动程序与系统服务都可以用打补丁的方式进行动态连接，有些操作系统的版本升级采用打补丁的方式进行。

② 创建进程也存在着不安全因素。进程可以在网络的节点上被远程创建和激活，更为重要的是被创建的进程还可继承创建进程的权利。这样可以在网络上传输可执行程序，再加上远程调用的功能，就可以在远端服务器上安装“间谍”软件。另外，还可以把这种间谍软件以打补丁的方式加在一个合法用户上，尤其是一个特权用户上，以便使系统进程与作业监视程序都看不到间谍软件的存在。

③ 操作系统中，通常都有一些守护进程，这种软件实际上是一些系统进程，它们总是在等待一些条件的出现，一旦这些条件出现，程序便继续运行下去，这些软件常常被黑客利用。这些守护进程在 UNIX、Windows 操作系统中具有与其他操作系统核心层软件同等的权限。

④ 操作系统提供的一些功能也会带来一些不安全因素。例如，支持在网络上传输文件、在网络上加载与安装程序，包括可以执行文件的功能；操作系统的 debug 和 wizard 功能。许多精通于 patch 和 debug 工具的黑客利用这些工具几乎可以做成想做的

所有事情。

⑤ 操作系统自身提供的网络服务不安全。如操作系统都提供远程过程调用（RPC）服务，而提供的安全验证功能却很有限；操作系统提供网络文件系统（NFS）服务，NFS系统是一个基于RPC的网络文件系统，如果NFS设置存在重大问题，则几乎等于将系统管理权拱手交出。

⑥ 操作系统安排的无口令入口，是为系统开发人员提供的便捷入口，但这些入口也可能被黑客利用。

⑦ 操作系统还有隐蔽的后门，存在着潜在的危险。

尽管操作系统的缺陷可以通过版本的不断升级来克服，但往往对系统漏洞的攻击会早于“系统补丁”的发布，使得用户的计算机遭到攻击和破坏。

（2）软件组件

以前安全漏洞最多的是Windows操作系统，但随着Internet的普及和网络应用的日益广泛，出现了大量的网络应用软件，而这些软件都或多或少存在一些安全漏洞，如IE浏览器、百度搜霸、暴风影音、RealPlayer等流行软件的漏洞都曾被利用，而且，用户往往只注意对操作系统“打补丁”，而忽视对应用软件的安全补丁。现在，由于应用软件的漏洞，而使计算机系统遭到攻击和破坏的案例越来越多。

（3）网络协议

随着Internet/Intranet的发展，TCP/IP协议被广泛地应用到各种网络中，但采用的TCP/IP协议族软件本身缺乏安全性，使用TCP/IP协议的网络所提供的FTP、E-mail、RPC和NFS都包含许多不安全的因素，存在着许多漏洞。

网络的普及使信息共享达到了一个新的层次，信息被暴露的机会大大增多。特别是Internet网络是一个开放的系统，通过未受保护的外部环境和线路可能访问系统内部，发生随时搭线窃听、远程监控和攻击破坏等事件。

另外，数据处理的可访问性和资源共享的目的性之间是矛盾的，它造成了计算机系统保密性难，拷贝数据信息很容易且不留任何痕迹。如一台远程终端上的用户可以通过Internet连接其他任何一个站点，在一定条件下可以随意进行拷贝、删改乃至破坏该站点的资源。

（4）数据库管理系统

现在，数据库的应用十分广泛，深入到各个领域，但随之而来产生了数据的安全问题。各种应用系统的数据库中大量数据的安全问题、敏感数据的防窃取和防篡改问题，越来越引起人们的高度重视。数据库系统作为信息的聚集体，是计算机信息系统的核心部件，其安全性至关重要，关系到企业兴衰、成败。因此，如何有效地保证数据库系统的安全，实现数据的保密性、完整性和有效性，已经成为业界人士探索研究的重要课题之一。

8.1.3 计算机安全级别

计算机安全级别有两个含义，一个是主客体信息资源的安全类别，分为一种是有层次的安全级别和无层次的安全级别；另一个是访问控制系统实现的安全级别，这里主要指这一层含义。

1. 中国计算机安全级别

依据我国计算机信息系统安全保护等级划分准则，计算机信息系统安全保护等级分为五个等级。计算机信息系统安全保护能力随着安全保护等级的增高而逐渐增强。

按安全程度从最低到最高的完全排序如下：

第一级：用户自主保护级

本级的计算机防护系统能够把用户和数据隔开，使用户具备自主的安全防护的能力。用户以根据需要采用系统提供的访问控制措施来保护自己的数据，避免其他用户对数据的非法读写与破坏。

第二级：系统审计保护级

与用户自主保护级相比，本级的计算机防护系统访问控制力度更强，使得允许或拒绝任何用户访问单个文件成为可能，它通过登录规则、审计安全性相关事件和隔离资源，使用户对自己的行为负责。

第三级：安全标记保护级

本级计算机防护系统具有系统审计保护级的所有功能。此外，还提供有关安全策略模型、数据标记以及严格访问控制的非形式化描述。系统中的每个对象都有一个敏感性标签，而每个用户都有一个许可级别。许可级别定义了用户可处理的敏感性标签。系统中的每个文件都按内容分类并标有敏感性标签。任何对用户许可级别和成员分类的更改都受到严格控制。

第四级：结构化保护级

本级计算机防护系统建立在一个明确的形式化安全策略模型上，它要求第三级系统中的自主和强制访问控制扩展到所有的主体（引起信息在客体上流动的人、进程或设备）和客体（信息的载体）。系统的设计和实现要经过彻底的测试和审查。系统应结构化为明确而独立的模块，实施最少特权原则。必须对所有目标和实体实施访问控制政策，要有专职人员负责实施。要进行隐蔽信道分析。系统必须维护一个保护域，保护系统的完整性，防止外部干扰。系统具有相当的抗渗透能力。

第五级：访问验证保护级

本级的计算机防护系统满足访问监控器的需求。访问监控器仲裁主体对客体的全部访问。访问监控器本身是抗篡改的，必须足够小，能够分析和测试。为了满足访问监控器需求，计算机防护系统在其构造时，排除那些对实施安全策略来说并非必要的部件，在设计和实现时，从系统工程角度将其复杂性降到最小程度。支持安全管理员职能；扩充审计机制，当发生与安全相关的事件时发出信号；提供系统恢复机制。系统具有很高的抗渗透能力。

2. 美国计算机安全级别

美国国防部为计算机安全的不同级别制定了 4 个准则。橙皮书（可信任计算机标准评估标准）包括计算机安全级别的分类。

（1）D 级别是最低的安全级别，对系统提供最小的安全防护。系统的访问控制没有限制，无须登录系统就可以访问数据，这个级别的系统包括 DOS，Windows 98 等。

（2）C级别有两个子系统，C1级和C2级。

C1级称为选择性保护级，可以实现自主安全防护，对用户和数据的分离、保护或限制用户权限的传播。

C2级具有访问控制环境的权力，比C1级的访问控制划分得更为详细，能够实现受控安全保护、个人账户管理、审计和资源隔离。这个级别的系统包括UNIX、LINUX和WindowsNT系统。

C级别属于自由选择性安全保护，在设计上有自我保护和审计功能，可对主体行为进行审计与约束。C级别的安全策略主要是自主存取控制，可以实现：

① 保护数据确保非授权用户无法访问；

② 对存取权限的传播进行控制；

③ 个人用户数据的安全管理。

（3）B级别包括B1、B2和B3三个级别，B级别能够提供强制性安全保护和多级安全。强制防护是指定义及保持标记的完整性，信息资源的拥有者不具有更改自身的权限，系统数据完全处于访问控制管理的监督下。

B1级称为标识安全保护，指这一安全保护安装在不同级别的系统中（网络、应用程序、工作站等），它对敏感信息提供更高级的保护。例如安全级别可以分为解密、保密和绝密级别。

B2级称为结构保护级别，要求访问控制的所有对象都有安全标签以实现低级别的用户不能访问敏感信息，对于设备、端口等也应标注安全级别。

B3级别称为安全域保护级别，这个级别使用安装硬件的方式来加强域的安全，比如用内存管理硬件来防止无授权访问。B3级别可以实现：

①引用监视器参与所有主体对客体的存取以保证不存在旁路；

②审计跟踪能力强，可以提供系统恢复过程；

③支持安全管理员角色；

④用户终端必须通过可信话通道才能实现对系统的访问；

⑤防止篡改。

（4）A级别称为验证设计级，是目前最高的安全级别，在A级别中，安全的设计必须给出形式化设计说明和验证，需要有严格的数学推导过程，同时应该包含秘密信道和可信分布的分析，也就是说要保证系统的部件来源有安全保证，例如对这些软件和硬件在生产、销售、运输中进行严密跟踪和严格的配置管理，以避免出现安全隐患。

8.2 计算机病毒及其防范

8.2.1 计算机病毒概述

1. 计算机病毒的定义

1994年2月28日出台的《中华人民共和国计算机安全保护条例》中，对病毒的定义如下：计算机病毒，是指编制、或者在计算机程序中插入的、破坏计算机功能或者毁坏数据、影响计算机使用、并能自我复制的一组计算机指令或者程序代码。

计算机病毒与生物医学上的病毒同样有传染和破坏的特性，因此这一名词是由生物医学上的“病毒”概念引申而来。计算机病毒有着许多的破坏行为，可以攻击系统数据区，如攻击计算机硬盘的主引导扇区、Boot 扇区、FAT 表、文件目录等内容；可以攻击文件，如删除文件、修改文件名称、替换文件内容、删除部分程序代码等；可以攻击内存，如占用大量内存、改变内存总量、禁止分配内存等；可以干扰系统运行，不执行用户指令、干扰指令的运行、内部栈溢出、占用特殊数据区、自动重新启动计算机、死机等；可以占用系统资源使计算机速度明显下降；可以攻击磁盘数据、不写盘、写操作变读操作、写盘时丢字节等；可以扰乱屏幕显示；可以封锁键盘、抹掉缓存区字符；对 CMOS 区进行写入动作，破坏系统 CMOS 中的数据等。

因此，计算机病毒是一种特殊的危害计算机系统的程序，它能在计算机系统中驻留、繁殖和传播，它具有类似于生物学中病毒的某些特征：传染性、隐蔽性、潜伏性、破坏性、可触发性、变种性等。

2. 计算机病毒的特性

（1）可执行性

计算机病毒与其他合法程序一样，是一段可执行程序，但它不是一个完整的程序，而是寄生在其他可执行程序上，因此它享有一切程序所能得到的权力。在病毒运行时，与合法程序争夺系统的控制权。计算机病毒只有当它在计算机内得以运行时，才具有传染性和破坏性等活性。也就是说计算机 CPU 的控制权是关键问题。若计算机在正常程序控制下运行，而不运行带病毒的程序，则这台计算机总是可靠的，整个系统是安全的。相反，计算机病毒一经在计算机上运行，在同一台计算机内病毒程序与正常系统程序，或某种病毒与其他病毒程序争夺系统控制权时往往会造成系统崩溃，导致计算机瘫痪。反病毒技术就是要提前取得计算机系统的控制权，识别出计算机病毒的代码和行为，阻止其取得系统控制权。反病毒技术的优劣就是体现在这一点上。一个好的抗病毒系统应该不仅能可靠地识别出已知计算机病毒的代码，阻止其运行或除掉其对系统的控制权（实现安全带毒运行被感染程序），还应该识别出未知计算机病毒在系统内的行为，阻止其传染和破坏系统的行动。

（2）传染性

计算机病毒的传染性是指病毒具有把自身复制到其他程序中的特性，是计算机病毒最重要的特征，是判断一段程序代码是否为计算机病毒的依据。病毒可以附着在其他程序上，通过磁盘、光盘、计算机网络等载体进行传染，被传染的计算机又成为病毒的生存的环境及新传染源。

病毒程序一旦侵入计算机系统就开始搜索可以传染的程序或者磁介质，然后通过自我复制迅速传播。由于目前计算机网络日益发达，计算机病毒可以在极短的时间内，通过像 Internet 这样的网络传遍世界。

（3）隐蔽性

计算机病毒是一种具有很高编程技巧、短小精悍的可执行程序，一般只有几百或几 K 字节。它通常粘附在正常程序之中或磁盘引导扇区中，或者磁盘上标为坏簇的扇区中，以及一些空闲概率较大的扇区中，这是它的非法可存储性。病毒想方设法隐藏自身，就是为了防止用户察觉。

计算机病毒的隐蔽性表现在两个方面：

一是传染的隐蔽性，大多数病毒在进行传染时速度是极快的，一般不具有外部表现，不易被人发现。

二是病毒程序存在的隐蔽性，一般的病毒程序都夹在正常程序之中，很难被发现，而一旦病毒发作出来，往往已经给计算机系统造成了不同程度的破坏。

（4）潜伏性

计算机病毒的潜伏性是指计算机病毒具有依附其他媒体而寄生的能力。依靠病毒的寄生能力，病毒传染给合法的程序和系统后，不立即发作，而是悄悄隐藏起来，然后在用户不察觉的情况下进行传染。这样，病毒的潜伏性越好，它在系统中存在的时间也就越长，病毒传染的范围也越广，其危害性也越大。

潜伏性的第一种表现是指，病毒程序不用专用检测程序是检查不出来的，第二种表现是指，计算机病毒的内部往往有一种触发机制，不满足触发条件时，计算机病毒除了传染外不做什么破坏。触发条件一旦得到满足，计算机病毒才开始破坏系统。

（5）非授权可执行性

用户通常调用执行一个程序时，把系统控制交给这个程序，并分配给他相应的系统资源，如内存，从而使之能够运行完成用户的需求。因此程序执行的过程对用户是透明的。而计算机病毒是非法程序，正常用户是不会明知是病毒程序，而故意调用执行。但由于计算机病毒具有正常程序的一切特性：可存储性、可执行性。它隐藏在合法的程序或数据中，当用户运行正常程序时，病毒伺机窃取到系统的控制权，得以抢先运行，然而此时用户还认为在执行正常程序。

（6）破坏性

无论何种病毒程序一旦侵入系统都会对操作系统的运行造成不同程度的影响。即使不直接产生破坏作用的病毒程序也要占用系统资源（如占用内存空间、占用磁盘存储空间以及系统运行时间等）。而绝大多数病毒程序要显示一些文字或图像，影响系统的正常运行，还有一些病毒程序会删除文件，加密磁盘中的数据，甚至摧毁整个系统和数据，使之无法恢复，造成无可挽回的损失。因此，病毒程序的副作用轻者降低系统工作效率，重者导致系统崩溃、数据丢失。病毒程序的破坏性体现了病毒设计者的真正意图。

（7）可触发性

计算机病毒一般都有一个或者几个触发条件。满足其触发条件或者激活病毒的传染机制，使之进行传染；或者激活病毒的表现部分或破坏部分。触发的实质是一种条件的控制，病毒程序可以依据设计者的要求，在一定条件下实施攻击。这个条件可以是敲入特定字符，使用特定文件，某个特定日期或特定时刻，或者是病毒内置的计数器达到一定次数等。

（8）变种性

某些病毒可以在传播的过程中自动改变自己的形态，从而衍生出另一种不同于原版病毒的新病毒，这种新病毒称为病毒变种。有变形能力的病毒能更好地在传播过程中隐蔽自己，使之不易被反病毒程序发现及清除。有的病毒能产生几十种甚至更多的变种病毒，这种变种病毒造成的后果可能比原版病毒严重得多。

3. 计算机病毒的分类

按照计算机病毒的特点及特性，计算机病毒的分类方法有许多种。因此，同一种病毒可能有多种不同的分类方法。

(1) 按寄生方式分类

- 引导型病毒

引导型病毒会去改写磁盘上的引导扇区（BOOT）的内容，软盘或硬盘都有可能感染病毒。另外，也改写硬盘上的分区表（FAT）。如果用已感染病毒的软盘来启动的话，则会感染硬盘。

引导型病毒是一种在 ROM BIOS 之后，系统引导时出现的病毒，它先于操作系统，依托的环境是 BIOS 中断服务程序。引导型病毒是利用操作系统的引导模块放在某个固定的位置，并且控制权的转交方式是以物理地址为依据，而不是以操作系统引导区的内容为依据，因而病毒占据该物理位置即可获得控制权，而将真正的引导区内容搬家转移或替换，待病毒程序被执行后，将控制权交给真正的引导区内容，使得这个带病毒的系统看似正常运转，而病毒已隐藏在系统中伺机传染、发作。引导型病毒几乎清一色都会常驻在内存中，差别只在于内存中的位置。

- 文件型病毒

文件型病毒主要以感染文件扩展名为 . com、. exe 和 . ovl 等可执行程序为主。它的安装必须借助于病毒的载体程序，即要运行病毒的载体程序，方能把文件型病毒引入内存。已感染病毒的文件执行速度会减缓，甚至完全无法执行。有些文件遭感染后，一执行就会遭到删除。大多数的文件型病毒都会把它们自己的代码复制到其宿主的开头或结尾处。

感染病毒的文件被执行后，病毒通常会趁机再对下一个文件进行感染。有的高明一点的病毒，会在每次进行感染的时候，针对其新宿主的状况而编写新的病毒码，然后才进行感染。因此，这种病毒没有固定的病毒码。以扫描病毒码的方式来检测病毒的查毒软件，遇上这种病毒可就一点用都没有了。但反病毒软件随病毒技术的发展而发展，针对这种病毒现在也有了有效手段。

随着微软公司 Office 软件的广泛使用和 Internet 的推广普及，病毒家族又出现一种新成员，这就是宏病毒。宏病毒是一种寄存于文档或模板的宏中的计算机病毒。一旦打开这样的文档，宏病毒就会被激活，转移到计算机上，并驻留在模板上。从此以后，所有自动保存的文档都会“感染”上这种宏病毒，而且如果其他用户打开了感染病毒的文档，宏病毒又会转移到他的计算机上。

- 复合型病毒

复合型病毒是指具有引导型病毒和文件型病毒寄生方式的计算机病毒。这种病毒扩大了病毒程序的传染途径，它既感染磁盘的引导记录，又感染可执行文件。当染有此种病毒的磁盘用于引导系统或调用执行染毒文件时，病毒就会被激活。因此在检测、清除复合型病毒时，必须全面彻底地根治，如果只发现该病毒的一个特性，把它只当做引导型或文件型病毒进行清除，虽然好像是清除了，但还留有隐患。

(2) 按破坏性分类

- 良性病毒

良性病毒是指那些只是为了表现自身，并不彻底破坏系统和数据，但会大量占用CPU，增加系统开销，降低系统工作效率的一类计算机病毒。这种病毒多数是恶作剧者的产物，他们的目的不是为了破坏系统和数据，而是为了让使用染有病毒的计算机用户通过显示器或扬声器看到或听到病毒设计者的编程技术。还有一些人利用病毒的这些特点宣传自己的政治观点和主张。也有一些病毒设计者在其编制的病毒发作时进行人身攻击。

- 恶性病毒

恶性病毒是指那些一旦发作后，就会破坏系统或数据，造成计算机系统瘫痪的一类计算机病毒。这种病毒危害性极大，有些病毒发作后可能给用户造成不可挽回的损失。

(3) 按照计算机病毒的链接方式分类

由于计算机病毒本身必须有一个攻击对象以实现对计算机系统的攻击，计算机病毒所攻击的对象是计算机系统可执行的部分。

- 源码型病毒

该病毒攻击高级语言编写的程序，该病毒在高级语言所编写的程序编译前插入到原程序中，经编译成为合法程序的一部分。

- 嵌入型病毒

这种病毒是将自身嵌入到现有程序中，把计算机病毒的主体程序与其攻击的对象以插入的方式链接。这种计算机病毒是难以编写的，一旦侵入程序后也较难消除。如果同时采用多态性病毒技术，超级病毒技术和隐蔽性病毒技术，将给当前的反病毒技术带来严峻的挑战。

- 外壳型病毒

外壳型病毒将其自身包围在主程序的四周，对原来的程序不作修改。这种病毒最为常见，易于编写，也易于发现，一般测试文件的大小即可知。

- 操作系统型病毒

这种病毒用它自己的程序意图加入或取代部分操作系统进行工作，具有很强的破坏力，可以导致整个系统的瘫痪。圆点病毒和大麻病毒就是典型的操作系统型病毒。

这种病毒在运行时，用自己的逻辑部分取代操作系统的合法程序模块，根据病毒自身的特点和被替代的操作系统中合法程序模块在操作系统中运行的地位与作用以及病毒取代操作系统的取代方式等，对操作系统进行破坏。

4. 计算机病毒的传播

计算机病毒的传播途径主要有：

(1) 通过不可移动的计算机硬件设备进行传播

这些设备通常有计算机的专用ASIC芯片和硬盘等。这种病毒虽然极少，但破坏力却极强，目前尚没有较好的检测手段对付。

（2）通过移动存储设备来传播

这些设备包括软盘、光盘，U 盘等。在移动存储设备中，现在 U 盘是使用最广泛、移动最频繁的存储介质，因此也成了计算机病毒寄生的“温床”。

（3）通过计算机网络进行传播

现代信息技术的巨大进步已使空间距离不再遥远，但也为计算机病毒的传播提供了新的“高速公路”。计算机病毒可以通过网页浏览、电子邮件、文件下载等多种方式感染计算机系统。现在在网络使用越来越普及的情况下，这种方式已成为最主要的传播途径。

（4）通过点对点通信系统和无线通道传播

目前，这种传播途径还不是十分广泛，但预计在未来的信息时代，这种途径很可能与网络传播途径一样成为病毒扩散的主要途径。

5. 网络时代计算机病毒的特点

在网络环境下，网络病毒除了具有可传播性、可执行性、破坏性、可触发性等计算机病毒的共性外，还具有一些新的特点：

（1）传播的形式复杂多样

计算机病毒在网络上传播的形式复杂多样。从当前流行的计算机病毒来看，绝大部分病毒都可以利用邮件系统和网络进行传播。

（2）传播速度极快、扩散面广

在单机环境下，病毒只能通过软盘从一台计算机带到另一台计算机，而在网络中则可以通过网络通信机制迅速扩散，由于病毒在网络中扩散非常快，扩散范围很大，不但能迅速传染局域网内所有计算机，还能在瞬间迅速通过国际互联网传播到世界各地，将病毒扩散到千里之外。如“爱虫”病毒在一两天内就迅速传播到世界的主要计算机网络，并造成欧、美等国家的计算机网络瘫痪，“冲击波”病毒也是在短短的几小时内感染了全球各地区的许多主机。

（3）危害性极大

网络上病毒将直接影响网络的工作，轻则降低速度，影响工作效率，重则使网络崩溃，或者造成重要数据丢失，还有的造成计算机内储存的机密信息被窃取，甚至还有的计算机信息系统和网络被控制，破坏服务器信息，使多年工作毁于一旦。CIH、“求职信”、“红色代码”、“冲击波”等病毒都给世界计算机信息系统和网络带来了灾难性的破坏。

（4）变种多

目前，很多病毒使用高级语言编写，如“爱虫”是脚本语言病毒，“美丽莎”是宏病毒。因此，它们容易编写，并且很容易被修改，生成很多病毒变种。“爱虫”病毒在十几天中，出现三十多种变种。“美丽莎”病毒也生成三、四种变种，并且此后很多宏病毒都是利用了“美丽莎”的传染机理。这些变种的主要传染和破坏的机理与母本病毒一致，只是某些代码作了改变。

（5）难以控制

利用网络传播、破坏的计算机病毒，一旦在网络中传播、蔓延，很难控制。往往准备采取防护措施时候，可能已经遭受病毒的侵袭。除非关闭网络服务，但是这样做很难被人接受，同时关闭网络服务可能会蒙受更大的损失。

（6）难以彻底清除、容易引起多次疫情

单机上的计算机病毒有时可通过删除带毒文件、低级格式化硬盘等措施将病毒彻底清除。在网络中，只要有一台工作站未能消毒干净，就可能使整个网络重新被病毒感染，甚至刚刚完成清除工作的一台工作站就有可能被网上另一台带毒工作站所感染。"美丽莎"病毒最早在1999年三月份爆发，人们花了很多精力和财力控制住了它。但是，它又常常死灰复燃，再一次形成疫情，造成破坏。之所以出现这种情况，一是由于人们放松了警惕性，新投入的系统未安装防病毒系统，二是使用了以前保存的曾经感染病毒的文档，激活了病毒再次流行。

（7）具有病毒、蠕虫和后门（黑客）程序的功能

计算机病毒的编制技术随着网络技术的普及和发展也在不断提高和变化。过去病毒最大的特点是能够复制自身给其他的程序。现在，计算机病毒具有了蠕虫的特点，可以利用网络进行传播，如：利用E-mail。同时，有些病毒还具有了黑客程序的功能，一旦侵入计算机系统后，病毒控制者可以从入侵的系统中窃取信息，远程控制这些系统。计算机病毒功能呈现出了多样化，因而更具有危害性。

6. 计算机病毒的预防

计算机病毒及反病毒是两种以软件编程技术为基础的技术，它们的发展是交替进行的，因此对计算机病毒应以预防为主，防止病毒的入侵要比病毒入侵后再去发现和排除要好得多。根据计算机病毒的传播特点，防治计算机病毒关键是注意以下几点：

（1）要提高对计算机病毒危害的认识。计算机病毒再也不是像过去那样的无关紧要的小把戏了，在计算机应用高度发达的社会，计算机病毒对信息网络破坏造成的危害越来越大。

（2）养成使用计算机的良好习惯，有效地防止病毒入侵。不在计算机上乱插乱用盗版光盘和来路不明的软盘和U盘，经常用杀毒软件检查硬盘和每一张外来磁盘等，慎用公用软件和共享软件；给系统盘和文件加以写保护；不用外来软盘引导机器；不要在系统盘上存放用户的数据和程序；保存所有的重要软件的复制件；主要数据要经常备份；新引进的软件必须确认不带病毒方可使用。

（3）充分利用和正确使用现有的杀毒软件，定期检查硬盘及所用到的软盘和U盘，及时发现病毒，消除病毒，并及时升级杀毒软件。

（4）及时了解计算机病毒的发作时间，特别是在大的计算机病毒爆发前夕，要及时采取措施。大多数计算机病毒的发作是有时间限定的。

（5）开启计算机病毒查杀软件的实时监测功能，这样特别有利于及时防范利用网络传播的病毒，如一些恶意脚本程序的传播。

（6）加强对网络流量等异常情况的监测，对于利用网络和操作系统漏洞传播的病毒，在清除后要及时采取打补丁和系统升级等安全措施。

（7）有规律的备份系统关键数据，保证备份的数据能够正确、迅速地恢复。

8.2.2 蠕虫病毒

蠕虫病毒是一种通常以执行垃圾代码以及发动拒绝服务攻击，令计算机的执行效率极大程度的降低，从而破坏计算机的正常使用的一种病毒。与电脑病毒不同的是，它不会附在别的程序内。通常蠕虫病毒也根据其面对的对象分成两种：一种是面对大规模计算机使用网络发动拒绝服务的蠕虫病毒；另一种是针对个人用户的以执行大量垃圾代码的蠕虫病毒。

有些蠕虫病毒不具有跨平台性，但是在其他平台下，可能会出现其平台特有的非跨平台性的蠕虫病毒。第一个被广泛注意的蠕虫病毒名为"莫里斯蠕虫"，由罗伯特·泰潘·莫里斯编写，于1988年11月2日释出第一个版本。这个蠕虫病毒间接和直接地造成了近1亿美元的损失。这个蠕虫病毒释出之后，引起了各界对蠕虫病毒的广泛关注。

蠕虫病毒的传播过程是：蠕虫程序常驻于一台或多台机器中，通常它会扫描其他机器是否有感染同种蠕虫病毒，如果没有，就会通过其内置的传播手段进行感染，以达到使计算机瘫痪的目的。其通常会以宿主机器作为扫描源，通常采用垃圾邮件、漏洞传播这2种方法来传播。

当网络迅速发展的时候，蠕虫病毒引起的危害开始显现。蠕虫病毒和一般的病毒有着很大的区别。蠕虫是一种通过网络传播的恶性病毒，它具有病毒的一些共性，如传播性、隐蔽性、破坏性等，同时具有自己的一些特征，如不利用文件寄生、对网络造成拒绝服务以及和黑客技术相结合等。在产生的破坏性上，蠕虫病毒也不是普通病毒所能比拟的，网络的发展使得蠕虫病毒可以在短短的时间内蔓延整个网络，造成网络瘫痪。

根据使用者情况可将蠕虫病毒分为两类，一种是面向企业用户和局域网而言，这种病毒利用系统漏洞，主动进行攻击，可以对整个互联网造成瘫痪性的后果，以"红色代码"、"尼姆达"以及最新的"sql 蠕虫王"为代表。另外一种是针对个人用户的，通过网络（主要是电子邮件，恶意网页形式）迅速传播的蠕虫病毒，以爱虫病毒，求职信病毒为例。在这两类中，第一类具有很大的主动攻击性，而且爆发也有一定的突然性，但相对来说，查杀这种病毒并不是很难；第二种病毒的传播方式比较复杂和多样，少数利用了微软的应用程序的漏洞，更多的是利用社会工程学对用户进行欺骗和诱使，这样的病毒造成的损失是非常大的，同时也是很难根除的，比如求职信病毒，在2001年就已经被各大杀毒厂商发现，但直到2002年底依然排在病毒危害排行榜的首位。

蠕虫发作的一些特点和发展趋势：

（1）利用操作系统和应用程序的漏洞主动进行攻击。此类病毒主要是"红色代码"和"尼姆达"，以及至今依然肆虐的"求职信"等。由于IE浏览器的漏洞（Iframe Execcomand），使得感染了"尼姆达"病毒的邮件在不用手工打开附件的情况下病毒就能激活，而此前即便是很多防病毒专家也一直认为，带有病毒附件的邮件，只要不去打开附件，病毒不会有危害。"红色代码"是利用了微软IIS服务器软件的漏洞（idq. dll远程缓存区溢出）来传播。Sql 蠕虫王病毒则是利用了微软的数据库系统的一个漏洞进行大肆攻击。

（2）传播方式多样。如“尼姆达”病毒和”求职信”病毒，可利用的传播途径包括文件、电子邮件、Web服务器、网络共享等。

（3）病毒制作技术与传统的病毒不同的是，许多新病毒是利用当前最新的编程语言与编程技术实现的，易于修改以产生新的变种，从而逃避反病毒软件的搜索。另外，新病毒利用Java、ActiveX、VB Script等技术，可以潜伏在HTML页面里，在上网浏览时触发。

（4）与黑客技术相结合。这种方式潜在的威胁和损失更大，以红色代码为例，感染后的机器的web目录的\scripts下将生成一个root.exe，可以远程执行任何命令，从而使黑客能够再次进入。

8.2.3 木马病毒

木马（Trojan）这个名字来源于古希腊传说，即代指特洛伊木马。

“木马”程序是目前比较流行的病毒文件，但与一般的病毒有所不同，它不会自我繁殖，也并不“刻意”地去感染其他文件，它通过将自身伪装吸引用户下载执行，向施种木马者提供打开被种者电脑的门户，使施种者可以任意毁坏、窃取被种者的文件，甚至远程操控被种者的电脑。“木马”与计算机网络中常常要用到的远程控制软件有些相似，但由于远程控制软件是“善意”的控制，因此通常不具有隐蔽性；“木马”则完全相反，木马要达到的是“偷窃”性的远程控制，如果没有很强的隐蔽性的话，那就是“毫无价值”的。

它是指通过一段特定的程序（木马程序）来控制另一台计算机。木马通常有两个可执行程序：一个是客户端，即控制端，另一个是服务端，即被控制端。植入被种者电脑的是“服务器”部分，而所谓的“黑客”正是利用“控制器”进入运行了“服务器”的电脑。运行了木马程序的“服务器”以后，被种者的电脑就会有一个或几个端口被打开，使黑客可以利用这些打开的端口进入电脑系统，安全和个人隐私也就全无保障了！木马的设计者为了防止木马被发现，而采用多种手段隐藏木马。木马的服务一旦运行并被控制端连接，其控制端将享有服务端的大部分操作权限，例如给计算机增加口令，浏览、移动、复制、删除文件，修改注册表，更改计算机配置等。

随着病毒编写技术的发展，木马程序对用户的威胁越来越大，尤其是一些木马程序采用了极其狡猾的手段来隐蔽自己，使普通用户很难在中毒后发觉。

1. 网络游戏木马

随着网络在线游戏的普及和升温，我国拥有规模庞大的网游玩家。网络游戏中的金钱、装备等虚拟财富与现实财富之间的界限越来越模糊。与此同时，以盗取网游账号密码为目的的木马病毒也随之发展泛滥起来。

网络游戏木马通常采用记录用户键盘输入、Hook游戏进程API函数等方法获取用户的密码和账号。窃取到的信息一般通过发送电子邮件或向远程脚本程序提交的方式发送给木马作者。

网络游戏木马的种类和数量，在国产木马病毒中都首屈一指。流行的网络游戏无一不受网游木马的威胁。一款新游戏正式发布后，往往在一到两个星期内，就会有相应的木马程序被制作出来。大量的木马生成器和黑客网站的公开销售也是网游木马泛滥的原因之一。

2. 网银木马

网银木马是针对网上交易系统编写的木马病毒，其目的是盗取用户的卡号、密码，甚至安全证书。此类木马种类数量虽然比不上网游木马，但它的危害更加直接，受害用户的损失更加惨重。

网银木马通常针对性较强，木马作者可能首先对某银行的网上交易系统进行仔细分析，然后针对安全薄弱环节编写病毒程序。如2004年的“网银大盗”病毒，在用户进入工行网银登录页面时，会自动把页面换成安全性能较差、但依然能够运转的老版页面，然后记录用户在此页面上填写的卡号和密码；“网银大盗3”利用招行网银专业版的备份安全证书功能，可以盗取安全证书；2005年的“新网银大盗”，采用API Hook等技术干扰网银登录安全控件的运行。

随着我国网上交易的普及，受到外来网银木马威胁的用户也在不断增加。

3. 即时通信软件木马

现在，即时通信软件百花齐放，QQ、MSN、新浪UC、网易泡泡、盛大圈圈等等，网上聊天的用户群十分庞大。常见的即时通信类木马一般有3种：

（1）发送消息型。通过即时通信软件自动发送含有恶意网址的消息，目的在于让收到消息的用户点击网址中毒，用户中毒后又会向更多好友发送病毒消息。此类病毒常用技术是搜索聊天窗口，进而控制该窗口自动发送文本内容。

（2）盗号型。主要目标在于即时通信软件的登录账号和密码。工作原理和网游木马类似。病毒作者盗得他人账号后，可能偷窥聊天记录等隐私内容，或将账号卖掉。

（3）传播自身型。

4. 网页点击类木马

网页点击类木马会恶意模拟用户点击广告等动作，在短时间内可以产生数以万计的点击量。病毒作者的编写目的一般是为了赚取高额的广告推广费用。此类病毒的技术简单，一般只是向服务器发送HTTP GET请求。

5. 下载类木马

这种木马程序的体积一般很小，其功能是从网络上下载其他病毒程序或安装广告软件。由于体积很小，下载类木马更容易传播，传播速度也更快。通常功能强大、体积也很大的后门类病毒，如“灰鸽子”、“黑洞”等，传播时都单独编写一个小巧的下载型木马，用户中毒后会把后门主程序下载到本机运行。

6. 代理类木马

用户感染代理类木马后，会在本机开启HTTP、SOCKS等代理服务功能。黑客把受感染计算机作为跳板，以被感染用户的身份进行黑客活动，达到隐藏自己的目的。

据CNCERT/CC监测发现，2007年我国被植入木马的主机IP数量增长惊人，是2006年的22倍，木马已成为互联网的最大危害。随着病毒产业链的发展和完善，木马程序窃取的个人资料从QQ密码、网游密码到银行账号、信用卡账号等，任何可以换成金钱的东西，都成为黑客窃取的对象。同时越来越多的黑客团伙利用电脑病毒构建

“僵尸网络”(Botnet)，用于敲诈和受雇攻击等非法牟利行为。木马在互联网上的泛滥导致大量个人隐私信息和重要数据的失窃，给个人带来严重的名誉和经济损失；此外，木马还越来越多地被用来窃取国家秘密和工作秘密，给国家和企业带来无法估量的损失。

一般来说一种杀毒软件程序，它的木马专杀程序能够查杀某某木马的话，那么它自己的普通杀毒程序也当然能够杀掉这种木马，因为在木马泛滥的今天，为木马单独设计一个专门的木马查杀工具，那是能提高该杀毒软件的产品档次的，对其声誉也大大的有益，实际上一般的普通杀毒软件里都包含了对木马的查杀功能。把查杀木马程序单独剥离出来，可以提高查杀效率，现在很多杀毒软件里的木马专杀程序只对木马进行查杀，不去检查普通病毒库里的病毒代码，也就是说当用户运行木马专杀程序的时候，程序只调用木马代码库里的数据，而不调用病毒代码库里的数据，大大提高木马查杀速度。

8.2.4　病毒防治

检查和清除病毒的一种有效方法是：使用各种防治病毒的软件。一般来说，无论是国外还是国内的杀毒软件，都能够不同程度的解决一些问题，但任何一种杀毒软件都不可能解决所有问题。

因为到目前为止，世界上没有一家杀毒软件生产商敢承诺可以查杀所有已知的病毒。

如何选择计算机病毒防治产品呢？一般用户应选择：

① 有发现、隔离并清除病毒功能的计算机病毒防治产品；

② 产品是否具有实时报警（包括文件监控、邮件监控、网页脚本监控等）功能；

③ 多种方式及时升级；

④ 统一部署防范技术的管理功能；

⑤ 对病毒清除是否彻底，文件修复后是否完整、可用；

⑥ 产品的误报率、漏报率较低；

⑦ 占用系统资源合理，产品适应性较好；

⑧ 查毒速度快；

⑨ 不仅可以根据用户需要扫描，还要有能实时监控、网络查毒的能力。

对于企业用户而言，要选择能够从一个中央位置进行远程安装、升级，能够轻松、自动、快速地获得最新病毒代码、扫描引擎和程序文件，使维护成本最小化的产品；产品提供详细的病毒活动记录，跟踪病毒并确保在有新病毒出现时能够为管理员提供警报；为用户提供前瞻性的解决方案，防止新病毒的感染；通过基于web和Windows的图形用户界面提供集中的管理，最大限度地减少网络管理员在病毒防护上所花费的时间。

下面介绍几种流行的杀毒软件。

1. 瑞星杀毒软件（http：//www. rising. com. cn）

瑞星杀毒软件采用杀毒软件、漏洞扫描系统、个人防火墙、数据修复系统“四合一”套装的产品形态，从多个角度、多个层面考虑到了反病毒及用户信息安全的需求，设计开发了大量的实用功能，通过各种技术手段实现“整体防御，立体防毒”。

瑞星杀毒软件适用于企业服务器与客户端，支持 WindowsNT/2000/XP、Unix、

Linux 等多种操作平台，全面满足企业整体反病毒需要。瑞星杀毒软件创立并实现了“分布处理、集中控制”技术，以系统中心、服务器、客户端、控制台为核心结构，成功地实现了远程自动安装、远程集中控管、远程病毒报警、远程卸载、远程配置、智能升级、全网查杀、日志管理、病毒溯源等功能，它将网络中的所有计算机有机地联系在一起，构筑成协调一致的立体防毒体系。瑞星杀毒软件采用国际上最先进的结构化多层可扩展技术设计研制的第五代引擎，实现了从预杀式无毒安装、漏洞扫描、特征码判断查杀已知病毒，到利用瑞星专利技术行为判断查杀未知病毒，并通过可疑文件上报系统、嵌入式即时安全信息中心与瑞星中央病毒判别中心构成的信息交互平台，改被动查杀为主动防御，为网络中的个体计算机提供点到点的立体防护。

在瑞星杀毒软件网络版 2010 中，首度加入了“云安全”技术，部署之后，企业可享受“云安全”的成果。世界级反病毒虚拟机也在瑞星网络版 2010 被成功应用，采用的“超级反病毒虚拟机”已经达到世界先进水平，它应用分时技术和硬件 MMU 辅助的本地执行单元，在纯虚拟执行模式下，可以每秒钟执行超过 2000 万条虚拟指令，结合硬件辅助后，更可以把效率提高 200 倍。除了两大核心技术之外，瑞星杀毒软件网络版 2010 中还加入了非常实用的多项功能。

2. 卡巴斯基杀毒软件（http：//www. kaspersky. com. cn/）

卡巴斯基最新版本将众多的计算机安全模块有机地结合在一起，避免了同时安装大量安全软件可能带来的软件冲突和系统性能的降低，使得软件对于各种能力水平的用户来说都十分易于使用和管理。比起风靡 2007 年的卡巴斯基互联网安全套装 7.0 来说，无论是在安全性，还是在功能上，都有了非常大的提升。

卡巴斯基全功能安全软件采用了全新的反病毒引擎，该引擎对于恶意程序的检测具有非常卓越的能力，特别是针对双核和四核 CPU 平台，极大地提高了系统扫描速度，是世界上处理速度最快和系统资源占用最少的反病毒引擎之一；启用了开创性的 4D 安全防御体系，在全新的应用程序过滤模块融入了主动防御技术和集成的防火墙，能够自动为应用程序的安全级别进行分类，针对不同级别的应用程序采用不同的安全策略和访问控制，保护用户电脑系统和其中的隐私文件不受所有已知和未知安全威胁的侵害。

此外，针对不同层次的用户需求，卡巴斯基全功能安全软件在设计中体现了“便利性与技术性”平衡，卡巴斯基为专业计算机用户提供了更加灵活和技术化的自定义设置。专业用户可以通过创建详细的和指定的报告，十分方便地获知关于特定事件或安全威胁的综合情况。网络数据包分析、信任区域、信息统计等功能，更是其为专业用户所准备的非常有用的功能。

卡巴斯基全功能安全软件所使用的独一无二的保护技术可以全面提升程序功能，根据需要轻松自定义保护功能：

- 独特的安全免疫区——可以在该环境中运行可疑网站和应用程序以增强系统安全；
- 应用程序活动控制——将全面监控已安装应用程序的所有活动；
- 隐私信息保护——对系统中重要的数据提供额外保护；
- 卡巴斯基工具栏——在浏览器中嵌入卡巴斯基工具栏将过滤危险网站；

- 更高级的隐私信息保护，如虚拟键盘保护功能更强大；
- 紧急检测系统——能够实时阻止快速传播的各种威胁；
- 新一代的主动防御技术——可以更好地防御零日攻击和未知威胁。
- 贴心设计的游戏模式——玩家玩游戏时程序将暂停更新、扫描等任务以避免打扰玩家。

3. 360 杀毒软件（http://www.360.cn）

360 杀毒软件已经通过了公安部的信息安全产品检测，并于2009 年12 月及2010 年4 月两次通过了国际权威的 VB100 认证，成为国内首家初次参加 VB100 即获通过的杀毒产品。

360 杀毒软件无缝整合了国际知名的 BitDefender 病毒查杀引擎，以及 360 安全中心潜心研发的云查杀引擎。采用双引擎智能调度，提供完善的病毒防护体系，不但查杀能力出色，而且能第一时间防御新出现的病毒木马。

另外，360 杀毒软件是完全免费，无需激活码，轻巧快速不卡机，误杀率也很低，能为用户的电脑提供全面保护。360 杀毒软件推出时间不长，但已经跃居中国用户量最大的安全软件。

360 杀毒软件具有如下的功能和特点：

- 领先双引擎，强力杀毒
- 具有领先的启发式分析技术
- 独有可信程序数据库，防止误杀
- 快速升级及时获得最新防护能力
- 全面防御 U 盘病毒

另外，360 安全卫士是当前功能较强、效果较好、深受用户欢迎的上网安全软件。360 安全卫士运用云安全技术，在杀木马、打补丁、保护隐私、保护网银和游戏的账号密码安全、防止电脑变肉鸡等方面表现出色，被誉为“防范木马的第一选择”。360 安全卫士自身非常轻巧，查杀速度比传统的杀毒软件快数倍。同时还可优化系统性能，大大加快电脑运行速度。

8.3 网络攻击与入侵检测

8.3.1 黑客

黑客是英文 hacker 的译音，原意为热衷于电脑程序的设计者，指对于任何计算机操作系统的奥秘都有强烈兴趣的人。黑客大多是程序员，他们具有操作系统和编程语言方面的高级知识，知道系统中的漏洞及其原因所在，他们不断追求更深的知识，并公开他们的发现，与其他人分享，并且从来没有破坏数据的企图。黑客在微观的层次上考察系统，发现软件漏洞和逻辑缺陷。他们编程去检查软件的完整性。黑客出于改进的愿望，编写程序去检查远程机器的安全体系，这种分析过程是创造和提高的过程。

现在“黑客”一词的普遍含义是指计算机系统的非法入侵者，是指利用某种技术手段，非法进入其权限以外的计算机网络空间的人。随着计算机和 Internet 的迅速发展，黑客的队伍逐渐壮大起来，其成员也变得日益复杂多样，黑客已经成为一个群体，他们公开在网上交流，共享强有力的攻击工具，而且个个都喜欢标新立异、与众不同。因此要给现今的黑客一个准确的定位十分困难。有的黑客为了证明自己的能力，不断挑战网络的极限；有的则以在网上骚扰他人为乐；有的则是一种渴望报复社会的变态心理，等等。所以，今天的“黑客”几乎就是网络攻击者和破坏者的代名词。

8.3.2 网络攻击的表现形式

1. 假冒

假冒是指通过出示伪造的凭证来冒充别的对象，进入系统盗窃信息或进行破坏。假冒攻击的表现形式主要有盗窃密钥、访问明码形式的口令或者记录授权序列并在以后重放。假冒具有很大的危害性，因为它回避了用于结构化授权访问的信任关系。

假冒常与某些别的主动攻击形式一起使用，特别是消息的重演与篡改（伪造），构成对用户的诈骗。例如，鉴别序列能够被截获，并在一个有效的鉴别序列发生之后被重演。特权很少的实体为了得到额外的特权可能使用冒充装扮成具有这些特权的实体。

假冒带来极大的危害。以假冒的身份访问计算机系统，非授权用户 A 声称是另一用户 B，然后以 B 的名义访问服务与资源，A 窃取了 B 的合法利益，如果 A 破坏了计算机系统，则 A 不会承担责任，这必然损坏了 B 的声誉。再如进程 A 以伪装的身份欺骗与它通信的进程 B，如伪装成著名的售货商的进程要求购物进程提供信用卡号、银行账号，这不仅损害购物者的利益，也损害了售货商的声誉。

2. 未授权访问

未授权访问是指未经授权的实体获得了某个对象的服务或资源。未授权访问通常是通过在不安全通道上截获正在传输的信息或者利用对象的固有弱点来实现的。

非授权访问没有预先经过同意，就使用网络或计算机资源，有意避开系统访问控制机制，对网络设备及资源进行非正常使用，或擅自扩大权限，越权访问信息。它主要有以下几种形式：假冒、身份攻击、非法用户进入网络系统进行违法操作、合法用户以未授权方式进行操作等。

3. 拒绝服务（DoS）

DoS 是指服务的中断，系统的可用性遭到破坏，中断原因可能是对象被破坏或暂时性不可用。当一个实体不能执行它的正当功能，或它的动作妨碍了别的实体执行它们的正当功能的时候便发生服务拒绝。这种攻击可能是一般性的，比如一个实体抑制所有的消息，也可能是有具体目标的，例如一个实体抑制所有流向某一特定目的的端的消息，如安全审计服务。这种攻击可以是对通信业务流的抑制，或产生额外的通信业务流。也可能制造出试图破坏网络操作的消息，特别是如果网络具有中继实体，这些中继实体根据从别的中继实体那里接收到的状态报告来做出路由选择的决定。

例如，用户进程通过消耗过多的计算机系统的计算资源来发动拒绝服务攻击，如非授权者重复施放无用数据、占据处理器资源和磁盘空间、对系统无休止地访问，“狂轰烂炸”，造成系统阻塞，无法进行正常的信息处理，直至系统瘫痪。或者使用计算机系统的弱点蓄意运行攻击脚本。当然也存在用户进程无意的程序错误造成系统拒绝服务。

4. 否认（抵赖）

在一次通信中涉及的那些实体之一事后不承认参加了该通信的全部或一部分。不管原因是故意的还是意外的，都会导致严重的争执，造成责任混乱。

可以采用数字签名等技术措施来防止抗抵赖行为。

5. 窃听

窃听是信息泄露的表现。可通过物理搭线、拦截广播数据包、后门、接收辐射信号进行实施。对窃听的预防非常困难，发现窃听几乎不可能，其严重性非常高。非授权者利用信息处理、传送、存储中存在的安全漏洞（例如通过卫星和电台窃收无线信号、电磁辐射泄漏等）截收或窃取各种信息。由于卫星等无线信号可在全球进行窃收，因此必须加以重视。我国有关部门明确规定，在无线信道上传输秘密信息时必须安装加密机进行加密保护。

辐射是电磁信号泄露。电缆线路和附加装置（计算机、打印机、调制解调器、监视器、键盘、连接器、放大器和分接盒）泄露一些信号，在若干距离上，泄露的信号能成为可读的数据。可以将调谐到低波段的 AM 收音机保持吱吱的叫声，并靠近计算机。将发现当计算机接通电源自检时，收音机产生不同的声音，而当给出各种不同的指令时，收音机产生另外的声音。收音机也能从监视器、打印机收取信号。

6. 篡改

非授权者用各种手段对信息系统中的数据进行增加、删改、插入等非授权操作，破坏数据的完整性，以达到其恶意目的。当所传送的内容被改变而未发觉，并导致一种非授权后果时出现消息篡改。

7. 复制与重放（重演）

当一个消息，或部分消息为了产生非授权效果而被重复时将出现重演。其实现是非授权者先记录系统中的合法信息，然后在适当时候进行重放，以搅乱系统的正常运行，或达到其恶意目的。由于记录的是合法信息，因而如果不采取有效措施，将难以辨认真伪。例如，一个含有鉴别信息的有效消息可能为另一个实体所重演，目的是鉴别它自己（把它当作其他实体）。恶意系统可以克隆一个实体或实体产生的信息。如截获订单，然后反复发出订单。

8. 业务流量、流向分析

非授权者在信息网络中通过业务流量或业务流向分析来掌握信息网络或整体部署的敏感信息。虽然这种攻击没有窃取到信息内容，但仍然可获取许多有价值的情报。可以通过业务流量填充抵御这种攻击。

9. 隐蔽信道

系统设计的一些信道来合法传送倍息，这些信道为公开通道，隐蔽信道是通过公开通道传送隐蔽信息的一种秘密方法，即信息隐藏。未经授权的用户可用隐蔽信道传送机密信息。如一个重要雇员用文件名传送公司秘密信息时，将文件名编码。如果文件名对外部用户是可访问的。则未经授权用户可将收到的在文件名中编码的信息解码，而了解信息内容。用于传送文件名的信道被滥用为传输某些秘密信息，这种操作不受访问控制机制限制。

隐蔽信道既可传送未经授权信息，又不违反访问控制和其他安全机制。隐蔽信道不容易探测，即使探测到，也很难清除。例如：隐蔽存储信道采用某些存储机制，将信息传送到未授权用户。即一个进程直接或间接写一个存储地址，另一个进程直接或间接读一个存储地址的隐蔽信道。隐蔽计时信道采用计时程序来传送未经授权的信息。在该信道下一个进程通过调整自身对系统资源的使用，向另一个进程传送未经授权的信息。这个进程同时影响了第二个进程观察到的实际响应时间。Gustavus Simmons 发明了传统数字签名算法中隐蔽信道的概念，隐蔽消息隐藏在看似正常数字签名的文本中，其他人不仅不能读隐蔽信道消息，而且也不知道隐蔽信道消息已经出现。

10. 逻辑炸弹

逻辑炸弹是指修改计算机程序，使它在某种特殊条件下按某种不同的方式运行。在正常条件下程序运行正常，但如果某特殊条件出现，程序就会按不同于预期的方式运行。预防逻辑炸弹几乎不可能，发现也很困难，破坏性极大。

11. 后门（陷门）

后门是进入系统的一种方法，通常由系统的设计者利用应用系统的开发时机，故意设置机关，用以监视计算机系统，但有时也因偶然考虑不周而存在（如漏洞）。后门也是程序设计、调试、测试或维修期间编程员使用的常用检验手段。例如当程序运行时，在正确的时间按下正确的键，或提供正确的参数，就会对预定的事件或事件序列产生非授权的影响。发现后门非常困难。因为证明程序满足规范的要求是困难的，证明在任何其他情况下，该程序不做任何别的事情是更困难的（如不含后门、没有逻辑炸弹）。

12. 恶意代码

恶意代码包括病毒、蠕虫、特洛伊木马、逻辑炸弹、恶意 Java 程序、愚弄和下流玩笑程序、恶意 Active X 控件以及 Web 脚本等。如 Web 页面放入了恶意代码，在访问者不知情的情况下，自动修改 IE 默认首页、标题内容、鼠标右键项目等。可以通过加强计算机病毒检测功能进行查杀。

13. 不良信息

互联网给人们的工作、学习、生活带来了极大便利，但在信息的海洋中，还夹杂着一些不良内容，包括色情、暴力、毒品、邪教、赌博等。通常的做法就是拦截，采用信息过滤技术进行访问控制。一方面，对页面进行监控，对出现的词汇进行逻辑判断，完成对不良信息的查杀；另一方面，通过预置不良网址禁止使用者登录。由于决策者对不良信息定义的标准可能不同，好的过滤系统应该允许管理员自定义设置。

8.3.3 网络攻击常用手段

通常的网络攻击一般是侵入或破坏网上的服务器主机，盗取服务器的敏感数据或干扰破坏服务器对外提供的服务，也有直接破坏网络设备的网络攻击，这种破坏影响较大会导致网络服务异常甚至中断。

1. 网络攻击步骤

尽管黑客攻击系统的技能有高低之分，入侵的手法多种多样，但他们对目标系统实施攻击的流程却大致相同。其攻击过程可归纳为以下9个步骤：踩点、扫描、模拟攻击、获取访问权、权限提升、窃取、掩盖踪迹、创建后门、拒绝服务攻击。

（1）踩点

"踩点"原意为策划一项盗窃活动的准备阶段，在黑客攻击领域，踩点的主要目标收集被攻击方的有关信息，分析被攻击方可能存在的漏洞。通过"踩点"可能获取如下信息：网络域名、网络地址分配、域名服务器、邮件交换主机、网关等关键系统的位置及软硬件信息，内部网络的的独立地址空间及名称空间，网络连接类型及访问控制，各种开放资源如雇员配置文件等。

（2）扫描

收集或编写适当的扫描工具，并在对攻击目标的软硬件系统进行分析的基础上，在尽可能短的时间内对目标进行扫描。通过扫描可以直接截获数据包进行信息分析、密码分析或流量分析等。通过分析获取攻击目标的相关信息如开放端口、注册用户及口令和存在的安全漏洞如FTP漏洞、NFS输出到未授权程序中、不受限制的X服务器访问、不受限制的调制解调器、Sendmail的漏洞、NIS口令文件访问等。

扫描有手工扫描和利用端口扫描软件。手工扫描是利用各种命令，如Ping、Tracert、Host等。使用端口扫描软件是利用专门的扫描器进行扫描。

（3）模拟攻击

根据上一步所获得的信息，建立模拟环境，然后对模拟目标机进行一系列的攻击。通过检查被攻击方的日志，可以了解攻击过程中留下的"痕迹"。这样攻击者就知道需要删除哪些文件来毁灭其入侵证据。

（4）获取访问权

攻击者要想入侵一台主机，首先要有该主机的一个账号和密码，否则连登录都无法进行。因此，在搜索到目标系统的足够信息后，下一步要完成的工作是得到目标系统的访问权进而完成对目标系统的入侵。

（5）权限提升

一旦攻击者通过前面的几步工作获得了系统上任意普通用户的访问权限后，攻击者就会试图将普通用户权限提升至超级用户权限，以便完成对系统的完全控制。权限提升所采取的技术主要有通过得到的密码文件，利用现有的工具软件。破解系统上其他用户名及口令；利用不同操作系统及服务的漏洞，利用管理员不正确的系统配置等。

（6）窃取

一旦攻击者得到了系统的完全控制权，接下来将完成的工作是窃取，即进行一些敏感数据的篡改、添加、删除、复制等，并通过对敏感数据的分析，为进一步攻击应用系统作准备。

（7）掩盖踪迹

黑客一旦侵入系统，必然留下痕迹。此时，黑客需要做的首要工作就是清除所有入侵痕迹，避免自己被检测出来，以便能够随时返回被入侵系统继续干坏事或作为入侵其他系统的中继跳板。掩盖踪迹的主要工作有禁止系统审计、清空事件日志、隐藏作案工具及用新的工具替换常用的操作系统命令等。

(8) 创建后门

黑客的最后一招便是在受害系统上创建一些后门及陷阱，以便入侵者一时兴起时，卷土重来，并能以特权用户的身份控制整个系统。创建后门的主要方法有创建具有特权用户权限的虚假用户账号、安装批处理、安装远程控制工具、使用木马程序替换系统程序、安装监控机制及感染启动文件等。

(9) 拒绝服务攻击

如果未能获取系统访问权限，那么黑客所能采取的最恶毒的手段便是拒绝服务攻击。即使用精心准备好的漏洞代码攻击系统使目标服务器资源耗尽或资源过载，以至于没有能力再向外提供服务。攻击所采用的技术主要是利用协议漏洞及不同系统实现的漏洞。

2. 网络攻击常用手段

网络攻击可分为拒绝服务型、攻击扫描窥探攻击和畸形报文攻击三大类。

(1) 拒绝服务型（DoS）攻击是使用大量的数据包攻击系统，使系统无法接受正常用户的请求，或者主机挂起不能提供正常的工作。主要 DoS 攻击有 SYNFlood、Fraggle 等。拒绝服务攻击和其他类型的攻击不大一样，攻击者并不是去寻找进入内部网络的入口，而是去阻止合法的用户访问资源或路由器。

(2) 扫描窥探攻击是利用 ping 扫射（ICMP 和 TCP）来标识网络上存活着的系统，从而准确的指出潜在的攻击目标；利用 TCP 和 UCP 端口扫描，就能检测出操作系统和监听着的潜在服务。攻击者通过扫描窥探就能大致了解目标系统提供的服务种类和潜在的安全漏洞，为进一步侵入系统做好准备。

(3) 畸形报文攻击是通过向目标系统发送有缺陷的 IP 报文使得目标系统在处理这样的 IP 包时会出现崩溃，给目标系统带来损失。主要的畸形报文攻击有 Ping of Death 攻击、Tear Drop 攻击、超大的 ICMP 报文等。

8.3.4 网络攻击的基本工具

1. 扫描器

网络安全扫描技术是一种基于 Internet 远程检测目标网络或本地主机安全性脆弱点的技术。通过网络安全扫描，系统管理员能够发现所维护的 Web 服务器的各种 TCP/IP 端口的分配、开放的服务、Web 服务软件版本和这些服务及软件呈现在 Internet 上的安全漏洞。网络安全扫描技术也是采用积极的、非破坏性的办法来检验系统是否有可能被攻击崩溃。它利用了一系列的脚本模拟对系统进行攻击的行为，并对结果进行分析。这种技术通常被用来进行模拟攻击实验和安全审计。网络安全扫描技术与防火墙、安全监控系统互相配合就能够为网络提供很高的安全性。

在 Internet 安全领域，扫描器是最出名的破解工具。所谓扫描器，实际上是自动检测远程或本地主机安全性弱点的程序。扫描器扫描目标主机的 TCP/IP 端口和服务，并记录目标机的回答，以此获得关于目标机的信息。理解和分析这些信息，就可能发现破坏目标机安全性的关键因素。常用的扫描器有很多，有些可以在 Internet 上免费得到，如 NSS（网络安全扫描器）、Strobe（超级优化 TCP 端口检测程序）、SATAN（安全管理员的网络分析工具）、XSCAN 等。

扫描器还在不断发展变化，每当发现新的漏洞，检查该漏洞的功能就会被加入已有的扫描器中。扫描器不仅是黑客用作网络攻击的工具，也是维护网络安全的重要工具。系统管理人员必须学会使用扫描器。

2. 口令入侵工具

所谓的口令入侵，是指破解口令或屏蔽口令保护。但实际上，真正的加密口令是很难逆向破解的。黑客们常用的口令入侵工具所采用的技术是仿真对比，利用与原口令程序相同的方法，通过对比分析，用不同的加密口令去匹配原口令。

黑客们破解口令的过程大致如下：首先将大量字表中的单词用一定规则进行变换，再用加密算法进行加密。看是否与/etc/passwd 文件中加密口令相匹配者：若有，则口令很可能被破解。单词变换的规则一般有：大小写交替使用；把单词正向、反向拼写后，接在一起（如 cannac）；在每个单词的开头和/或结尾加上数字 1 等等。同时，在 Internet 上有许多字表可用。如果用户选择口令不恰当，口令落入了字表库，黑客们获得了/etc/passwd 文件，基本上就等于完成了口令破解任务。

3. 特洛伊木马

所谓特洛伊程序是指任何提供了隐藏的、用户不希望的功能的程序。它可以以任何形式出现，可能是任何由用户或客户引入到系统中的程序。特洛伊程序提供或隐藏了一些功能，这些功能可以泄露一些系统的私有信息，或者控制该系统。

特洛伊程序表面上是无害的、有用的程序，但实际上潜伏着很大的危险性。特洛伊程序可以导致整个系统被侵入，因为首先它很难被发现。在它被发现之前，可能已经存在几个星期甚至几个月了。其次在这段时间内，具备了管理员权限的入侵者，可以将系统按照他的需要进行修改。这样即使这个特洛伊程序被发现了，在系统中也留下了系统管理员可能没有注意到的漏洞。

4. 网络嗅探器（Sniffer）

计算机网络是共享通信通道的。共享意味着计算机能够接收到发送给其他计算机的信息。捕获在网络中传输的数据信息就称为 sniffing（窃听）。

通常在同一个网段的所有网络接口都有访问在物理媒体上传输的所有数据的能力，而每个网络接口都还应该有一个硬件地址，该硬件地址不同于网络中存在的其他网络接口的硬件地址，同时，每个网络至少还要一个广播地址。在正常情况下，一个合法的网络接口应该只响应这样的两种数据帧：

（1）帧的目标区域具有和本地网络接口相匹配的硬件地址。

（2）帧的目标区域具有“广播地址”。

在接受到上面两种情况的数据包时，网卡通过 cpu 产生一个硬件中断，该中断能引起操作系统注意，然后将帧中所包含的数据传送给系统进一步处理。

而 Sniffer 就是一种能将本地网卡状态设成“混杂”模式的软件，当网卡处于这种“混杂”模式时，该网卡具备“广播地址”，它对所有遭遇到的每一个帧都产生一个硬件中断以便提醒操作系统处理流经该物理媒体上的每一个报文包。

Sniffer 用来截获网络上传输的信息，用在以太网或其他共享传输介质的网络上。放置 Sniffer，可使网络接口处于广播状态，从而截获网上传输的信息。利用 Sniffer 可截获口令、秘密的和专有的信息，用来攻击相邻的网络。Sniffer 的威胁还在于被攻击方无法发现。Sniffer 是被动的程序，本身在网络上不留下任何痕迹。

常用的 Sniffer 有：Gobbler、ETHLOAD、Netman、Esniff. c、Linux Sniffer. c、NitWitc 等等。

5. 破坏系统工具

常见的破坏装置有邮件炸弹和病毒等。其中邮件炸弹的危害性较小，而病毒的危害性则很大。

邮件炸弹是指不停地将无用信息传送给攻击方，填满对方的邮件信箱，使其无法接收有用信息。另外，邮件炸弹也可以导致邮件服务器的拒绝服务。常用的 Email 炸弹有：UpYours、KaBoom、Avalanche、Unabomber、eXtreme Mail、Homicide、Bombtrack、FlameThrower 等。

病毒程序与特洛伊木马程序有明显的不同。特洛伊木马程序是静态的程序，存在于另一个无害的被信任的程序之中。特洛伊木马程序会执行一些未经授权的功能，如把口令文件传递给攻击者，或给他提供一个后门。攻击者通过这个后门可以进入那台主机，并获得控制系统的权力。病毒程序则具有自我复制的功能，它的目的就是感染计算机。在任何时候病毒程序都是清醒的，监视着系统的活动。一旦系统的活动满足了一定的条件，病毒就活跃起来，把自己复制到那个活动的程序中去。

8.3.5 入侵检测系统

入侵检测是通过从计算机网络系统中的若干关键点收集信息并对其进行分析，从中发现违反安全策略的行为和遭到攻击的迹象，并作出自动的响应。其主要功能是对用户和系统行为的监测与分析、系统配置和漏洞的审计检查、重要系统和数据文件的完整性评估、已知的攻击行为模式的识别、异常行为模式的统计分析、操作系统的审计跟踪管理及违反安全策略的用户行为的识别。入侵检测通过迅速地检测入侵，在可能造成系统损坏或数据丢失之前，识别并驱除入侵者，使系统迅速恢复正常工作，并且阻止入侵者进一步的行动。同时，收集有关入侵的技术资料，用于改进和增强系统抵抗入侵的能力。

1. 入侵检测系统的分类

按照原始数据的来源，可以将入侵检测系统分为基于主机的入侵检测系统、基于网络的入侵检测系统和混合的入侵检测系统。

(1) 基于网络的入侵检测

基于网络的入侵检测产品（NIDS）放置在比较重要的网段内，不停地监视网段中的各种数据包。对每一个数据包或可疑的数据包进行特征分析。如果数据包与产品内置的某些规则吻合，入侵检测系统就会发出警报甚至直接切断网络连接。目前，大部分入侵检测产品是基于网络的。

优点：

- 网络入侵检测系统能够检测那些来自网络的攻击，它能够检测到超过授权的非法访问。

- 一个网络入侵检测系统不需要改变服务器等主机的配置。由于它不会在业务系统的主机中安装额外的软件，从而不会影响这些机器的CPU、I/O与磁盘等资源的使用，不会影响业务系统的性能。

- 由于网络入侵检测系统不像路由器、防火墙等关键设备方式工作，它不会成为系统中的关键路径。

- 网络入侵检测系统近年内有向专门的设备发展的趋势，安装这样的一个网络入侵检测系统非常方便，只需将定制的设备接上电源，做很少一些配置，将其连到网络上即可。

弱点：

- 网络入侵检测系统只检查它直接连接网段的通信，不能检测在不同网段的网络包，在使用交换以太网的环境中就会出现监测范围的局限。

- 网络入侵检测系统为了性能目标通常采用特征检测的方法，它可以检测出普通的一些攻击，而很难实现一些复杂的需要大量计算与分析时间的攻击检测。

- 网络入侵检测系统可能会将大量的数据传回分析系统中。在一些系统中监听特定的数据包会产生大量的分析数据流量。

- 网络入侵检测系统处理加密的会话过程较困难，目前通过加密通道的攻击尚不多，但随着IPv6的普及，这个问题会越来越突出。

（2）基于主机的入侵检测

基于主机的入侵检测产品（HIDS）通常是安装在被重点检测的主机之上，主要是对该主机的网络实时连接以及系统审计日志进行智能分析和判断。如果其中主体活动十分可疑（特征或违反统计规律），入侵检测系统就会采取相应措施。

优点：

- 主机入侵检测系统对分析“可能的攻击行为”非常有用。主机入侵检测系统与网络入侵检测系统相比通常能够提供更详尽的相关信息。

- 主机入侵检测系统通常情况下比网络入侵检测系统误报率要低，因为检测在主机上运行的命令序列比检测网络更简单，系统的复杂性也少得多。

- 主机入侵检测系统可布署在那些不需要广泛的入侵检测、传感器与控制台之间的通信带宽不足的情况下。

弱点：

- 主机入侵检测系统安装在我们需要保护的设备上。

- 主机入侵检测系统依赖于服务器固有的日志与监视能力。如果服务器没有配置日志功能，则必须重新配置，这将会给运行中的业务系统带来不可预见的性能影响。

- 全面布署主机入侵检测系统代价较大，企业中很难将所有主机用主机入侵检测系统保护，只能选择部分主机保护。那些未安装主机入侵检测系统的机器将成为保护的盲点，入侵者可利用这些机器达到攻击目标。

- 主机入侵检测系统除了监测自身的主机以外，根本不监测网络上的情况。对入侵行为的分析的工作量将随着主机数目增加而增加。

(3) 混合入侵检测

基于网络的入侵检测产品和基于主机的入侵检测产品都有不足之处，单纯使用一类产品会造成主动防御体系不全面。但是，它们的缺憾是互补的。如果这两类产品能够无缝结合起来部署在网络内，则会构架成一套完整立体的主动防御体系，综合了基于网络和基于主机两种结构特点的入侵检测系统，既可发现网络中的攻击信息，也可从系统日志中发现异常情况。

2. 入侵检测技术

入侵检测为网络安全提供实时检测及攻击行为检测，并采取相应的防护手段。例如，实时检测通过记录证据来进行跟踪、恢复、断开网络连接等控制；攻击行为检测注重于发现信息系统中可能已经通过身份检查的形迹可疑者，进一步加强信息系统的安全力度。入侵检测的步骤如下：

(1) 收集系统、网络、数据及用户活动的状态和行为的信息

入侵检测一般采用分布式结构，在计算机网络系统中的若干不同关键点（不同网段和不同主机）收集信息，一方面扩大检测范围，另一方面通过多个采集点的信息的比较来判断是否存在可疑现象或发生入侵行为。

入侵检测所利用的信息一般来自以下4个方面：系统和网络日志文件、目录和文件中的不期望的改变、程序执行中的不期望行为、物理形式的入侵信息。

(2) 根据收集到的信息进行分析

常用的分析方法有模式匹配、统计分析、完整性分析。模式匹配是将收集到的信息与已知的网络入侵和系统误用模式数据库进行比较，从而发现违背安全策略的行为。

统计分析方法首先给系统对象（如用户、文件、目录和设备等）创建一个统计描述，统计正常使用时的一些测量属性。测量属性的平均值将被用来与网络、系统的行为进行比较。当观察值超出正常值范围时，就有可能发生入侵行为。该方法的难点是阈值的选择，阈值太小可能产生错误的入侵报告，阈值太大可能漏报一些入侵事件。

完整性分析主要关注某个文件或对象是否被更改，包括文件和目录的内容及属性。该方法能有效地防范特洛伊木马的攻击。

3. 入侵检测技术的分类

入侵检测通过对入侵和攻击行为的检测，查出系统的入侵者或合法用户对系统资源的滥用和误用。代写工作总结根据不同的检测方法，将入侵检测分为异常入侵检测和误用入侵检测。

(1) 异常检测

异常检测又称为基于行为的检测。其基本前提是：假定所有的入侵行为都是异常的。首先建立系统或用户的“正常”行为特征轮廓，通过比较当前的系统或用户的行为是否偏离正常的行为特征轮廓来判断是否发生了入侵。此方法不依赖于是否表现出具体行为来进行检测，是一种间接的方法。

常用的具体方法有：统计异常检测方法、基于特征选择异常检测方法、基于贝叶斯推理异常检测方法、基于贝叶斯网络异常检测方法、基于模式预测异常检测方法、基于神经网络异常检测方法、基于机器学习异常检测方法、基于数据采掘异常检测方法等。

异常检测技术难点是“正常”行为特征轮廓的确定、特征量的选取、特征轮廓的更新。由于这几个因素的制约，异常检测的虚警率很高，但对于未知的入侵行为的检测非常有效。此外，由于需要实时地建立和更新系统或用户的特征轮廓，这样所需的计算量很大，对系统的处理性能要求很高。

（2）误用检测

又称为基于知识的检测。其基本前提是：假定所有可能的入侵行为都能被识别和表示。首先，对已知的攻击方法进行攻击签名（攻击签名是指用一种特定的方式来表示已知的攻击模式）表示，然后根据已经定义好的攻击签名，通过判断这些攻击签名是否出现来判断入侵行为的发生与否。这种方法是依据是否出现攻击签名来判断入侵行为，是一种直接的方法。

常用的具体方法有：基于条件概率误用入侵检测方法、基于专家系统误用入侵检测方法、基于状态迁移分析误用入侵检测方法、基于键盘监控误用入侵检测方法、基于模型误用入侵检测方法。误用检测的关键问题是攻击签名的正确表示。

误用检测是根据攻击签名来判断入侵的，根据对已知的攻击方法的了解，用特定的模式语言来表示这种攻击，使得攻击签名能够准确地表示入侵行为及其所有可能的变种，同时又不会把非入侵行为包含进来。由于多数入侵行为是利用系统的漏洞和应用程序的缺陷，因此，通过分析攻击过程的特征、条件、排列以及事件间的关系，就可具体描述入侵行为的迹象。这些迹象不仅对分析已经发生的入侵行为有帮助，而且对即将发生的入侵也有预警作用。

误用检测将收集到的信息与已知的攻击签名模式库进行比较，从中发现违背安全策略的行为。由于只需要收集相关的数据，这样系统的负担明显减少。该方法类似于病毒检测系统，其检测的准确率和效率都比较高。但是它也存在一些缺点。

目前，由于误用检测技术比较成熟，多数的商业产品都主要是基于误用检测模型的。不过，为了增强检测功能，不少产品也加入了异常检测的方法。

4. 入侵检测的发展方向

随着信息系统对一个国家的社会生产与国民经济的影响越来越大，再加上网络攻击者的攻击工具与手法日趋复杂化，信息战已逐步被各个国家重视。近年来，入侵检测有如下几个主要发展方向：

（1）分布式入侵检测与通用入侵检测架构

传统的IDS一般局限于单一的主机或网络架构，对异构系统及大规模的网络的监测明显不足，再加上不同的IDS系统之间不能很好地协同工作。为解决这一问题，需要采用分布式入侵检测技术与通用入侵检测架构。

（2）应用层入侵检测

许多入侵的语义只有在应用层才能理解，然而目前的IDS仅能检测到诸如Web之类的通用协议，而不能处理LotusNotes、数据库系统等其他的应用系统。许多基于客户/服务器结构、中间件技术及对象技术的大型应用，也需要应用层的入侵检测保护。

（3）智能的入侵检测

入侵方法越来越多样化与综合化，尽管已经有智能体、神经网络与遗传算法在入侵检测领域应用研究，但是，这只是一些尝试性的研究工作，需要对智能化的 IDS 加以进一步的研究，以解决其自学习与自适应能力。

（4）入侵检测的评测方法

用户需对众多的 IDS 系统进行评价，评价指标包括 IDS 检测范围、系统资源占用、IDS 自身的可靠性，从而设计出通用的入侵检测测试与评估方法与平台，实现对多种 IDS 的检测。

8.4 数据加密

8.4.1 概述

数据加密是将要保护的信息变成伪装信息，使未授权者不能理解它的真正含义，只有合法接收者才能从中识别出真实信息。所谓伪装就是对信息进行一组可逆的数学变换。伪装前的信息称为明文（plaintext），伪装后的信息称为密文（ciphertext），伪装的过程即把明文转换为密文的过程称为加密（encryption）。加密是在加密密钥（key）的控制下进行的。用于对数据加密的一组数学变换称为加密算法。发送者将明文数据加密成密文，然后将密文数据送入数据通信网络或存入计算机文件。授权的接收者接收到密文后，施行与加密变换相逆的变换，去掉密文的伪装信息恢复出明文，这一过程称为解密（decryption）。解密是在解密密钥的控制下进行的。用于解密的一组数学变换称为解密算法。因为数据以密文的形式存储在计算机文件中，或在数据通信网络中传输，因此即使数据被未授权者非法窃取或因系统故障和操作人员误操作而造成数据泄露，未授权者也不能理解它的真正含义，从而达到数据保密的目的。同样，未授权者也不能伪造合理的密文，因而不能篡改数据，从而达到确保数据真实性的目的。

通常一个密码系统由以下五个部分组成：

（1）明文空间 M，它是全体明文的集合；

（2）密文空间 C，它是全体密文的集合；

（3）密钥空间 K，它是全体密钥的集合。其中每个密钥 K 均由加密密钥 Ke 和解密密钥 Kd 组成，即 $K=\langle Ke, Kd\rangle$；

（4）加密算法 E，它是一簇由 M 到 C 的加密变换，每一特定的加密密钥 Ke 确定一特定的加密算法；

（5）解密算法 D，它是一簇由 C 到 M 的解密变换，每一特定的解密密钥 Kd 确定一特定的解密算法。

对于每一确定的密钥 $K=\langle Ke, Kd\rangle$，加密算法将确定一个具体的加密变换，解密算法将确定一个具体的解密变换，而且解密变换是加密变换的逆过程。对于明文空间 M 中的每一个明文 M，加密算法在加密密钥 Ke 的控制下将 M 加密成密文 C：

$C=E(M, Ke)$而解密算法在解密密钥 Kd 的控制下从密文 C 中解出同一明文 M

$$M=D(C, Kd)=D(E(M, Ke), Kd)$$

一个密码通信系统的基本模型图如图 8-1 所示。

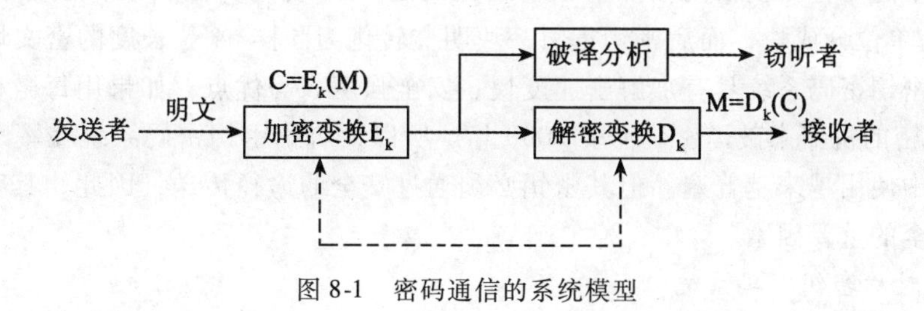

图 8-1 密码通信的系统模型

密码学是信息安全的核心。要保证信息的保密性使用密码对其加密是最有效的办法。要保证信息的完整性使用密码技术实施数字签名，进行身份认证，对信息进行完整性校验是当前实际可行的办法。保障信息系统和信息为授权者所用，利用密码进行系统登录管理，存取授权管理是有效的办法。保证信息系统的可控性也可以有效的利用密码和密钥管理来实施。数据加密作为一项基本技术是所有通信安全的基石，数据加密过程是由各种各样的加密算法来具体实施，它以很小的代价提供很大的安全保护。密码技术是信息网络安全最有效的技术之一，在很多情况下，数据加密是保证信息保密性的唯一方法。

8.4.2 数据加密原理和体制

如果按照收发双方密钥是否相同来分类，可以将这些加密系统分为对称密钥密码系统（传统密码系统）和非对称密钥密码系统（公钥密码系统）。

1. 对称密钥密码系统

在对称密钥密码系统中，收信方和发信方使用相同的密钥，并且该密钥必须保密。发送方用该密钥对待发报文进行加密，然后将报文传送至接收方，接收方再用相同的密钥对收到的报文进行解密。这一过程可以表现为如下数学形式，发送方使用的加密函数 encrypt 有两个参数：密钥 K 和待加密报文 M，加密后的报文为 E。

$$E = encrypt(K, M)$$

接收方使用的解密函数 decrypt 把这一过程逆过来，就产生了原来的报文：

$$M = decrypt(K, E)$$

数学上，decrypt 和 encrypt 互为逆函数

对称密钥加密系统如图 8-2 所示。

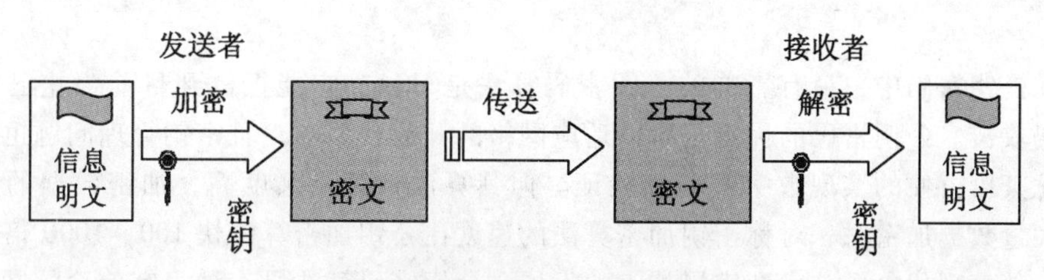

图 8-2 对称密钥加密图

在众多的对称密钥密码系统中影响最大的是 DES 密码算法，该算法加密时把明文以 64 位为单位分成块，而后密钥把每一块明文转化为同样 64 位长度的密文块。

对称密钥密码系统具有加解密速度快、安全强度高等优点，如果用每微秒可进行一次 DES 加密的机器来破译密码需要 2000 年。所以，对称密钥密码系统在军事、外交及商业应用中使用越来越普遍。但其密钥必须通过安全的途径传送，因此，其密钥管理成为系统安全的重要因素。

2. 非对称密钥密码系统

在非对称密钥密码系统中，它给每个用户分配两把密钥：一个称私有密钥，是保密的；一个称公共密钥，是众所周知的。该方法的加密函数必须具有如下数学特性：用公共密钥加密的报文除了使用相应的私有密钥外很难解密；同样，用私有密钥加密的报文除了使用相应的公共密钥外也很难解密；同时，几乎不可能从加密密钥推导解密密钥，反之亦然。这种用两把密钥加密和解密的方法可以表示成如下数学形式，假设 M 表示一条报文，pub-ul 表示用户 L 的公共密钥，prv-ul 表示用户 L 的私有密钥，那么有：

$$E = encrypt(pub-ul, M)$$

收到 E 后，只有用 prv-ul 才能解密。

$$M = decrypt(prv-ul, E)$$

这种方法是安全的，因为加密和解密的函数具有单向性质。也就是说，仅知道了公共密钥并不能伪造由相应私有密钥加密过的报文。可以证明，公共密钥加密法能够保证保密性。只要发送方使用接收方的公共密钥来加密待发报文，就只有接收方能够读懂该报文，因为要解密必须要知道接收方的私有密钥。因此，这个方案可确保数据的保密性，因为只有接收方能解密报文。非对称密钥加密系统如图 8-3 所示。

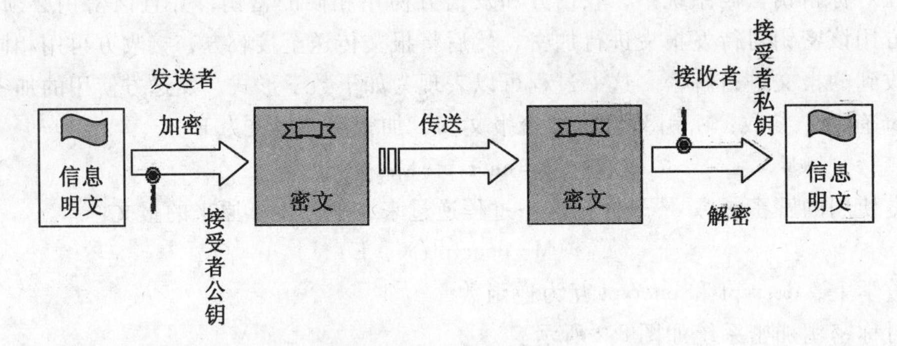

图 8-3　公钥加密图

在公钥密码中，最有影响的公钥密码算法是 RSA，它能抵抗到目前为止已知的所有密码攻击。公钥密码的优点是可以适应网络的开放性要求，且密钥管理问题也较为简单，尤其可方便的实现数字签名和验证。但其算法计算复杂度高，加密数据的速率较低，大量数据加密时，对称密钥加密算法的速度比公钥加密算法快 100～1000 倍。尽管如此，随着现代电子技术和密码技术的发展，公钥密码算法是一种很有前途的网络安全加密体制。公钥加密算法常用来对少量关键数据进行加密，或者用于数字签名。

使用最广的公钥加密算法是 RSA，其密钥长度从 40～2048 位可变，密钥越长，加密效果越好。

在实际应用中通常将传统密码和公钥密码结合在一起使用实现最佳性能，即用公钥技术在通信双方之间传送对称密钥，而用对称密钥来对实际传输的数据加密、解密。比如：利用 DES 来加密信息，而采用 RSA 来传递会话密钥，这样可以大大提高处理速度。

8.4.3 数字签名

在传统密码中，通信双方用的密钥是一样的。因此，收信方可以伪造、修改密文，发信方也可以否认和抵赖他发过该密文，如果因此而引起纠纷，就无法裁决。

在数字签名技术出现之前，曾经出现过一种"数字化签名"技术，简单地说就是在手写板上签名，然后将图像传输到电子文档中，这种"数字化签名"可以被剪切，然后粘贴到任意文档上，这样非法复制变得非常容易，所以这种签名的方式是不安全的。

数字签名技术与数字化签名技术是两种截然不同的安全技术，数字签名与用户的姓名和手写签名形式毫无关系，它实际使用了信息发送者的私有密钥变换所需传输的信息。对于不同的文档信息，发送者的数字签名并不相同，没有私有密钥，任何人都无法完成非法复制。利用公开密钥加密方法可以用于验证报文发送方，这种技术称为数字签名。要在一条报文上签名，发送方只要使用其私有密钥加密即可。接收方使用相反的过程解密。由于只有发送方才拥有用于加密的密钥，因此接收方知道报文的发送者。

数字签名可以解决否认、伪造、篡改及冒充等问题，是通信双方在网上交换信息时用公钥密码防止伪造和欺骗的一种身份认证，也即：发送者事后不能否认发送的报文签名、接收者能够核实发送者发送的报文签名、接收者不能伪造发送者的报文签名、接收者不能对发送者的报文进行部分篡改、网络中的某一用户不能冒充另一用户作为发送者或接收者。数字签名的应用范围十分广泛，凡是需要对用户的身份进行判断的情况都可以使用数字签名，比如加密信件、商务信函、定货购买系统、远程金融交易、自动模式处理等。

公共密钥系统是怎样提供数字签名的呢？发送方使用私有密钥加密报文来进行签名，接收方查阅发送方公共密钥，并使用它来解密，从而对签名进行验证。因为只有发送方才知道自己的私有密钥，因此只有发送方才能加密那些可由公共密钥解密的报文。

在公钥密码体制中的每个用户都有两个密钥，实际上有两个算法，一个是加密算法，一个是解密算法。若 A 用户向 B 用户发送信息 m，A 可用自己的保密的解密算法 D_A 对 m 进行加密得 $D_A(m)$，再用 B 的公开算法 E_B 对 $D_A(m)$ 进行加密得：

$$C=E_B(D_A(m))$$

B 收到密文 C 后先用他自己拥有的解密算法 D_B 对 C 进行解密得：

$$D_B(C)=D_B(E_B(D_A(m)))=D_A(m)$$

然后再用 A 的公开算法 E_A 对 $D_A(m)$ 进行解密得：

$$E_A(D_A(m))=m$$

从而得到了明文 m。

由于C只有A才能产生，B无法伪造或修改C，所以A就不能抵赖或否认，这样就能达到签名的目的。

8.4.4 认证技术

在信息技术中，所谓“认证”，是指通过一定的验证技术，确认系统使用者身份，以及系统硬件（如计算机）的数字化代号真实性的整个过程。其中对系统使用者的验证技术过程称为“身份认证”。

身份认证一般会涉及两方面的内容，一个是识别，一个是验证。所谓识别，就是要明确访问者是谁？即必须对系统中的每个合法的用户具有识别能力。要保证识别的有效性，必须保证任意两个不同的用户都不能具有相同的识别符。所谓验证是指访问者声称自己的身份后，系统还必须对它声称的身份进行验证，以防止冒名顶替者。识别符可以是非秘密的，而验证信息必须是秘密的。

目前主要的认证技术包括：

1. 口令核对

鉴别用户身份最常见也是最简单的方法就是口令核对法：系统为每一个合法用户建立一个用户名/口令对，当用户登录系统或使用某项功能时，提示用户输入自己的用户名和口令，系统通过核对用户输入的用户名、口令与系统内已有的合法用户的用户名/口令对（这些用户名/口令对在系统内是加密存储的）是否匹配，如与某一项用户名/口令对匹配，则该用户的身份得到了认证。

2. 基于智能卡的身份认证

在认证时认证方要求一个硬件——智能卡。智能卡具有硬件加密功能，有较高的安全性。每个用户持有一张智能卡，智能卡存储用户个性化的秘密信息，同时在验证服务器中也存放该秘密信息。智能卡中存有秘密的信息，通常是一个随机数，只有持卡人才能被认证。前面介绍的动态口令技术实质上也是一种智能卡技术，这样可以有效地防止口令被猜测。

3. 基于生物特征的身份认证

利用人类自身的生理和行为特征，如：指纹、掌形、虹膜、视网膜、面容、语音、签名等，来识别个人身份，其优越性是明显的。例如指纹，其先天性、唯一性、不变性，使认证系统更安全，更准确、更便利，用户使用时无须记忆，更不会被借用、盗用和遗失。

人的生物特征是唯一的，可测量或可自动识别和验证的生理特征，生物测定技术的基本工作就是对这些基本的特征进行统计分析。而对于生物特征采集仪的基本工作就是分析这些特征。所有的工作大多进行了这样四个步骤：抓图、抽取特征、比较和匹配。

生物识别系统捕捉到生物特征的样品，唯一的特征将会被提取并且被转化成数字的符号，接着，这些符号被存成那个人的特征模版，这种模版可能会在识别系统中，也可能在各种各样的存储器中，如计算机的数据库、智能卡或条码卡中，人们同识别系统交互进行他或她的身份认证，以确定匹配或不匹配。

在实际应用中，认证方案的选择应当从系统需求和认证机制的安全性能两个方面来综合考虑，安全性能最高的不一定是最好的。当然认证理论和技术还在不断发展之中，尤其是移动计算环境下的用户身份认证技术和对等实体的相互认证机制发展还不完善，另外如何减少身份认证机制和信息认证机制中的计算量和通信量，而同时又能提供较高的安全性能，是信息安全领域的研究人员进一步需要研究的课题。

8.4.5 虚拟专用网的安全技术（VPN）

近年来虚拟专用网（Virtual Private Network）技术是随着 Internet 的发展而迅速发展起来的一种技术。许多企业趋向于利用 Internet 来替代它们私有数据网络。这种利用 Internet 来传输私有信息而形成的逻辑网络就称为虚拟专用网。虚拟专用网实际上就是将 Internet 看做一种公有数据网，这种公有网和 PSTN 网在数据传输上没有本质的区别，从用户观点来看，数据都被正确传送到了目的地。相对地，企业在这种公共数据网上建立的用以传输企业内部信息的网络被称为私有网。目前 VPN 主要采用四项技术来保证安全，这四项技术分别是隧道技术、加解密技术、密钥管理技术、使用者与设备身份认证技术。

隧道技术是一种通过使用互联网络的基础设施在网络之间传递数据的方式。使用隧道传递的数据（或负载）可以是不同协议的数据帧或包。隧道协议将这些其他协议的数据帧或包重新封装在新的包头中发送。隧道技术是指包括数据封装，传输和解包在内的全过程。

加解密技术对通过公共互联网络传递的数据必须经过加密，确保网络其他未授权的用户无法读取该信息。加解密技术是数据通信中一项较成熟的技术，VPN 可直接利用现有技术。

密钥管理技术的主要任务是如何在公用数据网上安全地传递密钥而不被窃取。现行密钥管理技术又分为 SKIP 与 ISAKMP/OAKLEY 两种。SKIP 主要是利用 Diffie-Hellman 的演算法则，在网络上传输密钥；在 ISAKMP 中，双方都有两把密钥，分别用于公用、私用。

使用者与设备身份认证技术 VPN 方案必须能够验证用户身份并严格控制只有授权用户才能访问 VPN。另外，方案还必须能够提供审计和记费功能，显示何人在何时访问了何种信息。身份认证技术最常用的是使用名称与密码或卡片式认证等方式。

8.4.6 信息隐藏与数字水印技术

1. 信息隐藏

信息隐藏不同于传统的密码学技术。密码学技术主要是研究如何将机密信息进行特殊的编码，以形成不可识别的密码形式（密文）进行传递；而信息隐藏则主要研究如何将某一机密信息秘密隐藏于另一公开的信息中，然后通过公开信息的传输来传递机密信息。对加密通信而言，可能的监测者或非法拦截者可通过截取密文，并对其进行破译，或将密文进行破坏后再发送，从而影响机密信息的安全；但对信息隐藏而言，可能的监测者或非法拦截者则难以从公开信息中判断机密信息是否存在，难以截获机密信息，从而能保证机密信息的安全。多媒体技术的广泛应用，为信息隐藏技术的发展提供了更加广阔的领域。

我们称待隐藏的信息为秘密信息，它可以是版权信息或秘密数据，也可以是一个序列号；而公开信息则称为载体信息，如视频、音频片段。这种信息隐藏过程一般由密钥来控制，即通过嵌入算法将秘密信息隐藏于公开信息中，而隐蔽载体（隐藏有秘密信息的公开信息）则通过信道传递，然后检测器利用密钥从隐蔽载体中恢复或检测出秘密信息。

信息隐藏技术主要由下述两部分组成：

(1) 信息嵌入算法，它利用密钥来实现秘密信息的隐藏。

(2) 隐蔽信息检测/提取算法（检测器），它利用密钥从隐蔽载体中检测/恢复出秘密信息。在密钥未知的前提下，第三者很难从隐秘载体中得到或删除，甚至发现秘密信息。

信息隐藏不同于传统的加密，因为其目的不在于限制正常的资料存取，而在于保证隐藏数据不被侵犯和发现。因此，信息隐藏技术必须考虑正常的信息操作所造成的威胁，即要使机密资料对正常的数据操作技术具有免疫能力。这种免疫力的关键是要使隐藏信息部分不易被正常的数据操作（如通常的信号变换操作或数据压缩）所破坏。根据信息隐藏的目的和技术要求，该技术存在以下特性：

(1) 鲁棒性

指不因图像文件的某种改动而导致隐藏信息丢失的能力。这里所谓“改动”包括传输过程中的信道噪音、滤波操作、重采样、有损编码压缩、D/A 或 A/D 转换等。

(2) 不可检测性

指隐蔽载体与原始载体具有一致的特性。如具有一致的统计噪声分布等，以便使非法拦截者无法判断是否有隐蔽信息。

(3) 透明性

利用人类视觉系统或人类听觉系统属性，经过一系列隐藏处理，使目标数据没有明显的降质现象，而隐藏的数据却无法人为地看见或听见。

(4) 安全性

指隐藏算法有较强的抗攻击能力，即它必须能够承受一定程度的人为攻击，而使隐藏信息不会被破坏。

(5) 自恢复性

由于经过一些操作或变换后，可能会使原图产生较大的破坏，如果只从留下的片段数据，仍能恢复隐藏信号，而且恢复过程不需要宿主信号，这就是所谓的自恢复性。信息隐藏学是一门新兴的交叉学科，在计算机、通信、保密学等领域有着广阔的应用前景。数字水印技术作为其在多媒体领域的重要应用，已受到人们越来越多的重视。

2. 数字水印

随着数字技术和因特网的发展，各种形式的多媒体数字作品（图像、视频、音频等）纷纷以网络形式发表，其版权保护成为一个迫切需要解决的问题。由于数字水印（DigitalWatermark）是实现版权保护的有效办法，因此如今已成为多媒体信息安全研究领域的一个热点，也是信息隐藏技术研究领域的重要分支。数字水印技术是指用信号处理的方法在数字化的多媒体数据中嵌入隐蔽的标记，这种标记通常是不可见的，只有通过专用的检测器或阅读器才能提取。该技术即是通过在原始数据中嵌入秘密信息——水印来证实该数据的所有权。这种被嵌入的水印可以是一段文字、标识、序列号等，而且这种水印通常是不可见或不可察的，它与原始数据（如图像、音频、视频数据）紧密结合并隐藏其中，并可以经历一些不破坏源数据使用价值或商用价值的操作而能保存下来。数字水印技术除了应具备信息隐藏技术的一般特点外，还有着其固有的特点和研究方法。在数字水印系统中，隐藏信息的丢失，即意味着版权信息的丢失，从而也就失去了版权保护的功能，也就是说，这一系统就是失败的。由此可见，数字水印技术必须具有较强的鲁棒性、安全性和透明性。

目前，数字水印主要应用领域包括以下几个方面：

（1）版权保护

即数字作品的所有者可用密钥产生一个水印，并将其嵌入原始数据，然后公开发布他的水印版本作品。当该作品被盗版或出现版权纠纷时，所有者从盗版作品或水印版作品中获取水印信号作为依据，从而保护所有者的权益。

（2）加指纹

为避免未经授权的拷贝制作和发行，出品人可以将不同用户的ID或序列号作为不同的水印（指纹）嵌入作品的合法拷贝中。一旦发现未经授权的拷贝，就可以根据此拷贝所恢复出的指纹来确定它的来源。

（3）标题与注释

即将作品的标题、注释等内容（如，一幅照片的拍摄时间和地点等）以水印形式嵌入该作品中，这种隐式注释不需要额外的带宽，且不易丢失。

（4）篡改提示

当数字作品被用于法庭、医学、新闻及商业时，常需确定它们的内容是否被修改、伪造或特殊处理过。为实现该目的，通常可将原始图像分成多个独立块，再将每个块加入不同的水印。同时可通过检测每个数据块中的水印信号，来确定作品的完整性。与其他水印不同的是，这类水印必须是脆弱的，并且检测水印信号时，不需要原始数据。

（5）使用控制

这种应用的一个典型的例子是DVD防拷贝系统，即将水印信息加入DVD数据中，这样DVD播放机即可通过检测DVD数据中的水印信息而判断其合法性和可拷贝性。从而保护制造商的商业利益。

8.5 防火墙技术

8.5.1 防火墙的概念

防火墙技术是为了保证网络路由安全性而在内部网和外部网之间的界面上构造一个保护层。所有的内外连接都强制性地经过这一保护层接受检查过滤，只有被授权的通信才允许通过。防火墙的安全意义是双向的，一方面可以限制外部网对内部网的访问，另一方面也可以限制内部网对外部网中不健康或敏感信息的访问。同时，防火墙还可以对网络存取访问进行记录和统计，对可疑动作告警，以及提供网络是否受到监视和攻击的详细信息。防火墙系统的实现技术一般分为两种，一种是分组过滤技术，一种是代理服务技术。分组过滤基于路由器技术，其机理是由分组过滤路由器对 IP 分组进行选择，根据特定组织机构的网络安全准则过滤掉某些 IP 地址分组，从而保护内部网络。代理服务技术是由一个高层应用网关作为代理服务器，对于任何外部网的应用连接请求首先进行安全检查，然后再与被保护网络应用服务器连接。代理服务技术可使内、外网络信息流动受到双向监控。

防火墙通常是包含软件部分和硬件部分的一个系统或多个系统的组合。内部网络被认为是安全和可信赖的，而外部网络（通常是 Internet）被认为是不安全和不可信赖的。防火墙的作用是通过允许、拒绝或重新定向经过防火墙的数据流，防止不希望的、未经授权的通信进出被保护的内部网络，并对进、出内部网络的服务和访问进行审计和控制，本身具有较强的抗攻击能力，并且只有授权的管理员方可对防火墙进行管理，通过边界控制来强化内部网络的安全。防火墙在网络中的位置通常如图 8-4 所示。防火墙可以是软件，也可以是硬件，也可以是软硬件的组合。

图 8-4　防火墙在网络中的位置

如果没有防火墙，则整个内部网络的安全性完全依赖于每个主机，因此，所有的主机都必须达到一致的高度安全水平，也就是说，网络的安全水平是由最低的那个安全水平的主机决定的，这就是所谓的“木桶原理”，木桶能装多少水由最低的地方决定。网络越大，对主机进行管理使它们达到统一的安全级别水平就越不容易。

防火墙隔离了内部网络和外部网络，它被设计为只运行专用的访问控制软件的设备，而没有其他的服务，因此也就意味着相对少一些缺陷和安全漏洞。此外，防火墙也改进了登录和监测功能，从而可以进行专用的管理。如果采用了防火墙，内部网络中的主机将不再直接暴露给来自 Internet 的攻击。因此，对整个内部网络的主机的安全管理就变成了防火墙的安全管理，这样就使安全管理变得更为方便，易于控制，也会使内部网络更加安全。

防火墙一般安放在被保护网络的边界，必须做到以下几点，才能使防火墙起到安全防护的作用：

（1）所有进出被保护网络的通信都必须通过防火墙。

（2）所有通过防火墙的通信必须经过安全策略的过滤或者防火墙的授权。

（3）防火墙本身是不可侵入的。

总之，防火墙是在被保护网络和非信任网络之间进行访问控制的一个或一组访问控制部件。防火墙是一种逻辑隔离部件，而不是物理隔离部件，它所遵循的原则是，在保证网络畅通的情况下，尽可能地保证内部网络的安全。防火墙是在已经制定好的安全策略下进行访问控制，所以一般情况下它是一种静态安全部件，但随着防火墙技术的发展，防火墙或通过与 IDS（入侵检测系统）进行联动，或自身集成 IDS 功能，将能够根据实际的情况进行动态的策略调整。

8.5.2　防火墙的功能

防火墙具有如下功能：

（1）访问控制功能。这是防火墙最基本也是最重要的功能，通过禁止或允许特定用户访问特定资源，保护网络的内部资源和数据。需要禁止非授权的访问，防火墙需要识别哪个用户可以访问何种资源。

（2）内容控制功能。根据数据内容进行控制，比如防火墙可以在电子邮件中过滤掉垃圾邮件，可以过滤掉内部用户访问外部服务的图片信息，也可以限制外部访问，使它们只能访问本地 Web 服务器中的一部分信息。简单的数据包过滤路由器不能实现这样的功能，但是代理服务器和先进的数据包过滤技术可以做到。

（3）全面的日志管理功能。防火墙的日志功能很重要。防火墙要完整地记录网络访问情况，包括内外网进出的情况，需要记录访问是什么时候进行了什么操作，以检查网络访问情况。一旦网络发生了入侵或者遭到破坏，就可以对日志进行审计和查询。

（4）集中管理功能。防火墙是一个安全设备，针对不同的网络情况和安全需要，需要制定不同的安全策略，然后在防火墙上实施，使用中还需要根据情况的变化改变安全策略，而且在一个安全体系中，防火墙可能不止一台，所以防火墙应该是易于集中管理的，这样就便于管理员方便地实施安全策略。

（5）自身的安全性和可用性。防火墙要保证自身的安全，不被非法入侵，保证正常的工作，如果防火墙被入侵，防火墙的安全策略被修改，这样内部网络就变得不安全。防火墙也要保证可用性，否则网络就会中断。

8.5.3　防火墙的分类

防火墙有如下几种基本类型：嵌入式防火墙、基于软件的防火墙、基于硬件的防火墙和特殊防火墙。

（1）嵌入式防火墙：就是内嵌于路由器或交换机的防火墙。嵌入式防火墙是某些路由器的标准配置。用户也可以购买防火墙模块，安装到已有的路由器或交换机中。嵌入式防火墙也被称为阻塞点防火墙。由于互联网使用的协议多种多样，所以不是所有的网络服务都能得到嵌入式防火墙的有效处理。嵌入式防火墙工作于 IP 层，无法保护网络免受病毒、蠕虫和特洛伊木马程序等来自应用层的威胁。就本质而言，嵌入式防火墙常常是无监控状态的，它在传递信息包时并不考虑以前的连接状态。

（2）基于软件的防火墙：是能够安装在操作系统和硬件平台上的防火墙软件包。如果用户的服务器装有企业级操作系统，购买基于软件的防火墙则是合理的选择。如果用户是一家小企业，并且想把防火墙与应用服务器（如网站服务器）结合起来，添加一个基于软件的防火墙就是合理之举。

(3) 基于硬件的防火墙：是一个已经装有软件的硬件设备。基于硬件的防火墙也分为家庭办公型和企业型两种款式。

(4) 特殊防火墙：是侧重于某一应用的防火墙产品。例如，某类防火墙是专门为过滤内容而设计的。

8.6 安全管理与相关的政策法规

计算机及其网络系统的安全管理是计算机安全的重要组成部分，安全管理贯穿于网络系统设计和运行的各个阶段。它既包括了行政手段，也含有技术措施。在系统设计阶段，在硬、软件设计的同时，应规划出系统安全策略；在工程设计中，应按安全策略的要求确定系统的安全机制；在系统运行中，应强制执行安全机制所要求的各项安全措施和安全管理原则，并经风险分析和安全审计来检查、评估，不断补充、改进、完善安全措施。

8.6.1 安全策略和安全机制

安全策略是指在一个特定的环境里，为保证提供一定级别的安全保护所必须遵守的规则。实现网络安全，不但靠先进的技术，而且也得靠严格的安全管理，法律约束和安全教育。

计算机及其网络系统大而复杂，安全问题涉及的领域广泛、问题多。安全策略只是概括说明系统安全方面考虑的问题和安全措施的实现，它建立在授权行为的概念上。

在安全策略中，一般都包含“未经授权的实体，信息不可给予、不被访问、不允许引用、不得修改”等要求，这是按授权区分不同的策略。按授权性质可分为基于规则的安全策略和基于身份的安全策略。授权服务分为管理强加的和动态选取的两种。安全策略将确定哪些安全措施须强制执行，哪些安全措施可根据用户需要选择。大多数安全策略应该是强制执行的。

安全策略确定后，需要有不同的安全机制来实施。安全机制可单独实施，也可组合使用，通常包括三类：预防、检测、恢复。

种种形式的防护措施均离不开人的掌握和实施，系统安全最终是由人来控制的。因此，安全离不开人员的审查、控制、培训和管理等，要通过制定、执行各项管理制度等来实现。

8.6.2 国家有关法规

互联网空间虽然是虚拟的世界，但它对信息社会和人类文明的影响却越来越大。尤其是互联网具有的跨国界性、无主管性、不设防性，网络在为人们提供便利、带来效益的同时，也带来风险。网络发展中出现的法律问题应引起全社会的足够重视。

近年来，网络知识产权纠纷此起彼伏，利用网络进行意识形态与文化观念的渗透、从事违反法律、道德的活动等问题日益突出，计算机病毒和“黑客”攻击网络事件屡有发生，从而对各国的主权、安全和社会稳定构成了威胁。随着我国加入 WTO 后对外开放进一步扩大，网络安全将面临更大的压力和挑战。因此，全社会应当广泛关注国家网络安全问题和法制建设，提高全民网络与信息安全意识，加快完善我国网络安全立法和法律防范机制，维护国家的整体利益，促进信息产业的健康发展。

目前我国互联网的管理方式已引发很多社会问题，受到政府和公众的普遍关注。现在充斥于网络中的有害信息，包括危害国家安全、社会安全、扰乱公共秩序、侵犯他人合法权益、破坏文化传统和伦理道德及有伤风化的信息，在社会上负面影响很大。

互联网立法严重滞后，是造成网络犯罪的重要原因之一。由于互联网发展迅速，而且是一个无国界、无时空的虚拟世界，现行《刑法》以及《计算机信息系统安全保护条例》等法律法规许多方面跟不上发展。另外，目前，网络上的操作系统软件存在的漏洞也是造成网络犯罪频发的诱因之一。犯罪分子通过黑客软件非法侵入他人的计算机系统或网络公司而窃得他人用户资料或者账号，或自己使用或转卖他人，从而盗用网络服务或从中盈利。而且这些犯罪嫌疑人文化程度较高，大多受过高等教育，甚至有硕士研究生、博士研究生。

黑客攻击、病毒入侵等网络犯罪的日益增多与网络信息安全法制不健全和对网络犯罪的惩治不力密不可分。因此为了保护我国的信息安全，国务院和有关部门已经陆续出台了一系列与网络信息安全有关的法规法规，主要有：

《计算机软件保护条例》(1992 年)

《中华人民共和国计算机信息系统安全保护条例》(1994 年)

《中华人民共和国信息网络国际联网暂行规定》(1997 年)

《计算机信息网络国际联网安全保护管理办法》(1997 年)

《商用密码管理条例》(1999 年)

《计算机病毒防治管理办法》(2000 年)

《计算机信息系统国际联网保密管理规定》(2002 年) 等。

此外，1997 年 3 月颁布的新《刑法》第 285 条、第 286 条、第 287 条，对非法侵入计算机信息系统罪、破坏计算机信息系统罪，以及利用计算机实施金融诈骗、盗窃、贪污、挪用公款、窃取国家机密等犯罪行为，作出了规定。

8.6.3 软件知识产权

软件知识产权保护是软件产业健康发展的必要条件。提高社会公众的知识产权意识，建立一个尊重知识，尊重知识产权的良好的市场秩序是政府、企业和用户的共同愿望。作为软件使用者，应该洞悉软件知识产权内容，从而正确使用软件和维护自己的切身利益。作为软件开发者，应该了解拥有的权利以及如何保护自己的权利免受侵害。软件知识产权保护可以使软件开发者和使用者的利益获得有效保障。

1. 软件知识产权

知识产权就是人们对自己的智力劳动成果所依法享有的权利，是一种无形财产。知识产权分为工业产权和版权两大类，工业产权包括了专利权、商标权、制止不当竞争等。随着科技的进步，知识产权外延将不断扩大。

如第 1 章所述，计算机软件是指计算机程序及其有关文档。计算机程序，是指为了得到某种结果而可以由计算机等具有信息处理能力的装置执行的代码化指令序列，或者可以被自动转换成代码化指令序列的符号化指令序列或符号化语句序列；同一计算机程序的源程序和目标程序视为同一作品。

目前大多数国家采用著作权法来保护软件，将包括程序和文档的软件作为一种作品。源程序是编制计算机软件的最初步骤，它如同搞发明创造，进行艺术创作一样花费大量的人力、物力和财力，是一项艰苦的智力劳动。文档是指用来描述程序的内容、组成、设计、功能规格、开发情况、测试结果及使用方法的文字资料和图表等，如程序设计说明书、流程图、用户手册等，是为程序的应用而提供的文字性服务资料，使普通用户能够明白如何使用软件，其中包含了许多软件设计人的技术秘密，具有较高的技术价值，是文字作品的一种。

2. 软件著作权的内容

为了保护计算机软件著作权人的权益，调整计算机软件在开发、传播和使用中发生的利益关系，鼓励计算机软件的开发与应用，促进软件产业和国民经济信息化的发展，国务院根据《中华人民共和国著作权法》，特别制定了《计算机软件保护条例》（见附录 B）。

与一般著作权一样，软件著作权包括人身权和财产权，这是法律授予软件著作权的专有权利。人身是指发表权、开发者身份权；财产权是指使用权、许可权和转让权。

使用权是指在不损害社会公共利益的前提下，以复制、展示、发行、修改、翻译以及注释等方式使用其软件的权利；

许可权是指权利人许可他人行使上述使用权的部分权利或全部权利，并因此获得报酬；

转让权是指权利人向他人转让使用权和许可权，即将所有的财产权让予他人，仅仅保留人身权。

3. 侵权行为

应当明确，下述行为是法律所禁止的，属于违法行为，应当尽量避免：

① 未经权利人的同意，修改、翻译、注释其软件作品；

② 未经权利人同意，复制或者部分复制其软件产品；

③ 未经权利人同意，向公众发行、展示其软件的复制品；未经权利人的同意，向任何第三方办理其软件的许可使用或者转让事宜；

④ 使用盗版软件或未经许可协议特别许可，同时在两台或多台计算机上运行他人软件；

⑤ 单位有意或无意地允许、鼓励或强迫员工制作使用或分发非法复制的软件；

⑥ 复制借来的软件或出借出租软件作复制用途；

⑦ 制造、进口、持有或买卖用于破坏软件保护程序的技术；

⑧以盈利为目的，销售明知侵权的软件复制品，或将未经许可的软件预装在计算机硬盘上销售；

⑨ 未经许可下载网络上的有版权软件，或未经许可上传别人拥有版权的软件。

4. 使用盗版软件的危害

(1) 计算机病毒的危害

破坏有用数据是使用盗版软件的最大危害之一。由于盗版软件中可能存在着计算机病毒，因此，盗版软件能迅速将计算机病毒传染给个人计算机和网络系统。由于病毒的传染，不仅使计算机陷于困境，还会破坏数据资源和整个计算机系统，造成严重的损失。

(2) 具体危害

使用盗版软件的危害还在于：

① 没有准确全面的文档；

② 没有操作使用培训；

③ 没有技术支持和服务；

④ 难以得到升级版本；

⑤ 病毒的侵害和传播，毁坏个人计算机、网络系统或者整个商业操作系统，时间和金钱的损失；

⑥ 盗版软件没有任何质量保障，无法帮助人们更有效地使用计算机，提高工作效率；

⑦ 有损公司的良好声誉及形象，受公众舆论谴责；

⑧ 需要承担令人难堪的民事责任或经济赔偿；

⑨ 可能受到刑事制裁；

⑩ 减少了软件开发经费，阻碍了技术的进步；

⑪ 阻碍了软件质量的提高；

⑫ 妨碍了国家软件产业和信息化建设的发展。

5. 使用正版软件的益处

使用正版软件可以使用户得到下列保证：

① 可靠的质量和操作使用培训；

② 可靠的技术支持和服务；

③ 优惠价格得到升级版本；

④ 更有效地使用计算机，提高工作效率；

⑤ 避免病毒的侵入和传播，避免数据的丢失、时间的浪费和金钱的损失；

⑥ 不会有违法的危险。

6. 保护软件知识产权的意义

软件的开发需要大量的智力和财力的投入，软件本身是高度智慧的结晶，与有形财产一样，也应受到法律的保护，以提高开发者的积极性和创造性，促进软件产业的发展，从而促进人类文明的进步。打击侵权盗版，保护软件知识产权，建立一个尊重知识，尊重知识产权的良好的市场环境是政府的意向，也是软件企业的愿望，它将关系到中国软件产业的发展和软件企业的存亡。特别是随着我国加入 WTO，软件知识产权的保护显得更为突出。作为新一代的青年大学生，更应该主动和自觉地加入到软件知识产权保护的队伍中来。

实际上，软件的保护是一个综合的保护，还可以通过专利法、合同法和反不正当竞争法来进行保护。

习　题　8

一、单项选择题

1. 最常见的保证网络安全的工具是________。

A. 防病毒工具　　B. 防火墙

C. 网络分析仪　　D. 操作系统

2. 所谓计算机“病毒”的实质，是指________。

A. 盘片发生了霉变

B. 隐藏在计算机中的一段程序，条件合适时就运行，破坏计算机的正常工作

C. 计算机硬件系统损坏或虚焊，使计算机的电路时通时断

D. 计算机供电不稳定造成的计算机工作不稳定

3. 以下关于计算机病毒的叙述，正确的是________。

A. 若删除盘上所有文件，则病毒也会被删除

B. 若用杀毒盘清毒后，感染病毒的文件可完全恢复到原来的状态

C. 计算机病毒是一段程序

D. 为了预防病毒侵入，不要运行外来软盘或光盘

4. 下面各项中，属于计算机系统所面临的自然威胁的是________。

A. 电磁泄露　　B. 媒体丢失

C. 操作失误　　D. 设备老化

5. 下列各项中，属于“木马”的是________。

A. Smurf　　B. Backdoor

C. 冰河　　D. CIH

6. 单密钥系统又称为________。

A. 公开密钥密码系统　　B. 对称密钥密码系统

C. 非对称密钥密码系统　　D. 解密系统

7. DES的分组长度和密钥长度都是________。

A. 16位　　B. 32位

C. 64位　　D. 128位

8. 下列各项中，可以被用于进行数字签名的加密算法是________。

A. RSA　　B. AES

C. DES　　D. Hill

9. 以下内容中，不是防火墙功能的是________。

A. 访问控制　　B. 安全检查

C. 授权认证　　D. 风险分析

10. 如果将病毒分类为引导型、文件型、混合型病毒，则分类的角度是________。

A. 按破坏性分类　　B. 按传染方式分类

C. 按针对性分类　　　　D. 按链接方式分类

11. 下列各项中，属于针对即时通信软件的病毒是________。

A. 冲击波病毒　　　　B. CIH 病毒

C. MSN 窃贼病毒　　　　D. 震荡波病毒

12. 知识产权不具备的特性是________。

A. 有限性　　　　B. 专有性

C. 地域性　　　　D. 时间性

13. 在网络安全中，截取是指未授权的实体得到了资源的访问权。这是对________。

A. 有效性的攻击　　　　B. 保密性的攻击

C. 完整性的攻击　　　　D. 真实性的攻击

14. 下列各项中，属于现代密码体制的是________。

A. Kaesar 密码体制　　　　B. Vigenere 密码体制

C. Hill 密码体制　　　　D. DES 密码体制

15. 下列各项中，不属于《全国青少年网络文明公约》内容的是________。

A. 要诚实友好交流　不侮辱欺诈他人

B. 要提高钻研能力　不滥用上网机会

C. 要增强自护意识　不随意约会网友

D. 要善于网上学习　不浏览不良信息

二、填空题

1. 信息安全是指："为数据处理系统建立和采取的技术和管理手段，保护计算机的__________、__________和__________不因偶然和恶意的原因而遭到破坏、更改和泄露，系统连续正常运行"。

2. 计算机病毒是一种以__________和干扰计算机系统正常运行为目的的程序代码。

3. 信息安全的主要特性有：保密性、__________、有效性、不可否认性和可控性。

4. __________是指对教育、科研和经济发展没有价值的信息。

5. 计算机系统所面临的威胁主要有两种：__________和__________。

6. 从实体安全的角度防御黑客入侵，主要包括控制__________、__________、线路和主机等的安全隐患。

7. 在密码学中，对需要保密的消息进行编码的过程称为__________，将密文恢复出明文的过程称为__________。

8. 密码系统从原理上可分为两大类，即：__________和__________。

三、简答题

1. 信息安全的主要特性有哪些？

2. 什么是计算机病毒？计算机病毒的主要特点是什么？

3. 请简述网络攻击的主要流程。
4. 什么是对称密钥，什么是非对称密钥？
5. 什么是防火墙？

第9章 常用办公软件应用

计算机作为信息处理的工具已经广泛应用于社会的各个领域，Microsoft Office 是微软公司开发的办公自动化软件，是目前应用广泛的办公软件。Office2007 版本是第三代处理软件的代表产品，全新设计的用户界面、稳定安全的文件格式、无缝高效的沟通协作、更强大的网络功能，可以作为办公和管理的平台，以提高使用者的工作效率和决策能力。

本章将详细介绍 Office 2007 中的三个常用组件：Word 2007、Excel 2007 和 Powerpoint 2007。Word 2007 主要用来进行文本的输入、编辑、排版、打印等工作；Excel 2007 主要用来进行有繁重计算任务的预算、财务、数据汇总等工作；Powerpoint 2007 主要用来制作演示文稿和幻灯片及投影片等。

9.1 字处理软件 Word 2007

Word 是微软公司推出的 Windows 环境下的字处理软件，除了具备文字处理软件的基本功能外，Word 2007 的主要特点有：

1. 全新的界面

在 Word 2007 用户界面中，传统的菜单和工具栏被功能区所取代。由于功能区对功能加以组织和呈现，与人们的工作方式直接对应，因而可以方便、轻松地查找所需的功能。简化的屏幕布局和面向结果的动态库使得用户能够把更多精力放在工作上。根据工作状态才会出现的上下文选项卡，使工作区环境简洁、明了。

2. 实时预览

不同的格式设置会有不同的显示效果，以前想要看看哪一种效果最好，需要一个一个地分别设置。如今，当鼠标指针移到某个相关选项上，“实时预览”功能就会直接在文档中动态地显示对应的效果。看到理想的预览结果后，再点击鼠标，就可以找到适合的样式，节省了时间和精力。

3. 新的文件格式

在 Word 2007、Excel 2007 和 PowerPoint 2007 中，引入了新的文件格式。新的格式提高了文件的安全性；减小了文件损坏的可能性；减小了文件大小。由于 Word 2007 文档是完全支持 XML 格式，文件也可直接发送至博客或 Wiki（百科全书）中。

4. 图示库（SmartArt）

借助全新的SmartArt图形和图表功能，可以在短时间内快速创建具有视觉冲击力效果的文档，不仅专业而且精美。SmartArt图示库中的各种图示是按类型进行划分的，可以轻松找到并创建需要的样式，也可以将已有的SmartArt直接转换为一个新的样式。应用了某个样式后，还可以用颜色、动画、效果（例如阴影、棱台和发光等）对它进行自定义。

5. 共享文档

Word 2007还提供了多种与他人共享文档的方法，用户可以在没有第三方工具的情况下将Word文档转换成PDF或XPS格式的文件。

9.1.1 文档的编辑与基本排版

1. Word 2007界面

启动Word 2007后，屏幕上显示Word 2007界面，如图9-1所示。Word 2007界面由Office按钮、标题栏、功能区、快速访问工具栏、编辑区、标尺、滚动条和状态栏组成。

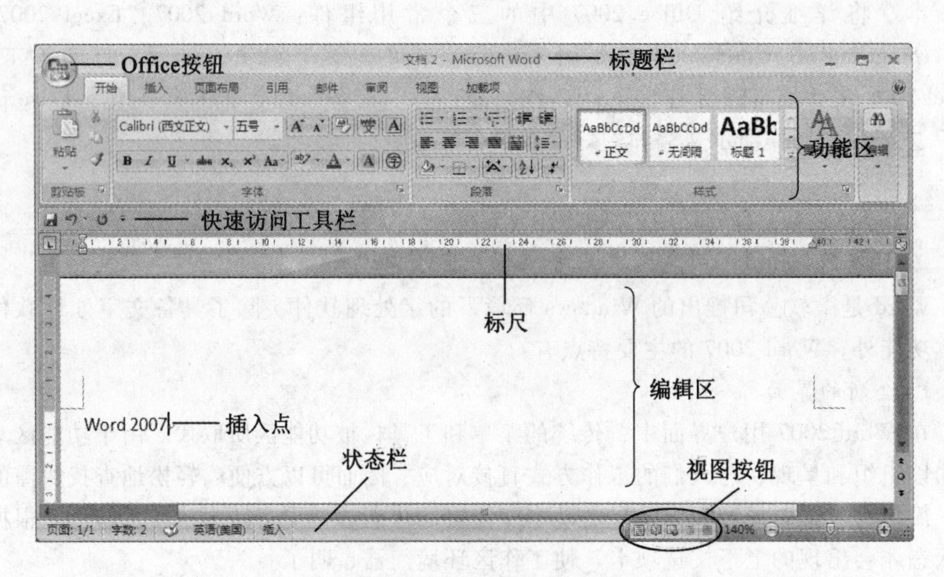

图9-1 Word 2007界面

（1）标题栏

标题栏位于界面的最顶部，显示正在编辑的文档名和应用程序名（Microsoft Word）。

（2）Office按钮

Office按钮位于Word 2007窗口界面的左上角。单击Office按钮将显示文件菜单，文件菜单中集合了“新建”、“打开”、“保存”、“另存为”和“打印”等常用命令。还可以显示最近使用的文档列表。

（3）快速访问工具栏

第一次使用 Word 2007 时，快速访问工具栏显示在“Office 按钮”的右边。快速访问工具栏中的默认命令按钮有“保存”、“撤销”和“恢复”。如图 9-2 所示。

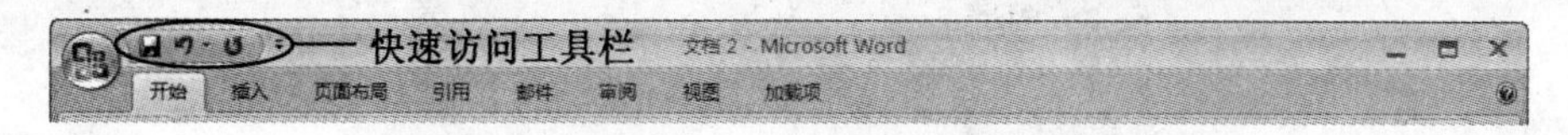

图 9-2　快速访问工具栏

“快速访问工具栏”上显示的命令始终可见，所以使用很方便。在工作中经常使用的命令，都可以添加到“快速访问工具栏”上。例如，使用 Word 2007 时，经常要“新建”一个文档，如果不习惯每次都单击“Office 按钮”，再单击“新建”命令，可以将“新建”命令添加到快速访问工具栏上。具体步骤是：单击“Office 按钮”显示出文件菜单后，右键单击“新建”，在弹出菜单中单击“添加到快速访问工具栏”。如图 9-3 所示。

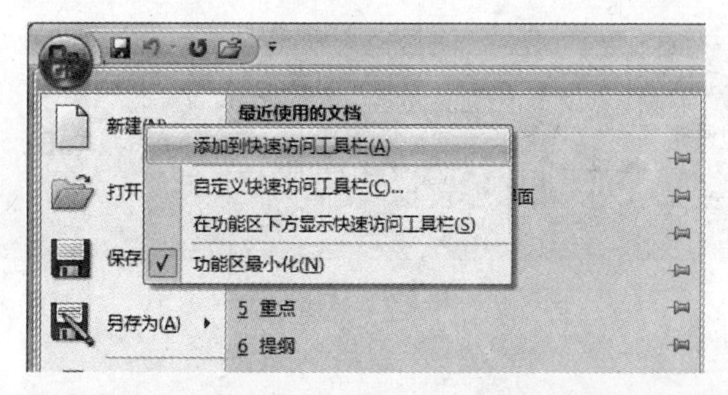

图 9-3　添加“新建”按钮到“快速访问工具栏”

如果要删除“快速访问工具栏”上的某个按钮，请右键单击它，然后单击“从快速访问工具栏删除”。

单击快速访问工具栏右侧的 按钮，在弹出菜单中单击一个命令项，可以在快速访问工具栏中添加相应的命令按钮。如果单击“在功能区下方显示”选项，如图 9-4 所示，可把快速访问工具栏放到功能区的下方。图 9-1 中“快速访问工具栏”就显示在功能区的下方。

（4）功能区

功能区由选项卡、组和命令三个基本部分组成。

选项卡横跨在功能区的顶部。Word 2007 中有“开始”、“插入”、“页面布局”等选项卡。如图 9-5 所示。每个选项卡都代表着一组核心任务。双击活动选项卡，组就会隐藏，使得编辑区的范围更大些，可以在屏幕上显示更多的文档内容；如果需要再次使用组中命令，请双击选项卡，组就会重新显示。

组显示在选项卡上，是相关命令的集合。组将执行某种任务的所有命令汇集在一

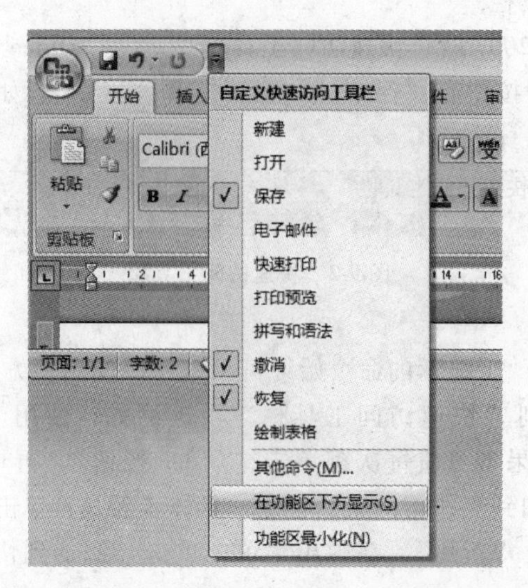

图 9-4　自定义快速访问工具栏

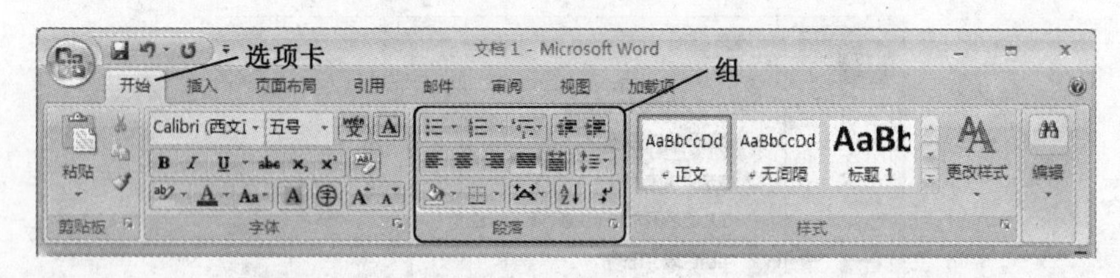

图 9-5　功能区

起，并保持显示状态且易于使用。

命令是按组来排列的。命令可以是按钮、菜单或者输入信息的框。

例如，Word 2007 中的第一个选项卡是“开始”选项卡。还有“插入”选项卡、“页面布局”等。在 Word 中，主要的任务是撰写文档，因此，“开始”选项卡上的命令是用户在撰写文档时最常用的那些命令，“字体”组中包含字体格式设置命令，“段落”组包含段落格式设置命令，“样式”组包含了不同的文本样式。

如果某个组的右下角有一个小箭头，则它表示为该组提供了更多选项。该箭头称为对话框启动器。单击它，将会看到一个带有更多命令的对话框或任务窗格。例如，在 Word 2007 中的“开始”选项卡上，“字体”组包含用于更改字体的所有最常用命令，其中有更改字体和字体大小的命令，以及加粗字体、倾斜字体或为字体加下画线的命令。但是，如果要使用不太常用的选项，例如着重号，请单击“字体”组中的对话框启动器，打开“字体”对话框，它包含了着重号和其他与字体相关的选项。

一般情况下，功能区上显示的命令都是最常用的命令，易于用户使用。那些不太常用的命令，只有在可能需要时才会出现。例如，如果一个 Word 文档中没有图片，则并不需要用于处理图片的命令。但是，在 Word 中插入图片后，“图片工具-格式”选项卡将会出现，它包含了用于处理图片所需的命令。当完成对图片的处理后（没有图片被选中），“图片工具”将会消失。如果想再次处理图片，只需单击图片，“图片工具-格式”选项卡会再次出现。

（5）文档编辑区

编辑区是输入文本和编辑文本的区域。编辑区中闪烁的光棒称为“插入点”，它表示输入时文字出现的位置。插入点只能在活动窗口中才能看到。

（6）标尺

标尺位于编辑区的上方（水平标尺）和左侧（垂直标尺）。利用标尺可以查看或设置页边距、表格的行高、列宽及插入点所在的段落缩进等。

（7）滚动条和滚动按钮

滚动条有水平方向和垂直方向两组。通过滚动条滚动文档，从而将那些未出现在编辑区中的内容显示出来。

（8）状态栏和视图栏

状态栏位于 Word 2007 窗口底部，用于显示当前文档的各种状态以及相应的提示信息。状态栏上显示插入点当前所在的页数及文档总页数、文档总字数、输入法状态、文字输入方式等。在状态栏上单击鼠标右键，将弹出“自定义状态栏”菜单，用户可以自定义状态栏上显示的状态信息。

状态栏的右侧是视图栏，包括视图按钮、当前显示比例和调整显示比例滑块。如图 9-6 所示。

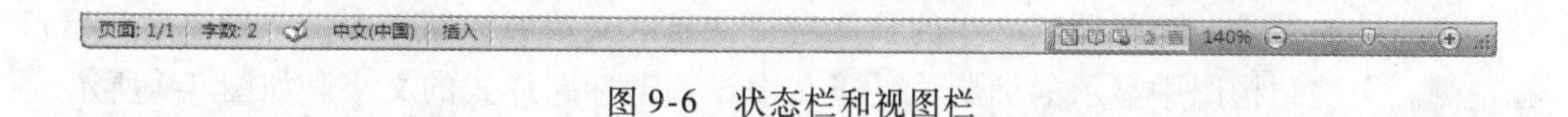

图 9-6　状态栏和视图栏

Excel 2007 和 PowerPoint 2007 与 Word 2007 一样，拥有全新的界面，如 Office 按钮、快速访问工具栏、功能区、上下文选项卡，且操作方法相同。在本书相关章节中对此内容不再赘述。

2. 视图

视图是指文档在屏幕上的不同显示方式。在不同的视图下，用户可以把注意力集中到文档的不同方面，从而高效快捷的查看、编辑文档。Word 2007 提供的视图有：页面视图、阅读版式视图、Web 版式视图、大纲视图和普通视图。

页面视图是 Word 2007 的默认的视图，启动 Word 2007 后，文档的显示方式就是页面视图方式。页面视图可以显示整个页面的分布情况和文档中的所有元素，例如正文、页眉、页脚、脚注、页码、图形、表格、图文框等，并能对他们进行编辑。在页面视图方式下，显示效果反映了打印后的真实效果，即“所见即所得”。

阅读版式视图适合于阅读。在这种视图下，文档不再显示选项卡、功能区、状态栏和滚动条，整个屏幕都用于显示文档的内容。

Web 版式视图是为了利用 Word 来制作 Web 页面而设计的，用户可以编辑文档，并将文档保存为 HTML 文件。Web 版式视图下的显示效果与在 Web 或 Internet 上发布时的效果一致。

大纲视图用于创建、显示或修改文档的大纲。大纲是文档的组织结构，当编辑多层次的长文档时，大纲视图是最好的视图方式。在大纲视图中，可以折叠文档，只查看主标题；或者扩展文档，查看整个文档。

正在编辑的文档可以以普通视图方式显示，这种方式的好处是文档的内容从头到尾连贯显示，页间以一条长的虚线表示分页，处理速度高，节省时间。在普通视图方式下，不显示页眉和页脚，也看不到段落分栏效果。普通视图使用户的注意力集中在文字上。

页面视图、阅读版式视图、Web 版式视图、大纲视图和普通视图之间可以方便地转换。单击“视图”选项卡，选择相应的命令按钮转换到对应的视图，如图 9-7 所示。也可以单击工具栏右侧的视图按钮，如图 9-8 所示。

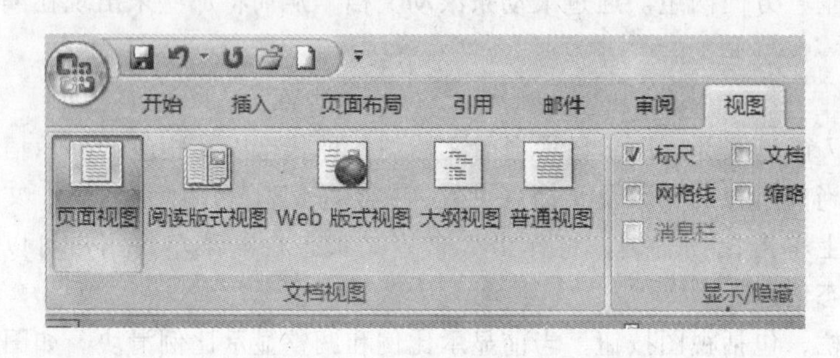

图 9-7　视图选项卡

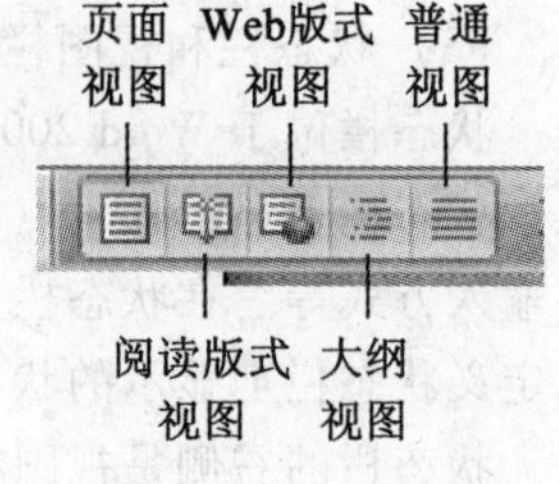

图 9-8　视图按钮

文档结构图是一个可调整大小的独立窗格，显示文档的标题列表，一般显示在窗口的左侧。文档结构图中显示的标题，是正文中设置了标题样式的文字。如图 9-9 所示。

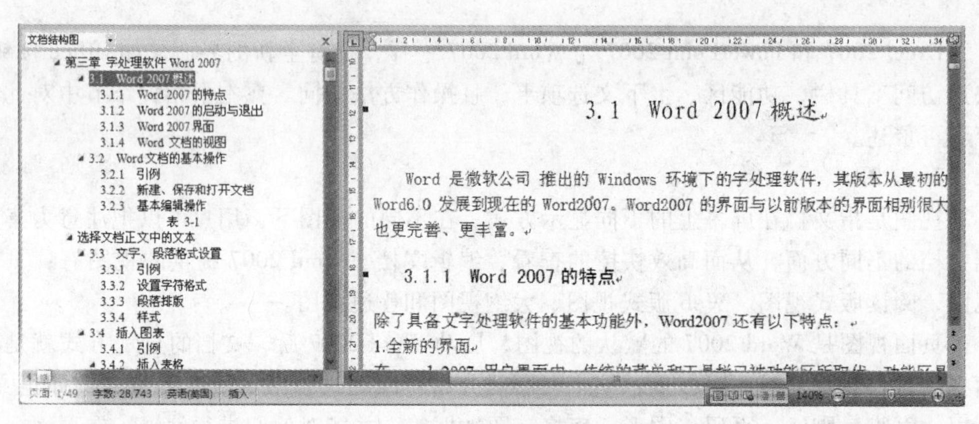

图 9-9　文档结构图

在窗口中显示文档结构图的方法：单击“视图”选项卡，在“显示/隐藏”组中选中“文件结构图”复选框，即可显示文档结构图。在“文档结构图”中单击某个标题，光标就会跳转到文档中的相应标题并将其显示在编辑区中。

3. 输入文本

启动 Word 2007 后，Word 2007 会自动新建一个空文档供用户使用，缺省的文件名为“文档 1 . docx”，就可以直接在空白文档中输入文本。输入文本出现在插入点的位置，随着文本的不断输入，“插入点”也不断地向右移动。当“插入点”移动到一行的最右边时，Word 会自动将插入点移到下一行，而不用按 Enter 键产生换行。当输入到段落结尾时，应按 Enter 键产生一个换行标记，表示一段的结束。

使用键盘可以输入文字、数字、字母和一些常用符号，但是有些符号是键盘上没有的，如¼、£，￥和© 等，这时可以通过插入特殊符号的方法来输入这些符号。通常使用“插入”选项卡上的“符号”组或“特殊符号”组中的“符号”命令实现。

4. 选定文本

用户如果需要对某段文本进行移动、复制、删除、设置字体格式和段落格式等操作时，必须先选定它们，然后再进行相应的处理。

所选文本可以是一个字符、一个句子、一行文字、一个段落、多行文字甚至是整篇文档。

在要开始选择的位置单击，按住鼠标左键，然后在要选择的文本上拖动鼠标是最常用的选中文本的方法。

如果要选中大段文字时，可以在要选择的内容的起始处单击，然后滚动到要选择的内容的结尾处，在要结束选择的位置按住 Shift 键并单击。

按住 Alt 键，同时在文本上拖动指针，可以选中一个矩形块。

5. 删除、复制、移动

(1) 删除

删除插入点左侧的一个字符用 Backspace 键；删除插入点右侧的一个字符用 Del 键。

删除较多连续的字符或成段的文字，可以用如下方法：

方法一：选定要删除的文本块后，按“Del”键。

方法二：选定要删除的文本块后，选择“开始”选项卡中的“剪切”命令。

删除和剪切操作都能将选定的文本从文档中去掉，但功能不完全相同。它们的区别是：使用剪切操作时删除的内容会保存到“剪贴板”上；使用删除操作时则不会保存到“剪贴板”上。

(2) 复制

在编辑过程中，当一段文字在文档中多次出现时，使用复制命令进行编辑是提高工作效率的有效方法。操作步骤：

① 选定要复制的文本块，单击“开始”选项卡上的“复制”按钮，选定的文本块被放入剪贴板中；

② 将插入点移到新位置，单击“开始”选项卡上的“粘贴”按钮，此时剪贴板中的内容复制到新位置。

③ 如果要进行多次复制，只需重复第二步。

复制文本块的另一种方法是使用键盘操作：首先选定要复制的文本块，按下 Ctrl 键，用鼠标拖曳选定的文本块到新位置，同时放开 Ctrl 键和鼠标左键。使用这种方法，复制的文本块不会被放入剪贴板。

(3) 移动

移动是将字符或图形从原来的位置删除，插入到另一个新位置。移动文本操作：首先要把鼠标指针移到选定的文本块中，按下鼠标的左键将文本拖曳到新位置，然后放开鼠标左键。这种操作方法适合较短距离的移动，例如移动的范围在一屏之内。

文本远距离的移动可以使用剪切和粘贴命令来完成：

选定要移动的文本，单击“开始”选项卡上的“剪切”按钮；将插入点移到要插入的新位置；单击“开始”选项卡上的“粘贴”按钮。

剪切命令的快捷键为 Ctrl +X，复制命令的快捷键为 Ctrl +C，粘贴命令的快捷键为 Ctrl +V。

6. 查找、替换和定位

在编辑文件时，有些工作可以让计算机自动完成，会更加方便、快捷、准确。例如，在文档中多次出现“按钮”一词，现在要查找并修改它，尽管可以使用滚动条滚动文本，凭眼睛来查找错误，但如果让计算机自动查找，既节省时间又准确得多。

查找主要用于在文档中搜索指定的文本或特殊字符。

(1) 查找文本：

① 单击“开始”选项卡，使“开始”选项卡显示在功能区；

② 单击“编辑”组中的“查找”命令，弹出“查找和替换”对话框，如图 9-10 所示；

③ 在“查找内容”框内键入要搜索的文本，例如：“计算机”；单击“查找下一处”按钮，则开始在文档中查找。

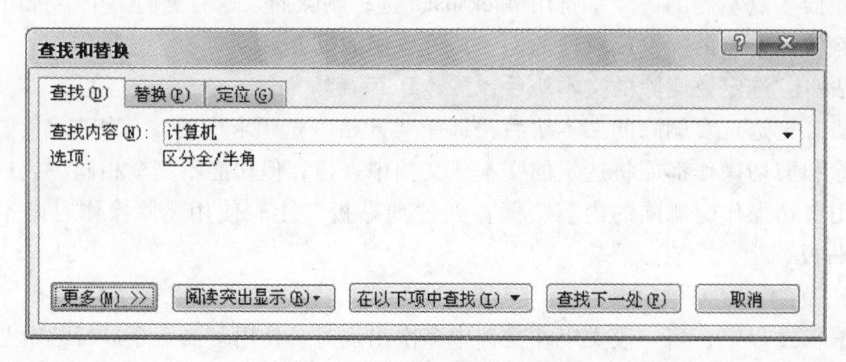

图 9-10 查找和替换对话框

此时，Word 按默认设置从当前光标处开始向下搜索文档，查找“计算机”字符串，如果直到文档结尾还没有找到“计算机”字符串，则继续从文档开始处查找，直到当前光标处为止。查找到“计算机”字符串后，光标停在找出的文本位置，并使其置于选中状态，这时在“查找”对话框外单击鼠标，就可以对该文本进行编辑。

另外，在查找时，还可以根据具体的情况进行一些高级的设置，提高查找的效率。单击图 9-10 中的“更多”按钮后，会显示其他可以设置的功能。其中“格式”按钮可以设置“查找内容”文本框中字符的格式、段落格式以及样式等。

（2）替换文本

替换用于在当前文档中搜索并修改指定的文本或特殊字符。

“替换”对话框与“查找”对话框内容基本相同，只是“替换”对话框中多了一个“替换为”输入框。只需要在“替换为”框内输入要替换的字符即可，如图 9-11 所示。

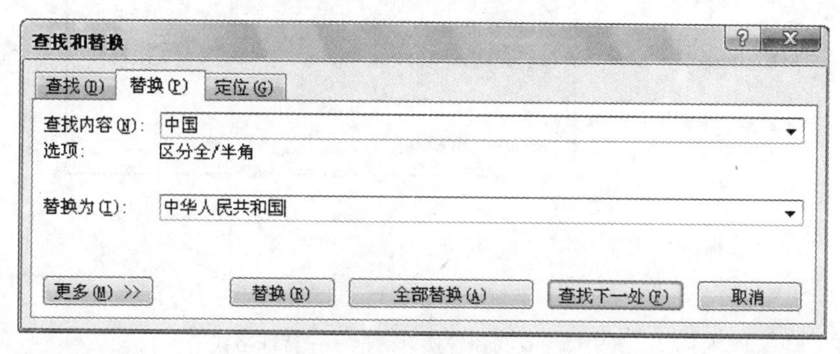

图 9-11　查找和替换对话框

如果“替换为”框为空，操作后的实际效果是将查找的内容从文档中删除了。

例如，从互联网上复制的大段文字经常是文字行中间有空行，如图 9-9 所示。可以手工删除空行，但是如果文档长达几十页，手工删除显然很费时，有没有什么快捷方法呢？

当然可以使用“替换”功能，但是文档中的空行是由控制符号产生的，无法直接在查找、替换框中输入该符号。也就是说如果查找的符号是一些诸如段落标记、制表符、图形等特殊符号，这些符号是无法直接在“查找内容”输入框中输入的，需要特殊的方法。具体操作方法是：在“查找和替换”对话框中单击“特殊字符”按钮，在出现的特殊字符列表中单击需要的符号项，选定的符号会显示在“查找内容”输入框中，如图 9-12 所示。

7. 撤销和重复

在编辑的过程中不免会出现误操作，Word 提供了撤销功能，用于取消最近对文档进行的误操作。单击“快速访问工具栏”上的“撤销”命令（ ），也可以按下 Ctrl+Z 的组合键。当重复执行“撤销”命令时，程序会依次从后往前取消刚进行的多步操作。

刚撤销了某些操作时，又觉得该操作是需要的，此时可以用恢复命令恢复刚进行的操作，即还原用“撤销”命令撤销的操作，其操作方法为：单击“快速访问工具栏”上的“恢复”命令（ ），或使用 Ctrl+Y 的组合键。

并不是之前进行的所有操作都能被撤销，而且只有在使用了撤销操作后，恢复操作才能被执行。

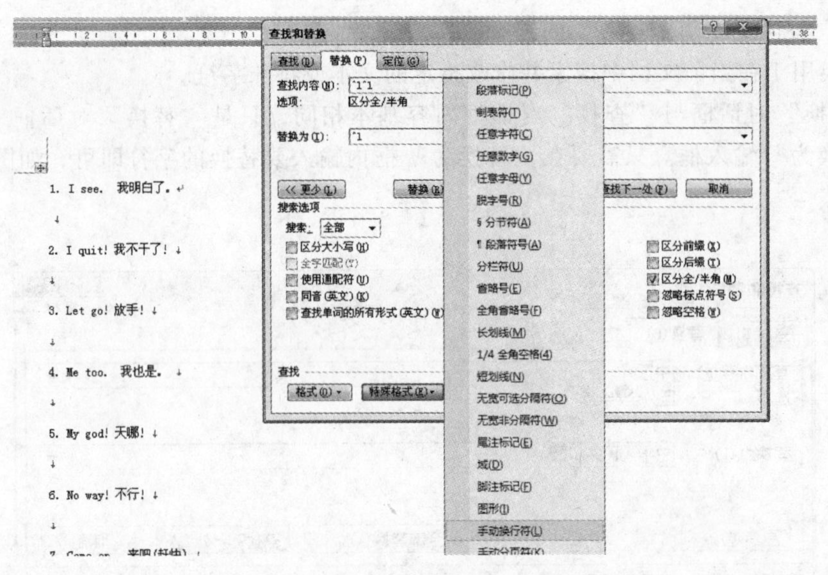

图 9-12　查找和替换对话框——特殊格式

8. 设置字符格式

字符排版是对字符的字体、字号、大小、颜色、显示效果等格式进行设置。

在 Word 2007 中，可以使用以下几种方法设置字体格式：

(1) 使用“开始”选项卡

使用“开始”选项卡中的“字体”组。如图 9-13 所示。选定文本后，单击“开始”选项卡“字体”组中的按钮，就能完成设置。

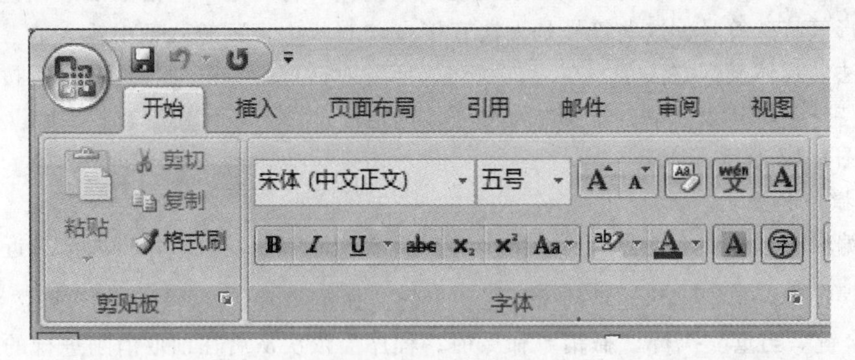

图 9-13　“字体”组

Word 2007 在“字体”组中提供的字号有两种表示方法，一种是用汉字表示，从“初号”到“八号”，另一种是用阿拉伯数字表示，“5”到“72”，这两种表示方法没有本质的不同，只是为了适应不同的使用领域和使用者的习惯。在某些情况下，“72”磅的字体不能满足需要，希望设置更大的字号，如要张贴在宣传栏上的标语，可以直接在字号框中输入1~1698之间的数。

如果“字体”组中的按钮不能满足需要，还可以单击“字体”组对话框启动器，将弹出“字体对话框”，用户可以在对话框中对字体进行设置。

（2）使用浮动工具栏

选择文本时，在鼠标指针的右上方可以显示或隐藏一个方便、微型、半透明的工具栏，它称为浮动工具栏。浮动工具栏以淡出形式出现。如果用鼠标指向浮动工具栏，它的颜色会加深，单击其中一个格式选项，可实现对文本格式的设置。浮动工具栏可设置文本的字体、字形、字号、对齐方式、文本颜色、缩进级别和项目符号功能。

如果想关闭浮动工具栏，可单击“Office按钮”，然后单击“Word选项”。在弹出对话框中单击“常用”，然后在“使用Word时采用的首选项”下，清除“选择时显示浮动工具栏”复选框。

（3）使用快捷菜单

选中文本后，单击鼠标右键，在弹出菜单中单击“字体”选项，也可弹出“字体”对话框。

（4）使用格式刷

使用“格式刷”，可以快速将一段文本的格式复制到另一段文本。

在格式化文本时，常常需要将某些文本、标题的格式复制到文档中的其他地方。例如，用户精心设置了文档中一个标题的格式（如字型、字号等），还有些其他标题也需要设置成此格式。这时，使用格式刷复制格式就会很方便，不用再对每个标题重复做相同的格式设置工作。

具体方法是：先选定已定义好格式的文本，然后单击或双击“开始”选项卡“剪贴板”组中的“格式刷”按钮，这时鼠标指针变成一个小刷子，这个小刷子代表已设置的字符格式信息。用这个小刷子刷过一段文本（即用鼠标选取一段文本）后，被刷过的文本就会设置成与选定的文本相同的格式。单击“格式刷”按钮只能进行一次格式复制；双击“格式刷”按钮后，可以进行多次格式复制，直到再次单击“格式刷”按钮使之复原为止。

9. 设置段落格式

段落排版是针对段落而言的。那么，什么是段落？在Word中，段落是指以段落标记作为结束符的文字、图形或其他对象的集合。段落标记由回车键产生，段落标记不仅表示一个段落的结束，还包含了本段的段落格式信息。段落格式主要包括段落对齐、段落缩进、行距、段间距、段落的修饰等。

有时，在某段落的录入过程中，并没有达到行尾就换行而又不想开始一个新的段落，可以使用Shift+Enter键实现换行操作而又不产生新的段落。

如果不希望段落标记符号显示在屏幕上，可以将其隐藏，具体步骤是：

单击“Microsoft Office按钮”，然后单击“Word选项”。在弹出对话框中选择“显示”。如图9-14所示。在“始终在屏幕上显示这些格式标记”下方，清除不希望在文档中始终显示的任何格式标记的复选框。例如去除段落标记的选中状态，段落标记将不再显示。单击“确定”按钮。

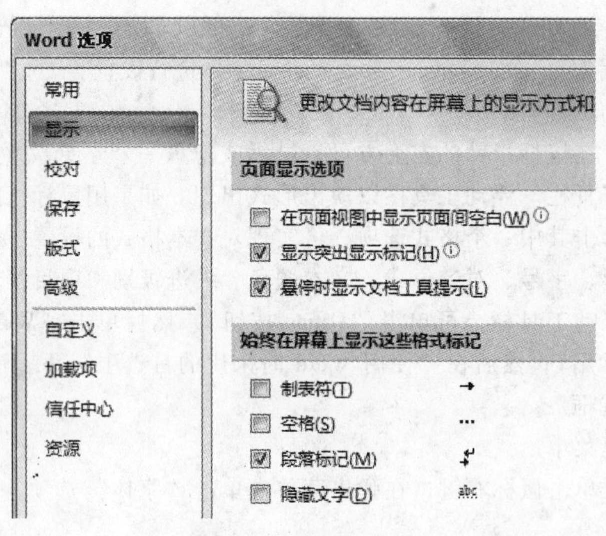

图 9-14　隐藏格式标记

然后，在“开始”选项卡上的“段落”组中，单击“显示/隐藏”，将显示或隐藏格式标记。

(1) 段落对齐

在 Word 中，段落的对齐方式包括文本左对齐、居中、文本右对齐、两端对齐、分散对齐。

文本左对齐是 Word 的默认设置；居中常用于文章的标题、页眉、诗歌等的格式设置；文本右对齐适合于书信、通知等文稿落款、日期的格式设置；分散对齐可以使段落中的字符等距排列在左右边界之间，在编排英文文档时可以使两端对齐。

在“开始”选项卡的“段落”组中包含有段落对齐的各种命令，如图 9-15 所示。将插入点放在要设置格式的段落中，或选择多个段落后，直接单击“段落”组中的段落对齐命令即可。

(2) 缩进段落

缩进决定了段落到左右页边距的距离。在页边距内，可以增加或减少一个段落或一组段落的缩进。还可以创建反向缩进（即凸出），使段落超出左边的页边距。还可以创建悬挂缩进，即段落中的首行文本不缩进，但是下面的行缩进。

设置缩进的方法：

在需要调整缩进的段落中单击，在“开始”选项卡上，单击“段落”组的对话框启动器，打开“段落”对话框，如图 9-16 所示；选择“缩进和间距”选项卡，左(右)缩进可以直接在缩进下的“左侧”、“右侧”框中输入数值。在“缩进”下的“特殊格式”列表中，选择“首行缩进”或“悬挂缩进”，然后在“磅值”框中设置缩进间距量。单击“确认”按钮。

水平标尺上有几个滑块，分别可以设置段落的缩进，滑块的名称如图 9-17 所示。

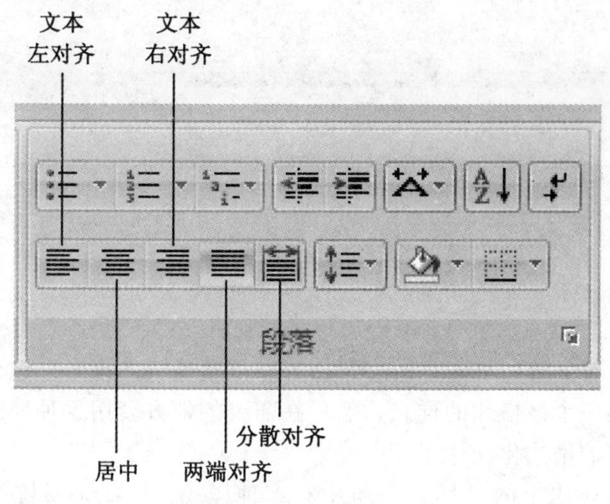

图 9-15　对齐命令

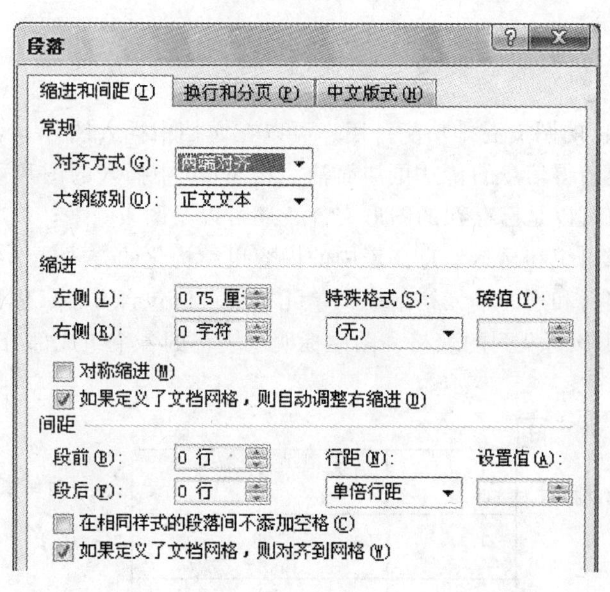

图 9-16　段落缩进

当需要对该段落进行缩进格式设置时，在选定要设置的段落后，直接拖动标尺上相对应的缩进滑块即可。若需要精确缩进，在拖动按钮的同时按下 Alt 键，标尺栏上会显示精确的尺寸数据。

（3）段落间距

段落间距分为段间距和行间距两类，其中段间距是指该段与上下相邻段落之间的距离，行间距指该段内行与行之间的距离。Word 2007 中，默认的段间距为 0 行，行间距为单倍行距，用户可以根据实际需要在如图 9-16 所示的“段落”对话框中进行设置。

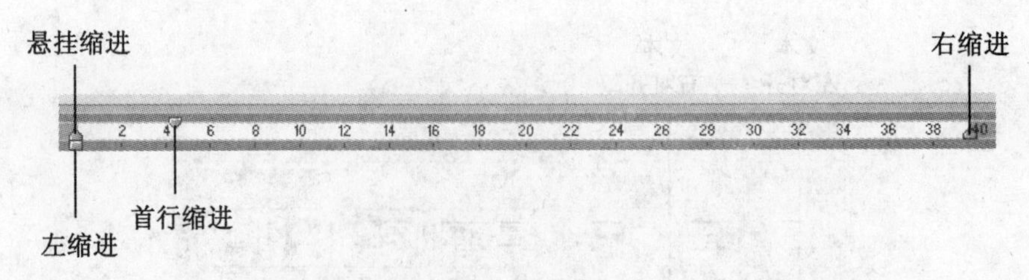

图 9-17　段落缩进

（4）样式

样式是指用有意义的名称保存的字符格式和段落格式的集合。这样在文档中设置重复格式时，先创建一个该格式的样式，然后在需要的地方套用这种样式，就无须一次次地对它们进行重复的格式化操作了。

在“开始”选项卡上的“样式”组中有多种样式，这些是系统提供的，称为快速样式。最常用的快速样式直接显示在功能区上。在文档中选定内容后，直接在样式组中选择一种样式即可。

9.1.2　插入图、表等对象

利用 Word 提供的图文混排功能，用户可以在文档中插入图片、表格等对象，不仅可以美化文档，也使得信息的传达更加简洁。在 Word 中插入的图片可以是系统提供的图片和剪贴画，也可以是已存在的图形文件，还可以是图表。

表格通常用来组织和显示信息，表中的内容以结构化的方式展示在文档中。

表格是由许多行和列的单元格组成，单元格中可以包含文字、图形或其他表格。

图 9-18 是一个 9 行 9 列的表格，图中标明了表格的各个组成部分的名称。

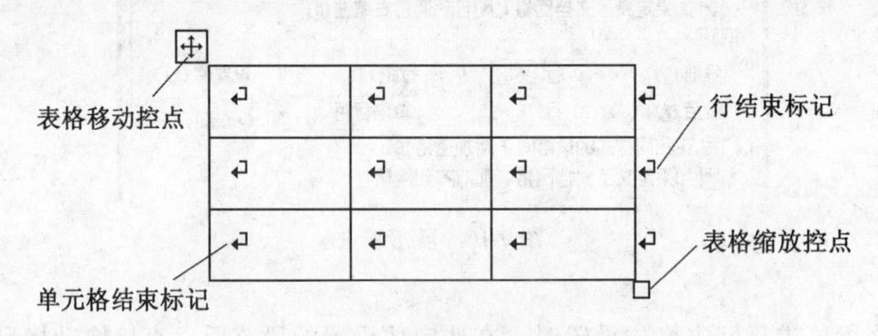

图 9-18　表格的组成部分

1. 创建表格

在 Microsoft Office Word 2007 中，可以通过从一组预先设好格式的表格（包括示例数据）中选择，或通过选择需要的行数和列数来插入表格。可以将表格插入到文档中或将一个表格插入到其他表格中以创建更复杂的表格。

（1）用“表格”命令创建

在要插入表格的位置单击鼠标左键，在“插入”选项卡的“表格”组中，单击“表格”命令，弹出的菜单中有多种创建表格的方法：直接用鼠标拖动的方式、插入表格、文本转换成表格、Excel 电子表格、快速表格。如图 9-19 所示。

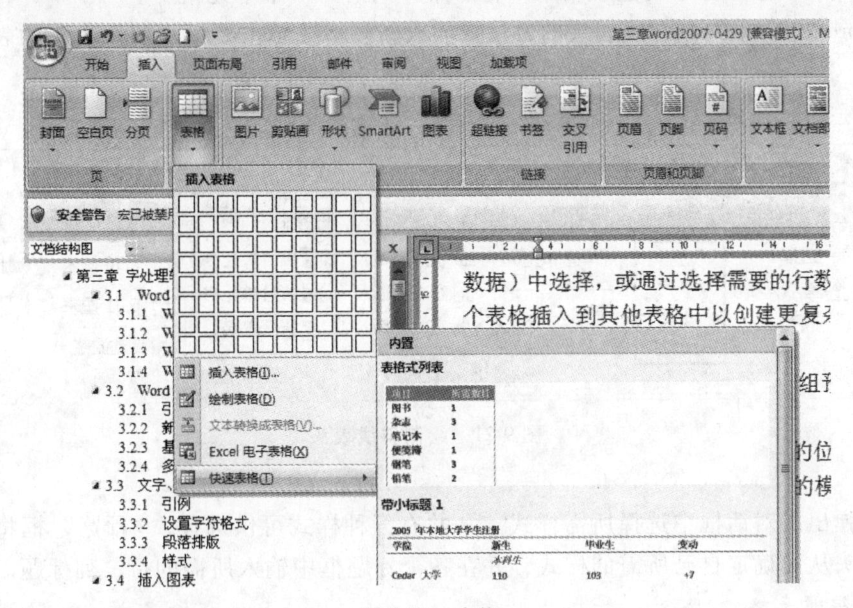

图 9-19　表格

(2) 手工绘制表格

复杂的表格可以手工绘制，例如，绘制包含不同高度的单元格的表格或每行的列数不同的表格。在“表格”组中单击“表格”命令，然后单击“绘制表格”，将鼠标移动到编辑区，鼠标指针变为笔形；先绘制表格的外围边框，可以拖动鼠标绘制一个矩形，此矩形就是表格的外边框，然后再绘制行线和列线。

鼠标指针在一个表格中时，表格的“设计”和“布局”选项卡将出现在功能区，单击“设计”或“布局”选项卡，其中的命令就显示出来，需要执行什么操作，直接单击相关命令即可。如图 9-20 所示。

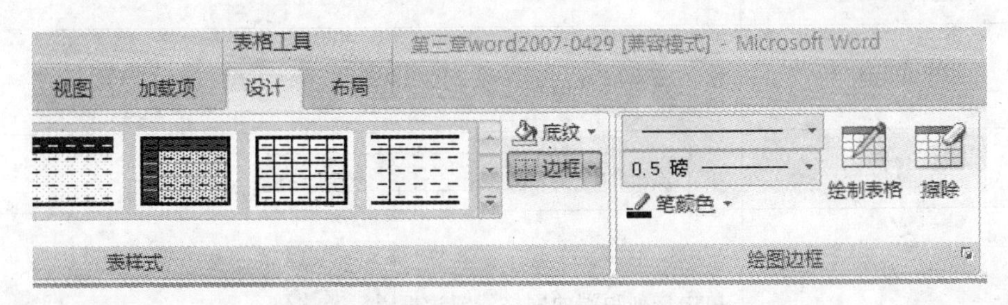

图 9-20　表格工具

要擦除一条线或多条线，请在“表格工具”的“设计”选项卡的“绘制边框”组中，单击“擦除”选项，再在表格中单击要擦除的线条。

（3）创建斜线表头

斜线表头总是位于所选表格第一行、第一列的第一个单元格中。

Word 2007 中绘制斜线表头的方法：插入新表格或单击要添加斜线表头的表格，在“布局”选项卡上，单击“绘制斜线表头”。如图 9-21 所示。

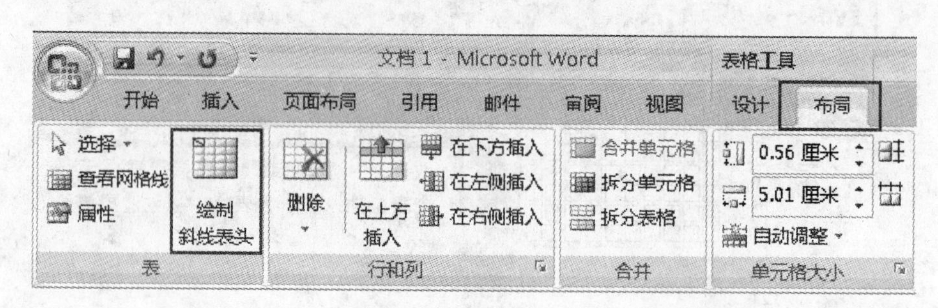

图 9-21　绘制斜线表头

在弹出的对话框中选择所需样式。一共有五种样式可供选择，“预览”框将显示所选的表头从而确定自己所需的样式，并在各个标题框中输入所需的行、列标题。

2. 编辑表格

在 Word 文档中插入一个空表格后，将插入点定位在某单元格，即可进行文本输入。若想将光标移动到相邻的右边单元格可按 Tab 键，移动光标到相邻的左边单元格则按 Shift+Tab 键。对于单元格中已输入的文本内容进行移动、删除操作，与一般文本的操作是一样的。

（1）选定单元格

如前所述，在对一个对象进行操作之前必须先将它选定，表格也是如此。使用鼠标选择表格中单元格、行或列的方法如表 9-1。

表 9-1　**鼠标选择表格中单元格、行或列**

要选择的对象	操 作 方 法
一个单元格	单击该单元格的左边缘
一行	单击该行的左侧
一列	单击该列顶端的网格线或边框
连续的单元格、行或列	拖动鼠标指针划过所需的单元格、行或列

续表

要选择的对象	操作方法
不连续的单元格、行或列	单击所需的第一个单元格、行或列，按住 Ctrl 键，然后单击所需的下一个单元格、行或列
整张表格	在页面视图中，将鼠标指针停留在表格上，直至显示表格移动控点 ⊞，然后单击表格移动控点

（2）添加单元格、行或列

① 添加单元格

在要插入单元格处的右侧或上方的单元格内单击。在“表格工具”下的“布局”选项卡上，单击“行和列”对话框启动器。在弹出对话框中单击下列选项之一：

活动单元格右移、活动单元格下移、整行插入、整列插入。

② 添加行

在要添加行处的下方或上方的单元格内单击。在“表格工具”下，单击“布局”选项卡。要在单击的单元格上方/下方添加一行，在“行和列”组中，单击“在上方插入”/“在下方插入”。

添加列的操作方法和添加行的操作方法类似。

③ 删除单元格、行或列

选择要删除的单元格、行或列，在“表格工具”下，单击“布局”选项卡，在“行和列”组中，单击“删除”，然后根据需要，单击“删除单元格”、“删除行”或“删除列”。

（3）合并、拆分单元格

① 合并单元格

可以将同一行或同一列中的两个或多个单元格合并为一个单元格。例如，可以在水平方向上合并多个单元格，以创建横跨多个列的表格标题。

通过单击单元格的左边缘，然后将鼠标拖过所需的其他单元格，可以选择要合并的单元格。在“表格工具”下“布局”选项卡上的“合并”组中，单击“合并单元格”。

② 拆分单元格

在单个单元格内单击，或选择多个要拆分的单元格。在“表格工具”下“布局”选项卡上的“合并”组中，单击“拆分单元格”。输入要将选定的单元格拆分成的列数或行数。

（4）设置文字的对齐方式

有时需要根据表格的布局安排单元格中文字的对齐方式，这样使表格的布局匀称，合理。

选中需要设置对齐方式的行、列或单元格；单击“表格工具”下“布局”选项卡，可以看到“对齐方式”组，在该组中有水平对齐和垂直对齐的 9 种不同的对齐方式命令，用户直接选定任意一种合适的样式即可。

表格中文字的对齐方式还可以分为横向和纵向方式，一般而言，表格中文字的方向是横向的，如果希望文字的方向是纵向的，选中需要设置改变文字方向的行、列、单元格后；单击“对齐方式”组中的“文字方向”命令即可。

(5) 设置跨页表格标题行

当处理大型表格时，它将被分割成几页。这时需要对表格进行调整，以便表格标题可以显示在每页上。注意：只能在页面视图中或打印文档时看到重复的表格标题。

选择一行或多行标题行（选定内容必须包括表格的第一行），在“表格工具”“布局”选项卡“数据”组中，单击“重复标题行”。

Word 能够依据分页符自动在新的一页上重复表格标题。如果在表格中插入了手动分页符，则 Word 无法重复表格标题。

3. 插入图片或剪贴画

可以将多种来源（包括从剪贴画网站提供者下载、从网页上复制或从保存图片的文件插入）的图片和剪贴画插入或复制到文档中。

剪贴画是媒体文件（例如，Microsoft Office 中提供的插图、照片、声音、动画或电影）的总称。剪贴画通常用于表示插图、照片和其他图像。Microsoft Office 提供了丰富的剪贴画供用户使用。

在“插入”选项卡上的“插图”组中，如图 9-22，单击“剪贴画”。在弹出的对话框中进行选择即可，具体步骤不再赘述。

图 9-22 “插图”组

图片或剪贴画插入到文档后，不一定刚好符合用户的要求，一般要经过编辑，如对图片的大小、位置进行合理的调节，以达到文本和图形的完美结合。

单击图片，图片周围会出现 8 个控制点，用鼠标拖动控制点可以改变图片的大小；也可以在选定图片后，右键选择“设置图片格式”命令，在弹出的“设置图片格式”对话框中选择“大小”选项卡，在该对话框的“高度”和“宽度”文本框中设置图片的需要尺寸值即可。

用户插入的图片默认是嵌入文字中的，用户可以对这种位置关系进行调节。在选中某个图片后，选择右键菜单的“设置图片格式”对话框下的“版式”选项卡，将打开如图9-23所示的对话框，在“环绕方式”选项区域中，用户可以根据需要在多种环绕方式中选择，程序提供了嵌入型、四周型、紧密型、浮于文字上方和衬于文字下方五种相对位置关系，选定一种版式后，单击“确定”按钮即可。

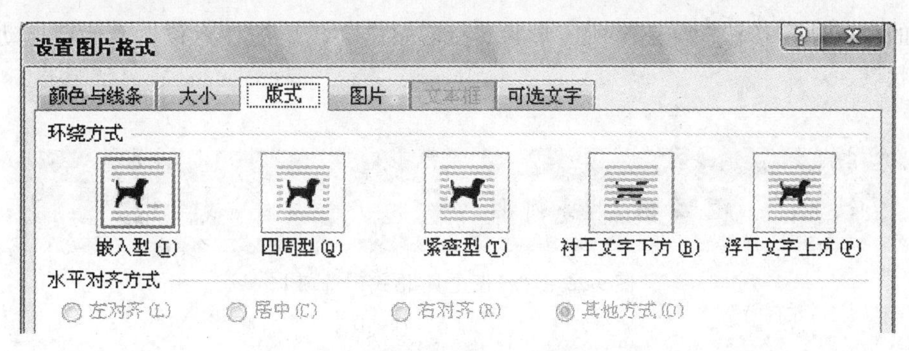

图9-23　图片的版式设置

单击插入文档的图片或剪贴画，在功能区将显示“图片工具-格式”选项卡，如图9-24所示。单击该选项卡，选项卡中的命令将显示在屏幕上，该选项卡中包含了对图片或剪贴画的常用编辑命令，单击某个命令就能进行相应的设置。

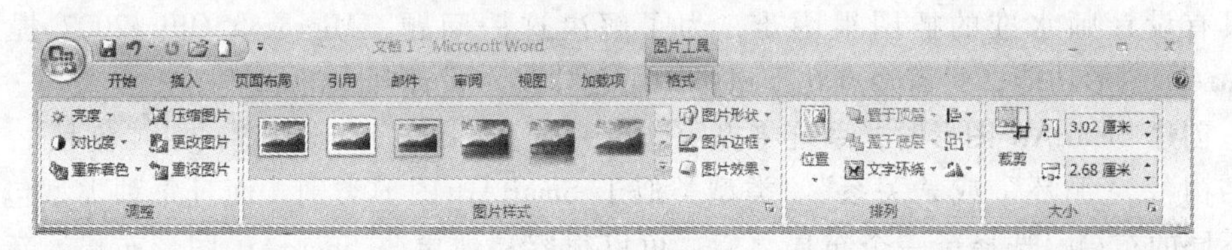

图9-24　“图片工具-格式”选项卡

4. 插入图形

图形对象包括形状、图表、流程图、曲线、线条和艺术字。这些对象是Word文档的组成部分。可以使用颜色、图案、边框和其他效果更改并增强这些对象。

Word中的绘图指一个或一组图形对象。在Word中形状包括线条、基本几何形状、箭头、公式形状、流程图形状、星形、旗帜和标注。可以向文档添加一个形状或者合并多个形状以生成一个绘图或一个更为复杂的形状。例如，一个由基本几何形状和线条组成的图形对象。

向Word文档插入图形对象时，可以将图形对象放置在绘图画布中。绘图画布帮助用户在文档中排列绘图。绘图画布在绘图和文档的其他部分之间提供了一条框架式的边界。在默认情况下，绘图画布没有背景或边框，但是如同处理图形对象一样，可以对绘图画布应用格式。绘图画布还能帮助用户将绘图的各个部分进行组合，这在绘图由若干个形状组成的情况下尤其有用。画布不是必须的，也可以直接在文档中插入形状。

添加形状的方法是:

插入绘图画布。在“插入”选项卡上的“插图”组中，单击“形状”，再单击“新建绘图画布”。在“绘图工具-格式”选项卡上，如图9-25所示，单击“插入形状”组中的“其他”按钮。单击所需形状，接着单击文档中的任意位置，然后拖动以放置形状。

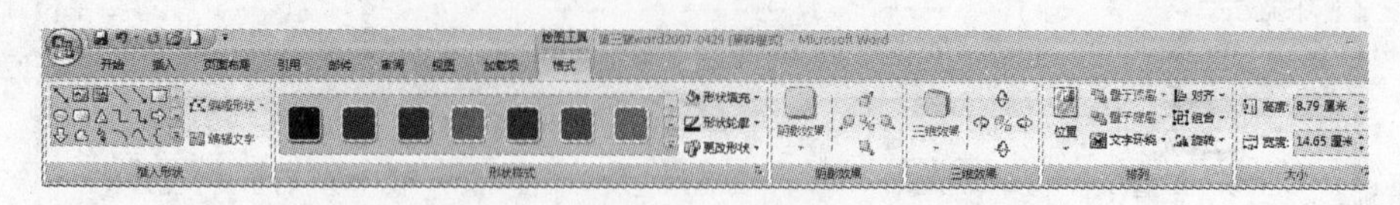

图9-25　“绘图工具-格式”选项卡

要创建规范的正方形或圆形（或限制其他形状的尺寸），请在拖动的同时按住Shift键。

如果要对插入的形状进行修改，如改变颜色、填充效果、阴影效果或三维效果等都可以选中形状后，使用“绘图工具-格式”选项卡中的命令。

5. 插入SmartArt图形

插图有助于更好地理解和记忆并使操作易于应用，对于大多数Office用户而言，创建具有设计师水准的插图很困难，为了解决这一问题，Microsoft Office2007提供了SmartArt图形功能，只需轻点几下鼠标即可创建具有设计师水准的插图。

创建SmartArt图形时，系统将提示选择一种SmartArt图形类型，如“流程”、“层次结构”、“循环”或“关系”。类型类似于SmartArt图形类别，而且每种类型包含几个不同的布局。选择了一个布局之后，可以很容易地更改SmartArt图形布局。新布局中将自动保留大部分文字和其他内容以及颜色、样式、效果和文本格式。

选择了某布局时，其中会显示占位符文本（如“[文本]”），这样是为了显示SmartArt图形的外观。系统不会打印占位符文本，占位符文本也不会在幻灯片放映期间显示出来。但是，形状是始终显示的且会打印出来。在“文本”窗格中添加和编辑内容时，SmartArt图形会自动更新，即根据需要添加或删除形状。

还可以在SmartArt图形中添加和删除形状以调整布局结构。例如，虽然“基本流程”布局显示有三个形状，您的流程可能只需两个形状，也可能需要五个形状。当您添加或删除形状以及编辑文字时，形状的排列和这些形状内的文字量会自动更新，从而保持SmartArt图形布局的原始设计和边框。

(1) 创建SmartArt图形

在“插入”选项卡的“插图”，单击“SmartArt”，显示“选择SmartArt图形”对话框，如图9-26所示。

在“选择SmartArt图形”对话框中，单击所需的类型和布局。表9-2列举了各种图形适合的用途。

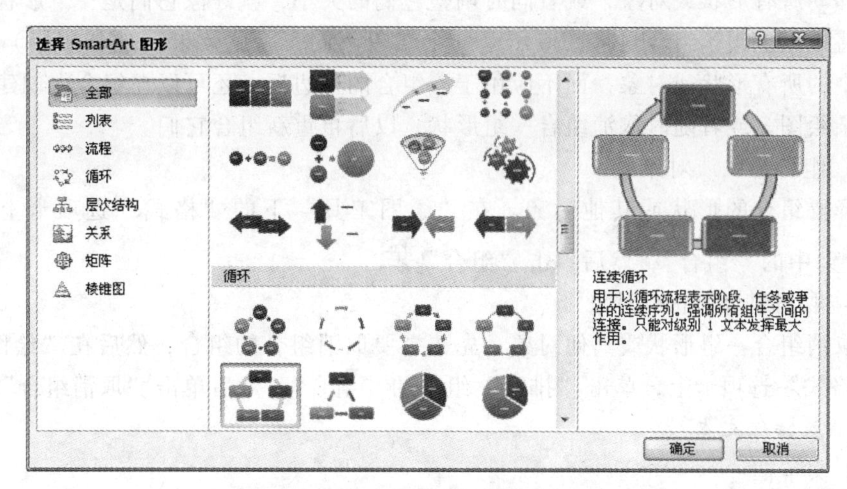

图 9-26 “选择 SmartArt 图形”对话框

表 9-2 **SmartArt 图形的用途**

图形类型	图形的用途
列表	显示无序信息
流程	在流程或日程表中显示步骤
循环	显示连续的流程
层次结构	创建组织结构图
关系	图示连接
矩阵	显示各部分如何与整体关联
棱锥图	显示与顶部或底部最大部分的比例关系

(2) 更改整个 SmartArt 图形的颜色

可以将来自主题颜色的颜色变体应用于 SmartArt 图形中的形状。主题颜色是文件中使用的颜色的集合。主题颜色、主题字体和主题效果三者构成一个主题。

单击 SmartArt 图形，在“SmartArt 工具”下的“设计”选项卡上，单击“SmartArt 样式”组中的“更改颜色”。单击所需的颜色变体。

(3) 应用 SmartArt 样式

“SmartArt 样式”是各种效果（如线型、棱台或三维）的组合，可应用于 SmartArt 图形中的形状以创建独特且具专业设计效果的外观。单击 SmartArt 图形。在“SmartArt 工具”下“设计”选项卡上的“SmartArt 样式”组中，单击所需的 SmartArt 样式。要查看更多的 SmartArt 样式，请单击“其他”按钮。

6. 组合形状或对象

为了加快工作速度，可以组合形状、图片或其他对象。通过组合，可以同时翻转、旋转、移动所有形状或对象，或者同时调整它们的大小，就好像它们是一个形状或对象一样。将效果应用于组合与将其应用于一个对象不同，因此效果（例如阴影）会应用于组合中的所有形状或对象，而不应用于该组合的外边框。还可以在组合内创建组合以构建复杂绘图。或者随时取消组合一组形状，以后再重新组合它们。

（1）组合形状或对象

选择要组合的形状或其他对象。在“绘图工具”下的“格式”选项卡上，单击“排列”组中的“组合”，然后单击“组合”。

（2）取消组合形状或对象

要取消组合一组形状或其他对象，先选择要取消组合的组合，然后在“绘图工具”下的“格式”选项卡上，单击“排列”组中的“组合”，然后单击“取消组合”。

7. 插入特殊文本

（1）文本框

文本框是一种可以移动的、可以调整大小的文字或图形的容器。使用文本框可以将文字放在任何需要的位置；也可以在一页上放置数个文字块，或者使文字按与文档中其他文字不同的方向排列。

在“插入”选项卡上的“文字”组中，单击“文本框”，然后选择一种内置的文本框样式，在文档中就会出现一个文本框，在其中输入文字即可。

文本框可以像处理图形对象一样来处理，单击文本框，在功能区将出现“文本框工具-格式”选项卡，可以使用选项卡中的命令对文本框进行格式设置，如可以改变文本框中文字的方向；可以与其他图形结合叠放；可以设置三维效果、阴影、边框类型和颜色、填充颜色和背景等。

若需在插入的图片上添加文字，可以在图片上放置一个或多个文本框，要使文本框和图片不相互影响，可以将文本框填充颜色和线条颜色都设置为“无”。

（2）插入数学公式

在编辑科技文档或制作试卷时，经常要插入数学公式。如何在Word文档中插入数学公式呢？Word提供了公式编辑器，用它可以编辑各种复杂的数学公式，下面就以$\sum_{n=1}^{\infty} ar^{n-1}$为例，说明在文档中插入数学公式的方法。

① 将插入点置于要插入数学公式的位置。

② 单击“插入”选项卡“文本”组中的“对象”，弹出“对象”对话框，在对话框的“新建”“对象类型”列表中的“Microsoft 公式 3.0”，单击确定按钮。此时出现“公式”编辑区和“公式”工具栏，如图9-27所示。

③ 单击“公式”工具栏中的“求和模板”按钮，按照公式的样式选择需要的求和符，此时在“公式”编辑区显示所选符号的模板。如图9-27所示。

④ 将插入点置于符号模板中带虚线的方框内，输入公式所需的内容。输入“∞”时，点击“其他符号”按钮，选择“∞”符号。如图9-28所示。

⑤ 输入公式中的“arn-1”，然后选中“n-1”，单击“上标和下标”模板按钮，选择“上标”符号，如图9-29所示。

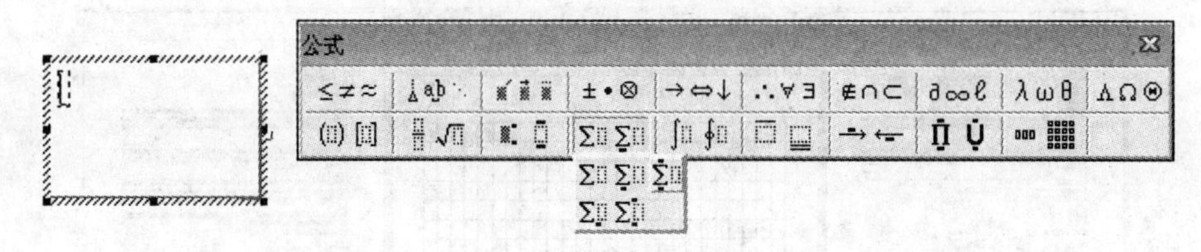

图9-27 “公式”编辑区和“公式”工具栏

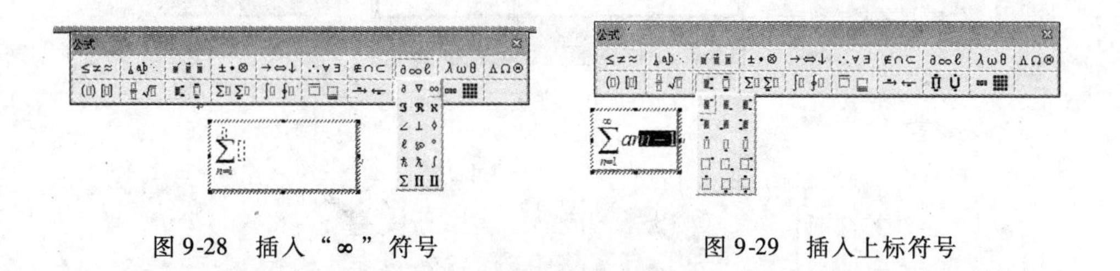

图9-28 插入“∞”符号

图9-29 插入上标符号

⑥ 在公式编辑区外单击即可退出公式编辑器。

如果需要修改已输入的数学公式，直接双击公式即可重新进入公式编辑器，对公式进行修改。

9.1.3 页面布局与文档打印

1. 页面设置

页边距是页面边缘的空白区域。页面的上、下、左、右四边各有1英寸也即2.54厘米的页边距。这是最常见的页边距宽度，适用于大多数文档。

但是，如果要获得不同的页边距，则应了解如何更改页边距。例如，如果键入的是一封极为简短的信函、一个食谱、一封邀请函或一首诗，则可能需要不同的页边距。

要更改页边距，请单击“页面布局”选项卡，在“页面设置”组中，单击“页边距”。将看到显示在小图片或图标中的不同页边距大小，以及每个页边距的度量值。

2. 插入分节符

默认情况下，对页面版式的设置应用到了文档的每个页面。如果希望文档中某个或几个页面的版式不同，例如在一篇长竖排文档中插入了一个较大的表格，表格需要横排显示，如图9-30所示，应该如何设置呢？

使用分节符可以改变文档中一个或多个页面的版式或格式。可以在某节里设置不同的页边距、纸张大小或方向、页面边框、页眉和页脚、列、页码编号等。没有插入任何分节符时，整篇Word文档为一节，插入一个分节符，文档被分为两个节；插入二个分节符，文档被分为三个节……

单击要更改格式的位置（一般需要在所选文档部分的前后插入一对分节符）。在“页面布局”选项卡上的“页面设置”组中，单击“分隔符”。如图9-31所示。

在“分节符”组中，单击与要进行的格式更改类型对应的分节符类型。例如，如

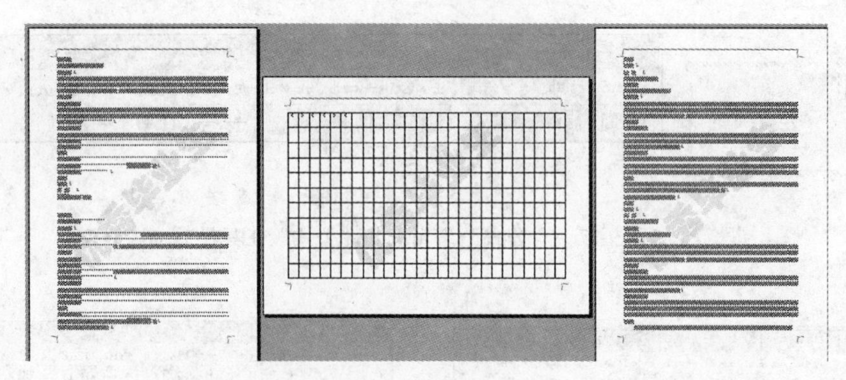

图 9-30　排版示例

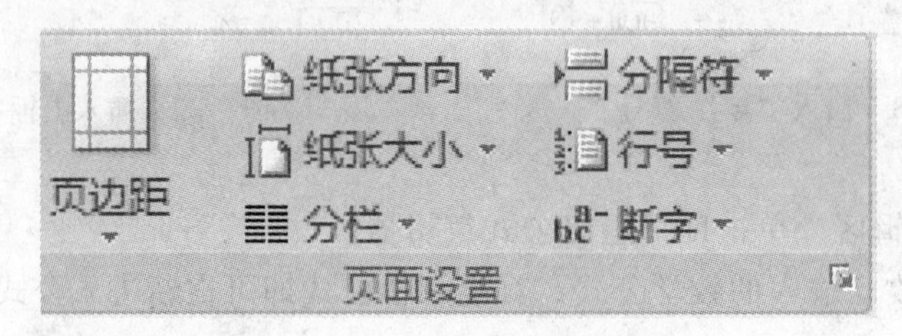

图 9-31　“页面设置”组

果要将一篇文档分隔为几章，希望每章都从奇数页开始，可以单击“分节符”组中的“奇数页”。

删除分节符的方法：在普通视图中，可以看到用双虚线表示的分节符，选择要删除的分节符，按 Delete 键。

3. 插入页眉、页脚

页眉和页脚是文档中每个页面的顶部、底部和两侧页边距中的区域。可以在页眉和页脚中插入或更改文本或图形。例如，可以添加页码、时间和日期、公司徽标、文档标题、文件名或作者姓名。

在“插入”选项卡上的“页眉和页脚”组中，单击“页眉”或“页脚”。单击所需的页眉或页脚设计，进入页眉页脚编辑状态，输入需要插入的内容，单击“页眉和页脚工具—设计”选项卡“关闭”组“关闭页眉和页脚”可返回正文编辑状态。此时整篇文档中所有的页眉或页脚都相同。

一篇内容较长的文档（如图书），常常由多个单元组成，包括序言、目录、各章、附录等，要设置各个单元的页眉页脚会各不相同，（如第一章的页眉都显示为“第一章”，第二章的页眉都显示为“第二章”，以此类推。）应该如何设置？

在文档中，同一节的页眉、页脚是相同的，不同节的页眉、页脚可以不相同。不管文档有多长，整个文档默认为一节，如果要在文档的不同部分设置不同的页眉、页脚首先要插入分节符，将各个部分划分开，然后在进行页眉、页脚的设置。在一篇文档中设置不同的页眉、页脚的具体步骤是：

① 将光标置于第一章的开始处，执行“插入→分隔符”命令，选择“分节符类型”下的“下一页”，确定。以此类推，将其他章都进行分节操作。

② 在页眉（或页脚）区双击，也可进入页眉（或页脚）编辑状态，此时如果是在页眉区，则左上方显示为“页眉-第 1 节-”，输入第一章的页眉内容“第一章”。

③ 单击“页眉和页脚工具—设计”选项卡“导航”组“下一节”按钮跳到第 2 节，此时左上方显示为“页眉-第 2 节-”，右上方显示为“与上一节相同”，中间显示为“第一章”。

再单击“页眉和页脚工具—设计”选项卡“导航”组“链接到前一条页眉”，右上方显示的“与上一节相同”消失，此时将本节页眉修改为“第二章”。重复上面的操作，修改好所有的章节。

4. 插入页码

插入页码的方法：在“插入”选项卡上的“页眉和页脚”组中，单击“页码”。根据希望页码在文档中显示的位置，单击“页面顶端”、“页面底端”或“页边距”。设计样式库中选择页码编号设计，例如：“第 X 页，共 Y 页”。

在编排较长的文档时，正文的前面有封面、目录，封面一般没有编码，目录和正文的编码应该是分开的，也就是说目录的编码从 1 开始，正文的编码也是从 1 开始的。可以将目录页码编为 I 到 IV，正文部分页码编为 1 到 100。

如果希望文档中的某一部分的页码和其他部分不相同，先要对文档分节，在不同的节中，可以有不同的页面格式。

单击要重新开始对页码进行编号的节，在“插入”选项卡上的“页眉和页脚”组中，单击“页码”，如图 9-32 所示，单击“设置页码格式”，弹出“页码格式”对话框，在“起始页码”框中输入值即可，如图 9-33 所示。

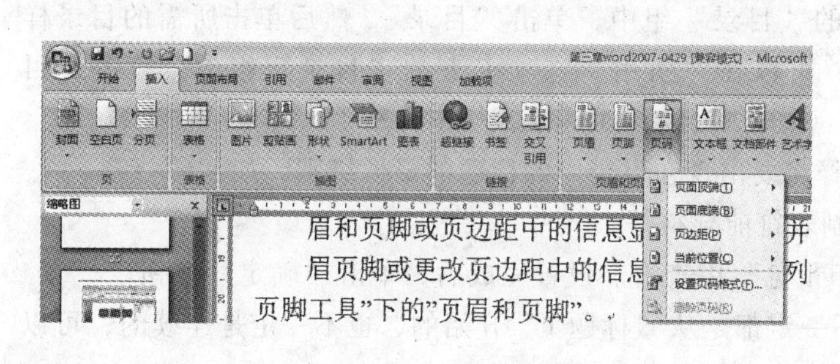

图 9-32　插入页码

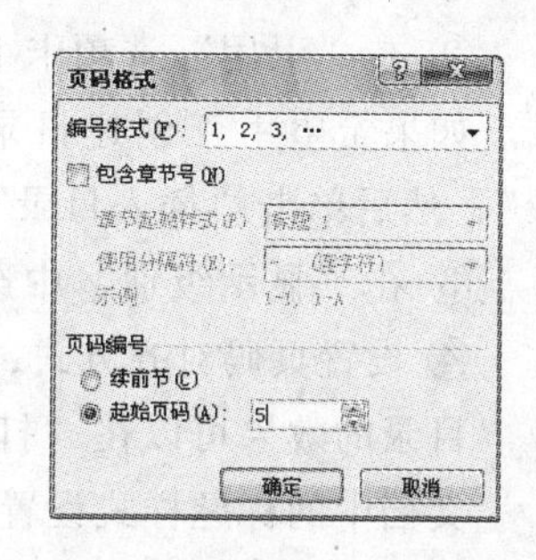

图 9-33　“页码格式”对话框

5. 删除首页页码

在带有页码的文档中，有时不希望首页上有页码。例如，标题页或首页通常没有页码。如果从设计样式库中将预设的封面或标题页添加到带有页码的文档中，则添加的封面或标题页的页码为 1，而第二页的页码为 2。

删除首页页码（此过程适用于不是通过封面样式库插入封面的文档）的方法：

（1）单击文档中的任何位置。

（2）在“页面布局”选项卡上，单击“页面设置”对话框启动器，弹出“页面设置”对话框，如图 9-34 所示，在对话框中单击“版式”选项卡。

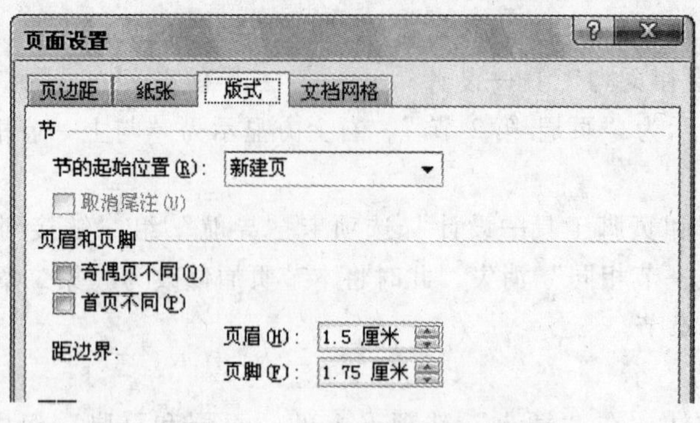

图 9-34 “页面设置”对话框

（3）在“页眉和页脚”下，选中“首页不同”复选框，然后单击“确定”。如果清除“首页不同”复选框，则首页页码会再次显示出来。

6. 大纲视图和目录

如果是编辑一本手册或一篇论文，目录是必不可少的。在 Word 中创建目录常用的方法是根据文档的标题样式生成目录。因此在创建目录之前，要将文档中将要出现在目录中的文字设置不同的标题样式。不同级别的标题（“标题 1”，“标题 2”，“标题 9”，…，标题的级别依次降低）组织在一起构成具有层次结构的文档。

（1）创建目录

① 单击要插入目录的位置，通常在文档的开始处。

② 在“引用”选项卡上的“目录”组中，单击“目录”，然后单击所需的目录样式。如果希望手工创建目录，可以在“引用”选项卡上的“目录”组中，单击“目录”，然后单击“插入目录”。弹出“目录”对话框，如图 9-35 所示。

③ 在“显示级别”中选择将要出现在目录中的标题的最低级别，如“6”级。

④ 设置页码对齐方式，制表符前导符等。

目录的效果可以在“打印预览”中查看。设置完成后，单击“确定”按钮。

文档中的标题样式设置不一定都是从“标题 1”开始的，也不一定是连续的，可以有间隔，一般而言，下级标题应比上级标题的标题级别小。

（2）大纲视图

对于较长的文档，在普通视图、页面视图下弄清它的结构是不容易的。为了了解一篇长文档的结构，可以使用大纲视图方式查看。在大纲视图下，文档的标题和正文文字可以分级显示，一部分标题和正文可以被隐藏，以突出文档的总体结构。

要显示文档的大纲，首先应切换到大纲视图。单击“视图”选项卡，单击“文档视图”组中的“大纲视图”命令，或者单击状态栏右侧的“大纲视图”按钮，切换到大纲视图。

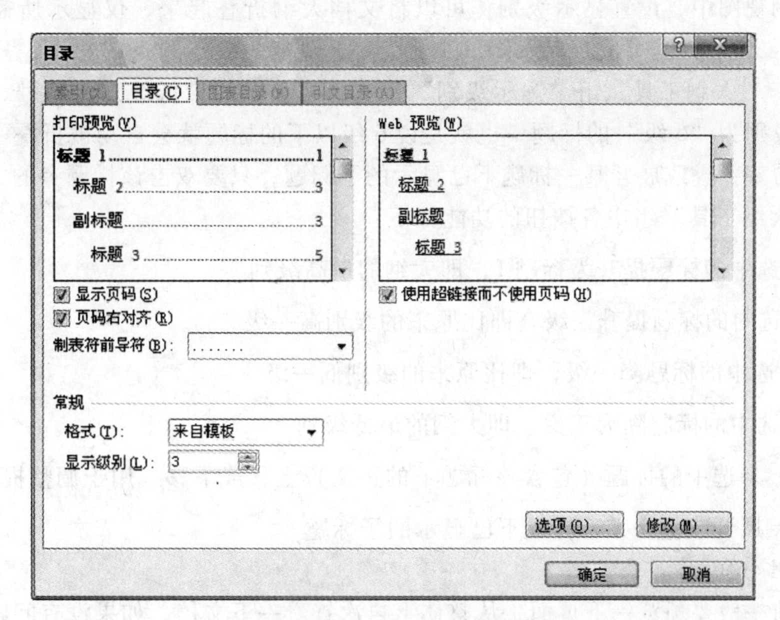

图 9-35　“目录”对话框

切换到大纲视图后，会出现“大纲”选项卡，如图 9-36 所示。图中显示的文本是设置了标题样式的文字。

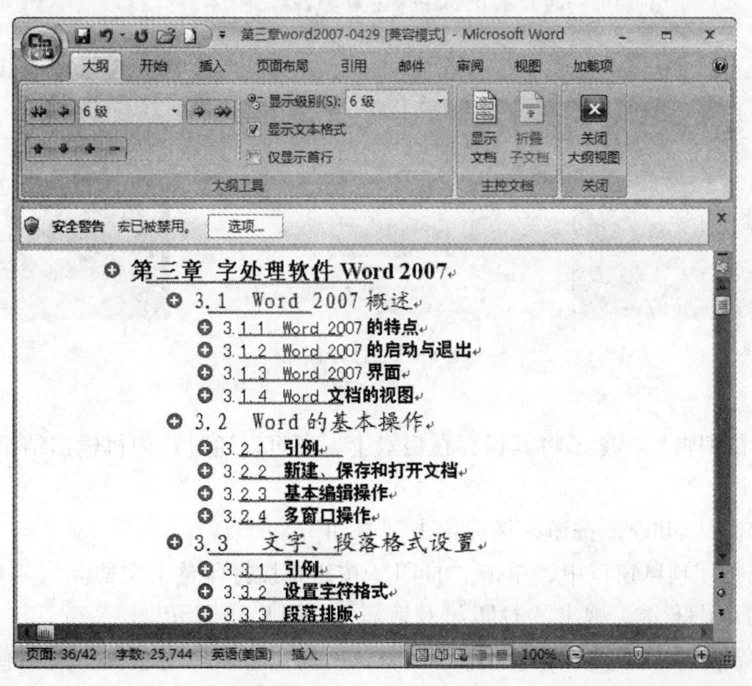

图 9-36　“大纲”选项卡

在大纲视图中，设置显示级别，可以将文档大纲折叠起来，仅显示所需标题和正文，简化了文档结构，使之看起来一目了然。折叠某一级标题下的文本，只要在“大纲”选项卡“大纲工具”组“显示级别”中选择要显示的最低级别的编号。例如图 9-36，显示级别为“6 级”的标题，也就是说 6 级以下的标题就会自动被折叠。

如果希望折叠或展开某一标题下已显示的子标题，只要双击该标题旁的“+”号。

在“大纲工具”组中各按钮的功能如下：

将选中的标题提升为标题 1，即大纲的最高级别

将选中的标题提升一级，即比原来的级别高一级

将选中的标题降一级，即比原来的级别低一级

将选中的标题降为正文，即大纲的最低级别

/ 将选中的标题（包含该标题下的正文）上移或下移，用于调整提纲的顺序

/ 展开或折叠某一标题下已显示的子标题

7. 文档打印

打印前一般要预览一下页面，从整体上再次查看一下文档，如果没有问题就可以打印或提交给他人审阅。单击“Office”按钮，指向“打印”旁的箭头，然后单击“打印预览”。如图 9-37 所示，功能区显示在预览状态下可以使用的命令，执行这些命令，可以改变预览的状态，如显示比例、单页或双页等。

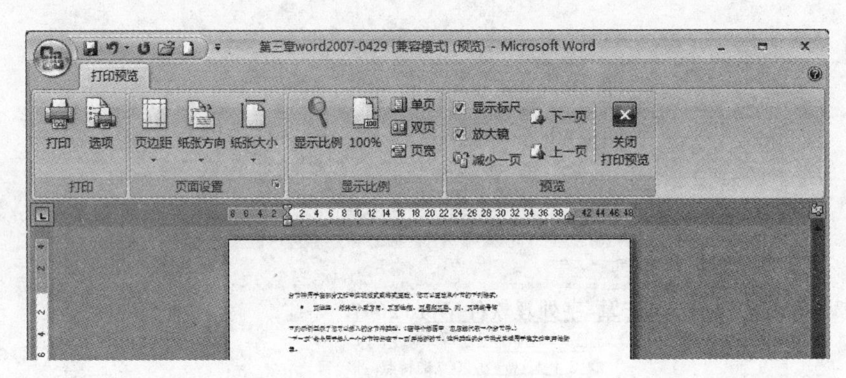

图 9-37 打印预览

一篇文档编辑后，除了将其保存在磁盘上，还可以通过打印机输出结果。打印的方法有四种：

（1）单击“Office”按钮，然后单击“打印”。

（2）在打印预览窗口中，单击“打印”按钮直接打印整个文档。

（3）按 Ctrl+P 键，弹出“打印”对话框，如图 9-38 所示。

（4）单击菜单栏中的“文件/打印”项，出现“打印”对话框。若不使用“打印”对话框打印，请单击“Microsoft Office”按钮，指向“打印”旁的箭头，然后单击“快速打印”。

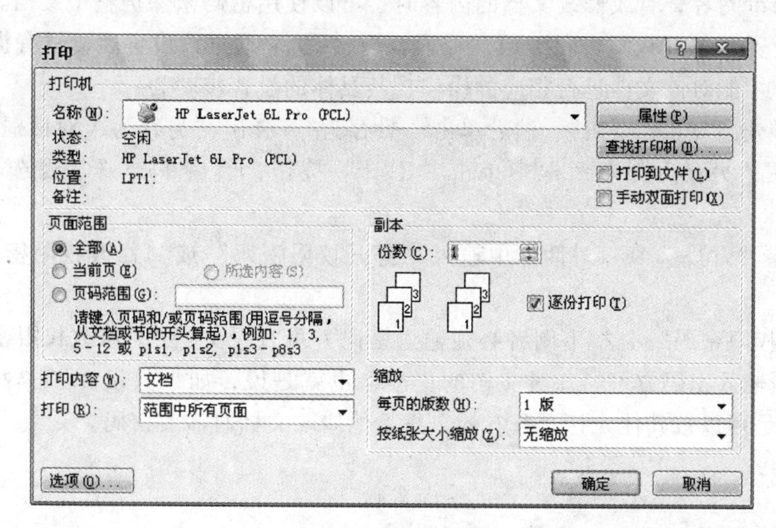

图 9-38　打印设置

如果不想将整个文档都打印出来，可以使用后面两种方法。可以根据不同情况的需要，在打印对话框中进行相应的设置：选择打印机、页面范围（指定文档需打印的范围）、打印的份数等。

在打印一份多页文档时，打印完后发现第一页在最下面，最后一页在最上面，也就是说需要人工对页码进行整理。其实在开始打印前，在图 9-38 中单击“选项”按钮，弹出“Word 选项”对话框，在“高级”标签中勾选“逆序打印页面”即可，如图 9-39 所示。这样，在打印时先打印最后一页，最后打印第一页，打印好的文档的页码是顺序的，无须整理。

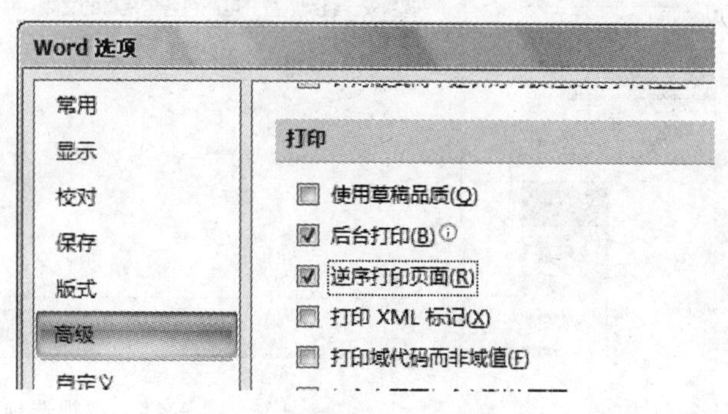

图 9-39　设置逆序打印页面

9.1.4　辅助功能

1. 文档的保护

如果文档涉及商业秘密或个人隐私，用户不希望该文档被别人查看或修改，或者只允许授权的审阅者查看或修改文档的内容时，可以使用密码来保护整个文档。此时可以对该文档设置“打开权限密码”或“修改权限密码”。通过该设置后，只有提供了正确的密码后，才能对该文档进行相应的操作，其具体的设置步骤为：

（1）单击“Office 按钮”，然后单击“另存为”，弹出“另存为”对话框。

（2）在“另存为”对话框中单击“工具”按钮，然后单击“常规选项”。如图9-40所示。

（3）在“常规选项”对话框中输入“打开权限密码”或“修改权限密码”。如图9-41 所示。

“打开权限密码”是指审阅者必须输入密码方可查看文档；“修改权限密码”是指审阅者必须输入密码方可保存对文档的更改，也就是说，如果只设置了“修改权限密码”，文档是可以被其他人打开查看的，只是他修改文档时需要密码。

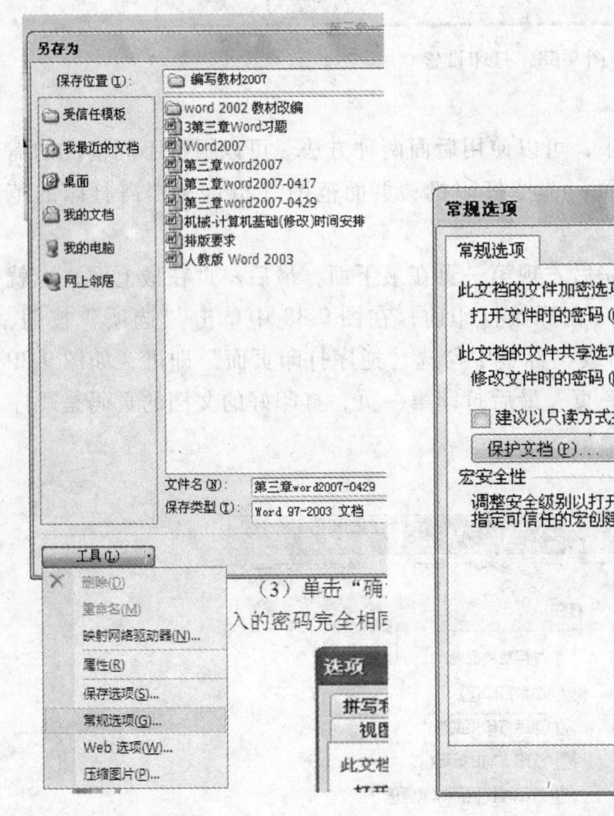

图 9-40　工具命令按钮

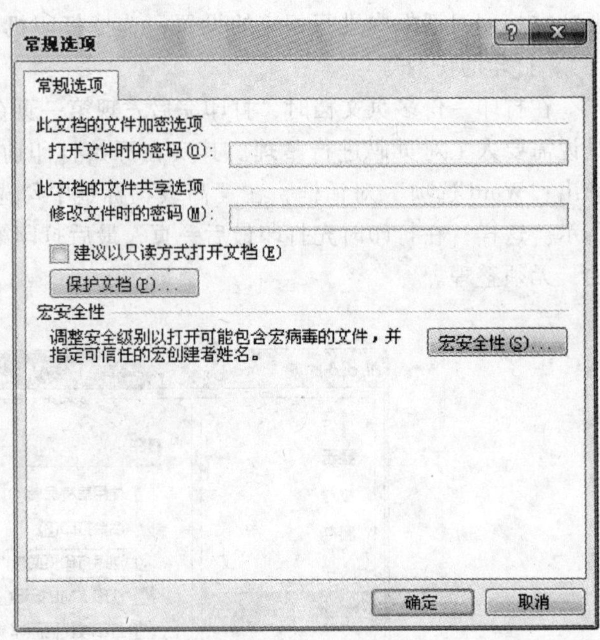

图 9-41　常规选项

2. 文本定位

假设一篇文档已经编辑完成，在文档中插入了若干图示，现在想检查一下所有图示的编号顺序是否是正确的，应该如何操作？使用滚动条滚动文档一页一页检查显然效率不高，Word 提供的“定位”功能允许在文档中按照定制内容快速定位，使插入点移动到文档中的某个特定位置，如特定页、特定节、图形、表格等，使用定位功能的具体操作如下：

（1）单击“开始”选项卡“编辑”组中的“查找”命令，弹出“查找和替换”对话框，在对话框中单击“定位”选项卡；

（2）单击“定位目标”框中定位项类型，如“页”、“图形”等；

（3）再输入定位项的名称或编号，然后单击“定位”按钮，即可定位到指定的位置；

（4）继续定位相同类型的下一项或前一项，应先清除定位项的名称或编号，再单击“下一处”或“前一处”。

快速定位下一处或前一处，还可以单击垂直滚动条下端的“选择浏览对象”按钮，如图 9-42 所示，然后单击浏览对象的类型，如图形，光标就会定位到最近的一个图形上，如果要继续浏览图形，可单击“下一个”或“前一个”按钮可快速定位到相同类型对象的下一个或前一个。

3. 拆分窗口

在编辑文档时，有时需要参考一下该文档前面的内容。若在文档中来回翻动，操作很不方便，此时，可以使用拆分窗口的功能同时查看一篇文档中不同位置的内容。如图 9-43 所示。图中编辑窗口被拆分为两个部分，两个部分分别显示了一篇文档不同位置的内容。

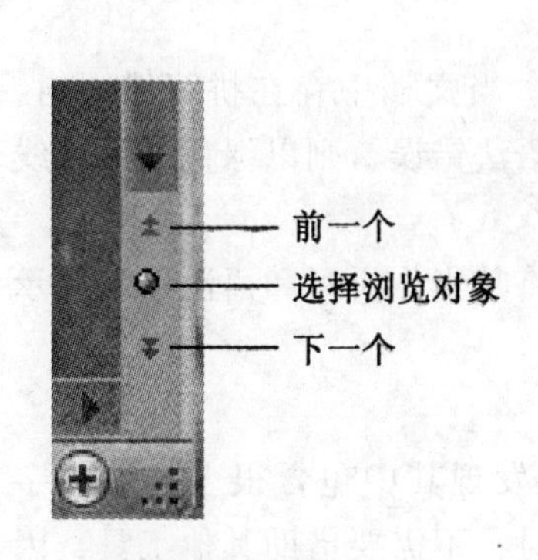

图 9-42　快速定位按钮

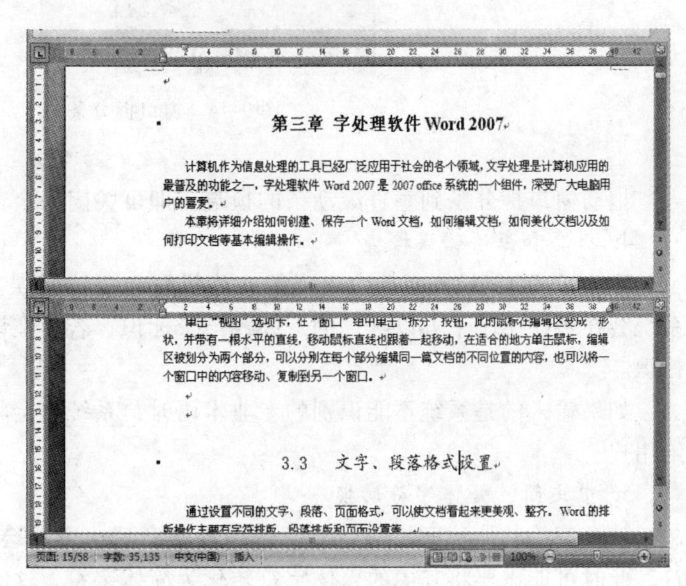

图 9-43　拆分的窗口

（1）通过菜单拆分

单击“视图”选项卡，在“窗口”组中单击“拆分”按钮，此时鼠标在编辑区变成 形状，并带有一根水平的直线，移动鼠标直线也跟着一起移动，在适合的地方单击鼠标，编辑区被划分为两个窗格，可以在两个窗格分别滚动滚动条，也可以将一个窗格中的内容移动、复制到另一个窗格。

窗口拆分后，“视图”选项卡“窗口”组中的原来的“拆分”命令变成了“取消拆分”，如果要恢复成单个窗口，单击“取消拆分”命令即可。

（2）窗口拆分条

在页面视图下，窗口拆分条的垂直滚动条的顶端，如图9-44所示。鼠标指向它时，鼠标指针的形状变为⇕，按下鼠标左键并往下拖动，可以看到一根水平的直线和鼠标一起移动，在适合的地方释放鼠标，编辑区被划分为两个部分。

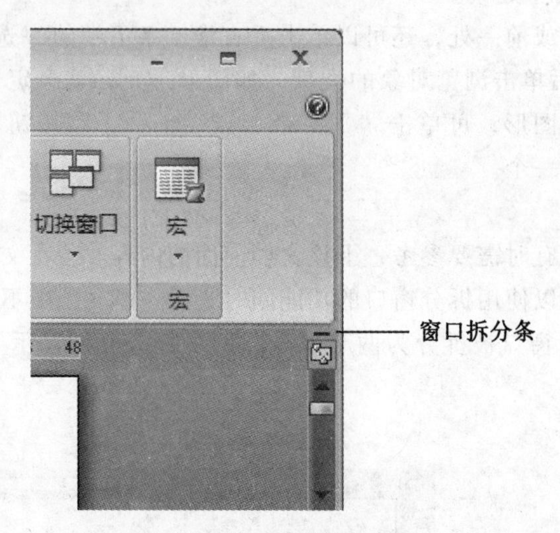

图9-44　窗口拆分条

拖动窗口拆分条到垂直滚动条的顶端，即可关闭一个窗格。

4. 拼写和语法错误检查

Word 2007能检测文档中出现的一些拼写和语法错误。当文档中存在拼写错误时，系统会在错误文字下方以红色的下画线给予标识；若存在语法错误，则以绿色的下画线标识。

如果输入的是系统不能识别的专业术语时，系统也会将其当作拼写和语法错误提示给用户。

5. 中文简、繁体字符切换

从台湾等其他地区的网站上下载一段文章后，可能会发现其中包含很多的繁体字符，此时可能需要将其中的繁体字符转化为简体字符。这时，不需要借助其他工具，因为Word 2007包含有中文简体、繁体字符之间转换的功能，其具体的转换步骤为：选定需要转换的文本信息，单击“审阅”选项卡“中文简繁转换”中的命令。

6. 在Word中创建书法字帖

在现实生活中，很多人为了使自己的字写得更好，通常都买本字帖进行练习。使用Word 2007提供的“书法字帖”功能可以灵活创建字帖文档，自定义字帖中的字体颜色、网格样式、文字方向等。将设置好的字帖打印出来，即可获得符合个人喜好的书法字帖。操作步骤如下：

在 Word 文档中单击 Office 按钮，在弹出菜单中选择“新建”命令，弹出“新建文档”对话框。在“空白文档和最近使用的文档”列表框中选择“书法字帖”选项。再单击“创建”按钮，弹出“增减字符”对话框，选择要加入到字帖中的汉字。单击“关闭”按钮，即可创建书法字帖，可以将其打印到纸张上进行临摹。

7. 在 Word 中创建博客

在 Word 2007 中还可以创建博客并发布到网络中。当申请了博客账户，并完成博客的注册后，即可在 Word 中编写并发布博客内容。操作步骤如下：

启动 Word 2007，在文档中输入博客内容，然后单击 Office 按钮，在弹出菜单中选择“发布”/“博客”命令。Word 自动在新建的文档中显示已经编辑好的博客内容。在“在此处输入文章标题”中输入博客的标题名称，然后可以根据需要设置内容的格式。设置好并确认内容无误后，单击“博客文章”/“博客”/“发布”按钮，即可发布博客。

9.2　电子表格软件 Excel 2007

Excel 2007 是 Microsoft 公司出品的 Office 2007 系列办公软件中的一个组件。Excel 2007 是功能强大、技术先进、使用方便且灵活的电子表格软件，可以用来制作电子表格，完成复杂的数据运算，进行数据分析和预测，并且具有强大的制作图表功能及打印设置功能等。

9.2.1　Excel 2007 概述

Excel 2007 的启动与 Word 2007 类似，在上一章中已经作了介绍，在此不再重复。

1. Excel 2007 的界面

启动 Excel 2007 中文版后，窗口界面如图 9-45 所示。

Excel 2007 的工作界面主要由“office”按钮、标题栏、快速访问工具栏、功能区、编辑栏、工作表格区、滚动条和状态栏等元素组成。

（1）“文件”菜单

单击 Excel 工作界面左上角的 Office 按钮，打开“文件”菜单，如图 9-46（a）所示。在该菜单中，用户可以利用其中的命令新建、打开、保存、打印、共享以及发布工作簿。

（2）快速访问工具栏

Excel 2007 的快速访问工具栏中包含最常用操作的快捷按钮，方便用户使用。单击标题栏左边的“快速访问工具栏”按钮，弹出如图 9-46（b）所示的快速访问工具，可以执行相应的功能。

（3）标题栏

标题栏位于窗口的最上方，用于显示当前正在运行的程序名及文件名等信息。如果

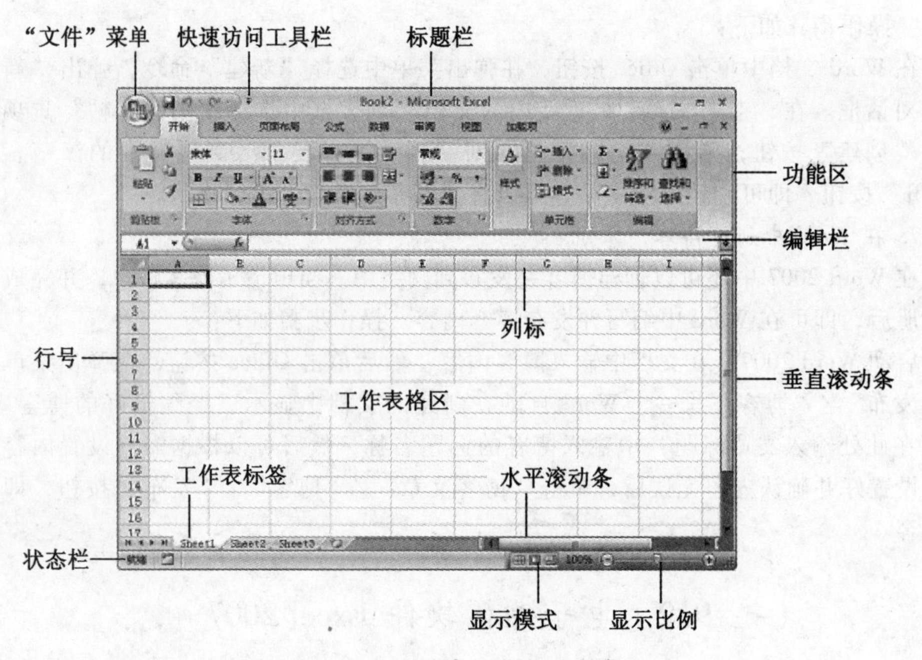

图 9-45 Excel 2007 窗口界面

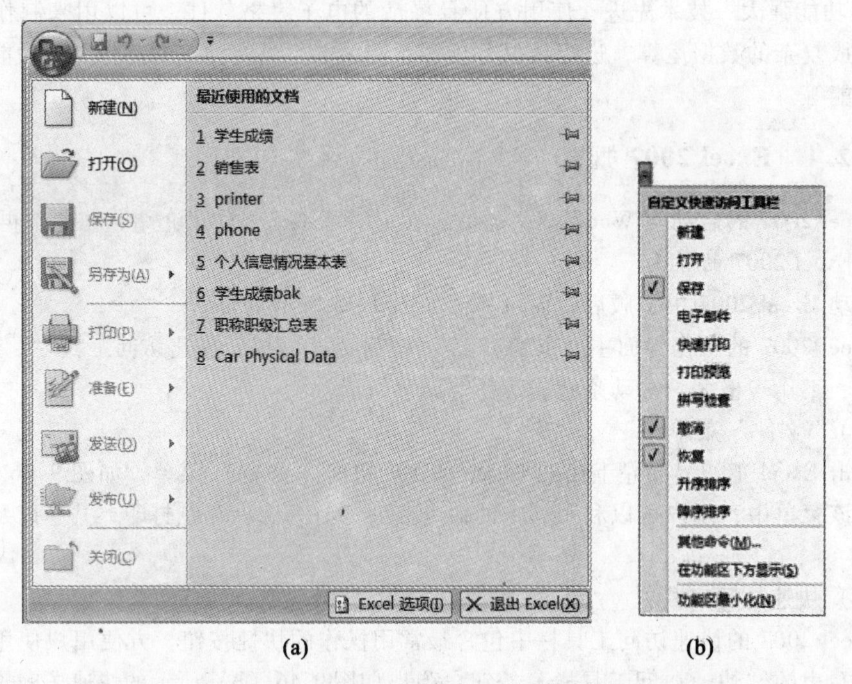

(a) (b)

图 9-46 "文件"菜单和快速访问工具栏

是刚打开的新工作簿文件，用户所看到的文件名是 Book1，这是 Excel 2007 默认建立的文件名。单击标题栏右端的按钮，可以最小化、最大化或关闭窗口。

（4）功能区

功能区是在 Excel 2007 工作界面中添加的新元素，它将旧版本 Excel 中的菜单栏与工具栏结合在一起，由“选项卡”、“组”和“命令”三部分组成，如图 9-47 所示。

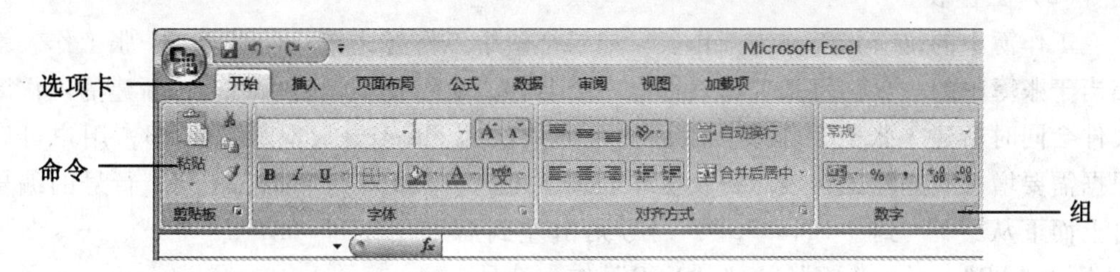

图 9-47　功能区

功能区顶部有七个选项卡，每个选项卡代表用户可以在 Excel 2007 中执行的一组核心任务；每个选项卡都包含一些组，这些组将相关功能按钮显示在一起；命令是指按钮、用于输入信息的对话框或者菜单。

默认情况下，Excel 2007 的功能区中的选项卡包括：“开始”选项卡、“插入”选项卡、“页面布局”选项卡、“公式”选项卡、“数据”选项卡、“审阅”选项卡、“视图”选项卡以及“加载项”选项卡。

组将用户执行特定类型的任务时可能用到的所有命令放到一起，并在整个任务期间一直处于显示状态并且可随时使用，而不是将他们隐藏在菜单中。

Excel 2007 中的主要命令集中在“开始”选项卡上。例如，“粘贴”、“剪切”和“复制”命令是“开始”选项卡中“剪贴板”组中最先列出的命令；“字体”组中的字体格式命令次之；用于居中对齐、左对齐或右对齐文本的命令位于“对齐方式”组中。

Excel 2007 的命令是分层次的。如果一些命令没有直接显示在选项卡中，可能是用户暂时不需要用到它，当用户要进行某项操作时，可能用到的命令将被显示出来。

（5）状态栏与显示模式

状态栏位于窗口底部，用来显示当前工作区的状态。Excel 2007 支持 3 种显示模式，分别为“普通”模式、“页面布局”模式与“分页预览”模式，单击 Excel 2007 窗口左下角的▦▢▥按钮可以切换显示模式。

2. 工作簿、工作表、单元格

Excel 2007 启动后，在默认情况下，用户看到的是名称为“Book1”的工作簿。每个工作簿由一个或多个工作表组成，每个工作表由独立的单元格组成。

（1）工作簿

在 Excel 2007 中所做的工作是在一个工作簿文件中进行的，打开该文件后有其自己的窗口。用户可以根据需要打开任意多个工作簿，默认状态下，Excel 2007 工作簿使用 XLSX 作为文件扩展名。如果需要与使用 Excel 97 到 Excel 2003 的用户共享工作簿，可以将工作簿保存为扩展名为 XLS 的文件类型。

如果工作簿包含宏或 VBA 代码，工作簿的扩展名为 XLSM；如果需要模板，可将工作簿保存为 Excel 模板，Excel 2007 模板扩展名为 XLTX；如果需要模板且工作簿包含宏或 VBA 代码，工作簿的扩展名为 XLTM；如果工作簿特别大，可以将工作簿保存为二进制工作簿，扩展名为 XLSB，这种文件类型的打开速度较快。

（2）工作表

工作簿中的每一张表称为工作表。如果把一个工作簿比作一个账簿，一张工作表就相当于账簿中的一页。每张工作表都有一个名称，显示在工作表标签上，新建的工作簿文件会同时新建 3 张空工作表，默认的名称依次为 Sheet1、Sheet2、Sheet3，用户可以根据需要增加或删除工作表。每张工作表最多可达 1048576 行和 16384 列，行号的编号自上而下从“1”到“1048576”，列号则由左到右采用字母“A”、“B”、…“Z”，“AA”、“AB”、…、“AZ”，…，“XFD”作为编号。

（3）单元格

工作表中的每个格子称为一个单元格，单元格是工作表的最小单位，也是 Excel 2007 用于保存数据的最小单位。每一单元格的位置（坐标）由交叉的列名、行号表示，称为单元格地址，如 A1，D2，X20，…。单元格中输入的各种数据，可以是一组数字、一个字符串、一个公式，也可以是一个图形或一个声音等。

用户单击单元格，可使其成为活动单元格。活动单元格四周有一个粗黑框，右下角有一黑色填充柄。Excel 2007 具有连续填充的性质，利用填充柄可以填充一连串有规律的数据而不必一个一个地输入它们。

9.2.2 Excel 2007 的基本操作

单元格是保存数据的最小单位，所以在工作表中输入数据实际上是在单元格中输入，输入的方法有多种，可以在各单元格中逐一输入，也可以利用 Excel 的功能在单元格中自动填充数据或在多张工作表中输入相同数据，如在相关的单元格或区域之间建立公式或引用函数。在工作表的一个单元格内输入数据时，正文后有一条闪烁的垂直线，这条垂直线表示正文的当前输入位置。当一个单元格的内容输入完毕后，可按方向键或者回车键或者 Tab 键使相邻的单元格成为活动单元格。

单元格中保存的数据有 4 种类型，它们是文本、数字、逻辑值和出错值。

1. 数据的输入

在 Excel 2007 中，向单元格输入数据时，又可将输入的数据分为两种类型：常量和公式。常量是指非“=”开头的单元格数据，包括数字、文字、日期、时间等；公式以等号“=”开头，公式是由常量值、单元格引用、名字、函数或操作符组成的序列。若公式中引用的值发生改变，由公式产生的值也随之改变。在单元格中输入公式后，单元格将公式计算的结果显示出来。输入过程中应注意以下事项：

- 输入文本：在单元格里输入文本后想换行，可以按住“Alt”键不放，再按回车键；也可以右击单元格，在弹出的菜单中选择“设置单元格格式”命令，再在弹出的对话框中选择“对齐”选项卡，选中“文本控制”中的“自动换行”，可以实现该单元格中的文本自动换行；

- 负数的输入可以用“-”开始，也可以用（）的形式，如（34）表示-34；
- 日期的输入可以用“/”分隔，如 1/2 表示 1 月 2 日。
- 分数的输入为了与日期的输入加以区别，应先输入“0”和空格，如输入0 1/2 可得到 1/2；
- 希望输入 001，002，003，…需要在数字前加’，这时系统将“001”看做文本，也就是说希望输入纯数字文本，如邮编、身份证号等，需要在数字前加’。西文字符、汉字或它们与数字的组合，系统默认是文本。
- 当输入的数字长度超过单元格的列宽或超过 11 位时，数字将以科学记数的形式表示，例如（7.89E+08），若不希望以科学记数的形式表示，则应将超过宽度的数字的格式进行定义；当科学记数形式仍然超过单元格的列宽时，屏幕上会出现“###”的符号，可以通过列宽进行调整。
- 可用自动填充功能输入有规律的数据。当某行或某列为有规律的数据时，如 1、2、3，…，或星期一、星期二、…，可使用自动填充功能。

数据输入的步骤如下：

（1）选中需要输入数据的单元格使其成为活动单元格；

（2）输入数据并按 Enter 键或 Tab 键；

（3）重复步骤⑵直至输入完所有数据。

2. 自动填充数据

Excel 2007 的自动填写功能是非常方便实用的，例如表格中需要星期序列，那么只要在一个单元格中输入“星期一”，然后拖动填充柄，即可自动填上星期二、星期三、…。而且用户可以根据自己的需要来自定义序列。自定义序列可以通过单击“文件”菜单中的“Excel 选项”按钮，选择“编辑自定义列表”来实现。通过拖动单元格填充柄填充数据，可将选定单元格中的内容复制到同行或同列中的其他单元格；也可以通过“编辑”菜单上的“填充”命令按照指定的“序列”自动填充数据。

填充相同的数据：

（1）选定同一行（列）上包含复制数据的单元格或单元格区域，对单元格区域来说，如果是纵向填充应选定同一列，否则应选择同一行；

（2）将鼠标指针移到单元格或单元格区域填充柄上，将填充柄向需要填充数据的单元格方向拖动，然后松开鼠标，复制来的数据将填充在单元格或单元格区域里。

按序列填充数据：

通过拖动单元格区域填充柄填充数据，Excel 还能预测填充趋势，然后按预测趋势自动填充数据。例如要建立学生登记表，在 A 列相邻两个单元格 A2、A3 中分别输入学号 20100403100001 和 20100403100002（注意，由于数据宽度超过了 11 位，所以要进行单元格数据宽度的定义，参见 4.3.5 工作表的格式化部分），选中 A2、A3 单元格区域往下拖动填充柄时，Excel 2007 在预测时认为它满足等差数列，因此会在下面的单元格中依次填充 20100403100003、20100403100004 等值，如图 9-48 所示。

在填充时还可以精确地指定填充的序列类型，方法是：先选定序列的初始值，然后按住鼠标右键拖动填充柄，在松开鼠标按键后，会弹出快捷菜单，快捷菜单上有“复

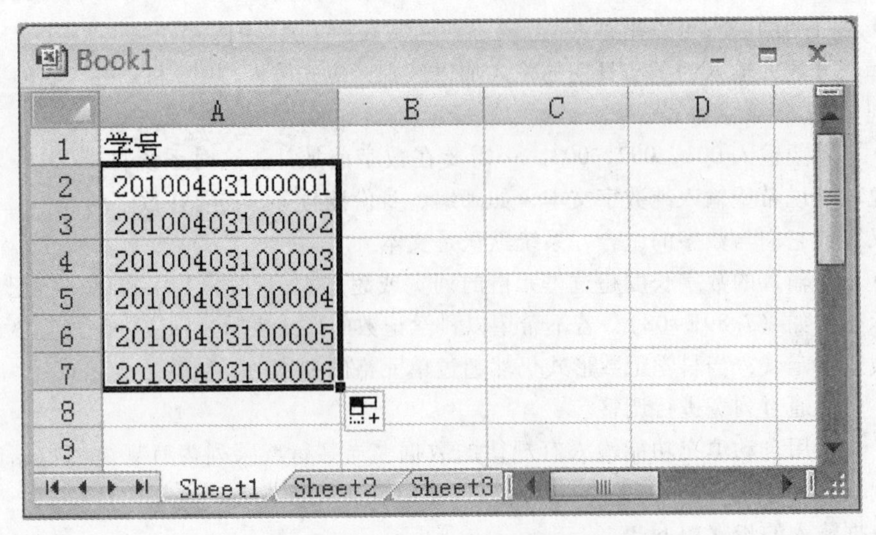

图 9-48　通过拖动单元格填充柄填充数据

制单元格"、"填充序列"、"仅填充格式"、"不带格式填充"、"等差序列"、"等比序列"、"序列"等不同序列类型，在快捷菜单上选择所需要的填充序列即可自动填充数据。

使用填充命令填充数据：

通过使用填充命令填充数据，可以完成复杂的填充操作。当选择功能区中"编辑"组上的"填充"命令时会出现如图 9-49（a）所示的菜单，菜单上有"向下"、"向右"、"向上"、"向左"以及"系列"等命令，选择不同的命令可以将内容填充至不同位置的单元格，如果选定"系列"则以指定序列进行填充，"序列"对话框如图 9-49（b）所示。

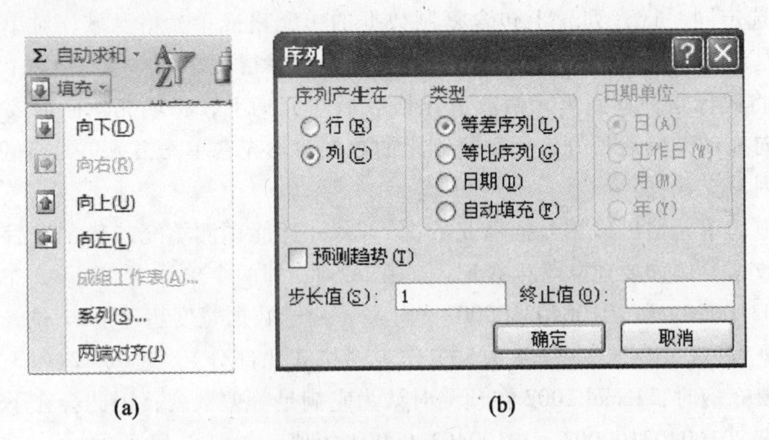

图 9-49　使用填充命令

3. 编辑单元格

编辑单元格包括对单元格及单元格内数据的操作。其中，对单元格的操作包括移动和复制单元格、插入单元格、插入行、插入列、删除单元格、删除行、删除列等；对单元格内数据的操作包括复制和删除单元格数据，清除单元格内容、格式等。

（1）移动和复制单元格的操作步骤：

- 选定需要移动和复制的单元格；
- 切换到“开始”选项卡，然后在“剪贴板”组中单击“复制”按钮，此时被复制的单元格四周会出现一个虚线框，表明用户要复制此单元格中的数据；如果要移动选定的单元格，在“剪贴板”组中单击“剪切”按钮；
- 选中要粘贴到的单元格，在“剪贴板”组中单击“粘贴”按钮的下部分，然后从弹出的下拉列表中选择“粘贴”选项，可将选中单元格中数据粘贴到此单元格，同时，在此单元格的右下角也会出现一个“粘贴选项”，用户可在此选择粘贴选项。

（2）撤销和恢复

用户在进行操作时不可避免地会发生一些失误，或者不再需要某些已经进行的操作，此时可以使用系统提供的撤销功能撤销这些操作。如果出现了撤销错误，用户还可以对其进行恢复。

（3）插入单元格、行或列

有时用户需要在已输入内容的单元格区域中插入其他内容，此时就需要根据实际情况插入单元格、行或列。

插入单元格：利用右键快捷菜单插入空单元格，具体操作如下：

- 在需要插入空单元格处选定相应的单元格区域，选定的单元格数量应与待插入的空单元格的数量相等；
- 单击鼠标右键，从弹出的快捷菜单中选择“插入”菜单项，出现如图 9-50 所示的对话框；

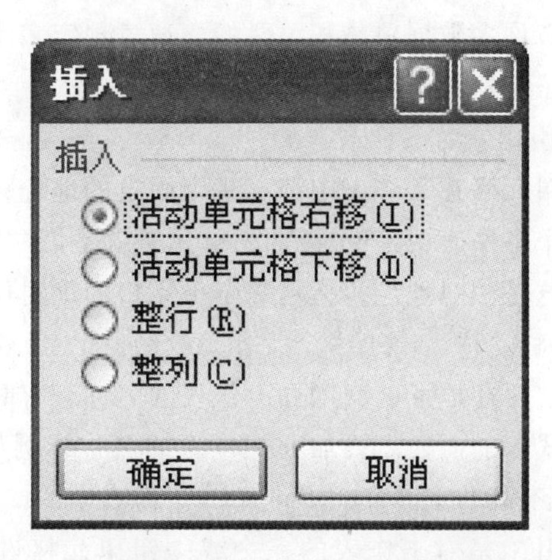

图 9-50　插入单元格、行或列

- 在对话框中选定相应的插入方式选项；
- 单击“确定”按钮。

如果需要插入一行，则单击需要插入的新行之下相邻行中的任意单元格；如果要插入多行，则选定需要插入的新行之下相邻的若干行，选定的行数应与待插入空行的数量相等。

可以用类似的方法在表格中插入列，方法是：如果要插入一列，则单击需要插入的新列右侧相邻列中的任意单元格；如果要插入多列，则选定需要插入的新列右侧相邻的若干列，选定的列数应与待插入的新列数量相等。

（4）删除单元格、行或列

删除单元格、行或列：是指将选定的单元格从工作表中移走，并自动调整周围的单元格填补删除后的空格。操作步骤如下：

- 选定需要删除的单元格、行或列；
- 单击鼠标右键，然后从弹出的快捷菜单中选择“删除”菜单项。

（5）清除单元格、行或列

清除单元格、行或列：是指将选定的单元格中的内容、格式等从工作表中删除，单元格仍保留在工作表中。操作步骤如下：

- 选定需要清除的单元格、行或列；
- 在“编辑”组中选择“清除”命令，出现级联菜单，在菜单中选择相应命令执行，可以根据用户需要选择“全部清除”、“清除格式”、“清除内容”等；如果用鼠标右键弹出的快捷菜单，选中“清除内容”命令，可清除内容。

4. 使用公式和函数

函数和公式是 Excel 的核心。在单元格中输入正确的公式或函数后，会立即在单元格中显示计算出来的结果，如果改变了工作表中与公式有关或作为函数参数的单元格里的数据，Excel 会自动更新计算结果。

实际工作中往往会有许多数据项是相关联的，通过规定多个单元格数据间关联的数学关系，能充分发挥电子表格的作用。

（1）单元格地址及引用

单元格地址：每个单元格在工作表中都有一个固定的地址，这个地址一般通过指定其坐标来实现。如在一个工作表中，B6 指定的单元格就是第“6”行与第“B”列交叉位置上的那个单元格，这是相对地址；指定一个单元格的绝对位置只需在行、列号前加上符号“$”，例如：“$B$6”。由于一个工作簿文件可以有多个工作表，为了区分不同的工作表中的单元格，要在地址前面增加工作表的名称，有时不同工作簿文件中的单元格之间要建立连接公式，前面还需要加上工作簿的名称，例如：[Book1] Sheet1!B6 指定的就是“Book1”工作簿文件中的“Sheet1”工作表中的“B6”单元格。

单元格引用：“引用”是对工作表的一个或一组单元格进行标识，它告诉 Excel，公式使用哪些单元格的值。通过引用，可以在一个公式中使用工作表不同部分的数据，或者在几个公式中使用同一单元格中的数值。同样，可以对工作簿的其他工作表中的单元格进行引用，甚至其他工作簿或其他应用程序中的数据进行引用。单元格的引用可分为相对地址引用和绝对地址引用；对其他工作簿中的单元格的引用称为外部引用，对其他应用程序中的数据的引用称为远程引用。

名称：工作表每一列的首行和每一行的最左列通常含有标签以描述数据，当公式需要引用工作表中的数据时，可以使用其中的行、列标签来引用相应的数据；用户也可以给单元格、单元格区域定义一个描述性的、便于记忆的名称，使其更直观地反映单元格或单元格区域中的数据所代表的含义，可将 A 列中有学号的区域 A2:A11 选定并定义一个“学号”名称，以后要引用该区域单元格时就可以用“学号”代替 A2:A11，使其更易懂。

名称是一个有意义的简略表示法，使用名称便于用户了解单元格引用、常量等的用途。

可以使用“新建名称”对话框定义名称，其步骤如下：

① 选中要定义名称的单元格区域，如 A2:A11；在“公式”选项卡“定义的名称”组中单击“定义名称”按钮，打开如图 9-51 所示的“新建名称”对话框；

② 在“名称”文本框内输入要作为名称的内容，例如这里输入“学号”，在“范围”下拉列表中可以选择名称的使用范围，这里设置为“Sheet1”，该名称的使用范围是工作表“Sheet1”；

③ 单击“确定”按钮。

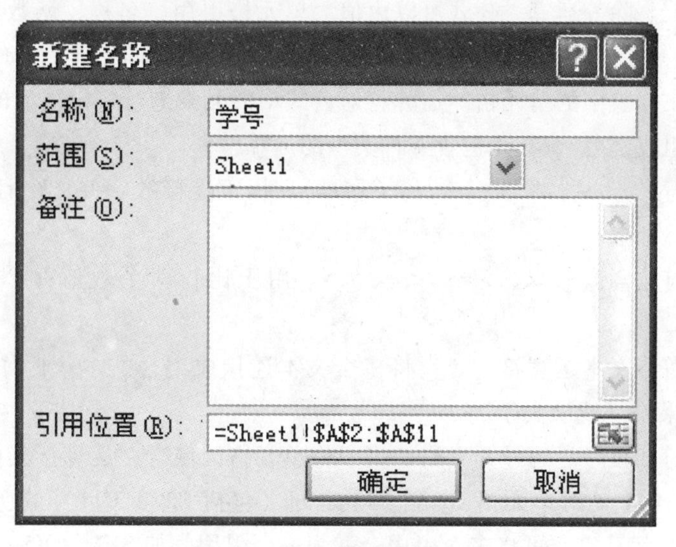

图 9-51　“新建名称”对话框

也可以使用已有的行、列标签为单元格命名，其步骤如下：

① 选定需要命名的区域，把行列标签包含进去；

② 在“公式”选项卡“定义的名称”组中单击“根据所选内容创建”按钮，出现如图 9-52 所示的“以选定区域创建名称”对话框；

③ 通过选定“首行”、“最左列”、“末列”、“最右列”复选框来指定包含标志的名称。使用这个过程指定的名称只引用包含数值的单元格，而不包含现有的行、列标志。

在 Excel 中，还可以修改或删除已有的名称，检查名称所引用的对象等。

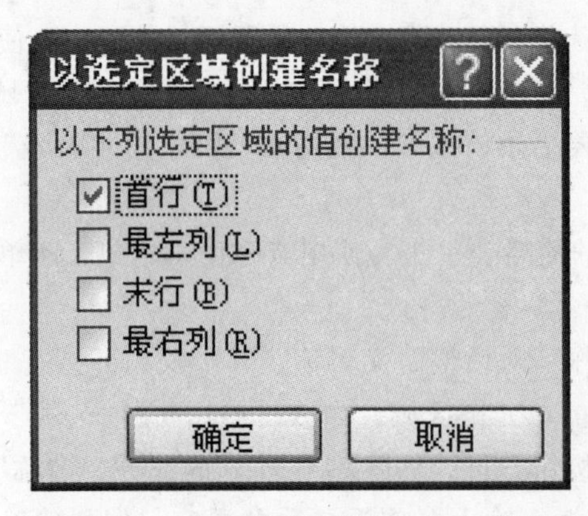

图 9-52 “以选定区域创建名称”对话框

(2) 公式

公式是用户为了减少输入或方便计算而设置的计算式子，它可以对工作表中的数据进行加、减、乘、除等运算。公式可以由值、单元格引用、名称、函数或运算符组成，它可以引用同一个工作表中的其他单元格，同一个工作簿不同工作表中的单元格，或者其他工作簿的工作表中的单元格。运算符对公式中的元素进行特定类型的运算，是公式中不可缺少的组成部分。Excel 包含 4 种类型的运算符：

算术运算符：+、-、*、/、%、^（乘幂）。用于连接数字并产生计算结果，计算顺序为先乘除后加减。

比较运算符：=、>、<、>=、<=、<>。用于比较两个数值并产生一个逻辑值 TRUE 或 FALSE。

文本运算符：文本运算符“&”将多个文本连接成组合文本。比如，“武汉 & 大学”的运算结果是“武汉大学”。

引用运算符：冒号、逗号、空格，用于将单元格区域合并运算。其中“:”为区域运算符，如 C2:C11 是对单元格 C2 到 C11 之间（包括 C2 和 C11）的所有单元格的引用；“,”为联合运算符，可将多个引用合并为一个引用，如 SUM（B5，C2:C11）是对 B5 及 C2 至 C11 之间（包括 C2 和 C11）的所有单元格求和；空格为交叉运算符，产生对同时隶属于两个引用的单元格区域的引用，如 SUM（B5:E11 C2:D8）是对 C5:D8 区域求和。

运算符的优先级：Excel 中运算符的优先级如表 9-3 所示。

表 9-3　　　　　　　　　　运算符的优先级

运算符	说　明	运算符	说　明
；，空格	引用运算符	* /	乘 除
-	负号	+ -	加 减
%	百分比	&	连接两段文本
^	乘幂	= < <= >= > <>	比较运算符

如果要改变运算的顺序，可以使用括号（）把公式中优先级低的运算括起来，但不能将负号括起来，在 Excel 中，负号应放在数值的前面。

使用公式有一定的规则，即必须以“=”开始。为单元格设置公式，应在单元格中或编辑栏中输入“=”，然后直接输入所设置的公式，对公式中包含的单元格或单元格区域的引用可以直接用鼠标拖动进行选定，或单击要引用的单元格，或输入引用单元格标志或名称，如在单元格 G2 中输入“=(C2+D2+E2+F2)/4”表示将 C2、D2、E2、F2 四个单元格中的数值求和并除以 4，把结果放入当前单元格中。

在单元格中输入公式的步骤如下：

① 选定要输入公式的单元格；

② 在单元格中或编辑栏中输入“=”；

③ 输入设置的公式，按 Enter 键。

如果所输入的公式中包含有函数，则函数的输入可按照以下步骤进行：

① 键入等号和前几个字母后，在单元格下方显示一个与这些字母匹配的有效函数、名称和文本字符串的动态下拉列表；

② 根据需要双击列表中的函数名，输入参数值和右括号即可完成公式的输入。

(3) 函数

在 Excel 中，函数就是预定义的内置公式，它使用参数并按特定的顺序进行计算。函数的参数是函数进行计算所必须的初始值。用户把参数传递给函数，函数按特定的指令对参数进行计算，把计算的结果返回给用户。Excel 含有大量的函数，可以帮助进行数学、文本、逻辑、在工作表内查找信息等计算工作，使用函数可以加快数据的录入和计算速度。Excel 除了自身带有的内置函数外还允许用户自定义函数。函数的一般格式为：

函数名（参数 1，参数 2，参数 3，…）

如果要在单元格中输入一个函数，需要以等号“=”开始，接着输入函数名和该函数所带的参数；也可以利用“插入函数”对话框实现函数的输入。

① 函数的种类

Excel 2007 提供了 12 种类型的函数，分别是：

- 文本函数：在公式中处理字符串，例如替换字符串、改变文本的大小写等。

- 日期和时间函数：对日期和时间进行处理和计算，例如取得系统当前时间，计算两个时间之间的工作日天数等。
- 查找和引用函数：用于在数据清单和工作表中查询特定的数据。
- 逻辑函数：用于逻辑运算。例如，通过 IF 函数，可以按学生的总分，填写每一个学生成绩的等级，需要判断学生的总分在什么范围内。
- 工程函数：用于工程应用中，可以处理复杂的数字，并在各种计数体系和测量体系中进行转换，例如将十进制数转换为二进制数。
- 数学和三角函数：用于各种数学计算。
- 财务函数：用于一般财务统计和计算。
- 统计函数：用于对数据区域进行统计分析。
- 信息函数：用于返回存储在单元格中的数据类型。
- 数据库函数：对于存储在数据清单中的数据进行分析，判断其是否符合某些特定条件。
- 加载宏和自动化函数：用于计算一些与宏和动态链接库相关的内容。
- 多维数据及函数：用于返回多维数据集中的相关信息，例如返回多维数据集中成员属性的值。

② 输入函数的方法

方法一：与公式的输入一样，在单元格中先输入“=”号，然后输入函数的前几个字母，在单元格下方显示的与这些字母匹配的有效函数列表，需要双击列表中的函数名，输入参数值和右括号即可。

方法二：a. 选择要输入函数的单元格，单击如图 9-53（a）所示编辑栏中的“插入函数”按钮；或在如图 9-53（b）所示的“公式”选项卡中，选择“插入函数”按钮；b. 在打开的“输入函数”对话框中，输入或选择参数，如图 9-53（c）所示；或直接选择“函数库”组中相应类型的函数；c. 在打开“函数参数”对话框中，输入或选择参数后，单击“确定”按钮完成计算。

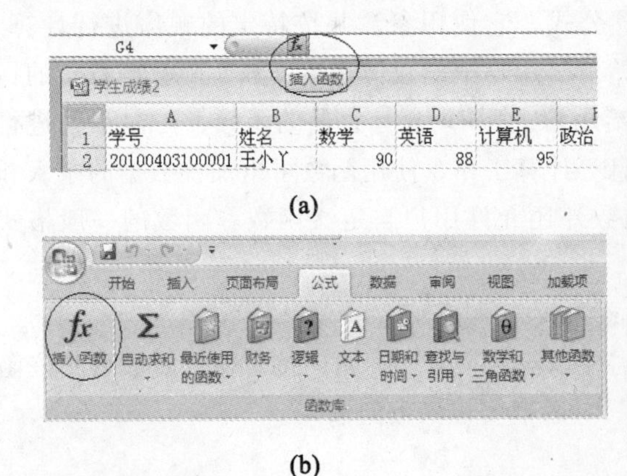

(a)

(b)

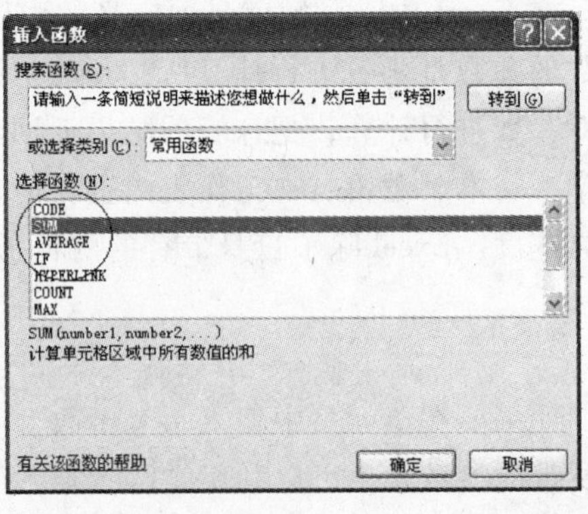

(c)

图 9-53　插入函数

③ 函数的参数

在 Excel 的函数中，不同的函数，其参数的个数是不同的，参数的类型也有不同。

a. 文本值作为参数

有一些函数的参数可以是文本值，如，upper 函数可以将文本字符串转换成全部大写的形式，它的参数要求是文本值，如果不使用单元格引用作为参数，就需要写成“=upper（this is a book）”的形式，其返回的结果是字符串“THIS IS A BOOK”。

b. 单元格引用作为参数

很多情况下，函数的参数是单元格引用，例如，在学生成绩工作簿中，Sheet1 工作表的 C2、D2、E2 和 F2 单元格中已分别存储了某同学 4 门功课的成绩，如图 9-54 所示，求每位同学的总分，可以先在 G2 单元格中输入“=SUM(C2+D2+E2+F3)”并按回车键，再用填充柄将该公式向下填充，即可求出每位同学的总分。

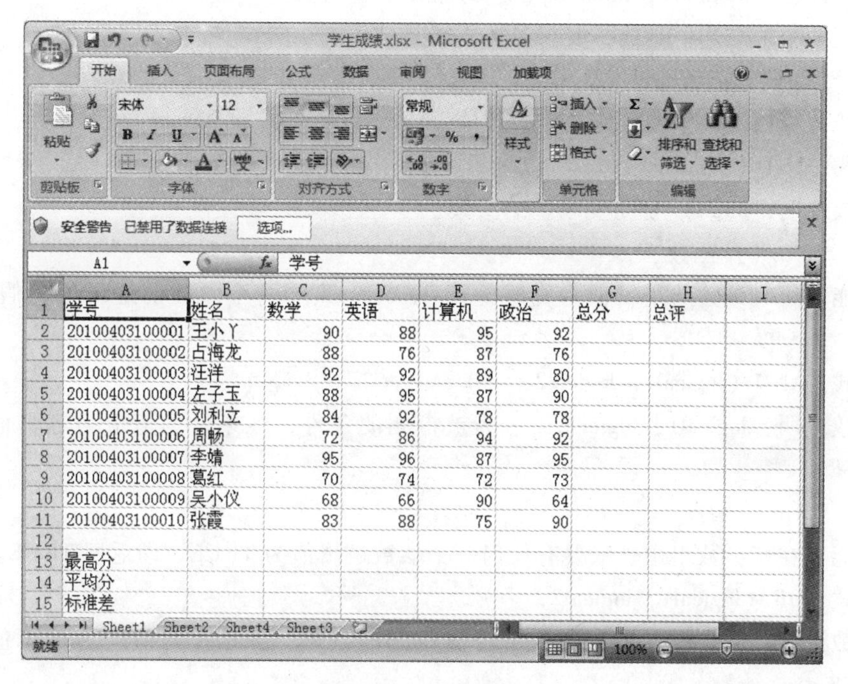

	A	B	C	D	E	F	G	H	I
1	学号	姓名	数学	英语	计算机	政治	总分	总评	
2	20100403100001	王小丫	90	88	95	92			
3	20100403100002	占海龙	88	76	87	76			
4	20100403100003	汪洋	92	92	89	80			
5	20100403100004	左子玉	88	95	87	90			
6	20100403100005	刘利立	84	92	78	78			
7	20100403100006	周畅	72	86	94	92			
8	20100403100007	李婧	95	96	87	95			
9	20100403100008	葛红	70	74	72	73			
10	20100403100009	吴小仪	68	66	90	64			
11	20100403100010	张霞	83	88	75	90			
12									
13	最高分								
14	平均分								
15	标准差								

图 9-54　学生成绩

c. 名称作为参数

函数中除了直接利用符合类型要求的值作为参数外，还可以用名称作为函数的参数。例如，如果在图 9-54 中，将单元格区域 C2：C11 的名称定义为“数学”，在 C14 单元格中输入如下公式“=average（数学）”，按回车键可以得到数学的平均分。

d. 表达式作为参数

当函数中包含一个表达式时，先计算这个表达式，然后将结果作为参数再进行计算。例如，图 9-54 中，求每位同学的总分，可以先在 G2 单元格中输入“=SUM(C2+

D2+E2+F3)”并按回车键，再用填充柄将该公式向下填充，即可求出每位同学的总分。

e. 嵌套其他函数作为参数

可以使用一个函数作为另一个函数的参数，也就是函数的嵌套。

④ 常用函数

• 求和函数 SUM（）

函数格式：SUM（number1，number2，…）

参数说明：number1，number2…是需要求和的参数。

该函数的功能是对所划定的单元格或区域进行求和，参数可以为一个常数、一个单元格引用、一个区域引用或一个函数。

• 求平均值函数 AVERAGE（）

函数格式：AVERAGE（number1，number2，…）

参数说明：number1，number2，…为需要求平均值的参数。

这是一个求平均值函数，要求参数必须是数值。

• INT（）函数

功能：返回不大于参数的最大整数值。

格式：INT（number）

参数说明：number 是需要取整的实数。

• AND（）函数

功能：所有参数的逻辑值为真时返回 TRUE；只要一个参数的逻辑值为假即返回 FALSE。

格式：AND（logical1，logical2，…）

参数说明：logical1，logical2，…为被检测的条件，各条件的值应为逻辑值 TRUE 或 FALSE。

• OR（）函数

功能：在其参数组中，只要有任何一个参数逻辑值为 TRUE，即返回 TRUE。

格式：OR（logical1，logical2，…）

参数说明：logical1，logical2，…为被检测的条件，各条件的值应为逻辑值 TRUE 或 FALSE。

• IF（）函数

功能：执行真假值判断，根据逻辑测试的真假值，返回不同的结果。

格式：IF（logical_ test，value_ if_ true，value_ if_ false）

参数说明：

logical_ test 计算结果为逻辑值的表达式。

value_ if_ true　　当 logical_ test 为 TRUE 时函数的返回值。

value_ if_ false　　当 logical_ test 为 FALSE 时函数的返回值。

• Count（）函数

功能：统计含有数值数据的单元格个数

格式：count（value1，value2，…）

- Countif（）函数

功能：统计单元格区域中满足条件的单元格个数。

格式：countif（range，criteria）

参数说明：

Range　　单元格区域

Criteria　统计条件

- Sumif（）函数

功能：根据条件对单元格区域内的数值进行求和。

格式：Sumif（range，criteria，sum_ range）

参数说明：

Range　　　　条件判断的单元格区域

Criteria　　　确定单元格被相加求和的条件

sum_range　　需要求和的实际单元格

9.2.3　数据的图表化

Excel 的图表分为嵌入式图表和工作表图表两种。嵌入式图表是置于工作表中的图表对象，保存工作簿时该图表随工作表一起保存；工作表图表是工作簿中只包含图表的工作表。若在工作表数据附近插入图表，创建嵌入式图表，若在工作簿的其他工作表上插入图表，创建工作表图表。无论哪种图表都与创建它们的工作表数据相连接，当修改工作表数据时，图表会随之更新。

Excel 的图表包含图表标题、数据系列、数值轴、分类轴、图例、网格线等元素。图表创建之后，在图表区中，用鼠标选定图表的标题、数据系列等元素，可以对图表进行编辑。

1. 图表的类型

在“插入”选项卡的“图表”功能区，如图 9-55 所示，可以根据需要选择不同的图表图标，有柱形图、条形图、折线图、饼图和圆环图等。

图 9-55　图表功能区

以表 9-4 的数据生成图表为例，说明几种常见图表的类型。

表 9-4　　　　**宏博公司上半年销售报告（万元）**

月份	张三	李四
Jan	60,983	64,983
Feb	56,732	68,981
Mar	49,831	77,398
Apr	43,323	88,091
May	39,879	93,733
Jun	38,795	96,536

柱形图是最常见的图表类型。柱形图把每个数据点显示为一个垂直柱体，每个柱体的高度对应于垂直坐标上的刻度数值，图 9-56 显示的是几种不同的柱形图。

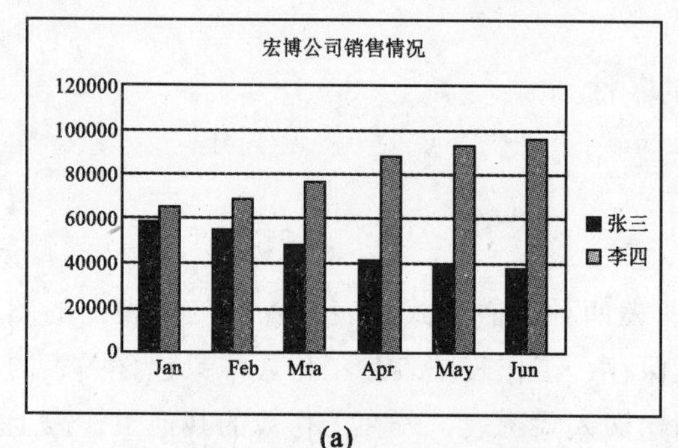

(a)

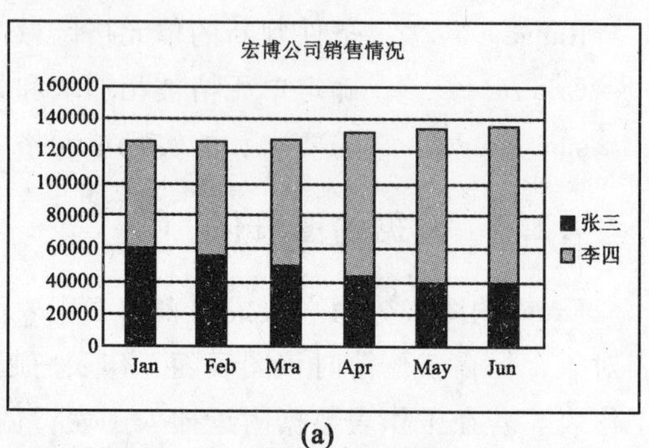

(a)

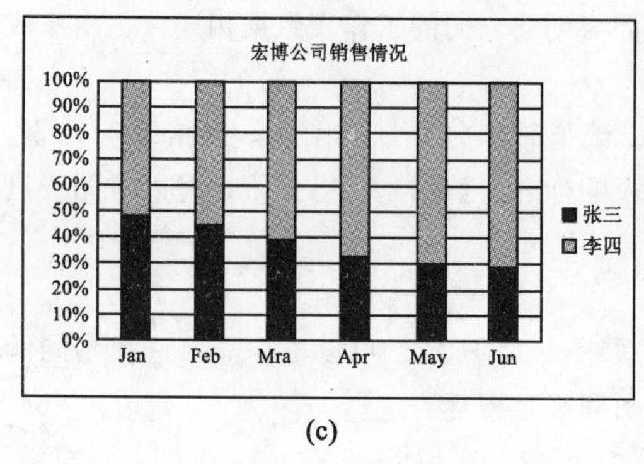

(c)

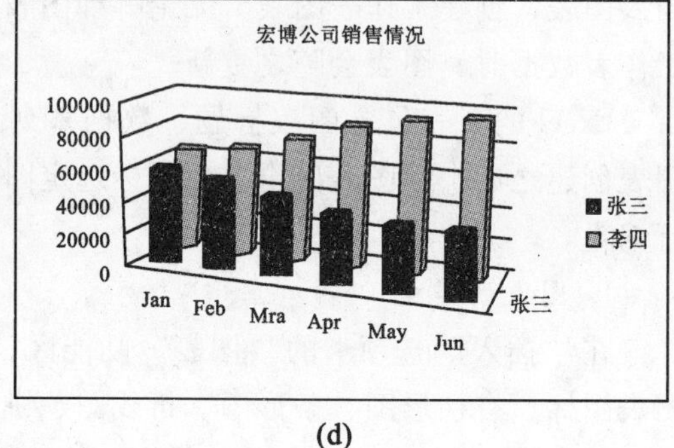

(d)

图 9-56　柱形图

从 9-56（a）中可以很清楚地看出李四的销售额这半年期间呈上升趋势、张三的销售额呈下降趋势，李四的销售额总是超过张三的销售额；图 9-56（b）显示的是同样的数据堆积柱形图，它显示总销售额保持得比较稳定，但是张三和李四的相对销售量是不同的；图 9-56（c）显示的是同一数据的百分比堆积图，它显示了张三和李四每人每月的销售量的相对比例，这个图没有提供实际销售额的信息；图 9-56（d）显示的是三维柱形图描绘的数据。

条形图实际上是顺时针旋转了 90°的柱形图。使用条形图的一个明显优点是，分类标签更便于阅读。如图9-57（a）所示为条形图。

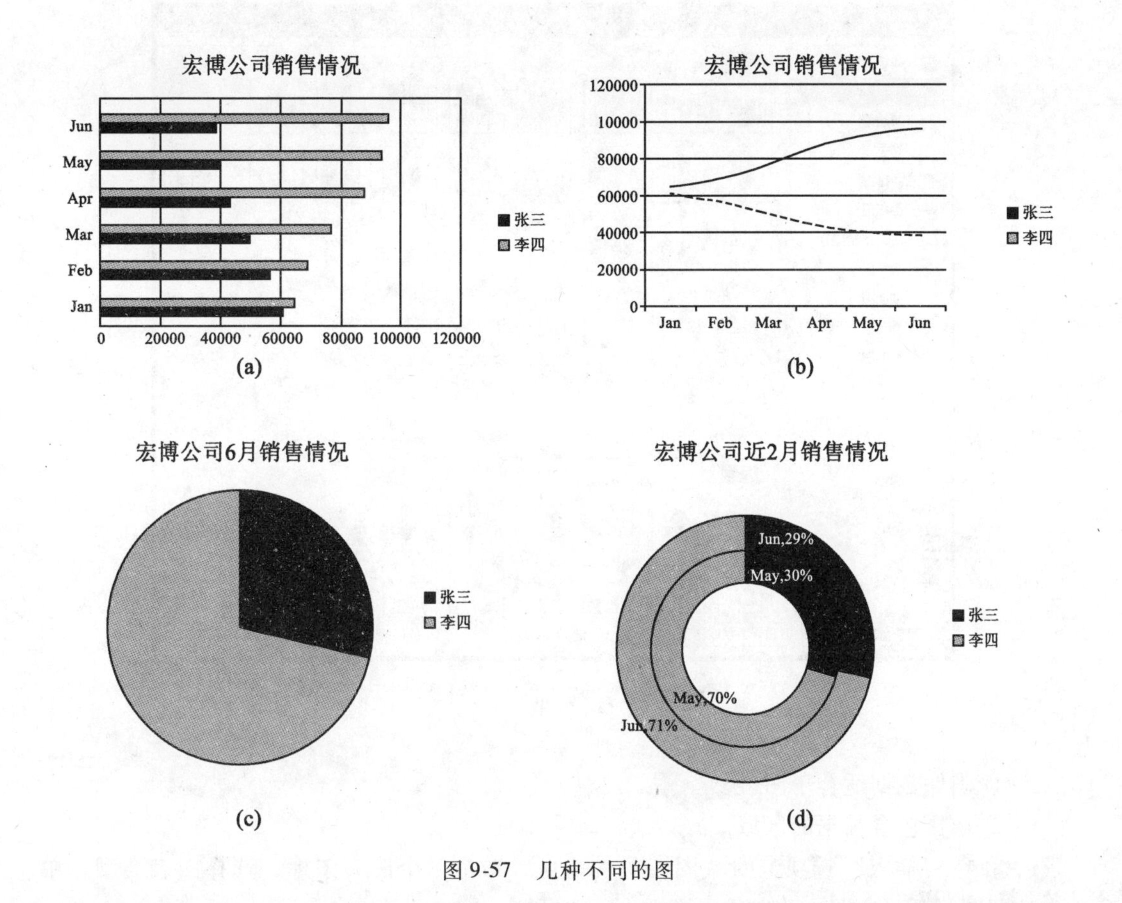

图9-57　几种不同的图

折线图可以显示随时间而变化的数据，因此非常适用于显示在相等时间间隔下数据的趋势，图9-57（b）的折线图中，可以很明显地看到张三和李四两人销售额的变化趋势。

饼图显示一个数据系列中各项的大小与各项综合的比例。仅排列在工作表的一列或以行中的数据可以绘制到饼图中，如图9-57（c）所示的是用饼图表示的6月份张三和李四销售额的比例。

圆环图类似于饼图，但它可以包含多个数据系列。如图9-57（d）所示的是用圆环图表示的5、6月份张三和李四销售额的比例。

Excel 2007还可以绘制面积图、散点图、股价图、曲面图、气泡图和雷达图等。

单击“图表”组右下脚对话框启动器，如图9-55中椭圆框内指示，打开“插入图表”对话框，如图9-58所示，Excel针对每一种图表类型提供了几种不同的图表格式，用户可以自动套用。

2. 图表的建立

在Excel 2007中创建图表非常简单，操作步骤如下：

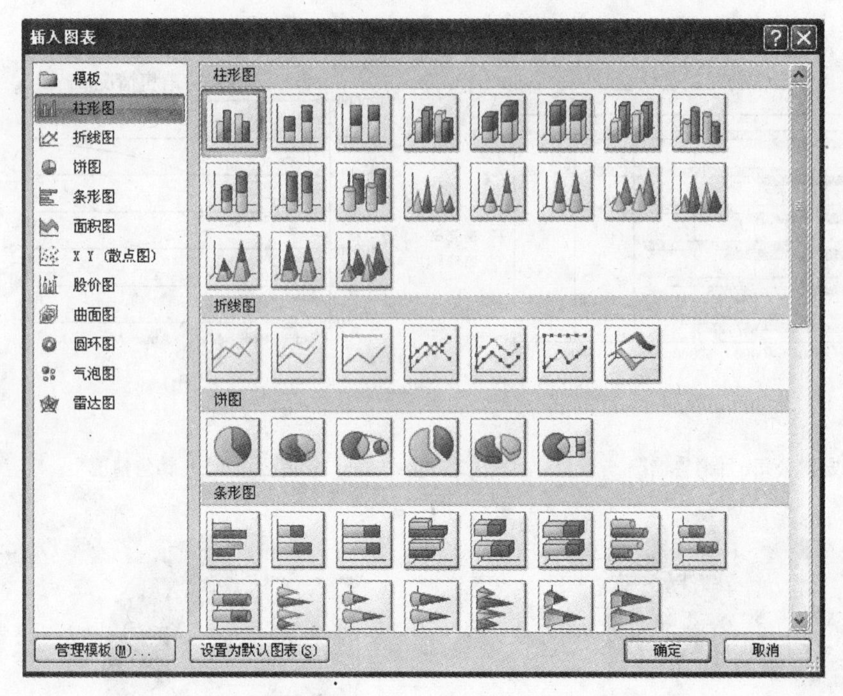

图 9-58　“插入图表”对话框

① 确保数据适合于图表。

② 选择包含数据的区域。

③ 在“插入”选项卡的“图表”功能区，单击某个图表图标，选择图表类型，单击这些图标后，能显示出包含子类型的下拉列表。

④ 根据需要使用“图标工具”上下文菜单中的命令来更改图表的外观或布局以添加或删除图表元素。

3. 图表的编辑与格式化

图表的编辑与格式化是指按用户的要求对图表内容、图表格式、图表布局和外观进行编辑和设置的操作，使图表的显示效果满足用户的需求。图表的编辑与格式化大都是针对图表的某个项或某些项进行的，图表项特点直接影响到图表的整体风格。

在 Excel 2007 中，编辑图表的操作非常直观。选中创建的图表后，功能区出现图表工具，如图 9-59 所示，可以选择相应的命令对图表进行编辑。

(1) 调整图表的大小

选中创建的图表，并拖动图表将其放到合适的位置，调整到合适大小即可。

(2) 设置图表标题

在“布局”选项卡的“标签”组中，选择“图表标题”命令，从弹出的菜单中选择相应的图表标题选项，设置图表的标题。

(3) 设置坐标轴标题

在“布局”选项卡的“标签”组中，选择“坐标轴标题”命令，从弹出的菜单中

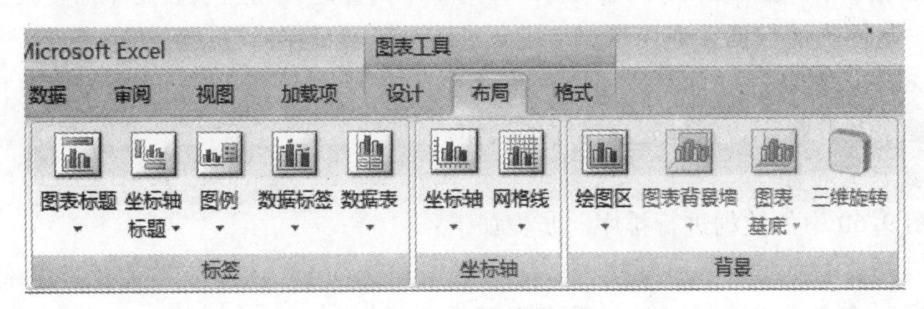

图 9-59　图表工具

可以设置横坐标和纵坐标的标题。

（4）设置图例格式

在“布局”选项卡的“标签”组中，单击“图例”命令，从弹出的菜单中选择相应的选项，完成图例的设置操作。

设置数据系列格式、背景墙格式以及图标区格式等操作过程与上所述类似。

9.2.4　数据的管理

Excel 2007 具有较强的数据管理能力，可以对电子表格数据进行排序、筛选、分类汇总及创建数据透视表等。

Excel 的主要功能就是对数据进行管理和分析，Excel 的数据放在数据清单中。数据清单就是包含相关数据的一系列工作表。如图 9-60 所示的销售数据，可以看做一个数据清单。

销售日期	业务员	产品	产品型号	单价	数量	销售额
二〇一〇年十月	张三	内存	Kingston 2GB DDR3 1333	300	20	6000
二〇一〇年十一月	张三	内存	Kingston 2GB DDR3 1333	300	18	5400
二〇一〇年十月	张三	内存	OCZ3RPR18004GK	570	15	8550
二〇一〇年十一月	张三	内存	OCZ3RPR18004GK	570	18	10260
二〇一〇年十月	张三	硬盘	WD10EADS-00M2B0	615	8	4920
二〇一〇年十一月	张三	硬盘	WD10EADS-00M2B0	615	6	3690
二〇一〇年十月	张三	硬盘	WD1002FAEX	685	21	14385
二〇一〇年十一月	张三	硬盘	WD1002FAEX	685	23	15755
二〇一〇年十月	张三	硬盘	ST31000340SV	770	23	17710
二〇一〇年十一月	张三	硬盘	ST31000340SV	770	26	20020
二〇一〇年十月	张三	硬盘	WD1001FALS-00J7B	860	16	13760
二〇一〇年十一月	张三	硬盘	WD1001FALS-00J7B	860	18	15480
二〇一〇年十月	张三	硬盘	SNV125-S2	965	10	9650
二〇一〇年十一月	张三	硬盘	SNV125-S3	965	12	11580
二〇一〇年十月	张三	CPU	AMD 羿龙II X4 965	1100	20	22000
二〇一〇年十一月	张三	CPU	AMD 羿龙II X4 965	1100	22	24200
二〇一〇年十月	张三	CPU	Intel 酷睿 i7 920	1980	10	19800
二〇一〇年十一月	张三	CPU	Intel 酷睿 i7 920	1980	9	17820
二〇一〇年十月	李四	内存	Kingston 2GB DDR3 1333	300	18	5400
二〇一〇年十一月	李四	内存	Kingston 2GB DDR3 1333	300	23	6900
二〇一〇年十月	李四	内存	OCZ3RPR18004GK	570	16	9120
二〇一〇年十一月	李四	内存	OCZ3RPR18004GK	570	20	11400

Sheet5　Sheet4　Sheet1　Sheet6　Sheet2　Sheet3

图 9-60　销售数据

数据清单中的数据由若干列组成，每列一个列标题，相当于数据库的字段名称，每一列必须是同类的数据，列相当于字段，行相当于数据库的记录。

Excel数据的排序功能可以使用户非常容易地实现对记录进行排序，用户只要分别指定关键字及升降序，就可完成排序的操作。

1. 数据的排序

对图9-60中的数据进行排序。步骤如下：

（1）单击数据区任一单元格，激活“数据”选项卡，在“排序和筛选”组中，单击“排序”命令，出现如图9-61所示的排序对话框：

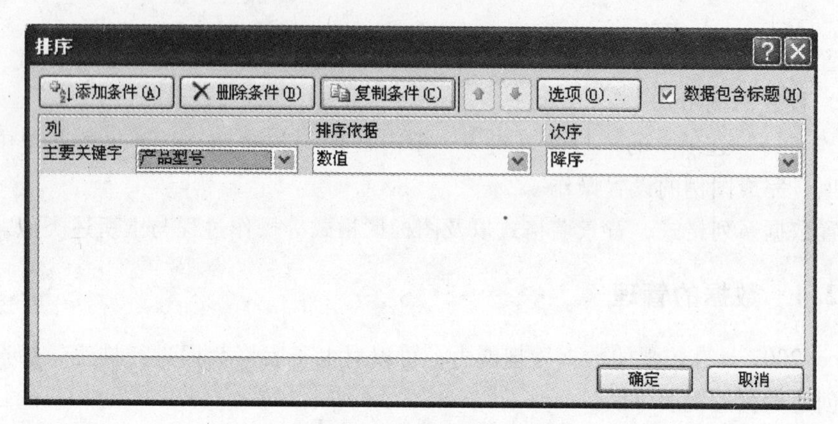

图9-61 排序对话框

（2）在该对话框中的“主要关键字”下拉列表框中选定“产品型号”，排序依据可以是数值、单元格颜色、字体颜色和单元格图标，排序次序可以为降序、升序和自定义序列，排序依据与次序的选择如图9-61所示，单击“确定”按钮，根据“产品型号”降序排列的数据表如图9-62所示。

单击排序对话框中的“选项”按钮，可以对数据清单的行、列数据进行排序，Excel将利用指定的排序重新排列行、列或单元格，还可以利用设置排序选项对销售日期、业务员等字段进行排序。

2. 数据筛选

对数据进行筛选，就是查询满足特定条件的记录，它是一种用于查找数据清单中的数据的快速方法。使用“筛选”可在数据清单中显示满足条件的数据行，其他行被隐藏。

（1）自动筛选

使用自动筛选功能，一次只能对工作表中的一个数据清单使用筛选命令，对同一列数据最多可以应用两个条件。操作步骤如下：

- 单击工作表中数据区域的任一单元格；
- 在“排序和筛选”组中，单击“筛选”命令后，标题行的每列将出现一个下拉按钮，单击下拉按钮，在弹出的筛选对话框中可以设置筛选条件操作，如图9-63所示；

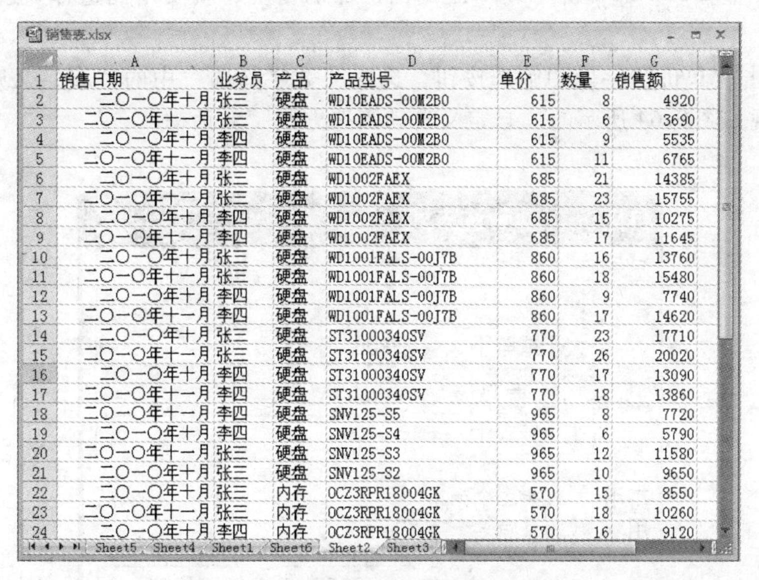

	A	B	C	D	E	F	G
1	销售日期	业务员	产品	产品型号	单价	数量	销售额
2	二〇一〇年十月	张三	硬盘	WD10EADS-00M2B0	615	8	4920
3	二〇一〇年十一月	张三	硬盘	WD10EADS-00M2B0	615	6	3690
4	二〇一〇年十月	李四	硬盘	WD10EADS-00M2B0	615	9	5535
5	二〇一〇年十一月	李四	硬盘	WD10EADS-00M2B0	615	11	6765
6	二〇一〇年十月	张三	硬盘	WD1002FAEX	685	21	14385
7	二〇一〇年十一月	张三	硬盘	WD1002FAEX	685	23	15755
8	二〇一〇年十月	李四	硬盘	WD1002FAEX	685	15	10275
9	二〇一〇年十一月	李四	硬盘	WD1002FAEX	685	17	11645
10	二〇一〇年十月	张三	硬盘	WD1001FALS-00J7B	860	16	13760
11	二〇一〇年十一月	张三	硬盘	WD1001FALS-00J7B	860	18	15480
12	二〇一〇年十月	李四	硬盘	WD1001FALS-00J7B	860	9	7740
13	二〇一〇年十一月	李四	硬盘	WD1001FALS-00J7B	860	17	14620
14	二〇一〇年十月	张三	硬盘	ST31000340SV	770	23	17710
15	二〇一〇年十一月	张三	硬盘	ST31000340SV	770	26	20020
16	二〇一〇年十月	李四	硬盘	ST31000340SV	770	17	13090
17	二〇一〇年十一月	李四	硬盘	ST31000340SV	770	18	13860
18	二〇一〇年十一月	李四	硬盘	SNV125-S5	965	8	7720
19	二〇一〇年十月	李四	硬盘	SNV125-S4	965	6	5790
20	二〇一〇年十一月	张三	硬盘	SNV125-S3	965	12	11580
21	二〇一〇年十月	张三	硬盘	SNV125-S2	965	10	9650
22	二〇一〇年十月	张三	内存	OCZ3RPR18004GK	570	15	8550
23	二〇一〇年十一月	张三	内存	OCZ3RPR18004GK	570	18	10260
24	二〇一〇年十月	李四	内存	OCZ3RPR18004GK	570	16	9120

图 9-62　按给定字段排序后的工作表

● 如果字段的值为文本类型，单击下拉按钮后，再单击“文本筛选”命令，在展开的命令组中，可以选择对文本数据进行筛选的条件，如包含、比较等，如图 9-63（a）；如果字段的值为数值类型，单击下拉按钮后，再单击“数字筛选”命令，在展开的命令组中，可以选择对数值数据进行筛选的条件，如高于平均值，低于平均值，比较等，如图 9-63（b）所示。

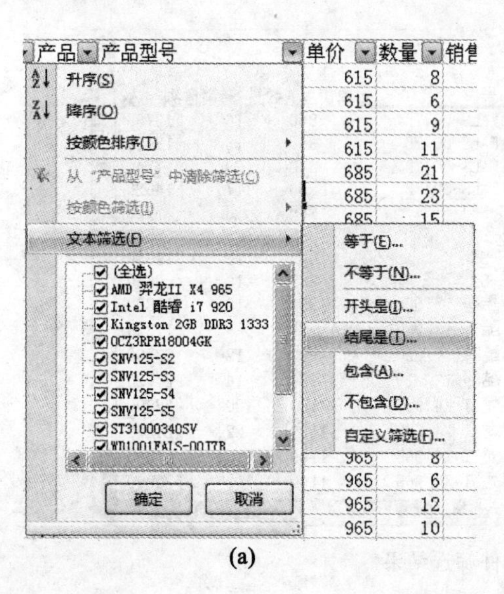

(a)

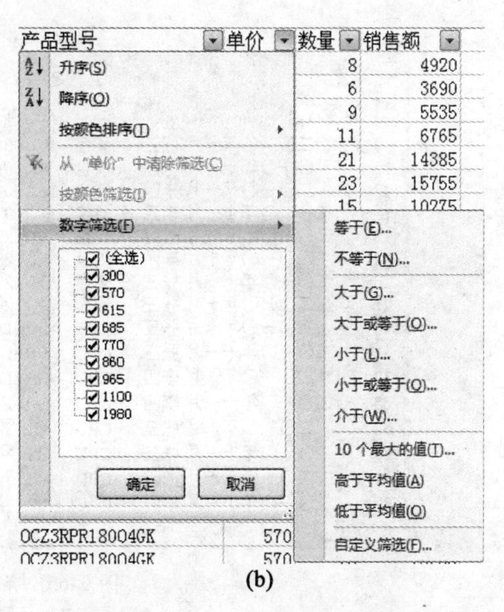

(b)

图 9-63　筛选对话框

例如要查看 500<=单价<=800 之间的产品的情况，就要用到这种筛选方法。步骤如下：

① 单击“单价”字段的筛选按钮，选择“数字筛选”中的“自定义筛选”命令，系统会出现如图 9-64 所示的“自定义自动筛选方式”对话框：

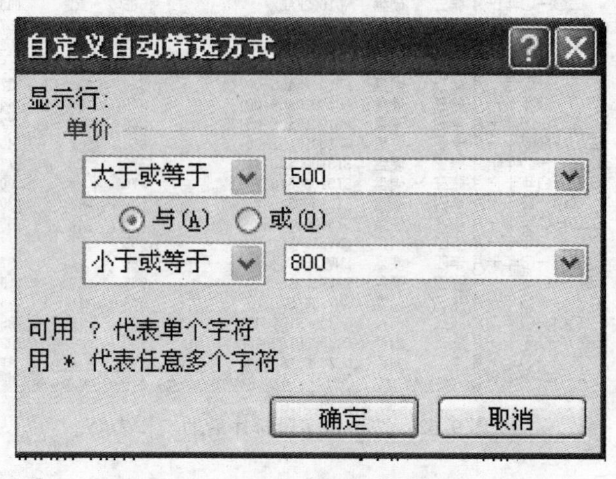

图 9-64 “自定义自动筛选方式”对话框

② 在对话框中，单击左上第一个下拉列表框下拉箭头，选择“大于或等于”，在其右边的下拉列表框中输入“500”，再点击“与”逻辑选择，同样，在下面的下拉列表框中选择“小于或等于”，再在右边的下拉列表框中输入“800”；

③ 单击“确定”按钮，屏幕就会出现筛选的结果，如图 9-65 所示：

销售表.xlsx

	A	B	C	D	E	F	G
1	销售日期	业务员	产品	产品型号	单价	数量	销售额
10	二〇一〇年十月	张三	硬盘	WD1001FALS-00J7B	860	16	13760
11	二〇一〇年十一月	张三	硬盘	WD1001FALS-00J7B	860	18	15480
12	二〇一〇年十月	李四	硬盘	WD1001FALS-00J7B	860	9	7740
13	二〇一〇年十一月	李四	硬盘	WD1001FALS-00J7B	860	17	14620
18	二〇一〇年十一月	李四	硬盘	SNV125-S5	965	8	7720
19	二〇一〇年十月	李四	硬盘	SNV125-S4	965	6	5790
20	二〇一〇年十一月	张三	硬盘	SNV125-S3	965	12	11580
21	二〇一〇年十月	张三	硬盘	SNV125-S2	965	10	9650
30	二〇一〇年十月	张三	CPU	Intel 酷睿 i7 920	1980	10	19800
31	二〇一〇年十一月	张三	CPU	Intel 酷睿 i7 920	1980	9	17820
32	二〇一〇年十月	李四	CPU	Intel 酷睿 i7 920	1980	12	23760
33	二〇一〇年十一月	李四	CPU	Intel 酷睿 i7 920	1980	14	27720
34	二〇一〇年十月	张三	CPU	AMD 羿龙II X4 965	1100	20	22000
35	二〇一〇年十一月	张三	CPU	AMD 羿龙II X4 965	1100	22	24200
36	二〇一〇年十月	李四	CPU	AMD 羿龙II X4 965	1100	15	16500
37	二〇一〇年十一月	李四	CPU	AMD 羿龙II X4 965	1100	19	20900

Sheet4 Sheet1 Sheet6 Sheet2 Sheet3

图 9-65 条件筛选结果

(2) 高级筛选

使用自动筛选，可以筛选出符合特定条件的值。但有时所设的条件较多，用自动筛选有些麻烦，这时，就可以使用高级筛选来筛选数据。使用高级筛选，应在工作表的数据清单下方先建立至少有三个空行的区域，作为设置条件的区域，且数据清单必须有列标志。

如果要查询上例中业务员张三硬盘的销售的记录，就可以采取下面的方法：

① 在数据列表中，与数据区隔一行建立条件区域并在条件区域中输入筛选条件，即在第一行前插入三个空行，接着在B39、C39单元格中分别输入列标志“业务员”、“产品”然后在B40、C40单元格中分别输入“张三”、“硬盘”，在此，单元格区域B39：C40称为条件区域，如图9-66所示。

	A	B	C	D	E	F	G
1	销售日期	业务员	产品	产品型号	单价	数量	销售额
24	二○一○年十月	李四	内存	OCZ3RPR18004GK	570	16	9120
25	二○一○年十一月	李四	内存	OCZ3RPR18004GK	570	20	11400
26	二○一○年十月	张三	内存	Kingston 2GB DDR3 1333	300	20	6000
27	二○一○年十一月	张三	内存	Kingston 2GB DDR3 1333	300	18	5400
28	二○一○年十月	李四	内存	Kingston 2GB DDR3 1333	300	18	5400
29	二○一○年十一月	李四	内存	Kingston 2GB DDR3 1333	300	23	6900
30	二○一○年十月	张三	CPU	Intel 酷睿 i7 920	1980	10	19800
31	二○一○年十一月	张三	CPU	Intel 酷睿 i7 920	1980	9	17820
32	二○一○年十月	李四	CPU	Intel 酷睿 i7 920	1980	12	23760
33	二○一○年十一月	李四	CPU	Intel 酷睿 i7 920	1980	14	27720
34	二○一○年十月	张三	CPU	AMD 羿龙II X4 965	1100	20	22000
35	二○一○年十一月	张三	CPU	AMD 羿龙II X4 965	1100	22	24200
36	二○一○年十月	李四	CPU	AMD 羿龙II X4 965	1100	15	16500
37	二○一○年十一月	李四	CPU	AMD 羿龙II X4 965	1100	19	20900
38							
39		业务员	产品				
40		张三	硬盘				
41							

图9-66 确定筛选条件

此例是对“业务员”张三和“产品”为硬盘两条件“与”操作。若要对所给条件执行“或”操作，可将条件分别写在不同的行中，以便实现字段时间的“或”操作。

需要注意的是，条件区域与数据列表区域之间至少要有一个空行。

② 单击“数据”选项卡，在“排序和筛选”组中，选择“高级”命令，屏幕会出现如图9-67所示的高级筛选对话框。

如果想保留原始的数据列表，须将符合条件的记录复制到其他位置，应在图9-67所示的对话框中“方式”选项中选择“将筛选结果复制到其他位置”，并在“复制到”框中输入欲复制的位置。

将“列表区域”和“条件区域”分别选定，再按“确定”按钮，就会在原数据区域显示出符合条件的记录，如图9-68所示。

从已筛选的表中复制数据，只能复制可视数据，通过筛选隐藏了的行不能复制。在

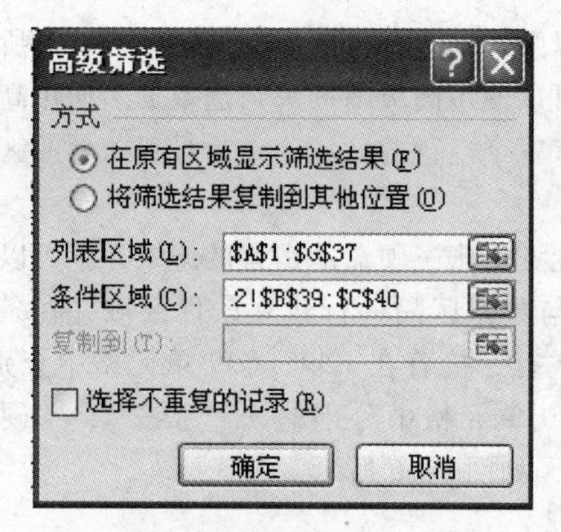

图 9-67　高级筛选对话框

销售表.xlsx

	A	B	C	D	E	F	G
1	销售日期	业务员	产品	产品型号	单价	数量	销售额
2	二〇一〇年十月	张三	硬盘	WD10EADS-00M2B0	615	8	4920
3	二〇一〇年十一月	张三	硬盘	WD10EADS-00M2B0	615	6	3690
6	二〇一〇年十月	张三	硬盘	WD1002FAEX	685	21	14385
7	二〇一〇年十一月	张三	硬盘	WD1002FAEX	685	23	15755
10	二〇一〇年十月	张三	硬盘	WD1001FALS-00J7B	860	16	13760
11	二〇一〇年十一月	张三	硬盘	WD1001FALS-00J7B	860	18	15480
14	二〇一〇年十月	张三	硬盘	ST31000340SV	770	23	17710
15	二〇一〇年十一月	张三	硬盘	ST31000340SV	770	26	20020
20	二〇一〇年十一月	张三	硬盘	SNV125-S3	965	12	11580
21	二〇一〇年十月	张三	硬盘	SNV125-S2	965	10	9650
38							
39		业务员	产品				
40		张三	硬盘				

Sheet5　Sheet4　Sheet1　Sheet6　Sheet2　Sheet3

图 9-68　高级筛选结果

“排序和筛选”组中点击“清除”命令，可清除当前数据范围的筛选和排序状态。

3. 分类汇总

Excel 具备很强的分类汇总功能，使用分类汇总工具，可以分类求和、求平均值等。当然，也可以很方便地移去分类汇总的结果，恢复数据表格的原形。要进行分类汇总，首先要确定数据表格的最主要的分类字段，并对数据表格进行排序。如，要按业务员分类求销售额，需要先按业务员字段进行排序。然后再按如下的步骤进行汇总操作。

- 激活“数据”选项卡，选择“分级显示”组中的“分类汇总”命令，屏幕出现分类汇总对话框。
- 在“分类汇总”对话框中，系统自动设置“分类字段”为“业务员”，“汇总方式”下拉列表中显示为求和，在“选定汇总项”中选择“销售额”复选框，最后，按“确定”按钮，就会得到分类汇总表；

- 用鼠标单击分类汇总数据左边的折叠按钮，可以将业务员的具体数据折叠，如图 9-69 所示。

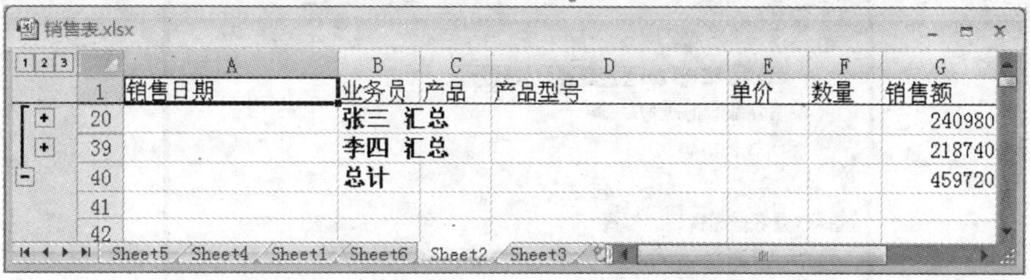

图 9-69　折叠具体数据

如果用户要回到未分类汇总前的状态，只需在分类汇总对话框中单击“全部删除”按钮，屏幕就会回到未分类汇总前的状态。

4. 数据透视表及数据透视图

数据透视表是一种可以对大量数据快速汇总和建立交叉列表的交互式表格。它能够对行和列进行转换以查看源数据的不同汇总结果，并显示不同页面以筛选数据，还可以根据需要显示区域中的明细数据。数据透视表是一种动态工作表，它提供了一种以不同角度观看数据清单的简便方法。

（1）数据透视表的组成

数据透视表一般由以下几个部分组成：

页字段：是数据透视表中指定为页方向的源数据清单或表单中的字段。单击页字段的不同项，在数据透视表中会显示与该项相关的汇总数据。源数据清单或表单中的每个字段或列条目或数值都将成为页字段列表中的一项。

数据字段：是指含有数据的源数据清单或表单中的字段，它通常汇总数值型数据，数据透视表中的数据字段值来源于数据清单中同数据透视表行、列、数据字段相关的记录的统计。

数据项：是数据透视表中的分类，它代表源数据中同一字段或列中的单独条目。数据项以行标或列标的形式出现，或出现在页字段的下拉列表框中。

行字段：数据透视表中指定为行方向的源数据清单或表单中的字段。

列字段：数据透视表中指定为列方向的源数据清单或表单中的字段。

数据区域：是数据透视表中含有汇总数据的区域。数据区中的单元格用来显示行和列字段中数据项的汇总数据，数据区每个单元格中的数值代表源记录或行的一个汇总。

（2）创建数据透视表

以图 9-62 的销售数据作为源数据，汇总不同的日期、业务员的某个产品的销售额。在“插入”选项卡上的“表”组中，单击“数据透视表”命令，在弹出的“数据透视表”和“数据透视图”中，选择“数据透视表”，打开“创建数据透视表”对话框，如图 9-70 所示。

在“选则一个表或区域”中输入源数据所在的区域范围，在“选择放置数据透视

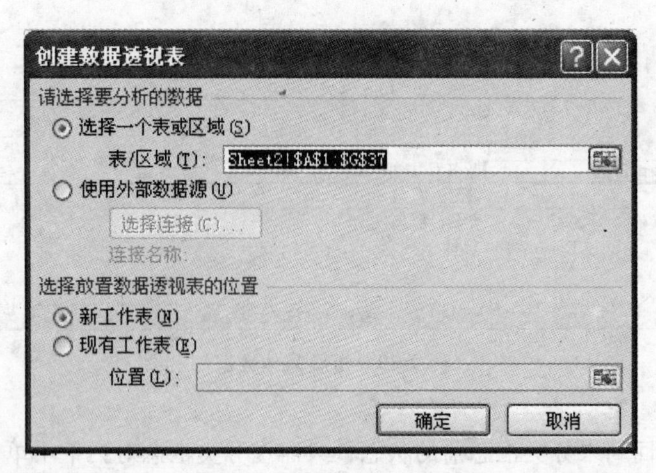

图 9-70 数据透视表对话框

表的位置”中，选“新工作表”，单击“确定”按钮，可以看到如图 9-71 所示的操作界面。

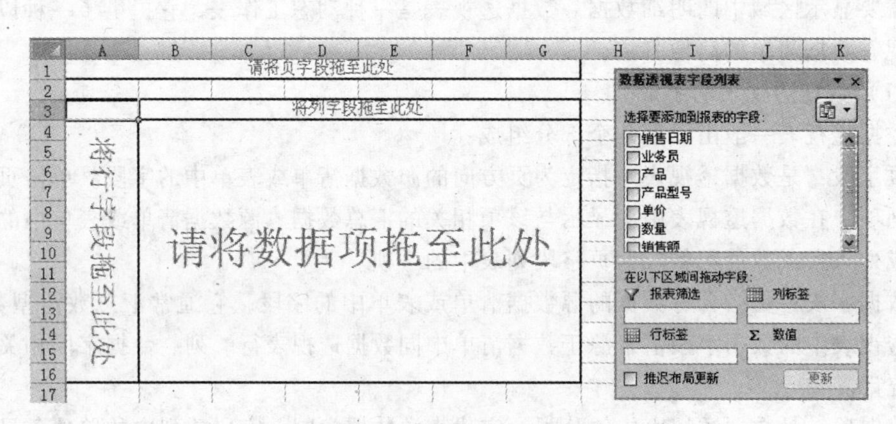

图 9-71 数据透视表操作界面

将“销售日期”移动到“页字段”，将“产品”列字段，将“业务员”移到行字段，将“销售额”移到数据区域中，可以得到数据透视表的操作结果，如图 9-72 所示。

如果对移到数据区域中的字段不是求和，可以在如图 9-72 的“数据透视表字段列表”对话框中，单击“求和项：销售额”的下拉按钮，在弹出的命令中选择“值字段设置”，系统弹出如图 9-73 所示的值字段设置对话框。

用户可以根据需要，在值字段汇总方式中，选择计数、平均值、最大值、最小值等，按“确定”按钮即可。

(3) 设计数据透视表

在“数据透视表工具”的“设计”选项卡中，可以设置数据透视表的布局、样式

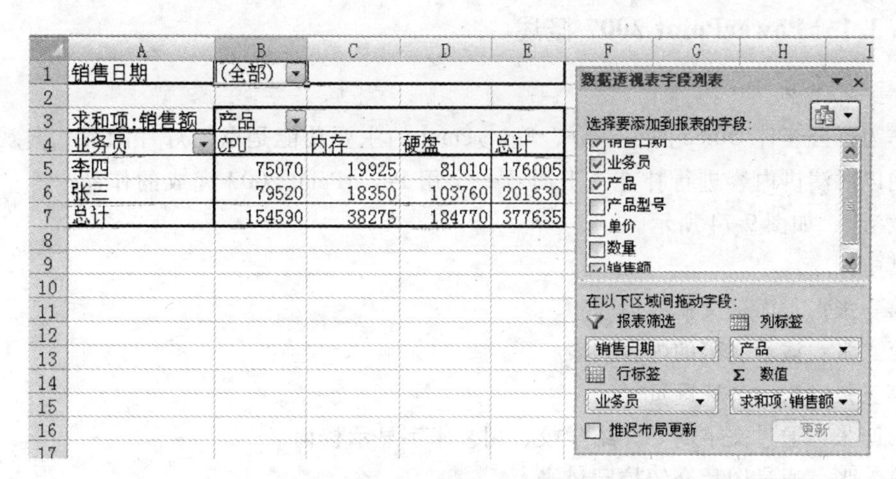

图 9-72　数据透视表操作结果

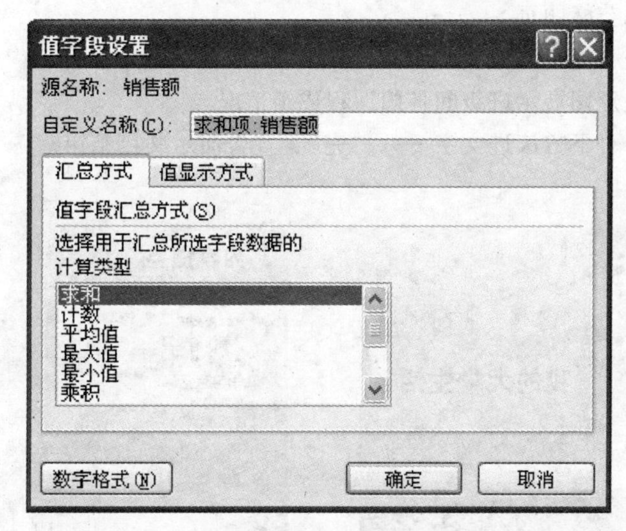

图 9-73　值字段设置对话框

以及样式选项等，帮助用户设计所需的数据透视表。

9.3　演示制作软件 PowerPoint 2007

PowerPoint 是用来制作演示文稿的工具软件，也是 Office 2007 办公套件中的重要成员。它主要用于学术交流等场合的幻灯片制作和演示，可以制作出图文并茂、绚丽多彩、具备专业水平的演示文稿。

PowerPoint 2007 使用户可以快速地创建极具感染力的动态演示文稿，同时集成工作流和方法以轻松共享信息。从重新设计的用户界面到新的图形以及格式设置功能，PowerPoint 2007 使用户拥有控制能力，以创建具有精美外观的演示文稿。

9.3.1 PowerPoint 2007 概述

1. 一个实例

作为办公套件 Office 的一部分，PowerPoint 的主要功能是以幻灯片的形式向观众展示，用以对演讲内容进行补充。下面看一个用 PowerPoint 2007 完成的作品——“我的大学生活”，如图 9-74 所示。

其中：

第一张：封面，文稿的标题

第二张：演示文稿的内容列表

第三张：第一节标题页

第四张：通过文字简要介绍学校、用艺术字显示校训

第五张：通过图片介绍校园风光

第六张：通过组织结构图介绍院系设置

第七张：第二节标题页

第八张：用表格列出课程表

第九张：用柱形图展示班级间各门课程成绩情况

第十张：从屏幕下方滚进文字——“完”，宣告演示文稿结束。

(a)

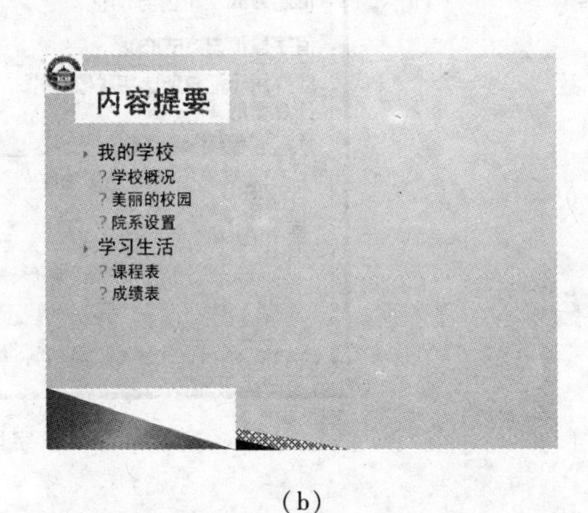

(b)

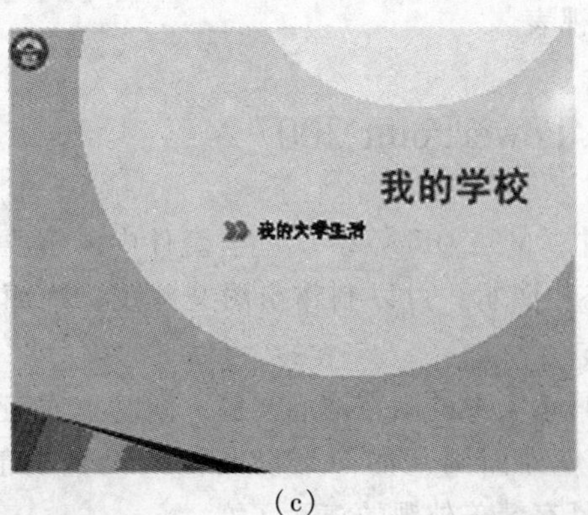

(c)

学校概况

我的大学是国家教育部直属重点综合大学，创立于1893年。百多年来，武汉大学汇集了中华民族近现代史上众多的精彩华章，孕育了光荣的革命传统，积淀了厚重的人文底蕴，形成“和而不同”的独特办学风格，培育了“自强、弘毅、求是、拓新”的优良校风。

自强 弘毅 求是 拓新

(d)

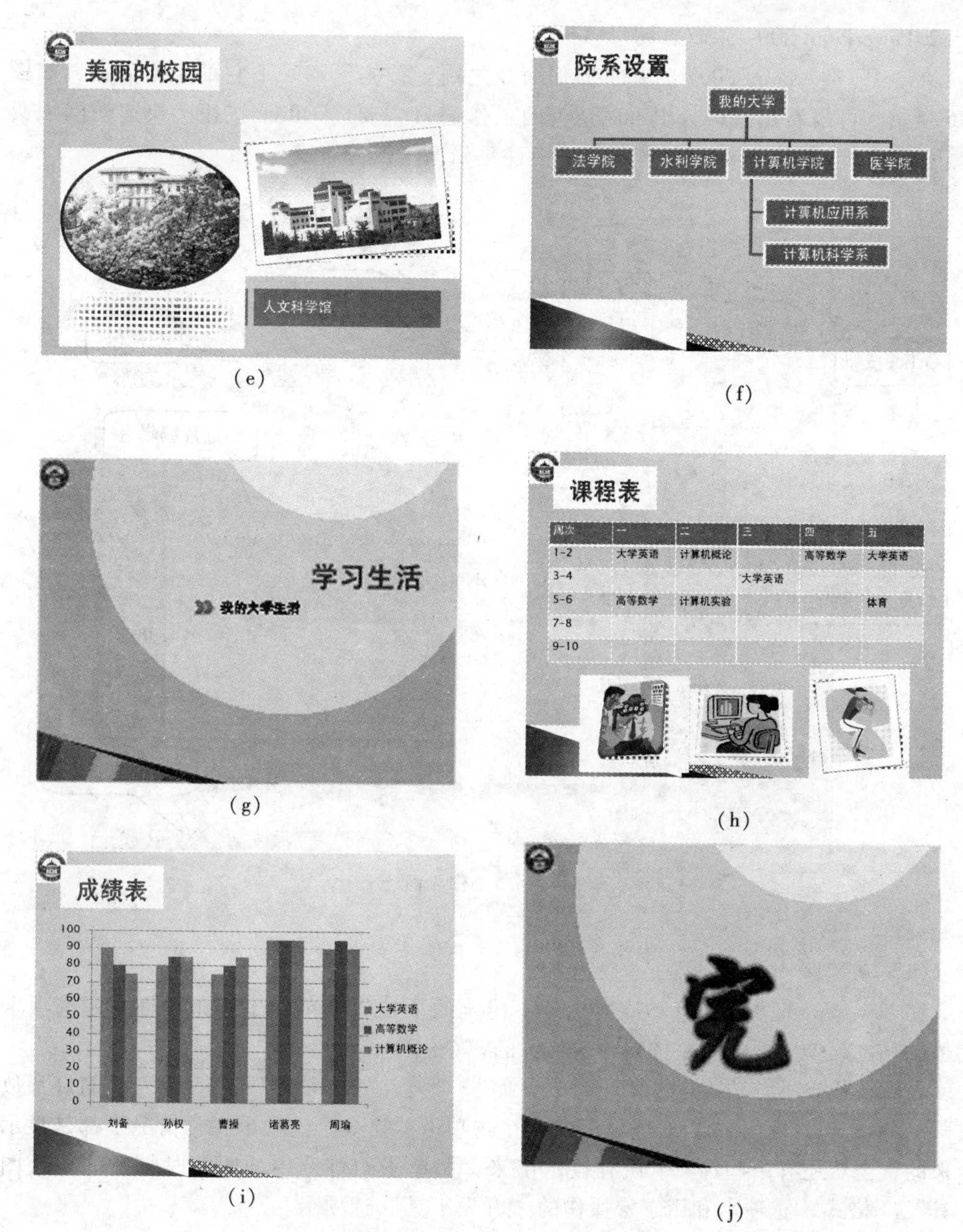

图 9-74　“我的大学生活”演示文稿

现在让我们做一个这样的演示文稿，需要解决如下问题：

- 如何进行文字的编辑和排版。
- 如何进行对象的编辑和排版，包括艺术字、图片、表格、结构图、图表、剪贴画、声音等。
- 如何实现幻灯片外观的统一和协调，包括版式、颜色方案、母版、模板等的使用。
- 如何实现幻灯片切换和动画效果，等等。

2. PowerPoint 2007 界面组成

在学习 PowerPoint 2007 的基本操作命令之前，首先了解一下它的工作界面，如图 9-75 所示。可以看出，PowerPoint 2007 的工作窗口主要由 Office 按钮、快速访问工具栏、标题栏、功能区、幻灯片编辑区、备注编辑区等部分组成。

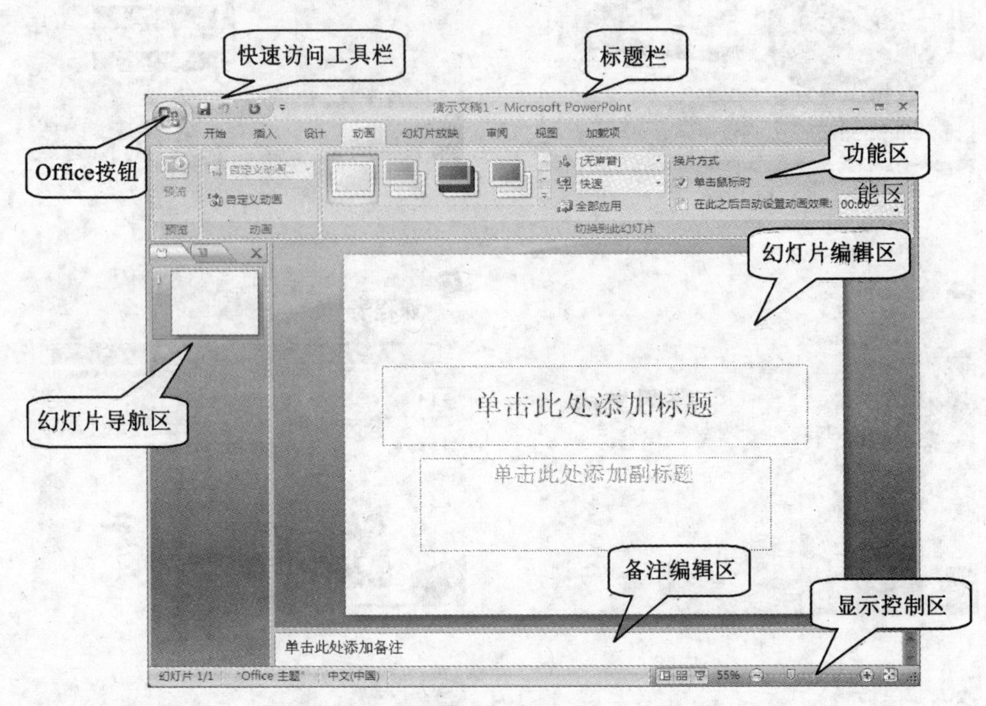

图 9-75　工作界面

(1) 功能区

在 PowerPoint 2007 中，功能区代替了传统的下拉式菜单和工具条界面，用选项卡代替了下拉菜单，并将命令排列在选项卡的各个组中。

在默认状态下，功能区主要包括“开始”、“插入”、“设计”、“动画”、“幻灯片放映”、“审阅”、“视图”、“加载项”共 8 个选项卡。这 8 个选项卡正常情况下都是显示出来的，当然还有一些选项卡没有显示出来，如单击幻灯片中的图片时打开的“绘图工具”、“格式”选项卡和用于宏操作的“开发工具”选项卡。

单击某选项卡按钮，即可将其打开，用户就可以查看和使用排列在各个组内的命令按钮。比如“插入”选项卡，它对应哪些具体的操作命令呢？用户只需要单击插入按钮，就可以打开“插入”选项卡，在功能区就列出了该选项卡所包含的具体命令。

(2) 幻灯片导航区

在 PowerPoint 窗口的左侧，是幻灯片导航区，由两个选项卡组成：“幻灯片”和“大纲”。这也是“普通视图”模式下的两种幻灯片查看方式。

默认的是“幻灯片”方式。在此方式下，幻灯片都以缩略图的形式排列在导航区，并且按顺序从上到下排列，方便用户快速选择幻灯片。

切换到“大纲”方式下，则导航区显示的仅仅是幻灯片中文本的内容。在此方式下可以方便地进行幻灯片内文本的查看和编辑。

(3) 幻灯片编辑区

幻灯片编辑区是 PowerPoint 2007 窗口中最大的组成部分，它是进行幻灯片制作的主要区域。例如文字输入、图片插入和表格编辑等。

(4) 显示控制区

显示控制区左边的三个按钮可以切换演示文稿的视图方式，从左到右分别是：普通视图、幻灯片浏览视图、幻灯片放映视图。中间的滑动条可以改变幻灯片编辑区中幻灯片的大小。

(5) 备注编辑区

鼠标单击备注编辑区，可以直接输入当前正在编辑的幻灯片的备注信息，已备将来在放映时使用。

3. 演示文稿的视图

幻灯片视图功能为演示文稿制作者提供了方便的浏览界面。其中包括普通视图、幻灯片浏览视图、幻灯片放映视图以及备注页视图。

在功能区鼠标单击打开“视图”选项卡，其中包括 6 个组：“演示文稿视图”、“显示/隐藏”、“显示比例”、“颜色/灰度”、“窗口”、“宏”。PowerPoint 2007 提供了普通视图、幻灯片浏览视图、备注页视图和幻灯片放映视图 4 种视图方式。可通过单击“演示文稿视图”组中不同的视图按钮改变视图模式，如图 9-76 所示。

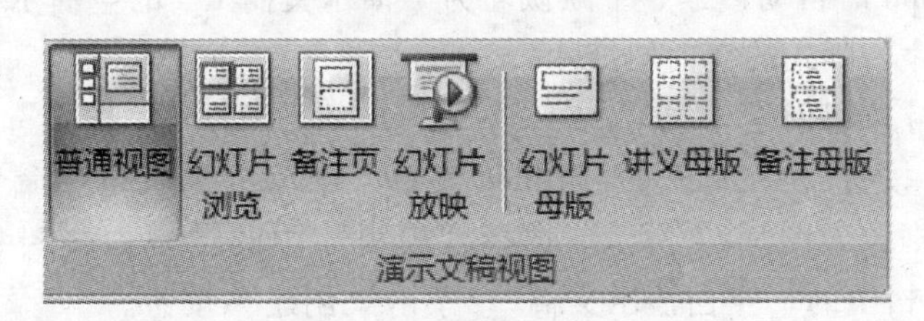

图 9-76　演示文稿视图

(1) 普通视图

普通视图是最常用的工作视图，可以在幻灯片中插入各种对象，浏览文本信息、备注信息等，左边的“幻灯片导航区”可以在“大纲”和“幻灯片”之间切换。

(2) 幻灯片浏览视图

幻灯片浏览视图以缩略图的形式将幻灯片排列在窗口中，按幻灯片顺序依次排列。利用该视图可以方便地进行幻灯片的复制、移动、删除等操作，编辑每张幻灯片的翻页效果，显示排练计时时间、动作设置等。

(3) 备注页视图

该视图是为了配合演讲者解释幻灯片的内容，每一页的上半部分是当前幻灯片的缩图，下半部分是一个文本框，可以向其中输入对该幻灯片的较详细的解释，有些内容不会显示在该幻灯片上。若在普通视图的备注窗格中对幻灯片输入了备注文字，这些文字将会出现在这个文本框中。

(4) 幻灯片放映视图

可以播放制作好的演示文稿，播放时一张幻灯片占满整个屏幕，这也是将来制成胶片后用幻灯机放映出来的效果，如果用户要在放映完之前中断幻灯片的放映，可以按下 Esc 键。

9.3.2 创建简单的演示文稿

我们先熟悉一下“开始”选项卡，这是启动 PowerPoint 2007 后默认的选项卡，其中包括 6 个组：剪贴板、幻灯片、字体、段落、绘图、编辑。除“幻灯片”组外，其他组的用法与 Word 和 Excel 相同或相似，本章不再详述。

现在我们开始制作简单的演示文稿，通过该演示文稿的制作，掌握制作演示文稿的基本方法和技巧。

1. 创建演示文稿

制作演示文稿的第一步就是创建演示文稿，在 PowerPoint 2007 中创建演示文稿的方法很多。

(1) 创建空白演示文稿

空白演示文稿是界面最简单的演示文稿，没有任何修饰，并且采用默认的版式。创建空白演示文稿常用的有两种方法。

① 启动创建

启动 PowerPoint 时自动创建一个默认名为“演示文稿 1”的空演示文稿，并且带有一张“标题幻灯片”版式的空白幻灯片。

② 使用 Office 按钮创建

单击“Office 按钮”，在打开的“Office 菜单”中单击“新建”命令，打开“新建演示文稿”对话框，如图 9-77 所示。选择“模板”中的“空白文档和最近使用的文档”，单击右边窗格中的“空白演示文稿”，单击“创建”按钮。

(2) 根据设计模板创建演示文稿

用户可以使用 PowerPoint 2007 提供的一系列设计模板来创建演示文稿。每个模板都将演示文稿的背景图案、文字的布局以及颜色、大小等样式和风格都设置好了。用户只需向其中加入文本，可以在刚开始写文稿时使用模板，也可以为已经建立的文稿选择新的模板。

单击“Office 按钮”，在打开的“Office 菜单”中单击“新建”命令，打开“新建演示文稿”对话框，如图 9-77 所示。选择“模板”中的“已安装的模板”，在“已安装的模板”项中选择一种模板，例如“现代型相册”，单击“创建”按钮。此时该模板就应用于新建的演示文稿中了。

(3) 根据现有内容创建演示文稿

PowerPoint 演示文稿的内容是可以共享和重复使用的。

单击“Office 按钮”，在打开的“Office 菜单”中单击“新建”命令，打开“新建演示文稿”对话框。选择“根据现有内容新建...”命令，打开“根据现有演示文稿新

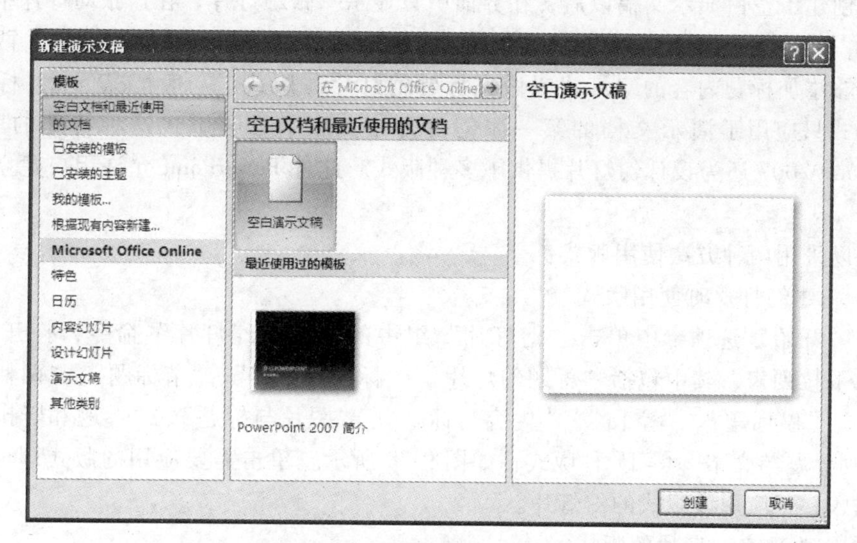

图 9-77　新建空白演示文稿对话框

建”对话框。选择需要应用的演示文稿文件，单击“新建”按钮，现有的演示文稿的所有内容都被引用到新建的演示文稿中来。

除此之外，还可以通过单击“已安装的主题”或“我的模板...”命令建立演示文稿。

2. 占位符和版式

在 PowerPoint 幻灯片中是不可以随意输入文本的，必须通过占位符或文本框来进行文本的输入。

(1) 占位符

占位符是一种带有虚线或阴影线边缘的框，绝大部分幻灯片版式中都有这种框。在占位符中可以插入文字信息、对象内容等。PowerPoint 2007 将文本占位符和对象占位符合成一体。

如果要在占位符中输入文本，先单击占位符框内的任何位置，光标变成编辑状态后即可输入文字。

如果要利用占位符插入对象，例如表格、图表、SmartArt 图形、图片、剪贴画、媒体剪辑等，单击占位符中相应的工具按钮即可弹出相应的对话框。

占位符有两种状态：

- 文本编辑状态：用鼠标在占位符中单击，进入文本编辑状态，此时出现一个插入符，用户可以进行文本输入、编辑、删除等操作。文字输入、编辑、删除等操作同 Word。
- 占位符选中状态：在占位符的虚线框上单击鼠标，进入占位符选中状态。此时可以移动、复制、粘贴、删除占位符，还可以调整占位符的大小等。

(2) 幻灯片版式

在创建了空白演示文稿以后，在界面中只显示一张幻灯片，在这张幻灯片中有两个虚线框，其中文字标识有“单击此处添加标题”和“单击此处添加副标题”两项。这种只能够添加标题内容的幻灯片叫做“标题幻灯片”版式。一般情况下，“标题幻灯片”版式只应用于演示文档的第一张幻灯片中。除了标题版式这种特殊的版式外，PowerPoint 2007 还为设计幻灯片提供了多种版式。此外 PowerPoint 允许用户建立自己的版式。

可以采用两种方法使用版式：

① 新建幻灯片时使用版式

在“开始”选项卡中单击“幻灯片”组中的“新建幻灯片”命令，打开“Office主题”下拉列表，其中包括“标题幻灯片”、“标题和内容”、“节标题”、“两栏内容”、“比较”、“仅标题”、“空白”、“内容与标题”、“图片与标题”、“标题和竖排文字”、“垂直列标题与文本”等 11 种版式，如图 9-78 所示。单击需要应用的版式即可在当前位置插入一张应用该版式的幻灯片。

② 修改现有幻灯片的版式

选中需修改版式的幻灯片，鼠标单击“开始”选项卡中“幻灯片”组中的“版式”命令按钮，或单击鼠标右键打开快捷菜单，选择“版式”，打开“Office 主题”列表框，单击选中的版式即可将新版式应用于选中的幻灯片。

3. 编辑幻灯片

(1) 新建幻灯片

首先选中新幻灯片要插入到的位置。添加新幻灯片既可以在幻灯片浏览视图中进行，也可以在普通视图的幻灯片导航区中进行：

选择新幻灯片位置：

- 选择需要在其后插入新幻灯片的幻灯片。
- 在“幻灯片导航区”或在幻灯片浏览视图中两个幻灯片之间单击鼠标。出现一个水平或者垂直的闪烁的光标，即为新幻灯片要插入到的位置。

建立新幻灯片：

- 单击“开始”选项卡中“幻灯片”组中的“新建幻灯片”命令。
- 单击“开始”选项卡中“幻灯片”组中的“新建幻灯片”上部的命令按钮。
- 在大纲视图的结尾按回车键。
- 使用组合键 Ctrl+M。

用第一种方法，会打开如图 9-78 所示的“Office 主题”列表框供用户选择新幻灯片版式。用后 3 种方法会立即在演示文稿中建立一张新的幻灯片，该幻灯片直接套用前面那张幻灯片的版式。

(2) 编辑、修改幻灯片

选择要编辑、修改的幻灯片，选择其中的文本、图表、剪贴画等对象，具体的方法参阅 Word 和 Excel 相关内容。

(3) 删除幻灯片

若要删除幻灯片，需进行如下操作：

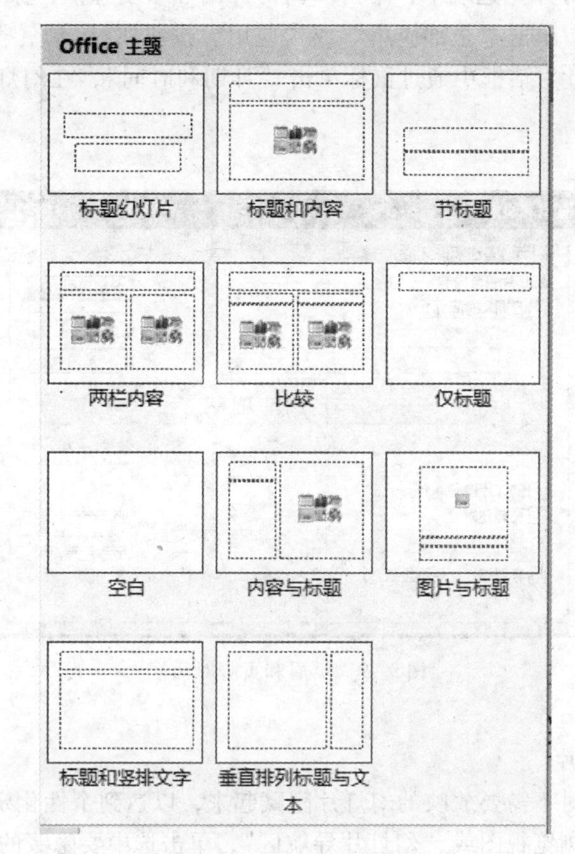

图 9-78　Office 主题列表框

- 在幻灯片浏览视图中或“幻灯片导航区”中选择要删除的幻灯片；
- 单击“幻灯片”组中的“删除”命令按钮，或按 Delete 键，或单击鼠标右键，在快捷菜单中选择“删除幻灯片”命令；
- 若要删除多张幻灯片，可切换到幻灯片浏览视图，按下 Ctrl 键并单击要删除的各幻灯片，然后单击“删除幻灯片”按钮。

（4）调整幻灯片位置

- 在幻灯片浏览视图或“幻灯片导航区”，用鼠标选中要调整位置的幻灯片；
- 按住鼠标左键，拖动；
- 将幻灯片拖到目的位置后释放鼠标左键，在拖动的过程中，有一条竖线或横线指示幻灯片的目的位置。

此外还可以用“剪切”和“粘贴”来移动幻灯片。

（5）为幻灯片编号和添加日期

演示文稿创建完后，可以为全部幻灯片添加编号，其操作方法是：

- 单击“插入”选项卡“文本”组中“幻灯片编号”或“页眉和页脚”命令按钮，打开如图 9-79 所示的“页眉和页脚”对话框。

- 单击“幻灯片”选项卡，单击“幻灯片编号”复选框，保证它被选中。
- 根据需要，单击“全部应用”或“应用”按钮。
- 还可以在此对话框中通过鼠标单击“日期和时间”，在幻灯片上显示或删除日期和时间。

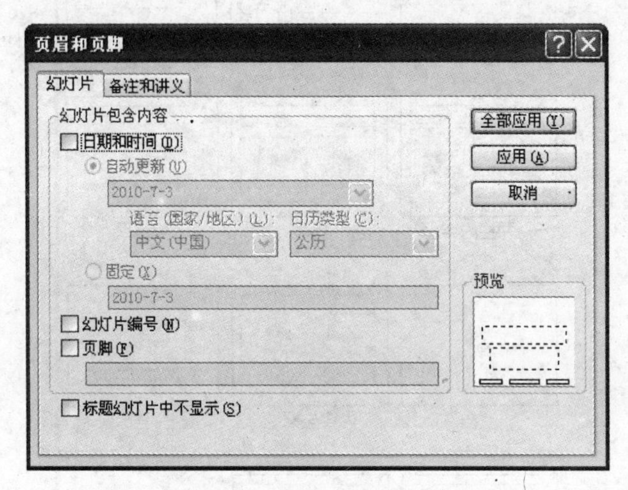

图 9-79　页眉和页脚对话框

(6) 隐藏幻灯片

用户可以把暂时不需要放映的幻灯片隐藏起来，以达到个性化定制的目的。

- 在幻灯片浏览视图或“幻灯片导航区”，单击选中要隐藏的幻灯片。
- 单击鼠标右键，在打开的快捷菜单中选择“隐藏幻灯片”项。被隐藏的幻灯片右下角的编号上出现一条斜杠。
- 若想取消对幻灯片的隐藏，选中该幻灯片，再单击一次“隐藏幻灯片”按钮。

4. 简单放映与保存

制作演示文稿的最终目的就是要在计算机屏幕或者投影仪上播放。

(1) 简单放映

简单放映方式可以从指定的某张幻灯片开始放映。进行简单放映的操作方法如下：

方法一：

- 在“幻灯片导航区”或“幻灯片编辑区”或幻灯片浏览视图中，选中要放映的第一张幻灯片；
- 单击“幻灯片显示区”中的幻灯片放映按钮。

方法二：

单击“幻灯片放映”选项卡，单击“开始放映幻灯片”组中的“从当前幻灯片开始”命令按钮，可以从当前选中的幻灯片开始播放。

也可以单击“从头开始”或菜单“幻灯片放映→观看放映”从第一张开始播放。

在播放时，幻灯片占满整个屏幕，对于连续播放的幻灯片，可以单击幻灯片视图中的任意位置，实现幻灯片的切换。

(2) 保存

与Office套件中的其他软件相同，保存演示文稿可以用“快速访问工具栏”中的“保存”按钮，也可以单击“Office按钮”打开“Office菜单”，单击“保存”以原文件名保存，或指向“另存为”，在随后弹出的菜单中选择存储格式和文件名。

PowerPoint 2007演示文稿的默认扩展名为：pptx。

9.3.3　对象的编辑

在PowerPoint 2007中，除了使用文本以外，还可以插入图片、剪贴画、图表、表格、声音和影片、图示等多媒体对象，使演示文稿图文并茂的展现给大家，更加形象生动地表现主题和中心。

本节我们将介绍怎样让演示文稿播放声音。

首先，让我们熟悉一下“插入”选项卡，此选项卡的主要功能是使用户在幻灯片上自行插入各种对象，按使用类别分成6个组：表格、插图（包括图片、剪贴画、相册、形状、SmartArt、图表等命令按钮）、链接、文本（包括文本框、页眉和页脚、艺术字、日期和时间、幻灯片编号、符号、对象等命令按钮）、媒体剪辑（包括影片、声音等命令按钮）、特殊符号。

为了使演示文稿具有多媒体效果，在PowerPoint 2007中还允许插入音乐、声音、影片和动画等。

下面以引例中的“美丽的校园”为例，介绍如何在幻灯片中插入声音媒体。

声音是制作多媒体演示文稿的基本要素，在剪辑管理器中存放着一些声音文件，可以直接使用，用户还可以将自己喜欢的音乐插入到幻灯片中。但是要注意声音是为了用来烘托气氛的，如果没有根据幻灯片的风格和中心思想选取，就会给幻灯片带来反面的效果。另外插入的声音不能影响演讲者的演讲和观众的收听。

在PowerPoint 2007中插入声音和影片有两种途径：使用“插入”选项卡“媒体剪辑”组中的“影片”或“声音”命令按钮；使用内容占位符中的“插入媒体剪辑”按钮。

1. 插入剪辑管理器中的声音

单击选择“插入”选项卡，单击“媒体剪辑”组中的“声音”命令按钮，选择弹出菜单中的“剪辑管理器中的声音...”，自动打开“剪贴画”窗格，并且自动搜索出管理器中的声音，单击需要加入到幻灯片中的声音。自动弹出“Microsoft Office PowerPoint”播放声音对话框，如图9-80所示。单击“自动”在播放幻灯片时自动播放声音；单击“在单击时”播放幻灯片时不自动播放声音，只在用户单击鼠标时才播放声音。

2. 插入文件中的声音

单击选择“插入”选项卡，单击“媒体剪辑”组中的“声音”命令按钮，选择弹出菜单中的“文件中的声音...”，自动打开“插入声音”对话框，选择需要加入到幻灯片中的声音文件。同样会弹出如图9-80所示的对话框。

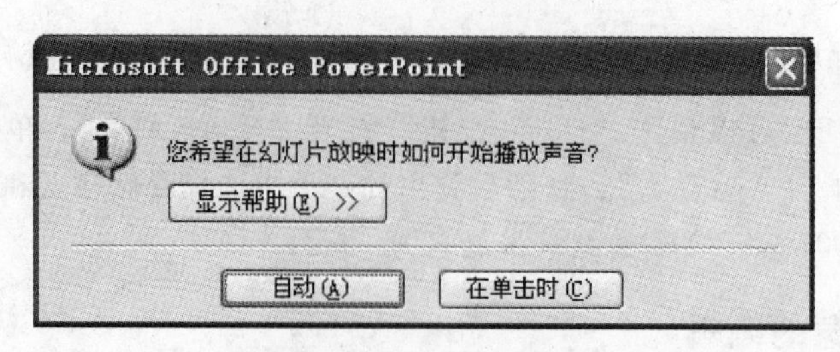

图 9-80 播放声音对话框

在幻灯片中插入声音后，幻灯片上会显示一个小喇叭图标 。

3. 声音属性的设置

选中小喇叭图标，在功能区自动添加了两个选项卡："图片工具"下的"格式"选项卡，"声音工具"下的"选项"选项卡。选择"选项"选项卡，可以对声音进行设置。

- "播放"组：通过"预览"命令按钮可以不用播放幻灯片就试听声音。
- "声音选项"组：通过"幻灯片放映音量"命令按钮用户可以调节播放时的音量。如果选中"循环播放，直到停止"，则表示声音循环播放，直到该张幻灯片放映结束。如果选中"幻灯片放映时隐藏声音图标"，则在幻灯片放映时隐藏小喇叭图标。若希望声音能在多张幻灯片切换时不间断播放，选择"播放声音"列表框中的"跨幻灯片播放"。

9.3.4 设置统一的幻灯片外观

要制作一套精美的演示文稿，首先需要统一幻灯片的外观，在 PowerPoint 2007 中为用户提供了大量的预设格式，应用这些预设格式，可以轻松地制做出具有专业水准的幻灯片。

本节我们将介绍一些方法能够更快、更方便地设置幻灯片外观，包括：

- 怎样在幻灯片中应用主题。
- 怎样应用和设置主题颜色、主题字体和主题效果。
- 怎样修改幻灯片母版，等等。

1. 主题样式

主题是 PowerPoint 2007 新增的一个功能，可以作为一套独立的选择方案应用到演示文稿中去，它是向整个文档赋予最新的专业外观的一种简单而快捷的方式。应用主题可以快速而轻松地设置整个演示文稿的格式，赋予它专业和时尚的外观。

主题是主题颜色、主题字体、主题效果 3 者的组合。

- 主题颜色：文稿中使用颜色的集合。
- 主题字体：应用于文稿中的主要字体和次要字体的集合。
- 主题效果：应用于文稿中元素视觉属性的集合。

幻灯片中几乎所有的内容都与主题发生关系。更改主题不仅可以更改背景颜色，而且还可以更改图示、表格、图表和字体的颜色；还可以更改演示文稿中任何项目符号的样式和超链接，甚至幻灯片的版式也可以显著地被更改。当用户将某个主题应用于文档时，如果用户喜欢主题呈现的外观，则通过应用主题的单击操作完成对文档格式的重新设置。如果要进一步转换文档，则可以更改主题颜色、主题字体和主题效果。

（1）应用主题样式

新建演示文稿或打开需要更改主题的演示文稿，单击打开功能区的“设计”选项卡，单击“主题”组右下侧的下拉按钮，打开系统内置的主题列表。如图 9-81 所示。

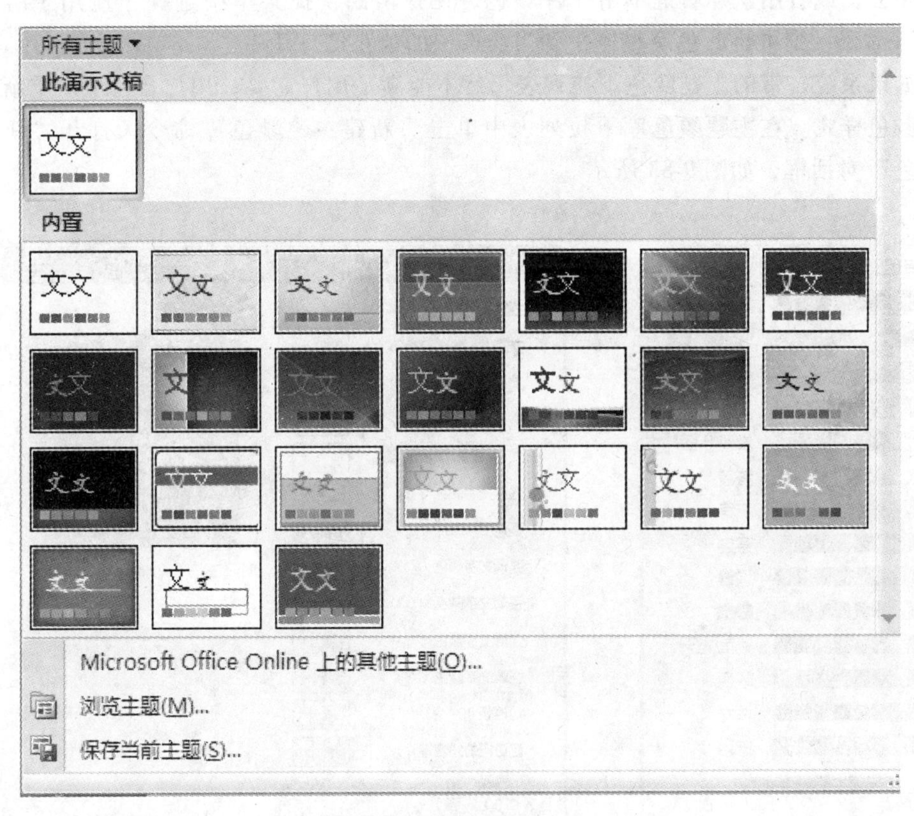

图 9-81　内置主题列表框

在主题列表框“内置”项中选择一种主题样式，例如，聚合，单击即可将该主题应用于当前的演示文稿的所有幻灯片。如果只想将主题应用于当前选中的幻灯片中，可以在选中的主题上单击鼠标右键，在弹出的快捷菜单中选“应用于选定幻灯片”。

（2）修改主题

根据主题包含的 3 大方面：主题颜色、主题字体、主题效果，在修改时也可以从这 3 个方面入手。

① 调整主题颜色

主题颜色包含 4 种文本和背景颜色、6 种强调文本颜色和 2 种超链接颜色。单击“主题”组中“颜色”命令按钮后，主题颜色库中选中的颜色代表当前文本和背景颜色。主题颜色与基于它的一组淡色和阴影一同显示在每个颜色库中。通过从该扩展的匹配组中选择颜色，用户可以对应用该主题的各个内容部分进行格式设置。当主题颜色发生更改时，颜色库将发生更改，使用该主题颜色的所有文档内容也将发生更改。

打开要调整的主题，在“设计”选项卡的“主题”组中，单击“颜色”命令按钮，打开内置的主题颜色库，该颜色库显示内置主题中的所有颜色组合，如图 9-82 所示。

在主题颜色库中选择一种合适的颜色，直接单击之可将颜色应用到当前演示文稿的主题中去，或者用鼠标右键单击一种颜色，在弹出的快捷菜单中选择“应用于所选幻灯片”命令，则可将颜色调整应用到当前选中的单张幻灯片中。

如果系统自带的主题颜色下拉列表仍然不能满足用户需要，用户自己可以重新定义主题颜色样式。在主题颜色库下拉列表中单击“新建主题颜色”命令，打开“新建主题颜色”对话框，如图 9-83 所示。

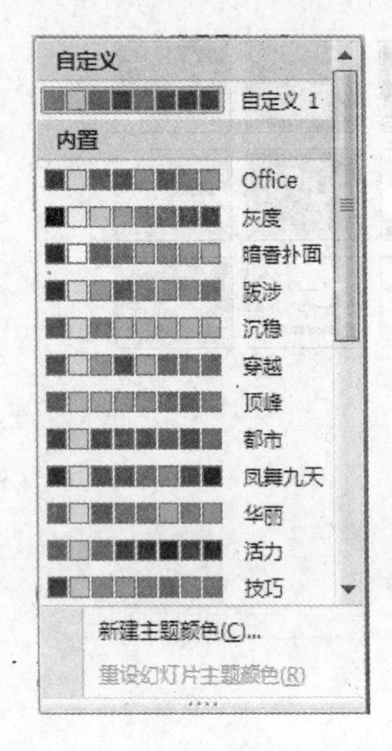

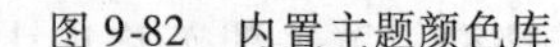

图 9-82　内置主题颜色库　　　　图 9-83　新建主题颜色对话框

从“新建主题颜色”对话框中可以看出，前面 4 项是文本和背景颜色，中间 6 种是强调文字颜色，后面两种是超级链接颜色，用户可以在此进行设置，设置结束后单击“保存”按钮即可。

② 调整主题字体

每个 PowerPoint 主题定义了两种字体：一种字体用于标题；另一种字体用于正文文本。两者可以是相同的字体，也可以是不同的字体。

这两种字体是“标题字体”和“正文字体”。“标题字体”一般是指幻灯片的主标题的字体格式，“正文字体”一般是指副标题或幻灯片内具体文本内容的字体格式。改变了主题字体，就会更新幻灯片中的所有标题和项目内容。

打开需要调整的主题样式，在“设计”选项卡的“主题”组中，单击“字体”命令按钮，打开主题字体库下拉列表，选择一种，单击之即可应用，如图9-84所示。

同样，也可以用自己定义的字体格式。在主题字体下拉列表中单击“新建主题字体”命令，打开“新建主题字体”对话框，如图9-85所示。

从“新建主题字体”对话框中，可以看出，新建主题字体包含“西文”和“中文”两种语类，在各自的项目下面具体设置“标题字体”和“正文字体”，设置完毕单击“保存”按钮即可。

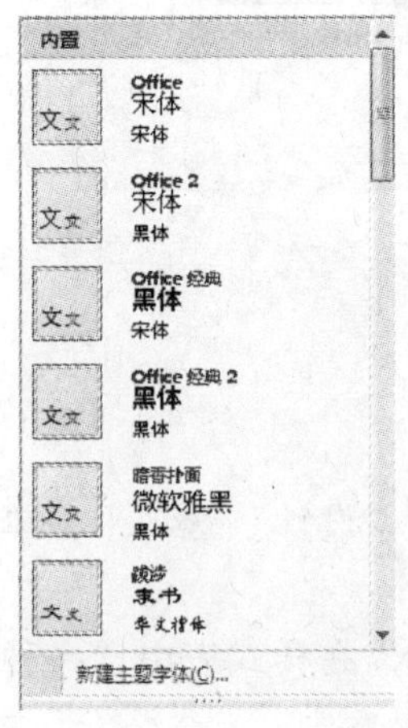

图9-84　内置主题字体库

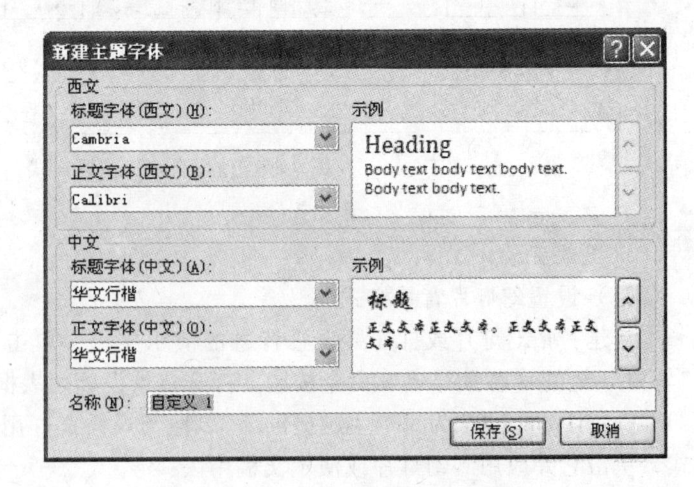

图9-85　新建主题字体对话框

③ 调整主题效果

主题效果能够让用户像一名Photoshop专家那样创作出很酷的图形效果。每一种主题效果方案都定义了一种特殊的图形显示效果。该效果将会应用到所有的形状、制图、示意图，甚至表格之中。在主题效果库中，用户可以在不同的图形效果之间快速地转换，以查看实际的显示效果。

打开要调整的主题样式，在“设计”选项卡的“主题”组中，单击“效果”命令按钮，打开主题效果下拉列表，选择一种合适的效果单击即可应用。

(3) 自定义主题样式

用户还自己动手定制自己的主题样式。

新建一个空白幻灯片或者使用系统自带的主题样式，利用“设计”选项卡的“主题”组和“背景”组的命令，根据自己的需求进行详细设置。例如可以首先设置“背景样式”，然后再设置“颜色”、“字体”和“效果”等。主题制作或者修改完成后，在“主题”列表中单击“保存当前主题”命令，打开“保存当前主题”对话框。输入“文件名”，扩展名保持不变，“保存类型”不变，然后单击“保存”按钮即可。

使用自定义的主题样式时，只需要打开“主题”列表框，在其中的“自定义”项下选择一种自定义主题样式即可，如图9-86所示。

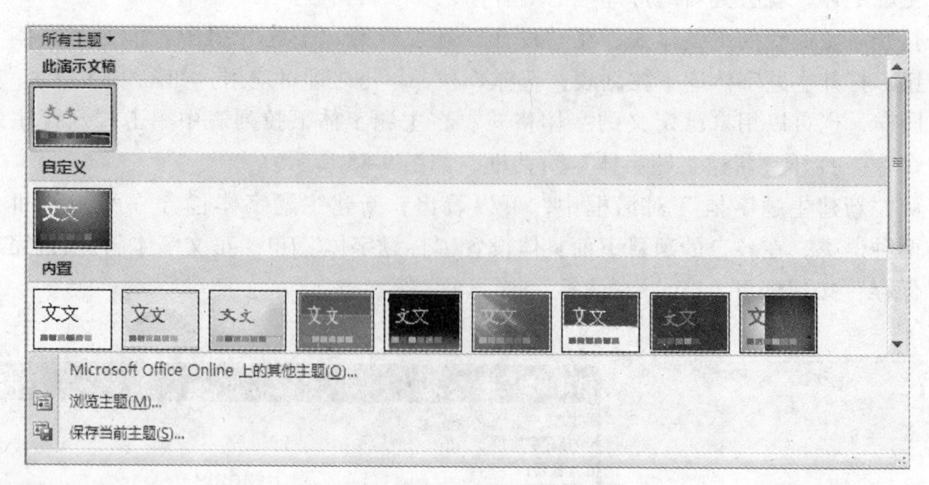

图 9-86　使用自定义主题样式

2. 更改背景

（1）设置幻灯片背景样式

新建一张幻灯片或打开要设置背景的演示文稿，单击打开“设计”选项卡，单击“背景”组的“背景样式”命令按钮。打开背景设置列表框。

PowerPoint 2007 为每个主题提供了 12 种背景样式，用户可以在样式表中选一种样式，单击它并应用到幻灯片或演示文稿中去。

（2）设置幻灯片格式

除了系统提供的 12 种背景样式外，用户还可以自己设置背景格式。

在“设计”选项卡的“背景”组单击“背景样式”命令按钮，打开背景样式列表框，单击“设置背景格式”命令，打开“设置背景格式”对话框，如图 9-87 所示。

纯色填充：选择一种颜色作为背景

渐变填充：可以选择“预设颜色”，然后单击预设颜色后的下拉列表框，选一种预设的颜色即可；也可以由用户自己设置背景参数。

图片或纹理填充：选择图片文件或纹理作为背景。

3. 母版

幻灯片母版是模板的一部分，它存储的信息包括：文本和对象在幻灯片上的放置位置、文本和对象占位符的大小、文本样式、背景、颜色主题、效果和动画。PowerPoint 2007 对母版作了很大的改进，由原来的单张改由一组版式集组成，用户可以针对需要将要用到的版式进行分别设置。

PowerPoint 2007 中包含 3 大类母版：

- 幻灯片母版：用于设计幻灯片中各个对象的属性，影响所有基于该母版的幻灯片样式
- 备注母版：用于设计备注页格式，主要用于打印
- 讲义母版：用设计讲义的打印格式

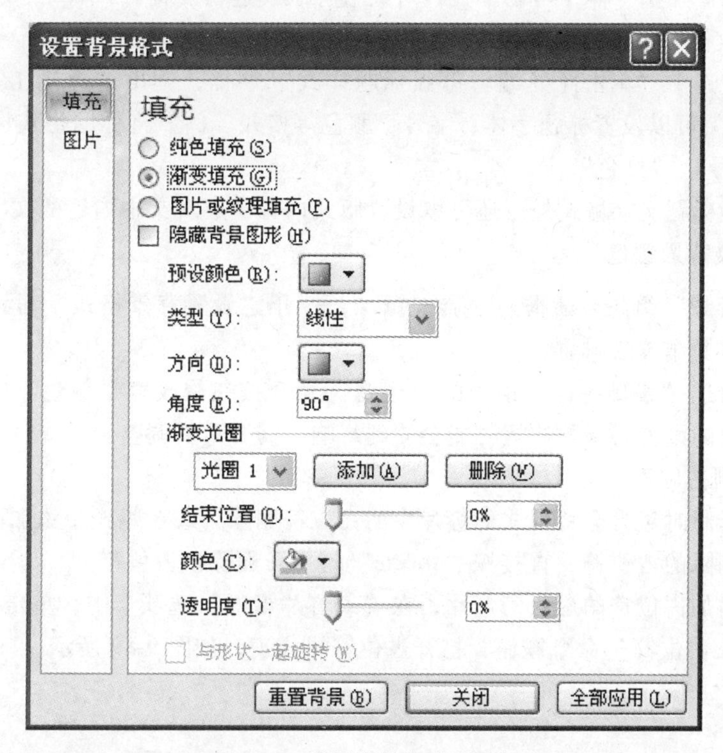

图 9-87　设置背景格式对话框

本节主要介绍“幻灯片母版”的使用。

幻灯片母版决定着幻灯片的整体外观，因此可以利用母版建立具有个性化的演示文稿。下面以幻灯片母版为例，介绍母版的使用与修改。

新建一张幻灯片，在功能区单击选择“视图”选项卡，单击“演示文稿视图”组中的“幻灯片母版”命令按钮，进入幻灯片母版编辑状态。如图 9-88 所示。

很显然，幻灯片的母版由一组版式集组成，在左侧的导航区列出了常用的版式幻灯片。在第一张版式母版中所作的一切改动，会影响所有的幻灯片，在其下任意一版式中所作的更改只影响使用该版式的幻灯片。用户也可以添加或删除版式。

此时在功能区增加了“幻灯片母版”选项卡，表示当前处于“幻灯片母版”编辑状态。其中包含了对母版的各种操作命令，这些功能分成 6 个组：编辑母版、母版版式、编辑主题、背景、页面设置、关闭。

下面介绍几个常用的操作。

(1) 插入图片

单击选中第一张版式幻灯片，单击打开功能区“插入”选项卡，在“插图”组中单击“图片”命令按钮，打开“插入图片”对话框，找到合适的图片，单击“插入”按钮返回即可，调整图片的大小和位置，设置图片的透明色。

可以看出，第一张母版下面的每张版式幻灯片都自动插入了统一的图片。如果不希望每张版式幻灯片都一样，可以单独针对某一种版式进行设置。

（2）更改标题文字的字体和颜色

在母版中选中“单击此处编辑母版标题样式”字样，调出“浮动工具栏”，利用“浮动工具栏”可以设置标题字体、字号、颜色等格式。例如将标题格式设置为“华文行楷”、“44 号”、“红色”。

除了设置标题文字格式外，还可以设置版式内各个层次文本内容的文字的格式。

（3）更改背景颜色

单击“背景”组的对话框启动器按钮，打开“设置背景格式”对话框，设置背景样式，具体操作方法同前。

也可以通过“编辑主题”组中的“主题”命令按钮修改背景颜色。母版应用主题样式后，原来的设置对象的位置可能会受到影响，需要重新调整。

（4）增删占位符

在编辑母版时经常会将版式幻灯片中的占位符删除，或在版式中添加占位符。

选中要删除的占位符，直接按“Delete”键即可删除该占位符。

选中要增加占位符的母版幻灯片，在“幻灯片母版”选项卡中，单击“母版版式”组中的“插入占位符”命令按钮，打开占位符样式表，如图 9-89 所示。

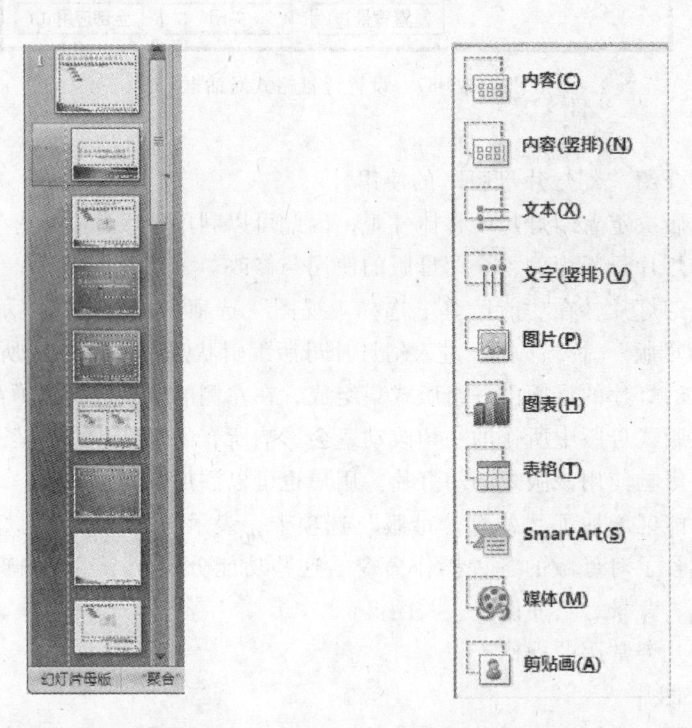

图 9-88　幻灯片母版编辑　　　　图 9-89　插入占位符列表框

根据将要准备输入的具体内容，单击选择一种样式，此时光标变成十字状，移动鼠标到版式幻灯片中，按住左键拖出一个矩形框，即可添加一个占位符。对占位符的位置、大小、字体、字号、颜色进行调整，完成占位符的插入操作。

(5) 母版重命名和保存

在幻灯片导航区，用鼠标右键单击母版幻灯片，在快捷菜单中选择“重命名母版”命令，打开“重命名母版”对话框，如图 9-90 所示。在对话框中输入名称，然后按“重命名”按钮即可，例如将此母版命名为“我的母版”。

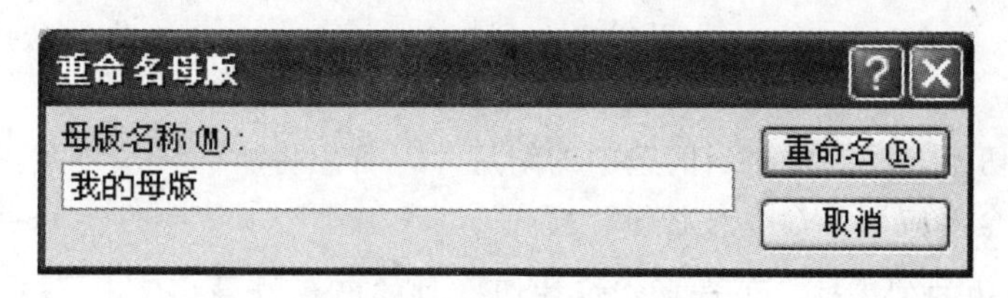

图 9-90　重命名母版对话框

母版设置完成以后，单击“Office 按钮”，选择“另存为”→“其他格式”命令，打开“另存为”对话框，将保存类型设置为“PowerPoint 模板（＊. potx）”，将“文件名”命名为“我的样版 1”，然后单击“保存”可完成母版保存。

幻灯片模板文件的扩展名为 potx，一般存储在“Templates”文件夹中。

(6) 母版的应用

对于新建的幻灯片也可以调用其他母版，单击“Office 按钮”，单击“新建”命令，打开“新建演示文稿”对话框，在“模板”列表中选择“我的模板”项，打开“新建演示文稿”对话框，选择一种个性化模板，然后单击“确定”按钮，即可应用此模板了。

9.3.5　设置幻灯片动画效果

当我们创建好了一篇演示文稿，紧接着就要进行放映，放映效果的好坏也关系到观众对内容的认可程度。

本节将介绍怎样设置各种放映效果，包括：

- 设置幻灯片间的切换效果。
- 设置幻灯片内各个对象的动画效果。
- 设置交互式的放映效果，等等。

1. 设置幻灯片的切换效果

在 PowerPoint 2007 中，用户可以分别给每张幻灯片的切换增加动画效果，其步骤如下：

选中需要设置动画效果切换的幻灯片，在功能区单击打开“动画”选项卡，如图 9-91 所示。其中“切换到此幻灯片”组集中了用于设置幻灯片切换的命令按钮。

切换方式：“单击鼠标时”选项用于设置是否用鼠标单击切换幻灯片，若未设置鼠标切换，则只能用键盘切换；“在此之后自动设置动画效果”选项用于设定多长时间后自动切换到本幻灯片。

单击“切换方案”命令按钮，打开“幻灯片切换方案”列表框，可从中选择一个

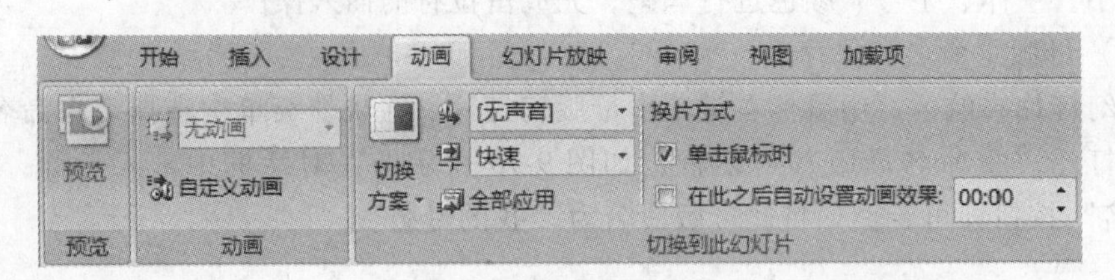

图 9-91 动画选项卡

切换方案将该切换方案应用于当前选中的幻灯片，若想将所选切换方案应用于所有幻灯片，可单击“全部应用”命令按钮。

单击右边的列表框，可选择幻灯片切换时的声音效果；单击右边的列表框可设置幻灯片切换的速度。

注意：在选择和设置过程中可观察到此设置的预览效果。

2. 设置自定义动画

自定义动画用于设置一张幻灯片中各种对象的动画效果，包括进入时动画、强调时动画、消失时动画以及路径动画四大类。

设置方法如下：

（1）选中需设置动画效果的对象，例如文本框、图片、图表、表格等。

（2）单击“动画”组中的“自定义动画”命令按钮，打开“自定义动画”窗格，如图 9-92 所示，若此窗格已经打开，单击“自定义动画”命令按钮可关闭窗格。

（3）单击“自定义动画”窗格中的“添加效果”按钮，打开效果菜单，效果分四类（见图 9-93）：

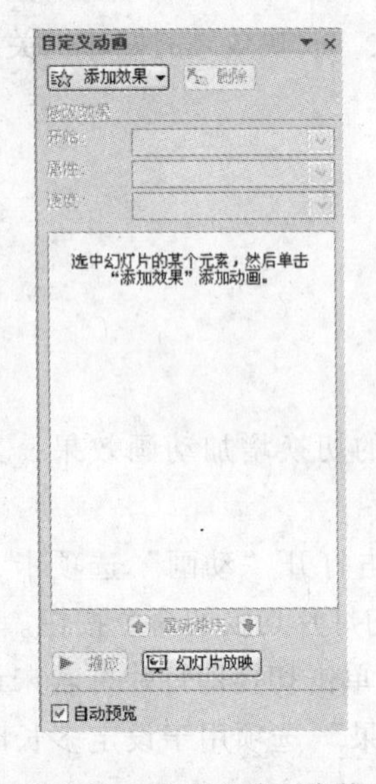

图 9-92 自定义动画窗格

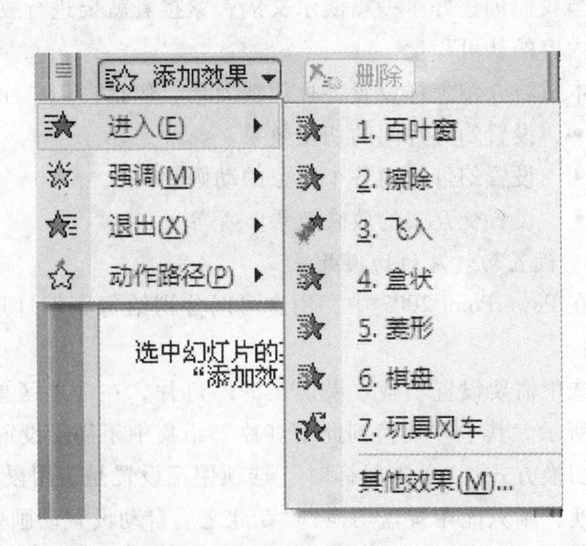

图 9-93 自定义动画效果列表

- 进入效果：对象出现时的效果。
- 强调效果：对象出现后需强调时的效果。
- 退出效果：对象消失时的效果。
- 动作路径：使对象按照指定的路径运动。

（4）选择一种效果，相应的对象旁出现一个带数字的矩形标志。表示该对象已经设定了动画，数字标号该对象在动画中的序号，也即是动画播放的顺序。

注意：同一个对象允许设置多个动画效果，其左上角的动画序号不同。

（5）选中相应的数字，可以通过“开始”、“方向”、“速度”设置动画的属性。开始时机设置包括：

- 单击时：放映时点击鼠标播放动画效果。
- 之前：与前面一个动画同时开始。
- 之后：前一个动画完成后才开始本动画。

选择一种开始时机完成自定义动画设置，方向的种类视不同的动画效果而定。

（6）更改或删除自定义动画

选中带数字的矩形框，或在“自定义动画”窗格下的列表框中选中需要更改或删除的动画效果。

单击“更改”：重新选择动画效果。

单击“删除”：删除选中的动画。

（7）设置效果选项

在“自定义动画”窗格下的列表框中选中需要设置的动画，单击动画右边的三角按钮，在随后打开的下拉菜单中选择“效果选项…”，打开动画效果对话框，作更详细的设置。

（8）调整动画顺序

对象设置了动画效果后，在相应的对象左上角会显示带数字的小方框，其中数字表示几个对象动画的先后顺序，同时，在“自定义动画”窗格中也显示了设置了动画效果的对象。若要调整动画顺序，可在“自定义动画”窗格中选中对象，上下拖动。

（9）动作路径的设置

PowerPoint 2007 允许用户设置对象以指定的路径运动，以达到演示的效果。PowerPoint 2007 提供了大量预设路径效果，同时也允许用户自定义动作路径。

单击需要设置动作路径的对象，例如示例文稿最后一张幻灯片上的文本框“完”。单击“自定义动画”窗格中的“添加效果”按钮，鼠标指向弹出的列表中“动作路径”打开动作路径列表，如图 9-94 所示。单击选择一种路径应用于对象，也可通过“其他动作路径…”打开“添加动作路径”对话框，如图 9-95 所示。单击选中需要的路径，单击“确定”按钮将路径添加到动作路径列表中，同时应用于所选对象。

添加了动作路径的对象如图 9-96 所示。可通过移动绿色三角块的位置调整路径的起点，通过移动红色三角块的位置调整动作的终点。

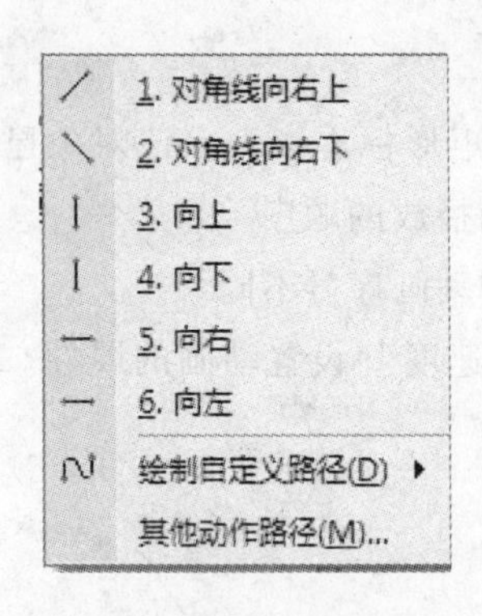

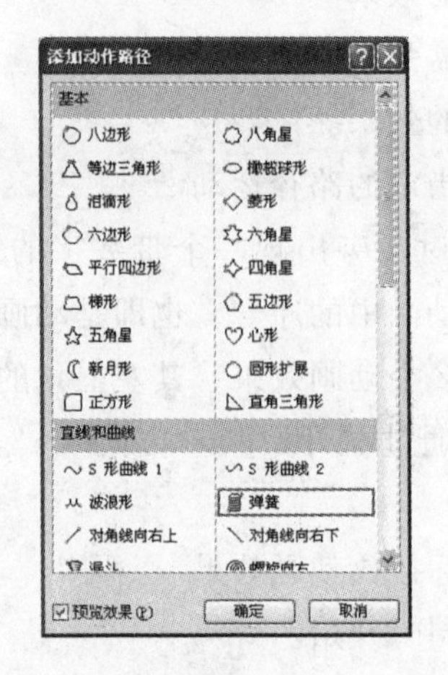

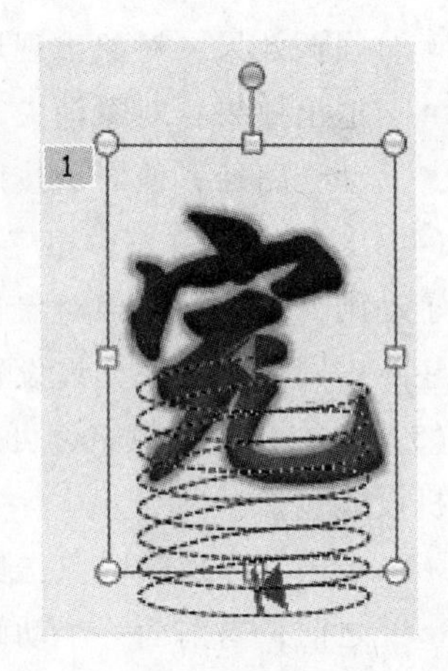

图 9-94　动作路径列表　　图 9-95　添加动作路径对话框　图 9-96　添加了动作路径的对象

3. 交互式演示文稿

演示文稿的交互包括：文本超级链接、交互式按钮。

（1）添加超链接

① 选中示例文稿中“内容提要”幻灯片，选中正文文本框中“我的学校”；

② 单击打开“插入”选项卡，单击“链接”组中的“超链接”命令按钮，打开“插入超链接”对话框。

③ 在“链接到”列表中单击选中“本文档中的位置”项，在“请选择文档中的位置”列表框中选择要链接到的幻灯片，例如“3. 我的学校”，单击“确定”按钮即可。

用同样的操作方法将文字“学习生活”链接到“7. 学习生活”幻灯片中，也可以超链接到其他文档或网页。

（2）添加动作按钮

① 在演示文稿中选择需要添加交互式按钮的幻灯片，例如示例文档中的“学习生活”幻灯片；

② 单击选中“插入”选项卡，单击“插图”组中的“形状”命令按钮，单击选择“动作按钮”项中的“自定义”，然后在幻灯片适当位置画出一个矩形。自动打开“动作设置”对话框，如图 9-97 所示。

③ 选择“超链接到”列表框中的链接目标，如“幻灯片”，再在随后弹出的“超链接到幻灯片”对话框中选择要链接到的幻灯片，例如“2. 内容提要”，单击“确定”按钮，完成动作设置。

④ 在动作按钮中添加文字“返回”。

9.3.6　放映和发布演示文稿

创建好的演示文稿如果不发布，相关的信息仍然不能传播出去。

本节将介绍怎样将演示文稿以合适的形式进行发布，包括：

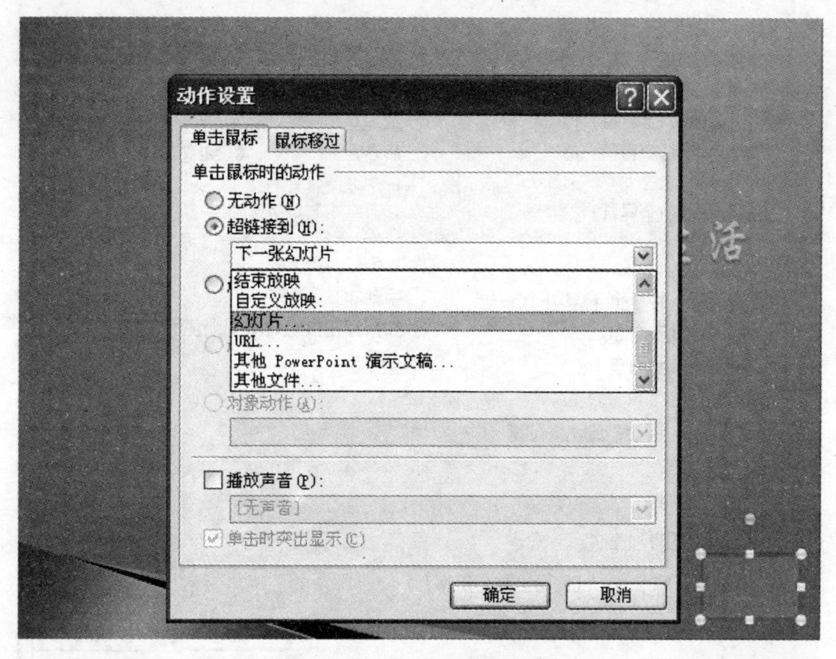

图 9-97　动作设置对话框

- 怎样放映演示文稿。
- 怎样将演示文稿打包和解包。
- 怎样将演示文稿在 Web 上发布，等等。

1. 幻灯片放映

(1) 设置放映方式

当演示文稿制作好后，就要开始播放，播放要根据放映环境的不同进行选择。

单击选择“幻灯片放映”选项卡，在“设置”组单击“设置幻灯片放映”，打开“设置放映方式”对话框，如图 9-98 所示。

① 放映类型

“演讲者放映”方式：运行全屏显示的演示文稿，必须在有人看管的情况下放映，这是最常用的放映方式。一般采用手动放映方式，可以让演讲者自己控制放映速度。

“观众自行浏览”方式：允许观众动手移动、编辑、复制和打印幻灯片。这种方式出现在小窗口内，一般用在会议上或展览中心。

“在展台浏览”方式：该方式可以自动运行演示文稿。这种方式不需专人控制演示文稿，一般用于展台循环播放，常选择排练计时方式。

② 幻灯片播放范围

“全部”：播放全部的幻灯片；

“从……到……”：指定播放的幻灯片范围；

“自定义放映”：选择一种存储的已经定义的放映方式。

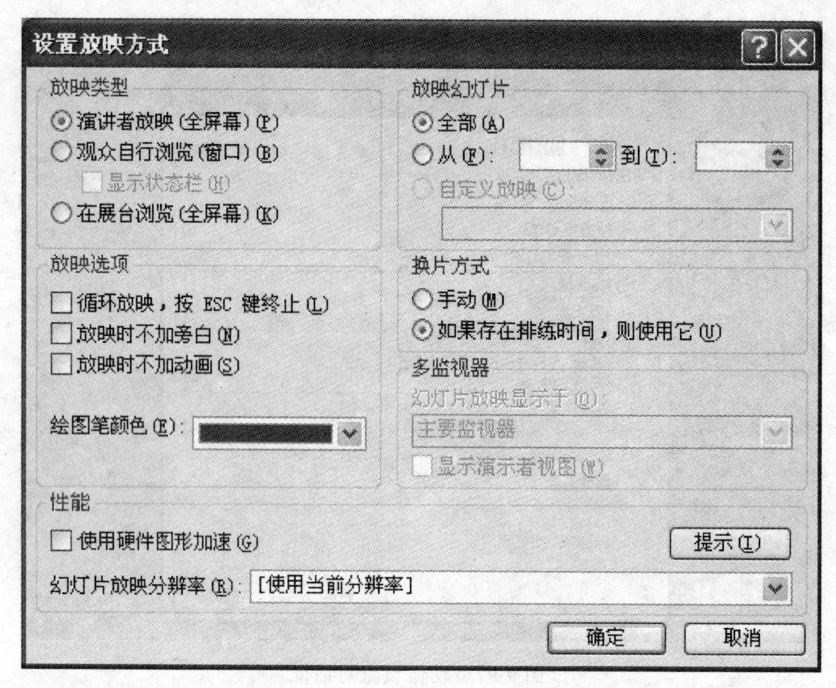

图 9-98　设置放映方式对话框

③ 换片方式

“手动”：由人工控制播放的节奏；

“如果存在排练时间，则使用它”：按事先排练的方式播放。

④ 设置排练计时

选择菜单“幻灯片放映→排练计时”，进入幻灯片放映视图，同时出现一个“排练计时”工具栏，如图 9-99 所示。按正常方式播放幻灯片。工具栏中，两个时间：一个时间记录播放当前幻灯片所用时间，后一个时间记录演示文稿播放到目前所用时间。整个文档播放完成后，出现“排练计时”对话框，选择“是”按钮，保存幻灯片计时。

此时，切换到浏览视图，会看到每个幻灯片左下角有一个时间，这就是当前幻灯片需要的时间参考。

图 9-99　排练计时工具栏

（2）演示文稿放映

演示文稿放映可以采用多种方法：

① 通过“幻灯片放映”选项卡放映

在“开始放映幻灯片”组中单击“从头开始”命令按钮或在“开始放映幻灯片”组中单击“从当前幻灯片开始”命令按钮。

② 通过工具按钮

单击窗口下边框“显示控制区”的 按钮，或单击“自定义动画”窗格中的 幻灯片放映 按钮。

此方法从当前幻灯片开始放映。

③ 通过幻灯片放映视图

单击选中“视图”功能区，在“演示文稿视图”组中单击“幻灯片放映”命令按钮。

此方法将从头开始放映幻灯片。

④ 在 Windows 下直接播放

现将演示文稿保存为“PowerPoint 放映（ppsx）”类型的文件，再在“资源管理器”或“我的电脑”中鼠标双击该文件，或在演示文稿文件名上单击鼠标右键，在快捷菜单中选择“显示”。

(3) 演示文稿放映控制工具

演示文稿在放映时还可以利用常用工具控制播放。例如可以使用绘图笔工具标记，还可以使用橡皮擦将标记去掉，可以使用播放控制工具控制幻灯片的切换、黑屏、白屏等，还可以使用快捷键控制幻灯片播放

在演示文稿播放视图下，单击鼠标右键，打开下拉菜单，选择“指针选项”，然后选一种笔就可以在幻灯片放映过程中在屏幕上任意绘制了。

2. 演示文稿打包发布

演示文稿可以多种形式发布。

(1) 发布成 CD 数据包

在不同版本的 PowerPoint 下播放演示文稿，可能会损失部分效果。如果要在另一台计算机上正常地播放演示文稿，需要将演示文稿打包。PowerPoint 2007 提供了打包工具。

单击“Office 按钮”，在“Office 菜单”中选择“发送”“CD 数据包”，打开“打包成 CD”对话框，如图 9-100 所示。

其中：

“添加文件…”按钮：将更多的演示文稿一起打包。

“选项…”按钮：允许用户作更多设置，如：是否包含播放器，是否包含链接的文件，设置打开和修改密码等。

“复制到文件夹…”按钮：将打包的文件存到指定的文件夹中。

“复制到 CD”按钮：将打包的文件复制到 CD 上。

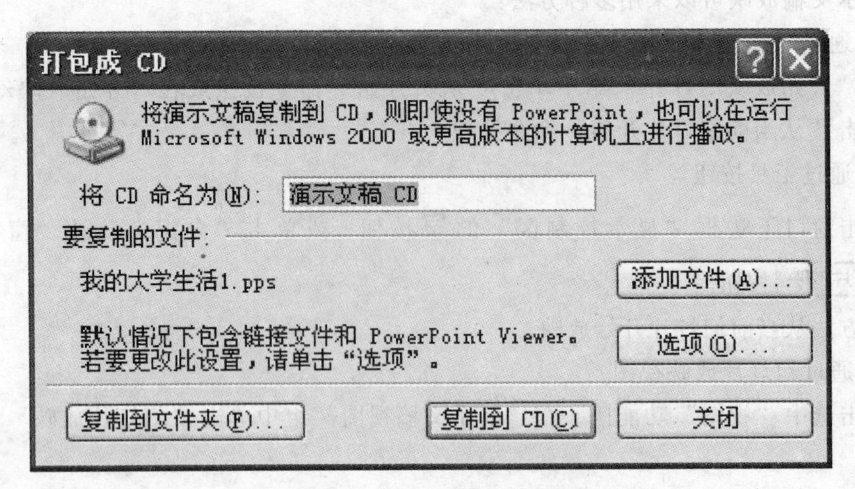

图 9-100　打包成 CD 对话框

单击“复制到 CD”按钮即可将演示文稿、播放器及相关的辅助文件复制到 CD 光盘。注意：必须使用刻录机和可刻录光盘。

使用时只需将光盘放入光盘驱动器即可自动播放。

(2) 发布到文件夹

在上一节“发布成 CD 数据包”的过程中出现“打包成 CD”对话框后，单击“复制到文件夹...”按钮，即可打开“复制到文件夹”对话框，如图 9-101 所示。选择文件夹后，单击“确定”开始复制。

图 9-101　复制到文件夹对话框

打包目录中包含批处理文件 play. bat、幻灯片播放文件、PowerPoint 播放器 pptview. exe 文件、所需的库文件以及其他辅助文件。鼠标双击 play. bat 文件即可播放，也可以先双击 pptview. exe 文件，打开播放器，然后选择要播放的 pps 文件进行播放。

(3) 发布到幻灯片库

对于做好的幻灯片，可以将它发布到幻灯片库，或者其他位置，以备将来重复使用或者与他人共享。

单击“Office 按钮”，在打开的“Office 菜单”中单击“发布”“发布幻灯片”，打开“发布幻灯片”对话框，如图 9-102 所示。

在中间的列表框中列出了当前演示文稿中的所有幻灯片，单击选中要发布的幻灯片，或单击“全选”按钮选中所有幻灯片。

在“发布到”文本框中输入存储幻灯片的文件夹，或单击“浏览”按钮选定存储幻灯片的文件夹。

单击“发布”按钮将当前幻灯片发布到指定的文件夹。

此时，将当前演示文稿中的每一张幻灯片以一个文件存储到指定的文件夹中，以便于重用。

发布幻灯片时为了重复使用，如何重复使用呢？

打开“开始”选项卡，在“幻灯片”组中单击“新建幻灯片”按钮，在打开的下拉菜单中单击“重用幻灯片”命令，打开“重用幻灯片”窗格，如图 9-103 所示。单击“浏览”按钮，打开“浏览”对话框，找到需要重用的幻灯片，单击将其选进重用窗格，在“重用幻灯片”窗格中单击选中的幻灯片将其插入当前演示文稿的当前位置。

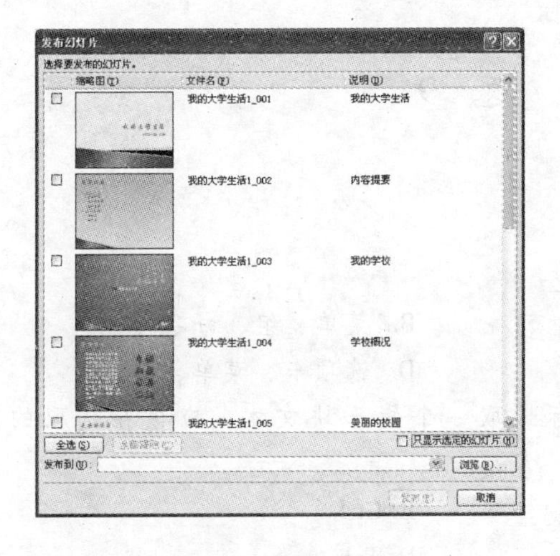

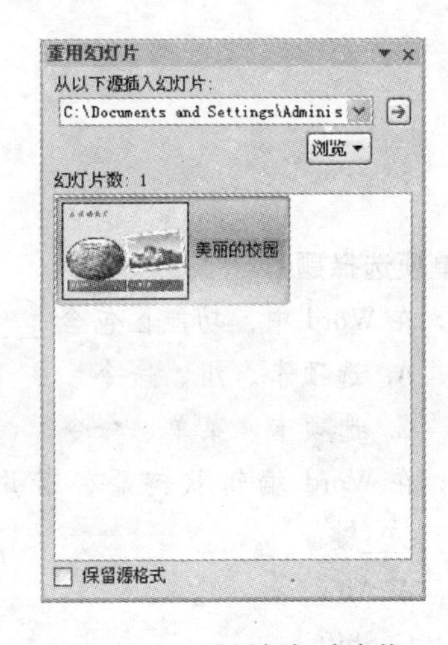

图 9-102　发布幻灯片

图 9-103　重用幻灯片窗格

（4）演示文稿 Web 发布

在 PowerPoint 2007 中，可以将演示文稿输出为网页、多种图片、幻灯片放映、RTF 文件等多种格式。

单击“Office 按钮”，在打开的“Office 菜单”中选择“另存为”→“其他格式”，打开“另存为”对话框，如图 9-104 所示。在“保存类型”列表框中选择网页文件，网页文件有两类：网页、单个网页。

选择网页类型后，对话框如图 9-104 所示，单击“更改标题…”按钮，打开设置标题对话框，设置网页标题；单击“发布…”按钮，打开网页发布对话框，保存网页的一个备份。

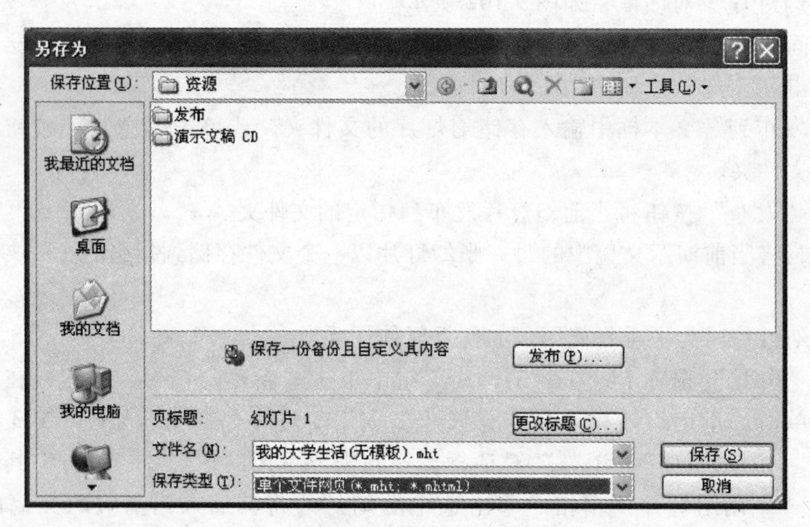

图 9-104 另存为对话框

习 题 9

一、单项选择题

1. 在 Word 中，功能区包含________。

A. 选项卡、组、命令　　B. 菜单、组、命令

C. 选项卡、菜单、命令　　D. 选项卡、菜单、组

2. 在 Word 编辑状态下，若用鼠标选取一个矩形块文本，应该在选取的同时按________键。

A. Alt　　B. Ctrl

C. Shift　　D. Tab

3. 在 Word 中，每一页都要出现的一些信息应放在________中。

A. 文本框　　B. 第一页

C. 脚注　　D. 页眉/页脚

4. Word 中的“格式刷”命令可用于复制文本或段落的格式，若要将选中的文本或段落格式重复应用多次，应________操作。

A. 单击格式刷　　B. 右击格式刷

C. 双击格式刷　　D. 拖动格式刷

5. 在 Word 的编辑状态，打开文档 ABC，修改后另存为 ABD，则文档 ABC________。

A. 被文档 ABC 覆盖　　B. 被修改未关闭

C. 被修改并关闭　　D. 未修改被关闭

6. 在 Word 中，若要高效率地完成一篇长文档，文档的纲目结构应该是首先完成的

工作，________视图是构建文档纲目结构的最佳途径。

A. 大纲视图　　B. 普通视图

C. 页面视图　　D. Web 版式视图

7. 在 Word 编辑状态下，若要对字体设置下标效果，应________。

A. 双击“开始”选项卡　　B. 单击“字体”组的启动器

C. 单击“开始”选项卡中的“格式刷”　　D. 单击“样式”组的启动器

8. 用 Word 编辑文件时，用户可以设置文件的自动保存时间间隔。如果要改变自动保存的时间间隔，可以选择________中的“Word 选项”。

A. 开始选项卡　　B. 视图选项卡

C. Office 按钮　　D. 快速访问工具栏

9. 在 Excel 中，单元格地址是________。

A. 每一个单元格　　B. 每一个单元格的大小

C. 单元格所在的工作表　　D. 单元格在工作表中的位置

10. 在 Excel 工作表的单元格中，如想输入数字字符串 070615（例如学号），则应输入________。

A. 00070615　　B. "070615"

C. 070615　　D. '070615

11. 在 Excel 中，给当前单元格输入数值型数据时，默认为________。

A. 居中　　B. 左对齐

C. 右对齐　　D. 随机

12. 使用坐标 $D $1 引用工作表 D 列第 1 行的单元格，这称为对单元格坐标的________。

A. 绝对引用　　B. 相对引用

C. 混合引用　　D. 交叉引用

13. Excel 中，函数 =Sum（10，min（15，max（2，1），3））的值为________。

A. 10　　B. 12

C. 14　　D. 15

14. 在 Excel 中进行排序操作时，最多可按________个关键字进行排序。

A. 1 个　　B. 2 个

C. 3 个　　D. 需根据排序方式确定其项目个数

15. 在 Excel 中，数据系列指的是________。

A. 表格中所有的数据　　B. 选中的数据

C. 一列或一行单元格的数据　　D. 有效的数据

16. 在________视图下，可以方便地对幻灯片进行移动、复制和删除等编辑操作。

A. 幻灯片浏览　　B. 幻灯片

C. 幻灯片放映　　D. 普通

17. 演示文稿中的每张幻灯片都是基于某种________创建的，它预定义了新建幻灯片的各种占位符的布局情况。

A. 视图　　　　B. 母版
C. 模板　　　　D. 版式

18. 幻灯片声音的播放方式是________。
A. 执行到该幻灯片时自动播放
B. 执行到该幻灯片时不会自动播放，须双击该声音图标才能播放
C. 执行到该幻灯片时不会自动播放，须单击该声音图标才能播放
D. 由插入声音图标时的设定决定播放方式

19. 幻灯片内的动画效果，通过“幻灯片放映”选项卡中的________命令来设置。
A. 动作设置　　　　B. 自定义动画
C. 动画预览　　　　D. 幻灯片切换

20. 保存演示文稿时，默认的扩展名是________。
A. potx　　　　B. pptx
C. pot　　　　D. ppt

二、填空题

1. Word 2007 中要使用“字体”对话框进行字符编排，可单击“开始”选项卡中“字体”组右下角的________，打开“字体”对话框。

2. 在 Word 2007 下保存文件时，默认的文件扩展名是________。

3. 在 Word 2007 中，功能区是由________、________、________组成的。

4. Word 2007 为段落提供了左对齐、________、________、________、分散对齐在内的五种不同的对齐方式。

5. 在 A2 和 B2 单元格中分别输入数值 7 和 6，再选定 A2：B2 区域，将鼠标指针放在该区域右下角填充句柄上，拖动至 E2，E2 单元格中的值为________。

6. 假设 A1、B1、C1、D1 中的数据分别为 5，10，15，20，则 SUM（A1：D1）值为________。

7. 在 Excel 中，单击编辑栏上的编辑区，输入" = A2 + A3 + A4 + B2"等效于输入" = SUM ________"。

8. 在 Excel 中，要求在使用分类汇总之前，先对________字段进行排序。

9. 在 Excel 中，要统计一行数值的总和，可以用________函数。

10. 要设置幻灯片的起始编号，应该选择“设计”选项卡中的________命令，在弹出的对话框中设定编号的起始值。

11. 设置幻灯片放映方式应该选择________选项卡中“设置幻灯片放映”命令。

12. 要调整幻灯片的顺序，应该切换到________视图。

三、操作题

1. 请在 Word“快速访问工具栏”里添加一个“查找”按钮。

2. 设置 Word 文档的页眉、页脚；设置 Word 文档奇、偶页不同的页眉、页脚。

3. 在一篇长 Word 文档的最前面添加目录后，使目录和正文的页码都是从 1 开始。

4. 利用 Word 制作一张大学生就业表封面，要求简洁、美观、大方。

5. 输入下表中数据到工作表中并以 Excel 实验二 . xlsx 为文件名保存在当前文件夹。

计算机 2 班成绩数据

姓名	数学	外语	计算机	总分	总评
张小琳	98	77	88	263	优秀
李华	88	90	99	277	优秀
刘晓笛	67	76	76	219	
金素华	66	77	66	209	
蔡戈	77	65	77	219	
许家威	88	92	100	280	优秀
黄一菲	43	56	67	166	
程奕	57	77	65	199	

(1) 将数据列表的姓名右边增加性别字段，2、4、7、8 记录为女同学，其余为男同学。并将数据列表复制到 Sheet 2 中，然后进行下列操作：

① 对 Sheet 2 中的数据按性别升序排列，性别相同按总分降序排列。

② 在 Sheet 2 中筛选出总分小于 200 或大于 270 的女生记录。

(2) 将 Sheet 1 中的数据复制到 Sheet 3 中，然后对 Sheet 3 中的数据进行下列分类汇总操作：

① 按性别分别求出男生和女生的各科平均成绩（不包括总分），平均成绩保留 1 位小数。

② 在原有分类汇总的基础上，再汇总出男生和女生的人数。

③ 按下图分级显示及编辑汇总数据。

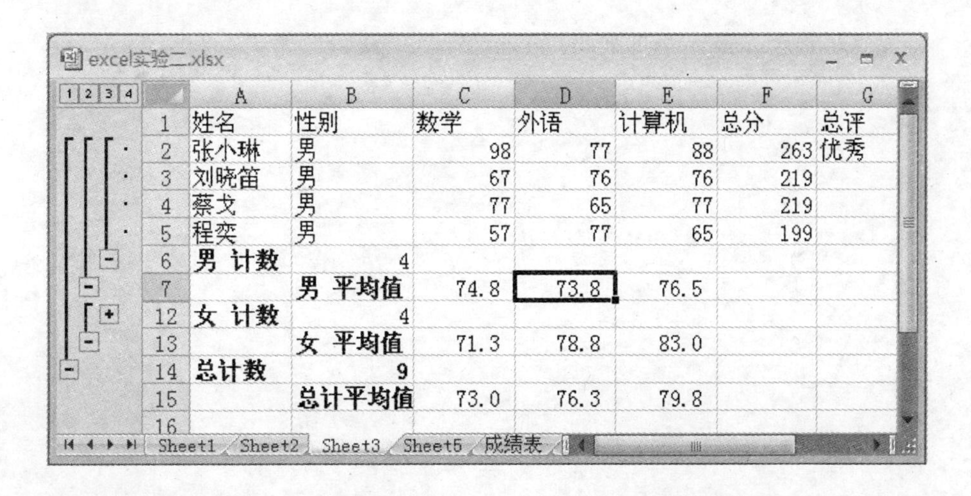

6. 以“个人简历”为主题，制作一个演示文稿，要求：

（1）不少于10张幻灯片；

（2）内容包含文本、图片、剪贴画、组织结构图、表格、声音等对象；

（3）设置播放时幻灯片切换效果、自定义动画效果等。

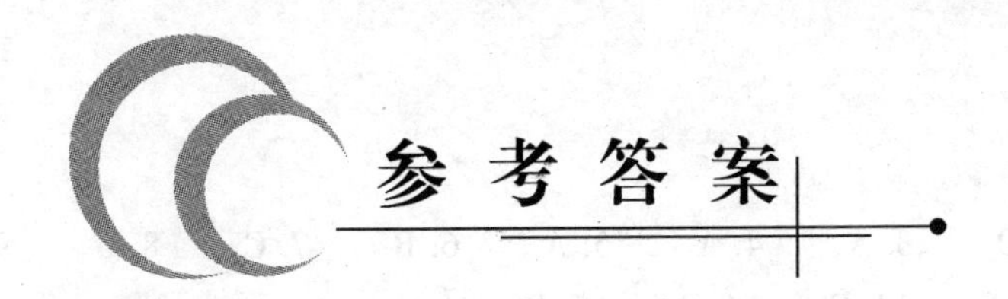

参考答案

习 题 1

一、单项选择题

1. C　2. C　3. C　4. B　5. D　6. A　7. A　8. D　9. C　10. B

二、填空题

1. 晶体管计算机，集成电路计算机，大规模和超大规模集成电路计算机
2. 高速、精确的运算能力，准确的逻辑判断能力，强大的存储能力，自动控制能力
3. 9
4. 00101011，00101011，00101011
5. 10101011，11010100，11010101
6. 1
7. 32

习 题 2

一、单项选择题

1. B　2. B　3. A　4. D　5. B　6. C　7. D　8. D　9. C　10. B
11. C　12. C　13. D　14. B　15. A

二、填空题

1. 存储器
2. 外存储器
3. RAM
4. 只读存储器
5. 输出设备
6. CPU
7. 可擦写光盘
8. 地址总线
9. 应用软件
10. 外设
11. 控制器
12. 内存

13. 解释方式　　14. 内存
15. 光电

习　题　3

一、单项选择题

1. C　2. D　3. A　4. A　5. A　6. B　7. C　8. B　9. A　10. C
11. A　12. B　13. C　14. B　15. B

二、填空题

1. 通信　　2. 有线介质、无线介质
3. 局域网、城域网、广域网　　4. 网络接口层、网际层、传输层、应用层
5. 128　　6. 局域
7. CERNET　　8. 超文本标记语言、超文本传输协议
9. 图形界面方式　　10. 匿名

习　题　4

一、单项选择题

1. D　2. C　3. B　4. C　5. B　6. C　7. D　8. B　9. C　10. A

二、填空题

1. 独立，集成，独立　　2. 采样，量化
3. 红，绿，蓝　　4. 选取、套索，魔棒
5. 无损，有损　　6. CCD，CMOS，CMOS
7. 255，255，255　　8. 遮罩层，被遮罩层
9. 图形，按钮，影片剪辑，库　　10. 24 位

三、操作题

答案略

习　题　5

一、单项选择题

1. C　2. D　3. B　4. A　5. D　6. B　7. C　8. D　9. C　10. A

二、填空题

1. IaaS
2. <object>、<embed>
3. 类选择器
4. 测试服务器
5. ！important
6. 相对于文档的 URL、相对于站点根目录的 URL
7. rgb（0，0，255）
8. multipart/form-data
9. div#myDiv>a ｛ text-decoration：none；｝
10. <!--、-->

三、操作题

1. 操作提示：

（1）表格用于页面布局时往往不需要显示边框，此时可将<table>标记的 border 属性置为0。在设计较为复杂的页面时，通常会在表格的单元格中插入新表格，形成嵌套表格布局。

（2）将表格放置在表单区域中，可以达到在表格的单元格中插入表单控件的目的。

（3）<fieldset>标记用来对表单内的相关元素进行分组，一般与<legend>标记配合使用，其基本语法格式如下：

```
<fieldset>
  <legend align="top | bottom | left | right">标题</legend>
  一组表单元素
</fieldset>
```

浏览器会以特殊方式来显示包含在标记对<fieldset>与</fieldset>之间的一组表单元素，通常是在分组周围显示一个方框。<legend>标记可以为分组定义一个标题，从而使访问者更容易了解这些表单元素之间的关联性。

（4）在修改图片的显示大小时，应尽量保持高度和宽度的纵横比不变，避免图片内容出现失真和变形。

2. 操作提示：

（1）要设置表格的水平对齐方式，可使用样式属性 margin。

（2）要设置单元格中内容的水平对齐方式，可使用样式属性 text-align；要设置单元格中内容的垂直对齐方式，可使用样式属性 vertical-align。

（3）要设置链接在默认情况下是否带下画线，可使用样式属性 text-decoration。

3. 操作提示：

（1）要创建站点，可利用“站点”→“新建站点”命令。

（2）要设置本地站点，可利用“站点设置”对话框中的“站点”类别和“高级设置”→“本地信息”类别。

（3）要设置远程站点，可利用“站点设置”对话框中的“服务器”类别。

（4）要访问远程站点上的 whu. htm 和 whu_css. htm 两个网页文档，可在浏览器窗口的地址栏中输入 “http：//192. 168. 2. 198/remotesite/学号/whu. htm”（访问 whu. htm）

或“http：//192. 168. 2. 198/remotesite/学号/whu_css. htm”(访问 whu. _css. htm)。

习 题 6

一、单项选择题

1. B　2. C　3. A　4. C　5. A　6. A　7. C　8. B　9. C　10. B
11. A　12. B　13. A　14. D　15. C

二、填空题

1. 概念　2. 完整性约束
3. 一张二维表　4. 概念设计
5. 属性的取值范围　6. 小型关系数据库管理系统
7. 有效性规则　8. 索引
9. “#”号　10. SQL

习 题 7

一、单项选择题

1. B　2. C　3. C　4. B　5. C　6. C　7. C　8. A　9. C　10. D

二、填空题

1. 时间复杂度和空间复杂度　2. 可行性、确定性、有穷性
3. 顺序　4. n-i+1
5. 指针或指针域　6. 先进先出
7. 9　8. 128
9. $\log_2 n$　10. 直接选择排序、堆排序

习 题 8

一、单项选择题

1. B　2. B　3. C　4. D　5. C　6. B　7. C　8. A　9. D　10. D
11. C　12. A　13. B　14. D　15. B

二、填空题

1. 硬件　软件　数据　2. 破坏

3. 完整性
4. 信息垃圾
5. 自然威胁　人为威胁
6. 机房　网络服务器
7. 加密　解密
8. 单密钥系统　双密钥系统

习　题　9

一、单项选择题

1. A　2. A　3. D　4. C　5. D　6. A　7. B　8. B　9. D　10. D
11. C　12. A　13. B　14. C　15. C　16. A　17. D　18. D　19. B　20. B

二、填空题

1. 对话框启动器
2. docx
3. 选项卡，组，命令
4. 居中，右对齐，两端对齐
5. 3
6. 50
7. （A2：A4，B2）
8. 分类汇总
9. SUM
10. 页面设置
11. 幻灯片放映
12. 幻灯片浏览

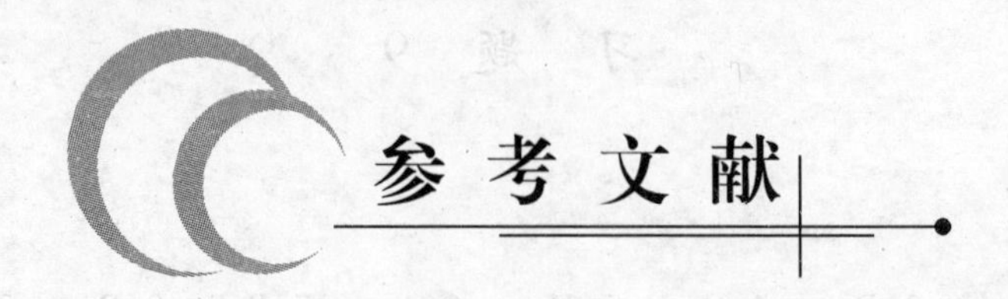

参考文献

[1] 康卓．大学计算机基础（第二版）．武汉：武汉大学出版社，2008.

[2] 关焕梅，张华．大学计算机应用基础．武汉：武汉大学出版社，2009.

[3] 李俊娥．计算机网络基础．武汉：武汉大学出版社，2006.

[4] 张瑜．多媒体技术．北京：清华大学出版社，2004.

[5] 赵子江，等．多媒体技术基础．北京：机械工业出版社，2004.

[6] ［美］达科特，著．杜静，敖富江，译．Web 编程入门经典——HTML、XHTML 和 CSS（第二版）．北京：清华大学出版社，2010.

[7] 数字艺术教育研究室．中文版 Dreamweaver CS5 基础培训教程．北京：人民邮电出版社，2010.

[8] ［美］泽尔德曼，著．傅捷，王宗义，祝军，译．网站重构——应用 Web 标准进行设计（第二版）．北京：电子工业出版社，2008.

[9] 王正成．PowerPoint 2007 中文版入门实战与提高．北京：电子工业出版社，2008.

[10] 神龙工作室．新编 PowerPoint 2007 公司办公入门与提高．2008.

[11] ［美］Faithe Wempen，著．田玉敏，侯晓敏，译．PowerPoint 2007 宝典．北京：人民邮电出版社，2008.

[12] 教育部考试中心．全国计算机等级考试二级教程——公共基础知识（2010 年版）．北京：高等教育出版社，2007.

[13] 李春葆．数据结构．武汉：武汉大学出版社，2006.

[14] 刘海燕．计算机网络安全原理与实现．北京：机械工业出版社，2009.

[15] 李毅超，蔡洪斌，谭浩，译．信息安全原理与应用（第四版）．北京：电子工业出版社，2007.

[16] 冯登国，赵险峰．信息安全技术概论．北京：电子工业出版社，2009.

[17] 俞承杭．计算机网络与信息安全技术．北京：机械工业出版社，2008.

[18] ［美］泰森，等．Office 2007 宝典．北京：人民邮电出版社，2008.